中国国家标准汇编

449

GB 24821～24847

（2009 年制定）

中国标准出版社　编

中国标准出版社

北　京

图书在版编目（CIP）数据

中国国家标准汇编：2009年制定．449：GB 24821～24847/中国标准出版社编．—北京：中国标准出版社，2010

ISBN 978-7-5066-6059-4

Ⅰ．①中…　Ⅱ．①中…　Ⅲ．①国家标准-汇编-中国-2009　Ⅳ．①T-652.1

中国版本图书馆CIP数据核字（2010）第174286号

中国标准出版社出版发行
北京复兴门外三里河北街16号
邮政编码：100045
网址 www.spc.net.cn
电话：68523946　68517548
中国标准出版社秦皇岛印刷厂印刷
各地新华书店经销

*

开本 880×1230　1/16　印张 37.75　字数 1 128 千字
2010年11月第一版　2010年11月第一次印刷

*

定价 220.00 元

ISBN 978-7-5066-6059-4

出　版　说　明

1.《中国国家标准汇编》是一部大型综合性国家标准全集。自1983年起，按国家标准顺序号以精装本、平装本两种装帧形式陆续分册汇编出版。它在一定程度上反映了我国建国以来标准化事业发展的基本情况和主要成就，是各级标准化管理机构，工矿企事业单位，农林牧副渔系统，科研、设计、教学等部门必不可少的工具书。

2.《中国国家标准汇编》收入我国每年正式发布的全部国家标准，分为"制定"卷和"修订"卷两种编辑版本。

"制定"卷收入上一年度我国发布的、新制定的国家标准，顺延前年度标准编号分成若干分册，封面和书脊上注明"20××年制定"字样及分册号，分册号一直连续。各分册中的标准是按照标准编号顺序连续排列的，如有标准顺序号缺号的，除特殊情况注明外，暂为空号。

"修订"卷收入上一年度我国发布的、修订的国家标准，视篇幅分设若干分册，但与"制定"卷分册号无关联，仅在封面和书脊上注明"20××年修订-1，-2，-3，……"字样。"修订"卷各分册中的标准，仍按标准编号顺序排列(但不连续)；如有遗漏的，均在当年最后一分册中补齐。需提请读者注意的是，个别非顺延前年度标准编号的新制定的国家标准没有收入在"制定"卷中，而是收入在"修订"卷中。

读者配套购买《中国国家标准汇编》"制定"卷和"修订"卷则可收齐上一年度我国制定和修订的全部国家标准。

3. 由于读者需求的变化，自1996年起，《中国国家标准汇编》仅出版精装本。

4. 2009年我国制修订国家标准共3 158项。本分册为"2009年制定"卷第449分册，收入国家标准GB 24821～24847的最新版本。

中国标准出版社

2010年8月

目　　录

ICS 97.140
Y 81

中华人民共和国国家标准

GB/T 24821—2009

餐桌餐椅

Dining tables and chairs

2009-12-15 发布　　2010-05-01 实施

中华人民共和国国家质量监督检验检疫总局
中国国家标准化管理委员会　发布

前　言

本标准的附录 A、附录 B 为规范性附录。

本标准由中国轻工业联合会提出。

本标准由全国家具标准化中心归口。

本标准主要起草单位：上海市质量监督检验技术研究院、国家办公用品设备质量监督检验中心、广东联邦家私集团有限公司、深圳市计量质量检测研究院、成都市产品质量监督检验院；参加起草单位：绍兴林龙家私有限公司、华源轩家具(深圳)有限公司、深圳市豪迈实业发展有限公司、浙江巨桑家私有限公司。

本标准主要起草人：张泓、刘曜国、邓超、杨宇华、顾强、张永泽、裘海林、缪瑞菊。

餐桌餐椅

1 范围

本标准规定了餐桌餐椅的术语和定义、分类与命名、要求、试验方法、检验规则及标志、包装、运输、贮存、使用说明。

本标准适用于木质、金属、玻璃和石材等材料制作的供家庭或商业场所室内就餐使用的独立的、可移动的餐桌、餐椅(包括凳子,下同)。其他材料构成的产品可参照执行。

本标准不适用于可折叠或桌椅连为一体的餐桌餐椅,也不适用于儿童用餐桌餐椅和带电动转盘的餐桌。

2 规范性引用文件

下列文件中的条款通过本标准的引用而成为本标准的条款。凡是注日期的引用文件,其随后所有的修改单(不包括勘误的内容)或修订版均不适用于本标准,然而,鼓励根据本标准达成协议的各方研究是否可使用这些文件的最新版本。凡是不注日期的引用文件,其最新版本适用于本标准。

GB/T 191 包装储运图示标志

GB/T 1732—1993 漆膜耐冲击测定法

GB/T 1931 木材含水率测定方法

GB/T 2828.1—2003 计数抽样检验程序 第1部分:按接收质量限(AQL)检索的逐批检验抽样计划

GB/T 2912.1 纺织品 甲醛的测定 第1部分:游离和水解的甲醛(水萃取法)

GB/T 3324 木家具通用技术条件

GB/T 3325 金属家具通用技术条件

GB/T 4893.1—2005 家具表面耐冷液测定法

GB/T 4893.2—2005 家具表面耐湿热测定法

GB/T 4893.3—2005 家具表面耐干热测定法

GB/T 4893.4—1985 家具表面漆膜附着力交叉切割测定法

GB/T 4893.7—1985 家具表面漆膜耐冷热温差测定法

GB/T 4893.8—1985 家具表面漆膜耐磨性测定法

GB/T 4893.9—1992 家具表面漆膜抗冲击测定法

GB 5296.6 消费品使用说明 第6部分:家具

GB/T 6491—1999 锯材干燥质量

GB 6566—2001 建筑材料放射性核素限量

GB/T 6739—2006 色漆和清漆 铅笔法测定漆膜硬度

GB/T 9286—1998 色漆和清漆 漆膜的划格试验

GB 9985—2000 手洗餐具用洗涤剂

GB/T 10357.1—1989 家具力学性能试验 桌类强度和耐久性

GB/T 10357.2—1989 家具力学性能试验 椅、凳类稳定性

GB/T 10357.3—1989 家具力学性能试验 椅、凳类强度和耐久性

GB/T 10357.7—1995 家具力学性能试验 桌类稳定性

GB/T 13667.1—2003 钢制书架通用技术条件

GB/T 15102—2006 浸渍胶膜纸饰面人造板

GB/T 15104—2006 装饰单板贴面人造板

GB/T 17657—1999 人造板及饰面人造板理化性能试验方法

GB 18401—2003 国家纺织产品基本安全技术规范

GB 18584 室内装饰装修材料 木家具中有害物质限量

QB/T 3814—1999 轻工产品金属镀层和化学处理层的外观质量测试方法

QB/T 3826—1999 轻工产品金属镀层和化学处理层的耐腐蚀试验方法中性盐雾试验(NSS)法

3 术语和定义

GB/T 3324、GB/T 3325 确立的以及下列术语和定义适用于本标准。

3.1

转台 turntable

餐桌上可转动的副桌面。

3.2

转盘 bearing

位于转台和桌面之间,用于支撑转台并可转动的机构或部件。

4 分类与命名

4.1 按使用场合分为:

a) 家用型:仅供家庭内使用;

b) 商用型:供宾馆餐厅、饭店、茶餐厅和咖啡厅等商业场所使用。

4.2 按材质分为:

a) 全木型:主要材料为木材或木质人造材料;

b) 金属型:主要材料为金属材料;

c) 钢木型:主要材料为木材或木质人造材料和金属材料;

d) 混合型:台面材料为玻璃、石材或其他材料,框架主要材料为全木型、金属型或钢木型。

4.3 按结构分为:

a) 整体型:桌面结构为一个整体,无开合或伸展部件;

b) 开合型:桌面具有可开合或伸展部件。

注:结构分类仅适用于餐桌。

5 要求

5.1 主要尺寸与极限偏差

餐桌餐椅的主要尺寸及极限偏差应符合表 1 规定。

表 1 主要尺寸

单位为毫米

产品	项目	要求	尺寸级差 ΔS	极限偏差[a]	项目分类	
					基本	一般
餐桌	桌面宽度	≥600	50	±5		√
	桌面深度	≥600	50			√
	桌面高度	680~760	20			√
	桌下净空高度	≥580	10		√	
	圆桌桌面直径	≥700	50			√

表 1（续）

单位为毫米

产品	项目		要求	尺寸级差 ΔS	极限偏差[a]	项目分类	
						基本	一般
餐椅、餐凳	椅(凳)面宽度		≥260	10	±5		√
	椅(凳)面高度	硬面	400～440	20			√
		软面	400～460[b]	20			√
	椅(凳)面深度		≥260	10			√
	圆凳面直径		≥260	10			√
桌、椅(凳)配套高度差			280～320	10			√
圆桌桌面边缘与转台边缘最小距离			≥350	10			√

[a] 配套或组合型餐桌餐椅的尺寸极限偏差应同取正值或负值。

[b] 包括下沉量。

5.2 形状和位置公差

餐桌餐椅的形状和位置公差应符合表 2 规定。

表 2 形状和位置公差

单位为毫米

项目		试件名称及规格		允许值	项目分类	
					基本	一般
翘曲度		桌面、转台	对角线长度≥1 400	≤3.0		√
			对角线长度<1 400	≤2.0		√
邻边垂直度		桌面、框架	对角线长度≥1 000	≤3		√
			对角线长度<1 000	≤2		√
平整度		桌面、转台		≤0.2		√
分缝		开合型桌面		≤1.5		√
位差度	垂直位差度	开合型桌面		≤1.0		√
	水平位差度	开合型桌面		≤1.0		√
圆度		圆管弯曲处	$\phi \geq 25$	≤2.5		√
着地平稳性		桌、椅(凳)地脚与水平面的差值		≤2.0	√	

注：应分别测量所有试件或部位，取其中最大值为评定值。

5.3 外观

餐桌餐椅的外观应符合表 3 规定。

表 3 外观

项目		要求	项目分类	
			基本	一般
木制件	虫蛀材	虫蛀材应经杀虫处理，不应使用昆虫尚在继续侵蚀的木材	√	
	贯通裂缝	应无具有贯通裂缝的木材	√	
	腐朽材	外表不应使用腐朽材，内部腐朽材面积应不超过零件面积的 15%，深度应不超过材厚的 25%	√	

表 3（续）

项目		要求	项目分类	
			基本	一般
木制件	树脂囊	外表用材应无树脂囊		√
	节子	外表节子宽度不应超过材宽的三分之一，直径不超过 12 mm(特殊设计要求除外)		√
	死节、孔洞、夹皮	应进行修补加工(最大单个长度或直径小于 5 mm 的缺陷不计)，缺陷数外表不超过 4 个，内表不超过 6 个	√	
	倒棱	外表应倒棱，圆角圆线应一致		√[a]
	崩茬	结合处应无崩茬		√
	其他轻微材质缺陷	如裂缝(贯通裂缝除外)、钝棱等，应进行修补加工		√[a]
人造板件	干花、湿花	外表无干花、湿花		√
		内表干花、湿花面积不超过板面的 5%		√
	污斑	同一板面外表，允许 1 处，面积在 3 mm² ～ 30 mm² 以内		√
	表面划痕	外表无明显划痕		√
	表面压痕	外表无明显压痕		√
	色差	外表无明显色差		√
	鼓泡、龟裂、分层	外表无鼓泡、龟裂、分层	√	
	封边处理	人造板部件的非交接面应进行封边或涂饰处理	√	
		封边处无脱胶、鼓泡、透胶、露底		√[a]
金属件	管材	管材无裂缝、叠缝	√	
		外露管口端面应封闭	√	
	焊接件	焊接处无脱焊、虚焊、焊穿、错位	√	
		焊接处无夹渣、气孔、焊瘤、焊丝头、咬边和飞溅		√[a]
		焊疤表面波纹应均匀、高低之差不大于 1 mm		√
	冲压件	冲压件无脱层、裂缝	√	
	铆接件	铆接处应铆接牢固，无漏铆、脱铆	√	
		铆钉应端正圆滑，无明显锤印		√
	皱纹或波纹	圆管和扁线管弯曲处的皱纹高低之差不大于 0.4 mm，弯曲处弧形应圆滑一致		√
	喷涂层	涂层无漏喷、锈蚀	√[a]	
		涂层应光滑均匀，色泽一致，应无流挂、疙瘩、皱皮和飞漆		√[a]
	电镀层	电镀层表面无剥落、返锈、毛刺	√[a]	
		电镀层表面无烧焦、起泡、针孔、裂纹、花斑(不包括镀彩锌)和划痕		√[a]
玻璃件		外露周边应磨边处理，安装牢固	√	
		玻璃应光洁平滑，无裂纹、划伤、沙粒、疙瘩和麻点		√[a]

表 3（续）

项目	要求	项目分类	
		基本	一般
石材桌面或镶嵌件	外表面应光洁平滑，无明显缺棱、缺角、裂纹、色斑和沙眼		√[a]
	无框架支撑的天然石材桌面的背面应粘贴纤维材料	√	
软包件	包覆的面料拼接对称图案应完整；同一部位绒面料的绒毛方向应一致；无明显色差		√[a]
	包覆的面料无破损、划痕、色污、油污	√	
	软面包覆表面应平服饱满、松紧均匀，无明显皱折；有对称工艺性皱折应匀称、层次分明		√[a]
	外露泡钉应排列整齐，间距基本相等；无泡钉明显敲扁或脱漆		√[a]
	缝纫线迹间距应均匀，无明显浮线、跳针或外露线头、脱线、开缝、脱胶		√[a]
塑料件	塑料件表面应光洁，无裂纹、皱褶、污渍、明显色差		√[a]
	一体发泡成型部件应结合牢固、平服、无脱落、起皱、松弛		√[a]
表面装饰层	薄木、塑料等材料贴面无明显透胶、脱胶、凹陷、压痕、鼓泡和胶迹		√[a]
	木制件表面应手感光滑，无划痕、压痕、雾光、白楞、白斑、鼓泡、流挂、刷毛、积粉和杂渣、明显色差、皱皮、发粘和漏漆		√[a]
活动部件	开合部件应使用灵活	√	
	开合型桌面应安装启闭锁定装置	√	
	转台、转盘应可双向转动且转动平稳，无明显偏心和倾斜	√	
其他外观要求	桌面、椅（凳）面、椅背周边及其他接触人体的部位无毛刺、刃口、棱角	√	
	固定部位的结合应牢固无松动、无少件、漏钉、透钉（预留孔、选择孔除外），榫结合处应牢固，无松动和断榫	√	
	所有涂饰表面不得脱色、掉色	√	

[a] 表示单项中有 2 个以上（含 2 个）检验内容，若有 1 个以上（含 1 个）检验内容不符合要求时，应按 1 项不合格计数。若一般项目中某单项缺陷明显到足以影响产品质量时则作为基本项目判定。

5.4 理化性能

5.4.1 木材含水率

餐桌餐椅用木材应经干燥处理，木材含水率应不低于 8%，且不高于产品所在地区年平均木材平衡含水率（见附录 A）+1%。

5.4.2 表面理化性能

餐桌餐椅的表面理化性能应符合表 4 的规定。特殊试验条件及要求可由供需双方协定，在合同中明示。

表 4　表面理化性能

项　目		试验条件	要　求	试验方法
木制件漆膜	耐液	15%氯化钠，24 h	不低于 3 级	GB/T 4893.1—2005
		10%碳酸钠，24 h		
		10%乙酸，24 h		
		48%乙醇[a]，24 h		
		84 消毒液或有效氯含量为 5%次氯酸钠溶液[a]，24 h		
		标准餐具洗涤剂[b]，24 h		
	耐干热	85 ℃，20 min	不低于 2 级	GB/T 4893.3—2005
	耐湿热	85 ℃，20 min	不低于 2 级	GB/T 4893.2—2005
	耐冷热温差	热态：温度 40 ℃±2 ℃，相对湿度 98%～99%；冷态：温度 −20 ℃±2 ℃；冷热态循环：3 个周期	无鼓泡、裂纹和明显失光	GB/T 4893.7—1985
	附着力	交叉切割法	不低于 2 级	GB/T 4893.4—1985
	抗冲击	冲击高度 50 mm	不低于 3 级	GB/T 4893.9—1992
	耐磨	1 000 r	不低于 2 级	GB/T 4893.8—1985
	耐香烟灼烧	国产甲级香烟	无脱落状黑斑、裂纹、鼓泡	GB/T 17657—1999 中 4.40
金属喷漆(塑)涂层	硬度	铅笔法	不低于 H	GB/T 6739—2006
	耐冲击	冲击高度 400 mm	无裂纹、皱纹及剥落	GB/T 1732—1993
	耐腐蚀	3%氯化钠	100 h 内，溶剂中样板上划道两侧 3 mm 以外，应无气泡产生	GB/T 13667.1—2003 中 7.3.3.7
			100 h 后，样板上划道两侧 3 mm 以外，应无锈迹、剥落、起皱、变色和失光	
	附着力	划格试验	不低于 1 级	GB/T 9286—1998
金属电镀层	粗糙度	对比法	$Ra \leqslant 1.25\ \mu m$	QB/T 3814—1999 中 3.2
	抗盐雾	24 h	直径 1.5 mm 以下锈点≤20 点/dm^2，其中直径 1.0 mm 以上锈点不超过 5 点(距离边缘棱角 2 mm 以内的不计)	QB/T 3826—1999

表 4（续）

项目		试验条件	要求	试验方法
软、硬质覆面	耐液	15%氯化钠，24 h	不低于 3 级	GB/T 4893.1—2005
		10%碳酸钠，24 h		
		10%乙酸，24 h		
		48%乙醇[a]，24 h		
		84 消毒液或有效氯含量为 5%次氯酸钠溶液[a]，24 h		
		标准餐具洗涤剂[b]，24 h		
	耐冷热循环	热态：温度 80 ℃±2 ℃，时间 120 min±10 min；冷态：温度 −20 ℃±3 ℃，时间 120 min±10 min；冷热态循环：4 个周期	无裂缝、开裂、起皱、鼓泡	GB/T 17657—1999 中 4.31
	耐干热	180 ℃～105 ℃，20 min	无龟裂、无鼓泡	GB/T 17657—1999 中 4.42
	耐划痕[c]	加载 1.5 N	表面无整圈连续划痕	GB/T 17657—1999 中 4.29
	耐磨	图案 100 r	保留 50%以上花纹	GB/T 17657—1999 中 4.38
		素色 350 r	无露底现象	
	耐香烟灼烧	国产甲级香烟	无脱落状黑斑、裂纹、鼓泡	GB/T 17657—1999 中 4.40
	抗冲击	冲击高度 50 mm	不低于 3 级	GB/T 4893.9—1992
	耐光色牢度	对比法	不低于 4 级	GB/T 15102—2006 中 6.3.19
表面胶合强度[d]		最大破坏拉力试验	浸渍胶膜纸饰面人造板 ≥0.60 MPa	GB/T 15102—2006 中 6.3.8
			装饰单板贴面人造板 ≥0.40 MPa	GB/T 15104—2006 中 6.3.4

[a] 仅适用于商用型。

[b] 标准餐具洗涤剂按 GB 9985—2000 中 B1.4.3 配置。

[c] 仅适用于硬质覆面。

[d] 表面胶合强度是指贴面、覆面与基材的结合强度。

5.4.3 **玻璃耐热性能**

桌面和转台玻璃经玻璃耐热试验后应无裂痕、破损。

5.5 **力学性能**

餐桌餐椅的力学性能应符合表 5 的规定。商用型按 4 级试验水平，家用型按 3 级试验水平。特殊试验条件及要求可由供需双方协定，在合同中明示。

注：餐桌餐椅的力学性能试验水平选择表按 GB/T 10357.1—1989 中附录 A 的规定。

表5 力学性能

<table>
<tr><th colspan="2">项 目</th><th colspan="2">试 验 条 件</th><th>要 求</th><th>试验方法</th></tr>
<tr><td rowspan="6">桌类强度和耐久性[a]</td><td>桌面垂直静载荷</td><td>加载10次</td><td rowspan="3">加载力见GB/T 10357.1—1989试验项目汇总表</td><td rowspan="6">a) 零、部件应无断裂或豁裂；
b) 应为牢固的部件应无永久性松动；
c) 零、部件应无严重影响使用功能的磨损或变形；
d) 五金连接件应无松动；
e) 活动部件的开合应灵活、方便。</td><td rowspan="6">GB/T 10357.1—1989</td></tr>
<tr><td>桌面持续垂直静载荷</td><td>均布加载7 d,挠度≤0.4 mm</td></tr>
<tr><td>桌面水平静载荷</td><td>加载10次</td></tr>
<tr><td>桌面垂直冲击</td><td>冲击2次</td><td rowspan="2">跌落高度见GB/T 10357.1—1989试验项目汇总表</td></tr>
<tr><td>桌腿跌落</td><td>自由跌落10次</td></tr>
<tr><td>桌面水平耐久性</td><td>4个部位分别加载150 N</td><td>循环次数见GB/T 10357.1—1989试验项目汇总表</td></tr>
<tr><td>桌类稳定性</td><td>桌面垂直加载</td><td>在最不稳定桌边加载到规定值或至少一个桌腿离地</td><td>整体型载荷600 N,折叠型载荷200 N</td><td>无倾翻</td><td>GB/T 10357.7—1995</td></tr>
<tr><td rowspan="7">椅凳类强度和耐久性</td><td>座面静载荷</td><td>加载10次</td><td rowspan="2">加载力见GB/T 10357.3—1989试验项目汇总表</td><td rowspan="7">a) 零、部件应无断裂或豁裂；
b) 应为牢固的部件,试验后用手揿压,应无永久性松动；
c) 椅背、脚或其他部件的位移变化不应大于试验前实测的尺寸；
d) 应无严重影响产品外观质量的零、部件的变形或豁裂；
e) 试验期间不应发出清晰可辨的噪声。</td><td rowspan="7">GB/T 10357.3—1989</td></tr>
<tr><td>椅背静载荷</td><td>加载10次</td></tr>
<tr><td>椅腿向前静载荷</td><td>加载10次</td><td>加载力见GB/T 10357.3—1989试验项目汇总表</td></tr>
<tr><td>椅背冲击</td><td>冲击10次</td><td>冲击高度和冲击角度见GB/T 10357.3—1989试验项目汇总表</td></tr>
<tr><td>椅(凳)腿跌落</td><td>自由跌落10次</td><td>跌落高度见GB/T 10357.3—1989试验项目汇总表</td></tr>
<tr><td>座面耐久性</td><td>座面加载950 N</td><td rowspan="2">加载次数见GB/T 10357.3—1989试验项目汇总表</td></tr>
<tr><td>椅背耐久性</td><td>椅背载荷330 N,座面平衡载荷950 N</td></tr>
<tr><td rowspan="2">椅凳类稳定性</td><td>椅向后倾翻</td><td colspan="2">在座面中心线上离该线与椅背中心线相交点175 mm处垂直加载600 N,在椅背中心线上离该线与座面中心交点300 mm处水平向后加载直至倾翻</td><td rowspan="2">不大于GB/T 10357.2—1989附录A图表规定的力值</td><td rowspan="2">GB/T 10357.2—1989</td></tr>
<tr><td>凳子任意方向倾翻</td><td colspan="2">在凳面中心线离边沿50 mm部位垂直加载600 N,从凳面中心部位水平向外加载直至倾翻</td></tr>
</table>

表 5（续）

项目		试验条件		要求	试验方法
转台启动性、稳定性[b]	转台启动力矩	在转台上加载均布载荷，沿转台边缘切线方向施加水平拉力至开始转动		≤7.0 N·m	6.5.2
	转台单边载荷	在转台中心线上离边缘 100 mm 处加载 4.5 kg		转台与转盘或转盘与桌面无脱离，转台与桌面无接触	
转台冲击强度	转台垂直冲击	冲击 1 次	跌落高度见 GB/T 10357.1—1989 试验项目汇总表	转台、转盘无破损、裂痕，转动应灵活	6.5.3

[a] 试验时应将转台、转盘移去。

[b] 按 2 级试验水平。

5.6 **安全性**

5.6.1 餐桌餐椅用石材的放射性核素限量应符合 GB 6566—2001 中 A 类水平的规定。

5.6.2 餐桌餐椅用木制件的有害物质限量应符合 GB 18584 规定的要求。

5.6.3 餐桌餐椅用纺织面料甲醛含量应不低于 GB 18401—2003 中规定的 C 类产品要求。

注：5.4～5.6 均为基本项目。

6 试验方法

6.1 主要尺寸及尺寸偏差的测定

用每米精确度不低于±0.6 mm 的钢卷尺或钢直尺对安放在平板上或平整地面上的试件进行测试。餐桌餐椅主要尺寸的测量值与其标识值的差值即为相应的尺寸偏差。

6.2 形状和位置公差测定

6.2.1 翘曲度测定

用精确度不低于 0.1 mm 的翘曲度测定器具。测定时，将器具放置在试件的对角线上，测量试件的中点与基准直线的距离，取测量中的最大差值作为翘曲度的评定值。

6.2.2 邻边垂直度测定

采用分度值为 1 mm 的钢直尺或卷尺，测定矩形板件或框架的两对角线长度、对边长度，其差值的最大值为邻边垂直度测定值。

6.2.3 平整度测定

用精确度不低于 0.03 mm 的平整度测定器具。测定时，将器具放置在试件被测表面。同时选择不平整度最严重的三个部位，测量 0～150 mm 长度内与基准直线间距离，以其中一个最大值为平整度评定值。

6.2.4 分缝

采用塞尺测定。测量桌面开启使用状态下的分缝值，取其最大值作为分缝的评定值。

6.2.5 位差度测定

6.2.5.1 垂直位差度测定

用精确度不低于 0.1 mm 的位差度测定器，在桌面开启使用状态下测定。试验时应选择相邻两桌面垂直方向间距最大处，在该相邻桌面中任选一桌面为测量基准面，将器具的基面安放在测量基面上，器具的测量面对另一相邻桌面进行测量，取最大绝对值为垂直位差度的评定值。

6.2.5.2 水平位差度测定

用精确度不低于0.1 mm的游标卡尺，在桌面开启使用状态下测定。试验时应选择相邻两桌面水平方向错位最大处，取相邻桌面的最大错位距离值为水平位差度的评定值。

注：当有多个可独立开启使用的桌面时，应分别进行测量，取最大值作为水平位差度的评定值。

6.2.6 圆度测定

用精确度不低于0.05 mm的卡尺测量圆管弯曲段中部最大管径和最小管径，其差值即为圆度评定值。

6.2.7 底脚着地平稳性测定

将试件放置在平板上，使试件三脚着地，用塞尺测量另一底脚与平板间的距离。

6.3 外观检验

6.3.1 脱色、掉色检验

在餐桌餐椅外表或内部涂饰部位分别检验3个位置，徒手使用湿润的脱脂白纱布适当用力在每处来回揩擦3次，揩擦的往复距离为200 mm～300 mm。观察纱布上是否带有涂饰部位上的颜色。

6.3.2 其他外观检验项目检验

应在自然光下或光照度为300 lx～600 lx范围内的近似自然光(如40 W日光灯)下目视检验，视距为700 mm～1 000 mm内。有争议时由三人共同检验，以多数相同结论为检验结果。

6.4 理化性能试验

6.4.1 木材含水率测定

6.4.1.1 采用精确度不低于±1%的木材含水率测定仪进行测定。任选三个不同位置的部件，在每个部件上，选择距离部件边部100 mm以上的任意三点测定，记录最大值作为该部件的含水率。计算三个部件的含水率平均值，即为试件的木材含水率。

6.4.1.2 当对检验结果有异议或仲裁检验时，应按GB/T 1931的规定测定木材含水率。

6.4.2 表面理化性能试验

按表4规定的方法。

6.4.3 玻璃耐热性能试验

按附录B规定的方法。

6.5 力学性能试验

6.5.1 桌类强度和耐久性、桌类稳定性、椅凳类强度和耐久性、椅凳类稳定性试验

按表5规定的方法。

6.5.2 转台启动性、稳定性试验

6.5.2.1 试验条件

应符合GB/T 10357.7—1995中第3章的规定。

6.5.2.2 转台启动力矩测定

在转台上按1.0 kg/dm^2加载均布载荷，在转台边缘任一点逐渐施加通过该点的切向水平拉力，至开始转动为止。记录开始转动时的力F，按式(1)计算转台启动力矩P：

$$P = F \times d/2 \qquad (1)$$

式中：

P——转台启动力矩，单位为牛顿米(N·m)；

F——转台启动力，单位为牛顿(N)；

d——转台直径，单位为米(m)。

6.5.2.3 转台单边载荷试验

在转台任一中心线上离边缘100 mm处通过加载垫中心加4.5 kg载荷。

6.5.3 转台垂直冲击试验

按 GB/T 10357.1—1989 中 7.1.3 规定的方法冲击转台中心部位一次。

6.6 安全性试验

6.6.1 石材的放射性核素限量测定按 GB 6566—2001 规定的方法。

6.6.2 木制件的有害物质限量测定按 GB 18584 规定的方法。

6.6.3 纺织面料甲醛含量测定按 GB/T 2912.1 规定的方法。

7 检验规则

7.1 检验分类

检验分为出厂检验和型式检验。

7.2 出厂检验

7.2.1 出厂检验项目

出厂检验项目为 5.1～5.3、5.4.1。

7.2.2 抽样和组批规则

相同材料、相同工艺、同一时期生产的产品可作为一批产品。

抽样检验程序执行 GB/T 2828.1—2003 中规定，采用正常检验一次抽样，检验水平为一般检验水平Ⅱ，接收质量限(AQL)为 6.5，其抽样方案(批量、样本量、接收数及拒收数)见表 6。

表 6 抽样方案(批量、样本量、接收数及拒收数) 单位为件(套)

批　量	样　本　量	接收数(Ac)	拒收数(Re)
2～15	2	0	1
16～50	8	1	2
51～90	13	2	3
91～150	20	3	4
151～280	32	5	6
281～500	50	7	8
501～1 200	80	10	11
1 201～3 200	125	14	15

7.2.3 出厂检验结果的评定

7.2.3.1 单件产品的基本项目均合格且一般项目不合格项不大于 3 项，则该件产品为合格品，否则为不合格品。

7.2.3.2 成套产品中的每一件产品均为合格品，则该套产品为合格品，否则为不合格品。

7.2.3.3 批产品的评定，按表 6 规定抽取样品量中不合格品数小于或等于接收数(Ac)，则评定该批产品为合格批；不合格品数大于或等于拒收数(Re)，则评定该批产品为不合格批。

7.3 型式检验

7.3.1 型式检验项目

型式检验应包括第 5 章规定的全部项目。

注：合同约定不要求的项目除外。

7.3.2 型式检验条件

有下列情况之一时，应进行型式检验：

a) 新产品或老产品转厂生产的试制定型鉴定；

b) 正式生产后，如结构、材料、工艺有较大改变，可能影响产品性能时；

c) 正常生产时,定期或积累一定产量后,应周期性进行一次检验,检验周期一般为一年;

d) 产品长期停产后,恢复生产时;

e) 出厂检验结果与上次型式检验有较大差异时;

f) 国家质量监督机构提出进行型式检验的要求时。

7.3.3 型式检验抽样规则

在一个检验周期内,从近期生产的产品中随机抽取2件(套)样品,1件(套)送检,1件(套)封存。

7.3.4 型式检验结果的判定

按7.2.3.1和7.2.3.2规定进行评定。

7.3.5 复验规则

产品经型式检验为不合格的,可对封存的备用样品进行复验。对不合格项目及因试件损坏未检项目进行检验,按7.3.4的规定进行评定,并在检验结果中注明"复验"。

8 标志、包装、运输、贮存、使用说明

8.1 标志

8.1.1 产品标志至少应包括以下内容:产品名称、使用场合、主要尺寸、主要用料名称、执行标准编号、检验合格证明、生产日期、中文生产者名称和地址。

8.1.2 包装图示标志应符合GB/T 191的规定。

8.2 包装

产品应加以包装,防止磕碰、划伤和污损。

8.3 运输、贮存

8.3.1 产品在运输和贮存过程中应平整堆放,加以必要的防护,防止污染、虫蚀、受潮、曝晒。

8.3.2 贮存时应按类别、规格、等级分别堆放。

8.4 使用说明

产品使用说明的编写应按GB 5296.6的规定,内容至少应包括:

a) 产品名称、使用场合和结构特征;

b) 产品主要尺寸、执行标准编号;

c) 产品主要原辅材料名称;

d) 有害物质限量、石材放射性核素限量和纺织面料甲醛含量的控制指标;

e) 产品安装和调整技术要求、注意事项;

f) 产品使用方法、注意事项;

g) 产品故障分析、排除和保养方法。

附 录 A
（规范性附录）
我国各地区年平均木材平衡含水率

表 A.1 我国各省(区)、直辖市及主要城市年平均木材平衡含水率

各省市及城市名称	年平均平衡含水率/%	各省市及城市名称	年平均平衡含水率/%
北京[a]	11.4	乌鲁木齐	12.7
黑龙江[a]	13.6	宁夏[a]	10.6
哈尔滨	13.6	银川	11.8
齐齐哈尔	12.9	陕西[a]	12.8
佳木斯	13.7	西安	14.3
牡丹江	13.9	青海[a]	10.2
克山	14.36	西宁	11.5
吉林[a]	13.1	重庆[a]	15.9
长春	13.3	四川[a]	14.3
四平	13.2	成都	16.0
辽宁[a]	12.2	雅安	15.3
沈阳	13.4	康定	13.9
大连	13.0	宜宾	16.3
内蒙古[a]	11.1	甘肃[a]	11.1
呼和浩特	11.2	兰州	11.3
天津[a]	12.6	西藏[a]	10.6
山西[a]	11.4	拉萨	8.6
太原	11.7	昌都	10.3
河北[a]	11.5	贵州[a]	16.3
石家庄	11.8	贵阳	15.4
山东[a]	12.9	云南[a]	14.3
济南	11.7	昆明	13.5
青岛	14.4	上海[a]	16.0
河南[a]	13.2	江苏[a]	15.3
郑州	12.4	南京	14.9
洛阳	12.7	徐州	13.9
安徽[a]	14.9	福建[a]	15.7
合肥	14.8	福州	15.6
芜湖	15.8	永安	16.3
新疆[a]	10.0	厦门	15.2

表 A.1(续)

各省市及城市名称	年平均平衡含水率/%	各省市及城市名称	年平均平衡含水率/%
湖北[a]	15.0	崇安	15.0
武汉	15.4	南平	16.1
宜昌	15.4	广西[a]	15.5
浙江[a]	16.0	南宁	15.4
杭州	16.5	桂林	14.4
温州	17.3	广东[a]	15.9
江西[a]	15.6	广州	15.1
南昌	16.0	海南(海口)[a]	17.3
九江	15.8	台湾(台北)[a]	16.4
湖南[a]	16.0	香港[a]	暂缺
长沙	16.5	澳门[a]	暂缺
衡阳	16.8		

注:我国各省(区)、直辖市及主要城市年平均木材平衡含水率值主要参照了 GB/T 6491—1999 中表 A.1 和中国林业出版社 1998 年出版的《木材工业实用大全》之一的木材干燥卷中的 1.3.3 我国各地木材平衡含水率的年估计值。

[a] 表示我国各省(区)、直辖市。

附 录 B
（规范性附录）
玻璃耐热性能试验方法

B.1 原理

利用热负荷块模拟餐桌上放置的高温食物，用于检验桌面或转台玻璃在可能遇到的高温条件下所具有的耐热性能。

B.2 试验仪器与材料

B.2.1 温度计：应符合 GB/T 4893.3—2005 中 4.1 规定。

B.2.2 热源：应符合 GB/T 4893.3—2005 中 4.2 规定。

B.2.3 烘箱：应符合 GB/T 4893.3—2005 中 4.3 规定。

B.2.4 软湿布。

B.2.5 滤纸。

B.2.6 载荷：3.8 kg±0.1 kg。

B.2.7 隔热垫应符合 GB/T 4893.3—2005 中 4.5 规定。

B.3 试验温度

180 ℃。

B.4 试验区域

桌面或转台上距边缘 50 mm 以上的任何部位。

B.5 试验程序

B.5.1 将试件放入温度为(23±2)℃的环境中。

B.5.2 将温度计插入热源中心孔内。

B.5.3 打开烘箱，将热源升温到至少高于规定的试验温度 10 ℃。

B.5.4 用软湿布擦干净试件表面。

B.5.5 将滤纸放在试验区域中。

B.5.6 当热源温度高于规定的试验温度至少 10 ℃时，将热源移到隔热垫上。

B.5.7 当热源温度达到规定的试验温度±1 ℃时，立即将热源放到滤纸上，取下温度计并将载荷加在热源上。

B.5.8 20 min 后移开热源，用软湿布擦净试验区域。

B.5.9 检查试件有无裂痕、破损现象。

ICS 97.030
Y 60

GB

中华人民共和国国家标准

GB/T 24822—2009

家用和类似用途电器维修故障编码规范

The specifications for maintenance failure coding of household and similar electrical appliances

2009-12-15 发布　　　　2010-05-01 实施

中华人民共和国国家质量监督检验检疫总局
中国国家标准化管理委员会　发布

前言

本标准内容参照欧盟现行通用的故障码标准《CECED—IRIS REPAIR CODING SYSTEM》(欧洲家用电器协会-维修编码系统)的编码技术。

本标准附录A、附录B、附录C、附录D、附录E为规范性附录。

本标准由中国轻工业联合会提出。

本标准由全国家用电器标准化技术委员会(SAC/TC 46)归口。

本标准主要起草单位:海尔集团公司、江苏博西家用电器销售有限公司、樱花卫厨(中国)股份有限公司、中国家用电器研究院、广东万家乐燃气具有限公司、珠海格力电器股份有限公司、海信科龙电器股份有限公司、美的集团有限公司、宁波奥克斯空调有限公司、杭州奥普电器有限公司。

本标准主要起草人:万初谦、马德军、程道远、廖金柱、余少言、梁峰、王运伟、王海龙、白韦、李瑞山。

家用和类似用途电器维修故障编码规范

1 范围

本标准规定了家用和类似用途电器产品售后服务过程中所涉及到的信息来源、故障现象、服务类型、服务方式、故障原因、维修措施以及故障责任的信息编码及规则。

本标准适用于家用和类似用途电器售后服务过程中所涉及到的信息编码。

2 术语和定义

下列术语和定义适用于本标准。

2.1

编码 coding

根据一定的协议或格式把信息转换成代码的过程。

2.2

数字码 number code

采用数字字符集(0～9)作为各个码位的有效字符。

2.3

字母码 letter code

采用大写或小写英文字母字符集(A～Z,a～z)作为各个码位的有效字符。通常情况下大小写字符不混合使用。

2.4

混合码 mixed code

同时采用数字字符集和字母字符集混合作为各个码位的有效字符。

3 故障编码体系

3.1 故障编码体系主要用以记录服务过程中的所涉及到的相互关联、相互作用的关键信息的编码,包括:用户信息码、产品信息码、故障维修信息码、配件信息码等。

3.2 用户信息码记录用户的相关信息,主要包括:国家及地区、姓名、电话、邮箱、地址、邮编等信息。

3.3 产品信息码记录产品相关信息,主要包括:产品、系列、型号、出厂编号、购买日期、安装日期、报修日期等。

3.4 故障维修信息码记录服务过程及结果的相关信息,主要包括:信息来源、故障现象、服务类型、服务方式、故障原因、维修措施以及故障责任等。

3.5 配件信息码记录服务过程中使用到的配件的相关信息,主要包括:配件名称、配件编码等。

4 故障维修信息码编码规则

4.1 分类

故障维修信息码包括信息来源码、状态码、症状码、服务类型码、服务方式码、故障码、维修码以及责任码,共8类。

4.2 信息来源码

4.2.1 信息来源码为通用编码,用以标记要求服务用户的类型。

4.2.2 信息来源码为1位数字码,共4类,见表1。

表 1　信息来源码

序号	编码	用户类型
1	0	个人用户
2	1	单位(包含工程用户)
3	2	商场
4	3	仓库

4.3　状态码

4.3.1　状态码为通用编码,用以标记用户要求服务的产品发生故障时所处状态(如:正在工作、通电、断电等)。

4.3.2　状态码为 1 位编码,具体见附录 A 的表 A.1。

4.3.3　扩展状态码为 3 位混合码,包括位置和运行模式,故障发生在何时何处等,具体见附录 B 的表 B.1。

4.4　症状码

4.4.1　症状码为通用编码,用以标记用户要求服务产品时所描述的故障现象。

4.4.2　症状码为 3 位混合码,第 1、2 位编码为分类编码,第 3 位为序列号,具体见附录 C 的表 C.1。

4.5　服务类型码

4.5.1　服务类型码为通用编码,用以标记服务类型的编码。

4.5.2　服务类型码为 2 位数字码,具体见表 2。

表 2　服务类型码

序号	编码	服务类型
1	01	维修
2	02	安装
3	03	调试
4	04	退机
5	05	换机
6	10	鉴定
7	11	接机[a]
8	12	移机
9	13	咨询
10	14	安装设计
11	15	保养

[a] 指负责收集报修产品并运送至集中维修地点的服务类型。

4.6　服务方式码

4.6.1　服务方式码为通用编码,用以标记服务方式的编码。

4.6.2　服务方式码为 1 位数字码,具体见表 3。

表 3 服务方式码

序号	服务方式编码	服务方式	描 述
1	1	电话	通过电话与用户沟通，解决用户的疑问或者指导用户进行操作，排除故障的方式
2	2	送修	用户将需要服务的产品送到厂家或者厂家指定的服务商进行维修的方式
3	3	上门	工程师经判断后，需要到用户现场服务的方式

4.7 故障码

4.7.1 故障码为通用编码，用以标记用户要求服务产品故障原因的编码。

4.7.2 故障码为3位混合码，分别表示对应的故障原因，第1位表示故障类型，第2、3位为序列号，具体见附录D的表D.1。

4.8 维修码

4.8.1 维修码为通用编码，用以标记针对故障采取的维修措施的编码。

4.8.2 维修码为2位混合码，分别表示对应的维修措施，第1位表示维修类型，第2位为序列号，具体见附录E的表E.1。

4.9 责任码

4.9.1 责任码为通用编码，用以标记故障责任类别的编码。

4.9.2 责任码为1位数字码，为分类编码，主要分为7个类别，具体如表4所示。

表 4 责任码

序号	编码	故障责任类别	描 述
1	1	工厂类	因工厂责任（包括：设计、部件、制造等）造成的故障
2	2	储运类	因储运责任（包括：仓储、运输、装卸等）造成的故障
3	3	售后类	因售后维修不当/维修不彻底造成的故障
4	4	安装类	因安装不当造成的故障
5	5	销售类	因销售过程推荐不当造成的问题
6	6	使用环境类	因使用环境不符合产品设计要求造成的问题
7	7	使用不当类	因使用不当造成的问题

附 录 A
（规范性附录）
维修编码系统　状态代码表

表 A.1　状态代码表

主要状态编码　MAIN CONDITION			
代码	描　述	代码	描　述
1	经常 constantly	E	只在一个通道 only on one channel
2	偶然 intermittently	F	只在某种输入状态下 only with certain input(s)
3	工作一段时间后 after a while	G	只在某种输出状态下 only with certain output(s)
4	高温环境 in a hot environment	H	在待机/关机状态 in standby/off mode
5	低温环境 in a cold environment	K	接通 when interconnected
6	开机时 at switch on	L	液体污染 liquid contamination
7	震动 under vibration	O	在高压/高负载情况下 under stressed conditions/high load
8	在潮湿/雨雪的环境下 in a damp/wet/rainy/snowy environment	P	关机时 at switch off
9	在干燥的环境下 in a dry environment	Q	在脏的环境下 in a dirty environment
A	跌落后 after being dropped/transport damage	R	在网络控制时 during network control
B	雷击 after lightening strike	S	在睡眠状态时 during sleep mode
C	特定状态/软件/模式/频段/频率/波段/网络 only certain station(s)/software/mode/channels/frequency/band/network(s)	T	切换某功能时 during changing function
D	仅在特定环境下 only on certain standards	U	在开箱时 when opened carton

附 录 B
（规范性附录）
维修编码系统 扩展状态码表

表 B.1 扩展状态码表

扩展状态编码 EXTENDED CONDITION					
	代码	描 述		代码	描 述
(部位/部分)POSITION	X11	门部分 at door	(部位/部分)POSITION	X1K	前面中部 at front middle
	X12	冲洗部分 at washing chamber		X1L	前面右侧 at front right
	X13	过滤部分 at filter section		X1X	其他特别部分 other specific location
	X14	抽屉部分 at drawer	(洗涤/烘干/洗碗)WASHING/DRYING/DISHWASHING	X21	进水时/通气时 during filling
	X15	输入部分 at input section		X22	预洗时 during prewashing
	X16	输出部分 at output section		X23	前(预备)漂洗时 during prerinsing
	X17	顶部 at upper side		X24	洗涤/清洗时 during washing/cleaning
	X18	底部 at lower side		X25	制热时 during heating
	X19	前面 at front side		X26	漂洗时 during rinsing
	X1A	后面 at rear side		X27	最后漂洗时/最后清洗时 during postrinsing/clearrinsing
	X1B	左侧 at left side		X28	排水泵排水时 while pumping out
	X1C	右侧 at right side		X2A	脱水时 during spinning
	X1D	内部/内侧 at inner side		X2B	烘干 during drying
	X1E	外部/外侧 at outer side		X2C	水桶旋转时 while drum is turning
	X1F	后面左侧 at back left		X2D	水桶停时 while drum is stopped
	X1G	后面中部 at back middle		X2E	自然排水时 while taking water
	X1H	后面右侧 at back right		X2X	其他特别状态时(洗涤或操作过程中) other specific point in washing、dishwashing program or operation
	X1J	前面左侧 at front left			

表 B.1(续)

扩展状态编码 EXTENDED CONDITION					
	代码	描　　述		代码	描　　述
(移动电话)MOBIL PHONE	X51	在通话状态 in communicating mode	(冷冻/制冷/制热)FREEZING/COOLING/HEATING	X4G	在遥控调节时 during wireless remote control mode
	X52	在操作按键状态 in operating mode		X4H	在线控调节时 during wired remote control mode
	X53	在特定网络运营商 in special service supplier mode		X4I	在手动调节时 during manual control mode
	X54	在待机状态 in standby mode		X4J	在开单机时 for single unit
	X55	在行车状态 in car mode		X4K	在开双机时 for double unit
	X56	在充电状态 in charge mode		X4L	在全开时 for multi unit
	X57	翻盖时 during cover open/close		X41	制冰/碎冰时 during ice making/crushing
(做饭/烧烤)COOKING	X31	开关门时 while opening or closing the door or tray		X42	制冰汇水时 during water dispensing
	X32	烧烤运行时 during oven operation		X43	结霜时 during super-frost
	X33	微波运行时 during microwave operation		X44	除霜时 during defrosting
	X34	铁板运行时 during hotplate operation		X45	制冷时 during cooling
	X35	烤肉时 during roasting		X46	送风时 while running fan
	X36	烤面包时 during baking		X47	压缩机停时 during compressor stopped
	X37	网烤时 during grilling		X4X	冰箱/冷柜其他特殊状态时 other specific point in refrigerator/freezer problem or operation
	X38	自我清洗时 during self cleaning		X4A	制热时 during heating
	X3X	其他特殊状态时 other specific point in cooking program or operation		X4B	制氧时 during producing oxygen
				X4C	在健康状态时 during health mode(minusion)
				X4D	在换新风时 during ventilation mode
				X4E	在加湿时 during humidification mode
				X4F	在除湿时 during dehumidification mode

附 录 C
（规范性附录）
维修编码系统 症状码表

表 C.1 症状码表

	代码	描述	代码	描述	代码	描述
	1	不工作 NO ACTION	2	程度 LEVEL	3	质量 QUALITY
1	110	电源问题或不工作 POWER PROBLEM OR NOT OPERATING	120	充电问题 CHARGING PROBLEM	130	显示功能问题 DISPLAY FUNCTION PROBLEM
(通用)COMMON (一般的问题)GENERAL PROBLEM	111	无电 no power	121	电池不充电 no battery charging	131	显示错误/不全(含定时/计数) faulty display(timer/counter)
	112	当使用交流电时无电 no power when using ac adaptor	122	电池充不满 imcomplete battery charge	132	灯/液晶显示屏操作故障 faulty lamp/LED operation
	113	当使用干电池时无电 no power when using dry batteries	123	充电时间过长 charging time too long	133	电表计操作故障 faulty level meter operation
	114	当使用充电电池时无电 no power when using rechargeable batteries			134	黑屏/屏幕不显示 faulty on screen display
	115	太阳能电池无电 no power from solar cell			135	电子调谐显示故障 tuning display fault
	116	当使用车载电池时无电 no power when using a car battery			138	告警/错误显示故障 faulty alarm or error display
	117	工作时间短/电池寿命短 short operation time/short battery life			139	显示暗/太黑 display dim or too dark
	118	无法关机 power off function not working			13A	屏幕乱码/错误信息显示 incorrect message in display
	119	待机状态不能开机 no switching on from standby			13B	无背景光 no backlight
	11A	通电,但不工作 power on but no operation			13C	报警声音,无显示 beeps (acoustic signal), no display
	11B	开机/关机频繁 cyclic power on and off			13D	报警灯不工作 warning light does not work
	11C	插电跳闸/用户跳闸 external fuse blow			13E	报警灯闪烁 warning light lights up
	11D	机器自动关机(异常) set power off by itself(abnormal)			13F	按键灯不亮 keypad LED does not light up
	11E	备用电池问题 back-up battery problem				
	11F	不工作/不启动 not operating				
	11G	不能自动开/关 cannot automatic switch on or off				
	11H	保护开关跳/保险丝烧 protection switch or fuse operates				

表 C.1(续)

	代码	描　述	代码	描　述	代码	描　述
	4	噪声　NOISE	5	不稳定　UNSTABLE	6	物理问题　PHYSICAL PROBLEMS
1	140	不正常的噪声 ABNORMAL NOISE	150	遥控问题 REMOTE CONTROL PROBLEM	160	物理损坏 PHYSICAL DAMAGE
(一般的问题)GENERAL PROBLEM (通用)COMMON	141	显像管放电噪声 CRT discharging noise	151	无遥控操作 no remote control operation	161	机壳损坏/变形 damaged/deformed cabinet
	142	高压放电噪声 EHT discharging noise	152	遥控操作不正常 incorrect remote control operation	162	把手/夹具损坏(松动、掉) damaged handle/clip
	143	机壳噪声/边框破裂声 noisy cabinet/cracking panes	153	遥控选择程序/学习模式问题 remote control programming/learning mode problem	163	控制旋钮/按键/键盘损坏 damaged control knob(s)/button(s)/keypad
	144	变压器噪声/嗡嗡声 noisy transformer/humming	154	遥控灵敏度差 poor remote control sensitivity	164	门/盖板损坏 damaged door/cover
	145	元件噪声 noisy component(s)			165	封口损坏 damaged seal
	146	喀啦声 rattle			166	插头/端子/连接器损坏 damaged plug/socket/terminal connector
	147	滴答声 clicking			168	针头/唱针损坏 damaged cartridge or stylus
	148	时钟噪声 clock noise			169	天线损坏 damaged antenna
	149	破裂声 cracking			16A	显像管\取景器\液晶显示器损坏 damaged CRT/viewfinder/LCD display
	14A	口哨声 whistling			16B	缺件 missing component(s) or ornamental part(s)
					16C	印刷商标被抹掉/剥落 printed markings erased/peeled off
					16D	机器着火/冒烟 set burning/emits smoke
					16E	外表面损坏点(剥落/生锈/擦痕/麻点) external surface damage(bubbling/peeling/rustins/scratched)
					16G	支架不牢固/支架损坏 weak/damaged stand
					16H	扬声器/蜂鸣器损坏 damaged speaker

表 C.1(续)

	代码	描　述	代码	描　述	代码	描　述
	6	物理问题 PHYSICAL PROBLEMS	7	特殊功能 SPECIAL FUNCTION		
1	160	物理损坏 PHYSICAL DAMAGE	170	一般功能问题 GENERAL FUNCTION PROBLEM		
(通用)COMMON (一般的问题)GENERAL PROBLEM	16J	机器变得很热/零件融化 set gets very hot/parts melting	171	时钟故障 faulty clock function	17L	休眠/暂停模式故障 faulty hibernation/suspend mode
	16K	机器内/外有异物 foreign substance on/in unit	172	待机故障 faulty sleep function	17M	状态切换有故障 faulty mode switching
	16L	有烧过的痕迹 burning marks	173	定时器故障 faulty timer programming	17N	菜单(目次)功能故障 faulty menu function
	16M	内表面损坏(剥落/生锈/擦痕) internal surface damage(bubling/peeling/rustins/scratched)	174	定时器操作故障 faulty timer operation	17O	内部照明灯不亮 no interior lighting
	16N	电源线损坏 damaged power cable	175	软件编程/用户调整问题 programming/user adjustment problem	17P	人工智慧失效 faulty wisdom function
	16P	附件损坏 damaged accessory	178	存储功能故障 faulty memory function	17Q	语音不清 pronunciation not clear
	16R	变色 discoloration	17B	电击/静电 electric shock/static	17R	录音功能失效 faulty recording function
			17D	语言/字符设置错误 wrong language/character set	17S	无动画屏保 faulty screen server
			17E	显示 F4、E5 等出错信息 error code appears in display	17U	游戏故障 faulty game function
			17F	开关/按键失灵 switch/keypad not operating	17Y	闹钟故障 faulty clock alarm function
			17G	踏板不起作用 pedal not operating		
			17H	待机模式故障 faulty standby mode		
			17K	没有声音报警信号 no audible warning signal		

表 C.1(续)

		代码	描　　述	代码	描　　述	代码	描　　述
		8	其他条件 OTHER CONDITIONS	9	特殊类别 SPECIAL CATEGORIE		
1		180	特殊要求 SPECIAL REQUIREMENTS	190	特殊症状 SPECIAL SYMP TOM		
(通用)COMMON	(一般的问题)GENERAL PROBLEM	181	测试和检查 test and check	191	有烧焦的异味 burning smell		
		182	一般检查 general overhaul	192	有油脂异味 greasy smell		
		183	系统/频率转换 system/frequency conversion	193	有橡胶异味 rubber smell		
		184	初始化调整/安装请求 initial setup/installation requested	194	有污水/废水的异味 rotten/waste water smell		
		185	调整改变电路 modification circuit change	195	有塑料异味 plastic smell		
		186	纸箱中装入错误的机器 wrong set in carton	196	有氯气异味 chloric smell		
		187	附件缺失/多件 wrong/missing accessory	197	有清洁剂异味 purifier smell		
		188	无法连接部件 unable to connect parts	198	有煤气异味 gas smell		
		189	颜色错 wrong color	199	有氨水异味 ammonia smell		
		18A	颜色不搭配 color mismatch	19A	有燃油异味 fuel oil smell		
		18B	更改门方向 change open mode	19B	有煤油异味 soot smell		
		18C	要求指导使用 require instruction	19C	有臭氧异味 ozone smell		
		18Z	症状未出现(送修) symptom not available (use only reception)	19D	额定参数超标 rating parameter overflow		
				19E	耗电量超标 energy consumption overflow		
				19F	尺寸偏差 dimension warp		
				19G	位置偏差 position warp		
				19Y	抗干扰差 EMC/EMI emission		
				19Z	漏电 electrical leaking		

表 C.1(续)

	代码	描　　述	代码	描　　述	代码	描　　述
6	610	机械操作问题 NO MECHANICAL OPERATION	620	不规则机械操作 IRREGULAR OPERATION	64D	喀哒喀哒声 rattling
(通用)COMMON (机构的问题)MECHANICAL PROBLEM	611	电机/磁盘/软盘不转 no rotation of motor/disc	621	不规则旋转 irregular rotation	650	机械不稳定问题 MECHANICALLY UNSTABLE PROBLEM
	612	无正向运转 no forward operation	622	不规则正向模式 irregular forward mode	651	底角不平 uneven feet
	613	无反向运转 no reverse operation	623	不规则反向倒退操作 irregular reverse operation	652	接插/铰链 不好 faulty hinge
	615	不加载 not loading	625	不规则的加载 irregular loading	653	振动/跳动 vibrating/jumping
	616	不卸载或不退带 no unloading or ejection	626	不规则卸载或退带 irregular unloading or ejecting	654	部件松/不到位/不正 part(s) loose
	617	无自动关机操作/不制动 no auto shut off operation	627	不规则自动关机操作 irregular auto shut-off operation	655	滑轮/角轮损坏 damaged wheel(s)
	61B	控制/开关不起作用 control/switch not working	62A	不规则方向改变 irregular direction change	656	不在一个水平面 door not parallelism
	630	速度问题 SPEED PROBLEM	640	机械噪声 MECHANICAL NOISE	660	物理损坏 PHYSICAL DAMAGE
	631	速度太快 speed too fast	641	旋转噪声/磁鼓(水桶)噪声 rotation noise/drum noise	661	水管脱落 hose falls off
	632	速度太慢 speed too slow	642	电机噪声 motor noise		
	633	速度不可调 speed unadjustable	643	卷带/播送噪音 wind/air noise		
			644	振鸣声 squealing noise		
			645	风扇噪声 fan noise		
			648	齿轮噪声 gear noise		
			649	控制或开关噪声 control or switch noisy		
			64A	摩擦声 grinding		
			64B	隆隆声 rumbling		
			64C	振动声 vibration noise		

表 C.1(续)

	代码	描述	代码	描述
6	670	机械操作问题 MECHANICAL OPERATION PROBLEM	690	门/盖坏 DAMAGED DOOR/LID
(通用)COMMON (机构的问题)MECHANICAL PROBLEM	671	开始/停止操作故障 faulty start/stop operation	691	仪表板损坏 damaged door panel
	67C	结束检测故障 faulty end detection	692	低温箱盖子损坏 damaged freezer compartment lid
			693	门无法完全关上 door does not close properly
			694	门无法打开/费力 door cannot be/heavy opened
			695	门封损坏 damaged door gasket
			696	门框损坏 damaged door frame
			697	门玻璃损坏 damaged door glass
			698	门掉落 door falls off
			699	门开关不好 faulty door switch
			69A	门偏 door slanted
			69B	铰链/接插损坏 damaged hinge
			69C	门锁装置损坏 malfunctioning door locking device
			69D	开/关门时有噪音 noise when opening/closing door

表 C.1(续)

	代码	描　　述	代码	描　　述	代码	描　　述
A	A10	功能异常 NO FUNCTION	A20	工作问题 OPERATION PROBLEM	A30	洗涤/清扫质量问题 WASHING/CLEANING QUALITY PROBLEM
(洗涤/烘干)WASHING/DRYING (滚筒/洗衣/洗碗/水沸)WASHING/DRYING DISHWASHER/WATER HEATER	A11	不制热/不加热 no heating	A21	水排不净 pumping out improperly	A31	洗不干净 not clean
	A12	不排水/不出水 no water draining/pumping out	A22	进水慢 insufficient water inlet	A32	茶/咖啡残留 tea and coffee stains
	A13	不漂洗/水不循环 no rinsing/no circulation	A23	烘不干/脱水无力 insufficient drying/spinning	A33	石灰残留 lime deposits
	A14	不烘干 no drying	A24	盐太多 excessive salt consumption	A34	食品残留 food rests
	A15	盐不能注入 no salt consumption	A25	漂白/柔软剂太多 excessive clear rinse consumption	A35	粒状物残留 granular deposits
	A16	漂白/柔软剂不能注入 no clear rinse/softening agent consumption	A26	洗涤剂消耗过量 excessive detergent consumption	A36	玻璃器具未洗净 dim and dull glasses
	A17	洗涤剂不能注入 no detergent consumption	A27	水使用量太多 takes excessive water	A37	餐具未洗净 stripes/stains on tableware
	A18	不进水 no water inlet	A28	程序运行太快/慢 program flow too fast/slow	A38	金属生锈 rust on cutlery
	A19	不排气 no air drain	A29	柔软剂盒积水 water in soft rinsing chamber	A39	衣服洗涤皱 wrinkled laundry
	A1A	不蓄水 no water in container	A2A	脱水不正常 improper spinning	A3A	衣服烘焦 burnt laundry
	A1B	不脱水 no spinning	A2B	旋钮紧/卡住 program knob remains in every position	A3B	衣服热并且干燥 laundry hot and dry
	A1C	机器运行中停止 stops during program flow	A2C	洗涤剂有残留 takes detergent only partially	A3C	衣服热并且湿 laundry hot and damp
	A1D	机器不能停止 continues via stop	A2D	机器刚开始工作柔软剂马上供给 takes softening agent immediately	A3D	衣服洗破 laundry damaged
	A1F	程序停止后电机仍然工作 program stops and pumps constantly	A2E	边进水边排水 water enters and drains immediately	A40	噪音 NOISE
	A1G	进水不止 water inlet not stopped	A2F	加热不正常 improper heating	A41	泡/沸腾音 bubbling/boiling
	A1H	干烧/无水加热 heating up without water	A2G	烘干时间太长 drying time too long	A42	共振的噪音 murmuring
	A1J	无水流出/堵塞 no water through flow/blockage	A2H	排水慢 insufficient water drains	A43	呻吟音 gurgling
					A44	脱水噪音 spinning noise
					A45	抽水/汲水噪音 pumping noise

表 C.1(续)

	代码	描　述		代码	描　述	代码	描　述
A	A50	漏 LEAKAGE	B	B10	功能异常 NO FUNCTION	B20	工作问题 OPERATION PROBLEM
(洗涤/烘干)WASHING/DRYING (滚筒/洗衣/洗碗/水沸)WASHING/DRYING DISHWASHER/WATER HEATER	A51	漏水 water leakage	(冷却/暖气/加热)COOLING/HEATING (冷柜/冰箱/空调/风扇/熨斗)COOLING,HEATING,VENTILATION,HOOD,AIR-CON,IRON	B11	不制冷 no cooling	B21	制冷效果差 insufficient cooling
	A52	蒸气漏 steam emission		B12	不冷冻 no freezing	B22	冷冻效果差 insufficient freezing
	A53	漏泡沫 foaming		B13	不制热 no warming up	B23	制热差 insufficient heating up
	A54	水软管损坏 damaged hose		B14	温度不能调整 temperature not adjustable	B24	蒸汽不足 insufficient steam
	A55	漏气 air emission		B15	无蒸汽 no steam production	B25	制冷过头/冷藏结冰/结冰 excessive cooling
	A56	过滤器损坏 damaged fluff filter		B16	不除霜 no defrosting	B26	冷冻室制冷过头 excessive freezing
	A57	机盖损坏/打开(异常) drum lid damaged/opened		B17	不除湿 no dehumidification	B27	加热过头 excessive heating up
	A58	桶卡住 drum blocked		B18	风扇不工作 no fan operation	B28	加湿过头 excessive steam
	A59	臭氧漏 ozone emission		B19	通风不好 ventilator does not switch off	B29	风量不足 insufficient ventilation power
	A5A	串水 water mixing		B1A	不能制冰 no ice production	B2A	风向不能调整或不复位 windboard only at one side
	A60	部件损坏 DAMAGED PARTS		B1B	不能碎冰 no crushed ice production	B2B	风量不能调整 ventilation power not adjustable
	A61	餐具架子损坏 damaged tableware basket		B1C	不能制冷饮 no cold water production	B2C	压缩机不停 compressor operating all the time
	A62	柔软剂盒子/盖损坏 damaged rinse aid chamber/cover		B1D	只单机工作 only one unit is normal	B2D	空气清净不充分 insufficient filter operation
	A63	洗涤剂盒子/盖损坏 damaged detergent chamber/cover		B30	质量问题 QUALITY PROBLEM	B40	水/冰/噪音问题 WATER/ICE/NOISE PROBLEM
				B31	熨斗布焦 ironing cloth burnt	B41	机器内部结霜 condensation inside cabinet
				B32	吹出白色粉末 blown out white powder	B42	结冰 ice build up
						B43	吱吱声音 sizzling noise
						B44	机器内有水滴 water inside cabinet
						B45	外壳凝露 dew congeal on the crust

表 C.1(续)

	代码	描　述		代码	描　述	代码	描　述
B	B50	漏 LEAKAGE	C	C10	功能异常 NO FUNCTION	C20	工作问题 OPERATION PROBLEM
(冷却/加热)COOLING/HEATING (冷柜/冰箱/空调/风扇/熨斗)FREEZER,REFRIGERATOR,VENTILATION,HOOD,AIR-CON,IRON	B51	漏燃料/漏油 fuel,oil leakage	(做饭)COOKING 用燃气/电/微波做饭 COOKING(GAS/ELECTRICAL/MICROWAVE)	C11	不加热 oven does not warm up	C21	加热不均 uneven cooking
	B52	掉灰尘/漏灰 soot leakage		C12	加热部件不工作 heating element does not work	C22	调整器不工作 regulators don't work
	B53	冒烟 smoke emission		C13	全部炉头不工作 all hot plates do not work	C23	一个调整器不工作 one regulator doesn't work
	B54	漏风 air emission		C14	一个炉头不工作 one hot plate does not work	C24	回火/火焰质量不好 unstable/bad flames
	B60	部件损坏 DAMAGED PARTS		C15	附加炉头不工作 hot plate extension does not work	C25	(微波,燃气灶)加热不足 insufficient heating up(hob)
	B61	蒸发器损坏 damaged evaporator		C16	热气循环不动作 hot air circulation defective	C26	(微波,燃气灶)加热过多 excessive heating up(hob)
	B62	温度调整器坏 temperature adjustment stuck		C17	微波部分不动作 microwave section defective	C27	(烤炉)加热不足 insufficient heating(oven)
	B63	选择开关坏 selection switch defective		C18	烤炉部分不动作 grill defective	C28	(烤炉)加热过多 excessive heating(oven)
	B64	过滤装置损坏 filter holder defective		C19	不点火 no ignition	C29	做饭时间太长 cooking time too long
	B65	熨斗台不稳定 ironing platform does not fit		C1A	搅拌器/搅拌扇叶不转 no rotation of stirrer	C2A	烤面包的时间太长 baking time too long
	B66	熨斗台倾斜 ironing platform slanted		C1B	喷淋器/转盘不转 no rotation of turntable/deflector	C2B	冷却风扇运转时间过长 cooling fan running too long
	B67	冷凝器损坏 damaged condenser		C1C	再加热不工作 no heat residual indication	C2C	冒火 flame goes out

表 C.1（续）

	代码	描　述	代码	描　述	代码	描　述
C	C30	做饭/烘焙质量问题 COOKING/BAKING QUALITY PROBLEM	C60	部件损坏 DAMAGED PARTS	C70	煤气关联问题 GAS CIRCUIT PROBLEM
（做饭）COOKING 用燃气/电/微波做饭 COOKING(GAS/ELECTRICAL/MICROWAVE)	C31	做饭质量不好 bad cooking/baking performance	C61	做饭板/网 损坏 defective cooking plate grid	C71	煤气软管损坏 gas hose damaged
	C32	食物焦 food burnt	C62	热板倾斜 hot plate slanted	C72	煤气连接器损坏 gas socket damaged
	C33	烤成褐色 uneven browning results	C63	加热架子 损坏/锈/变色 damaged/stained/discoloured hob	C73	压力调整器损坏 pressure regulator damaged
	C40	噪音 NOISE	C64	烤炉点火开关损坏 oven ignition switch damaged	C74	煤气通气管损坏 gas cylinder damaged
	C41	嘶嘶噪音/呲呲噪音 hissing/sizzling noise	C65	热板点火开关损坏 hot plate ignition switch damaged	C75	煤气阀损坏 gas valve damaged
	C50	漏 LEAKAGE	C66	烤炉开关损坏 oven switch damaged	C76	煤气点火装置损坏 gas ignition device damaged
	C51	漏气/漏热气 heat emission/leakage	C67	开关变色 discoloured switch(es)		
	C52	门玻璃 水滴/结露 damp/condensation/dirt on door glass	C68	闪光/打火 flashing/sparking visible		
	C53	冒黑烟 smoke emission	C69	热电偶/温度传感器损坏 damaged temperature sensor		

表 C.1（续）

	代码	描　述	代码	描　述	代码	描　述
2	210	不接收 NO RECEPTION	220	接收不好 POOR RECEPTION	230	传输问题 TRANSMISSION PROBLEM
AV（通信问题）COMMUNICATION	211	无 AM(调幅) no AM reception	221	AM(调幅) 接收不好 poor AM reception	231	不传输 no transmission
	212	无 FM(调频) no FM reception	222	FM(调频) 接收不好 poor FM reception	232	传输不好 poor transmission
	213	无 SW(短波) no SW reception	223	SW(短波) 接收不好 poor SW reception	233	传输电平过高 transmission level too high
	214	无 VHF(特高频) no VHF reception	224	VHF 接收不好 poor VHF reception	234	基站(或网络)与手机之间不传输 no transmission between base unit(or network) and handset
	215	无 UHF(超高频) no UHF reception	225	UHF 接收不好 poor UHF reception	235	基站(或网络)与手机之间传输不好 poor transmission between base unit (or network) and handset
	216	无 BS(卫星电视) no BS reception	226	BS 接收不好 poor BS reception	236	不能使用红外传输 no ir transmission
	217	无 CS(卫星通信) no CS reception	227	CS 接收不好 poor CS reception	237	单向连接 one-sided connection
	218	无 HDTV(高清晰度电视) no HDTV reception	228	HDTV 接收不好 poor HDTV reception	238	连接后调制解调器挂断 modem hangs up once connected
	219	无 GPS(全球定位系统) no GPS reception	229	GPS/QPS 接收不好 poor GPS/QPS reception	240	接收/传输噪声 NOISY RECEPTION/ TRANSMISSION PROBLEM
	21A	接收不到数字广播 no reception of digital broadcasting	22A	数字广播接收不好 poor reception of digital broadcasting	241	线路噪声 line noise
	21B	无红外接收/发射 no IR reception/emission	22B	红外接收不好 poor IR reception	242	振荡 overmodulation noise
	21C	无调制解调器连接 no modem connection			243	台间干扰 interstation interference
	21D	调制解调器无回应/无载波/连接不上网络 modem not answering/no carrier/ no network connection				

表 C.1（续）

	代码	描　述	代码	描　述	代码	描　述
2	250	接收/传输不稳定 UNSTABLE RECEPTION/ TRANSMISSION PROBLEM	270	特殊通信问题 SPECIAL COMMUNICATION PROBLEM	280	特殊接收问题 SPECIAL RECEPTION PROBLEM
AV (通信)COMMUNICATION	251	调谐飘移 tuning drift	27D	调制解调器没有拨号音 no modem dial tone	281	立体声接收故障 faulty stereo reception
	252	衰落 fading	27T	不能自动重拨 faulty auto-redial function	282	主信道(A) 功能故障 faulty main channel(a) function
	253	信号接收有时中断 intermittent line/linebreaking off	27V	不读卡 does not recognize SIM card	283	子信道(B) 功能故障 faulty sub channel(b) function
	260	调谐问题 TUNING PROBLEM	27Z	网络不配合 imparity net service	284	SBB 接收故障 faulty SBB reception
	261	手动调谐问题 manual tuning problem	271	拨号故障 faulty dialing	285	RDS/VPS/XDS 操作故障 faulty RDS/VPS/XDS operation
	262	自动调谐问题 automatic tuning problem	272	频道选择故障 faulty channel selection	286	图文接收/关闭字幕接收故障 faulty teletext/close caption reception
	263	调谐不正确 incorrect tuning	273	自动应答操作故障 faulty auto-answer operation	287	卫星/无线电报接收故障 faulty satellite/RTTY reception
	264	调谐存储问题 tuning memory problem	274	留言读出功能故障 faulty message read-out function	288	FAX 操作故障 faulty FAX operation
			275	自动拨号存储故障 faulty autodial memory	289	系统无法识别调制解调器 modem not recognized by system
			276	声音处理故障 faulty speech processing	28A	要求充电显示故障 faulty call charge display
			277	无振铃 no ringing tone	28B	免提功能故障 faulty hands-free operation
			278	振铃弱/声音过大 loud/weak ringing tone	28C	机器锁住 set locked
			279	调制解调器显示挂断 modem showed off hook		
			27A	传真传输工作异常 fax does not work properly		
			27B	调制解调器掉线 modem drops line		
			27C	调制解调器对电话产生影响 modem causes problem with phone		

表 C.1（续）

	代码	描　　述	代码	描　　述	代码	描　　述
3	310	无图像 NO PICTURE	330	图像质量问题 PICTURE QUALITY PROBLEM	340	图像噪波问题 PICTURE NOISE PROBLEM
AV（图像问题）PICTURE	311	E-E 模式无图像 no picture in E to E mode	331	图像分辨差 poor picture resolution	341	图像上有雪花 snowy picture
	312	放像状态无图像 no picture in playback mode	332	聚焦差 poor focus	342	图像上有点状噪波或缺失 dot noise or dropout on picture
	313	取景器无图像 no picture in viewfinder	333	图像跳动 ringing on picture	343	图像上有带状噪声 noise bars on picture
	314	有光栅无图像 no picture,only raster	334	轮廓不清/重影 excessive smear/lag	344	图像上有消隐线 blanking lines on picture
	315	无光栅，黑屏 no raster,black picture	335	线性失真或几何失真 poor linearity or geometry	345	图像上有差拍干扰 beating on picture
	316	水平亮线 only horizontal line	336	图像尺寸不正确 picture size incorrect	346	图像上有怪影 ghosting on picture
	317	垂直亮线 only vertical line	337	图像的中心不正确 incorrect centering of picture	347	图像上有 VCR 的磁头开关噪波 VCR head switching noise on picture
	318	LCD 无图像 no picture in LCD	338	图像倾斜 picture slanted	348	过调制噪波 overmodulation noise
	319	没有第二（更多）的监视器显示 no 2nd(or higher) monitor display	339	帧幅不正确 vertical size incorrect	349	图像网纹干扰 moire
	31A	没有屏幕清除 no muting screen	33A	行幅不正确 horizontal size incorrect	34A	马赛克噪点 mosaic noise
	320	图像不好问题 picture level problem			34B	图像紊乱 scrambled picture
	321	图像太暗 picture too dark				
	322	图像太亮 picture too bright				
	323	对比度太低 contrast too low				
	324	对比度太高 contrast too high				
	325	白电平或黑电平饱和 saturated white or black level				
	326	图像有阴影 shading on picture				
	327	仅有部分图像 only partial picture				

表 C.1（续）

	代码	描　述	代码	描　述	代码	描　述
3	350	图像不稳定问题 UNSTABLE PICTURE PROBLEM	360	图像记录不好问题 POOR PICTURE RECORDING PROBLEM		
AV（图像问题）PICTURE	351	同步问题 sync problem	361	不录像 no picture recording	373	正/负向开关功能故障 faulty negative/positive switching function
	352	图像上下跳动 picture pumping	362	无视频防抹保护 no erasure protection for video	374	叠加操作故障 faulty superimpose/telop operation
	353	图像抖动 picture jitter	363	以前视频信号不能擦除 previous video recording not being erased	375	画中画/数字图像功能故障 faulty picture in picture/digital picture function
	354	图像振动（水平或垂直） picture shaking（horizontal or vertical）	364	图像多余擦除 unwanted erasure of picture	376	图像传输故障 faulty picture transmission
	355	图像闪烁 flickering picture	365	摄像机不录像 no camera recording	377	数字快门功能故障 faulty digital shutter function
	356	图像闪 flashing picture	366	只能记录一帧中的一场图像 only one field per frame being recorded	378	同步锁相功能故障 faulty genlock function
	357	图像时有时无 cyclic picture muting	367	只能记录很少的图像 records only a few pictures	379	闪光灯/光圈功能故障 faulty flash/strobe function
	358	磁头振动引起图像不稳定 head impact error causing unstable picture	370	特殊的图像功能问题 SPECIAL PICTURE FUNCTION PROBLEM	37A	数字图像功能故障 faulty digital picture function
	359	VCR 扭曲故障 VCR skew error	37E	字幕故障 faulty subtitling function	37B	自动编辑功能故障 faulty auto edit function
	35A	图像固定不动 frozen picture	37F	变速回放故障 faulty variable speed playback	37C	图像不稳定故障 faulty picture stabilizer function
	35B	图像跳动/重复 jumping/repeating picture	37G	视野角度切换故障 faulty view angle switching	37D	图像捕捉故障 faulty picture capture function
			37H	幅比切换故障 faulty aspect ration switching		
			37J	小图像/指针图像故障 faulty thumbnail/index picture problem		
			371	编辑问题 editing problem		
			372	退色/擦拭操作故障 faulty fading/wiper operation		

表 C.1（续）

	代码	描 述		代码	描 述	代码	描 述
3	380	图像显示器/拾音头故障 PICTURE DISPLAY/ PICKUP PROBLEM	4	410	无颜色 NO COLOUR		
AV（图像问题）PICTURE	381	显示器/拾音头上有烧焦的痕迹 burn mark on display/pickup	AV（颜色问题）COLOUR	411	E-E 通道无颜色 no colour in E to E mode	438	图像有倾斜波纹/彩条信号图 pitch moire/rainbow pattern
	382	显示器/拾音头上有划痕 scratch on display/pickup		412	放像状态无颜色 no colour in playback mode	439	彩色漂移 color shift
	383	显示器/拾音头上有灰尘/脏东西 dust/dirt on display/pickup		413	取景器无颜色 no colour in viewfinder	440	噪波颜色问题 NOISY COLOUR PROBLEM
	384	显示器/拾取器上有磷光体/像素丢失 phosphor/pixel missing on display/pickup		414	部分图像无颜色 no colour in part of picture	441	黑白图像上有彩色噪波 colour noise on a black and white picture
	385	磷光体/像素中有亮点 bright spot(s) in phosphor/pixels		420	颜色不好问题 COLOUR LEVEL PROBLEM	442	彩色条纹 colour streaking
	386	图像上有横/竖道 lines across/down image		421	颜色很淡 weak colour		
	387	超出默认的像素规格 out of specs pixel defaults		422	有多余的颜色 excessive colour		
	388	背景灼伤 background burnt in		430	颜色质量不好问题 POOR COLOUR QUALITY PROBLEM		
				431	一种或二种彩色质量 one or two colour quality		
				432	白平衡不好 poor white balance		
				433	色调问题 hue problem		
				434	色纯错误 purity error		
				435	颜色错误（因为磁场原因） landing error		
				436	汇聚错误 convergence error		
				437	重合误差 registration error		

表 C.1（续）

	代码	描　述		代码	描　述	代码	描　述
4	450	色彩不稳定问题 UNSTABLE COLOUR PROBLEM	5	510	无声音 NO AUDIO	530	声音质量问题 AUDIO QUALITY PROBLEM
AV（颜色问题）COLOUR	451	颜色闪 colour flashing	AV（声音问题）AUDIO	511	E-E 模式无声音 no audio in E to E mode	531	频率响应不好 poor frequency response
	452	色调经常变化 hue constantly changing		512	输出信息不能重放 no playback of outgoing message(s)	532	声音失真 distorted audio
	453	颜色闪烁 flickering colour		513	录入信息不能重放 no playback of incoming message(s)	533	高音没有或不好 no or poor treble
	454	颜色不能锁定 colour not locked		514	不播放录音 no audio playback	534	低音没有或不好 no or poor bass
	460	颜色记录不好问题 POOR COLOUR RECORDING PROBLEM		515	听筒无声音 no sound from handset	535	耳机/头带耳机音量小 poor audio on earphone/headphone
	461	录像无彩色 no colour recording		516	扬声器无声音 no sound from speaker	540	声音噪音问题 NOISY AUDIO PROBLEM
	462	记录有干扰噪声颜色 noisy color recording		517	耳机/头戴耳机无声音 no sound from earphone/headphone	541	交流声 hum
	470	特殊颜色功能问题 SPECIAL COLOUR FUNCTION PROBLEM		518	麦克风无声音 no microphone sound	542	啸叫声 hiss
	471	自动白平衡故障 faulty automatic white balance		519	数字输出无声音 no sound from digital output	543	串音 cross talk
	472	彩色效果功能故障 faulty colour effects function		520	声音不好问题 AUDIO LEVEL PROBLEM	544	静电噪声、爆裂或“咔哒”噪声 static,pop or click noise
				521	声音很小 low audio level	545	蜂鸣声 buzz
				522	声音过大 excessive audio level	546	噼啪噪声 scratching noise
				523	不平衡问题 balance problem	547	火花噪声 ignition noise
				524	音量控制器问题 fader problem	548	多路/啸叫噪声 multi-path/whistling noise
				525	声音电平残留/不静音 audio level remaining/no muting	549	数据/数字噪声 data/digital noise

表 C.1（续）

		代码	描述	代码	描述	代码	描述
5		550	声音不稳定问题 UNSTABLE AUDIO PROBLEM	570	特殊声音功能问题 POOR SPECIAL AUDIO FUNCTION PROBLEM	580	立体声/多声道操作问题 STEREO/MULTI MODE OPERATION PROBLEM
AV	（声音问题）AUDIO	551	声音跳动或重音 jumping or repeating audio	571	淡出操作故障 faulty fade operation	581	无立体声 no stereo operation
		552	声音抖动或有间歇 audio pumping or breathing	572	回声操作故障 faulty echo operation	582	声道分离度不好 poor channel separation
		553	音频信号衰减 audio drop outs	573	混音操作故障 faulty mixing operation	583	声道之间有相位差 difference in phase between channels
		554	声音时有时无 cyclic audio muting	574	重复模式操作故障 faulty repeat mode operation	584	环绕声有问题 problem with surround sound mode
		555	音频信号漂移/移动 wow and flutter	575	音频处理故障 faulty audio processing	585	PCM 音频模式有问题 problem with PCM audio mode
		556	啸叫声/回声 howling/acoustic feedback	576	同步录音操作故障 faulty sync recording operation		
		560	录音不好问题 POOR AUDIO RECORDING PROBLEM	577	DBB/DOL 操作故障 faulty DBB/DOL operation		
		561	不录音 audio not being recorded	578	降噪操作故障 faulty noise reduction operation		
		562	无抹音保护 no erasure protection for audio	579	音频配音功能故障 faulty audio dub function		
		563	无法擦除声音 previous audio recording not being erased	57A	字幕编程故障 faulty title programming		
		564	声音多余擦除 unwanted erasure of audio				
		565	不录音 message not being recorded				
		566	录音声音失真 distorted audio recording				

附 录 D
（规范性附录）
维修编码系统 故障码表

表 D.1 故障码表

机械 MECHANICAL		机械 MECHANICAL	
110	磨损 worn out	1E0	烧灼/放电 burnt/arcing
111	误操作 misoperating	1F0	印刷电路板破裂 cracked printed circuit board
120	堵 clog	1G0	压线 pressed and suppress wire
130	尺寸问题 size	电气 ELECTRICAL	
131	太宽 too wide	210	电器元件损坏/模块损坏 defective electrical component/module
132	太窄 too narrow	220	电性能故障 faulty electrical function
140	切割/破损 cut/broken	221	短路 short circuit
141	闪缝/开裂/裂 split,torn	222	开路 open circuit
150	变形 deformed	223	漏电 leaking(electrical)
160	断/折断 snapped	224	静电 static
161	碰伤/互碰/挤伤 stuck,jammed	230	接触不良/连接不良 bad contact/connection
162	紧/卡住 tight	231	接地线连接不良 bad earth connection
163	扭曲/弯曲/压伤 kinked,bent,squeezed	240	电脑板/基板被打开 open pattern
170	划伤/凹痕/毛刺/锐边 scratched/dented/sharp edges	250	虚焊/漏焊/开焊 cold or no soldering
181	碎/剥伤 cracked,peeled	260	连焊 bridged soldering
182	腐蚀/生锈 corroded	270	元件/模块用错 wrong component/module
190	涂抹/油漆/色差/色错/变色 paint,colour mismatch	280	消耗/低发射 exhausted/low emission
1A0	松动/脱落/剥落 loose/off/stripped	290	电源电压问题 faulty mains voltage
1B0	熔接/粘着坏 not welded or glued,broken weld	软件 SOFTWARE	
1C0	震动/不牢固 shaky/unstable	310	软件问题 software problem
1C1	机器不平衡/地面不平 set not levelled properly	311	存储器丢失数据 losing data from memory
1C2	振动/共振 vibrating	312	软件损伤或不完整 software defective or incomplete
1D0	干燥(无润滑剂/油) dry(no lubricant)	313	软件设置问题 software setup problem

表 D.1(续)

使用不当/安装故障		漏/温度/异常声音	
MISUSE/INSTALLATION FAULT		LEAKAGE/TEMPERATURE/NOISE	
410	有异物/异物混入	620	冻结/结冰
	foreign object		frozen,icing
411	错误的程序设置/安装	630	融化
	faulty program setting/installation		melted
420	水压问题	640	噪音/异常声音
	wrong water hardness		noisy
430	安装故障	650	漏(液体或气体)
	installation fault		leaking(mechanical)
440	不正确的设备连接	660	凝露
	incorrect equipment connection		condensation
450	顾客使用不当	670	温度问题
	customer misuse		temperature
460	超负荷	671	异常高温
	overloaded,wrongly loaded		too hot,high temperature
470	未授权修改	672	异常低温
	unauthorized modification		too cold,low temperature
610	隔热/绝热问题	未发现问题	
	insulation problem(warmness,coldness)	NO PROBLEM FOUND	
		710	未发现问题(设定在规格中)
服务不到位			no problem found(set within spec)
SERVICE FAULT		711	未发现问题-顾客理解有误
510	机械未调整		no problem found-customer misunderstanding
	mechanically misaligned	712	未发现问题-当地条件影响
521	制冷剂不足/太多		no problem found-local conditions
	insufficient,excessive refrigerant	720	不能诊断故障
522	制冷剂错		unable to diagnose fault
	incorrect refrigerant	其他 OTHERS	
530	电器误调整/错误设置	X10	无识别/无产品或用户授权
	electrically misaligned/wrong setting		no identification/user authentication of product or user
540	不正确的接线/装配	X20	附件缺失
	incorrectly wired/assembled		wrong/missing accessory
550	维护差	X21	缺少元件/模块
	poor maintenance		missing component/module

附 录 E
(规范性附录)
维修编码系统 维修码表

表 E.1 维修码表

零部件更换		更换机器	
A1	更换零部件(模块) replacement(component, module)	E1	退机 product untread
A2	修理电子部件 repaired electrical parts	E2	换机(修理费太高) product exchange(repair too expensive)
A3	修理机械部件 repaired mechanical parts	E3	换机(多次维修) product exchange(too many visits, repairs)
A4	拆除 removed	E4	换机(无备件) product exchange(parts not available)
A5	添加 added	E5	换机(无法修复) product exchange(impossible to repair)
A6	更换预防零件 preventive parts replacement	E6	换机(根据商场的要求) product exchange(on request of retailer)
机械调整 MECHANICAL ALIGNMENTS/MEASURES		E7	更换机器(根据厂家的要求) product exchange(on request or manufacturer)
B1	补充 refilling	E8	更换机器(其他原因) product exchange(other reasons)
B2	机械调整 mechanical alignment		
B3	重装(改装)/归位(复位) refitting, put back in position(connector)	功能检查/软件升级/修改 FUNCTIONAL CHECK/UPGRADE/MODIFICATION	
B4	清洗(清理) cleaning	F1	按厂家要求进行修改 modification requested by manufacturer
B5	润滑/涂润滑油 lubrication	F2	功能检查 functional check
B6	维护 maintenance	F3	不更换零件的预防措施 preventive action without parts replacement
B7	再抛光/复原 refurbishing, reconditioning	F4	软件更改/重设 software correction, reset
B8	紧固 retighting	F5	软件升级 software upgrade
修理成本 COST ESTIMATION		F6	产品升级(根据要求) product upgrade(on request)
C1	用户拒绝维修(维修费用太高) cost estimation refused	其他 MISCELLANEOUS	
电器调整 ELECTRICAL ALIGNMENTS/MEASURES		G1	向顾客解释 explanation for customer
D1	电器调整 electrical alignment	G2	未修理返回 return without repair
D2	重焊 resoldering		
D3	测定校准 specification measurement		

ICS 29.140.30
K 71

中华人民共和国国家标准

GB/T 24823—2009

普通照明用LED模块　性能要求

LED modules for general lighting—Performance requirements

2009-12-15 发布　　2010-05-01 实施

中华人民共和国国家质量监督检验检疫总局
中国国家标准化管理委员会　发布

前　言

本标准由中国轻工业联合会提出。

本标准由全国照明电器标准化技术委员会(SAC/TC 224)归口。

本标准起草单位:广州电器安全检验所、杭州远方光电信息有限公司、中山市古镇照明工程研发中心、上海亚明灯泡厂有限公司、深圳市中电照明股份有限公司、桐乡市生辉照明电器有限公司、中山市山木显示技术有限公司、中山市华艺照明股份有限公司、南京汉德森科技股份有限公司、浙江古越龙山电子科技发展有限公司、衢州三成照明电器有限公司、国家电光源质量监督检验中心(上海)、大连九久光电科技有限公司。

本标准起草人:李自力、吕蔚辰、潘建根、黄志桐、严华峰、宋金地、沈锦祥、史国光、彭照富、周鸣、丁申冬、刘成功、俞安琪、蒋增钦。

普通照明用LED模块　性能要求

1　范围

本标准规定了普通照明用LED模块的分类、技术要求、试验方法、检验规则、标志、包装、运输、贮存等。其模块形式有各种发光单件方式(例如对称、非对称、矩形、椭圆)及组合方式。其LED可安装在平面上,也可安装在曲面上。

本标准适用于在恒定电压、恒定电流或恒定功率下工作的、不带整体式控制装置的LED模块及采用250 V以下直流或1 000 V以下50 Hz或60 Hz交流电源的自镇流LED模块。

注1:不带整体式控制装置的LED模块简称为"LED模块",不带整体式控制装置的LED模块及自镇流LED模块统称为"模块"。

注2:本标准中的"镇流"术语泛指变压、限流或稳流,这与气体放电光源正常工作所需的"镇流"含义有所不同。

2　规范性引用文件

下列文件中的条款通过本标准的引用而成为本标准的条款。凡是注日期的引用文件,其随后所有的修改单(不包括勘误的内容)或修订版均不适用于本标准,然而,鼓励根据本标准达成协议的各方研究是否可使用这些文件的最新版本。凡是不注日期的引用文件,其最新版本适用于本标准。

GB/T 2828.1　计数抽样检验程序　第1部分:按接收质量限(AQL)检索的逐批检验抽样计划(GB/T 2828.1—2003,ISO 2859-1:1999,IDT)

GB/T 2829　周期检验计数抽样程序及表(适用于对过程稳定性的检验)

GB 7000.1—2007　灯具　第1部分:一般要求与试验(IEC 60598-1:2003,IDT)

GB 17625.1　电磁兼容　限值　谐波电流发射限值(设备每相输入电流≤16 A)(GB 17625.1—2003,IEC 61000-3-2:2001,IDT)

GB 17743　电气照明和类似设备的无线电骚扰特性的限值和测量方法(GB 17743—2007,CISPR 15:2005+A1:2006,IDT)

GB/T 18595　一般照明用设备电磁兼容抗扰度要求(idt GB/T 18595—2001,IEC 61547:1995)

GB 19510.14　灯的控制装置　第14部分:LED模块用直流或交流电子控制装置　特殊要求(GB 19510.14—2009,IEC 61347-2-13:2006,IDT)

GB 19651.3　杂类灯座　第2-2部分:特殊要求 LED模块连接器(GB 19651.3—2008,IEC 60838-2-2:200,IDT)

GB 24819　普通照明用LED模块　安全要求(GB 24819—2009,IEC 62031:2008,IDT)

GB/T 24825　LED模块用直流或交流电子控制装置　性能要求(GB/T 24825—2009,IEC 62384:2006,MOD)

GB/T 24824　普通照明用LED模块测试方法

3　术语和定义

GB 24819所确定的以及下列术语和定义适用于本标准。

3.1

额定最高温度　rated maximum temperature

t_c

在正常工作条件和在额定电压/电流/功率或额定电压/电流/功率范围的最大值工作时,模块的外表面(如果有标示,则在标示位置)可能出现的最高允许温度。

3.2

标称值　nominal value

用于标识灯的光电参数的近似量值。

3.3

额定值　rated value

模块在规定的工作条件下其特定的数值,该值及条件由本标准中规定,或由制造商或销售商规定。

3.4

初始值　initial value

模块老炼 0 h 时测得的光电参数值。

3.5

光通维持率　lumen flux maintenance

模块在规定的条件下燃点,在寿命期间内一特定时间的光通量与该模块的初始光通量之比,以百分数表示。

3.6

光效(模块的)　lumens efficacy(of module)

初始光通量与实测功率的比值。单位:流明每瓦(lm/W)

3.7

寿命(单只模块的)　life(of an individual module)

一只成品模块从燃点至"损坏",或者工作至低于本标准中所规定的寿命性能的任一要求时的累计时间。

3.8

平均寿命(50%模块失效时的寿命)　average life(life to 50% module failures)

模块的光通量维持率达到本标准要求并能继续燃点至 50% 的模块达到单只模块寿命时的累计时间。

3.9

稳定时间　stabilization time

模块接通电源后至其光电特性稳定时所需要的时间。

3.10

颜色　color

模块的颜色特性由色表和显色性来确定。

a)　模块实际发光的颜色称为色表,由 CIE 推荐的光谱三刺激值(色品坐标)来确定;

b)　模块发射的光的光谱特性对于被照物体表面的影响称为显色性。

3.11

额定颜色　rated color

指制造商或销售商规定的色表或是与标在模块上的颜色标志相对应的颜色。

3.12

平均颜色漂移

模块在规定的条件下燃点,在寿命期间内一特定时间的平均颜色特性参数与其初始值的差值,颜色飘移用 CIE1976 颜色坐标的(u',v')的差值 $\Delta u'$,$\Delta v'$来表征。

3.13

半峰光束角　half-intensity beam angle

在通过光束轴线的平面上的两条给定直线之间的夹角,这两条直线分别通过模块的正面中心和发光强度为中心光强 50%的发光点。

4 产品分类

4.1 分类

按照安装方法模块可分为：

——内装式；

——独立式；

——整体式。

对于整体式模块，GB 7000.1—2007 中 1.2.1 的注释适用。

4.2 型号编写规则

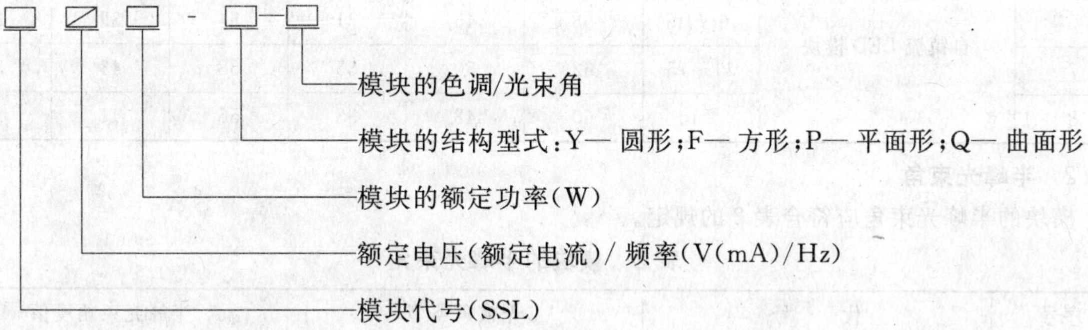

注：额定频率为直流的或脉动直流的可不标频率。

示例：SSL20mA5W-PYRR/ZA 代表额定电流 20 mA、直流、额定功率 5 W、平面圆形结构、色调为 RR、窄光束角的普通照明用 LED 模块。

5 技术要求

5.1 安全要求

应符合 GB 24819 的要求。

5.2 灯座/连接器

灯座/连接器应符合 GB 19651.3 的要求。

5.3 控制装置

应符合 GB 19510.14 及 GB/T 24825 的要求。

5.4 电性能

功率因数应符合宣称值，实测值不得低于宣称值的 0.05。

模块功率：不带整体式控制装置的 LED 模块在额定电压/电流和额定频率下稳定工作时，其实际消耗的功率与额定功率之差应不大于 10%。自镇流 LED 模块在额定电压和额定频率下稳定工作时，其实际消耗的功率与额定功率之差应不大于 15%。

5.5 电磁兼容要求

模块应符合电磁兼容要求。

5.5.1 无线电骚扰特性应符合 GB 17743 的要求。

5.5.2 谐波应符合 GB 17625.1 的要求。

5.5.3 电磁兼容抗扰度应符合 GB/T 18595 的要求。

5.6 光学性能

模块的光学性能应符合以下要求。

5.6.1 模块的初始光效按其功率、颜色分类应不小于表 1 的规定。

表 1 模块的初始光效

序号	型式	额定功率 W	初始光效/(lm/W)					
			RR/RZ			RL/RB/RN/RD		
			1 级	2 级	3 级	1 级	2 级	3 级
1	LED 模块	1～5	70	55	40	66	51	37
2		6～10	68	53	38	64	49	35
3		11～15	66	51	36	62	47	33
4		≥16	65	49	34	60	45	31
5	自镇流 LED 模块	1～5	57	44	29	52	37	24
6		6～10	58	46	31	54	39	26
7		11～15	62	50	35	58	43	30
8		≥16	60	48	33	56	41	28

5.6.2 半峰光束角

模块的半峰光束角应符合表 2 的规定。

表 2 模块的半峰光束角

序号	代 号	光束角类型	半峰光束角度值
1	ZA	窄	10°±2°
2	ZH	中	30°±5°
3	KU	宽	60°±10°
4	TK	特宽	100°±15°
5	SH	装饰类	≥120°

对于存在两个或两个以上光束角的模块应取半峰光束角的平均值。

5.6.3 照度均匀性

模块发射的光照射在一定距离的被照表平面上，其光束角范围内的被照表平面上不应出现明显的明暗区域。其明暗区域照度差限值在考虑中。

5.6.4 颜色

5.6.4.1 模块的颜色特性应符合表 3 的规定。

表 3 模块的色度性能

色调	代表符号	色品参数				
		一般显色指数 *Ra*	色坐标目标值		相关色温 K 额定值	色品容差 SDCM
			X	Y		
F6500	RR	80	0.313	0.337	6 430	≤7
F5000	RZ	80	0.346	0.359	5 000	≤7
F4000	RL	80	0.380	0.380	4 040	≤7
F3500	RB	80	0.409	0.394	3 450	≤7
F3000	RN	80	0.440	0.403	2 940	≤7
F2700	RD	80	0.463	0.420	2 720	≤7

5.6.4.2 颜色不均匀性

a) 模块发射的光照射在一定距离的被照表平面上，其光束角范围内的被照表平面上不应出现明显的颜色差异。其颜色差异限值在考虑中。

b) 平均颜色不均匀性：模块发射的全部光混合后的平均颜色与参考轴方向发光颜色的色坐标之差的最大值不超过规定值[1)]。

5.6.4.3 平均颜色漂移

模块的平均颜色漂移不应大于表 4 的规定。

表 4 模块的平均颜色漂移

寿命时间的颜色特性	参数			
	3 000 h		6 000 h	
	Δu	Δv	Δu	Δv
颜色坐标	±0.004	±0.004	±0.006	±0.006

5.7 寿命

5.7.1 模块在额定电压下燃点，其平均寿命应不低于 25 000 h。当燃点至 70%及以上额定寿命时其光通维持率低于 70%为寿命终了。

5.8 光通维持率

模块在燃点 3000 h 时，其光通维持率应不低于 92%；燃点 6 000 h 时，其光通维持率应不低于 88%；在燃点至 70%额定寿命时其光通维持率应不低于 70%。

6 试验方法

6.1 试验的一般要求

模块的光电参数的测量应在环境温度为 25 ℃±1 ℃，最大相对湿度为 65%，1 个大气压下的无对流风的环境中进行。

在稳定期间，电源电压应稳定在±0.5%的范围内；在测量时，应降至±0.2%的范围内。对于寿命试验应稳定在±2%。

各项试验均应在额定频率下进行。除另有规定外，模块应置于自由空间中，其发光方向应垂直向下。

6.2 灯座/连接器

按 GB 19651.3 中的规定进行检验。

6.3 控制装置

按 GB 19510.14、GB/T 24825 中的规定进行检验。

6.4 电性能

按 GB/T 24824 进行。

6.5 电磁兼容

按 GB 17625.1、GB 17743、GB/T 18595 中的规定进行检验。

6.6 光学性能

按 GB/T 24824 进行。

6.7 寿命及光通维持率

按 GB/T 24824 进行。

寿命试验应在 25 ℃±5 ℃的环境温度中进行，应避免通风过大，不应受到强烈振动和冲击。寿命

1) 待定。

试验时每点燃 24 h 中应关闭八次，关闭时间应为 10 min～15 min，接通时间至少应为 10 min。

6.8 标志(8.1)试验

模块的标志的正确性和清晰度用目视法检查，标志的耐久性用湿布擦拭 15 s，待其干后，再用蘸有已烷的布擦拭 15 s，试验后，标志仍应清晰可见。

7 检验规则

7.1 为了检验模块是否符合本标准要求，制造商应对本企业生产的产品进行交收检验和例行检验。

7.2 交收检验的模块应从每班生产的同一型号产品中均匀地抽取。交收检验按 GB/T 2828.1 执行。其试验项目、抽样方案、检验水平、合格质量水平应符合表 5 规定。

表 5 交收试验项目的分组、抽样方案、检验水平和合格质量水平

序号	组别	试验项目	技术要求	试验方法	抽样方案	检验水平	AQL
1	Ⅰ	灯座/连接器	5.2	6.2	一次	S-3	4.0
2		标志	8.1	6.9			
3	Ⅱ	功率	5.4	6.4		S-2	6.5
4		功率因数	5.4	6.4			
5		初始光效/额定光通量	5.6.1	6.6			
6		光束角	5.6.2	6.6			
7		照度均匀性	5.6.3	6.6			
8		颜色均匀性	5.6.4.2	6.6			

7.3 例行试验的模块应从交收试验合格的模块中均匀地抽取，每半年不少于一次。每当停止生产半年以上，或当模块的设计、工艺或材料变更或可能影响模块的性能时，都应该进行例行试验。

例行试验按 GB/T 2829 的判别水平Ⅰ的一次抽样方案执行，其试验项目、不合格质量水平、抽样数量和不合格判定数组按表 6 规定进行。

例行试验不合格，则应停止生产和验收，直至新的例行试验合格后，方可恢复生产和验收。

表 6 例行试验的试验项目、不合格质量水平、抽样数量和判别数组

序号	试验项目	技术要求	试验方法	AQL%	样本大小	判定组别
1	灯座/连接器	5.2	6.2	25	12	[2,3]
2	标志	8.1	6.8			
3	灯功率	5.4	6.4			
4	功率因数	5.4	6.4			
5	光学性能	5.6.1/2/3	6.6			
6	EMC	5.5.1/2/3	6.5			
7	寿命	5.7	6.7	30	10	[2,3]
8	光通维持率	5.8	6.7			a
9	平均颜色漂移	5.6.4.3	6.6			

a 按照 6.7 规定的试验方法确定平均寿命，再与 5.7 比较，判定是否合格。

8 标志、包装、运输和贮存

8.1 每只模块上应有下列清晰和牢固的标志(如无法标记在产品上，应在说明书中注明)：

a） 制造厂名称或注册商标；

b） 电源电压(模块电压)/模块电流和频率,模块功率；

c） 产品型号；

d） 生产日期(年、月或年、季)。

8.2 每只模块用纸盒包装,然后再用包装箱集装。包装应安全可靠,包装箱内应附有产品合格证或盖有符合8.3要求的合格印章。

8.3 合格证上应标明：

a） 制造厂名称或注册商标；

b） 检验日期；

c） 检验员签章。

8.4 包装盒和包装箱上应使用汉字注明：

a） 制造厂名称或注册商标及厂址；

b） 模块的名称和型号；

c） 额定电压(额定电流)和频率；

d） 包装箱内模块的数量；

e） 产品标准号；

f） 其他有关标志。

8.5 模块应贮存在相对湿度不大于85%的通风的室内,空气中不应有腐蚀性气体。

8.6 模块在运输中应防止雨雪淋袭和强烈的机械振动。

ICS 29.140.99
K 70

GB

中华人民共和国国家标准

GB/T 24824—2009

普通照明用LED模块测试方法

Measurement methods of LED modules for general lighting

2009-12-15 发布　　2010-05-01 实施

中华人民共和国国家质量监督检验检疫总局
中国国家标准化管理委员会　发布

前　言

本标准对应于 CIE 127:2007《LED 的测量》(英文版)。

与 CIE 127:2007 标准的一致性程度为非等效。

本标准根据 CIE 127:2007 标准和 LED 模块的特点重新起草。

本标准的附录 D 为规范性附录,附录 A、附录 B、附录 C 为资料性附录。

本标准由中国轻工业联合会提出。

本标准由全国照明电器标准化技术委员会(SAC/TC 224)归口。

本标准起草单位:杭州远方光电信息有限公司、中山市伟来灯饰有限公司、深圳市中电照明股份有限公司、中山市欧普照明股份有限公司、生辉照明电器(浙江)有限公司、国家电光源质量监督检验中心(上海)、广东鹤山银雨照明有限公司 。

本标准主要起草人:潘建根、李倩、伍德辉、高宇洲、宋金地、沈锦祥、周明兴、俞安琪、陶玖祥。

普通照明用 LED 模块测试方法

1 范围

本标准规定了普通照明用 LED 模块的基本性能的测量方法。

本标准适用于功率大于或等于 1 W,在恒定电压、恒定电流或恒定功率下稳定工作的、外置控制的 LED 模块;以及采用直流 250 V 以下或交流 50 Hz 或 60 Hz、1 000 V 以下电源供电的稳定工作的自镇流 LED 模块。

非本标准范围内的 LED 产品,如有需要,也可以参考本标准。

2 规范性引用文件

下列文件中的条款通过本标准的引用而成为本标准的条款。凡是注日期的引用文件,其随后所有的修改单(不包括勘误的内容)或修订版均不适用于本标准,然而,鼓励根据本标准达成协议的各方研究是否可使用这些文件的最新版本。凡是不注日期的引用文件,其最新版本适用于本标准。

GB/T 2900.65—2004 电工术语 照明(IEC 60050(845):1987,MOD)

GB/T 5702—2003 光源显色性评价方法

GB/T 7922—2008 照明光源颜色的测量方法

GB/T 24826—2009 普通照明用 LED 灯和 LED 模块术语和定义

GB 17625.1—2003 电磁兼容 限值 谐波电流发射限值(设备每相输入电流≤16 A)(IEC 61000-3-2:2001,IDT)

JJG 211—2005 光亮度计检定规程

JJG 245—2005 光照度计检定规程

CIE 15:2004 色度学

CIE 70:1987 绝对发光强度分布的测量

CIE 84:1989 光通量的测量

CIE 102:1993 光度数据电子传输的推荐文件格式

CIE 121:1996 灯具的光度学和分布光度学

EN 13032-1:2004 灯和灯具光度测量数据的测定和表示 第 1 部分:测量和文件格式

3 术语和定义

GB/T 24826—2009 和 GB/T 2900.65—2004 确定的及下列术语和定义适用于本标准。

3.1

参考轴 reference axis

LED 模块的机械轴。

3.2

发光中心 light centre

LED 模块的参考轴和发光口面的交点。

3.3

发光平面 light plane

通过 LED 模块的参考轴的平面,一个发光平面可以分成以参考轴为起始的两个发光半平面。

3.4

特征发光平面 specified light plan

用于表征 LED 模块发光光束特征的通过参考轴的发光平面，当光束相对参考轴旋转对称时，特征发光平面可以任意选取；

当光束有特殊分布要求时，制造商应给出必要的特征发光平面（可以是多个）；

对于非对称的光束而又没有指明特征发光平面的情况，特征发光平面为 LED 模块的最大发光强度方向的射线与参考轴所决定的平面。

3.5

半峰光束角 half peak beam angle

在特征发光平面上，以发光中心为原点，LED 模块所发出的发光强度为该特征发光平面上最大发光强度的 50%的光线的夹角（当有两个以上方向的发光强度为最大发光强度的 50%时，取其夹角的最大值），在不致混淆的情况下简称光束角。

3.6

颜色漂移 color drift

LED 模块在规定条件下点燃，在寿命期间内一特定时间的颜色与初始颜色的差值，可用 LED 模块的平均颜色或规定距离下灯下点颜色的 CIE 1976 均匀色度空间（u'，v'）的色差值 $\Delta u'$，$\Delta v'$来表示。

3.7

推算寿命 expected life

通过 LED 模块的加速老炼试验和规定的外推计算方法所得出的寿命。

3.8

LED 基准控制器 LED reference control gear

为外置控制 LED 模块提供基准工作条件的外置控制器。

3.9

标准 LED 模块 standard LED module

在规定的工作条件下，工作稳定、复现性能优异，并标定有基本光电性能参数的，在替代法测量中可以用来校准光学测量设备的 LED 模块和在 LED 模块外置控制器试验中用作标准试验负载的 LED 模块。

3.10

平均颜色不均匀性 average color nonuniformity

LED 模块发出的全部光混合后的平均颜色与参考轴方向发光颜色的色差。色差用 CIE 1976 均匀色度空间（u'，v）的差值 $\Delta u'$，$\Delta v'$来表征。

3.11

最大颜色不均匀性 maximum color nonuniformity

LED 模块在全部半峰光束角内的任意方向的发光颜色与参考轴方向发光颜色的色差的最大值。色差用 CIE 1976 均匀色度空间（u'，v）的差值 $\Delta u'$，$\Delta v'$来表征。

4 试验的一般要求

除非另有规定，试验或测量在本标准规定的试验的工作条件下进行。

4.1 实验室环境条件

LED 模块的光电参数的测量应在环境温度为 25 ℃±1 ℃，最大相对湿度为 65%的无对流风的环境中进行，并应保证在采样读数时 LED 模块附近无空气流动（LED 模块处于静态时周围空气的自然对流除外）。

开关、寿命试验应在环境温度为 25 ℃±5 ℃,最大相对湿度为 65%的环境中进行,LED 模块周围允许有少量气流,但不允许有振动和冲击。

气压:86 kPa～106 kPa。

4.2 电源电压要求

如无特殊规定,自镇流 LED 模块应在额定电压(如额定值是一个范围则取其中间值)和额定频率下进行试验或测量。在稳定期间,电源电压稳定在额定值的±0.5%的范围内;测量时,电源电压稳定在额定值的±0.2%的范围内,谐波失真小于 3%;寿命试验的电源电压稳定在±2%内。

外置控制 LED 模块的试验或测量时一般在 LED 基准控制器驱动下或等效驱动条件下由电源供电或专用装置直接供电,供电电源或专用装置的输出电压或电流或功率应稳定在±0.2%的额定值范围内,如为交流驱动则应对频率和波形失真作出相应的规定,一般情况下,基波频率偏差应不大于 0.1%,谐波失真小于 3%。

4.3 被测 LED 模块工作状态要求

LED 模块的发光特性有时会因散热问题受到燃点姿态的限制。在试验或测量时,LED 模块在被测量时应置于自由空间中,LED 模块的燃点方向应与其规定的设计或实际使用时的状态相同,如无规定则 LED 模块的发光面垂直向下。在试验或测量过程中 LED 模块应尽量保持静止状态,以免产生空气流动导致 LED 模块周围温度发生变化。

试验或测量时 LED 模块应工作在热平衡状态下,在监视环境温度的同时,最好能监视 LED 模块自身的工作温度,以保证试验的可复现性。如可能监测 LED 模块结电压,则应首选监测结电压。否则,应监测 LED 模块指定温度测量点的温度。

如 LED 模块工作时需要外加散热器(包括主动制冷),则应严格限定散热器的特性与尺寸,同时应在规定的位置监测散热器的温度,在测试报告中应具体描述外加散热器。

4.4 LED 模块的稳定

LED 模块的光电参数应在稳定后测量,判定 LED 模块稳定工作的条件为:在 15 min 内,光通量或光强变化小于 0.5%。

5 测量方法

5.1 基本电性能和电流谐波测量

用附录 A.2 规定的电压表、电流表测量直流供电的 LED 模块。

用电量测量仪(也称数字电参数表)测量交流供电的 LED 模块的电压、电流、功率、功率因数、频率和输入电流谐波。

由于并接于电路的电压取样存在一定的旁路电流,串接于电路的电流取样存在一定的电压降,因此应用时要根据被测 LED 模块的电压和电流的实际大小来决定选取电流表内接法或电流表外接法。当电流较大,或引线较长时,可用四线法作电压取样。见图 1。

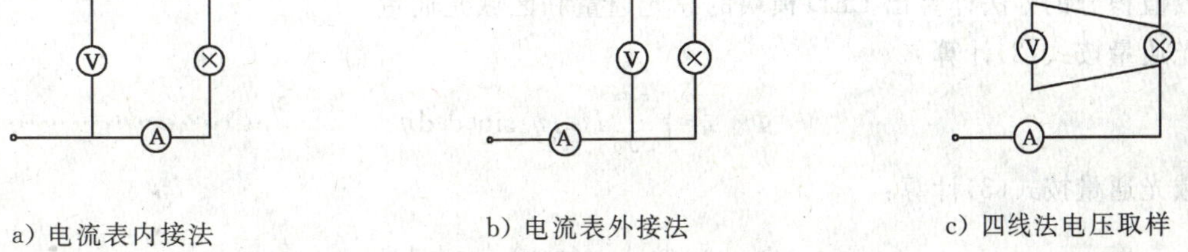

a) 电流表内接法　　b) 电流表外接法　　c) 四线法电压取样

图 1 电性能测量示意图

5.2 光通量测量

5.2.1 总光通量的基准测量方法

在测光暗室中,使用 A.7.1 中规定的探测器旋转式分布光度计测量 LED 模块的光通量。

将被测 LED 模块夹持在探测器旋转式分布光度计上，使 LED 模块处于规定的燃点状态，LED 模块的发光中心处于分布光度计的旋转中心。

在足够多的发光平面上以足够小的角度间隔测量以分布光度计的光度探测器到被测 LED 模块发光中心之间的测量距离为半径的虚拟球面上的各点的照度。平面间角度间隔一般为 5°，平面内的角度间隔一般为 1°，当被测 LED 模块尺寸较大或光束角较窄时，应采用更小的平面间隔和角度步长，以保证照度分布的取样完整性。

用数值积分的办法计算出 LED 模块的总光通量，总光通量按式(1)计算：

$$\Phi_{tot} = \int_{(S_{tot})} E\mathrm{d}S = \int_0^{4\pi} r^2 E(\varepsilon,\eta)\mathrm{d}\Omega = \int_0^{2\pi}\int_0^{\pi} r^2 E(\varepsilon,\eta)\sin\varepsilon\mathrm{d}\varepsilon\mathrm{d}\eta \quad \cdots\cdots(1)$$

式中：

Φ_{tot}——总光通量；

r——虚拟球面的半径；

S_{tot}——虚拟球上的表面面积；

(ε,η)——空间角，如图 2 所示。

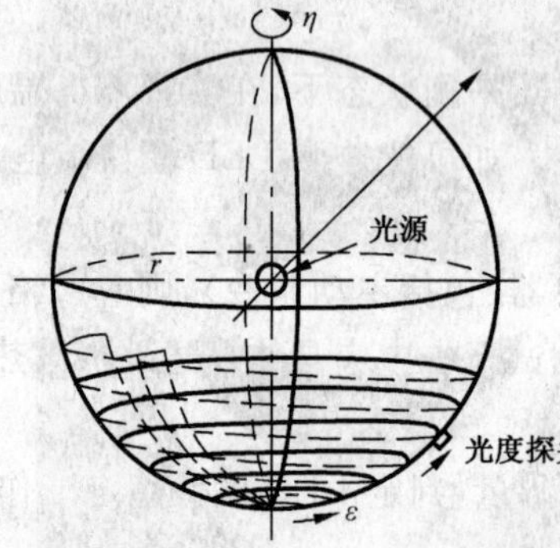

图 2　光通量的计算原理示意图

允许用本标准规定的其他测量方法测量 LED 模块的总光通量，但当对测量结果有争议时，使用本条规定的测量方法测量 LED 模块的总光通量。

5.2.2　光强积分法测量光通量

在测光暗室中，使用 A.7.2 规定的分布光度计测量 LED 模块的光强分布，测量距离应满足附录 B 的要求。

将 LED 模块夹持在分布光度计上，以标准燃点姿态点燃，使被测 LED 模块的光度中心处于分布光度计的旋转中心，在足够多(10°或更小的间隔)的测量平面上以足够小的角度步距(一般为 5°或更小)测量 LED 模块在各个空间方向上的光强。

用数值积分的办法计算出 LED 模块的总光通量和区域光通量：

总光通量按式(2)计算：

$$\Phi_{tot} = \int_0^{2\pi}\int_0^{\pi} I(\varepsilon,\eta)\sin\varepsilon\mathrm{d}\varepsilon\mathrm{d}\eta \quad \cdots\cdots(2)$$

区域光通量按式(3)计算：

$$\Phi_{zone} = \int_{\eta_1}^{\eta_2}\int_{\varepsilon_1}^{\varepsilon_2} I(\varepsilon,\eta)\sin\varepsilon\mathrm{d}\varepsilon\mathrm{d}\eta \quad \cdots\cdots(3)$$

式中：

Φ_{tot} 和 Φ_{zone}——分别为总光通量和区域光通量；

(ε,η)——空间角。

5.2.3 积分球法测量光通量

尽量使用同类型的LED模块作为光通量标准灯校准积分光度计/积分光谱辐射计。当光通量标准灯与被测LED模块发光光谱、尺寸、外形和发光光束形状等有较大的差异时，可能会产生较大测量误差。

将被测LED模块放在球中心，并让其处于4.3规定的工作状态，如图3a)所示。在LED模块尺寸较大且无后射光通量的情况下，可在积分球的侧面开取样口如图3b)或顶部开取样口如图3c)收集LED模块的发光，此时若LED模块不处于规定燃点状态，则应按附录C对测量结果进行修正。

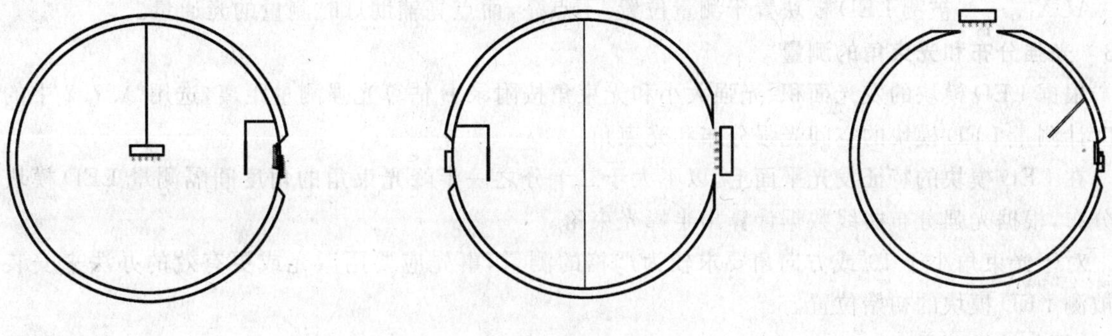

a) b) c)

图3 积分球测量示意图

使用积分球测量LED模块的光通量包括以下三种方法：

a) 积分法：在积分球探测窗口上设置光度探测器，测量光通量；
b) 分光法：在积分球探测窗口上设置光谱辐射计的取样装置，使用光谱辐射计测得的光谱功率分布计算光通量；
c) 积分-分光结合法：在积分球探测窗口同时设置光度探头和光谱辐射计的取样装置，光度计测量LED模块的光通量，光谱辐射计测量LED模块的平均光谱功率分布，根据测量结果计算光谱修正因子并用以修正光度计测得的值，光谱修正因子的计算见式(4)：

$$K_1 = \frac{\int P(\lambda)_t V(\lambda)\,\mathrm{d}\lambda}{\int P(\lambda)_t s(\lambda)_{rel}\,\mathrm{d}\lambda} \times \frac{\int P(\lambda)_s \tau(\lambda) s(\lambda)_{rel}\,\mathrm{d}\lambda}{\int P(\lambda)_s \tau(\lambda) V(\lambda)\,\mathrm{d}\lambda} \quad \cdots\cdots(4)$$

式中：

$V(\lambda)$——已知CIE标准光谱光效率函数；

$s(\lambda)_{rel}$——光度探头的已知相对光谱灵敏度；

$P(\lambda)_s$——用于校准光度计的标准光源的已知相对光谱功率分布；

$P(\lambda)_t$——光谱辐射计所测得的待测光源的相对光谱功率分布；

$\tau(\lambda)$——积分球涂层的光谱等效透过率。

$\tau(\lambda)$可以通过式(5)计算：

$$\tau(\lambda) = k \cdot \frac{\rho(\lambda)}{1-\rho(\lambda)} \quad \cdots\cdots(5)$$

式中：

$\rho(\lambda)$——积分球涂层的光谱反射率；

k——一常数。

当被测LED模块与光通量标准灯的相对光谱功率分布接近时，积分法可达到很高测量精度；当被测LED模块的最大光谱功率小于光通量标准灯所对应的光谱功率，且两者相差不大时，分光法具有较高的测量精度；当被测LED模块与光通量标准灯的光通量大小和光谱功率分布存在较大差异时，建议使用积分-分光结合法，以使被测LED模块在较宽的线性动态范围内得到较为精确的测量结果。

当被测 LED 模块与光通量标准灯的外形和尺寸存在差异而导致自吸收差异时，可以使用自吸收修正系数修正测量结果见式(6)：

$$\alpha = \frac{AUX_{\mathrm{ref}}}{AUX_{\mathrm{test}}} \quad \cdots\cdots(6)$$

式中：

α 为自吸收系数；

AUX_{ref}——标准灯置于测量位置，不点亮，而点亮辅助灯时测量的光通量；

AUX_{test}——被测 LED 模块置于测量位置，不点亮，而点亮辅助灯时测量的光通量。

5.3 光强分布和光束角的测量

根据 LED 模块的发光面积、光强大小和光束角按附录 B 估算光强测量距离，选用 A.7.2 中的分布光度计测量 LED 模块的空间光强分布和光束角。

在 LED 模块的特征发光平面上，以不大于二十分之一半峰光束角的角度间隔测量 LED 模块的光强分布，根据光强分布曲线数据计算出半峰光束角。

对于光束角小于 10°或方向角要求较为严格的测量，事先应要用激光或更有效的办法来安装和对准被测 LED 模块的初始位置。

5.4 颜色特性测量

5.4.1 LED 模块色度特性的测量方法

在无环境杂光影响的条件下，用 A.8 规定的分布光谱辐射计测量 LED 模块色度特性。

将被测 LED 模块夹持在分布光谱辐射计上，使 LED 模块处于规定的燃点方向，LED 模块的发光中心处于分布光谱辐射计的旋转中心。

在足够多的发光平面上以足够小的角度间隔测量每一方向上 LED 模块的相对光谱功率分布。平面间角度间隔一般为 10°，平面内的角度间隔一般为 5°，当被测 LED 模块尺寸较大或光束角较窄时，应采用更小的平面间隔和角度步长。

根据测得的空间光谱功率分布计算出空间每一方向的色度特性，LED 模块的总平均色度特性用数值积分加权平均的方法计算。

LED 模块的色度参数包括：色品坐标、相关色温、显色指数、色容差等，其计算方法参照 GB/T 7922—2008 和 GB/T 5702—2003 或 CIE 15:2004 推荐的方法。

允许使用本标准规定的其他方法测量 LED 模块的总平均色度特性，但当对测量结果有争议时，使用本条规定的方法测量 LED 模块的总平均色度特性。

5.4.2 积分球法测量 LED 模块的平均颜色

用积分球光谱辐射计通过替代法可较方便地测量 LED 模块的平均颜色特性，其测量方法与积分球法测量光通量类似，可采用如下步骤测量 LED 模块的平均颜色：

用普通白炽灯或卤钨灯作为标准灯，对积分球系统定标；再用同类型的 LED 模块作为标准灯校准积分球光谱辐射计；测量 LED 模块的光谱功率分布，按 GB/T 7922—2008 和 GB/T 5702—2003 或 CIE 15:2004 推荐的方法计算被测 LED 模块的平均颜色参数。

5.4.3 颜色不均匀度计算

按 5.4.1 测得的 LED 模块在空间各方向的色度特性，按平均颜色不均匀性和最大颜色不均匀性的定义计算两参数的量值。

5.5 开关、寿命和发光维持特性试验

在额定工作条件下进行开关试验，以 30 s 开和 30 s 关为一个开关循环，如被测 LED 模块能正常点亮，则记为一次有效开关，记录被测 LED 模块的连续的有效累计开关试验次数。如被测 LED 模块连续 3 次不能正常点亮或 LED 模块失效，则终止试验。

在规定条件下正常点燃 LED 模块，从开始点燃起和以后至少每隔 300 h，记录一定距离下 LED 模块在参考轴方向上的照度，以照度相对值作为光通量的相对值。

寿命试验时灯每燃点 2 h 45 min 之后，应关闭 15 min。关闭时间不计入寿命时间。

如 LED 模块在正常点燃的寿命测试期间失效，则前一个时间点为 LED 模块的寿命。

在规定条件下正常点燃老炼并测量多个同类型 LED 模块以得到 LED 模块的平均寿命。

一般情况下，由于 LED 模块可能具备很长寿命，依上述方法进行完整的寿命试验可能十分耗时，为此，可以使用附录 D 的方法来外推计算得到 LED 模块的推算寿命。

在规定条件下正常点燃 LED 模块，当时间达到 3 000 h 和 6 000 h 时测量 LED 模块的总光通量和平均颜色，并与 LED 模块的初始值比较，计算 LED 模块在该时间点上的光通维持率和颜色漂移。

附　录　A
（资料性附录）
试验或测量设备的要求

A.1　电源

直流电源：稳定度优于 0.1%，纹波系数小于 0.5%。

交流供电电源要求有足够小的内阻，当电源外接被测 LED 模块工作后产生的压降应小于 0.1 V。测量谐波和功率因数时，供电电源应符合 GB 17625.1—2003 附录 A 和附录 B 的要求。一般地说，具有变频功能精密纯净交流测试电源才可能满足上述全部要求。

A.2　电测量仪表

直流电测量仪表的准确度优于 0.1%。

交流电测量仪表的电压取样输入阻抗应大于或等于 1 MΩ，电流取样阻抗应足够小以保证在电流取样电阻上产生的压降小于 0.1 V。电测量仪表的精度等级满足被测电压、电流和功率实际测量误差小于 0.5%，即误差小于 0.5% 的读数，一般地说，0.5 级表不能满足此要求，建议使用 0.2 级或更高精度交流电测量仪表。

测量谐波和功率因数时，电测量仪表的应符合 GB 17625.1—2003 附录 A 和附录 B 的要求。

A.3　温度计

推荐使用 A 级分度的温度探测器；

温度计至少三位数字显示，准确度优于±0.3 ℃，分辨率优于 0.1 ℃。

由于半导体温度探头有一定的光敏性，因此应慎用半导体温度探头。

A.4　光度计

光度计中的光度探测器应满足 JJG 245—2005 规定的标准级要求，其 $V(\lambda)$ 失配系数 $f_1' < 3.5\%$。

光度探测器通常应具备余弦校正性能，但用于在远距离下的测量光强的光度探测器，则不必要求具备余弦校正性能以获得较高的灵敏度。

光度计应至少四位有效数字显示，且具备用户定标功能和定标后锁定保护功能；除示值误差外，其他各项性能指标达到 JJG 245—2005 的标准级照度计要求。

注：带有足够高测量精度的标准灯的系统，定标或校准可由用户自行完成。

A.5　光谱辐射计（光谱分析系统）

光谱辐射计是测量光的辐射功率随波长变化的仪器，它是测量 LED 模块的光谱功率分布、发光颜色、显色性指数以及有关光度量的必备设备。

光谱辐射计的光谱辐射强度或光谱辐射照度用满足测量要求的光谱辐射强度或照度标准灯校准，经校准后，光谱辐射计的色品坐标 (x,y) 测量准确度优于 0.003，在稳定的标准光源下的 (x,y) 分辨率和复现性优于 0.000 2，光谱辐射计的光源颜色测量和显色性指数分析功能应满足 GB/T 7922—2008 和 GB/T 5702—2003 或 CIE 15:2004 的要求。光谱辐射计除具备上述功能外还应具备标准 LED 模块光谱光度和色度校准功能。

A.6　积分球（积分球光度计，积分球光谱辐射计）

积分球是用替代法快速测量 LED 模块的光通量、光谱分布、颜色和显色性指数的设备。积分球与光度计结合称为积分光度计，积分球与光谱辐射计结合称为积分光谱辐射计，它应满足 CIE 84:1989 的要求。

积分球应足够大，积分球内壁涂层反射率应具备良好的均匀性和光谱中性，且对温度和湿度变化不敏感，积分球内挡光物体应尽量减少。与 CIE 84:1989 一样，本标准推荐使用内壁涂层反射率约为80%的积分球，以使积分球具有更好的光谱性能和更好的稳定性。允许使用 80%以上反射率的涂层，高反射率涂层积分球有利于积分球尺寸相对较小和仪器灵敏度相对较低的系统提高测量精度。

积分球应可使被测 LED 模块处于球中心，并让其处于 4.3 所要求的工作状态。对于仅在半球面发光的 LED 模块测量，也可在积分球的顶部或侧面开取样口，将被测 LED 模块的发光收集于积分球中。

用积分球通过替代法测量 LED 模块的光通量、光谱分布和颜色的要点是：用同类型的标准 LED 模块作为标准灯校准积分球光度计或积分球光谱辐射计，以得到较好的测量不确定度。如用普通白炽灯或卤钨灯作为标准灯，则必须要设法消除因发光光谱、尺寸、外形、发光光束形状和发光颜色分布不均匀性等因素所带来的误差。

A.7 分布光度计

分布光度计是测量光度量(照度或光强)随空间角度变化的光度计，通常包括一个用于支承和定位被测光源的机械机构(即转台)和光度计以及其他必需的传感器和测量信号处理系统等。

分布光度计的基本性能和测量条件应满足 CIE 70:1987、CIE 84:1989 和 CIE 121:1996 的要求。对于 LED 模块的测量，对分布光度计作出下列总体要求：

1) 分布光度计应具有良好的消杂散光性能，分布光度计置于测光暗室中，或测量光路在遮光筒的遮蔽下不被外界杂散光干扰；
2) 在测量中，被测 LED 模块始终处于规定的燃点姿态，且在测量取样中 LED 模块应处于稳定的静止状态；
3) 分布光度计的角度精度应不低于 0.2°，最小角度测量步距为 0.1°；
4) 分布光度计用标准光通量灯或标准光强灯校准；
5) 分布光度计中的光度计满足 A.4 的要求，且分布光度计的光度线性应优于±0.2%；
6) 分布光度计应具备丰富的软件功能，可提供的数据和曲线至少包括：等光强曲线、等照度曲线、亮度和眩光分析等，数据输出格式符合 CIE 102:1993 的要求。

A.7.1 光通量测量的探测器旋转式分布光度计

光通量测量的探测器旋转式分布光度计是以照度分布积分法来实现总光通量测量的，其原理表达式为式(A.1)：

$$\Phi = \int_{(S)} E \cdot \mathrm{d}S \qquad \text{(A.1)}$$

式中：

E——为包围被测 LED 产品的虚拟球表面的照度；

S——为虚拟球面积。

照度分布积分法是多数国家计量实验室建立光通量国家基准的方法，它也是国际公认的最高精度的总光通量测量方法。

CIE 84:1989 对照度分布积分法及其分布光度计的要求进行了明确的规定：被测光源和灯具无需严格位于虚拟球的中心，且对灯中心到光度探测器间的测量距离不作严格的要求，最小测量距离只要满足光度探测器绕被测 LED 模块旋转的物理尺寸即可，但应注意在测量距离较近时，光度探测器应具有较好的余弦校正。详细内容可参见 CIE 84:1989 第 5 章。

CIE 84:1989 推荐的测量总光通量的探测器旋转式分布光度计原理示意图和典型结构示意图如图 A.1 所示。测量 LED 模块总光通量的探测器旋转式分布光度计应能使被测 LED 模块按标准测量姿态燃点，并尽量使其光度中心处于分布光度计的旋转中心，被测 LED 模块在光度取样中保持静止状态；探测器旋转式分布光度计的光度探测器应正面面对被测 LED 模块，直接接收来自被测 LED 模块的光束。

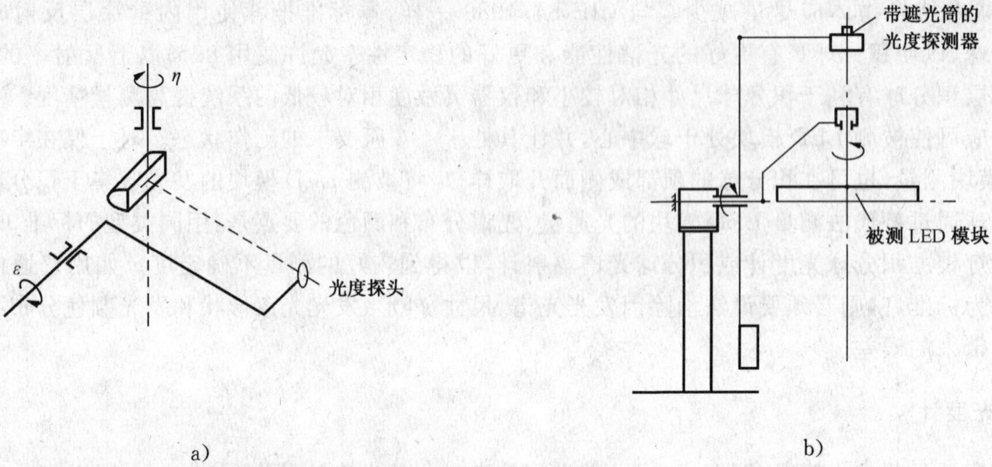

图 A.1 CIE 84 推荐的测量光通量的探测器旋转式分布光度计原理 a)和结构 b)示意图

A.7.2 测量 LED 光强分布的分布光度计

分布光度计一般通过照度和照度平方反比关系来实现空间光强分布的测量，此时分布光度计应能实现附录 B 所要求的被测 LED 模块与探测器之间的测量距离。

A.7.2.1 探测器旋转式分布光度计

当满足 LED 模块的光强测量距离要求，建议采用 A.7.1 中的测量总光通量的探测器旋转式分布光度计，这类分布光度计能够以高精度实现小尺寸 LED 模块的光强分布测量；然而由于该类探测器旋转式分布光度计不能实现大尺寸 LED 模块的光强测量所要求的测量距离，因此应采用其他类型的分布光度计来测量大尺寸 LED 模块的光强分布。

现有以下的几种分布光度计可用于大尺寸 LED 模块的光强分布，它们主要的性能如下。

A.7.2.2 灯具旋转式分布光度计

灯具旋转式分布光度计使被测光源绕其水平轴和垂直轴旋转而保持光度探测器静止，如图 A.2 所示为典型的灯具旋转式分布光度计。

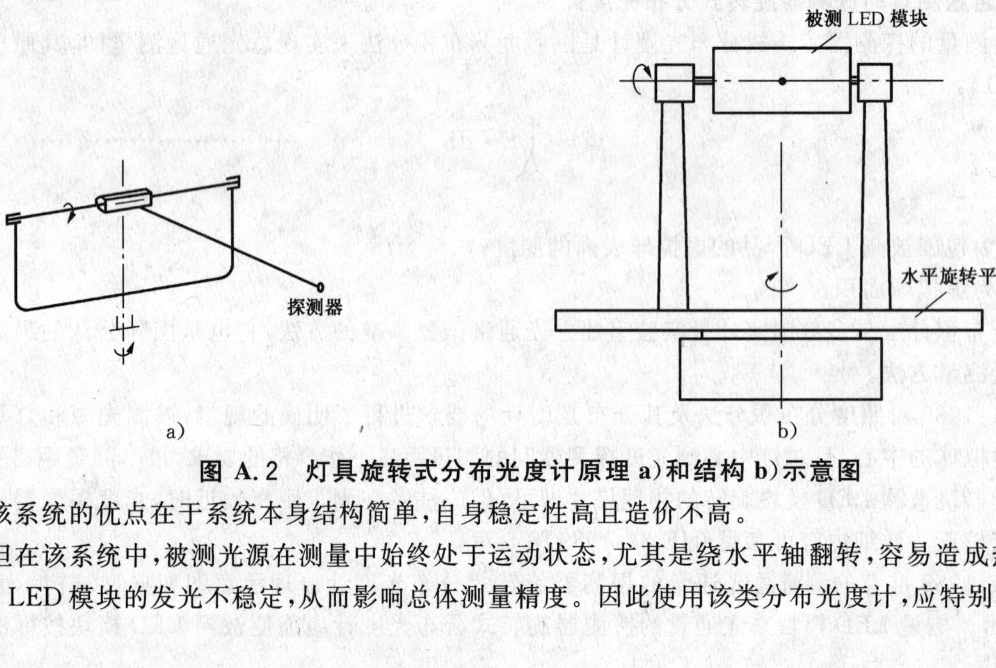

图 A.2 灯具旋转式分布光度计原理 a)和结构 b)示意图

该系统的优点在于系统本身结构简单，自身稳定性高且造价不高。

但在该系统中，被测光源在测量中始终处于运动状态，尤其是绕水平轴翻转，容易造成热平衡的打破，使 LED 模块的发光不稳定，从而影响总体测量精度。因此使用该类分布光度计，应特别注意对被测

LED 模块测量结果的修正，见附录 C。

然而如被测 LED 模块对温度不敏感，则该类分布光度计可以实现对 LED 模块的光强和光通量的精确测量。

A.7.2.3　双镜式分布光度计

双镜式分布光度计中的被测 LED 模块处于旋转中心，仅绕其垂直轴旋转，旋转反光镜绕被测 LED 模块旋转，将 LED 模块在某一方向上测量光束反射到远处的第二反光镜上，并通过第二反光镜反射到探测器中。

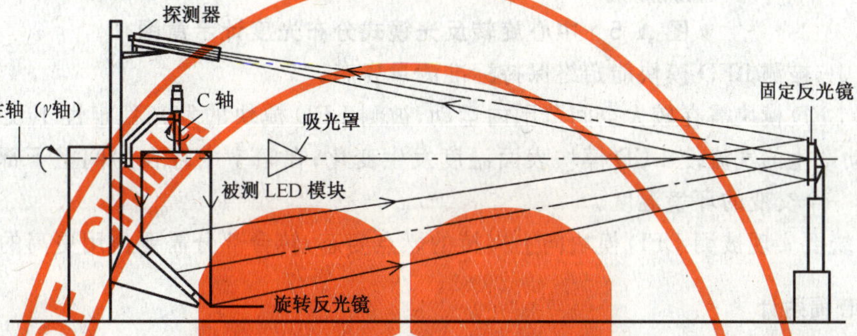

图 A.3　双镜分布光度计示意图

双镜式分布光度计中，被测 LED 模块在光度取样测量中保持静止的规定燃点姿态，发光稳定性高。

该系统的优点在于被测 LED 模块和分布光度计系统均十分稳定，而且系统占用的空间较小。该系统对反射镜提出了更高的质量要求。

A.7.2.4　圆周运动反光镜式分布光度计

圆周运动反光镜式分布光度计中的被测 LED 模块处于旋转中心，仅绕其自身垂直轴旋转。反光镜绕被测 LED 模块旋转，将在某一方向上测量光束发射到与旋转反光镜同步旋转的探测器中。

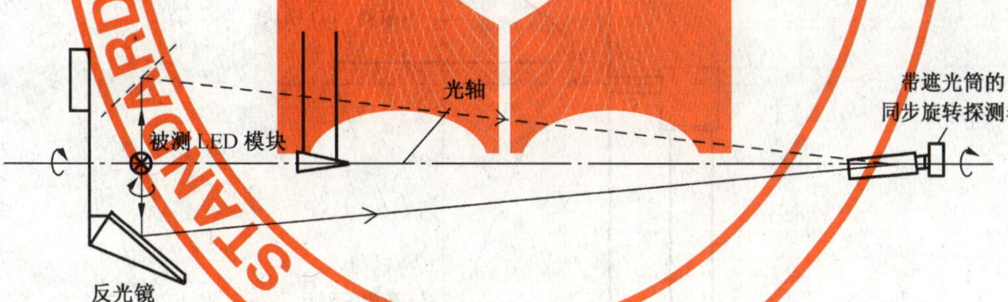

图 A.4　圆周运动反光镜式光度计示意图

该系统中的被测 LED 模块按规定测量姿态点燃，在光度取样测量中保持完全静止状态。

该系统的优点是被测光源的发光稳定性高，但该系统相对于双镜分布光度计的缺点在于占用的空间较大。

本系统的简易设计是将带长消光筒的同步旋转探测器改为固定的探测器（探测器和其前端遮光筒均固定不动），这样的简易安排导致的后果是探测器开口较大而容易引入较多的杂散光和信号光束不能垂直入射到探测器上，因此而造成测量精度下降。

A.7.2.5　中心旋转反光镜式分布光度计

中心旋转反光镜式分布光度计也是一款比较常用的转镜式分布光度计，系统中的反光镜绕水平主轴旋转，而由灯臂夹持的被测光源绕反光镜转动，同时灯臂向相反方向绕辅助轴同步旋转，以保持被测光源的燃点姿态不变，被测光源绕自身垂直轴转动。测量中反光镜将被测光源的光束反射到与主轴同轴的光度探测器上。

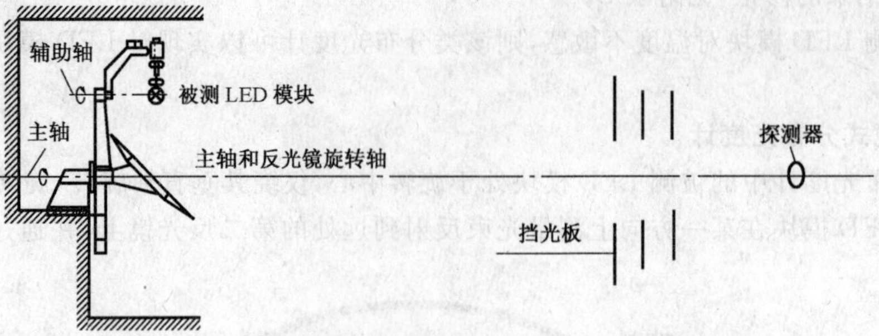

图 A.5 中心旋转反光镜式分布光度计示意图

在该系统中,被测 LED 模块能始终保持标准测量姿态。

然而由于 LED 模块需在较大空间范围内运动,被测 LED 模块的发光稳定性不及前两种分布光度计系统:由运动产生的气流使 LED 模块表面温度发生变化;在暗室中存在房间上下部温差,导致 LED 模块始终处于一个交变的环境温度。

另外该系统要实现被测 LED 模块向上夹持的燃点姿态,转台部分需要占用更高的转动空间。

A.8 分布光谱辐射计

受其发光机制的影响,白光 LED 具有较为明显空间光色不均匀性,对于以阵列方式组合在一起的 LED 模块,若设计不当会造成严重的空间颜色不均匀,即在不同的视角上表现出不同的颜色特征,影响照明效果,因此空间颜色均匀性测量对于 LED 模块十分重要。

分布光谱辐射计由分布光度计和快速光谱辐射计组成,使用快速光谱辐射计替代分布光度计中的光度探测器,能够满足 LED 模块颜色分布特性测量的要求,图 A.6 为典型的分布光谱辐射计示意图。

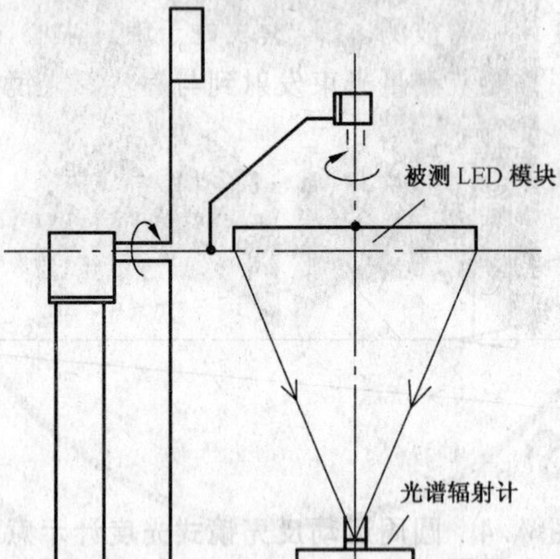

图 A.6 典型分布光谱辐射计示意图

分布光谱辐射计应满足 A.5 光谱辐射计和 A.7 分布光度计的要求(不包括对光度探测器要求),同时要求光谱辐射计应具有足够快的测量速度,且应具备同步采样功能,以实现光谱辐射强度测量与分布光谱辐射计的转动角度同步。

A.9 近场分布光度计

为节约空间,国际上新近对近场分布光度计十分关注,近场分布光度计由分布光度计和成像亮度计组成,成像亮度计替代分布光度计中的光度探测器,如图 A.7 所示。成像亮度计采用二维光学接收元件(如 CCD),一次取样可以实现所测平面内各点的亮度值的测量。近场分布光度计中的成像亮度计面对被测 LED 模块,直接接收 LED 模块的光线束。

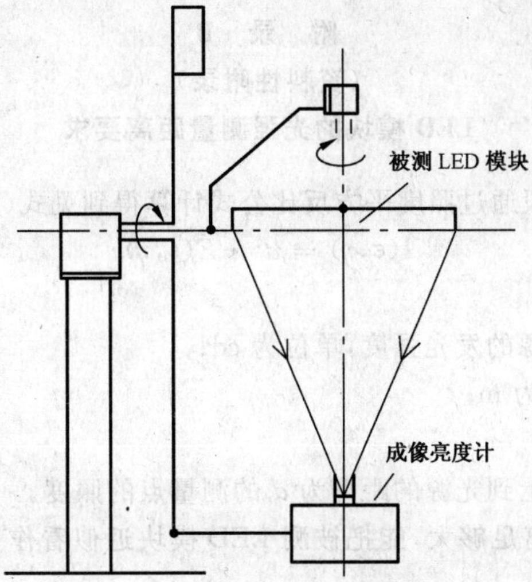

图 A.7 近场分布光度计

由被测光源发出的光束都具有可测量的与距离无关的亮度值，通过测量被测 LED 模块各发光点在空间各个方向的亮度值，用光线追踪的方法可准确地得到 LED 模块的每一个平面的照度分布、空间光强分布和总光通量等光度参数，而且与测量距离，方向或 LED 模块表面的曲率半径无关。

为精确测量 LED 模块，近场分布光度计中的被测 LED 模块应按规定的标准姿态燃点，在测量取样中保持静止；成像亮度计应具有足够高的线性，且成像亮度计的感光元件前应配有 $V(\lambda)$ 匹配光学元件以使感光元件（含全部光学系统）的光谱灵敏度曲线与 $V(\lambda)$ 曲线吻合，且满足 JJG 211—2005 规定的一级或以上精度等级。

随着科技的进步，仪器科学的发展以及对 LED 测量要求的不断提高，很可能会出现其他类型的性能更为优越的分布光度计系统。因此本部分内容仅供参考。

附　录　B
（资料性附录）
LED 模块的光强测量距离要求

分布光度计的光强测量一般通过照度平方反比公式计算得到见式(B.1)：

$$I(\varepsilon,\eta)=d^2\cdot E(\varepsilon,\eta) \qquad\cdots\cdots\cdots\cdots(B.1)$$

式中：

$I(\varepsilon,\eta)$——(ε,η)方向上光源的发光强度，单位为 cd；

d——测量距离，单位为 m；

(ε,η)——空间角度；

$E(\varepsilon,\eta)$——空间(ε,η)方向上到光源的距离为 d 的测量点的照度。

上式成立的条件是测量距离足够大，能把被测 LED 模块近似看作点光源，根据 EN 13032-1:2004 的要求：

测量距离应至少为 LED 模块最大发光口面的 5 倍；

对于光强分布曲线与余弦分布明显不同的 LED 模块，上述测量距离会带来超过 1% 的误差，因此这种 LED 模块的光强测量距离至少需要为最大发光口面的 10 倍；

带反射器的可实现类似于投光灯功能的 LED 模块的最小测量距离是 LED 模块反射器反射率 f、反射器开口半径 a 和 LED 模块发光部位尺寸 s 的函数，其最小测量距离 D_{min} 由式(B.2)计算：

$$D_{min}=\frac{a^2}{4f}\left(1+\frac{2a}{s}\right)+\frac{2af}{s} \qquad\cdots\cdots\cdots\cdots(B.2)$$

式中各个参数见图 B.1。

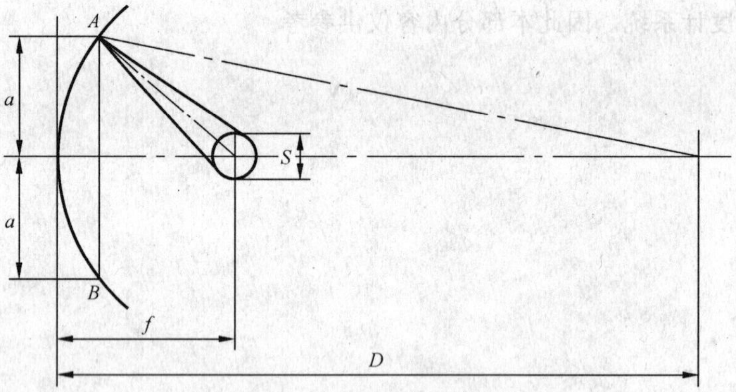

图 B.1　投光灯的最小测量距离

因此不同发光口面和光束角的 LED 模块，其光强分布测量所要求的最小测量距离是不一样的。同时还应注意，测量距离并非越长越好，需要综合考虑光度计的探测能力，在整个被测光束范围内，对应于最大光强的光度计读数应具有四位有效数字。对于窄光束投光灯性质的 LED 模块，测量距离一般控制在 20 m～30 m 之间。

附 录 C
（资料性附录）
LED 模块的光度修正系数

LED 模块的光度参数应在第 4 章规定的条件下测量，然而当测量环境或测量设备无法满足规定测量条件时，应对测量值进行修正，以减少测量误差。值得一提的是，修正只能在一定程度上减少，而不能消除对应的测量误差，修正系数本身存在误差。

以下是测量和计算 LED 模块在非规定条件下的测量结果修正系数的几个实例：

C.1 LED 模块在 25 ℃以外的环境温度下测量的修正系数

当 LED 模块不能在符合 4.1 要求的环境温度条件下测量时，应确定其修正系数，并用来修正所有测量结果。修正系数见式(C.1)：

$$K_{25\,℃} = \frac{E_{25\,℃}}{E_{t\,℃}} \qquad \cdots\cdots(C.1)$$

式中：

$K_{25\,℃}$——LED 模块在 t ℃下工作时的修正系数；

$E_{25\,℃}$——规定测量条件下，LED 模块在固定距离和方向上测得的照度；

$E_{t\,℃}$——模块在环境温度为 t ℃下，同一距离同一方向上测得的照度。

C.2 LED 模块在非规定燃点姿态下的修正系数

若 LED 模块在测量中的燃点姿态虽然不处于规定状态，但在测量过程中保持静止，则可使用修正系数见式(C.2)：

$$K_{\theta} = \frac{E_{st}}{E_{\theta}} \qquad \cdots\cdots(C.2)$$

式中：

K_{θ}——LED 模块定位于 θ 方向时的修正系数；

E_{st}——规定测量条件和燃点姿态下，LED 模块在一定距离和方向上测得的照度；

E_{θ}——LED 模块定位于 θ 方向时同一距离和方向上测得的照度。

若在 LED 模块的光度参数测量中，所使用的分布光度计（分布光谱辐射计）使 LED 模块的燃点姿态不断发生变化，则应使用安装在距 LED 模块较小的固定距离和方向下的监视探测器连续监视光输出的变化，并测量修正系数，对测得的每一个光度参数进行不同的修正。

C.3 LED 模块在测量中位置变化的修正系数

若在 LED 模块的光度参数测量中所使用的分布光度计（分布光谱辐射计）使 LED 模块的位置不断发生变化，则应使用监视探测器测量修正系数。监视探测器安装在距 LED 模块较小的固定距离和方向上，随着 LED 模块的位置发生改变，监视探测器连续监视光输出的变化，并计算各个位置上的修正系数，用此法对测得每一个光度参数进行不同的修正见式(C.3)：

$$K_{p} = \frac{E_{0}}{E_{p}} \qquad \cdots\cdots(C.3)$$

式中：

K_{p}——LED 模块在 p 位置时的修正系数；

E_{0}——LED 模块在参考位置上（如复位位置）时监视探测器测量的照度；

E_{p}——LED 模块在 p 位置时监视探测器测量的照度。

C.4 外置控制 LED 模块的控制器修正

外置控制 LED 模块若不是在参考控制器或等效驱动器下驱动，则需要予以修正。外置控制 LED 模块的控制器修正系数为 LED 模块在 LED 基准控制器下工作的总光通量与该 LED 模块在实际控制器驱动下发出的总光通量的比值。

附　录　D
（规范性附录）
LED 模块的推算寿命测量方法

在规定条件下正常点燃 LED 模块，从开始点燃起，和以后至少每隔 300 h，记录一定距离下 LED 模块在参考轴方向上的照度，并以照度相对值作为光通量的相对值。直至试验到 6 000 h 后终止试验。

在推算寿命的外推计算中，以 LED 模块在 1 000 h 的光通量的相对值为外推起始值，利用 1 000 h 到 6 000 h 的光通量的相对值数据，外推出 LED 模块光通量下降到外推起始值的 70% 或 50%（根据失效判据）的时间，即为推算寿命值。

注：LED 光通量随时间变化的函数匹配曲线公式或算法正在研究中，待定。

ICS 29.140.99
K 74

中华人民共和国国家标准

GB/T 24825—2009

LED模块用直流或交流电子控制装置 性能要求

DC or AC supplied electronic control gear for LED modules—Performance requirements

(IEC 62384:2006,MOD)

2009-12-15 发布 2010-05-01 实施

中华人民共和国国家质量监督检验检疫总局
中国国家标准化管理委员会 发布

前言

本标准修改采用 IEC 62384:2006《LED模块用直流或交流电子控制装置　性能要求》。

本标准与 IEC 62384:2006 的主要差异如下：

a) 用小数点“.”代替作为小数点的“,”；

b) “本国际标准”一词改为“本标准”；

c) 删除国际标准前言；

d) 对于 IEC 62384 中引用的其他国际标准中有被等同采用为我国标准的，本部分用引用我国的这些国家标准或行业标准代替对应的国际标准，其余未有等同采用为我国标准的国际标准，在本部分中均被直接引用；

e) 增加了第 14 章“能效等级”。

本标准的附录 A、附录 B 为规范性附录。

本标准由中国轻工业联合会提出。

本标准由全国照明电器标准化技术委员会(SAC/TC 224)归口。

本标准起草单位：国家电光源质量监督检验中心(上海)、佛山市华全电气照明有限公司、广州市中德电控有限公司、深圳市森浩高新科技开发有限公司、广东明家科技股份有限公司、上海亚明灯泡厂有限公司、中山市欧普照明股份有限公司、桐乡市生辉照明电器有限公司、中山市华艺照明股份有限公司、生辉照明电器(浙江)有限公司、霍尼韦尔朗能电器系统技术(广东)有限公司、南京汉德森科技股份有限公司。

本标准主要起草人：杨樾、俞安琪、区志杨、马国民、李明远、王平、徐小良、周明兴、沈锦祥、彭照富、付宝成、周鸣、柯柏权、李维升。

LED 模块用直流或交流电子控制装置 性能要求

1 范围

本标准规定了使用 250 V 以下直流电源和 50 Hz 或 60 Hz、1 000 V 以下交流电压，其工作频率不同于电源频率的电子控制装置的性能要求，此控制装置与 GB 24819 所规定的 LED 模块一起工作。本标准规定的 LED 控制装置设计提供恒定电压和电流。不符合纯电压和电流类型不被排除本标准之外。

注 1：本标准中的试验均为型式试验。关于生产期间的单个控制装置的试验要求尚未给出。

注 2：关于装有能改变输出功率的装置的控制装置的要求尚在研究之中。

注 3：可以预计，考虑了 LED 模块制造商的特殊规定，符合本标准的控制装置在额定电源电压的 92% 和 106% 之间均能保证正常工作。

2 规范性引用文件

下列文件中的条款通过本标准的引用而成为本标准的条款。凡是注日期的引用文件，其随后所有的修改单(不包括勘误的内容)或修订版均不适用于本标准，然而，鼓励根据本标准达成协议的各方研究是否可使用这些文件的最新版本。凡是不注日期的引用文件，其最新版本适用于本标准。

GB 19510.14 灯的控制装置 第 14 部分：LED 模块(组件)用直流或交流电子控制装置的特殊要求(GB 19510.14—2009，IEC 61347-2-13:2006，IDT)

GB 24819 普通照明用 LED 模块 安全要求(GB 24819—2009，IEC 62031:2008，IDT)

IEC 60410 计数检查抽样方案和程序

3 术语和定义

下列术语和定义适用于本标准。

3.1

线路总功率 total circuit power

在控制装置的额定电源电压和额定最大输出负载下由控制装置和 LED 模块共同消耗的总功率。

3.2

线路功率因数 circuit power factor

λ

所测得的线路的功率与电源电压(有效值)和电源电流(有效值)的乘积之比。

3.3

高声频阻抗控制装置 high audio-frequency impedance control gear

250 Hz～2 000 Hz 频率范围内，控制装置的声频阻抗超过本标准第 11 章的规定值。

4 试验的一般说明

4.1 本标准规定的试验均为型式试验。

注：本标准所述要求和公差均是根据对制造商为此目的专门提交的型式试验样品进行试验而制定的。这种型式试验样品一般应具备制造商产品的典型特征，并应尽可能地接近该产品中心点值。

关于本标准给出的公差，可以预计大部分产品只要按照型式试验样品去生产，将符合本标准。然后由于本产品的离散性，所以有时不可避免会出现超出规定的公差范围的产品。关于技术检查抽样方案和程序，见 IEC 60410。

4.2 在用一个或若干个 LED 模块进行试验时，所用的 LED 模块应符合下述要求：

当在额定电压或额定电流（直流和/或交流）所测得的 LED 模块的功率与其额定功率的差异不超过 +6%和−0%。

4.3 各项试验应按照条款的顺序进行，但另有规定时除外。

4.4 一只样品应承受所有的试验。

4.5 通常，要对每一种型式控制装置进行所有的试验。在涉及范围类似的控制装置的情况下，应对该范围中每一个额定功率的控制装置或从制造商所认可的范围中挑选有代表性的控制装置进行所有的试验。

4.6 试验按照条款 A.1 进行。因为直到现在 LED 模块的数据没有在 IEC 标准中发表，所以应由 LED 模块制造商提供。

4.7 本标准中的控制装置都应符合 GB 19510.14 的要求。

4.8 试验应采用 20 cm 和 200 cm 长的输出电缆，制造商声称的除外。

5 分类

5.1 根据负载分类

a) 单值负载控制装置

此类控制装置仅设计用于一个特定的输出功率，该输出功率可以是一个或多个 LED 模块消耗的。

b) 多值负载控制装置

此类控制装置设计用于其总负载在所宣称的功率范围内的一个或多个 LED 模块。

5.2 根据输出电压分类

a) 具备稳定输出电压的控制装置；

b) 不具备稳定输出电压的控制装置。

5.3 根据输出电流分类

a) 具备稳定输出电流的控制装置；

b) 不具备稳定输出电流的控制装置。

6 标志

6.1 强制性标志

6.1.1 控制装置上应清晰地标有下述内容：

线路功率因数，例如 $\lambda=0.9$。

如果功率因数小于 0.95 且超前，应在后面加字母 C，例如 $\lambda=0.9$ C。

6.1.2 除了上述强制标志外，以下信息也应标在控制装置上或注明在制造商的说明书或类似文件中。

a) 如适用：允许的温度范围极限；

b) 如适用：控制装置有稳定输出电压的声明；

c) 如适用：控制装置有稳定输出电流的声明；

d) 如适用：控制装置适合与电源调光器一起使用的适用说明；

e) 如适用：工作模式的声明，例如，相控。

6.2 非强制性标志

下述内容应在控制装置或制造商说明书或类似地方声明：

a) 线路总功率；

b) 如适用：表示控制装置在设计上符合声频阻抗条件的符号**Z**；

c) 如适用:控制装置耐短路保护的声明(符号在考虑中)。

7 输出电压和电流

7.1 启动和连接要求

在启动或连接到一个 LED 模块后,在 2 s 内输出应在额定值的 110%内。最大电流或最大电压应不超过制造商的给定值。此性能在最小额定功率下检测。

注:如果输出电压是交流,110%是有效值百分比,如果是直流,110%是直流百分比。

7.2 工作期间的电压和电流

对于具有非稳定输出电压的控制装置,当在额定电源电压下,输出电压与 LED 模块额定电压的偏差应不超过±10%;对于具有稳定输出电压的控制装置,当电源电压为额定电源电压的 92%和 106%之间的任一值时,输出电压与 LED 模块额定电压的偏差应不超过±10%。

对于具有非稳定输出电流的控制装置,当在额定电源电压下,输出电流与 LED 模块额定电流的偏差应不超过±10%;对于具有稳定输出电流的控制装置,当电源电压为额定电源电压的 92%和 106%之间的任一值时,输出电流与 LED 模块额定电流的偏差应不超过±10%。

多值负载控制装置应在最小和最大负载下进行试验。

7.3 容性负载的要求

如果 LED 模块或连接到转换器的任何其他控制单元含有用来控制和/或驱动模块电路的电容,当 LED 模块连接到控制装置时可能产生电流脉冲。这既不能影响控制装置过电流保护也不能影响控制装置的启动过程。

试验条件见 A.2。图 A.1a)是控制装置在启动过程中的试验电路,图 A.1b)是在稳定工作状态连接负载的试验电路。

合格性:当连接到控制装置的测量电路时,测试装置不应跳闸。

7.4 开关期间与工作期间的电压浪涌

叠加在输出电压上的电压浪涌应不超过下述规定值(该值尚在考虑中)。

8 线路总功率

在额定电压下,控制装置与 LED 模块一起工作时,线路总功率应不超过制造商声称值的 110%。

9 线路功率因数

当控制装置与额定功率的 LED 模块一起工作并且整个组合在额定电压和频率下工作,测量的线路功率因数与其标志值的差异应不超过 0.05。

10 电源电流

当控制装置与额定功率的 LED 模块在额定电压下工作时,电源电流与控制装置上所标志的电流或制造商产品样本所宣称的电流的差异不超过 10%。

11 声频阻抗

标有声频符号Z(见 6.2b))的控制装置应按照 A.3 进行试验,试验采用图 A.2 所示线路。

对于 400 Hz~2 000 Hz 之间的每一个信号频率,控制装置在额定电压和频率下与额定 LED 模块一起工作时的阻抗是电感性的。其以欧姆为单位的阻抗应至少与下述电阻器的电阻相等,该电阻器所消耗的功率与在额定电压和频率下工作的 LED 模块-控制装置组合所消耗的功率相等。在测量控制装置阻抗时，应采用其值等于控制装置额定电源电压的3.5%的信号电压。

对于250 Hz～400 Hz之间的频率，该阻抗应至少等于400 Hz～2 000 Hz之间的频率所要求的最小值(阻抗)的1/2。

注：控制装置中可装有电容量小于0.2 μF(总量)的电容器构成的无线电干扰抑制器。在进行本项试验时，可将该抑制器断开。

12 异常条件下的工作试验

在以下条件下控制装置不应损坏：

a) 未装LED模块时的试验

控制装置在不装LED模块情况下接通额定电压并持续1 h；实验结束后接上LED模块，LED模块应能正常工作。

b) 降低LED模块电阻的试验

尚在研究中。

c) 对耐短路控制装置的试验

将控制装置短路并持续1 h，或直至保护装置断开线路。试验结束后，并使保护装置复位后，控制装置应能正常工作。

13 耐久性

13.1 控制装置应接受下述温度循环冲击试验和电源电压开关试验：

a) 温度循环冲击试验

首先将未通电的控制装置在－10 ℃温度下放1 h，或者，如果控制装置上标有更低的温度值，则采用该温度值。然后控制装置移至具有 t_c 温度的箱内保存1 h。这样的温度循环应进行五次。

b) 电源电压开关试验

在额定电源电压下，将控制装置开启和关闭各30 s。此循环在无负载条件下重复进行200次，在最大负载条件下重复进行800次。

在试验期间，失效的LED模块应立即更换。

在试验结束后控制装置应能使一个或若干个合适的LED模块正常工作15 min。

13.2 然后，使控制装置与合适的一个LED模块/或若干个LED模块在额定电压和温度为 t_c 的环境温度下一起工作，直至达到200 h的试验周期。在试验结束后并冷却至室温后，控制装置应能使一个或多个合适的LED模块正常工作15 min。在试验期间LED模块应放置在试验箱外，温度为25 ℃±5 ℃环境中。

14 能效等级

LED模块用控制装置的能效等级应符合表1的要求，能效等级的计算公式见式(1)：

$$\eta=\frac{P_{out}}{P_{in}} \qquad \cdots\cdots(1)$$

式中：

η——灯的控制装置的能效系数；

P_{out}——灯的控制装置在额定状态下输出给额定负载的功率；

P_{in}——灯的控制装置在额定状态下的线路功率。

表 1 LED 模块控制装置的能效等级

能效等级	非隔离输出式 LED 模块控制装置			隔离输出式 LED 模块控制装置		
	P≤5 W	5 W<P≤25 W	P>25 W	P≤5 W	5 W<P≤25 W	P>25 W
1 级 （%）	84.5	89.0	92.0	78.5	84.0	88.0
2 级 （%）	80.5	85.0	87.0	75.0	80.5	85.0
3 级 （%）	75.0	80.0	82.0	67.0	72.0	76.0

能效等级的有关项目均用三个样品进行检测，能效等级采用三个样品的检测平均值进行判定。

附 录 A
（规范性附录）
试 验

A.1 一般要求

A.1.1 一般要求

试验均为型式试验。一只样品应接受所有的试验。

A.1.2 环境温度

试验应在无对流风的室内和 20 ℃～27 ℃的环境温度下进行。

A.1.3 电源电压和频率

a) 试验电压和频率

受试控制装置应在额定电源电压和频率下工作，但另有规定时除外。

当控制装置上标有所使用的电源电压范围或本身具备不同的独立额定电源电压时，其任一预定使用的电压均可选做额定电压。

b) 电源电压和频率的稳定性

在试验期间，电源电压和频率应保持稳定，其变化应不超过±0.5％。但是在实际测量期间，电压应调节到规定试验值的±0.2％之内。

c) 电源电压波形

电源电压的总谐波含量应不超过 3％，谐波含量被定义为各个分量的有效值的总和，基波为 100％。

A.1.4 磁效应

在距离受试控制装置任一外表面 25 mm 之内不应放置任何磁性物体，但另有规定的除外。

A.1.5 仪器特性

a) 电压线路

在与 LED 模块并联的仪器的电压线路上所通过的电流应不超过 LED 模块标称工作电流的 3％。

b) 电流线路

与 LED 模块串联的仪器应具有足够低的阻抗，以便使电压降不超过 LED 模块的实际电压的 2％。

c) 有效值的测量

仪器上基本不存在由波形畸变引起的误差，并适应于工作频率。

应注意确保仪器的对地电容不会干扰受试控制装置的工作。还应确保受试线路的测量点处于地电位。

A.2　容性负载电流的测量(图 A.1a)和图 A.1b))

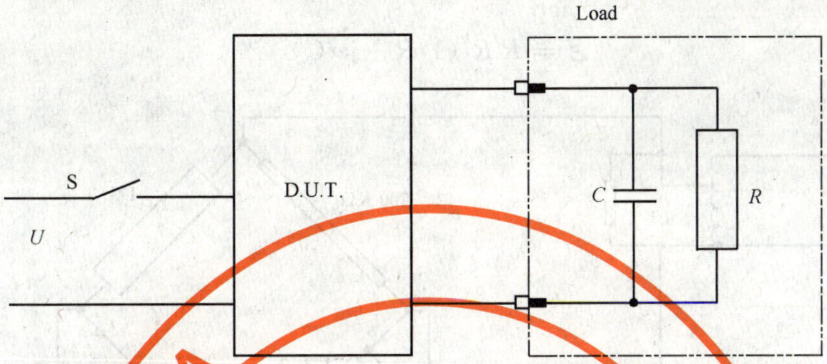

a)　启动过程中的电流测量线路

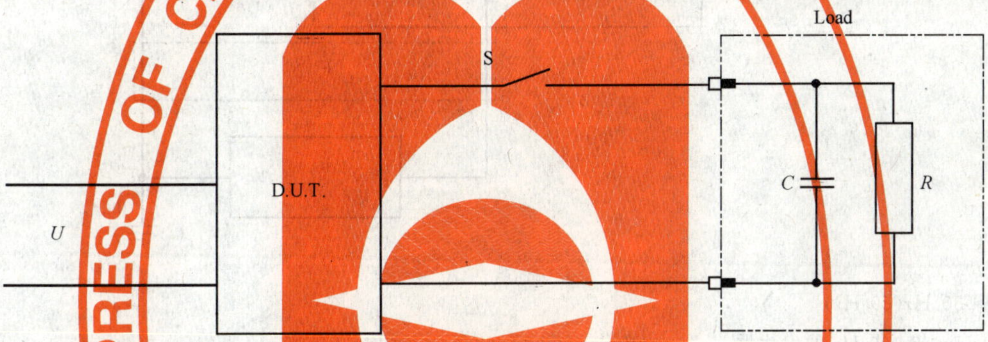

b)　在稳定工作状态下连接负载时的电流测量线路

图 a)和 b)的注

U:电源 50 Hz(60 Hz)

S:开关

D.U.T.:试验的控制装置

R:给出控制装置的标称输出电流的电阻

　　对于电压源:$R=U^2/P_{max}$

　　对于电流源:$R=P_{max}/I^2$

C:适用的电容

对于包括逻辑电路的用于驱动 LED 模块的控制装置:

a)　对于电压源:$C=20\ \mu F/A$

b)　对于电流源:$C=400\ \mu F$

对于不包括逻辑电路的用于驱动 LED 模块的控制装置:

c)　对于电压源:$C=1\ \mu F/A$

d)　对于电流源:$C=1\ \mu F$

Load:等于 LED 模块的负载

图 A.1　连接负载时的电流测量线路

A.3　声频阻抗的测量(图 A.2)

图 A.2 的线路所示为一完整的电桥,它能全面测量 LED 模块-控制装置组合的声频阻抗$\boldsymbol{Z}$,即可以测量绝对值(系数),也可以测量其变化。

假设用 R' 和 R'' 表示线路图所示电阻器的值，该值分别为 5 Ω 和 200 kΩ(至少后者不是临界值)。对于用波形分析仪(或其他适用的选择式探测器)选定一给定声频，通过调整 R 和 C 便可获得平衡，此时，可得出：

$$Z = R'R''(1/R + j\omega C)$$

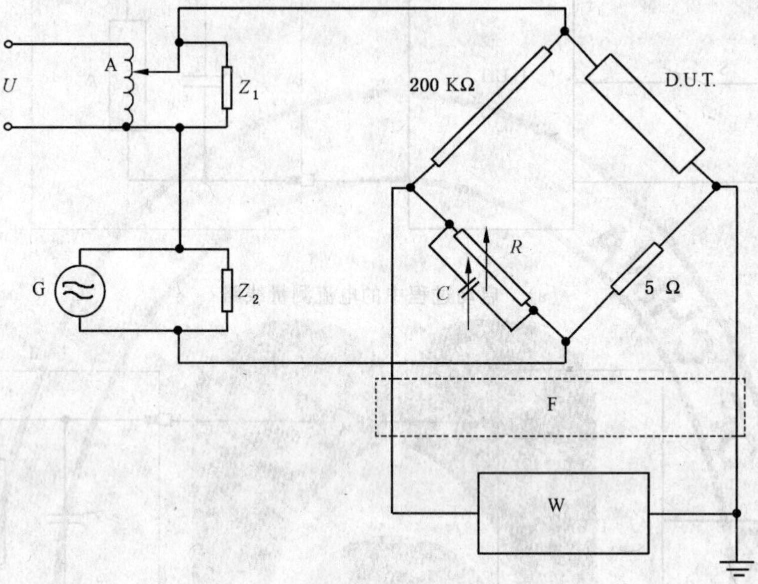

U：电源 50 Hz(60 Hz)

G：250 Hz…2 000 Hz 的发生器

A：电源转换器 50 Hz(60 Hz)

D. U. T.：试验的控制装置-LED 模块组合

Z_1：对于 50 Hz(60 Hz)足够高而对 250 Hz～2 000 Hz 足够低的阻抗(例如，电阻 15 Ω，电容 16 μF)

Z_2：对于 50 Hz(60 Hz)足够高而对 250 Hz～2 000 Hz 足够低的阻抗(例如，电感 20 mH)

F：50 Hz(60 Hz)滤波器

W：选择性伏特计或波形分析仪

注 1：电桥每个支路为 200 kΩ 不是重要的。

注 2：对于其他源的电流来说，相关的源具有低的内阻抗，则阻抗 Z_1 和/或 Z_2 就不是必需的。

图 A.2　声频阻抗的测量线路

附 录 B
（规范性附录）
产品寿命和产品失效率的评估指南

为了使用户对不同电子产品的寿命和失效率做出有意义的比较，建议制造商在其产品说明书中给出以下参数：

a） 最大表面温度，电子产品符号 t_1（t—lifetime），或者影响产品寿命的最高部件温度，这些温度应在正常工作条件下以及在标称电压或额定电压范围的最大电压下进行测量，这种温度应该使产品的寿命达到 50 000 h。

注：在某些国家，例如日本，采用 40 000 h 寿命。

b） 如果失效率是电子产品以最大温度 t_1（由 a）规定）条件下连续工作时的失效率，该失效率应标为单位时间的失效（fit）。

对于为获得 a）和 b）所给定的数据而采用的方法（数学分析法，可靠性试验等），在需要时，制造商应提供详细说明这种方法的综合数据资料。

ICS 29.140
K 70

GB/T 24826—2009

中华人民共和国国家标准

普通照明用LED和LED模块术语和定义

Terms and definitions of LEDs and LED modules for general lighting

(IEC 62504:2008,NEQ)

2009-12-15 发布

2010-05-01 实施

中华人民共和国国家质量监督检验检疫总局
中国国家标准化管理委员会
发布

前　言

本标准对应于 IEC 62504:2008《普通照明用 LED 和 LED 模块术语和定义》(英文版)。本标准与 IEC 62504:2008 的一致性程度为非等效。

本标准由中国轻工业联合会提出。

本标准由全国照明电器标准化技术委员会(SAC/TC 224)归口。

本标准起草单位:浙江阳光集团股份有限公司、桐乡市生辉照明电器有限公司、深圳市淼浩高新科技开发有限公司、北京电光源研究所、广东鹤山银雨照明有限公司。

本标准主要起草人:吴国明、沈锦祥、李明远、杨小平、廖怀飞、赵秀荣、陶玖祥。

普通照明用LED和LED模块术语和定义

1 范围

本标准规定了普通照明用LED和LED模块及相关的术语和定义。

本标准适用于编写有关普通照明用LED的各类标准及其有关的技术文献。

2 LED和LED模块术语

2.1

环境温度 ambient temperature

T_{amb}

LED临近区域的空气或其他介质的平均温度。

单位:℃

注:测量环境温度时测量仪器/探测器应与气流和辐射热隔绝。

[改写 IEC 60050(826):2004 中 826-10-03][改写 CIE 127:1997,定义 2.2.4]

2.2

对向角 angular subtense

α

从空间中的一点观察时表观光源所张的角。该角扩张取决于观察距离,但在任何距离都不小于眼睛的适应性调节最小距离。

单位:(°)

注1:表观光源的位置和角扩张取决于光束中的观察位置。

注2:表观光源的对向角仅适用于对视觉产生伤害的 380 nm~1 400 nm 波长范围。

注3:光源的对向角不应与光束发散相混淆。光源的对向角不能大于光束发散,但通常小于光束发散。

注4:在光辐射安全方面,LED辐射源是一种“中型光源”,其图像投射在视网膜上的角度在 1.5 mrad~100 mrad 之间,也就是视网膜图像的直径延伸在约 25 μm~1 700 μm 之间。对于这种光源,视觉危害与观察者视网膜的对向角显著密切相关。

[类似 IEC 60825-1:2007,定义 3.7]

2.3

表观光源 apparent source

对于一个给定的视网膜危害评价位置,在视网膜上形成最小影像的实际发光体或虚发光体(考虑到人眼的适应性调节范围)。

注1:眼睛的适应性调节范围假设在 100 mm 到无穷大之间变化。对于给定的光束中的观察位置,表观光源的位置位于产生最大视网膜伤害的辐射情况下的眼睛的适应性调节范围之内。

注2:表观光源的定义用于对一个给定的评价位置,确定波长范围在 380 nm~1 400 nm 的激光辐射的表观原始位置。在消除发散的极限情况,例如准直光束的情况,表观光源的位置趋于无穷大。

[类似 IEC 60825-1:2007,定义 3.10]

2.4

光束角 beam angle

在光束轴线所在平面上,经过灯正面的中心点和发光强度为中心光束强度50%的各点的两条虚拟直线间的夹角。

单位：(°)

[GB/T 19658—2005，定义 2.4]

2.5

组　bin

LED 工作特性的限定范围，通常按照 LED 的色度特性和光度特性将工作特性相近的 LED 划分在一个组内。

注：由于 LED 晶元和随后的切晶制作过程中会出现较为重要的微小变化，因此即使来自同一晶元中的 LED 芯片之间的电特性和光度特性也会有所差异。LED 就是根据这些特性分类或分组的，但目前还没有分组的统一标准。

2.6

色品坐标　chromaticity coordinates

一组三色刺激值中的每一个值与它们的总和之比。

注 1：由于三个色品坐标之和等于 1，所以知道其中两个便能确定色品。

注 2：在 CIE 标准色度系统中，色坐标用符号 x,y,z 表示。

[GB/T 2900.65—2004，定义 845-03-33]

2.7

主波长　dominant wavelengt

λ_{dom}

单位：nm

25 ℃环境温度下一单色刺激的波长，该单色刺激与规定的非彩色刺激按适当比例相加混合，以与所考虑的色刺激相匹配。

对于 LED，参考色刺激应为色坐标 $X_{\mathrm{E}}=0.333\ 3$，$Y_{\mathrm{E}}=0,3333$ 的光源 E。

注 1：只给出彩色 LED 的主波长值，对于白光 LED，主波长值没有意义。

注 2：CIE 127:1997 图 7.2 表示了 LED 的颜色轨迹 C 与主波长值 D 的关系。N 为色刺激 E 的轨迹。

注 3：偏离峰值发射波长，主波长决定视觉印象。

[改写 GB/T 2900.65—2004，定义 845-03-44]

2.8

正向　forward direction

当 P 型半导体连接到阳极电位的端子而 N 型半导体连接到另一个端子时的电流方向。

注：如果包含温度补偿二极管，在决定正向时不予考虑。

[IEC 60747-3:1985＋Amdt.1:1991＋Amdt.2:1993，第Ⅱ章，第Ⅱ部分，1.3]

2.9

正向电压　forward voltage

U_{F}

由 25 ℃环境温度下正向电流决定的正向电位差。

单位：V

2.10

（光）照度（表面上一点的）　illuminance (at a point of a surface)

E；E_{v}

投射到包含该点的面元上的光通量 $\mathrm{d}\Phi_{\mathrm{e}}$ 除以该面元面积 $\mathrm{d}A$。

等效定义：沿着由给定点所见半球对表达式 $L_{\mathrm{v}}\cdot\cos\theta\cdot\mathrm{d}\Omega$ 的积分，即：

$$E_{\mathrm{v}}=\frac{\mathrm{d}\Phi_{\mathrm{v}}}{\mathrm{d}A}=\int_{2\pi\mathrm{sr}}L_{\mathrm{v}}\cdot\cos\theta\cdot\mathrm{d}\Omega$$

式中 L_v 是立体角为 dΩ 的沿不同方向入射的光束元对着给定点的光亮度，θ 是任一辐射束元与给定点处的表面法线之间的夹角。

单位：$\mathrm{lx}=\mathrm{lm}\cdot\mathrm{m}^{-2}$

[GB/T 2900.65—2004，定义 845-01-38]

2.11

结温　junction temperature

T_{junc}

p-n 结的温度。

单位：℃

2.12

LED 模块　LED module

一种组合式照明光源装置。除一个或多个发光二极管(LED)外，还包括其他元件，例如光学、电气、机械和电子元件，要求连接 GB 19510.14 规定的控制装置工作。

2.13

与结温相关的寿命　life time related to junction temperature

$t_{50\mathrm{LED}}$

在 25 ℃环境温度和额定正向电流下工作的时间，由测量的初始光参数的 50%(待定)最低水平确定。应表明相应的结温。

单位：h

注：如果为达到该值需要强制冷却，则应指出。

2.14

与 T_C 相关的寿命　life time related to T_C

$t_{50\mathrm{LED模块}}$

光参数为零小时值的 50%(待定)时所用的时间，为 T_C 值的函数。

单位：h

注：如果为达到该值需要强制冷却，则应指出。

2.15

光色编码　light colour designation

三个数字，其中第一个数字为一般显色指数 Ra[GB/T 2900.65—2004 中 845-02-63]的第一个数字，第二个和第三个数字为最接近于普朗克辐射体[GB/T 2900.65—2004 中 845-03-50]的知觉色 CCT 的前两位数字(千位和百位)。

2.16

发光二极管　light emitting diode

LED

被电流激发时能发出光辐射的 p-n 结固态器件。

[GB/T 2900.65—2004，定义 845-04-40]

注：本定义与外壳及端子的存在无关。

2.17

亮度　luminance (in a given direction, of a real or imaginary surface)

L_V；L

由公式 $L_V=\dfrac{\mathrm{d}\Phi_V}{\mathrm{d}A\cdot\cos\theta\cdot\mathrm{d}\Omega}$ 定义的量。式中 dΦ_V 是经过给定的光束元在包含给定方向的立体角 dΩ 内传播的光通量；dA 是包含给定点的该光束的截面面积；θ 是截面法线与辐射束方向之间的夹角。

单位：cd·m^{-2}＝lm·m^{-2}·sr^{-1}

[GB/T 2900.65—2004，定义 845-01-35]

2.18

光源的光视效能　luminous efficacy of a source

η

25 ℃环境温度下光源发出的光通量除以其所耗功率的商。

单位：lm/W

[改写 GB/T 2900.65—2004 中 845-01-55]

2.19

光通量　luminous flux

Φ_V；Φ

从辐射通量 Φ_e 导出的量，该量是根据辐射对 CIE 标准光度观测者的作用来评价的。对于明视觉：

$$\Phi_V = K_m \int_{360}^{830} \frac{d\Phi_e(\lambda)}{d\lambda} \cdot V(\lambda) d\lambda$$

式中：$\frac{d\Phi_e(\lambda)}{d\lambda}$是辐射通量的光谱分布，$V(\lambda)$是光谱光视效率。

单位：lm

注 1：K_m 值(明视觉)和 K_m'值(暗视觉)参见 GB/T 2900.65—2004 中 845-01-56。

[改写 GB/T 2900.65—2004 中 845-01-25]

注 2：LED 的光通量通常以它们所属种类的组来表示。

2.20

发光强度(光源在给定方向的)　luminous intensity (of a source, in a given direciton)

I_V；I

离开光源的在包含给定方向的立体角元 $d\Omega$ 内传播的光通量 $d\Phi_V$ 除以该立体角元。

$$I_V = \frac{d\Phi_V}{d\Omega}$$

单位：cd

[GB/T 2900.65—2004，定义 845-01-31]

注：LED 的发光强度参照 CIE 127:1997 中测试方法来表达。

2.21

最大允许正向电流　maximum permissible forward current

$I_{F.max}$

在 25 ℃环境温度下连续的最大允许正向电流。

单位：mA

2.22

最大允许功耗　maximum permissible power consumption

P_{tot}

在 25 ℃环境温度下的最大允许输入功率。

单位：W

2.23

最大允许反向电压　maximum permissible reverse voltage

U_R

在 25 ℃环境温度下的最大允许反向电位差。

单位：V

2.24

测量点最大允许温度　maximum permissible temperature of measurement point

T_C

在正常工作状态和处于额定电压(额定电流)或额定电压范围(额定电流范围)的最大值时,在标志所指部位产生的最大允许温度。

[类似 GB 19510.1—2009,定义 3.16]

单位:℃

2.25

焊点最大允许温度　maximum permissible temperature of solder point

T_S

在标称寿命期间模块上 LED 焊点的最大允许温度。

单位:℃

注:不应与焊接过程中的温度相混淆。

2.26

工作温度范围　operating temperature range

T_{op}

使符合规定的 LED 或 LED 模块能够工作的环境温度范围。

单位:℃

2.27

峰值发射波长　peak emission wavelength

λ_p

25 ℃环境温度下光谱分布最大的波长。

[CIE 127,缩略]

单位:nm

2.28

额定电流　rated current

$I_{额定}$

用于规定工作状态的电流值。该值和工作状态在相关标准中或由生产商或责任销售商规定。

单位:mA

2.29

额定功率　rated power

$P_{额定}$

用于规定工作状态的功率值。该值和工作状态在相关标准中或由生产商或责任销售商规定。

单位:mW

2.30

额定电压　rated voltage

用于规定工作状态的电压值。该值和工作状态在相关标准中或由生产商或责任销售商规定。

单位:V

2.31

反向　reverse direction

当 P 型半导体连接到阴极电位的端子而 N 型半导体连接到另一个端子时的电流方向。

注:如果包含温度补偿二极管,在决定正向时不予考虑。

[IEC 60747-3:1985＋Amdt.1:1991＋Amdt.2:1993,第Ⅱ章,第Ⅱ部分,1.4]

2.32

存储温度范围　storage temperature range

T_{stg}

当保持规定条件时，存储非工作状态的LED或LED模块的环境温度范围。

单位：℃

2.33

主波长温度系数　temperature coefficient of the dominant wavelength

$TC_{\lambda dom}$

在不变的正向电流下随主波长变化的环境温度的函数。

单位：nm/K

2.34

正向电压温度系数　temperature coefficient of the forward voltage

TC_V

在不变电流下随正向电压变化的环境温度的函数。

注：单位：mV/K

2.35

光参数温度系数　temperature coefficient of the photometric parameter

TC_{Φ}

在不变的正向电流下随光参数变化的环境温度的函数。

单位：lm/K，cd/K或cd/(m^2K)

2.36

初始值　initial readings

LED灯(模块)未经老炼所测的启动特性及光、电特性。

2.37

寿命　life

一只成品LED灯(模块)从燃点至“烧毁”或LED灯(模块)工作至低于本标准中所规定的寿命性能的任一要求时的累计时间。

2.38

平均寿命(50%的灯失效时的寿命)　average life (life to 50% failures)

LED灯(模块)的光通维持率达到本标准的要求并能继续燃点至50%的LED灯(模块)达到单只LED灯(模块)寿命时的累计时间。

2.39

整体式LED模块　integral LED module

一般设计成灯具的一个不可替换部件的LED模块。

2.40

整体式自镇流LED模块　integral self-converted LED module

通常设计成灯具的一个不可替换部件的自镇流LED模块。

2.41

内装式LED模块　built-in LED module

一般设计安装在灯具、接线盒、外壳或类似装置内部的、可替换的LED模块，在未采取特殊的保护措施时，它不应安装在灯具等之外。

2.42

内装式自镇流 LED 模块　built-in self-converted LED module

一般设计安装在灯具、接线盒、外壳或类似装置内部的、可替换的自镇流 LED 模块，在未采取特殊的保护措施时，它不应安装在灯具等之外。

2.43

独立式 LED 模块　independent LED module

其设计使其能与灯具、接线盒、外壳或类似装置分开安装或放置的 LED 模块。独立式 LED 模块根据其分类和标志，应具有涉及安全的所有保护措施。

注：控制装置不必集成在模块内。

2.44

独立式自镇流 LED 模块　independent self-converted LED module

其设计使其能与灯具、接线盒、外壳或类似装置分开安装或放置的自镇流 LED 模块。独立式自镇流 LED 模块根据其分类和标志，必须具有涉及安全的所有保护措施。

控制装置可以集成在模块内。

2.45

线路总功率　total circuit power

在控制装置的额定电源电压和额定最大输出负载下由控制装置和 LED 模块共同消耗的总功率。

2.46

线路功率因数　circuit power factor

λ

所测得的线路的功率与电源电压(有效值)和电源电流(有效值)的乘积之比。

2.47

LED 模块用电子控制装置　electronic controlgear for LED modules

置于电源和一个或多个 LED 模块之间，为 LED 模块提供额定电压或电流的装置。此装置可以由一个或多个独立的部件组成，并且可以具有调光、校正功率因数和抑制无线电干扰的功能。

2.48

直流或交流控制装置　d. c. or a. c. supplied controlgear

装有能使一个或几个 LED 模块工作的稳定部件的控制装置。

2.49

等效安全特低电压控制装置(考虑中)　safety extra-low voltage(SELV)-equivalent controlgear (under consideration)

其输出电压等效为安全特低电压并能使一个或多个 LED 模块工作的内装式或组合式控制装置。

2.50

独立式安全特低电压控制装置　independent SELV controlgear

通过 GB 7000.1 所规定的安全隔离变压器来提供与供电电源隔绝的安全特低电压输出电压的控制装置。

2.51

组合式控制装置　associated controlgear

设计用来向特定的设备或仪器供电的控制装置，它可以装在或不装在这种设备或仪器中。

注：组合式控制装置的一个例子是应急照明装置中的电子控制装置，在该应急照明装置中，电子控制装置和电池驱动的镇流器以一对一的关系分配。

2.52

固定式控制装置　stationary controlgear

固定安装的控制装置或不易从一个位置移到另一个位置的控制装置。

2.53

插入式控制装置　plug-in controlgear

安装在外壳之内并具备一用来连接电源的整体式插头的控制装置。

2.54

恒压控制装置的额定输出电压　rated output voltage for constant voltage controlgear

在额定电源电压、额定频率和额定输出功率下，控制装置的输出电压。

2.55

恒流控制装置的额定输出电流　rated output current for constant voltage controlgear

在额定电源电压、额定频率和额定输出功率下，控制装置的输出电流。

2.56

最大输出电压　maximum output voltage

在任何负载条件下，恒流控制装置的输出端子之间可能出现的最大电压。

2.57

额定最高温度　rated maximum temperature

t_c

在正常工作条件和在额定电压/电流/功率或最大额定电压/电流/功率范围工作时，LED 模块的外表面(如果有标示，则在标示位置)可能出现的最高允许温度。

2.58

自镇流 LED 灯　self-ballasted LED lamp

所用灯头符合相应国家标准，内含中有一个 LED 光源和保持其稳定燃点所必需的元件并使之为一体的灯，这种灯在不损坏其结构时是不可拆卸的。

2.59

型号　type

具有相同电参数而灯头型号可以不同的灯

2.60

额定电压(自镇流 LED 灯)　rated voltage (self-ballasted LED lamp)

灯上标明的电压。

2.61

额定功率(自镇流 LED 灯)　rated wattage (self-ballasted LED lamp)

灯上标明的功率。

2.62

额定频率　rated frequency

灯上标明的频率。

2.63

带电部件　live part

在正常使用中可能会导致触电的带电部位。

参考文献

[1] GB 2900.65—2004 电工术语 照明(IEC 60050(845):1987(CIE 17.4,IDT),MOD)

[2] GB 7000.1 灯具 第1部分:一般要求与试验(GB 7000.1—2007,IEC 61558-1:2003,IDT)

[3] GB 19510.1 灯的控制装置 第1部分:一般要求和安全要求(GB 19510.1—2009,IEC 61347-1:2007,IDT)

[4] GB 19510.14 灯的控制装置 第14部分:LED模块用直流或交流电子控制装置的特殊要求(GB 19510.14—2009,IEC 61347-2-13:2006,IDT)

[5] GB/T 19658—2005 反射灯中心光强和光束角的测量方法(IEC 61341:1994,IDT)

[6] IEC 60050(826):2004 国际电工术语 第826部分:电气装置

[7] IEC 60747-3:1985+修订1:1991+修订2:1993 半导体器件 分立器件 第3部分:信号二极管(包括开关二极管)和稳压二极管

[8] IEC 60825-1:2007 激光制品的安全性 第1部分:设备分类、要求和使用者指南

[9] CIE技术报告127:1997 LED的测量

索　引

汉语拼音索引

Z

英文对应词索引

L

M

O

P

R

S

ICS 29.140.50
K 72

中华人民共和国国家标准

GB/T 24827—2009

道路与街路照明灯具性能要求

Performance requirements of luminaires for road and street lighting

2009-12-15 发布　　　　2010-05-01 实施

中华人民共和国国家质量监督检验检疫总局
中国国家标准化管理委员会　发布

前言

本标准的附录A、附录B、附录C和附录D为规范性附录，附录E为资料性附录。

本标准由中国轻工业联合会提出。

本标准由全国照明电器标准化技术委员会灯具分会(SAC/TC 224/SC 2)归口。

本标准主要起草单位：国家灯具质量监督检验中心，飞利浦灯具(上海)有限公司，杭州浙大三色仪器有限公司，国家电光源质量监督检验中心(上海)，上海时代之光照明电器检测有限公司，浙江阳光集团股份有限公司，广东鹤山银雨照明有限公司，华荣集团有限公司。

本标准主要起草人：桑高元，陈超中，苏金，牟同升，施晓红，韩冰，陈以平，官勇，陶玖祥，何金田。

道路与街路照明灯具性能要求

1 范围

本标准规定了使用电源电压不超过 1 000 V 的气体放电灯及 LED 光源的道路与街路照明灯具(以下简称灯具)的性能要求。

道路与街路照明灯具的使用场所是城市道路与街路。

制定本标准的目的是指导道路与街路照明灯具的设计、生产及使用,使道路与街路照明灯具在满足灯具安全要求的前提下,进一步达到道路与街路照明光度性能、电和机械性能及能效等方面的要求。

本标准不覆盖隧道照明灯具。

2 规范性引用文件

下列文件中的条款通过本标准的引用而成为本标准的条款。凡是注日期的引用文件,其随后所有的修改单(不包括勘误的内容)或修订版均不适用于本标准,然而,鼓励根据本标准达成协议的各方研究是否可使用这些文件的最新版本。凡是不注日期的引用文件,其最新版本适用于本标准。

GB 7000.1 灯具 第1部分:一般要求与试验(GB 7000.1—2007,IEC 60598-1:2003,IDT)

GB 7000.5 道路与街路照明灯具安全要求(GB 7000.5—2005,IEC 60598-2-3:2002,IDT)

GB/T 9468 灯具分布光度测量的一般要求

GB/T 13259 高压钠灯(GB/T 13259—2005,IEC 60662:2002,NEQ)

GB/T 14044 管形荧光灯用镇流器性能要求(GB/T 14044—2005,IEC 60921:1994,MOD)

GB/T 15042 灯用附件 放电灯(管型荧光灯除外)用镇流器的性能要求(GB/T 15042—2005,IEC 60923:2001,IDT)

GB/T 15144 管形荧光灯用交流电子镇流器性能要求(GB/T 15144—2005,IEC 60929:2002,IDT)

GB 17625.1 电磁兼容 限制 谐波电流发射限值(设备每相输入电流≤16 A)(GB 17625.1—2003,IEC 61000-3-2:2001,IDT)

GB 17625.2 电磁兼容 限值 对每相额定电流≤16 A 且无条件接入的设备在公用低压供电系统中产生的电压变化、电压波动和闪烁的限值(GB 17625.2—2007,IEC 61000-3-3:2005,IDT)

GB 17743 电气照明和类似设备的无线电骚扰特性的限值和测量方法(GB 17743—2007,CISPR 15:2005+A1:2006,IDT)

GB 18489 管型荧光灯和其他放电灯线路用电容器 一般要求和安全要求(GB 18489—2008,IEC 61048:2006,IDT)

GB/T 18595 一般照明用设备电磁兼容抗扰度要求(idt GB/T 18595—2001,IEC 61547:1995)

GB/T 19655 灯用附件启动装置(辉光起动器除外)性能要求(GB/T 19655—2005, IEC 61927:1996,IDT)

GB/T 24825 LED 模块用直流或交流电子控制装置 性能要求(GB/T 24825—2009,IEC 62384:2006,MOD)

CJJ 45 城市道路照明设计标准

IEC 60901 单端荧光灯性能要求

IEC 61167 金属卤化物灯

CIE 140 道路照明计算

3 术语和定义

下列术语和定义适用于本标准。

3.1

道路照明灯具 road lighting luminaire

城市中的机动车道路照明灯具——用于快速路、主干路、次干路和支路,为车辆提供照明服务的灯具。

3.2

街路照明灯具 street lighting luminaire

城市中的非机动车道路照明灯具——用于居住区道路及道路沿线,为行人提供照明服务和道路沿线建筑物提供照明的灯具。

3.3

全截光型灯具 fully cut-off luminaire

灯具的光强出射方向在与灯具向下垂直轴夹角 90°及以上,灯具发出光强为 0;在 80°,灯具发出的光强小于或等于 100 cd/1 000 lm 或 10%的最大光强/1 000 lm。

3.4

截光型灯具 cut-off luminaire

灯具的最大光强方向与灯具向下垂直轴夹角在 0°～65°之间,90°和 80°角方向上光强最大允许值分别为 10 cd/1 000 lm 和 30 cd/1 000 lm 的灯具,在不管光源光通量的大小情况下,其在 90°角方向上的光强最大值不得超过 1 000 cd。

3.5

半截光型灯具 semi-cut-off luminaire

灯具的最大光强方向与灯具向下垂直轴夹角在 0°～75°之间,90°和 80°角方向上光强最大允许值分别为 50 cd/1 000 lm 和 100 cd/1 000 lm 的灯具,在不管光源光通量的大小情况下,其在 90°角方向上的光强最大值不得超过 1 000 cd。

3.6

非截光型灯具 non-cut-off luminaire

灯具的最大光强方向不受限制,90°角方向上的光强最大值不得超过 1 000 cd。

3.7

光输出比 light output ratio

在灯具的声称使用条件下,灯具发出的总光通量与灯具内所有光源在标准使用条件下发出的总光通量之比。

3.8

灯具的光效 luminous efficacity of luminaire

在灯具的声称使用条件下,灯具发出的总光通量与其所消耗的电功率之比。

注:不可更换光源的灯具使用灯具的光效来表示灯具的效率。例如,不可更换光源的 LED 灯具。

3.9

短投射配光 short lighting distribution

灯具的光分布被分类为短投射配光,那么灯具配光的最大光强是落在图 1 的 1.0 纵向距高比和 2.25 纵向距高比所组成的短投射配光区内,两灯具之间的最大安装距离通常小于安装高度的 4.5 倍。

3.10

中投射配光 medium lighting distribution

灯具的光分布被分类为中投射配光,那么灯具配光的最大光强是落在图 1 的 2.25 纵向距高比和

3.75 纵向距高比所组成的中投射配光区内，两灯具之间的最大安装距离小于安装高度的 7.5 倍。

3.11

长投射配光　long lighting distribution

灯具的光分布被分类为长投射配光，那么灯具配光的最大光强是落在图 1 的 3.75 纵向距高比和 6.0 纵向距高比所组成的长投射配光区内，两灯具之间的最大安装距离小于安装高度的 12 倍。

3.12

Ⅰ类　type Ⅰ

灯具的光分布被分类为Ⅰ类，那么灯具配光的二分之一最大等光强曲线是落在图 1 的纵向短投射配光区或中投射配光区或长投射配光区以 1.0 屋边横向距高比和 1.0 路边横向距高比为边界的宽度范围内，并且灯具配光的最大光强落在此范围内。

3.13

Ⅰ-4 类　type Ⅰ four-way

灯具的光分布被分类为Ⅰ-4 类，那么灯具配光的 4 个光束的宽度是按照Ⅰ类的定义。

3.14

Ⅱ类　type Ⅱ

灯具的光分布被分类为Ⅱ类，那么灯具路边配光在最大光强落入的纵向短投射配光区或中投射配光区或长投射配光区范围内的二分之一最大等光强曲线和图 1 的 1.75 路边横向距高比线不能相交。

3.15

Ⅱ-4 类　type Ⅱ four-way

灯具的光分布被分类为Ⅱ-4 类，那么灯具路边配光的 4 个光束的宽度是按照Ⅱ类的定义。

3.16

Ⅲ类　type Ⅲ

灯具的光分布被分类为Ⅲ类，那么灯具路边配光在最大光强落入的纵向短投射配光区或中投射配光区或长投射配光区范围内的二分之一最大等光强曲线部分的或全部的超过图 1 的 1.75 路边横向距高比线，但和 2.75 路边横向距高比线不能相交。

3.17

Ⅳ类　type Ⅳ

灯具的光分布被分类为Ⅳ类，那么灯具路边配光在最大光强落入的纵向短投射配光区或中投射配光区或长投射配光区范围内的二分之一最大等光强曲线部分的或全部的超过图 1 的 2.75 路边横向距高比线。

3.18

Ⅴ类　type Ⅴ

灯具的光分布被分类为Ⅴ类，那么灯具配光曲线以灯具的光中心轴旋转对称。

3.19

(道路表面)照明功率密度　lighting power density (of road surface)

LPD

单位路面面积上的照明安装功率(包含光源和灯的控制装置功耗)。

3.20

灯具布置　luminaire arrangement

灯具布置包括灯具的安装高度、安装间距和布置方式。

灯具安装高度是灯具的光中心至路面的垂直距离。

灯具的安装间距是沿道路的中心线测得的相邻两个灯具之间的距离。

布置方式可分为单侧布置、双侧交错布置、双侧对称布置、中心对称布置、横向悬索和双侧中心-对称布置等基本方式(见图 B.1)。

3.21

型式试验 type test

对样品的一个试验或一系列试验,其目的是检验某一给定产品的设计与有关标准的符合性。

4 一般试验要求

4.1 按照本标准中的试验为型式试验,型式试验的术语和定义见本标准第 3 章。

注:本标准的要求是对委托型式试验样品的试验,样品型式试验合格并不保证制造商的产品合格。保证生产产品符合本标准是制造商的责任,除了型式试验外,还应包括制造商对产品质量的控制、生产保证能力和确认试验等。

4.2 试验使用的光源要求见附录 C。

4.3 应采用交货状态的灯具进行试验,并考虑灯具标记、安装说明书或产品样本手册声称的产品性能和正常使用的安装条件。

4.4 按照本标准的试验在 25 ℃±2 ℃下进行,试验设备要求见附录 D。在引用其他标准进行试验时,产品的试验环境和设备符合引用标准的要求。光学试验用的光源应符合本标准要求。

4.5 通常应对不同型号规格的灯具分别进行试验,当一组灯具具有下述 a)~d)规定的相同特性时,可以主检型号灯具的试验覆盖这组灯具,选择的主检型号应具有代表性并能导致最不利的试验结果:

a) 相同的灯具光学系统;

b) 相同的光源型号和规格;

c) 相同的灯的控制装置和相同的灯具功率因数标称值;

d) 相同的外壳材料。

5 产品分类

灯具的分类应符合 GB 7000.5 第 4 章及下述 5.1 和 5.2 的规定。

5.1 灯具性能等级分类

灯具性能等级应分类为 A 类、B 类或 C 类。

注 1:A 类道路照明灯具符合表 1 中 A 类要求,B 类道路照明灯具符合表 1 中 B 类要求,C 类道路照明灯具符合表 1 中 C 类要求。

注 2:A 类街路照明灯具符合表 2 中 A 类要求,B 类街路照明灯具符合表 2 中 B 类要求,C 类街路照明灯具符合表 2 中 C 类要求。

5.2 道路照明灯具光学特性分类

道路照明灯具光学特性按截光类型、光分布类型和纵向光分布类型进行分类。

截光类型应分类为全截光型、截光型、半截光型或非截光型。

光分布类型应分类为Ⅰ类、Ⅰ-4 类、Ⅱ类、Ⅱ-4 类、Ⅲ类、Ⅳ类或Ⅴ类。

纵向光分布类型应分类为短投射配光、中投射配光或长投射配光。

6 技术要求

6.1 标记

6.1.1 在灯具上应标注灯具的性能类别。

6.1.2 光源位置可以调节的灯具,应在灯座安装处附近明确标出调节位置。

6.1.3 对于安装仰角可以调节的灯具,应在灯具安装处标明调节角度。

6.2 产品的信息要求

6.2.1 应在产品的样本手册或说明书上标明灯具适用的光源型号规格和灯的控制装置型号规格,及其相应制造商。

6.2.2 应在产品的样本手册或说明书上声称按本标准分类的道路灯具的光学特性分类，必要时，还应提供灯具光强数据表。

6.2.3 对道路照明灯具，应在说明书内给出灯具安装条件，包括道路类别、道路宽度、车道数、道路表面材料、灯具布置方式、灯具安装高度、灯杆安装间距、灯具悬挑长度和灯具仰角。

6.3 灯具的安全

灯具的安全应符合 GB 7000.5 的规定。

6.4 灯具的电磁兼容

灯具的电磁兼容应符合 GB 17743、GB 17625.1、GB/T 18595 和 GB 17625.2 的规定。

6.5 道路照明灯具能效

除 C 类灯具外，道路照明灯具应符合 6.5.1 和 6.5.2 的要求。

6.5.1 道路照明标准值

根据测量得到的灯具空间光度分布数据，以及制造商说明书给出的灯具布置、道路类别、道路表面反射类型、道路宽度和灯具的安装位置，计算得到的路面平均亮度、路面亮度总均匀度、路面纵向亮度均匀度、路面平均照度、路面照度均匀度、阈值增量和环境比应符合 CJJ 45 标准中表 3.3.1 规定的机动车交通道路照明标准值。

6.5.2 道路照明节能评价值

计算的照明功率密度值应不大于 CJJ 45 中表 7.1.2 的规定值。

6.6 灯具结构

6.6.1 耐振

灯具应充分防振。

除 C 类灯具外，灯具应能承受 GB 7000.1 中 4.20 规定的振动试验，并且试验后灯具能正常工作。

6.6.2 灯具安装螺栓或类似紧固件

A 类灯具的安装螺栓或类似紧固件应能承受 GB 7000.1 中 4.12.1 的扭矩试验，使用的试验扭矩值是 GB 7000.1 中表 4.1 规定的扭矩值的二倍。

6.6.3 道路照明灯具安装接口和灯具罩盖的固定

6.6.3.1 道路照明灯具安装接口

能安装的最大光源功率为 250 W 及以上的立柱式安装灯具宜采用 76 mm 和 60 mm 直径的安装接口，250 W 及以上的横杆式安装灯具宜采用 60 mm 和 48 mm 直径的安装接口，150 W 及以下的立柱式安装灯具宜采用 60 mm 和 48 mm 直径的安装接口，150 W 及以下的横杆式安装灯具宜采用 48 mm 直径的安装接口。

注：以上仅是单灯具的安装接口。

6.6.3.2 灯具罩盖的固定

灯具应具有方便光源更换和维护的结构。

a) 光源更换和灯具维护要打开的罩盖，其紧固方式宜为用普通工具进行简单操作可以打开和关闭的，不宜采用螺栓或螺钉。

b) 道路照明灯具宜采用上开盖方式。

6.7 灯具电参数及灯具中的光源

6.7.1 灯具功率因数应符合表 1 或表 2 的规定。

6.7.2 光源在灯具中的工作状态应符合国家或 IEC 光源标准中的灯具设计信息要求。

——高压钠灯在灯具中的管压升高和泡壳温度应符合 GB/T 13259 的要求；

——金属卤化物灯的泡壳和压封部分温度应符合 IEC 61167 的要求；

——自触发单端荧光灯灯头端部的温度应符合 IEC 60901 的要求；

没有相应国家或 IEC 标准的光源应符合制造商的产品规格书的要求。

6.7.3 灯具中的触发器应符合国家标准 GB/T 19655 的要求。

灯具中的电容器应符合国家安全标准 GB 18489 的要求。

6.7.4 灯具中灯的控制装置应符合国家或 IEC 灯的控制装置性能标准的要求。

放电灯用电感镇流器应符合 GB/T 15042 的要求。

管形荧光灯电子镇流器应符合 GB/T 15144 的要求。

管形荧光灯电感镇流器应符合 GB/T 14044 的要求，LED 灯的控制装置应符合 GB/T 24825 的要求。

没有国家和 IEC 性能标准的灯的控制装置应符合制造商的产品规格书。

6.8 灯具外壳防护等级

灯具光源腔和电器腔的外壳防护等级应不低于表 1 或表 2 的规定。

6.9 影响灯具寿命的关键件

6.9.1 A 类或 B 类灯具

6.9.1.1 灯具应按 GB 7000.1 中 12.4 进行热试验，灯具关键件的温度限值应符合下面要求：

——电感镇流器绕组温度应符合 t_w 要求；

——电容器的温度限值应为 t_c 减 5 ℃；

——内部导线应符合 GB 7000.1 表 12.2 相应导线绝缘层温度限值减 15 ℃；

——内部塑料件应按 GB 7000.1 中 13.2.1 进行球压试验，试验温度应为热试验测得的温度加 35 ℃；

——灯具密封件宜采用硅橡胶材料，在灯具中测得的温度应不大于 GB 7000.1 表 12.2 规定的限值减 20 ℃。

在应用 GB 7000.1 的温度限值时，应直接采用规定的最高温度值，GB 7000.1 中 12.4.2a）规定的“温度不得超过表 12.1 和表 12.2 所示数值 5 ℃以上”不适用。

6.9.1.2 与灯具寿命相关的灯具外壳、透光罩的塑料材料、受光源照射的内部导线、内部塑料件、受光源和阳光照射的橡胶材料的设计要求，见附录 E。

6.9.1.3 不可更换 LED 光源灯具的 LED 光源的设计要求，见附录 E。

6.9.2 C 类灯具

6.9.2.1 灯具应按 GB 7000.1 中 12.4 进行热试验，灯具关键件的温度限值应符合下面要求：

——电感镇流器绕组温度应符合 t_w 要求；

——电容器的温度限值应为 t_c；

——内部导线应符合 GB 7000.1 表 12.2 相应导线绝缘层温度限值减 5 ℃；

——内部塑料件应按 GB 7000.1 中 13.2.1 进行球压试验，试验温度应为热试验测得的温度加 25 ℃；

——灯具密封件宜采用硅橡胶材料，在灯具中测得的温度应不大于 GB 7000.1 表 12.2 规定的限值减 10 ℃。

在应用 GB 7000.1 的温度限值时，应直接采用规定的最高温度值，GB 7000.1 中 12.4.2a）规定的“温度不得超过表 12.1 和表 12.2 所示数值 5 ℃以上”不适用。

6.9.2.2 与灯具寿命相关的灯具外壳、透光罩的塑料材料、受光源照射的内部导线、内部塑料件、受光源和阳光照射的橡胶材料的设计要求，见附录 E。

6.9.2.3 不可更换 LED 光源灯具的 LED 光源的设计要求，见附录 E。

6.10 道路照明灯具的光学性能

6.10.1 灯具的截光类型、光分布类型、纵向光分布类型应与灯具声称的光学特性分类一致。

6.10.2 灯具的光输出比和不能更换光源的 LED 灯具的光效应达到表 1 要求。

对不符合 6.7.2 要求的灯具，本条不考核。

6.10.3 街路照明灯具和高颜色识别区道路照明灯具宜使用显色性 Ra 大于或等于 60 的光源。

6.11 灯具的性能等级

灯具的性能应与其声称的灯具性能等级一致。

6.11.1 按 5.1 分类的道路照明灯具的性能应符合表 1 要求。

6.11.2 按 5.1 分类的街路照明灯具性能应符合表 2 要求。

表 1 道路照明灯具性能等级的相应要求

条款		A类	B类	C类
能效(6.5)		符合	符合	不要求
耐振(6.6.1)		符合	符合	不要求
安装螺栓(6.6.2)		符合	不要求	不要求
灯具功率因数(6.7.1)	电感镇流器	不小于 0.90	不小于 0.85	不小于 0.85
	电子镇流器	不小于 0.95	不小于 0.90	不小于 0.90
光源(6.7.2)		符合	符合	不要求
灯具中的触发器(6.7.3)和灯的控制装置(6.7.4)		符合	符合	符合
光源腔外壳防护等级(6.8)		IP66	IP65	IP54
电器腔外壳防护等级(6.8)		IP44	IP43	IP23
影响灯具寿命的关键件(6.9)		符合 6.9.1.1	符合 6.9.1.1	符合 6.9.2.1
灯具截光类型(6.10.1)		非截光型除外	非截光型除外	不要求
光输出比(6.10.2)		不小于 75%	不小于 70%	不小于 65%
不能更换光源的 LED 灯具的光效(6.10.2)		不小于 90 lm/W	不小于 60 lm/W	不小于 30 lm/W
灯具盖的紧固方式(6.6.3.2a))		不用螺栓或螺钉固定	不用螺栓或螺钉固定	不要求
灯具盖的打开方式(6.6.3.2b))		宜上开盖	宜上开盖	不要求

表 2 街路照明灯具等级的相应要求

条款		A类	B类	C类
耐振(6.6.1)		符合	符合	不要求
安装螺栓(6.6.2)		符合	不要求	不要求
灯具功率因数(6.7.1)	电感镇流器	不小于 0.85	不小于 0.85	不小于 0.85
	电子镇流器	不小于 0.95	不小于 0.90	不小于 0.90
光源(6.7.2)		符合	符合	不要求
灯具中的触发器(6.7.3)和灯的控制装置(6.7.4)		符合	符合	符合
光源腔外壳防护等级(6.8)		不低于 IP66	不低于 IP65	不低于 IP54
电器腔外壳防护等级(6.8)		不低于 IP44	不低于 IP43	不低于 IP23
影响灯具寿命的关键件(6.9)		符合 6.9.1.1	符合 6.9.1.1	符合 6.9.2.1
灯具盖的紧固方式(6.6.3.2a))		不用螺栓或螺钉固定	不要求	不要求

7 试验方法

7.1 灯具标记检验(6.1)

灯具上的标记按照 GB 7000.1 中 3.4 规定的方法进行标记试验。标记内容用目视检验。

7.2 产品的信息要求的检验(6.2)

产品的信息内容用目视检验。

7.3 灯具的安全检验(6.3)

当制造商不能提供有效的合格试验报告或认证证书时，灯具应按照 GB 7000.5 要求进行试验。

7.4 灯具的电磁兼容检验(6.4)

当制造商不能提供有效的合格试验报告或认证证书时，灯具的电磁兼容按照 GB 17743、GB 17625.1、GB/T 18595 和 GB 17625.2 标准的规定进行试验。

7.5 道路照明灯具能效的检验(6.5)

7.5.1 测量灯具光度分布数据和计算灯具提供的道路照明质量水平

根据 GB/T 9468 的规定测量灯具光度分布数据。

根据测得的灯具光度分布参数和制造商说明书中给出的灯具安排和适用道路条件，按照附录 A 计算得到的路面平均亮度、路面亮度总均匀度、路面纵向亮度均匀度、路面平均照度、路面照度均匀度、阈值增量和环境比。

7.5.2 测量灯具的输入功率和计算灯具的照明功率密度

在额定电压或额定电压范围中灯具光度分布试验值下测得的灯具输入端的功率，单位 W。

根据测得的灯具输入功率和符合照明质量条件下的灯具布置，按照附录 B 计算灯具的照明功率密度。

7.6 灯具结构的检验(6.6)

7.6.1 灯具的振动试验(6.6.1)

立柱式安装和横杆式安装的灯具的振动试验按以下要求进行灯具的安装：

采用在安装说明书中规定的最小直径的安装管，横杆安装时，灯具的夹紧装置尾端到灯柱的距离为 10 cm，灯具在安装状态下按 GB 7000.1 中 4.20 的相关要求进行试验。

7.6.2 安装螺栓扭矩试验(6.6.2)

按 GB 7000.1 中 4.12.1 和 6.6.2 要求进行试验。

7.7 灯具电参数及灯具中的光源检验(6.7)

7.7.1 灯具的功率因数测量(6.7.1)

使用功率计在灯具的额定电压下测量灯具功率因数。

7.7.2 灯具中的光源参数测量(6.7.2)

钠灯光源在灯具中的要求按 GB/T 13259 进行测试，金属卤化物光源在灯具中的要求按 IEC 61167 进行测试，单端荧光灯在灯具中的要求按 IEC 60901 进行试验，其他光源按制造商的产品规格书进行试验。

7.7.3 触发器和电容器验证(6.7.3)

当制造商不能提供有效的触发器和电容器合格试验报告或证书时，触发器性能按 GB/T 19655 要求进行试验，电容器按 GB 18489 要求进行试验。

7.7.4 灯的控制装置验证(6.7.4)

当制造商不能提供有效的灯的控制装置合格试验报告时，放电灯用电感镇流器(除管形荧光灯外)按 GB/T 15042 要求进行试验，管形荧光灯电子镇流器按 GB/T 15144 要求进行试验，管形荧光灯电感镇流器按 GB/T 10682 要求进行试验，LED 灯的控制装置按 GB/T 24825 要求进行试验，有国家和 IEC 标准的灯的控制装置按相应的国家或 IEC 标准进行测试。其他没有国家和 IEC 标准的灯的控制装置按制造商的产品规格书进行试验。

7.8 灯具的外壳防护等级试验(6.8)

灯具的外壳防护等级按 GB 7000.1 第 9 章进行试验。

7.9　影响灯具寿命的关键件检验(6.9)

按 GB 7000.1 中 12.4 和 13.2.1 进行试验。

7.10　道路照明灯具的光学性能检验(6.10)

灯具的光度测量按照 GB/T 9468 的规定。

根据测得的灯具的光度分布数据判定灯具的截光类型、光分布类型和纵向光分布类型。

根据测得的灯具光通量(lm)、光源光通量(lm)计算灯具光输出比。

根据测得的灯具光通量(lm)和额定电压下灯具输入端的功率(W),计算灯具的光效。

根据光源的标记和(或)说明书验证灯具设计使用光源的显色指数。

7.11　道路照明灯具安装接口和灯具罩盖的固定(6.6.3)

灯具安装接口采用量具测量,罩盖的固定和打开方式采用操作和目视方式检验。

8　检验规则

下列情况之一时,应及时进行型式检验。

a)　批量生产前产品定型时;

b)　产品长期停产后,恢复生产时;

c)　正常生产时,每一年应进行一次检验。

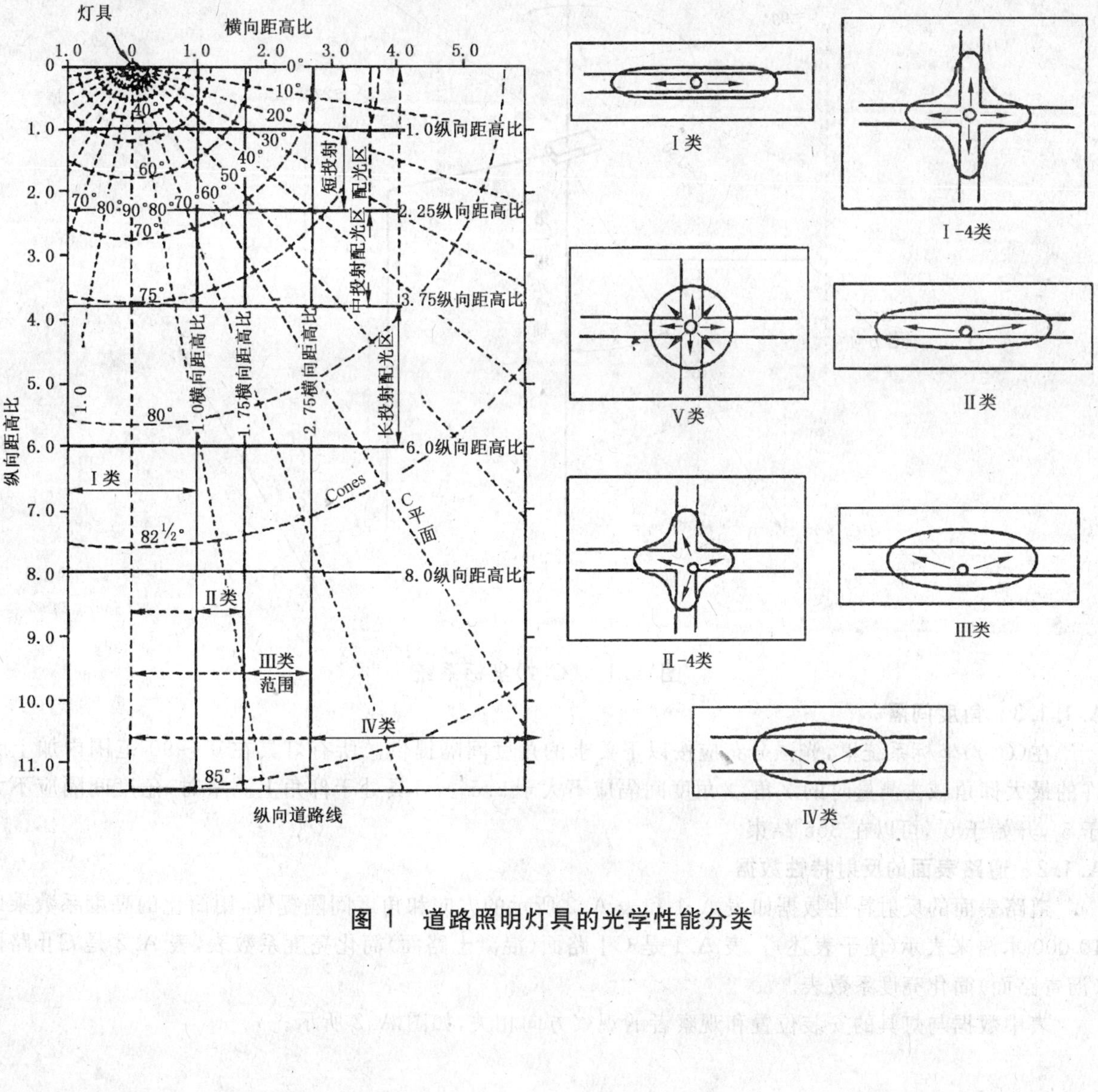

图 1　道路照明灯具的光学性能分类

附　录　A
（规范性附录）
道路照明质量的计算

A.1　道路照明质量光度数据的约定

A.1.1　灯具的光强数据

A.1.1.1　坐标系统

依据道路照明质量的计算应依照 GB 9468 的要求提供光强表。用于道路照明灯具的坐标系统通常使用(C,γ)坐标系统，如图 A.1 所示。本附录提出的公式与(C,γ)坐标系统相关。

A.1.1.2　光强

光强用灯具中所有光源贡献的坎德拉每千流明表示。

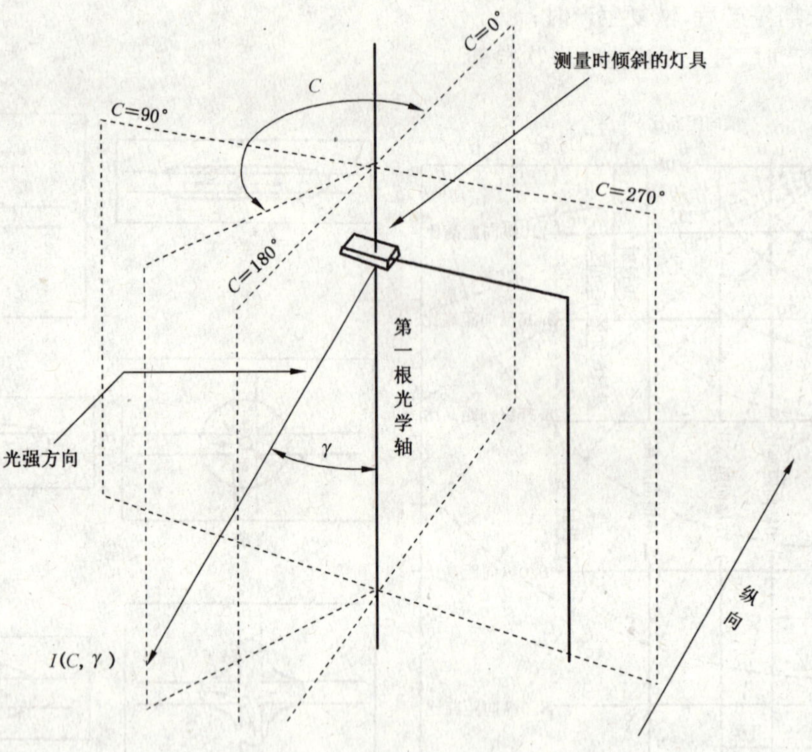

图 A.1　(C,γ)坐标系统

A.1.1.3　角度间隔

在(C,γ)坐标系统里，光强分布应按以下要求的角度间隔提供。所有灯具在 0°～90°范围内加上允许的最大仰角减去测量时的 γ 角，γ 角度间隔应不大于 2.5°。灯具处于仰角上测量时，角度间隔应不大于 5°，开始于 0°，可以在 355°结束。

A.1.2　道路表面的反射特性数据

道路表面的反射特性数据如表 A.1 和表 A.2 所示的方向和角度间隔提供，用简化的亮度系数乘以 10 000 术语来表示（便于表述）。表 A.1 是 CⅠ路面（混凝土路面）简化亮度系数表，表 A.2 是 CⅡ路面（沥青路面）简化亮度系数表。

表中数据与灯具的安装位置和观察者的观察方向相关，如图 A.2 所示。

表 A.1 CⅠ路面(混凝土路面)简化亮度系数(r)

tanε	β(度)																			
	0	2	5	10	15	20	25	30	35	40	45	60	75	90	105	120	135	150	165	180
0	770	770	770	770	770	770	770	770	770	770	770	770	770	770	770	770	770	770	770	770
0.25	710	708	703	710	712	710	708	708	707	704	702	708	698	702	704	714	708	724	719	723
0.5	586	582	587	581	581	576	570	567	564	556	548	541	531	544	546	562	566	587	581	589
0.75	468	467	465	455	457	446	430	420	410	399	390	383	373	384	391	412	419	437	438	445
1	378	372	373	363	347	331	414	299	285	273	263	260	250	265	278	295	305	318	323	329
1.25	308	304	305	285	270	244	218	203	193	185	179	173	173	183	194	207	224	237	238	245
1.5	258	254	251	229	203	178	157	143	134	128	124	120	120	132	140	155	163	177	179	184
1.75	217	214	205	182	153	229	110	100	95	90	87	84	88	98	103	116	123	134	137	138
2	188	181	174	142	116	95	80	73	69	64	62	64	64	72	78	88	95	105	108	109
2.5	145	136	121	90	66	53	46	41	39	37	36	36	39	44	50	55	60	66	69	71
3	118	108	87	57	41	32	28	26	25	23	22	23	25	28	31	37	41	45	47	51
3.5	97	87	64	39	26	20	18	17	16	15	15	16	17	19	23	27	30	33	35	37
4	80	69	50	29	17	14	13	12	11	11	11	11	13	15	17	19	22	26	27	29
4.5	70	58	37	21	13	10	9	8	8	8	8	9	10	12	14	16	17	20	21	22
5	60	51	29	15	9	7	7	6	6	6	6	7	7	9	10	12	14	17	17	18
5.5	52	41	23	12	7	6	6	6	5	4										
6	48	36	19	8	6	5	5	5	5											
6.5	44	32	17	7	6	5	5	5												
7	41	28	14	6	5	4	4	4												
7.5	37	26	12	6	4	3	3													
8	34	23	11	5	4	3	3													
8.5	32	21	9	5	4	3	3													
9	29	19	8	4	3	3														
9.5	27	17	7	4	3	3														
10	26	16	6	3	3	3														
10.5	25	16	6	3	2	1														
11	23	15	6	3	2	1														
11.5	22	14	6	3	2															
12	21	14	5	3	2															

标准反射特性表 C1

$Q_0=0.10$

表 A.2 CⅡ路面(沥青路面)简化亮度系数(r)

tanε	β(度)																			
	0	2	5	10	15	20	25	30	35	40	45	60	75	90	105	120	135	150	165	180
0	329	329	329	329	329	329	329	329	329	329	329	329	329	329	329	329	329	329	329	329
0.25	362	358	371	364	371	369	362	357	351	349	348	340	328	312	299	294	298	288	292	281
0.5	379	368	375	373	367	359	350	340	328	317	306	280	266	249	237	237	231	231	227	235
0.75	380	375	378	365	351	334	315	295	275	256	239	218	198	178	175	176	176	169	175	176
1	372	375	372	354	315	277	243	221	205	192	181	152	134	130	125	124	125	129	128	128
1.25	375	373	352	318	265	221	189	166	150	136	125	107	91	93	91	91	88	94	97	97
1.5	354	352	336	271	213	170	140	121	109	97	87	76	67	65	66	66	67	68	71	71
1.75	333	327	302	222	166	129	104	90	75	68	63	53	51	49	49	47	52	51	53	54
2	318	310	266	180	121	90	75	62	54	50	48	40	40	38	38	38	41	41	43	45
2.5	268	262	205	119	72	50	41	36	33	29	26	25	23	24	25	24	26	27	29	28
3	227	217	147	74	42	29	25	23	21	19	18	16	16	17	18	17	19	21	21	23
3.5	194	168	106	47	30	22	17	14	13	12	12	11	10	11	12	13	15	14	15	14
4	168	136	76	34	19	14	13	11	10	10	10	8	8	9	10	9	11	12	11	13
4.5	141	111	54	21	14	11	9	8	8	8	8	7	7	8	8	8	8	10	10	11
5	126	90	43	17	10	8	8	7	6	6	7	6	7	6	6	7	8	8	8	9
5.5	107	79	32	12	8	7	7	7	6	5										
6	94	65	26	10	7	6	6	6	5											
6.5	86	56	21	8	7	6	5	5												
7	78	50	17	7	5	5	5	5												
7.5	70	41	14	7	4	3	4													
8	63	37	11	5	4	4	4													
8.5	60	37	10	5	4	4	4													
9	56	32	9	5	4	3														
9.5	53	28	9	4	4	4														
10	52	27	7	5	4	3														
10.5	45	23	7	4	3	3														
11	43	22	7	3	3	3														
11.5	43	22	7	3	3															
12	42	20	7	4	3															

标准反射特性表 C2

$Q_0 = 0.07$

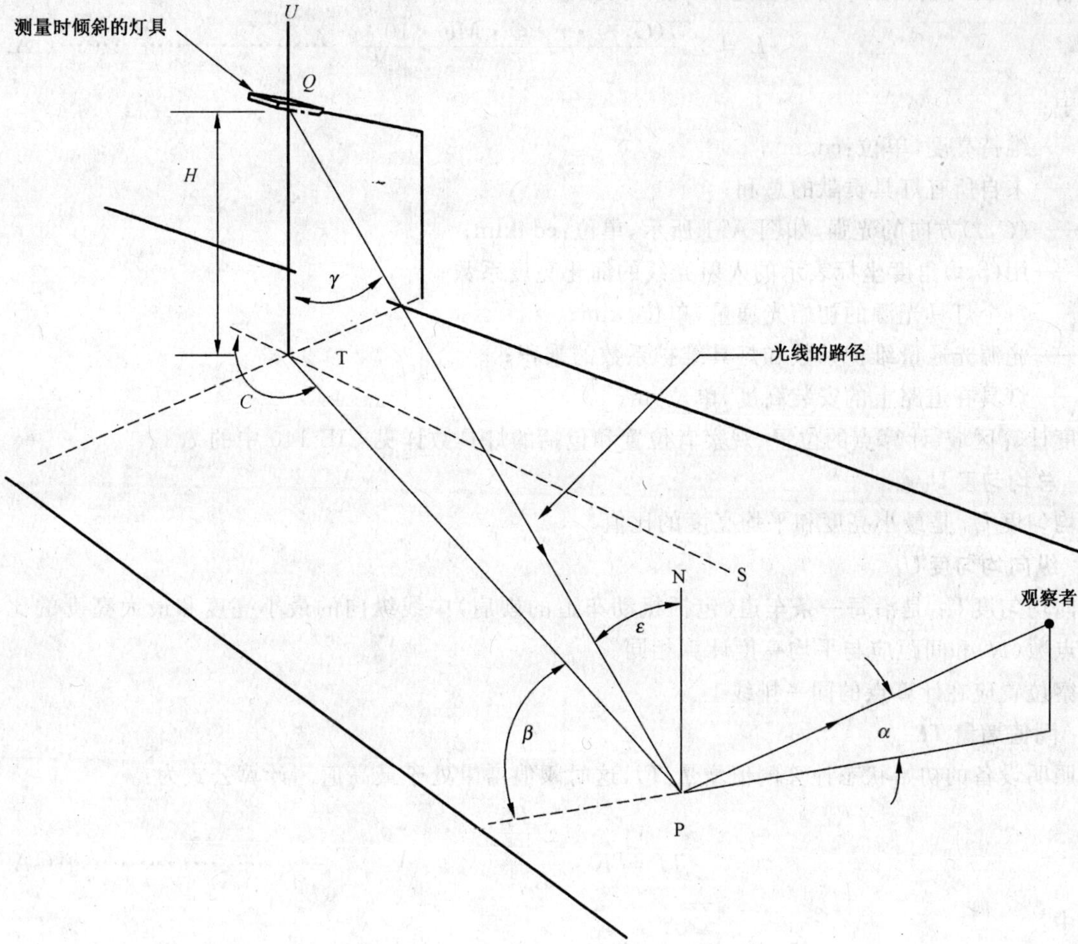

ST——道路纵向；

Q——灯具光度中心；

UQT——垂直轴，图中指示测量时倾斜角度为0度时和灯具第一根轴重合；

PN——路面上P点法线；

C——光度学方位角；

β——偏移角；

γ——光度学垂直角；

α——观察角；

ε——光线入射角。

图 A.2 灯具、观察者和观察点的角度关系

A.2 道路照明质量的计算

与亮度或照度相关的照明质量特性，应由计算网格点上相应的亮度或照度值计算获得，不需进一步插值。

对于初始平均照度或初始平均亮度，MF是1.0，应使用灯具光源的初始总光通量。经过一定时间后的平均亮度或平均照度的计算应使用一定时间后灯具设备环境条件下的灯具MF值，同时应使用经过一定时间后灯具的光源总光通量，单位：klm。

A.2.1 平均亮度 L_{av}

平均亮度 L_{av} 是由计算点得到的亮度算术平均值。

运用以下公式或者数学等式确定某一点的亮度：

$$L=\sum\frac{I(C,\gamma)\cdot r\cdot\Phi\cdot MF\cdot 10^{-4}}{H^2}\quad\cdots\cdots(\text{A.1})$$

式中：

L——维持亮度，单位：cd/m²；

$\sum$——来自所有灯具贡献的总和；

$I(C,\gamma)$——(C,γ)方向的光强，如图 A.1 所示，单位：cd/klm；

r——用(β,ε)角度坐标表示的入射光线的简化亮度系数；

Φ——每个灯具光源的初始光通量，单位：klm；

MF——光源光通量维护系数和灯具维护系数的乘积；

H——灯具在道路上的安装高度，单位：m。

亮度计算区域、计算点的位置、观察者位置和包括的灯具数详见 CIE 140 中的 7.1。

A.2.2 总均匀度 U_0

总均匀度 U_0 是最小亮度和平均亮度的比值。

A.2.3 纵向均匀度 U_L

纵向均匀度 U_L 是沿每一条车道(包括机动车道的硬肩)中线纵向的最小亮度和最大亮度的比值。纵向的点数(N)和间距应与平均亮度计算相同。

观察位置应在计算点的同一排线上。

A.2.4 阈值增量 TI

在照明设备的初始状态计算阈值增量 TI，这时阈值增量处于最高值。计算公式为：

$$TI=K\cdot\frac{\sum\frac{E_{gl}}{\theta^2}}{L_{av}^{0.8}}(\%)\quad\cdots\cdots(\text{A.2})$$

式中：

K——和观察者年龄有关的常数。一个 23 岁的观察者取值 650。其他年龄的值由式(A.3)得到：

$$K=641\times\left[1+\left(\frac{A}{66.4}\right)^4\right]\quad\cdots\cdots(\text{A.3})$$

A——观察者的年龄，单位：岁；

E_{gl}——垂直于观察者视线的平面上，由眩光源产生在观察者眼睛上的照度，单位：lx；

L_{av}——道路表面的平均初始亮度，L_{av}的适用范围是 $0.05<L_{av}<5$ cd/m²；

θ——视线和灯具射入眼睛中的光线之间的夹角，以度表示。视线处于水平以下 1°，通过观察者眼睛的纵向垂直面内。θ 的有效范围是从 1.5°～60°。

眩光计算时，观察者位于距道路右边界四分之一路宽处，眼睛高度为 1.5 m，且设定汽车顶部挡屏与视线的夹角是 20°。在这初始位置上计算通过汽车顶部挡屏看到的第一个灯具产生的 E_{gl}/θ^2，并累加至 500 m 内所有的灯具，以求得 TI 值。

然后，观察者以与亮度计算时相同的纵向间距和点数向前移动，重复计算，得到一列 TI 值，其中最大的即为所求的值。

A.2.5 环境比 SR

环境比 SR 是非道路上与道路两边连接的两纵带的平均水平照度除以道路上与道路两边连接的两纵带的平均水平照度。4 条纵带的宽度都是 5 m，或者道路宽度的一半，或者非道路的无障碍地带的宽度，选择它们中最小的一个。对于两条道路的情况，应将它们看成一条道路，除非它们间隔超过 10 m。

A.2.6 道路平均水平照度 E_{hav}

平均水平照度 E_{hav}是由计算点得到的照度的算术平均值。

运用以下公式确定某一点的水平照度：

$$E_h = \sum \frac{I(C,\gamma) \cdot \cos^3\varepsilon \cdot \Phi \cdot MF}{H^2} \qquad \text{(A.4)}$$

式中：

E_h——这一点维持水平照度，单位：lx；

Σ——来自所有灯具贡献的总和；

$I(C,\gamma)$——(C,γ)方向的光强，如图 A.1 所示，单位：cd/klm；

ε——这点上光线的入射角度；

γ——垂直光度角度；

H——灯具在道路上的安装高度，单位：m；

Φ——每个灯具光源的初始光通量总和，用 klm 表示；

MF——光源光通量维护系数和灯具维护系数的乘积。

照度计算区域、计算点的位置和包括的灯具数详见 CIE 140 中的 7.2。

A.2.7 水平照度均匀度 U_{Eh}

水平照度均匀度 U_{Eh} 是最小照度和平均照度的比值。

附 录 B
（规范性附录）
道路照明灯具照明功率密度的计算

B.1 不同布置方式的照明功率密度计算

B.1.1 单侧布置

照明功率密度是单个灯具输入功率（包括光源和灯的控制装置，单位：瓦）与道路的宽度（单位：米）和相邻两个路灯间距（单位：米）的乘积的比值，见图 B.1a）。

B.1.2 双侧交错布置

照明功率密度是单个灯具输入功率（包括光源和灯的控制装置，单位：瓦）与道路的宽度（单位：米）和相邻两个路灯 1/2 间距（单位：米）的乘积的比值，见图 B.1b）。

B.1.3 双侧对称布置

照明功率密度是单个灯具输入功率（包括光源和灯的控制装置，单位：瓦）与道路的 1/2 宽度（单位：米）和相邻两个路灯间距（单位：米）的乘积的比值，见图 B.1c）。

B.1.4 中心对称布置

照明功率密度是单个灯具输入功率（包括光源和灯的控制装置，单位：瓦）与道路路面（不包括中间分离带）的总宽度（单位：米）和相邻两个路灯间距（单位：米）的乘积的比值，见图 B.1d）。

B.1.5 横向悬索布置

照明功率密度是单个灯具输入功率（包括光源和灯的控制装置，单位：瓦）与道路的总宽度（单位：米）和相邻两个路灯间距（单位：米）的乘积的比值，见图 B.1e）。

B.1.6 双侧中心-对称布置

照明功率密度是单个灯具输入功率（包括光源和灯的控制装置，单位：瓦）与道路的 1/4 宽度（单位：米）和相邻两个路灯间距（单位：米）的乘积的比值，见图 B.1f）。

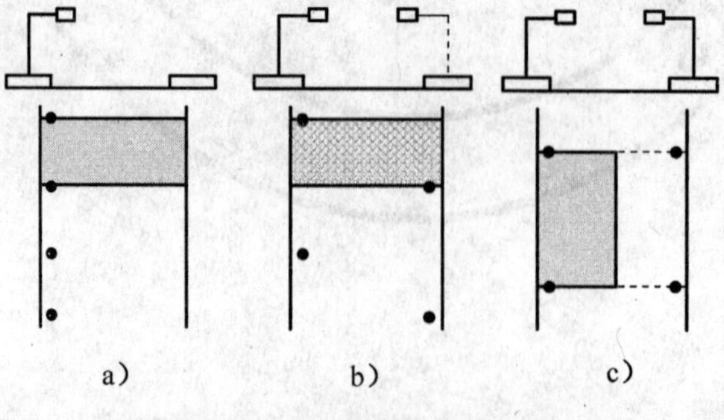

图 B.1 照明功率密度计算区域

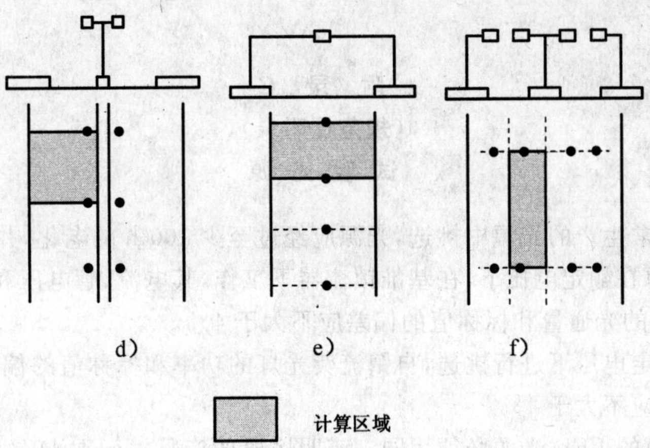

图 B.1（续）

附 录 C
（规范性附录）
试 验 光 源

试验用光源应从通常生产的光源中挑选，光源应经过至少 100 h 的老化，并使用基准镇流器为试验光源的挑选，试验用光源在额定电压下，在基准镇流器下工作，其电流、管电压和功率和光源的标称值的偏差应不大于 2%，光源的光通量和标称值的偏差应不大于 4%。

自镇流荧光灯在额定电压下进行挑选，自镇流荧光灯的功率和标称值的偏差应不大于 2%，光源的光通量和标称值的偏差应不大于 4%。

试验用 LED 灯具中的 LED 光源必须用同一流明区段的产品。LED 灯具应在 $t_a\pm10$ ℃条件下进行老化 100 h，在老化过程中光源应每工作 21 h 关断 1 次，每次关断 3 h。

附　录　D
（规范性附录）
试验设备要求

试验设备的要求见表 D.1。

表 D.1　试验仪器设备的精度

参数		范围	测量范围的仪器精度
电压	<1 000 V	≤1 kHz	±1.5%
		≥1 kHz,≤5 kHz	±2%
		≥5 kHz,≤20 kHz	±3%
		≥20 kHz	±5%
	≥1 000 V	DC 至 20 kHz	±3%
		≥20 kHz	±5%
电流	<5 A	DC 至 60 Hz	±1.5%
		≥60 Hz,≤5 kHz	±2.5%
		≥5 kHz,≤20 kHz	±3.5%
		≥20 kHz	±5%
	≥5 A	DC 至 5 kHz	±2.5%
		≥5 kHz,≤20 kHz	±3.5%
		≥20 kHz	±5%
功率		≤1 W	±20 mW
		>1 W,≤3 kW	±3%
		>3 kW	±5%
功率因数		50/60 Hz	±0.05
频率		≤10 kHz	±0.2%

附 录 E
（资料性附录）
影响灯具寿命的关键件的设计指南

E.1 灯具的压铸铝外壳

道路、街路照明灯具通常采用压铸铝为灯具的外壳，正确使用压铸铝能够防止大气中的腐蚀和保证灯具外壳结构有足够的强度，下面的主要影响是必须考虑：

a) 根据灯具的使用环境和外壳的处理方法正确的选择压铸铝的牌号，低杂质的压铸铝有高的防腐性能。

b) 合理的壁厚和正确的浇口位置能保证灯具外壳结构有足够的强度。

E.2 灯具的塑料外壳、内部塑料件和塑料透明罩

采用塑料为道路、街路照明灯具的外壳和内部零件材料的灯具应具有好的防化学腐蚀性能。下面的主要影响是必须考虑：

a) 塑料材料抗光辐射的能力特别是抗紫外线能力

在进行灯具设计时尽可能不使灯具光源发出的光直接照射在塑料材料上，以降低塑料材料上的温度。灯具外壳应选用有抗紫外线能力的塑料材料，当灯具光源发出的光没有照射在外壳塑料材料上时可使用氙灯老化试验来测试塑料材料抗光辐射的能力和抗紫外线能力。

b) 塑料材料抗热和光同时作用的能力

同时受热和光作用的灯具中的塑料件需选用高质量材料，并且材料需在近似实际的使用条件下进行老化试验。

E.3 橡胶密封件

受光源和阳光照射的橡胶材料需在近似实际的使用条件下进行老化试验。

E.4 不可更换 LED 光源灯具的 LED 光源寿命

影响 LED 光源寿命的重要参数是 LED 的结温和电流，当灯具在 0.94～1.06 倍额定电压下工作时，灯具中的 LED 光源的结温和电流不能超过 LED 光源厂提供的 LED 光源寿命条件下的结温和电流值。

ICS 65.020
B 16

中华人民共和国国家标准

GB/T 24828—2009

穿刺根腐线虫检疫鉴定方法

Methods for quarantine and identification of *Pratylenchus penetrans*

2009-12-15 发布 2010-06-01 实施

中华人民共和国国家质量监督检验检疫总局
中国国家标准化管理委员会 发布

前言

本标准的附录A、附录B均为规范性附录。

本标准由全国植物检疫标准化技术委员会提出并归口。

本标准起草单位：中华人民共和国上海出入境检验检疫局、中国检验检疫科学院。

本标准主要起草人：戚龙君、葛建军、宋绍祎、孙红、郑建中。

穿刺根腐线虫检疫鉴定方法

1 范围

本标准规定了对穿刺根腐线虫检疫和鉴定方法。

本标准适用于花卉、观赏植物、蔬菜、烟草、果树、豆科、禾本科等多种植物根部和土壤及栽培介质中的穿刺根腐线虫。

2 鉴定依据

穿刺根腐线虫英文名:Root-Lesion Nematode

学名:*Pratylenchus penetrans* (Cobb,1917) Filipjev & Schuurmans Stekhoven,1941

异名:*Tylenchus penetrans* Cobb,1917

Anguillulina (*Pratylenchus*) *penetrans* (Cobb) Goodey,1932

Tylenchus gulosus Kühn,1890

Pratylenchus gulosus (Kühn) Filipjev & Schuurmans Stekhoven,1941

分类地位:线虫门(Nemata)、侧尾腺纲(Secernentea)、垫刃目(Tylenchida)、根腐线虫科(Pratylenchidae)、根腐线虫属(*Pratylenchus*)

穿刺根腐线虫是一种根部迁移性内寄生线虫,被侵染的植株呈现如下特征:

a) 地上部分表现为生长不良,发生矮化、褪绿,过早凋萎甚至死亡,产量减少;

b) 地下部分引起根部变褐色、坏死,根茎和块茎往往也会遭受侵害;

c) 幼虫和成虫都可以侵入寄主根部组织,在病痕区和健康组织的交界处可见各个发育阶段的线虫。

该线虫危害 350 多种植物,主要分布在温带地区。它的形态学特征是该检疫鉴定方法的依据。

3 仪器、用具

3.1 生物显微镜(40×以上)。

3.2 生物体视显微镜(10×以上,具透射光源)。

3.3 电热恒温箱。

3.4 载玻片和凹玻片。

3.5 盖玻片。

3.6 分样筛(100 目、500 目)。

3.7 烧杯(500 mL、1 000 mL)。

3.8 漏斗。

3.9 漏斗架。

3.10 乳胶管或硅胶管。

3.11 止水夹。

3.12 小镊子。

3.13 剪刀。

3.14 挑针。

3.15 浅盘。

3.16 线虫滤纸或卫生纸。

3.17 酒精灯。

3.18 钟面皿或培养皿。

3.19 加热板。

3.20 干燥器。

3.21 试管。

4 药品

4.1 中性树胶。

4.2 4%甲醛。

4.3 指甲油。

4.4 乳酚油(苯酚 20 mL、乳酸 20 mL、甘油 40 mL 和蒸馏水 20 mL 混合而成)。

4.5 石蜡。

5 现场检疫

5.1 抽样

5.1.1 抽样方法

棋盘式、五点式或随机抽样。

5.1.2 抽样数量

按总件数的 5%～20%抽样,最低抽检 10 件且不少于 500 株(个)。采集样品数量见表 1。

表 1 采集样品数量表

总株(个)数,N	采集样品株(个)数
N≤50	5
51≤N≤200	10
201≤N≤1 000	15
1 001≤N≤5 000	20
5 001≤N≤10 000	25
N>10 000	在 30 的基础上,每增加 5 000 株(个)增取 5 株(个)

5.2 外观症状的检查

5.2.1 对花卉、观赏植物、烟草、果树、蔬菜、豆科、禾本科等根茎部分进行检查,注意检查有否变褐和坏死等症状。

5.2.2 收集上述可疑根部材料及所夹带的土壤或包装介质材料等和采集的样品一并送实验室进行穿刺根腐线虫的检验。

6 实验室检验

6.1 样品分离

对于抽取的样品,仔细检查根部,尽量选取有变褐和坏死等症状的根及根围介质作为分离样品。

6.2 线虫分离

用浅盘分离法或漏斗法分离线虫,详见附录 A。

6.3 体视显微镜检查

分离获得的水样在生物体视显微镜下检查。

6.4 显微镜检查

挑取线虫若干条制成临时玻片在生物显微镜下镜检,观察线虫的形态结构。

7 形态鉴定特征

7.1 根腐线虫属形态鉴定特征

7.1.1 雌雄虫共同特征

a) 雌雄同型，蠕虫状；体环明显，虫体粗短（体长 300 μm～900 μm）；

b) 头部低平（高度通常小于头基环直径的二分之一），有 2 个～4 个唇环，头部连续到略缢缩，头架骨化显著；

c) 口针粗短，长 11 μm～22 μm，基部球发达；

d) 背食道腺开口位于口针基部球后约 2 μm～4 μm。食道腺叶短，从腹面和侧面覆盖肠前端；

e) 侧区有 4 条～8 条侧线，通常有 4 条。

7.1.2 雌虫

单生殖腺、前伸，后阴子宫囊通常短于 2 个阴门处体宽。尾长是肛门处体宽的 2 倍～3 倍，尾圆锥形，末端钝圆（很少尖）。

7.1.3 雄虫

交合刺骨化、稍弯，引带不伸出泄殖腔，交合伞延伸到尾端。

7.2 根腐线虫形态鉴定特征

7.2.1 测计值

穿刺根腐线虫的测量数据见表 2。

表 2 穿刺根腐线虫测计值

项目	L/μm	a	b	c	V/%	T/%	S/μm
雌虫	343～811	19～32	5.3～7.9	15～24	75～84	—	15～17
雄虫	305～574	23～34	5.4～7.3	16～22	—	36～58	13～16

注：L=体长；a=体长/最大体宽；b=体长/自头顶至食道与肠连接处的长度；S=口针长；
c=体长/尾长；V=头顶至阴门处长度/体长×100；T=精巢长度/体长×100。

7.2.2 形态描述

7.2.2.1 雌虫

a) 热杀死时虫体近直线形，虫体中等大小，体表环纹较细，侧线四条，中食道球近圆形，宽度为该处体宽的一半。食道腺从腹面覆盖肠的前端，覆盖长度为 30 μm～40 μm。排泄孔约在食道-肠交界的相对位置上，离虫体前端 74 μm～101 μm 处，见图 1 中的 I；

b) 头架发达，唇区稍高，稍缢缩，唇环三个，口针基部球宽圆形，背食道腺开口在口针基部球 2.5 μm，见图 1 中的 B；

c) 受精囊近圆形，内充满精子，宽为该处体宽的三分之二。阴道直且短，长约为阴门处体宽的四分之一。后阴子宫囊短，长约为阴门处体宽的 1 倍～1.5 倍。肛门与阴门的距离约为尾长的 2.5 倍，见图 1 中的 C；

d) 尾近圆筒形，末端光滑（偶尔有一个至两个线纹），尾腹面有 15 条～27 条体环，见图 1 中的 D、E。

7.2.2.2 雄虫

a) 与雌虫体形相似，普遍发生，见图 1 中的 A、H；

b) 侧线四条，排泄孔约在离虫体前端 66 μm～79 μm 处，见图 1 中的 H；

c) 交合刺骨化略成弓形，长为 14 μm～17 μm；引带长为 3.9 μm～4.2 μm；交合伞包到尾端，见图 1 中的 F、G。

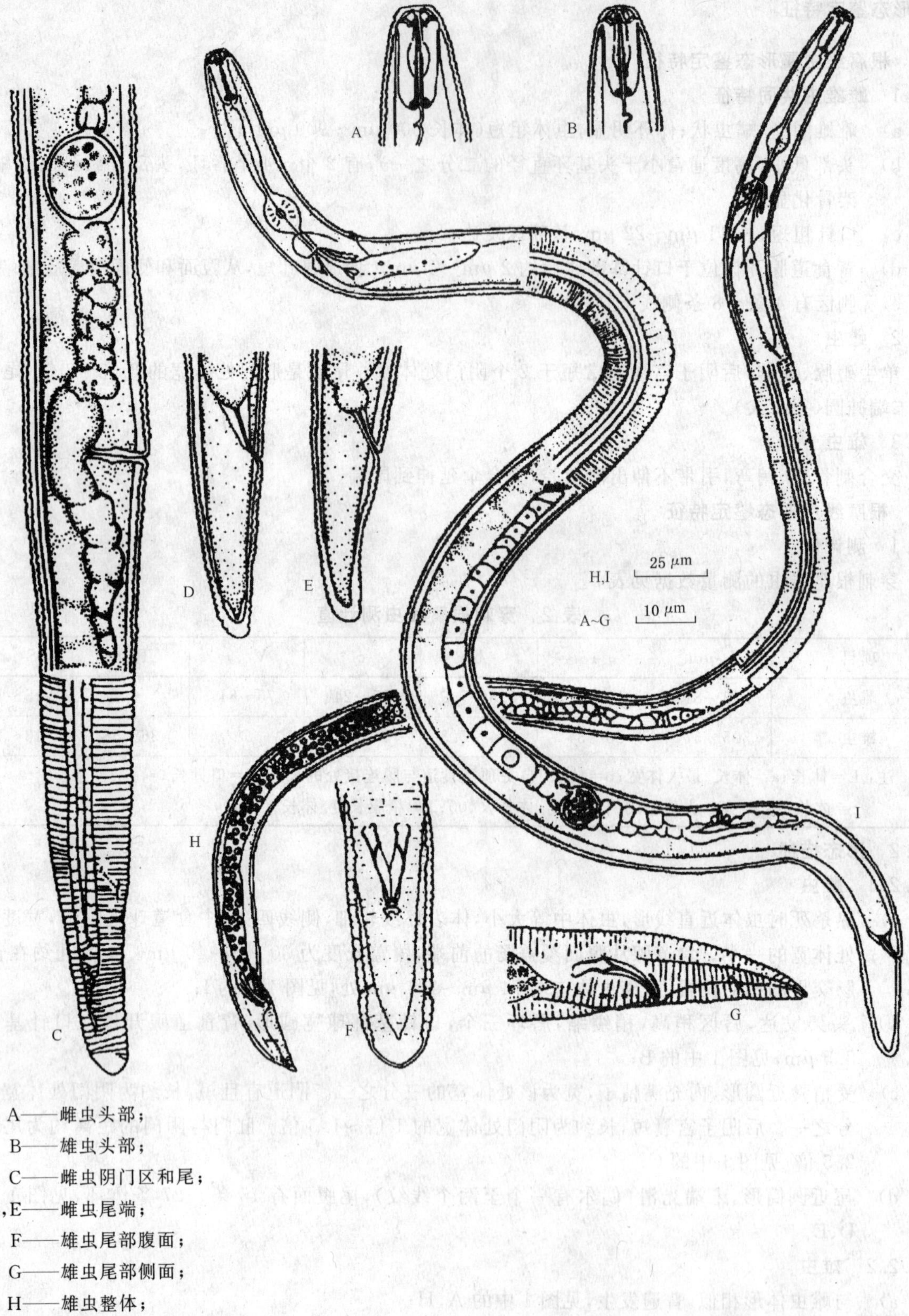

A——雌虫头部；
B——雄虫头部；
C——雌虫阴门区和尾；
D,E——雌虫尾端；
F——雄虫尾部腹面；
G——雄虫尾部侧面；
H——雄虫整体；
I——雌虫整体。

图 1 穿刺根腐线虫形态特征(仿 Corbett,1973)

8 结果判定

符合第7章形态特征的可鉴定为穿刺根腐线虫。鉴定过程应注意该线虫与咖啡根腐线虫、伤残根腐线虫和卢斯根腐线虫的形态区别，四者的主要区别见表3。

表3 四种主要根腐线虫的主要形态区别对照表

根腐线虫种	唇环数	口针长度/μm	侧线数	受精囊形状	尾形	后阴子宫囊长度/μm
穿刺根腐线虫	3	15～17	4	近圆形	锥形，末端钝园、无纹	1倍～1.5倍阴门处体宽
咖啡根腐线虫	2	15～18	4(个别5条～6条)	长卵圆形	亚园柱形、末端无纹	17～50
伤残根腐线虫	3～4	13～19	4	长椭圆形	锥形，尾尖细园	21～64
卢斯根腐线虫	2	14～18	4(个别5条～6条)	长卵形	锥形，尾端无纹、钝尖	18～26

9 样品保存

9.1 若鉴定为穿刺根腐线虫，则将剩余的线虫杀死、固定制成永久玻片保存，制作方法详见附录B；也可以固定后放入含4%甲醛液的指形管内长期保存。

9.2 对已鉴定出带有穿刺根腐线虫的植物材料，经登记后，要保存在5 ℃～10 ℃及干燥、防鼠防虫处，并标明样品编号、截获日期、截获人、寄主名称、运输工具名称、输出国名等，样品需至少保存6个月，以备复验、谈判和仲裁。

附 录 A
（规范性附录）
穿刺根腐线虫的分离法

A.1 漏斗法

首先将 10 cm～15 cm 直径的漏斗固定在支架上（见图 A.1），柄端接一段乳胶管，管的近末端用止水夹夹紧。将分离的样品先剪成小块，用纱布包好，放入漏斗，加水淹没。分离土壤中的线虫，在漏斗内加一只不锈钢或塑料的网，将纱布铺在筛网上，再放入样品。在线虫自身的趋水性和重量作用下，线虫不断脱离植物组织和土壤等，穿过纱布迁游到水中，最后沉降到漏斗末端的乳胶管下端水中。24 h 后，小心地打开乳胶管末的止水夹，用小器皿接取约 5 mL 的含有线虫的水样，放在生物体视显微镜下进行观察。用此法分离线虫时，室内温度最好要保持在 21 ℃～24 ℃，温度太高或太低均会影响穿刺根腐线虫的分离效果。

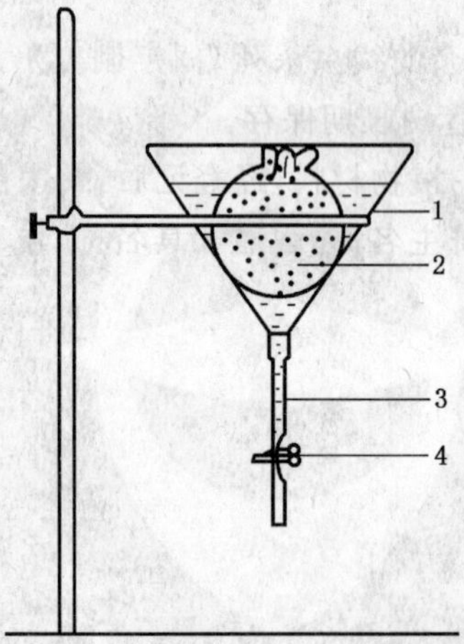

1——漏斗；
2——用纱布包裹的样品；
3——乳胶管；
4——止水夹。

图 A.1 Baermann 漏斗装置

A.2 浅盘分离法

浅盘分离法装置（见图 A.2）由两只不锈钢浅盘、线虫滤纸或卫生纸组成，两只浅盘可套放，上盘底面为大于 10 目的粗筛网，下盘为正常浅盘。

分离线虫时，将线虫滤纸平放在上盘的筛网上，用水淋湿，将供分离的已剪成小块的样品撒铺在其上，套进下盘内；从两只浅盘的夹缝中注水，以淹没供分离的样品为宜；在 21 ℃～24 ℃下放置 24 h 后，线虫渐渐集中到下盘的水中；用烧杯收集浅盘中水，并将烧杯中的水连续通过 100 目和 500 目的筛网，将 500 目标准筛上的含线虫的残留物冲洗到培养皿中镜检。

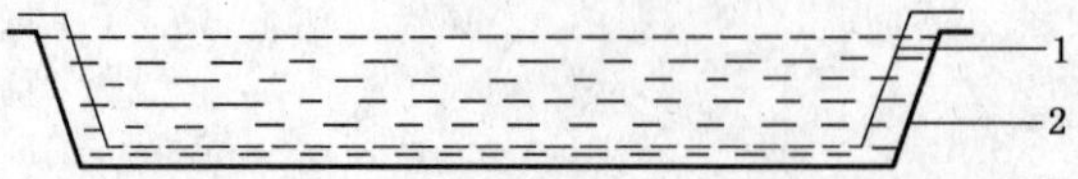

1——上盘；
2——下盘。

图 A.2 浅盘分离装置

附 录 B
（规范性附录）
穿刺根腐线虫玻片标本制作方法

B.1 线虫杀死

在生物体视显微镜下，用线虫挑针挑取少量线虫放至凹玻片上的水滴中，使线虫位于水滴中央。手持凹玻片在酒精灯火焰上来回 5 s～6 s，使线虫恰好被杀死为止。杀死大量的线虫，可将线虫悬浮液放在试管中加等量的沸水杀死线虫。

B.2 线虫固定

少量线虫被杀死后，可用线虫挑针将线虫移至 4% 甲醛液中固定。大量的线虫被杀死后，在线虫悬浮液中加等量浓度双倍的固定液即可。

B.3 临时玻片标本的制作

以 4% 甲醛液作为浮载剂，滴适量于载玻片上。用挑针将固定好的线虫移数条于浮载剂中，并使其完全沉下。浮载剂边缘均匀放置 3 mm～5 mm 长、直径与线虫体宽相近的玻璃纤维丝 3 根，加盖玻片。用滤纸吸去溢出的浮载剂，用指甲油封片。待指甲油干后再加封一次，可保存几天至数周。

B.4 永久玻片标本的制作

B.4.1 脱水

采用乳酚油快速脱水法（Franklin & Goodey，1949），把滴有乳酚油的凹玻片放在加热板上，加热至 65 ℃～70 ℃。将已固定 1 d 以上的线虫挑入热的乳酚油中，继续加热 2 min～3 min 后，在生物体视显微镜下观察标本是否清晰。若不够清晰，继续在 65 ℃～70 ℃的加热板上加热片刻至清晰（注意避免加热过度而损坏标本）。然后放在干燥器中 12 h～24 h，进一步去除水分后即可制片。

B.4.2 制片

将直径 1.5 cm 的打孔器在酒精灯火焰上加热后，插到蜡盘中蘸取少量石蜡，并迅速轻按于载玻片中央。待冷却后即形成一个蜡圈。在蜡圈内滴一小滴乳酚油（用量以盖上盖玻片后不外溢为宜）作为浮载剂，将已脱水的线虫数条挑入其中，排列整齐，并使其完全沉下。将与线虫体宽相近的 3 根 3 mm～5 mm 的玻璃纤维丝均匀置于浮载剂边缘，加盖玻片后，将载玻片移至 65 ℃～70 ℃的加热板上熔蜡，待蜡熔化后移至实验台上冷却。用指甲油封片，待指甲油干后再封一次。最后贴上标签，左边的标签写明样品号、寄主、截获口岸、产地、制作日期；右边的标签写线虫种名、线虫虫态及其数量。

ICS 65.020.01
B 16

中华人民共和国国家标准

GB/T 24829—2009

毛刺线虫属(传毒种类)检疫鉴定方法

Identification of *Trichodorus* species as virus vectors for import and export quarantine

2009-12-15 发布　　2010-06-01 实施

中华人民共和国国家质量监督检验检疫总局
中国国家标准化管理委员会　发布

前　言

本标准的附录 A、附录 B、附录 C、附录 D、附录 E、附录 F、附录 G 和附录 H 均为资料性附录。

本标准由全国植物检疫标准化技术委员会提出并归口。

本标准起草单位：中华人民共和国宁波出入境检验检疫局检验检疫技术中心、广东出入境检验检疫局，云南出入境检验检疫局、浙江大学。

本标准主要起草人：顾建锋、赵立荣、陈先锋、郑炜、李戌清、杜宇。

毛刺线虫属(传毒种类)检疫鉴定方法

1 范围

本标准规定了毛刺线虫属传毒种类的检疫鉴定方法。

本标准适用于植物、介质及土壤中毛刺线虫属传毒种类的检疫和鉴定。

2 规范性引用文件

下列文件中的条款通过本标准的引用而成为本标准的条款。凡是标注日期的引用文件,其随后所有的修改单(不包括勘误的内容)或修订版均不适用于本标准,然而,鼓励根据本标准达成协议的各方研究是否可使用这些文件的最新版本。凡是不标注日期的引用文件,其最新版本适用于本标准。

SN/T 1157 进出境植物苗木检疫规程

SN/T 1158 进出境植物盆景检疫规程

3 鉴定依据

中文名:毛刺线虫属。

英文名:stubby root nematode。

毛刺线虫属(*Trichodorus* Cobb,1913)隶属于线虫门[Nematoda (Rudolphi,1808) Lankester,1877],无侧尾腺纲(Adenophorea Linstow,1905),三矛目(Triplonchida Cobb,1922),膜皮亚目(Diphtherophorina Coomans & Loof,1970),毛刺总科[Trichodoridea (Thorne,1935) Siddiqi,1974],毛刺科[Trichodoridae (Thorne,1935) Siddiqi,1974],毛刺亚科(Trichodorinae Thorne,1935)。

毛刺线虫属至今已发现56种,为多年生草本或木本植物的根部迁徙性外寄生线虫。不但直接取食植物根系造成植物根系粗短、肿大、侧根增多,并引起寄主营养不良、生长失调等危害,更严重的是已知其中有4种能传播烟草脆裂病毒(tobacco rattle virus,TRV)和豌豆早褐病毒(pea early-browning virus,PEBV)等病毒(参见附录A)。它们分别是圆筒毛刺线虫(*Trichodorus cylindricus* Hooper,1962)、原始毛刺线虫[*Trichodorus primitivus* (de Man,1880) Micoletzky,1922]、相似毛刺线虫(*Trichodorus similis* Seinhorst,1963)和具毒毛刺线虫(*Trichodorus viruliferus* Hooper,1963)。

毛刺线虫主要通过带根苗木、土壤及介质传播,其雌、雄虫形态学特征是种类鉴定的主要依据,寄主范围和地理分布等信息可供参考(参见附录A)。

4 仪器和用具

4.1 仪器

生物显微镜(50倍～1 000倍)、体视显微镜(10倍以上,具透射光源)、电热恒温培养箱、移液器(20 μL～200 μL)、离心机(2 000 r/min以上)。

4.2 用具

钟面皿或培养皿、盖玻片、载玻片、剪刀、挑针、酒精灯、线虫滤纸或纱布、500 μL塑料管、细胞培养皿、密闭塑料盒、漏斗、漏斗架、乳胶管、止水夹、加热板、分样筛(500目)。

5 试剂

4%甲醛、甘油、指甲油、石蜡、溶液Ⅰ(96%乙醇∶甘油∶蒸馏水=20∶1∶79)、溶液Ⅱ(甘油∶96%乙醇=1∶19)。

6 现场检疫

注意观察苗木的生长状况、根部为害状,以及是否带介质、土壤等。重点选取有生长不良或粗短根等症状的苗木及根际介质或土壤,如无可疑症状则按要求随机取样。取样后立即置密封塑料袋,标记后及时送实验室检测。

具体抽样比例按 SN/T 1157 和 SN/T 1158 执行。

7 实验室检验

7.1 线虫分离

线虫分离方法参见附录 B。

7.2 体视显微镜镜检

毛刺属线虫多数体长 500 μm～1 000 μm,放大 10 倍以上可见。虫体呈圆柱形,短胖,行动缓慢。

7.3 标本制作

若发现可疑毛刺属线虫,需制作临时玻片或永久玻片(参见附录 C)。

7.4 生物显微镜观察、摄影和测量

应针对雌、雄虫主要鉴定特征仔细观察并显微摄影,重点包括整体形态、齿针、雌虫阴道骨化结构及侧体孔、雄虫交合刺及泄殖腔前附着器等,并在每张图片上加相应标尺。

需观察、测量获得多岐检索表中各鉴定特征数字代码(参见附录 D、附录 E、附录 F、附录 G),并计算 a、b、V 等值。样品足够时,应观察和拍摄雌、雄虫各 15 条以上。

8 形态学鉴定

8.1 毛刺属形态鉴定特征

雄虫:热杀死后虫体尾部显著腹弯,呈"J"形,表皮不强烈膨胀,后食道腺通常不覆盖肠(但有时背面或腹面覆盖肠)。通常有 1 个～3 个腹中颈乳突,偶尔缺或有 4 个,一般于齿针基部和神经环之间具 1 对侧颈孔。精子大,具呈香肠形或圆形的大精核。交合刺腹弯,光滑或具有纹饰、刚毛或缘膜。交合刺悬肌形成显著的悬肌囊包围交合刺,无交合伞(除 *T. paracedarus* 和 *T. cylindricus* 外)。通常有 3 个泄殖腔前附着器,很少为 2、4 或 5 个,通常至少有 1 个在缩回交合刺区域内。斜纹交配肌延伸到距缩回交合刺基端数倍体宽处。

雌虫:热杀死后略向腹面弯曲,双生殖腺对伸,有受精囊(除 *T. nanjingensis* 外)。阴道约占半个体宽,阴道收缩肌发达,骨化结构显著。阴门孔状或横裂,很少纵裂。通常有 1 对～4 对侧体孔,其中 1 对侧体孔位于阴门附近一个体宽内,并且通常位于阴门后。肛门位于近末端,尾短圆,有 1 对尾孔。

雌虫阴道骨化结构的形状以及雄虫交合刺的形状是最重要的种类鉴定依据,其他主要鉴定特征还有齿针长度、交合刺长度、泄殖腔前附着器、腹中颈乳突、交合刺的纹饰、雌虫侧体孔、引带等。

8.2 传毒种类形态鉴定特征

传毒种类形态鉴定特征参见附录 H。

8.2.1 圆筒毛刺线虫(***T. cylindricus* Hooper**,1962)

雄虫:热杀死后虫体后部较直。排泄孔前有 3 个腹中颈乳突,第 1 个腹中颈乳突位于齿针区域内,在齿针基部稍后有 1 对侧颈孔。具 3 个泄殖腔前附着器,最后一个位于缩回交合刺区域内。交合刺通常具光滑的柄状体,杆部前具横纹和刚毛,杆部后膨大且光滑,具较小的交合伞。

雌虫:热杀死时虫体向腹面微弯曲,食道与肠从腹面略重叠,其他前部特征与雄虫相同。阴道为桶状,阴门骨化结构发育良好,侧面观为圆三角形,且三角形尖端指向阴门。阴门腹面观为一短横裂,有 1 对阴门后体孔。

与近似种比较:圆筒毛刺线虫雄虫与 *T. cottieri*、*T. obscurus* 相似,三者交合刺的杆后部膨大,且最

后一个泄殖腔前附着器明显位于缩回交合刺区域内。但三者在交合刺大小及形态、腹中颈乳突的数量(分别为3个、1个、0个)、热杀死后虫体后部形态(圆筒毛刺线虫虫体直且具交合伞,而 *T. cottieri* 和 *T. obscurus* 虫体向腹面弯曲、不具交合伞)等方面不同。另外,圆筒毛刺线虫雄虫与 *T. paracedarus* 也很相似,两者虫体后部均较直、具交合伞、交配肌较该属典型的交配肌弱,但两者可依据交合刺形态区分。圆筒毛刺线虫、*T. cottieri*、*T. obscurus* 雌虫阴门均为横裂,但可依据阴门骨化结构的形态区分。

8.2.2 原始毛刺线虫[*T. primitivus* (de Man,1880)Micoletzky,1922]

雄虫:排泄孔位于神经环对应处或稍靠后。排泄孔前具腹中颈乳突3个,第一个位于齿针的中部对应处,第二个位于齿针的基部对应处,第三个在神经环稍前对应处。1对侧颈孔位于齿针的后三分之一处。精子大,具横纹,精核香肠形,长约9 μm。交合刺基部宽约3 μm~4 μm,杆部向后渐窄,末端宽约1 μm。交合刺外伸时中部可见几根细刚毛。引带形状特殊,前部凸起,大部分在交合刺之间。具泄殖腔前附着器3个,最后一个位于交合刺基部对应处。

雌虫:具近阴门侧体孔1对,位于阴门稍后,另1对位于阴门前3个体宽处,还有1对位于阴门前5个~7个体宽处。阴道骨化结构明显,呈棒状,与阴道平行。阴门为微小的横裂,阴道菱形至长菱形。食道球与肠邻接,不从背面或腹面覆盖肠。

与近似种比较:原始毛刺线虫交合刺形状与 *T. aquitanensis* 和 *T. hooperi* 相似,都是基部宽,向末端渐狭,杆部细。该线虫与 *T. aquitanensis* 都具有3个腹中颈乳突,且其中前2个都在齿针区(*T. hooperi* 只有2个腹中颈乳突)。该线虫雌虫阴门横裂与 *T. aquitanensis* 相似,骨化结构的走向与具毒毛刺线虫相似,都是与阴道平行。原始毛刺线虫与 *T. aquitanensis* 的主要区别是雄虫交合刺形态和雌虫阴道骨化结构:*T. aquitanensis* 的阴道骨化结构为四边形,而原始毛刺线虫为棒状。该线虫与具毒毛刺线虫的区别为雄虫的交合刺形状不同,雌虫的阴道骨化结构和阴门裂口形状不同。

8.2.3 相似毛刺线虫(*T. similis* Seinhorst,1963)

雄虫:排泄孔在神经环后约1个体宽处,排泄孔前有3个腹中颈乳突,第一个通常位于齿针后四分之一对应处,很少在齿针基部。在齿针基部附近两侧有明显的侧颈孔。精子大,细胞核不规则椭圆形,2 μm×5.5 μm~6.5 μm。交合刺向腹面弯曲,基部缢缩呈头状,杆部中间略宽,无横纹,后渐细,末端钝。回缩的交合刺通常表面光滑,而伸出的交合刺狭窄的颈部可见有几根细刚毛。引带长约16 μm,引带头部具钩,端部膨大成球状。有3个泄殖腔前附着器,最后一个位于与交合刺基部对应处或略靠前。

雌虫:紧靠阴门后有一对侧体孔。阴门横裂,阴道圆形至菱形,仅在阴道基部可见阴道收缩肌。阴道骨化结构大而明显,圆三角形。

与近似种比较:相似毛刺线虫与 *T. variopapillatus* 在交合刺的形状(向腹面弯,具柄状突起)、有3个腹中颈乳突(其中1个位于齿针区内)、具3个泄殖腔前附着器以及雌虫阴门裂形状上相似,但相似毛刺线虫雄虫比 *T. variopapillatus* 短,交合刺更粗且有细刚毛,而 *T. variopapillatus* 交合刺更细,无细刚毛。另外,相似毛刺线虫雌虫阴道圆形至菱形、骨化结构为中等大小圆三角形、侧体孔1对,而 *T. variopapillatus* 雌虫阴道筒形、骨化结构为大圆三角形至梯形、侧体孔2对。相似毛刺线虫与 *T. complexus* 和 *T. coomansi* 交合刺形态相似,但腹中颈乳突的数量和交合刺形状不同。

8.2.4 具毒毛刺线虫(*T. viruliferus* Hooper,1963)

雄虫:排泄孔前具腹中颈乳突3个,排列间隔几乎相等,第一个通常明显位于齿针区内,第二个位于齿针基部。紧靠齿针基部后两侧的侧颈孔明显。精子大,精核大、香肠形,约2 μm×9 μm。交合刺头部不明显无横纹,近基部宽,向腹面弯曲,渐渐变狭,在中部微收缩,后加宽,再向末端渐细。交合刺中部收缩处有数根细刚毛。引带位于交合刺间,端部背侧明显凸起,似鞋跟。具泄殖腔前附着器3个,最后一个位于缩回交合刺基部稍前。

雌虫:阴门后有一对侧体孔,阴门开口为孔状。阴道骨化结构小,呈卵形,以45°角与阴道倾斜或与阴道几乎平行。阴道长宽大致相当,呈菱形,阴道收缩肌发达。

与近似种比较:具毒毛刺线虫与 *T. lusitanicus*、*T. azorensis*、*T. beirensis*、*T. velatus* 相似,都表现

为雄虫交合刺中部有缢缩并具细毛。但可以从交合刺中部缢缩的程度、缢缩区的长度以及交合刺杆部较细等特征与其他种区分。雌虫的主要区别是阴道和阴道骨化结构的形态差异。

9 结果判断

将观察、测量获得的各鉴定特征数字代码与多歧检索表按字母顺序进行核对，如果所有数字均与某种相符，则初步鉴定为该种。

若初步鉴定为圆筒毛刺线虫、原始毛刺线虫、相似毛刺线虫或具毒毛刺线虫，且符合第8章对应形态鉴定特征以及测计值，可判为检出毛刺线虫属传毒种，其寄主和地理分布等信息可供参考。

10 样品保存

10.1 苗木保存

若鉴定为毛刺线虫属传毒种类，应对带病苗木的根部及整体摄影，置于密封塑料袋中4 ℃左右保存2个月以上，以备复验。

10.2 线虫保存

若鉴定为毛刺线虫属传毒种类，应将剩余的线虫杀死、固定制成永久玻片保存；也可用4%甲醛固定后长期保存。标签中应写明样品编号、制作人、制作时间、寄主、产地、种名等信息。

附 录 A
（资料性附录）
毛刺线虫传毒种类基本信息表

表 A.1 毛刺线虫传毒种类基本信息表

种类	分布	寄主范围	所传病毒种类
圆筒毛刺线虫（*T. cylindricus*）	英国、丹麦、比利时、德国、波兰、瑞典、瑞士、法国、意大利、荷兰、西班牙、美国（佛罗里达）	该种线虫通常存在于沙质土壤中，取食寄主范围较毛刺线虫属其他种窄。路边草皮和牧场是其最佳寄主，但马铃薯、莴苣、甜菜、草莓、常绿针叶树根围土壤中也常常可以分离到该种线虫。	烟草脆裂病毒（TRV）
原始毛刺线虫（*T. primitivus*）	英国、爱尔兰、比利时、德国、波兰、瑞士、瑞典、法国、意大利、荷兰、挪威、丹麦、保加利亚、葡萄牙、罗马尼亚、斯洛伐克、俄罗斯、美国、新西兰	主要有甜菜、卷心菜、红花苜蓿、含羞草、芹菜、玉米、紫花苜蓿、黄瓜和烟草等。其他有关的植物还有燕麦、黄杨、茶花、棉花、灰胡桃树、胡枝子、含羞草、松属、豌豆、马铃薯、普通繁缕、苹果、西梅脯、冠状银莲花、草莓、甘蓝、李属、黑穗醋栗、葡萄、胡萝卜、北美云杉、欧洲云杉、长白松等各种针叶木和阔叶木、薄荷、酸模、橄榄、英国榆、柑橘和菊花等。	烟草脆裂病毒（TRV）、豌豆早褐病毒（PEBV）
相似毛刺线虫（*T. similis*）	英国、比利时、德国、波兰、瑞士、法国、意大利、荷兰、挪威、希腊、瑞典、丹麦、保加利亚、罗马尼亚、斯洛伐克、俄罗斯、美国（佛罗里达、密西根）	主要分布于各种林地、草坪和耕地等，有关植物包括地中海柏树、高粱、梨、唐菖蒲属、云杉属、大麦、油菜、烟草、草莓、藜、越橘、桃、英国核桃、欧洲李子、普通繁缕、胡萝卜、紫花苜蓿、多年生黑麦草、白三叶草、大麦、洋葱、辣椒、豌豆和马铃薯等。	烟草脆裂病毒（TRV）
具毒毛刺线虫（*T. viruliferus*）	英国、比利时、德国、波兰、法国、意大利、荷兰、西班牙、瑞士、保加利亚、匈牙利、瑞典、美国（佛罗里达）	主要包括小麦、黑麦、大麦、马铃薯、苹果和豌豆等，其他相关植物还有甜菜、禾本科植物、葡萄、玉米、橄榄、梨、桃、番茄、洋蓟、辣椒、杨树、榛实、橡树、柑橘、无花果、柠檬、胡桃、百慕达草、蒲公英属和白松等。	烟草脆裂病毒（TRV）、豌豆早褐病毒（PEBV）

附 录 B
（资料性附录）
线虫分离方法

B.1 漏斗法

将 10 cm～15 cm 直径的漏斗固定在支架上(见图 B.1)，下端接一段乳胶管，管的近末端用止水夹夹紧。将待分离的样品用纱布包好(根或其他植物组织应先剪成小段)，轻轻放入盛有适量清水的漏斗(使样品略露出水面为宜)。20 ℃～25 ℃左右静止 24 h～48 h 后，打开止水夹，用培养皿或钟面皿接取线虫液约 5 mL～10 mL，镜检。

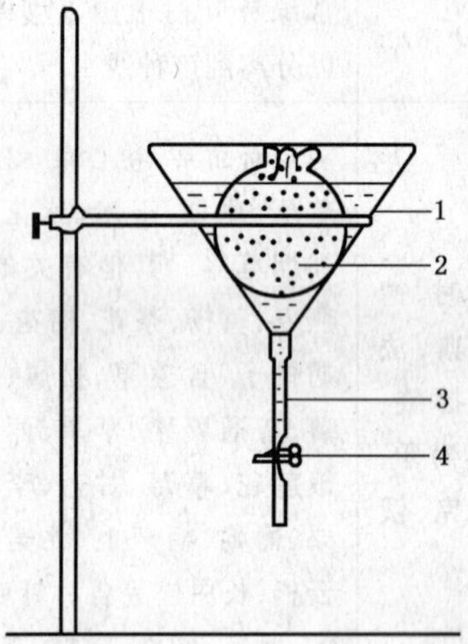

1——漏斗；

2——用纱布包裹的样品；

3——乳胶管；

4——止水夹。

图 B.1 漏斗分离装置

B.2 浅盘分离法

浅盘分离法装置(见图 B.2)由两只不锈钢浅盘、线虫滤纸或纱布组成，上盘底面为 10 目的粗筛网，下盘为正常浅盘。分离线虫时，将线虫滤纸或纱布平铺在上盘的筛网上，然后将待分离的样品撒铺在表面，从两只浅盘的夹缝中加水，以刚淹没供分离的样品为宜。20 ℃～25 ℃左右静止 24 h～48 h 后，移去上盘及样品，用 500 目筛网收集线虫，然后将线虫液转移到培养皿或钟面皿，镜检。

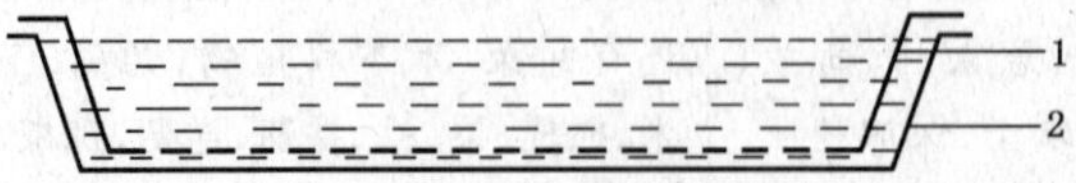

1——上盘；

2——下盘。

图 B.2 浅盘分离装置

附 录 C
（资料性附录）
线虫玻片标本制作方法

C.1 临时玻片制作

先在载玻片中央加 1 小滴水，然后在体视显微镜下用线虫挑针挑取数条线虫至小水滴中；或直接用 200 μL 移液器吸取数条线虫，滴加到载玻片上。手持载玻片在酒精灯火焰上来回 5 s～6 s，使线虫恰好被杀死，盖上盖玻片。

C.2 永久玻片制作

C.2.1 在解剖镜下，用移液器反复从培养皿中吸取线虫，转移到 500 μL 塑料管中，尽量使多数线虫被转移。2 000 r/min 离心 3 min，使线虫沉降到塑料管底部。

C.2.2 用移液器将塑料管上层的水吸出，使管中仅留少量的线虫液（约 10 μL），然后向管中加入 95 ℃ 的 4％甲醛，杀死线虫。静置数天，固定线虫（可长期保存）。

C.2.3 将塑料管 2 000 r/min 离心 3 min，吸去上层甲醛溶液后，用移液器将线虫移至细胞培养皿中，加入溶液Ⅰ至皿的一半体积，再将皿置于加有 1/10 体积 96％乙醇的密闭塑料盒中，置 40 ℃恒温培养箱中放置 12 h。

C.2.4 仔细用移液器吸去皿中大部分溶液Ⅰ（注意不要移走线虫），加满溶液Ⅱ，置于 40 ℃恒温培养箱中放置 12 h 以上，直至乙醇完全挥发。

C.2.5 取一干净载玻片，在中间加一小滴甘油，在解剖镜下用挑针将已完全脱水的雌、雄线虫各数条移至甘油滴的中央，排列均匀。取与线虫直径大小一致的玻璃丝 3 根～4 根，放在甘油滴的边缘。

C.2.6 在甘油滴两边对称放两块小蜡块，加盖玻片，置于 64 ℃的加热板上加热，待蜡块融化后自然冷却。用指甲油封片，待指甲油干后再封 1 次。贴上标签，写明样品号、寄主、产地、制作日期等，放入标本盒中（保存时注意保持玻片水平，以防线虫滑动）。

附 录 D
(资料性附录)
4种传毒毛刺属线虫测计值表

表 D.1 4种传毒毛刺属线虫测计值表

传毒线虫种类		测计值					
		L(μm)	a	b	St(μm)	V	Sp(μm)
原始毛刺线虫	雄虫	822±55 (500～1 000)	18.6～38.9	4.0～6.5	52.0±3.1 (47.0～58.5)	—	45.0±5.3 (32.0～54.0)
	雌虫	769±33 (500～950)	18.0～28.0	4.4～5.8	55.0±2.3 (28.0～57.0)	57.5±0.6 (54.0～59.2)	—
相似毛刺线虫	雄虫	678±58 (550～1 059)	19.5～32.7	4.3～11.3	39.2±3.1 (35.0～50.0)	—	34.2±1.7 (30.0～44.0)
	雌虫	692±56 (600～1 000)	17.9～30.0	4.6～11.0	46.5±2.3 (36.0～52.0)	54.7±4.2 (43.0～60.0)	—
具毒毛刺线虫	雄虫	652±35 (616～890)	17.6～33.0	4.2～11.5	36.6±2.3 (32.0～53.0)	—	24.2±1.3 (22.0～37.0)
	雌虫	638±49 (552～919)	17.3～28.0	3.9～12.4	37.4±1.2 (36.0～56.0)	55.1±1.0 (51.0～62.0)	—
圆筒毛刺线虫	雄虫	710 (630～800)	20.7 (18.5～22.7)	4.9 (4.1～5.7)	40.0 (37.0～43.0)	—	37.0 (33.0～49.0)
	雌虫	690 (580～770)	20.8 (17.9～22.8)	4.8 (4.3～5.8)	40.0 (35.0～45.0)	58.0 (53.0～65.0)	—

注1：L——体长；a——体长/最大体宽；b——体长/虫体前端至食道与肠连接处的距离；St(onchiostyle)——齿针长；Sp(spicule)——交合刺长；V——虫体前端至阴门的距离×100/体长。

注2：表内数据参考 Decraemer，1995。

附 录 E
（资料性附录）
毛刺属种类鉴定多歧检索表（雄虫）

表 E.1 毛刺属种类鉴定多歧检索表（雄虫）

毛刺属线虫种类	鉴定特征字母及数字代码															
	A	B	C	D	E	F	G	H	I	J	K	L	M	N	O	P
T. aequalis	210	32	21	2	0	3(4)	11(0)	33(4)	11	500	33	22	170	11	350	2
T. altaicus	120	21	21	2	0	3	11(0)	33	11	340	33	11	270	11	500	2
T. aquitanensis	210	23	12	3	22	3	11	22	11	500	33	22	170	11	100	2
T. azorensis	210	32	11	3(24)	21	3	10	33	11	500	33	44	160	11	100	2
T. beirensis	210	21	11	3(4)	11	3	10	33(2)	11	500	33	46	160	11	100	2
T. borai	100	22	11	1	11	3	11	22	11	200	33	11	170	66	500	2
T. borneoensis	210	23	22	2	0	3	22	22	11	203	33(2)	32	270	11	500(3)	2
T. californicus	231	32	23	1	0	3	11	22	11	234	33	22	260	66	230	2
T. carlingi	210	32	22	2	0	3	0	33	11	400	33	33	187	11	300	2
T. cedarus	210	23	21	3(214)	0	3(4)	11	33	11	210	32	22	206	11	500	2
T. complexus	200	22	22	2	0	3	10	22	11	500	22	22	270	66	500	2
T. coomansi	230	23	22	2(3)	0	3	11	33	11(3)	200	22	22	270	11	200	2
T. cottieri	230	23	22	1	0	3	11	22	11	200	33	23	270	11	600	2
T. cylindricus	120	21	12	3	11	3	11	33(2)	22(4)	200	33	33	562	11	103	1
T. dilatatus	230	33	22	1	0	3	21	33	11	200	33	22	260	66	300	2
T. eburneus	231	23	22	1	0	3(4)	0(1)	22	11(3)	300	33(2)	12	270	11	200	2

表 E.1(续)

毛刺属线虫种类	鉴定特征字母及数字代码															
	A	B	C	D	E	F	G	H	I	J	K	L	M	N	O	P
T. eleffjohnsoni	120	23	21	2	0(1)	3	11	33	11(3)	520	32	24	370	11	300	2
T. elegans	320	44	23	1	0	3	11	33	11	100	33	22	270	66	300	2
T. giennensis	213	23	21	2(1)	0(1)	3(45)	11(0)	33	33(12)	500	33(2)	22(4)	160	11	100	2
T. gilanensis	323	22	22	3	2	3	10	23	11	500	33	33	170(6)	11	700	2
T. guangzhouensis	120	12	11	3	0	3	10	22	11	200	33	44	170	11	500	2
T. hooperi	230	23	22	2	0	3(4)	11	33(2)	11	100	22	11	270	11	300(35)	2
T. intermedius	200	33	22	1	0	3	22	33	11	200	33(2)	22	260	66	300	2
T. iuventus	100	11	21	1	0	3	11	33	31	340	22	44	470	11	200	2
T. jeonjuensis	200	33	22	3	0	3	11	33	11	200	22	11	270	11	500	2
T. kilianae	230	22	22	1	0	3(4)	11(0)	33	13	300	22(3)	45	167	11	200	2
T. lusitanicus	231	21	11	3	12	3	0(1)	22	13	200	33	44	160	66	100	2
T. magnus	300	33	22	1	0	3	10	33	11	200	33	46	176	11	200	2
T. minzi	230	23	33	2(1)	0	3	11	33	33(1)	200	11	33	470	11	700	2
T. nanjingensis	230	22	22	2(10)	0	3(4)	11	33	11	301	32	22	270(6)	11	500	2
T. obscurus	231	33	23	0	0	3	11(2)	23	11	200	32	22	270	66	300	2
T. obtusus	320	23	23	1	0	3	0(1)	33(2)	11	250	33	22	170	66	300	2
T. orientalis	210	22	12	2(1)	10	3	11(0)	22	33(1)	200	32	44	470	11	700	2
T. pakistanensis	231	21	22	3	0	3	11	22	11	300	32	22	370(6)	11	500	2
T. paracedarus	120	21	21	3(2)	0	3	11	33(2)	11	210	22	22	260	11	500	1
T. parorientalis	200	22	21	2	0	3	11(0)	33	11(3)	200	33	44	476	11	200	2

表 E.1（续）

毛刺属线虫种类	鉴定特征字母及数字代码															
	A	B	C	D	E	F	G	H	I	J	K	L	M	N	O	P
T. paucisetosus	210	32	22	2	0	3	11(0)	23	11	500	33	44	360(4)	11	300	2
T. persicus	210	33	23	2(13)	0	3	11	33(2)	33(1)	500	13	11	470	11	700	2
T. petrusalberti	200	33	33	2	0	3	11	44(3)	33	350	33(2)	11	270	11	200	2
T. philipi	100	11	21	1	0	3	11	44	11	300	33(2)	44	270	11	200	2
T. primitivus	231	22	21	3	21	3	11	22(3)	11(23)	200	33	11	160	11	136	2
T. pseudobursatus	120	23	23	2	0	3	11	23	13	340	33	44	460	11	100	1
T. reduncus	120	12	11	3	0	3	0(1)	33	11	200	33	11	170	11	500	2
T. rinae	213	23	22	2	0	3	11	43	13	300	22	22	270	11	200	2
T. sanniae	120	22	22	1	0	3	10	44	33	340	22	45	170	11	200	2
T. similis	213	21	12	3(2)	11(2)	3(24)	10	22(3)	11(2)	500	22	11	167	11	103	2
T. sparsus	231	23	23	2(1)	0	3(2)	11(0)	22(3)	11(2)	320	33(2)	22	260	11	100	2
T. taylori	231	33	32	2	0	3	11	33	33(1)	200	11	11	470	11	100	2
T. tricaulatus	210	21	12	3(21)	0	3	0	23	44(2)	200	33	11	276	11	500	2
T. vandenbergae	200	22	22	1	0	3	11	33	11(3)	340	22	44	170	11	200	2
T. variabilis	230	22	22	2(1)	0	3	10	33	11(23)	500	33	22	270	11	100	2
T. variopapillatus	200	22	22	2	11	3	11(0)	22	11(2)	500	22	22(6)	176	11	100	2
T. variopapillatus	200	22	22	3	11	3	11(0)	22	11(2)	500	22	22(6)	176	11	100	2
T. velatus	210	22	11	3	11	3	11	33(2)	11(2)	500	33	44	168	11	103	2
T. viruliferus	210	21	11	3	21	3(2)	0	33(2)	12	250	33	44	167	11	103	2
T. yokooi	210	32	21	3	0	3	0	33(2)	11	500	33	22	470		500	2

表 E.1（续）

毛刺属线虫种类	鉴定特征字母及数字代码															
	A	B	C	D	E	F	G	H	I	J	K	L	M	N	O	P

注 1：

A——虫体长度：1. <700 μm；2. 700 μm～1 000 μm；3. >1 000 μm。

B——齿针长度：1. <40 μm；2. 40 μm～60 μm；3. 61 μm～90 μm；4. >90 μm。

C——交合刺长度：1. <40 μm；2. 40 μm～60 μm；3. 61 μm～80 μm；4. >80 μm。

D——腹中颈乳突数量(0,1,2,3,4)(图 G.1 中 A-E)。

E——齿针区腹中颈乳突的数量(0,1,2)(图 G.1 中 A,B,E)。

F——泄殖腔前附着器数量(1,2,3,4,5)。

G——在缩回交合刺区泄殖腔前附着器数量(0,1,2,3)。

H——排泄孔的位置：1. 齿针基部附近(图 G.1 中 B)；2. 峡部(图 G.1 中 E)；3. 食道球前三分之二(图 G.1 中 C,D)；4. 食道球基部附近(食道球后三分之一)或肠前端(图 G.1 中 A)。

I——食道腺与肠交接方式：1. 食道球缢缩(图 G.2 中 F)；2. 食道球(亚)腹覆盖肠(图 G.2 中 C)；3. 肠背覆盖食道球(图 G.2 中 D)；4. 食道球与肠相互覆盖(图 G.2 中 E)。

J——交合刺形状：1. 几乎直(图 G.3 中 A)；2. 略弯(图 G.3 中 B)；3. 基端弯曲显著(图 G.3 中 C)；4. 远端弯曲显著(图 G.3 中 D)；5. 整体显著均匀弯曲(图 G.3 中 E)。

K——交合刺柄部形状：1. 与杆部缢缩，长而宽(图 G.3 中 F)；2. 与杆部缢缩，柄形短而宽(图 G.3 中 G)；3. 与杆部不缢缩，柄部没有头状延伸(图 G.3 中 H)；4. 与杆部不缢缩，柄部有头状延伸(图 G.3 中 I)。

L——交合刺杆部形状：1. 圆锥形(图 G.3 中 J)；2. 圆柱形，粗或细(图 G.3 中 K)；3. 后部膨大(图 G.3 中 D,L)；4. 中央变窄或缢缩(图 G.3 中 M,N)；5. 中央有隔痕，隔痕后面缢缩(图 G.3 中 O)；6. 远端二裂状(被隔痕分开)（图 G.3 中 P,M)；7. 前端不规则的轮廓(扭折)(图 G.3 中 Q)。

M——交合刺纹饰：1. 杆部光滑，无横纹(图 G.3 中 R)；2. 除端部外，杆部有连续细弱横纹(图 G.3 中 S)；3. 杆部有横纹，但在中间中断(图 G.3 中 T)；4. 杆部远端有横纹(图 3 中 U)；5. 杆部基端有横纹(图 G.3 中 V)；6. 杆部有刚毛(图 G.3 中 W)；7. 杆部没有刚毛(图 G.3 中 X)；8. 腹面有缘膜(图 G.3 中 D,Y)。

N——精细胞形状：1. 精细胞大，胞核香肠形(图 G.4 中 E)；2. 精细胞小，胞核小、椭圆或圆形(图 G.4 中 F)；3. 精细胞线状，胞核不明显(图 G.4 中 G)；4. 精细胞纺锤形，细胞核线形(图 G.4 中 H)；5. 精细胞小，胞核小、纤维状(图 G.4 中 I)；6. 精细胞中等到大、圆形，胞核圆形到卵圆形(图 G.4 中 J)。

O——地理分布：1. 欧洲；2. 非洲；3. 北美；4. 中美或南美；5. 亚洲(中东除外)；6. 大洋洲；7. 中东；8. 世界各地。

P——体型：1. 虫体直、或略弯、或均匀弯曲（图 G.2 中 A)；2. J 形(图 G.2 中 B)。

注 2：由于形态特征的多变，每一字母代码会有一个或数个数字表示。每个字母代码中数字的位数即表示该特征可能出现的各种类型。如果种内某字母代码所代表的特征是惟一的，则重复该数字；如果数字不同，则第一个数字代表的特征最常见，以后的数字代表的特征则不常见。如果某特征有多种，其中一个特征较其他两个特征少见，用“0”与其他特征隔开。很少发生的特征置括号内。对于体长等测量值，第一个数字代表均值范围，接着是最小值和最大值代表的数字范围。此外，在描述体长等 3 种状态以上的特征时，如果出现同样的数字，则后面的数字用“0”代替，例如用“200”代替“222”，用“210”代替“212”。

附　录　F
（资料性附录）
毛刺属种类鉴定多歧检索表(雌虫)

表 F.1　毛刺属种类鉴定多歧检索表(雌虫)

毛刺属线虫种类	鉴定特征字母及数字代码																		
	A	B	C	D	E	F	G	H	I	J	K	L	M	N	O	P	Q	R	S
T. aequalis	210	210	1	1	320	10	1	11	22	19	200	22	1	1	11	1	1	1	3(5)
T. altaicus	120	210	1	1	300	10	1	11	11	11	200	33	1	1	11	1	1	1(2)	5
T. aquitanensis	200	200	1	1	200	10	2	33	22	55	340	11	3	1	11	1	1	2	1
T. azorensis	120	120	1	1	300	10		22(1)	22	55	300	11	3	1	11	1	1	1	1
T. beirensis	231	210	1	1	302	10(3)	2	33(1)	22	11(9)	400	22	3	1	11	1	4	2	1
T. borai	100	200	1	1	200	10	1	33	22	19	300	11	1	1	11	6	4	2	5
T. borneoensis	210	200	1	1	200	10	1	11	22	11(9)	300	22	1	1	11	1	1	1	5
T. californicus	320	310	1	1	300	10	2	11	22	11	400	22	2	1	11	6	1	1	3
T. carlingi	200	310	1	1	300	10	1	33	11	66	300	33	1	1	11	1	1	1	3
T. cedarus	120	230	1	1	300	10	2	11	22	11	200	11	1	1	11	1	2	1	5(3)
T. complexus	210	200	1	1	200	10	1	11	22	19	200	11	2	1	11	6	1	1	5
T. coomansi	230	230	1	1	300	10(3)		22(7)	22	11	200	11	1	1	11	1	1	1	2
T. cottieri	230	320	1	1	200	10	2	77	22	66	500	22	2	1	11	1	1	1	6
T. cylindricus	120	210	1	1	302	20(4)	2	33(1)	22	11	300	11	1	1	11	1	1	1	10(3)
T. dilatatus	230	300	1	1	300	10	2	11	22	11	400	11	3	1	11	6	1	1	3
T. eburneus	231	200	1	1	200	10(3)		33	22	11(2)	120	22	1(4)	1	11	1	2	1	2

表 F.1（续）

毛刺属线虫种类	鉴定特征字母及数字代码																		
	A	B	C	D	E	F	G	H	I	J	K	L	M	N	O	P	Q	R	S
T. elefjohnsoni	120	200	1	1	200	10	1	33	11	92	100	33	1(4)	1	11	1	1	1	3
T. elegans	320	444	1	1	300	10		33	22	66	500	11	2	1	11	6	1	1	3
T. giennensis	230	230	1	1	300	30(41)		33	22(3)	11(2)	200	23	1	1	11	1	1	1	1
T. gilanensis	230	200	1	1	300	10	2	33	33	11	400	11	1	1	11	1	1	1	7
T. guangzhouensis	120	120	1	1	300	12	3	13	23	11	230	11	1	1	11	1	1	1	5
T. hooperi	230	200	1	1	302	10	2	11	22	22	200	33	4	1	11	1	1	1	10(35)
T. intermedius	231	300	1	1	200	10	2	77	22(3)	11	500	11	1	1	11	6	1	1	3
T. iuventus	100	100	1	1	300	13	1	33	12	21	200	1(2)	1(4)	1	12	1	1	1	2
T. jeonjuensis	210	300	1	1	300	10		25		24			1	1	11	1	1	1	5
T. kilianae	200	200	1	1	300	10(3)	1	33	23	11(9)	200	11	1	1	11	1	1	1	2
T. lusitanicus	210	210	1	1	200	10(3)	1	11	22	11(2)	340	33	3	1	11	6	1	1	1
T. magnus	320	300	1	1	300	10	1	33	22	91	300	22	1	1	11	1	1	1	2
T. minzi	200	213	1	1	300	30(1)		11	23	22(9)	300	33	4(1)	1	11	1	1	1	7
T. nanjingensis	320	200	1	1	300	10	1	11(3)	12	11(2)	300	22	1(4)	1	22	1	1	1	5
T. obscurus	230	300	1	1	300	10	2	33	22	61	400	11	2	1	11	6	1	2	3
T. obtusus	300	230	1	1	300	10	1	33	22	11(9)	200	23	1	1	11	6	1	1	3
T. orientalis	210	200	1	1	200	31		33	22	11	100	33	1	1	11	1	1	1	7
T. pakistanensis	231	210	1	1	200	10	2	33	22	92	200	33	1(4)	1	11	1	1	1	5
T. paracedarus	120	210	1	1	302	10	2	11	22	11	200	22	1	1	11	1	1	1	5

表 F.1（续）

毛刺属线虫种类	鉴定特征字母及数字代码																		
	A	B	C	D	E	F	G	H	I	J	K	L	M	N	O	P	Q	R	S
T. parorientalis	210	200	1	1	300	10	1	11	22	99	200	11	1	1	11	1	1	1	2
T. paucisetosus	200	320	1	1	230	10	1	33	11	29	300	22	4	1	11	1	1	1	3
T. persicus	200	300	1	1	300	30(1)		11	33	22	300	33	4	1	11	1	1	1	7
T. petrusalberti	200	300	1	1	403	30(1)	1	22	22	11	200	22	1	1	11	1	1	1	2
T. philipi	100	100	1	1	400	10	1	22	11	22(9)	200	22	4(1)	1	11	1	1	1	2
T. primitivus	210	210	1	1	203	10(23)	2	22	22	33	340	33	3	1	11	1	1	1	13(64)
T. pseudobursatus	210	230	1	1	230	13	1	11	22	19	400	33	1	1	11	1	1	1	1
T. reduncus	120	120	1	1	300	10	2	11	11	11	200	33	1	1	11	1	1	1	5
T. rinae	231	230	1	1	304	13	3	33	22	11	300	11	1	1	11	1	1	1	2
T. sanniae	210	200	1	1	400	30	3	33	11	22	100	22	4	1	11	1	1	1	2
T. similis	210	210	1	1	203	10(2)	2	22	22	11	300	11	1	1	11	1	1	1	10(3)
T. sparsus	213	230	1	1	203	10(2)	1	33	22	11	230	22	1	1	11	1	1	1	1
T. taylori	213	210	1	1	300	30(1)	1	11	22	22	435	33	4(2)	1	11	1	1	1	1
T. tricaulatus	120	210	1	1	230	20	1	11	22	11(2)	200	22	1(4)	1	11	1	1	1	5
T. vandenbergae	120	200	1	1	200	10(3)	1	11	22	11(2)	100	23	1(4)	1	11	1	2	1	2
T. variabilis	230	200	1	1	300	10	1	33	22	11	100	1(2)	1	1	11	1	1	1	1
T. variopapillatus	213	200	1	1	200	10(2)	2	22	22(3)	55	400	11	3	1	11	1	1	1	1
T. velatus	210	200	1	1	300	10(2)	2	22	22	16	300	11	1(2)	1	11	1	1	1	10(3)
T. viruliferus	210	210	1	1	300	10(2)	1	22	22	33	200	33	1(3)	1	11	1	1	1	10(3)
T. yokooi	120	300	1	1	300	10		11	22	11	300	11	1	1	11		1	1	5

表 F.1（续）

毛刺属线虫种类	鉴定特征字母及数字代码																	
	A	B	C	D	E	F	G	H	I	J	K	L	M	N	O	P	Q	R	S

注：

A——虫体长度(同雄虫)。

B——齿针长度(同雄虫)。

C——阴门位置：1. <75%；2. ≥75%。

D——生殖系统特征：1. 双生殖系统(图 G.5 中 B-E)；2. 单生殖系统(图 G.5 中 A)。

E——排泄孔的位置(同雄虫)。

F——食道球与肠交接方式(同雄虫)。

G——阴门形状(腹面观)：1. 孔状；2. 横裂(图 G.4 中 Y)；3. 纵裂(图 G.4 中 X)。

H——阴道形状(阴道收缩肌松弛状态)：1. 梨形(锥形)(图 G.4 中 A)；2. 菱形(图 G.4 中 B)；3. 桶形/圆柱形/长方形(图 G.4 中 C)；4. 正方形(图 G.4 中 D)；5. 宽圆/卵圆(图 G.4 中 E)；6. 固定后阴道中部明显凹陷(图 G.4 中 F)；7. 大圆柱形，并在骨化环处明显变宽(图 G.4 中 G，H)；8. 梯形(图 G.4 中 I)；9. 近菱形，阴道中部突出(图 G.4 中 J)。

I——阴道占相应体宽百分比：1. ≤33%；2. 34%～50%；3. >50%。

J——阴道骨化结构形状(光学侧面观)：1. 三角形/圆三角形(图 G.4 中 K)；2. 圆形(图 G.4 中 L)；3. 杆状(窄三角形，长卵圆形)(图 G.4 中 M)；4. 肾形(图 G.4 中 N)；5. 正方形(图 G.4 中 O)；6. 长方形/梯形(图 G.4 中 P，Q，R)；7. 棒球手套形状(图 G.4 中 S)；8. 等分结构(阴道附加屈折结构)(图 G.4 中 T)；9. 短卵圆形(图 G.4 中 U)。

K——阴道骨化结构大小(基于最大的尺寸、长度或直径)：1. <1 μm；2. 1 μm～1.9 μm；3. 2 μm～2.9 μm；4. 3 μm～3.9 μm；5. ≥ 4 μm。

L——阴道骨化结构之间的距离：1. 相距近，相距小于 1 μm；2. 略分开，1 μm～2 μm；3. 间距较大，2.5 μm～3.5 μm。

M——阴道骨化结构方向：1. 倾斜(如骨化结构三角形，顶角指向阴门)(图 G.4：H)；2. 与纵体轴平行(G.4：D)；3. 与阴道腔平行(G.4：M)；4. 无方向，骨化结构圆形(G.4：L)。

N——雄虫存在情况：1. 普遍；2. 少见；3. 缺。

O——精子位置：1. 在受精囊或输卵管附近(图 G.5 中 A-B)；2. 在子宫中(图 G.5 中 D)；3. 在回折的生殖系统末端(图 G.5 中 C)；4. 无精子。

P——精细胞形状(同雄虫)。

Q——侧体孔位置：1. (亚)侧面(图 G.4 中 V)；2. 亚腹面；3. 腹中(图 G.4 中 W)；4. 无。

R——阴门后一个体宽内的侧体孔：1. 有；2. 无。

S——地理分布：1. 欧洲；2. 非洲；3. 北美；4. 中美或南美；5. 亚洲(中东除外)；6. 大洋洲；7. 中东；8. 世界各地。

附 录 G
（资料性附录）
多歧检索表应用参考图

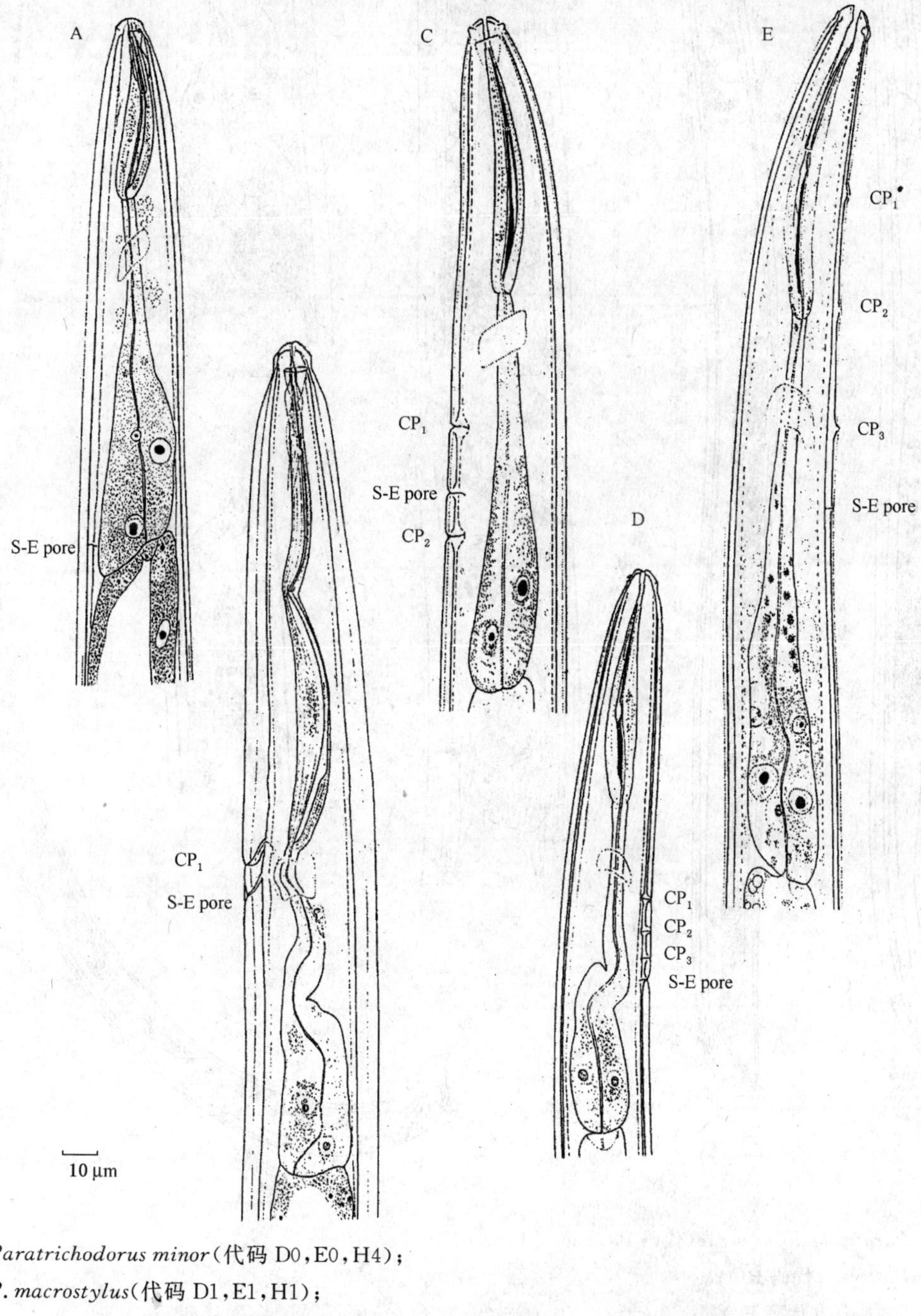

A——*Paratrichodorus minor*（代码 D0,E0,H4）；

B——*P. macrostylus*（代码 D1,E1,H1）；

C——*T. parorientalis*（代码 D2,E0,H3）；

D——*T. paracedarus*（代码 D3,E0,H3）；

E——*T. viruliferus*（代码 D3,E2,H2）。

注：CP(ventromedian cervical papilla)——腹中颈乳突；S-E pore——排泄孔开口。

图 G.1 腹中颈乳突数量和位置（代码 D、E）及排泄孔的位置（代码 H）

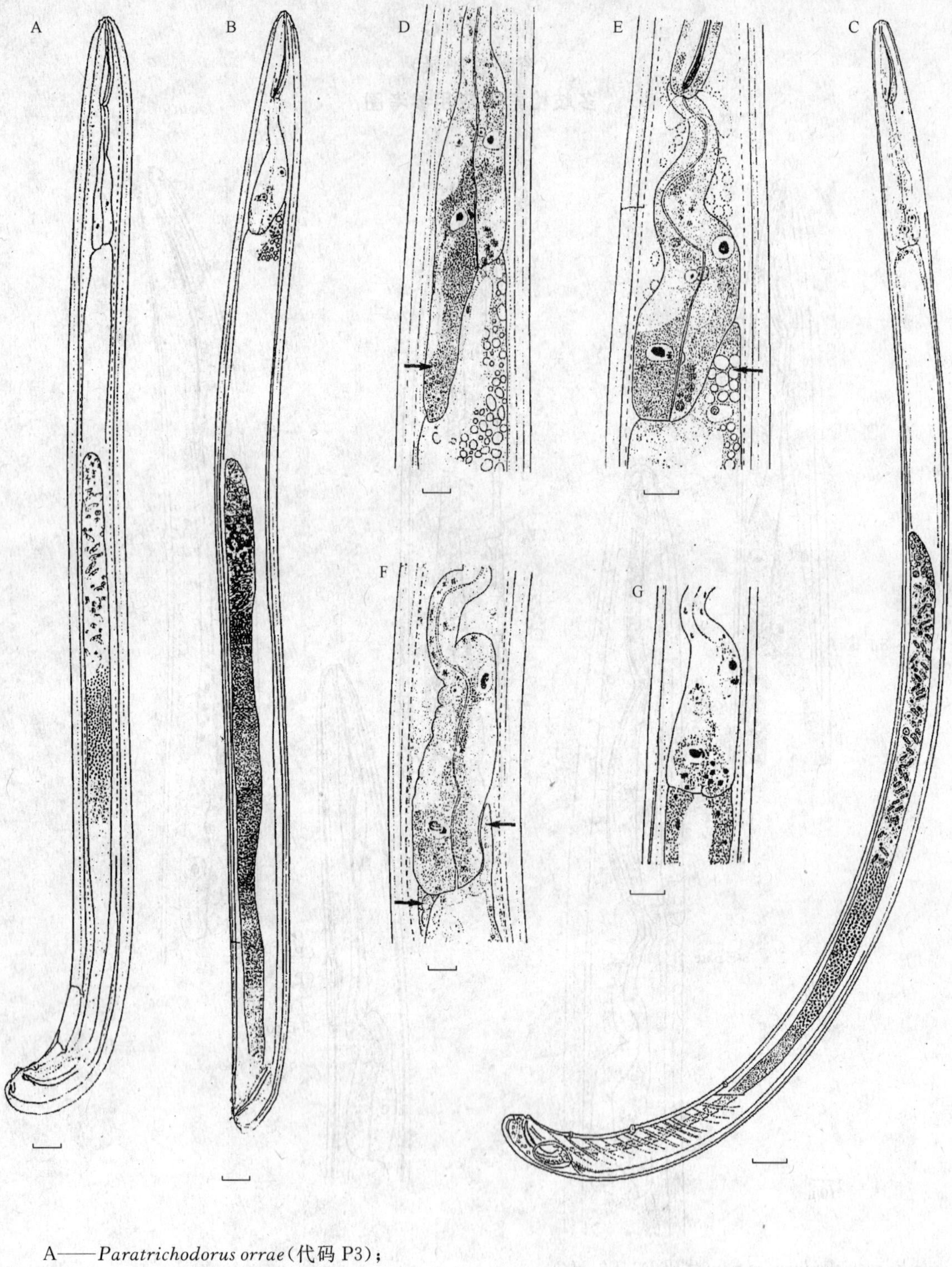

A——*Paratrichodorus orrae*(代码 P3)；

B——*P. teres* (代码 P1)；

C——*T. similis*(代码 P2)；

D,E,F,G——*T. paracedarus*(代码 I2,I3,I4,I1)。

图 G.2 雄虫体型(代码 P)及后食道腺与肠交接方式(代码 I)

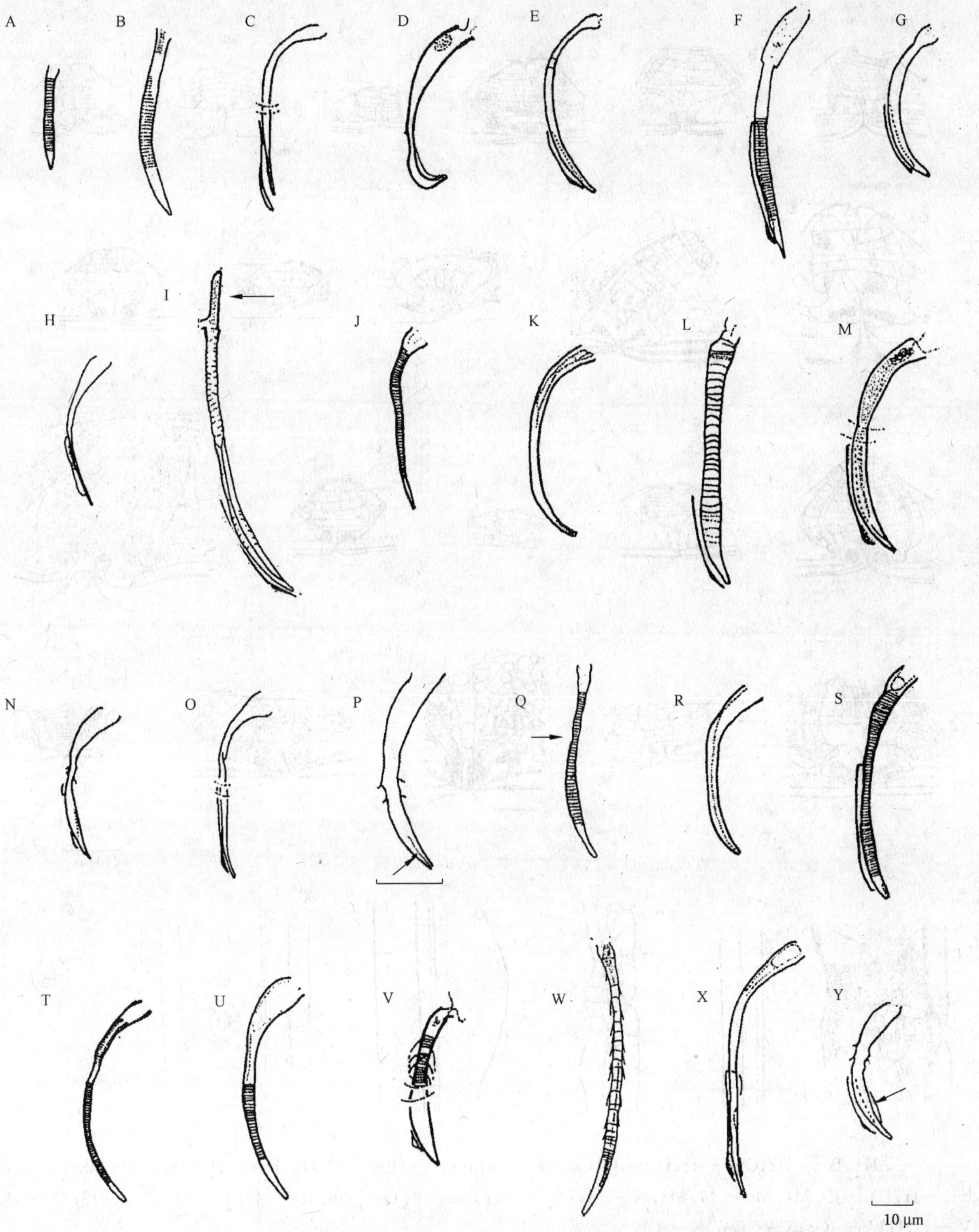

A——J1；B——J2；C——J3；D——J4，M8；E——J5；F——K1；G——K2；H——K3；I——K4；J——L1；K——L2；L——L3；M——L4，L6；N——L4；O——L5；P——L6；Q——L6；R——M1；S——M2；T——M3；U——M4；V——M5；W——M6；X——M7；Y——M8。

图 G.3 交合刺形状(代码 J)、交合刺柄部形状(代码 K)、交合刺杆部形状(代码 L)及纹饰(代码 M)

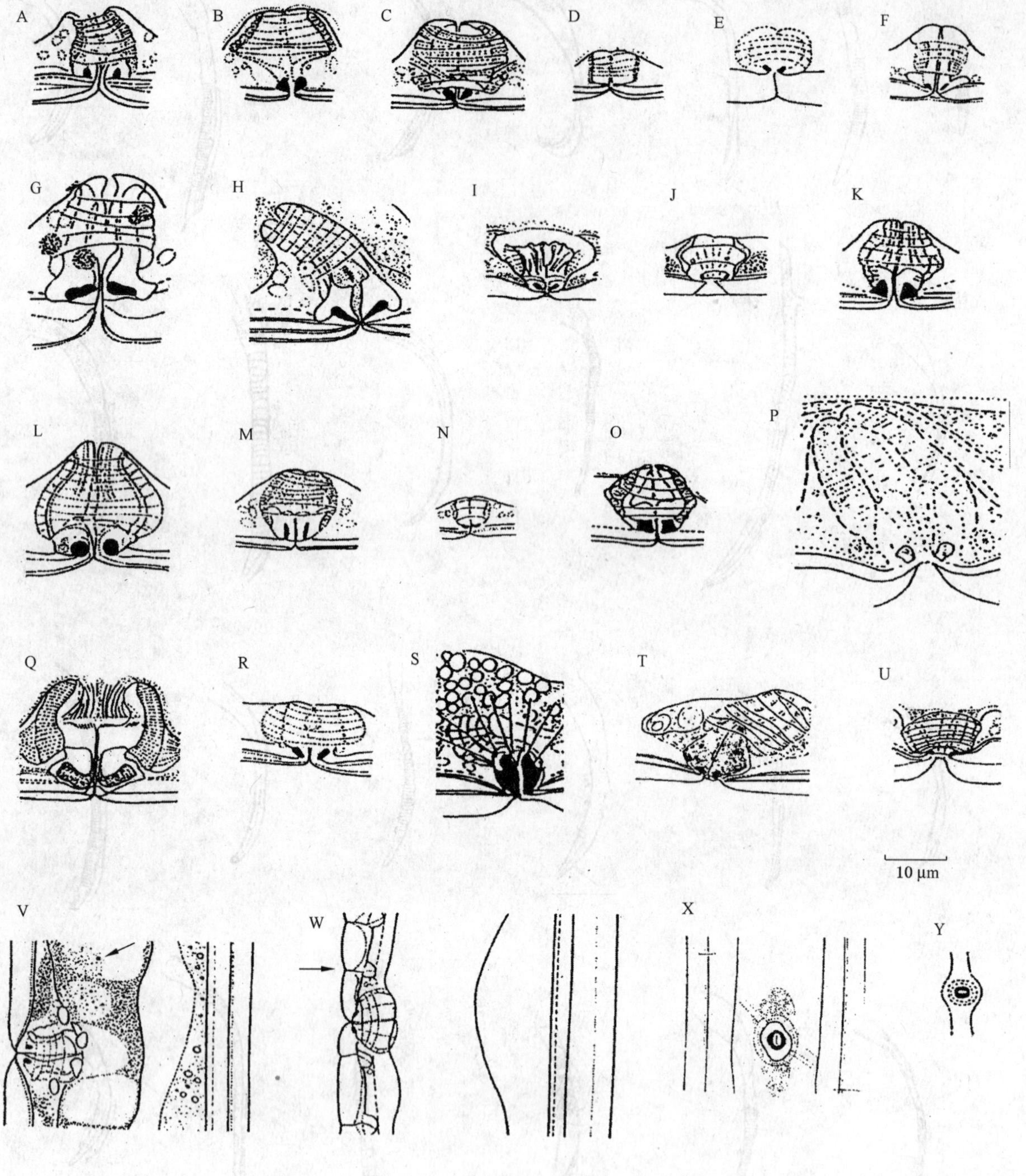

A——H1;B——H2;C——H3;D——H4,M2;E——H5;F——H6;G——H7;H——H7,M1;I——H8;J——H9;K——J1;L——J2,M4;M——J3,M3;N——J4;O——J5;P——J6;Q——J6;R——J6;S——J7;T——J8;U——J9;V——Q1;W——Q3;X——G3;Y——G2。

图 G.4　雌虫阴道形态(代码 M)、阴道骨化结构形态与方向(代码 H,J)、阴门形态(代码 G)及阴门附近侧体孔位置(代码 Q)

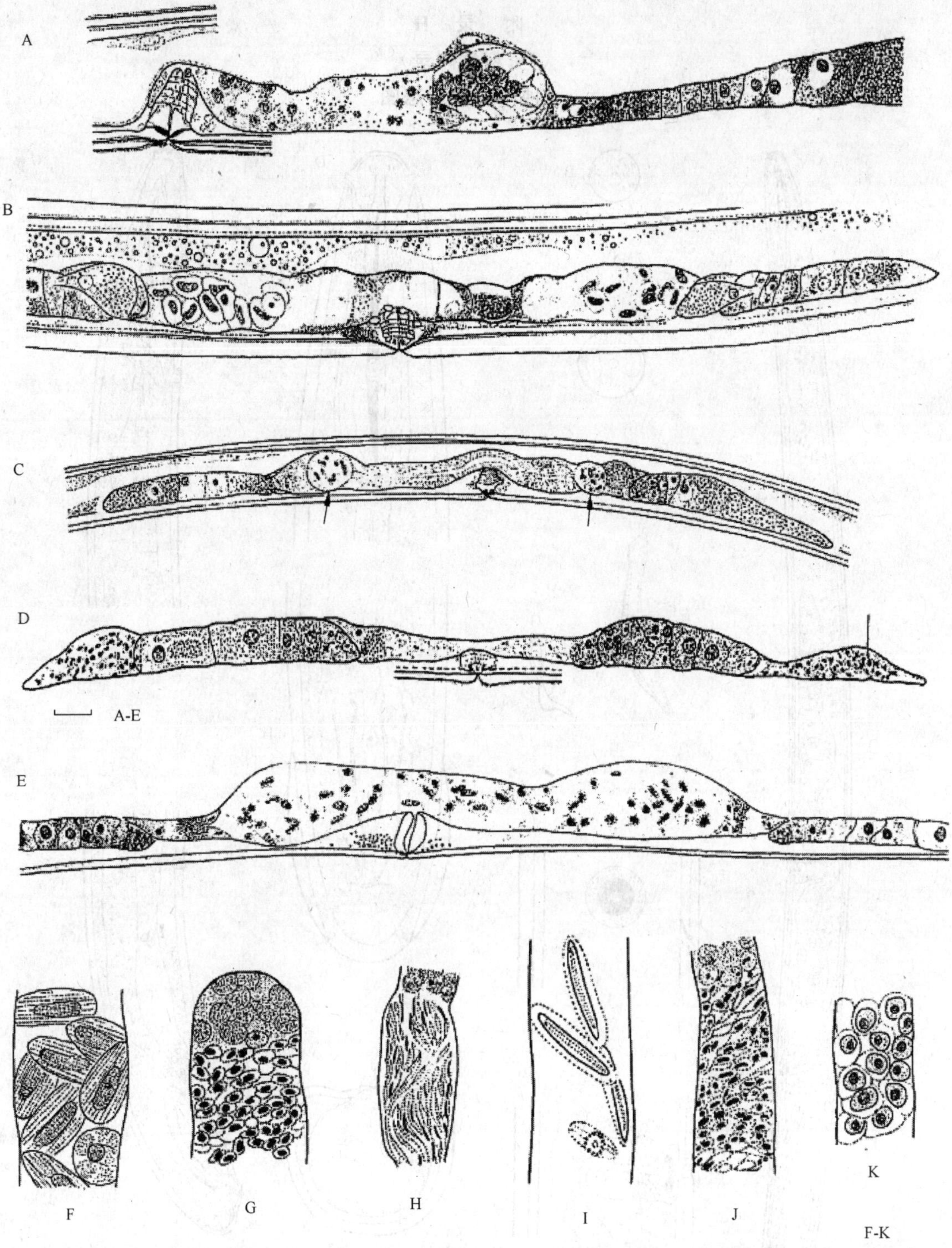

A——D2,O1;B——D1,O1;C——O1,D1;D——D1,O3;E——D1,O2;F——N1;G——N2;H——N3;I——N4;J——N5;K——N6。

图 G.5　雌虫生殖系统(代码 D,O)、精子形状(代码 N)

附 录 H
（资料性附录）
4种传毒种形态图

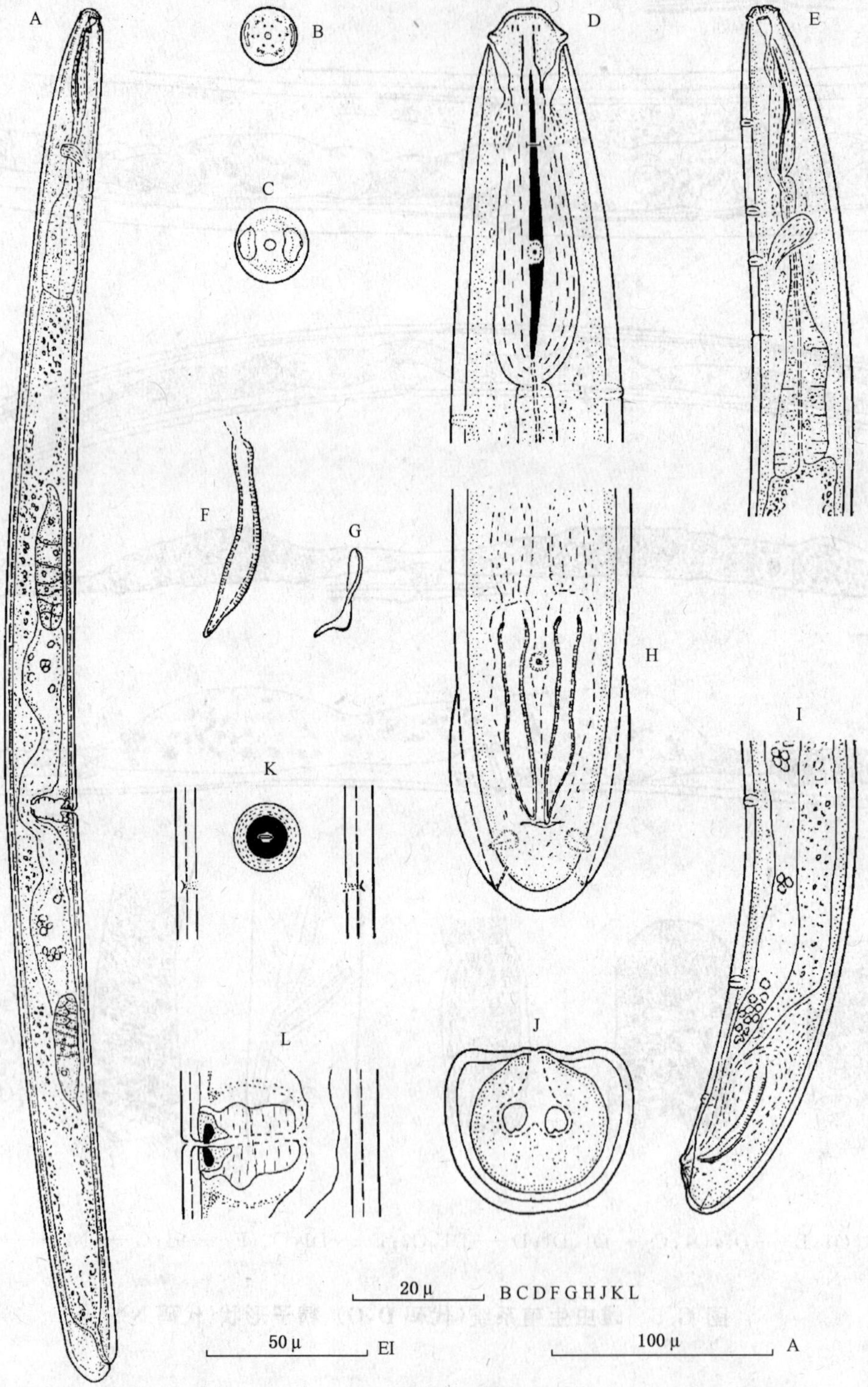

A——雌虫整体；B——雄虫头部正面观；C——雄虫侧器囊处横切面；D——雄虫头部腹面观；E——雄虫头部侧面观；F——交合刺侧面观；G——引带；H——雄虫尾腹面观；I——雄虫尾侧面观；J——肛门前横切面；K——雌虫阴门腹面观；L——雌虫与阴门侧面观。

图 H.1 圆筒毛刺线虫（*T. cylindricus*）

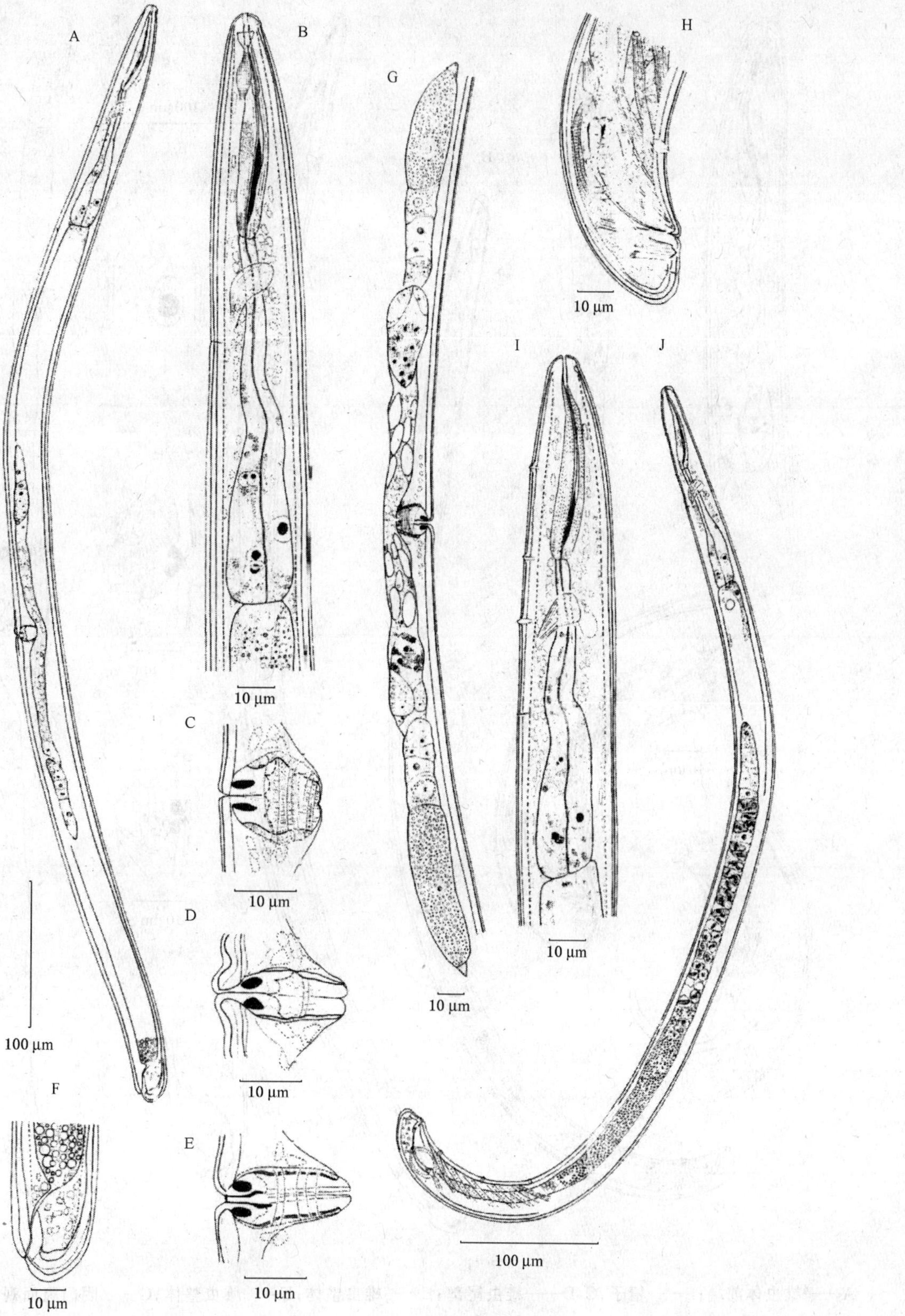

A——雌虫整体；B——雌虫前端；C,D,E——雌虫阴门区；F——雌虫尾部；G——雌虫生殖系统；H——雄虫交合刺器和尾；I——雄虫前端；J——雄虫整体。

图 H.2 原始毛刺线虫(*T. primitivus*)

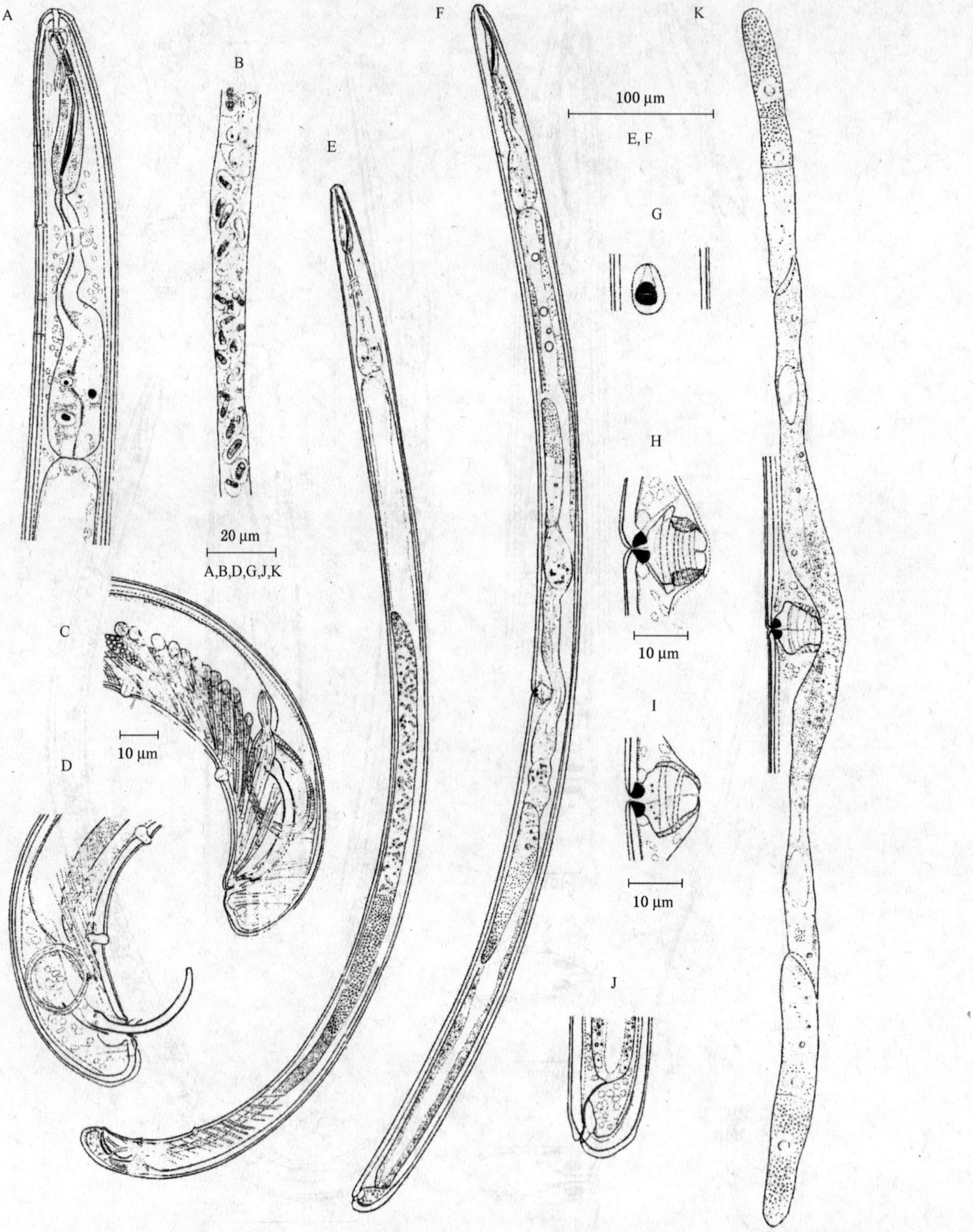

A——雄虫体前端；B——精子；C,D——雄虫尾部；E——雄虫整体；F——雌虫整体；G——阴门腹面观；H,I——阴道；J——雌虫尾部；K——雌虫生殖系统。

图 H.3 相似毛刺线虫(*T. similis*)

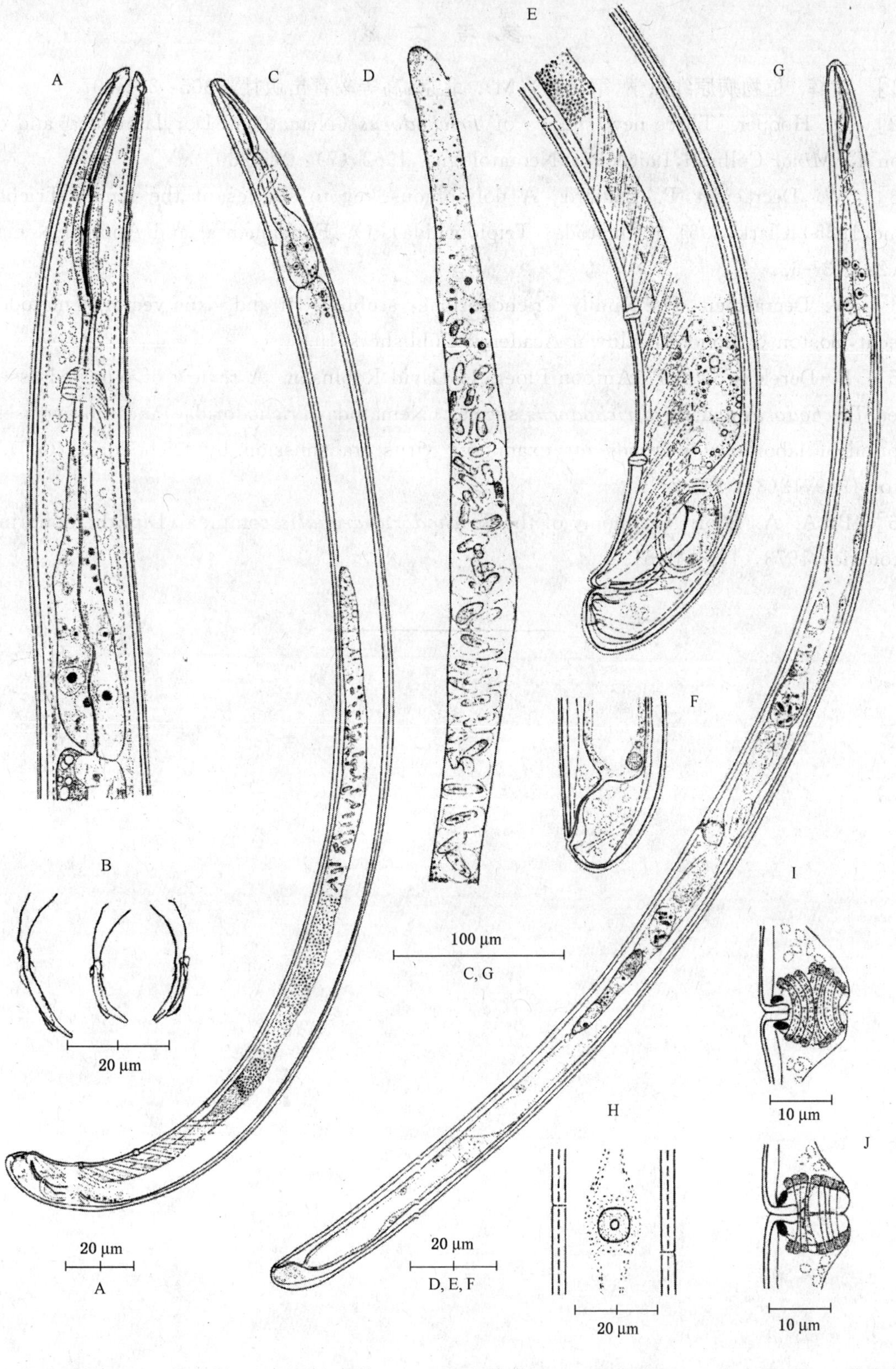

A——雄虫前端；B——交合刺；C——雄虫整体；D——雄虫精巢；E——雄虫尾；F——雌虫尾；G——雌虫整体观；H——阴门腹面观；I,J——阴道腹面观。

图 H.4 具毒毛刺线虫(*T. viruliferus*)

参 考 文 献

[1] 谢辉. 植物病原线虫学(第二版)(M). 北京:高等教育出版社,2005: 362-407.

[2] D. Hooper. Three new species of *Trichodorus* (Nematoda: Dorylaimoidea) and observations on T. *Minor* Colbran,1956 (J). Nematologica,1962,(7): 273-280.

[3] W. Decraemer, P. Baujard. A polytomous key to species of the family Trichodoridae (Thorne,1935) Clark,1961 (Nematoda: Triplonchida)(J). Fundamental and Applied Nematology, 1998,(21): 37-62.

[4] W. Decraemer. The Family Trichodoridae: stubby root and virus vector nematodes (M). Dordrecht,Boston & London: Kluwer Academic Publishers,1995.

[5] F. Derek Brown, T. Antoon Ploeg, J. David Robinson. A review of reported associations between *Trichodorus* and *Paratrichodorus* species (Nematoda:Trichodoridae) and tobraviruses with a description of laboratory methods for examining virus transmission by trichodorids (J). Revue Nématol,1989,12(3): 235-241.

[6] P. A. A. Loof. Taxonomy of the *Trichodorus aequalis* complex (Diphtherophorina) (J). Nematologica,1973,(19): 49-61.

ICS 65.020.01
B 16

中华人民共和国国家标准

GB/T 24830—2009

拟毛刺线虫属（传毒种类）检疫鉴定方法

Identification of *Paratrichodorus* species as virus-vectors for import and export quarantine

2009-12-15 发布　　2010-06-01 实施

中华人民共和国国家质量监督检验检疫总局
中国国家标准化管理委员会　发布

前　言

本标准的附录 A、附录 B、附录 C、附录 D 和附录 E 均为资料性附录

本标准由全国植物检疫标准化技术委员会提出并归口。

本标准起草单位：中华人民共和国云南出入境检验检疫局、中国检验检疫科学研究院。

本标准主要起草人：杜宇、蒋小龙、葛建军、李生贵、段禄华、周剑、梅华全、曹云华、寸东义。

拟毛刺线虫属(传毒种类)检疫鉴定方法

1 范围

本标准规定了拟毛刺线虫属传毒种类的的检疫鉴定方法。

本标准适用于植物、介质土和土壤中拟毛刺线虫属传毒种类的检疫和鉴定。

2 规范性引用文件

下列文件中的条款通过本标准的引用而成为本标准的条款。凡是注日期的引用文件,其随后所有的修改单(不包括勘误的内容)或修订版均不适用于本标准,然而,鼓励根据本标准达成协议的各方研究是否可使用这些文件的最新版本。凡是不注日期的引用文件,其最新版本适用于本标准。

GB/T 24829 毛刺线虫属(传毒种类)检疫鉴定方法

3 术语和定义

下列术语和定义适用于本标准。

3.1

内齿针 inner onchium

形成于食道内壁上,可以向前推进,与取食有关的食道齿针。

3.2

乳突 papilla

突出于虫体角质层上乳头状的结构,具有感觉功能的器官。

3.3

体孔 pores

虫体体内腺体在体表孔状的开口。

3.4

附着器 supplements

从雄虫虫体角质层分离出来,具有附着功能,特别是在雄虫交配时,起到粘着作用的一种分泌器官。

4 鉴定依据

4.1 分类地位

中文名:拟毛刺属传毒种类

英文名:Virus-vector species of Stubby-root nematodes

学名:*Paratrichodorus* Cobb,1913

拟毛刺线虫传毒种类隶属线虫门(Nematoda),无侧尾腺纲(Adenophorea),三矛目(Triplonchida Cobb,1920),毛刺总科[(Trichodoroidea (Thorne,1935) Siddiqi,1974)],毛刺科[(Trichodoridae (Thorne,1935) Siddiqi,1974)],拟毛刺线虫属(*Paratrichodorus* Cobb,1913)。

4.2 原理

拟毛刺线虫属传毒种类食性杂,为多年生植物的根部外寄生线虫。不但直接取食为害寄主植物,而且,因其具有传毒能力,造成更大危害。在已知的 49 种拟毛刺线虫中,有 9 种包括葱拟毛刺线虫 *P. al-*

lius、银莲花拟毛刺线虫 *P. anemones*、多变拟毛刺线虫 *P. divergens*、西班牙拟毛刺线虫 *P. hispanus*、较小拟毛刺线虫 *P. minor*、短小拟毛刺线虫 *P. nanus*、厚皮拟毛刺线虫 *P. pachydermus*、光滑拟毛刺线虫 *P. teres* 和突尼斯拟毛刺线虫 *P. tunisiensis* 为烟草脆裂病毒组 Tobavirus 烟草脆裂病毒(TRV)、豌豆早褐病毒(PEBV)和辣椒环斑病毒(PRV)的传播媒介。

拟毛刺线虫属传毒线虫主要通过带根苗木、土壤及介质土传播，其形态学特征、传播途径、寄主范围、地理分布和所传病毒的特性(参见附录 A 中的表 A.1)是制定该检疫鉴定方法的依据。

5 仪器和用具

按照 GB/T 24829 的仪器和用具。

6 试剂和药品

按照 GB/T 24829 试剂和药品。

7 现场检疫

按照 GB/T 24829 进行现场检疫。

8 实验室检验

8.1 线虫分离

按照 GB/T 24829 进行线虫分离。

8.2 标本制作

按照 GB/T 24829 制作标本。

8.3 显微摄影

若发现拟毛刺线虫，如果雌雄虫都存在时，对雌、雄虫进行显微摄影。如果只有雌虫存在时，对雌虫进行显微摄影。拍摄的重点包括整体形态；雌虫齿针、排泄孔、阴道、阴门、体孔、生殖系统；雄虫交合刺、齿针、体孔、乳突和生殖系统等。并在图片上加注显微标尺。

8.4 测量

重点测量齿针针长、体长、a、b、V、T、交合刺长、引带长等。

9 形态学鉴定

9.1 拟毛刺线虫属形态鉴定特征

9.1.1 拟毛刺线虫属形态特征描述

虫体角质层经热杀死或遇酸性固定液后强烈膨大。食道通常从背侧覆盖肠，极少不覆盖肠。

生殖系统双生殖腺，对生，受精囊有或无；无受精囊时，精子充满子宫，在生殖腺端部极少有精子。有 50％的种类存在侧体孔，极少发生在阴门前区。阴道短，明显小于阴门处二分之一体宽；阴道收缩肌不明显；阴道骨化结果小或不明显；阴门孔状或呈纵裂或横裂状。

雄虫少见，仅有 26％的种类有雄虫。雄虫腹中颈乳突无，如果有，通常只有 1 对颈乳突位于排泄孔附近，极少有 2 对颈乳突存在。侧颈乳突无，如有，通常有 1 对乳突位于齿针基部或排泄孔附近。尾直，有交合伞，或模糊，或明显。精子大，亚圆柱形的具腊肠形的细胞核；小的具卵圆形或圆形的细胞核；长形的具长形的细胞核；中等大小的具圆形或梭形的细胞核，或细胞核不明显。交合刺悬肌不明显；交合刺直。具 1 个或 3 个腹中前泄殖腔附着器，有时有 4 个，在交合伞区，通常有 2 对附着器，第 3 个发育不良，位于交合伞前区，有些种类，只有 1 个附着器存在。通常具 1 对亚腹泄殖腔后乳突。有 1 对泄殖腔孔存在，极少无。

9.1.2 拟毛刺线虫属与近似属的鉴定特征

拟毛刺线虫属与其近似属的鉴定特征比较参见附录B。

9.2 传毒种类线虫形态鉴别特征

9.2.1 葱拟毛刺线虫 *Paratrichodorus allius*

该线虫区别于其他线虫的特征是两性生殖成虫的排泄孔位于神经环和后食道球前缘之间。食道腺通常从肠腹侧覆盖肠(参见附录C中的图C.1)。

雌虫阴门纵裂,约2 μm长;侧面观阴道圆形到椭圆形;骨化片小,约呈椭圆形,倾斜,相距远,相距大于2.5 μm,;侧体孔无;精子小,分布在子宫或生殖腺两端。

雄虫交合刺几乎直,杆区有横纹;1对腹中侧前泄殖腔附着器,位于交合刺收缩区;腹中颈乳突无;精子小,细胞核球形。

9.2.2 银莲花拟毛刺线虫 *Paratrichodorus anemones*

两性生殖成虫的排泄孔位于后食道球前缘之前。食道腺通常从肠腹侧覆盖肠(参见附录C中的图C.2)。

雌虫阴门孔状;阴道中部紧缩,是因阴道收缩肌收缩所致;阴道骨化片小、呈狭长的三角形,倾斜,两骨化片两端相距1.5 μm~2 μm;受精囊1对;侧体孔2对,分别位于阴门前后。

雄虫交合刺细长、微腹弯,从头端到中间区域两侧缘不规则弯曲;杆区有横纹;具狭窄的交合伞;3个腹中前泄殖腔附着器,其中,后2个位于交合刺收缩区后半部分;1个腹中颈乳突位于排泄孔之前;1对侧颈孔,位于腹中颈乳突之前,通常1对侧体孔位于虫体前半部;精子大,细胞核大腊肠形的。

9.2.3 多变拟毛刺线虫 *Paratrichodorus divergens*

两性生殖成虫的排泄孔位于食道峡部末端。食道腺从肠腹侧覆盖肠(参见附录C中的图C.3)。

雌虫阴门孔状,或横向短裂;阴道约成四边形,或不规则形;阴道骨化片大,水滴状三角形,或椭圆三角形,倾斜,两骨化片相距4 μm~5.5 μm;受精囊无;多数雌虫生殖腺中有精子,精子大,亚圆柱形,细胞核大,长腊肠形;侧体孔1对,位于亚尾端。

雄虫交合刺近直,端三分之一微腹弯,头端微加宽;杆区开始处外缘不规则,除了渐细的端部外,具浅横纹;引带端半部加厚;交合伞弱;3个腹中前泄殖腔附着器,其中,第1个弱,后2个位于交合刺收缩区后三分之一部分,有时第2个位于交合刺收缩区中间,有些雄虫具4个腹中前泄殖腔附着器;1对亚腹泄殖腔后乳突,1对亚尾端体孔;1个腹中颈乳突位于齿针之后,排泄孔之前;1对侧颈孔,位于腹中颈乳突之前、或与之水平、或位于颈乳突于排泄孔之间、或位于排泄孔之后,精子大,亚圆柱形,细胞核大,长腊肠形。

9.2.4 西班牙拟毛刺线虫 *Paratrichodorus hispanus*

两性生殖成虫的排泄孔位于后食道球开始处。食道腺从肠腹侧覆盖肠(参见附录C中的图C.4)。

雌虫阴门孔状;阴道约成四边形,边缘锯齿有或无;阴道骨化片小,圆三角形,倾斜,两骨化片相互靠近;受精囊1对,精子大,亚圆柱形,细胞核大,腊肠形;侧体孔1对,位于阴门前。

雄虫交合刺近直,端三分之一微腹弯,头端微加宽;杆区开始处外缘不规则,除了渐细的端部外,具浅横纹;交合伞起始于第2个腹中前泄殖腔之前,终止于泄殖腔后乳突;3个腹中前泄殖腔附着器,其中,后2个位于交合刺收缩区后半部分;1个腹中颈乳突位于排泄孔之前;1对侧颈孔,与腹中颈乳突水平,精子大,亚圆柱形,细胞核大,腊肠形。

9.2.5 较小拟毛刺线虫 *Paratrichodorus minor*

两性生殖成虫的齿针长度在不同的种群之间或同一种群不同的个体之间的变化较大,具内齿针;排泄孔位于后食道球近低部,或食道腺与肠连接处之后。食道腺通常从肠腹侧或亚腹侧短覆盖肠(参见附录C中的图C.5)。

雌虫无侧体孔。阴门横裂,短,2 μm~2.5 μm;阴道呈四边形;侧面观阴道骨化片棒状,与虫体纵轴平行,相距近;受精囊无;如果有精子存在,则分布于子宫中,精子非常小,圆形或线形。

雄虫极少；腹中颈乳突和侧颈孔无；交合刺杆区横纹分布与除两个端部以外的区域；引带具小的背部突起；1 个腹中前泄殖腔附着器，位于泄殖腔口前；交合伞起始于前泄殖腔附着器前，终止于泄殖腔后乳突之后。

9.2.6 **短小拟毛刺线虫** ***Paratrichodorus nanus***

两性生殖成虫的齿针短(21 μm～26.5 μm)，具内齿针；排泄孔位于食道腺与肠连接处之后，食道腺不覆盖肠(参见附录 C 中的图 C.6)。

雌虫阴门横裂；阴道近矩形；侧面观阴道骨化片圆三角形，相距近；侧体孔 1 对；受精囊无；精子分布于子宫中或生殖腺两端，精子小，圆形或椭圆形；

雄虫交合刺细长，近直，约为肛门处体宽的 2.5 倍，杆区细，有横纹；1 个腹中前泄殖腔附着器，靠近泄殖腔口；颈乳突无；交合伞发达。

9.2.7 **厚皮拟毛刺线虫** ***Paratrichodorus pachydermus***

两性生殖成虫排泄孔位于后食道球开始处；食道腺从肠的腹侧或亚腹侧覆盖肠，有时不覆盖(参见附录 C 中的图 C.7)。

雌虫阴门孔状；侧面观阴道骨化片小，圆三角形到椭圆形，微分离；阴道近圆形、葫芦形或蝶形等；体侧区各具 1 体孔；受精囊无；精子分布于子宫中，少数分布于输卵管中；2 个～5 个侧体孔位于阴门后体两侧；1 或 2 对尾孔，如果有 1 对存在，则位于亚尾端；如果 2 对存在，则分别位于尾端侧面和亚尾端。

雄虫交合刺细长，末端微腹弯，杆区有横纹；引带与交合刺平行，末端加厚；交合伞狭窄；精子椭圆形，精子细胞核腊肠形，长 8.5 μm～9.5 μm。腹中颈乳突 1 个，位于排泄孔之前；1 对侧颈孔位于颈乳突之前，或与之平行；3 个腹中前泄殖腔附着器，第 1 个与第 2 个相距 2 个体宽的距离，第 2 个和第3 个分布于交合刺收缩区，相距远；亚腹中后泄殖腔乳突 2 对，第 1 对，颗粒状，位于肛门后，不明显；第2 对位于尾孔前，较大；尾长与肛门处体宽等长。

9.2.8 **光滑拟毛刺线虫** ***Paratrichodorus teres***

两性生殖成虫排泄孔位于后食道球开始处；食道腺从肠的腹侧或亚腹侧长覆盖肠(参见附录 C 中的图 C.8)。

雌虫阴门纵裂；侧面观阴道骨化片颗粒形到椭圆形，相距远；阴道近棱形或不规则形等；通常无精子，如有，则分布于子宫中；通常有 1 个侧体孔位于阴门后，但是侧体孔的数量在个体间有变异。

雄虫少见；交合刺头状，杆区微膨大，有横纹；引带末端加宽，分二叉；交合伞狭窄；精子和其核小，通常呈纤维状；腹中颈乳突和侧颈孔无；腹中前泄殖腔附着器 3 个，第 1 个与第 2 个相距 2.5 个体宽的距离，第 1 个发育不完善；第 2 个位于交合刺中部区域；第 3 个位于泄殖腔口前；亚腹后泄殖腔乳突 1 对，大；泄殖腔口具小的唇状突起前伸。

9.2.9 **突尼斯拟毛刺线虫** ***Paratrichodorus tunisiensis***

两性生殖成虫排泄孔位于后食道球开始处；食道腺从肠的腹侧覆盖肠(参见附录 C 中的图 C.9)。

雌虫阴门纵裂；阴道近棱形或不规则形等；侧面观阴道骨化片小，棒状或椭圆形，相距远，与阴道平行或倾斜；侧体孔 1 对，位于阴门后体两侧；精子小，椭圆形，分布于子宫，集中在近输卵管处。

雄虫交合刺头状，杆区圆柱型直末端微膨大，有横纹；引带末端微加宽，并微分二叉；交合伞起始于交合刺中部，终止于肛门后；精子和其核小，通常呈纤维状；腹中颈乳突 1 个，位于排泄孔之前，与神经环水平或之后；腹中前泄殖腔附着器 3 个，第 2 个位于交合刺收缩区域中部或稍微靠前；第 3 个位于泄殖腔口前；1 对亚腹后泄殖腔乳突；腹中颈乳突和侧颈孔无。

9.3 **9 种传毒线虫测计值列表**

9 种传毒线虫测计值参见附录 D。

9.4 **拟毛刺线虫属传毒种类和其他部分种类形态特征比较**

拟毛刺线虫属线虫有效种类共有 49 种，其中，上述 9 种为传毒线虫种类，与其他部分种类的形态特征比较可通过二岐检索表和多岐检索表来区别(参见附录 E)。

10 结果判定

符合第 9 章形态鉴定对应特征的，结合其寄主、地理分布和传播方式等信息，判定为其对应的线虫种类。

11 样品保存

按照 GB/T 24829 保存样品。

附录 A
（资料性附录）
拟毛刺线虫属传毒种类、地理分布、寄主和所传病毒

表 A.1 拟毛刺线虫属传毒种类、地理分布、寄主和所传病毒

名称	异名	地理分布	寄主	所传病毒种类
葱拟毛刺线虫 *Paratrichodorus allius* Siddiqi,1974	*Trichodorus allius* Jensen, 1963; *P.* (*P.*) *allius* (Jensen, 1963) Siddiqi, 1974; *P. tansaniensi* Siddiqi,1974	意大利、葡萄牙;坦桑尼亚、南非;美国、智利;以色列	洋葱、甜菜、小麦、浓香茉莉(*Jasminium odoratissimum*)、杨柳(*Salix* sp.)、栎树(*Quercus suber*)、鳄梨、柠檬、葡萄、苹果和橄榄	烟草脆裂病毒(Tobacco rattle virus,TRV)
银莲花拟毛刺线虫 *P. anemones* Siddiqi,1974	*Trichodorus anemones* Loof, 1965; *P.* (*Atlantadorus*) *anemones* (Loof,1965) Siddiqi, 1974; *A. anemones* (Loof, 1965),Siddiqi,1974	英国、法国、荷兰和葡萄牙	大麦(*Hordeum vulgare*)、小麦、银莲花(*Anemone* sp.)、啤酒花(*Humulus lupulus*)、黑麦(*Secale cereale*)、黑麦草(*Lolium multiflorum*)	烟草脆裂病毒(TRV)、豌豆早褐病毒(Pea early-browning Virus,PEBV)
多变拟毛刺线虫 *P. divergens* Almeida *et. al.*,2005	无	葡萄牙	马蹄莲(*Zantedeschia aethiopica*)、常春藤(*Hedera canariensis*)、葡萄、海岸松(*Pinus pinaster*)、马铃薯(耕地)	烟草脆裂病毒(TRV)
西班牙拟毛刺线虫 *P. hispanus*, Roca & Arias,1986	无	西班牙、葡萄牙	马蹄莲(*Zantedeschia aethiopica*)、常春藤(*Hedera canariensis*)、葡萄、海岸松(*Pinus pinaster*)、马铃薯(耕地)	烟草脆裂病毒(TRV)
较小拟毛刺线虫 *P. minor*,Siddiqi,1974	*Trichodorus minor* Colbran, 1956; *P.* (*Nanidorus*) *minor* (Colbran, 1956) Siddiqi, 1974; *N. minor* (Colbran, 1956),Siddiqi,1974; *T. christiei* Allen, 1957; *P.* (*N.*) *christiei* (Allen,1957) Siddiqi,1974; *N. christiei* (Allen,1957) Siddiqi,1974; *T. obesus* Razjivin & Penton,1975; *P.* (*N.*) *obesus* (Razjivin & Penton,1975) Rodriguezm & Bell,1978	德国、意大利、葡萄牙、西班牙;俄罗斯;南非、埃及、塞内加尔、毛里求斯、布基纳法索、科特迪瓦;加纳利海峡;美国、尼加拉瓜、波多黎各、巴西、古巴、阿根廷、委内瑞拉;澳大利亚、新西兰、爪哇、斐济;以色列、印度、阿富汗、日本、菲律宾、中国(福建、台湾)	番茄、鳄梨、三叶草、甘蔗、葡萄、马铃薯、福禄桸、甜菜、莴苣、花椰菜、卷白菜、花生、小麦、棉花和杜鹃等 100 多种经济作物	烟草脆裂病毒(TRV)、辣椒环斑病毒(Pepper ring-spot virus,PRSV)

表 A.1(续)

名　称	异　名	地理分布	寄　主	所传病毒种类
短小拟毛刺线虫 *P. nanus*, Siddiqi, 1974	*T. nanus* Allen, 1957、*P.*(*N.*) *nanus* (Allen, 1957) Siddiqi, 1974 和 *N. nanus* (Allen, 1957) Siddiqi, 1974	英国、荷兰、比利时、法国、德国、意大利、葡萄牙;突尼斯、塞内加尔	黑麦、草莓、葡萄、花生、大豆(*Soga* sp.)、革叶蕨(*Rumorha adiantiformis*)	烟草脆裂病毒(TRV)
厚皮拟毛刺线虫 *P. pachydermus* Siddiqi, 1974	*T. pachydermus* Seinhorst, 1954、*P.*(*A.*) *pachydermus* (Seinhorst, 1954) Siddiqi, 1974 和 *A. pachydermus* (Seinhorst, 1954) Siddiqi, 1974	英国、爱尔兰、比利时、德国、瑞士、法国、意大利、荷兰、葡萄牙、瑞典、挪威、丹麦、芬兰、保加利亚、罗马尼亚、波兰、斯洛伐克、俄罗斯;在加拿大和美国偶有发生;中国(广东)、泰国、缅甸	烟草、葡萄、马铃薯、桑树、草莓、甜菜、红三叶草、洋葱、郁金香、大麦、燕麦和多种果树等100多种植物(包括野生植物等)	烟草脆裂病毒(TRV)、豌豆早褐病毒(PEBV)
光滑拟毛刺线虫 *P. teres* Siddiqi, 1974	*T. teres* Hooper, 1962、*P.*(*P.*) *teres* (Hooper, 1962) Siddiqi, 1974 和 *T. flevensis* Kuiper & Loof, 1962	英国、荷兰、法国、比利时、德国、意大利、西班牙、葡萄牙、波兰;南非;美国	甜菜、马铃薯、洋葱、小麦、胡萝卜、莴苣、大麦、红三叶草、大豆、烟草、柑橘(*Citrus* sp.)等数10种经济作物	烟草脆裂病毒(TRV)
突尼斯拟毛刺线虫 *P. tunisiensis* Siddiqi, 1974	*T. tunisiensis* Siddiqi, 1963、*P.*(*P.*) *tunisiensis* (Siddiqi, 1963) Siddiqi, 1974	突尼斯、意大利	长喙田菁(*Sesbania* sp.)、葡萄、橄榄、洋蓟、橡树、苹果、桃、花生、杨柳、榆树、三叶草、杨、桤木	烟草脆裂病毒(TRV)

附 录 B
（资料性附录）
拟毛刺线虫属与其近似属鉴别特征检索表

B.1 雌虫检索表

1） ——生殖系统单生，向前延伸 …………………………………………………………… 2
——生殖系统双生，向前后延伸 ………………………………………………………… 3
2） ——体侧阴门前体孔1对，角质层不膨大 ………………… 单毛刺线虫属 *Monotrichodorus*
——体侧阴门前体孔无，角质层不膨大，或强烈膨大 … 无孔单毛刺线虫属 *Allotrichodorus*
3） ——角质层不膨大；阴道长通常到达二分之一体宽处；侧面观阴道骨化片发达，小到大型；食道腺通常不覆盖肠 ………………………………………… 毛刺线虫属 *trichodorus*
——角质层膨大；阴道长远不及二分之一体宽处；侧面观阴道骨化片小；食道腺通常覆盖肠 ………………………………………………………… 拟毛刺线虫属 *Paratrichodorus*

B.2 雄虫检索表

1） ——交合伞有，角质层膨大，交配肌仅分布于交合刺收缩区……………………………… 2
——交合伞无，角质层不膨大，交配肌前伸略超过或明显超过交合刺收缩区……………… 3
2） ——角质层明显膨大；交合刺短到长，多数直；交配肌和交配悬肌弱；精子通常小；食道腺通常从肠腹侧覆盖肠 ……………………………………… 拟毛刺线虫属 *Paratrichodorus*
——角质层膨大变异大；交合刺细长；交配肌和交配悬肌中等强壮；精子大，发育完善；食道腺通常从肠背侧覆盖肠 ………………………… 无孔单毛刺线虫属 *Allotrichodorus*
3） ——交配肌前伸明显超过交合刺收缩区；侧颈乳突1个～3个，通常在交合刺收缩区有1个泄殖腔前附着器 …………………………………………… 毛刺线虫属 *trichodorus*
——交配肌前伸略超过交合刺收缩区；侧颈乳突1个，通常在交合刺收缩区有1个～2个泄殖腔前附着器 ……………………………………… 单毛刺线虫属 *Monotrichodorus*

附 录 C
（资料性附录）
拟毛刺线虫属9种传毒线虫形态特征图

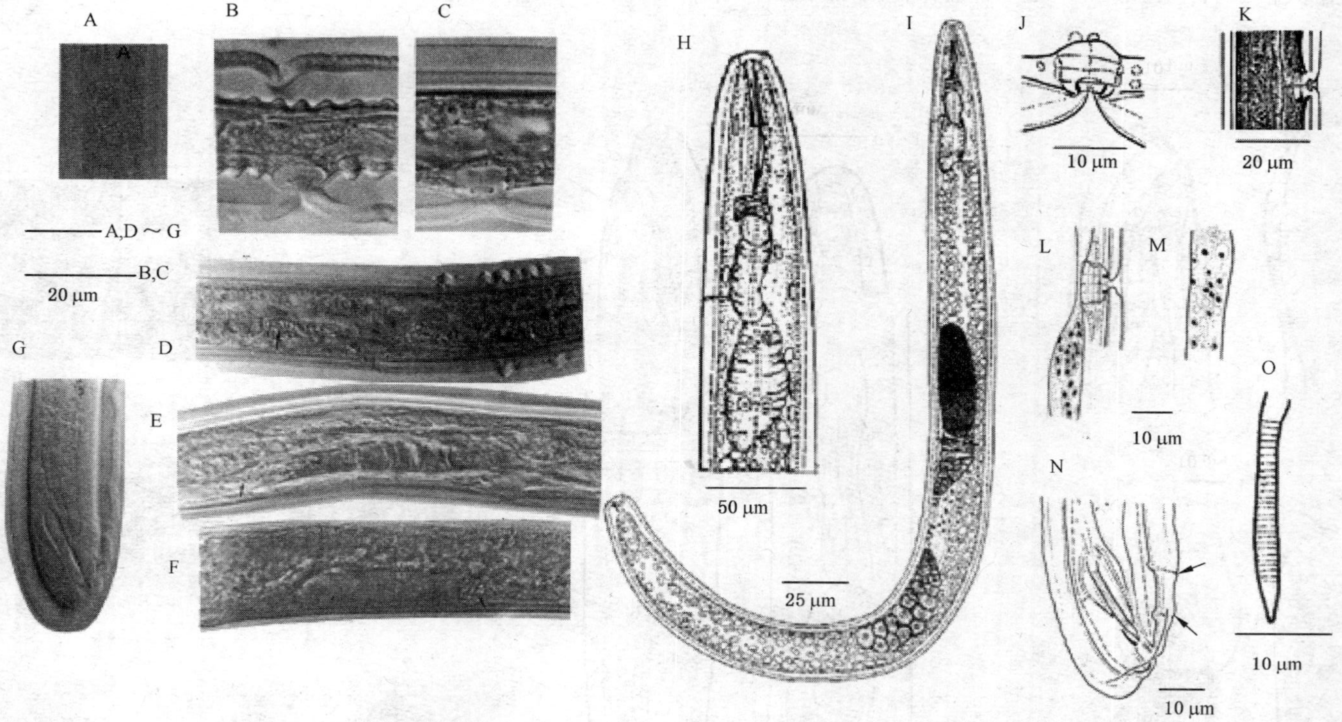

A～G 标本照片：
A——雌虫阴门腹面观；
B～F——阴门区；
D～F——箭头所指是子宫中的精子；
G——雄虫尾部。
H～O 墨线图：
H——雌虫头部；
I——雌虫；
J、K——阴道；
L——雌虫子宫中的精子；
M——雄虫精巢中的精子；
N——雄虫尾部(箭头所指为附着器)；
O——交合刺。

注：A～G,J～O 引用自 Decraemer 1995，H、I 引用自 Allen，1957。

图 C.1 葱拟毛刺线虫（*Paratrichodorus allius*）

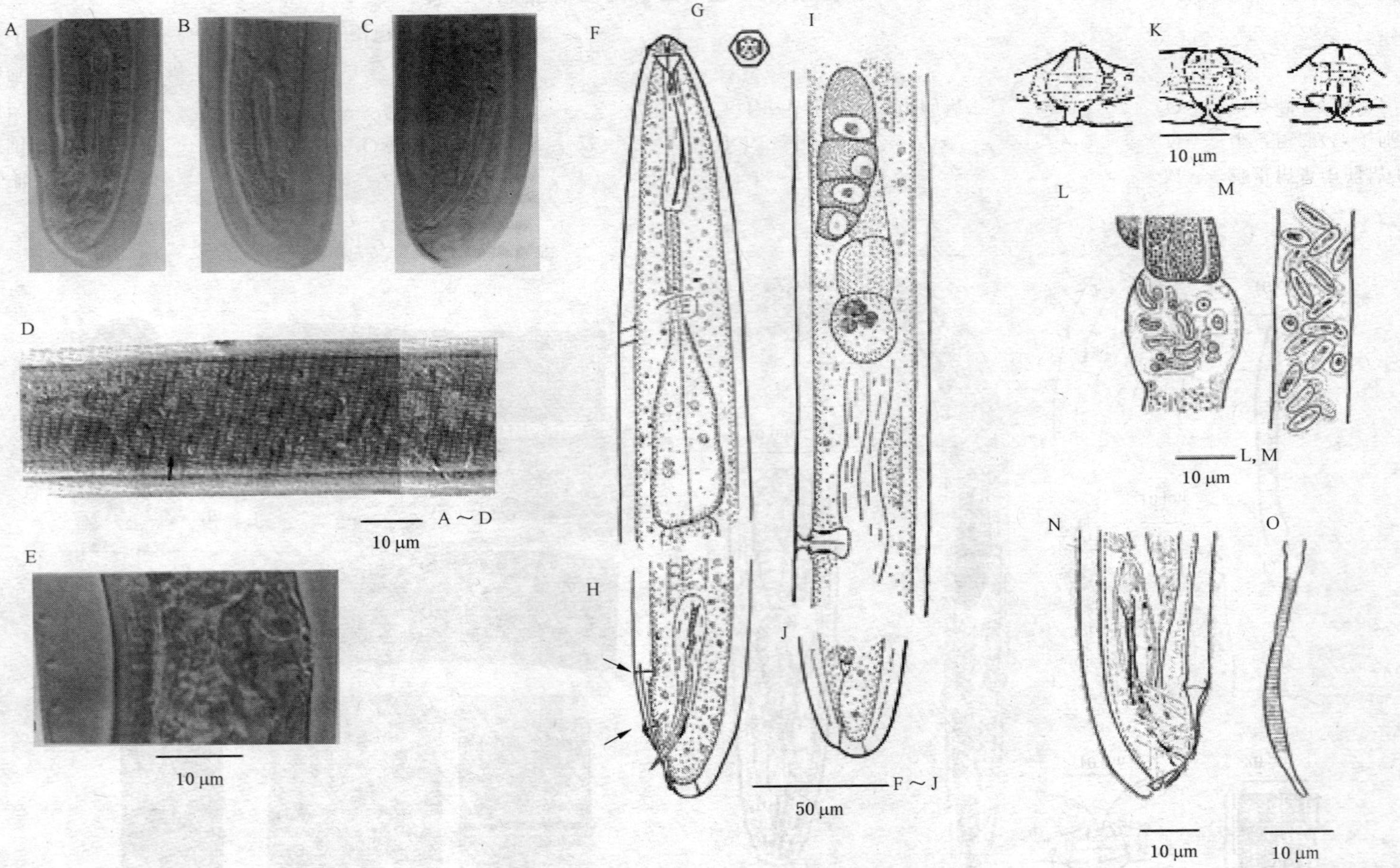

A～E 标本照片：
A～C——雄虫尾部；
D——阴道及受精囊；
E——阴道。

F～O 墨线图：
F——雄虫前体部；
G——雄虫头部；
H——雄虫尾部(箭头所指为附着器)；
I——雌虫阴道和生殖腺前半部；
J——雌虫尾部；
K——阴道；
L——受精囊中的精子；
M——雄虫精巢中的精子；
N——雄虫尾部；
O——交合刺。

注：A～E,K～O 引用自 Decraemer 1995,F～J 引用自 Loof,1964。

图 C.2 银莲花拟毛刺线虫(*Paratrichodorus anemones*)

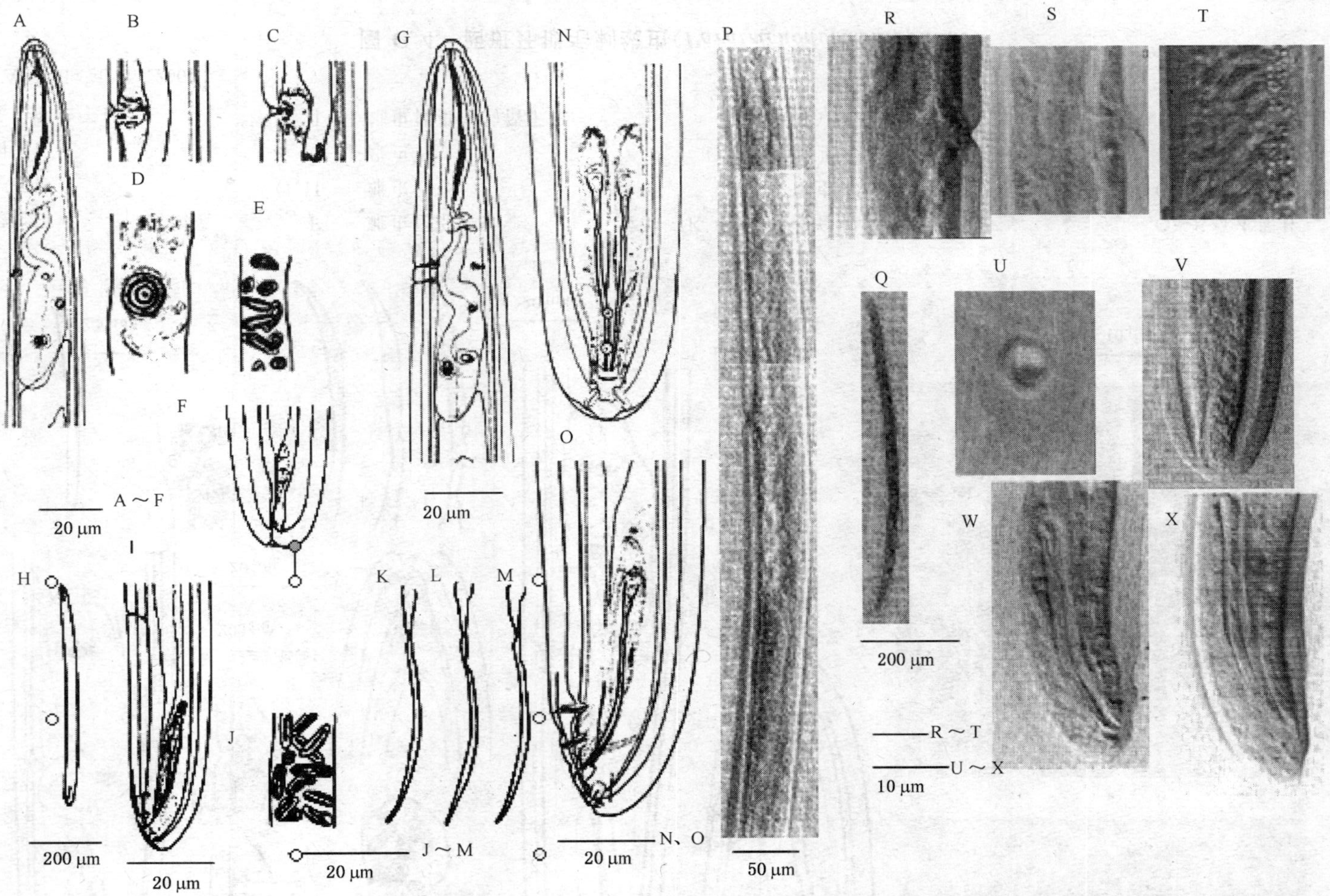

A～O 墨线图：
A——雌虫头部；
B、C——雌虫阴道；
D——雌虫阴门；
E——子宫中的精子；
F——雌虫尾部；
G——雄虫头部；
H——雄虫；
I、N、O——雄虫尾部（箭头所指为附着器）；
J——雄虫精巢中的精子；
K～M——交合刺。
P～X——标本照片：
P——雌虫生殖系统；
Q——雌虫；
R、S——雌虫阴道；
T——雄虫精巢中的精子；
U——阴门；
V——雌虫尾部；
W、X——雄虫尾部。

注：引用自 Almeida et. al.，2005。

图 C.3 多变拟毛刺线虫（*Paratrichodorus divergens*）

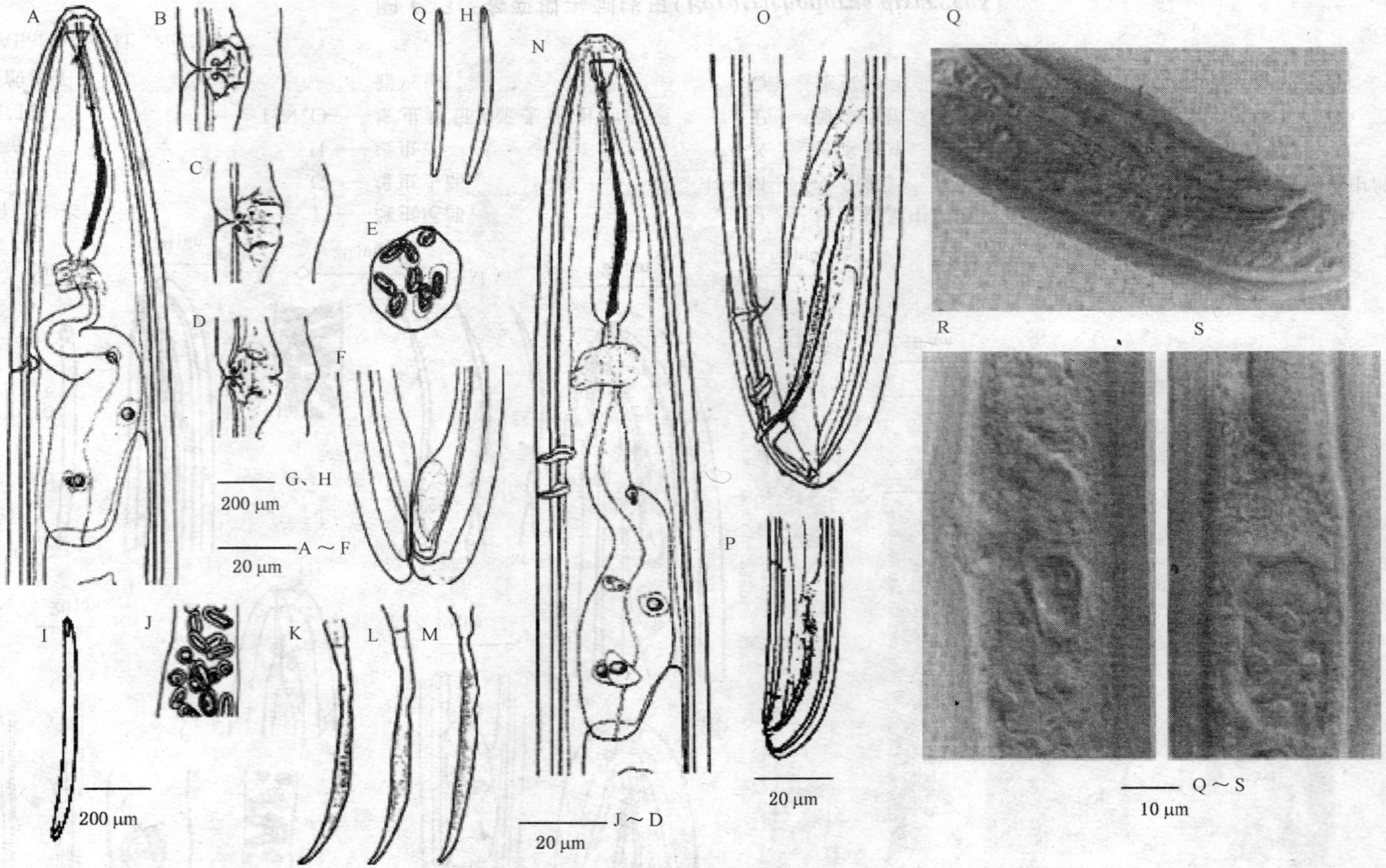

A～Q 墨线图：
A——雌虫头部；
B～D——雌虫阴道；
E——受精囊中的精子；
F——雌虫尾部；
G、H——雌虫；
I——雄虫；
J——雄虫精巢中的精子；
K～M——交合刺；
N——雄虫；
O、P——雄虫尾部（箭头所指为附着器）。
Q～S 标本照片：
Q——雌虫尾部；
R——雌虫阴道；
S——受精囊及其中的精子。

注：引用自 Almeida et. al.，2005。

图 C.4　西班牙拟毛刺线虫（*Paratrichodorus hispanus*）

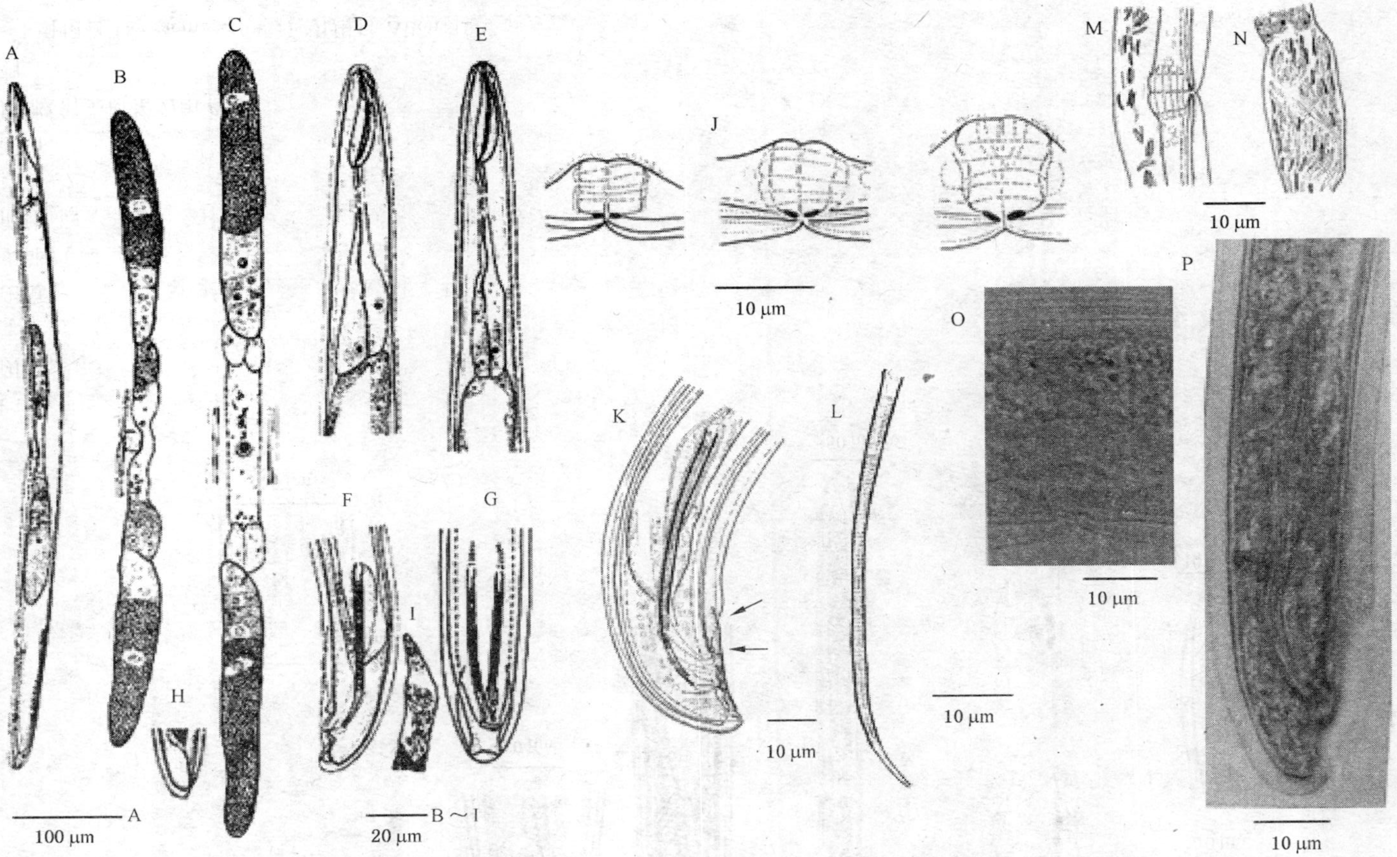

A～N 墨线图：
A——雌虫；
B、C——雌虫生殖系统；
D——雌虫前体部；
E——雄虫前体部；
F、G、K——雄虫尾部（箭头所指为附着器）；
H——雌虫尾部；
I——雄虫精巢前端；
J——雌虫阴道；
L——雄虫交合刺；
M——雌虫子宫中的精子；
N——雄虫精巢中的精子。
O、P 标本照片：
O——雌虫阴道；
P——雄虫尾部。

注：引用自 Decraemer 1995。

图 C.5　较小拟毛刺线虫（*Paratrichodorus minor*）

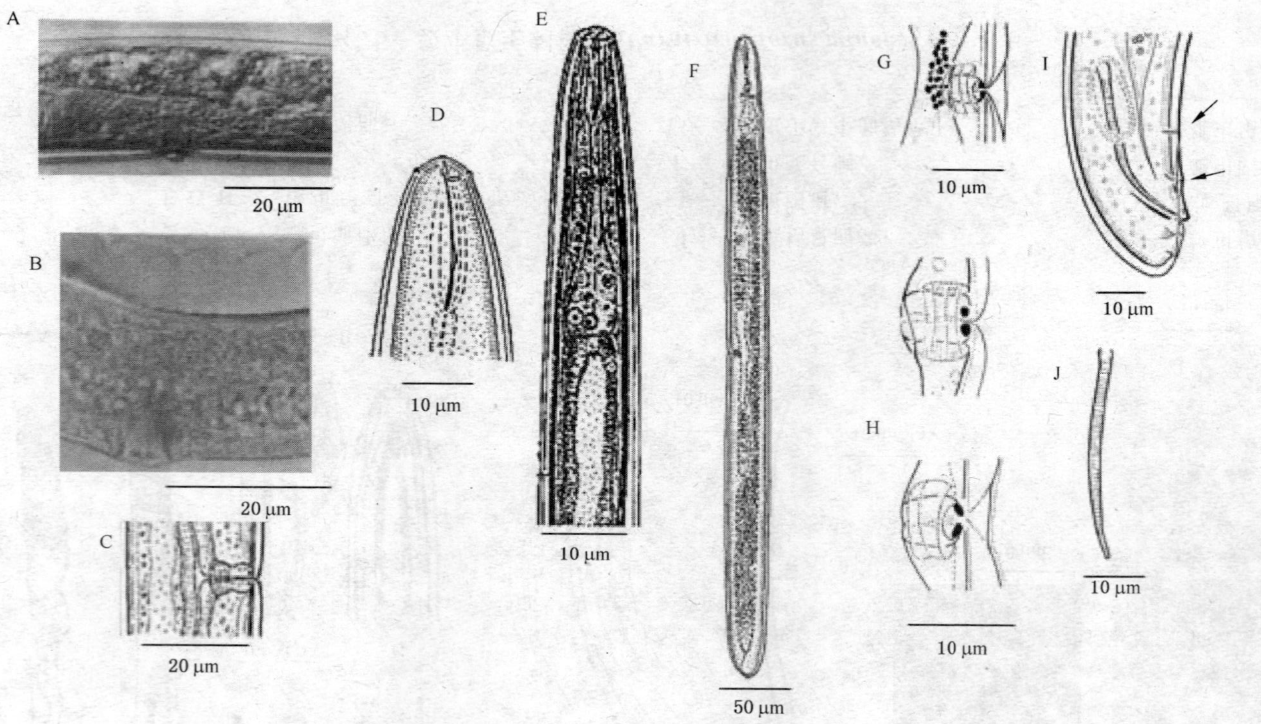

A、B 标本照片：

A、B——雌虫阴门。

C～J 墨线图：

C——雌虫阴道；

D——雌虫头部；

E——雌虫前体部；

F——雌虫；

G、H——雌虫阴道；

I——雄虫尾部(箭头所指为附着器)；

J——交合刺。

注：A～E,G～J 引用自 Decraemer 1995,F 引用自 Allen,1957。

图 C.6　短小拟毛刺线虫(*Paratrichodorus nanus*)

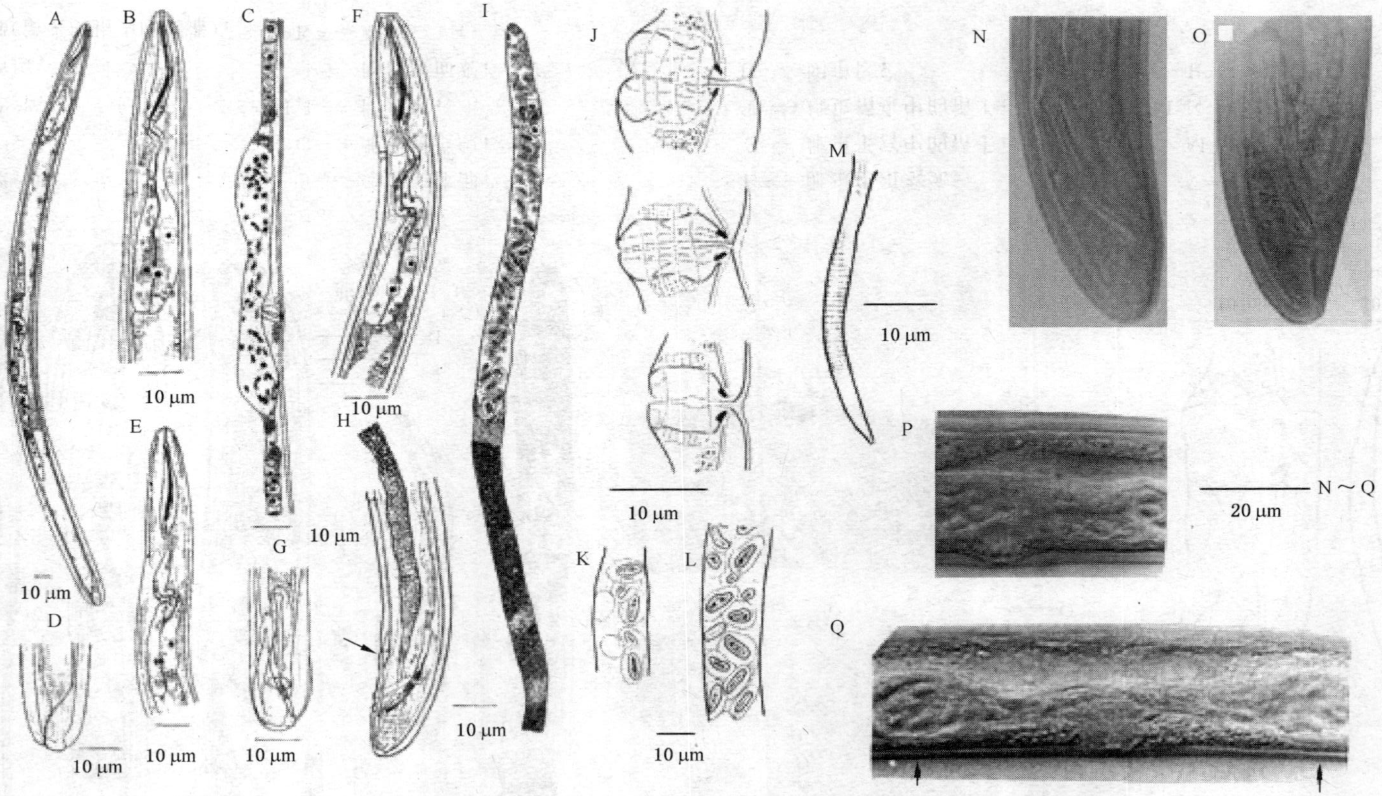

A～M 墨线图：

A——雌虫；

B——雌虫前体部；

C——雌虫生殖系统；

D——雌虫尾部；

E——4 龄幼虫前体部；

F——雄虫前体部；

G——雄虫尾部腹面观；

H、I——雄虫尾部和生殖系统（箭头所指为附着器）；

J——雌虫阴道；

K——雌虫子宫中的精子；

L——雄虫子宫中的精子；

M——交合刺。

N～Q 标本照片：

N、O——雄虫尾部；

P——雌虫阴道；

Q——雌虫受精囊中的精子（箭头所指）。

注：引用自 Decraemer 1995。

图 C.7 厚皮拟毛刺线虫（*Paratrichodorus pachydermus*）

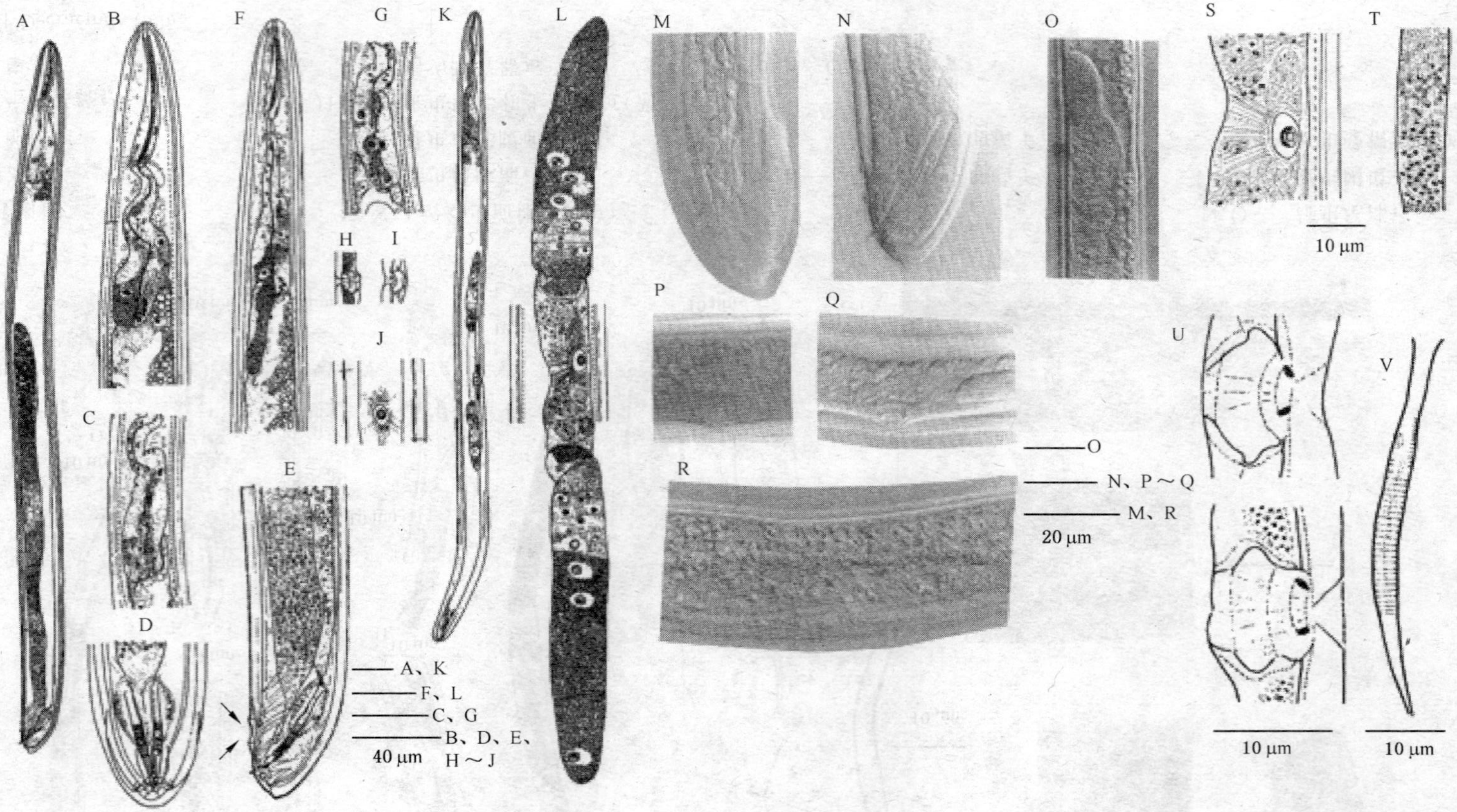

A～L,S～V 墨线图：
A——雄虫；
B——雄虫前体部；
C——雄虫食道腺；
D、E——雄虫尾部(箭头所指为附着器)；
F——雌虫前体部；
G——雌虫食道腺；
H、I——阴门区；
J——阴门腹面观；
K——雌虫；
L——雌虫生殖系统；
S——雌虫子宫中的精子；
T——雄虫精巢中的精子；
U——阴道区；
V——交合刺。
M～R 标本照片：
M、N——雄虫尾部；
P～R——雌虫阴门及子宫中的精子。

注：引用自 Decraemer 1995。

图 C.8　光滑拟毛刺线虫(*Paratrichodorus teres*)

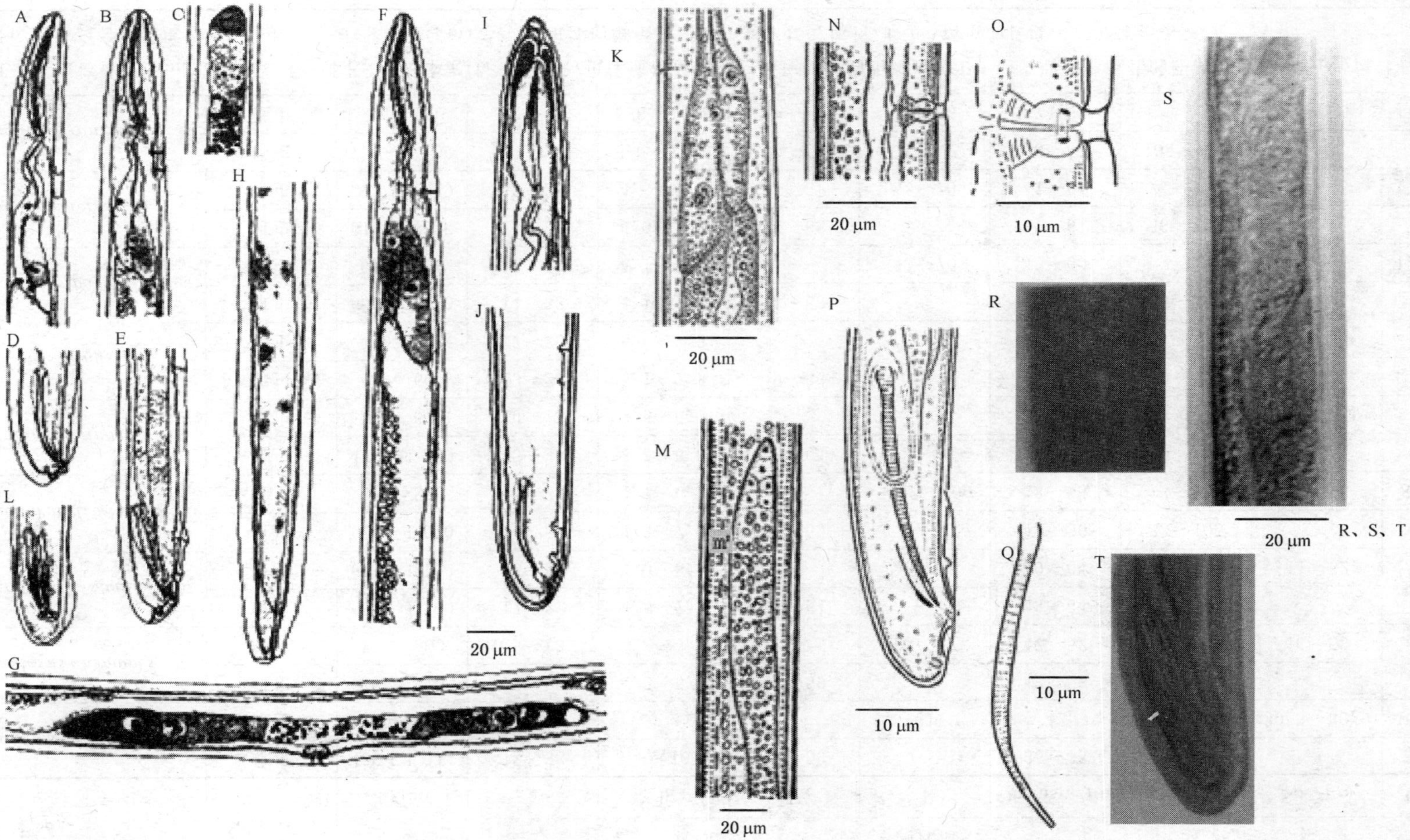

A～Q 墨线图：

A、B——雄虫前体部；

C——雄虫精巢中的精子；

D、E、L——雄虫尾部；

F——雌虫前体部；

G——雌虫生殖系统；

H——雌虫尾部(箭头所指为附着器)；

I——从 4 龄幼虫蜕皮雄虫的前体部；

J——从 4 龄幼虫蜕皮雄虫的尾部；

K——雌虫食道后部分；

M——雄虫精巢末端及其精子；

N、O——雌虫阴道；

P、Q——雄虫尾部和交合刺(箭头所指为附着器)。

R～T 标本照片：

R——阴门腹面观；

S——雄虫精巢末端及其精子；

T——雄虫尾部。

注：引用自 Decraemer，1995。

图 C.9 突尼斯拟毛刺线虫(*Paratrichodorus tunisiensis*)

附　录　D
（资料性附录）
拟毛刺线虫属 9 种传毒线虫测计值列表

表 D.1　拟毛刺线虫属 9 种传毒线虫测计值列表

学名	虫态	测计值								
		L/μm	a	b	V	T	Onchist. /μm	A-EP/μm	Sp. /μm	Gub. /μm
Paratrichodorus allius	雌虫	400～1 044	12～33	3.9～10.2	46～59	—	35～53	80～92	—	—
	雄虫	590～680	17	6.2	—	61	42	—	30.5～30.9	10.0～12.0
Paratrichodorus anemones	雌虫	650～970	17～22	4.3～5.9	51～59	—	42～53	—	—	—
	雄虫	710～900	18～23	4.8～6.4	—	63～82	47～52	—	46～53	10.0～11.0
Paratrichodorus hispanus	雌虫	661～1 100	17～27	4.5～7.3	51～61	—	43～64	81～124	—	—
	雄虫	691～1 103	13～26	4.0～8.5	—	57～73	49～64	80～122	44～62	11.5～16.4
Paratrichodorus divergens	雌虫	600～1 070	14～25.5	4.3～7.0	53～59	—	44～56	83～105	—	—
	雄虫	590～855	16～23	4.1～6.3	—	59.2～100	43～55	73～107	45～56	8.0～14.0
Paratrichodorus minor	雌虫	440～1 530	15～36	3.0～6.8	50～64	—	26～47	—	—	—
	雄虫	540～678	16～25	3.6～6.5	—	—	32～39	—	48～73	—
Paratichodorus nanus	雌虫	430～600	13～23	5.1～7.8	49～56	—	21～27	79～148	—	—
	雄虫	430～550	17～25	5.9～7.3	—	—	21～26	—	42～50	—
Paratrichodorus pachydermus	雌虫	600～1 020	14～32	4.1～7.7	51～63	—	44～58	70～103	—	—
	雄虫	610～990	17～29	4.1～8.1	—	50～70	45～60	—	40～54	12.0～19.0
Paratrichodorus teres	雌虫	616～1 325	11～33	4.0～9.3	46～68	—	41～61	66～137	—	—
	雄虫	537～1 029	12～28	4.3～7.5	—	52～70	41～64	74～117	36～58	11.0～17.0
Paratrichodorus tunisiensis	雌虫	707～1 100	19～29	6.0～10.0	50～59	—	48～51	105～123	—	—
	雄虫	714～900	20～26	5.8～10.8	—	48～55	47～52	—	45～50	11.0～14.0

注：L——虫体体长(mm 或 μm)，a——体长/最大体宽，b——体长/虫体前端至食道与肠连接处的距离，A-EP——头端到排泄孔的距离，OnchiSt.——齿针长度(μm)，Sp.——交合刺长度(μm)，Gub.——引带长度(μm)，V——虫体前端至阴门的距离×100/体长，T——精巢的长度×100/体长。

附 录 E

（资料性附录）

拟毛刺线虫属部分种类形态特征检索表

E.1 拟毛刺线虫属二岐检索表

E.1.1 拟毛刺线虫属雌虫检索表[1]

1）——齿针长＞80 μm；排泄孔位于齿针基部 …………………………………… 2

——齿针较短；排泄孔更靠后 …………………………………… 3

2）——齿针长 160 μm～188 μm；阴道骨化片棒状，倾斜；阴道宽，圆梯形，具褶皱，精子长线形 …………………………………… 大刺拟毛刺线虫 *P. macrostylus*

——齿针长 82 μm～83 μm；阴道骨化片小，四边形；阴道四边形，精子形状未知 …………………………………… 无尾拟毛刺线虫 *P. acaudatus*

3）——尾通常为弓曲圆锥形，少数为尖圆锥形，或近圆形；齿针长 22 μm～27 μm；阴道骨化片大圆点形，子宫内有线形结构，雄虫无 …………………… 尖尾拟毛刺线虫 *P. acutus*

——尾形多种多样；齿针较长 …………………………………… 4

4）——体孔位于体中腹部（近阴门处） …………………………………… 5

——体孔无，如果存在，则位于亚体侧区 …………………………………… 6

5）——腹中体孔位于阴门后；阴道纵裂；食道腺从肠腹侧覆盖肠；齿针长 39 μm～42 μm；体长 620 μm～750 μm，雄虫普遍 …………………… 类胼胝拟毛刺线虫 *P. paraporosus*

——腹中体孔分布于阴门前后，前 1～3 个，后 1～4；阴门孔状；食道腺通常从肠背侧短覆盖肠；齿针 39 μm～58 μm；体长 420 μm～867 μm，雄虫少见 …………………………………… 胼胝拟毛刺线虫 *P. porosus*

6）——排泄孔位于肠前端；食道腺不覆盖肠；齿针长 21 μm～27 μm；通常精子分布于折叠的卵巢末端 …………………………………… 短小拟毛刺线虫 *P. nanus*

——排泄孔位于食道腺区域，或靠近胃肠连接处；食道腺通常覆盖肠 …………………… 7

7）——齿针平均长度≤30 μm …………………………………… 8

——齿针较长 …………………………………… 9

8）——阴道骨化片棒状，与虫体纵轴平行；食道腺通常从肠腹侧覆盖肠；精子小，或线形，分布于子宫中；阴门横裂；齿针均长 28 μm～29 μm，具内齿针；雄虫少见 …………………………………… 较小拟毛刺线虫 *P. minor*

——阴道骨化片小三角形；食道腺不覆盖肠；精子小，椭圆形，分布集中在靠近输卵管处；阴门孔状；齿针均长 30 μm；雄虫无 …………………… 安祖拟毛刺线虫 *P. anthurii*

9）——齿针长＞64 μm …………………………………… 10

——齿针较短 …………………………………… 11

10）——精子大，细胞核腊肠形，分布于子宫中；排泄孔位于食道狭部；食道腺从肠背侧短覆盖肠；阴门孔状；阴道骨化片小三角形；齿针 65 μm～72 μm；体长 900 μm～1 040 μm …………………………………… 大拟毛刺线虫 *P. grandis*

——精子大，细胞核腊肠形，分布于受精囊中；排泄孔与后食道球中部水平；阴门孔状；齿针 64 μm～70 μm；体长 760 μm～1 130 μm ………… 大西洋拟毛刺线虫 *P. atlanticus*

1） 尖尾拟毛刺线虫 *P. acutus*、安祖拟毛刺线虫 *P. anthurii* 和肾形拟毛刺线虫 *P. renifer* 无雄虫。

11) ——精子分布集中在靠近输卵管处;受精囊有 …………………………………………………… 12
——精子分布于子宫中;受精囊无 …………………………………………………………… 17
——精子分布于折叠的卵巢末端………………………………………………………………… 30
12) ——精子较小,细胞核圆形 ……………………………………………………………………… 13
——精子大,细胞核腊肠形 ……………………………………………………………………… 14
13) ——齿针均长 32 μm;食道腺从肠背侧短覆盖肠;体长 400 μm～520 μm ………………………………………………………………………………………… 斯蒂拟毛刺线虫 *P. psidii*
——齿针均长 49 μm;食道腺从肠腹侧覆盖肠;体长 707 μm～1 100 μm ………………………………………………………………………… 突尼斯拟毛刺线虫 *P. tunisiensis*
14) ——阴道骨化片三角形,倾斜;阴门孔状或短横裂………………………………………………… 15
——阴道骨化片小,椭圆形,与阴道腔平行;阴门横裂;食道腺从肠背侧短覆盖肠;齿针长 43 μm～48 μm;体长 590 μm～790 μm ………… 威斯切里拟毛刺线虫 *P. weischeri*
15) ——受精囊有………………………………………………………………………………………… 16
受精囊无,阴门前侧体孔无,齿针长 44 μm～56 μm;体长 600 μm～1 070 μm ………………………………………………………………………… 多变拟毛刺线虫 *P. divergens*
16) ——食道腺从肠腹侧覆盖肠;阴门前侧体孔 1 个;齿针长 43 μm～64 μm;体长 661 μm～1 100 μm ………………………………………… 西班牙拟毛刺线虫 *P. hispanus*
——食道腺通常从肠腹侧覆盖肠;通常阴门前侧体孔和阴门后侧体孔各 1 个;齿针长 42 μm～53 μm;体长 650 μm～970 μm …………………… 银莲花拟毛刺线虫 *P. anemones*
——食道腺从肠背侧或同时从肠背侧和腹侧覆盖肠;阴门后侧体孔 1 对;齿针长 46 μm～48 μm;体长 589 μm～733 μm …………………………… 甘蔗拟毛刺线虫 *P. sacchari*
17) ——食道腺从肠腹侧覆盖肠……………………………………………………………………… 18
——食道腺从肠背侧短覆盖肠…………………………………………………………………… 24
——食道腺不覆盖肠………………………………………………………………………………… 26
——食道腺同时从肠背侧和腹侧覆盖肠………………………………………………………… 31
18) ——精子中等大小,细胞核圆形;齿针均长 31 μm～35 μm;体长 420 μm～640 μm;阴门纵裂;阴道骨化片圆点状,相距远 ……………………………………… 王拟毛刺线虫 *P. mirzai*
——精子小,细胞核椭圆形;雄虫普遍或稀少……………………………………………………… 19
——精子小,线形或纤维状;雄虫稀少……………………………………………………………… 23
19) ——食道腺从肠腹侧长覆盖肠;阴道纵裂;阴道骨化片棒状,相距远,与阴道腔平行;侧体孔 1 或 2 个,通常 1 个位于阴门后;齿针长 45 μm～58 μm;体长 535 μm～1 051 μm ………………………………………………………………………… 双裂拟毛刺线虫 *P. lobatus*
——食道腺从肠腹侧短覆盖肠……………………………………………………………………… 20
20) ——阴道后侧体孔无………………………………………………………………………………… 21
——阴道后侧体孔 1 个或 2 个……………………………………………………………………… 22
21) ——阴道骨化片棒状或椭圆形,相距远;齿针长 35 μm～53 μm;体长 400 μm～1 044 μm ………………………………………………………………………………… 葱拟毛刺线虫 *P. allius*
——阴道骨化片小,椭圆形,相距 1.5 μm～2 μm,齿针长 38 μm～44 μm;体长 380 μm～800 μm ……………………………………………… 罗德斯拟毛刺线虫 *P. rhodesiensis*
22) ——阴道骨化片圆点形,相距远;阴门孔状;侧体孔 1 或 2 个;齿针长 34 μm～50 μm;体长 546 μm～766 μm ………………………………… 卡什琳娜拟毛刺线虫 *P. catharinae*
——阴道骨化片小,椭圆形,与阴道腔平行;齿针长 48 μm～51 μm;体长 707 μm～1 100 μm ………………………………………………………………… 突尼斯拟毛刺线虫 *P. tunisiensis*

23）——阴道骨化片棒状，与虫体纵轴平行，末端相互靠近；阴道圆四边形；阴门横裂；侧体孔无；齿针长 26 μm～47 μm，具内齿针；体长 440 μm～1 530 μm ………………………………………………………………………………… 短小拟毛刺线虫 *P. minor*

——阴道骨化片椭圆形，相距远，倾斜；阴道呈不规则形或菱形；阴门纵裂；两体侧侧体孔各 1 个，虫体上也可有 0～6 个侧体孔；齿针长 41 μm～61 μm；体长 626 μm～1 325 μm ………………………………………………………………………………… 光滑拟毛刺线虫 *P. teres*

24）——精子小，细胞核椭圆形；阴道骨化片圆点状，相距远；阴门孔状；侧体孔各 1 或 2 个；齿针长 34 μm～50 μm；体长 546 μm～766 μm ……… 卡什琳娜拟毛刺线虫 *P. catharinae*

——精子中等大小，细胞核圆形；阴道骨化片棒状，相距远；阴门孔状；齿针长 30 μm～34 μm；体长 540 μm～650 μm ………………… 菲沙拉巴登斯拟毛刺线虫 *P. faisalabadensis*

——精子大，细胞核腊肠形 ………………………………………………………………………… 25

25）——阴道骨化片圆形或椭圆形，微倾斜；阴门孔状；通常侧体孔 2 个，对生，有时侧体孔 2～5 个；齿针长 44 μm～58 μm，体长 600 μm～1 020 μm ……………………………………………………………………………… 厚皮拟毛刺线虫 *P. pachydermus*

——阴道骨化片窄三角形，倾斜；阴门孔状；阴门后侧体孔各 1 个，齿针长 46 μm～48 μm；体长 589 μm～733 μm ………………………………………… 甘蔗拟毛刺线虫 *P. sacchari*

——阴道骨化片椭圆形，倾斜，相距远；阴门纵裂；阴门后侧体孔 1 对，齿针长 38 μm～47 μm；体长 455 μm～790 μm ………………………………… 不定拟毛刺线虫 *P. orrae*

26）——齿针均长≤35 μm ……………………………………………………………………… 27

——齿针均长较长……………………………………………………………………………… 28

27）——阴门横裂；阴道骨化片肾形；子宫内精子线形；侧体孔无；齿针长 31 μm～33 μm，体长 420 μm～560 μm ………………………………………… 肾形拟毛刺线虫 *P. renifer*

——阴门纵裂；阴道骨化片圆点形，相距远；子宫内精子中等大小；侧体孔 1 对，齿针 31 μm～35 μm；体长 420 μm～640 μm ……………………………… 王拟毛刺线虫 *P. mirzai*

——阴门孔状；齿针均长 34 μm；体长 440 μm～595 μm … 德里拟毛刺线虫 *P. delhiensis*

28）——阴道骨化片圆点形，相距远；阴门后侧体孔 1 对，齿针 41 μm～45 μm ……………………………………………………………………… 类王拟毛刺线虫 *P. paramirzai*

——阴道骨化片小，椭圆形 ……………………………………………………………………… 28

29）——齿针 38 μm～47 μm；侧体孔 1 个 …………………………… 不定拟毛刺线虫 *P. orrae*

——齿针 46 μm～55 μm；阴门后侧体孔 1 对 …… 昆士兰拟毛刺线虫 *P. queenslandensis*

30）——食道腺从肠腹侧短覆盖肠；阴道圆形或椭圆形；齿针长 38 μm～44 μm ……………………………………………………………………… 罗德斯拟毛刺线虫 *P. rhodesiensis*

——食道腺从肠腹侧或同时从腹侧和背侧长覆盖肠；阴道阔圆形；齿针长 35 μm～53 μm ……………………………………………………………………… 葱拟毛刺线虫 *P. allius*

31）——精子大，细胞核腊肠形；阴门孔状；齿针长 46 μm～48 μm ……………………………………………………………………… 甘蔗拟毛刺线虫 *P. sacchari*

——精子小，椭圆形；阴门纵裂；齿针长 45 μm～53 μm；体长 510 μm～896 μm ……………………………………………………………………… 梅尔拟毛刺线虫 *P. meyeri*

E.1.2 拟毛刺线虫属雄虫检索表[1)]

1）——雄虫具 1 个腹中前泄殖腔附着器；腹中颈乳突无；具内齿针……………………… 2

——雄虫具 2～4 个腹中前泄殖腔附着器；腹中颈乳突有或无；内齿针极少存在 ………… 3

1）尖尾拟毛刺线虫 *P. acutus*、安祖拟毛刺线虫 *P. anthurii* 和肾形拟毛刺线虫 *P. renifer* 无雄虫。

2） ——排泄孔位于肠前端；后食道球不覆盖肠；齿针长 21 μm～26.5 μm；交合刺长 42 μm～50 μm；体长 430 μm～550 μm …………………………… 短小拟毛刺线虫 *P. nanus*

——排泄孔稍靠前，位于食道腺球后部，或肠胃连接处；后食道球从肠腹侧或亚腹侧腹盖肠，极少不覆盖肠；齿针长 32 μm～39 μm；交合刺长 48 μm～73 μm；体长 540 μm～678 μm …………………………………………………………………… 较小拟毛刺线虫 *P. minor*

3） ——具 2 个前泄殖腔附着器，1～2 个位于交合刺收缩区 …………………………………… 4

——具 3 或 4 个前泄殖腔附着器，1～2 个或 3 个位于交合刺收缩区 ………………………… 9

4） ——2 个前泄殖腔附着器均位于交合刺收缩区 ………………………………………………… 5

——仅有 1 个前泄殖腔附着器均位于交合刺收缩区，食道不覆盖肠；交合刺具柄，齿针长 31 μm～35 μm；交合刺长 30 μm～34 μm；体长 410 μm～520 μm ……………………………………………………………………… 德里拟毛刺线虫 *P. delhiensis*

5） ——腹中颈乳突 1 个，后食道腺通常从肠腹侧长覆盖肠；精子发达，细胞核大，腊肠形；齿针 43 μm～48 μm；交合刺长 36 μm～39 μm；体长 530 μm～770 μm，雄虫少见 …………………………………………………………………… 胼胝拟毛刺线虫 *P. porosus*

——腹中颈乳突无，后食道腺通常从肠亚腹侧短覆盖肠；精子小，细胞核小，圆形，雄虫少见，或普遍……………………………………………………………………………………… 6

6） ——1 对颈侧体孔位于头侧器的基部；齿针长 75 μm～78 μm，排泄孔位于齿针基部；2 个前泄殖腔附着器都位于交合刺收缩区末端 1/3 的区域内；交合刺长 67 μm～68 μm，体长 750 μm～847 μm ………………………………… 无尾拟毛刺线虫 *P. acaudatus*

——颈侧体孔无；齿针短；排泄孔靠后，2 个前泄殖腔附着器分散分布 ……………………… 7

7） ——交合刺短，约 30 μm；雄虫少见；2 个前泄殖腔附着器都分布于交合刺收缩区；齿针长约 42 μm；体长 590 μm～680 μm ……………………………… 葱拟毛刺线虫 *P. allius*

——齿针长，雄虫少见或普遍；2 个前泄殖腔附着器都分布于交合刺收缩区后 1/2 处 ……… 8

8） ——排泄孔位于食道狭部区域；交合伞仅延伸到交合刺收缩区域 1/2 处，仅在刚果布拉萨市有分布 ………………………………………………… 艾伦拟毛刺线虫 *P. alleni*

——排泄孔位于后食道球开始之末端；交合伞延伸到交合刺头端，交合刺短于肛门处体宽，仅在澳大利亚、新西兰和南非有分布 ……………………… 双裂拟毛刺线虫 *P. lobatus*

9） ——4 个前泄殖腔附着器，2 个位于交合刺收缩区，1 个与交合刺头端平齐；食道腺从腹侧短覆盖肠；齿针长 39 μm～41 μm；交合刺长 28 μm～36 μm，体长 570 μm～690 μm ……………………………………………………… 类胼胝拟毛刺线虫 *P. paraporosus*

——3 个前泄殖腔附着器，1 或 2 个位于交合刺收缩区 ………………………………………… 10

10） ——腹中颈乳突 2 个…………………………………………………………………………… 11

——腹中颈乳突 1 个 …………………………………………………………………………… 13

——腹中颈乳突无………………………………………………………………………………… 26

11） ——后泄殖腔乳突 2 对，中间的前泄殖腔附着器紧临交合刺收缩区，精子中等大小，细胞核圆形；齿针长 29 μm～36 μm；交合刺长 30 μm～34 μm，体长 450 μm～630 μm ……………………………………………………………… 王拟毛刺线虫 *P. mirzai*

——后泄殖腔乳突 1 对，中间的前泄殖腔附着器与交合刺头端水平，精子细胞核圆形或腊肠形………………………………………………………………………………………… 12

12） ——齿针长 40 μm～44 μm；交合刺长 33 μm～38 μm，体长 590 μm～710 μm；精子大，细胞核腊肠形 …………………………………………… 类王拟毛刺线虫 *P. paramirzai*

——齿针长 33 μm～35 μm；交合刺长 30 μm～33.5 μm，体长 520 μm～660 μm，精子中等大小，细胞核圆形 ………………………… 菲沙拉巴登斯拟毛刺线虫 *P. faisalabadensis*

——齿针长 30 μm～32 μm；交合刺长 30 μm～31 μm，体长 430 μm～510 μm，精子中等大小，细胞核圆形 …………………………………… 斯蒂拟毛刺线虫 *P. psidii*

13）——齿针长 133 μm～180 μm；精子长线形；腹中颈乳突与齿针基部平齐；交合刺长 68 μm～88 μm，体长 1 160 μm～1 163 μm …………………… 大刺拟毛刺线虫 *P. macrostylus*

——齿针短于 100 μm，精子细胞多种多样 …………………………………………………………………… 14

14）——交合刺长，79 μm～87 μm；前泄殖腔附着器 2 个，位于交合刺收缩区末端 1/3 处；精子大，细胞核腊肠形；齿针 68 μm～82 μm；体长 930 μm～1 200 μm ………………………………………………………………………………………… 大西洋拟毛刺线虫 *P. altanticus*

——交合刺长＜65 μm ………………………………………………………………………………………… 15

15）——前泄殖腔附着器后 2 个靠近泄殖腔口；精子大，细胞核腊肠形 ……………………………… 16

——前泄殖腔附着器后 2 个位于交合刺收缩区，远离泄殖腔口，精子细胞核大或小 ……… 18

16）——交合刺狭长，头端膝状弯曲，齿针长＞45 μm …………………………………………………… 17

——交合刺粗短，形状多样；食道腺同时从背侧和腹侧覆盖肠；齿针长 38 μm～44 μm；交合刺长 46 μm～52 μm，体长 666 μm～694 μm …………… 甘蔗拟毛刺线虫 *P. sacchari*

17）——后 2 个前泄殖附着器位于交合刺收缩区后半部，相距近；齿针长 47 μm～52 μm；交合刺长 46 μm～53 μm，体长 710 μm～900 μm ………… 银莲花拟毛刺线虫 *P. anemones*

——后 2 个前泄殖附着器位于交合刺收缩区后半部，相距远；齿针长 49 μm～64 μm；交合刺长44 μm～62 μm，体长 691 μm～1 103 μm ………… 西班牙拟毛刺线虫 *P. hispanus*

——后 2 个前泄殖附着器多数位于交合刺端 1/3 部分，相距近；齿针长 43 μm～56 μm；交合刺长 45 μm～56 μm，体长 590 μm～855μm ………… 多变拟毛刺线虫 *P. divergens*

18）——交合刺长 34 μm～37 μm；近头端呈膝状弯曲；精子大，细胞核腊肠形；食道腺从肠背侧短覆盖肠；齿针长 43 μm～48 μm；，体长 560 μm～800 μm ………………………………………………………………………………………… 威斯切里拟毛刺线虫 *P. weischeri*

——交合刺通常较长，形状多样 ……………………………………………………………………………… 19

19）——精子大，细胞核腊肠形 …………………………………………………………………………………… 20

——精子小，细胞核圆形 …………………………………………………………………………………… 23

20）——颈乳突与齿针基部水平；食道腺从肠背侧覆盖肠；齿针长 64 μm～72 μm；交合刺长 39 μm～43 μm，体长 790 μm～1 040 μm …………………… 大拟毛刺线虫 *P. grandis*

——颈乳突位于齿针基部之后；齿针较短 …………………………………………………………… 21

21）——尾与肛门处体宽等长；1 对后泄殖腔乳突位于体两侧；食道腺从腹侧、或背侧、或亚腹侧覆盖肠、或不覆盖肠；齿针长 45 μm～60 μm；交合刺长 40 μm～54 μm，体长 610 μm～990 μm ………………………………………… 厚皮拟毛刺线虫 *P. pachydermus*

——尾较肛门处体宽等短；后泄殖腔乳突 1 对；食道腺从背侧覆盖肠、或不覆盖肠 ……… 22

22）——齿针长 49 μm～60 μm；腹中颈乳突靠近排泄孔；交合刺长 36 μm～43 μm，体长 440 μm～705 μm …………………………………… 昆士兰拟毛刺线虫 *P. queenslandensis*

——齿针长 35 μm～47 μm；腹中颈乳突远离排泄孔；交合刺长 35 μm～47 μm，体长 470 μm～680 μm ……………………………………………………… 不定拟毛刺线虫 *P. orrae*

23）——腹中颈乳突靠近或与齿针基部平齐 ………………………………………………………………… 24

——腹中颈乳突与神经环水平，或位于其后 ……………………………………………………………… 25

24）——齿针长 43 μm；体长 360 μm（分布于象牙海岩岸） ………………………………………………………………………………………… 罗得拟毛刺线虫 *P. rhodesiensis*

——齿针长 40 μm ～51 μm；交合刺长 52 μm～55 μm；体长 523 μm～742 μm ………………………………………………………………………………………… 卡什琳娜拟毛刺线虫 *P. catharinae*

25) ——泄殖腔前唇不突出；食道腺从肠腹侧覆盖肠；腹中颈乳突与神经环水平或之后；齿针长 47 μm～52 μm；交合刺长 45 μm～50 μm；体长 714 μm～900 μm …………………………………………………………………………… 突尼斯拟毛刺线虫 *P. tunisiensis*

——泄殖腔前唇突出；食道腺从肠腹侧覆盖肠；腹中颈乳突与神经环水平、或之前；齿针长 40 μm～51 μm；交合刺长 52 μm～55 μm；体长 523 μm～742 μm …………………………………………………………………………… 卡什琳娜拟毛刺线虫 *P. catharinae*

——泄殖腔唇突出；食道腺从肠腹侧或背侧覆盖肠；腹中颈乳突位于神经环之后；齿针长 44 μm～54 μm；交合刺长 48 μm～58 μm；体长 510 μm～865 μm …………………………………………………………………………… 梅尔拟毛刺线虫 *P. meyeri*

26) ——第 2 前泄殖腔附着器靠近交合刺头端；精子小，细胞核椭圆形；食道腺从肠腹侧短覆盖肠；交合刺多少头状，长 42 μm～44 μm；齿针长 39 μm～41 μm；体长 600 μm～690 μm；雄虫少于雌虫 …………………………………… 罗得斯拟毛刺线虫 *P. rhodesiensis*

——中间前泄殖腔附着器与交合刺中部平齐（当交合刺收缩时）；精子纤维状，细胞核小；食道腺多数从肠腹侧覆盖肠，也有其他各种类型的覆盖；交合刺长 36 μm～58 μm；齿针长 41 μm～64 μm；体长 537 μm～1 029 μm；雄虫少 ………… 光滑拟毛刺线虫 *P. teres*

E.2 拟毛刺线虫属多岐检索表

E.2.1 拟毛刺线虫属雌虫多岐检索表

表 E.1 拟毛刺线虫属雌虫多岐检索表

学名	鉴定特征字母及数字代码																
	A	B	C	D	E	F	G	H	I	J	K	L	M	N	O	P	Q
P. acaudatus	200	40	100	100	1	44	11	55	200	3	4	1		22	4	22	5
P. acutus	100	10	403	100(2)	2	88	11	22	100	1	4	3	22	33	4	22	321
P. alleni (no female)	—	—	—	—	—	—	—	—	—	—	—	—	—	—	—	—	—
P. allius	213	21	203	200(4)	3	55	11	99	200	3	1	2	23	22	4(1)	22(1)	3421
P. anemones	210	20	203	200(1)	1	63	22	11	200	2	1	1	11	11	1	22	1
P. anthurii	100	10	340	100	1	55	11	11	100	1	1	3	11	22	4	22	4
P. atlanticus (only D-V)	230	30	300	300	1	—	—	—	—	1	—	1	11	11	2	11	3
P. caribbensis	100	12	400	102	2	44	11	33	300	3	2	3	44	—	4	44	4
P. catharinae	120	21	120	230	1	55	11	22	100	3	4	1	22	22	1	22	2
P. delhiensis (only D-V)	100	10	300	100	1	—	11	—	—	1	—	1	—	—	4	22	5
P. divergens	213	20	200	300	1	26	12	11	300	3	5	1	22	11	4	22	1
P. grandis	320	30	230	300(1)	1	88	11	11	200	1	1	1	22	11	1	12	3
P. hispanus	213	23	300	300	1	88	11	11	300	1	1	1	11	11	1	22	1
P. lobatus	213	20	300	200	3	55	11	99	100	3	3	1	21	22	1	22	624
P. macrostylus	300	40	100	200	3	88	11	33	400	3	1	1	11	44	1	22	1
P. mexicanus	100	11	300	120	2	33	11	22(1)	200	1	4	1	44	—	4	22	4
P. meyeri	210	20	300	400(23)	3	88	11	11	200	2	1	1	22	22	1	22	2
P. minor	231	12	403	200	2	44(3)	11	99(3)	200	1	2	2	22	23	4	22	8(1)

表 E.1（续）

学　名	鉴定特征字母及数字代码																
	A	B	C	D	E	F	G	H	I	J	K	L	M	N	O	P	Q
P. mirzai	100	10	200	130	3	88	11	22	100	3	4	1	24	66	1	22(1)	5
P. namibiensis	213	20	200	400	3	44	11	11	200	3	1	1	22	33	1	22	2
P. nanus	100	10	400	100	2	33	11	11	210	1	1(2)	2	23	22	1	22	12
P. orrae	120	21	300	130	3	88	11	99	200	3	3(1)	1	22	11	1	11	6
P. paramirzai	120	20	200	120	3	55	11	99	200	3	3	1	22	11	1	22	5
P. pachydermus	213	20	200	300(124)	1	33	11	19	210	2	1	1	22	11	1	22	13(57)
P. paraporosus	120	21	200	200	3	55	11	22	100	3	4	1	11	22	3	11	5
P. porosus	120	21	203	300(12)	1	88(5)	11	33(9)	100	12	1	2	22	11	3	11	8(1)
P. queenslandensis	100	20	200	130	3	88	11	99	200	2	1	1	22	11	1	11	6
P. renifer	100	10	400	100(2)	2	34	11	44	200	1	2	3	22	33	4	22	26513
P. rhodesiensis	120	21	300	200	3	53	11	99	120	21	2	1	32	22	4	22	2
P. sacchari	120	20	200	340	1	55	11	11	200	1	1	1	12	11	1	22	2
P. teres	213	23	230	234(1)	3	99	11	99	210	3	1	2	42	22	1	22	1(32)
P. tunisiensis	230	20	320	200	3	88	11	99	100	3	3(1)	1	21	22	1	22	2
P. weischeri	120	20	200	300	2	66	11	99	100	2	3	1	11	11	1	22	1

注：

A——虫体长度：1. ＜700 μm；2. 700 μm～1 000 μm；3. ＞1 000 μm。

B——齿针长度：1. ＜40 μm；2. 40 μm～60 μm；3. 61 μm～90 μm；4. ＞90 μm。

C——排泄孔的位置：1. 齿针基部附近；2. 峡部；3. 食道球前三分之二；4. 食道球基部附近或肠前端。

D——食道球与肠交接方式：1. 食道球缢缩；2. 食道球（亚）腹覆盖肠；3. 肠覆盖食道球的前背面；4. 食道球与肠相互覆盖。

E——阴门形状（腹面观）：1. 孔状；2. 横裂；3. 纵裂。

F——阴道形状（阴道收缩肌松弛状态）：1. 梨形（锥形）；2. 菱形；3. 桶形/圆柱形/矩形；4. 四角形；5. 宽圆/卵圆；6. 固定后阴道中部明显凹陷；7. 大圆柱形，并在骨化环处明显变宽；8. 梯形；9. 近菱形，阴道中部突出。

G——阴道占相应体宽百分比：1. ≤33%；2. 34%～50%；3. ＞50%。

H——阴道骨化片（侧面光学面）形状：1. 三角形/圆三角形；2. 圆形；3. 杆状（窄三角形，长卵圆形）；4. 肾形；5. 正方形；6. 长方形/梯形；7. M形状；8. 等分结构（阴道附加屈折结构）；9. 短卵圆形。

I——阴道骨化片大小（基于最大的尺寸、长度或直径）：1. ＜1 μm；2. 1 μm～1.9 μm；3. 2 μm～2.9 μm；4. 3 μm～3.9 μm；5. ≥4 μm。

J——阴道骨化片之间的距离：1. 相距近，相距小于 1 μm；2. 略分开，1μm～2 μm；3. 间距较大，2.5μm～3.5μm。

K——阴道骨化片方向：1. 倾斜（如骨化片三角形，顶角指向阴门）；2. 与纵体轴平行；3. 与阴道腔平行；4. 无方向，骨化片圆形。

L——雄虫存在情况：1. 普遍；2. 少见；3. 缺。

M——精子位置：1. 在受精囊或输卵管附近；2. 在子宫中；3. 在反折的生殖系统末端；4. 无精子。

N——精细胞形状：1. 精细胞大，胞核腊肠形；2. 精细胞小，胞核小椭圆或圆形；3. 精细胞线状，胞核不明显；4. 精细胞纺锤形，细胞核线形；5. 精细胞小，胞核小、纤丝状；6. 精细胞中等到大圆形，胞核圆形到卵圆形。

O——侧体孔位置：1.（亚）侧面；2. 亚腹面；3. 腹中；4. 无。

P——阴门后一个体宽内的侧体孔：1. 有；2. 无。

Q——地理分布：1. 欧洲；2. 非洲；3. 北美；4. 中美或南美；5. 亚洲（中东除外）；6. 大洋洲；7. 中东；8. 世界各地。

E.2.2 拟毛刺线虫属雄虫多岐检索表

表 E.2 拟毛刺线虫属雄虫多岐检索表

学名	鉴定特征字母及数字代码															
	A	B	C	D	E	F	G	H	I	J	K	L	M	N	O	P
P. acaudatus	200	33	33	0	0	2	22	11	22	104	22	22	270	22	500	1
P. acutus (males inknown)	—	—	—	—	—	—	—	—	—	—	—	—	—	—	—	—
P. alleni	200	22	22	0	0	2	22	22	22	100	22	22	270	22	200	1
P. allius	100	22	11	0	0	2	22	23	22	100	33	22	270	22	34271	1
P. anemones	200	22	22	1	0	3	22	22	22	100	33	77	270	11	100	1
P. anthurii (males unknown)	—	—	—	—	—	—	—	—	—	—	—	—	—	—	—	—
P. atlanticus	320	33	43	1	0	3	22	33	33(1)	100	22	11	170	11	300	1
P. caribbensis (males unknown)	—	—	—	—	—	—	—	—	—	—	—	—	—	—	—	—
P. catharinae	120	22	22	1	0	3	22	11	23	100	22	22	270	22	203	1
P. delhiensis	100	11	11	0	0	2	11	33	11	120	22	22	170	—	500	1
P. divergens	210	22	22	1	0	3(4)	22	22	33	100	22	77	270	11	100	1
P. grandis	230	33	21	1	11	3	22(1)	22	33	120	33	11	270	11	300	1
P. lobatus	213	22	23	0	0	2(3)	22	33	22	210	22	22	270	55	260	1
P. macrostylus	300	44	34	1	11	3	22	11	22	120	33	22	270	44	100	1
P. mexicanus	100	11	23	1	0	1	11	33	12	140	22	22	270	—	400	1
P. meyeri	120	22	22	1(0)	0	3	22	33	44	100	23	22	270	22	200	1
P. minor	100	11	32	0	0	1	11	44(3)	22(1)	140	33	22	270	35	800(1)	1
P. mirzai	100	11	11	2	0(1)	3	12	22	13(2)	100	33	22	270	66	503	1
P. namibiensis	201	22	33	0	0	2(3)	22	22	44	100	22	22	270	33	200	1
P. nanus	100	11	22	0	0	1	11	44	11	100	22	12	270	22	120	1
P. orrae	100	21	21	1	0	3	22	33	13	200	22	22	270	11	600	3
P. paramirzai	120	22	11	2	10	3	22	22	12	100	11	11	270	11	500	1
P. pachydermus	210	23	22	1	0	3	22	33(2)	33(214)	200	33	22	270	11	130	1
P. paraporosus	120	21	11	1	11	4	33	22	22	100	22	11	270	66	500	1
P. porosus	120	22	11	1	0	2	22	22	33	100	32	22	270	11	62354	1
P. queenslandensis	102	23	12	1	0	3	22(1)	22	13	120	22	11	270	11	600	1
P. renifer (males unknown)	—	—	—	—	—	—	—	—	—	—	—	—	—	—	—	—
P. rhodesiensis	100	21	22	0(1)	1,0	3	22	33	22	200	22	22	270	22	200	1
P. sacchari	100	21	22	1	0	3	22	22	44	120	22	22	270	11	200	1
P. teres	213	23	21	0	0	3	22	33	22(34)	100	33	22	270	55	123	1
P. tunisiensis	200	22	22	1	0	3	22	22	22	400	23	22	270	22	120	1
P. weischeri	120	22	11	1(0)	0	3(4)	22	22	33	200	22	77	170	11	100	1

表 E.2（续）

学　名	鉴定特征字母及数字代码															
	A	B	C	D	E	F	G	H	I	J	K	L	M	N	O	P

注：

A——虫体长度：1. ＜700 μm；2. 700 μm～1 000 μm；3. ＞1 000 μm。

B——齿针长度：1. ＜40 μm；2. 40 μm～60 μm；3. 61 μm～90 μm；4. ＞90 μm。

C——交合刺长度：1. ＜40 μm；2. 40 μm～60 μm；3. 61μm～80 μm；4. ＞80 μm。

D——腹中颈乳突数量(0，1，2，3，4)。

E——齿针区腹中颈乳突的数量(0，1，2)。

F——泄殖腔前生殖附着器数量(1，2，3，4)。

G——在交合刺收缩区腹中附着器数量(0，1，2，3)。

H——排泄孔的位置：1. 齿针基部附近；2. 峡部；3. 食道球前三分之二；4. 食道球基部附近或肠前端。

I——食道球与肠交接方式：1. 食道球缢缩；2. 食道球(亚)腹覆盖肠；3. 肠覆盖食道球的前背面；4. 食道球与肠相互覆盖。

J——交合刺形状：1. 几乎直；2. 略弯；3. 基部弯曲显著；4. 端部弯曲显著；5. 整体显著均匀弯曲。

K——交合刺柄部形状：1. 与杆部缢缩，长而宽；2. 与杆部缢缩，柄形短而宽；3. 与杆部不缢缩，柄部没有头状延伸；4. 与杆部不缢缩，柄部有头状延伸。

L——交合刺杆部形状：1. 圆锥形；2. 圆柱形，粗或细；3. 后部膨大；4. 中央变窄或缢缩；5. 中央有隔痕，隔痕后面缢缩；6. 端部二裂状(被隔痕分开)；7. 前端不规则的轮廓(扭折)。

M——交合刺纹饰：1. 杆部光滑，无横纹；2. 除端部外，杆部有连续细弱条纹；3. 杆部有条纹，但在中间中断；4. 杆部端部有横纹；5. 杆部基部有横纹；6. 杆部有刚毛；7. 杆部没有刚毛；8. 腹面有缘膜。

N——精细胞形状：1. 精细胞大，胞核腊肠形；2. 精细胞小，胞核小椭圆或圆形；3. 精细胞线状，胞核不明显；4. 精细胞纺锤形，细胞核线形；5. 精细胞小，胞核小、纤维状；6. 精细胞中等到大圆形，胞核圆形到卵圆形。

O——地理分布：1. 欧洲；2. 非洲；3. 北美；4. 中美或南美；5. 亚洲；6. 大洋洲；7. 中东；8. 世界各地。

P——体型：1. 虫体直、或略弯、或均匀弯曲；2. J形；3. 尾部扭结状弯曲。

参 考 文 献

[1] D. J. F. Brown & B. Weischer. Specificity, exclusivity and complementarity in the transmission of plant viruses by plant parasitic nematodes: an annotated terminology. Fundamental and Applied Nematology (J). 1998. 21:1-11

[2] E. F. Ca veness. A Glossary of Nematological terms (M). Gent University. 1964. 38, 39, 41, 51

[3] K. Boutsika, M. S. Blok, S. A. Phillips, *et. al.* Confirmation of the synonomy of *Paratrichodorus christiei* (Allen, 1957) Siddiqi, 1974 with P. Minor (Colbran, 1956) Siddiqi, (Nematoda: Triplonchida) based on sequence data obtained for the ribosamal DNA 18S gene. Nematology (J). 2005, 6: 145-151

[4] M. T. M. Almeida, M. S. N. Santos, I. M. Abrantes et. al. *Paratrichodorus divergens* sp. n. , a new potential virus vector of tobacco rattle virus and additional observations on *P. hispanus* Roca & Arias, 1986 from Portugal (Nematoda: Trichodoridae). Nematology (J), 2005, 7(3): 343-361

[5] W. Decraemer & E. Chaves. Morphology of the reproductive system and structure of sperm cells in some species of the Genus *Paratrichodorus* with uncommon males (Nematoda: Diphtherophorina). Revue Nematol (J). 1988, 11(4): 405-409

[6] W. Decraemer. The Family Trichodoridae: Stubby Root and Virus Vector Nematodes (M). Kluwer Academic Publishers. 1995, 30-34, 231-244, 283-299

[7] W. Decraemer & Z. T. Maafi Description of *Trichodorus gilanensis* n. sp. From a forest park in Iran and observations on *Paratrichodorus tunisiensis* (Siddiqi, 1963) Siddiqi, 1974 (Nematoda: Diphtherophorina). Nematology (J), 2002, 4(1): 1388-5545

[8] 萧刚柔. 拉汉英昆虫、蜱螨、蜘蛛、线虫名称(M). 北京:中国林业出版社, 1997:409-410

ICS 65.020.01
B 16

中华人民共和国国家标准

GB/T 24831—2009

香蕉穿孔线虫检疫鉴定方法

Methods for quarantine and identification of the burrowing nematode, *Radopholus similis* (Cobb, 1893) Thorne, 1949

2009-12-15 发布　　2010-06-01 实施

中华人民共和国国家质量监督检验检疫总局
中国国家标准化管理委员会　发布

前言

本标准的附录B为规范性附录，附录A、附录C为资料性附录。

本标准由全国植物检疫标准化技术委员会提出并归口。

本标准起草单位：中国检验检疫科学院、中华人民共和国上海出入境检验检疫局、中华人民共和国江苏出入境检验检疫局、中华人民共和国云南出入境检验检疫局和中华人民共和国深圳出入境检验检疫局。

本标准主要起草人：葛建军、戚龙君、粟寒、杜宇、张明、李芳荣、李生贵、龙海。

香蕉穿孔线虫检疫鉴定方法

1 范围

本标准规定了香蕉穿孔线虫检疫鉴定方法。

本标准适用于观赏植物、蔬菜、果树等多种植物根部和土壤及栽培介质中的香蕉穿孔线虫检疫鉴定。

2 规范性引用

下列文件中的条款通过本标准的引用而成为本标准的条款。凡是注日期的引用文件，其随后所有的修改单(不包括勘误的内容)或修订版均不适用于本标准，然而，鼓励根据本标准达成协议的各方研究是否可使用这些文件的最新版本。凡是不注日期的引用文件，其最新版本适用于本标准。

SN/T 2122　进境植物及植物产品检疫抽样

3 鉴定依据

英文俗名：burrowing nematode、pepper yellows nematode、slow wilt nematode、citrus burrowing nematode、banana burrowing nematode。

学名：*Radopholus similis*(Cobb,1893) Thorne,1949

异名：*Radopholus similis citrophilus* Huettel,Dickson & Kaplan,1984

Anguillulina granulosa(Cobb,1893)Goodey,1932

Tetylenchus granulosus(Cobb,1893)Filipjev,1936

Radopholus granulosus(Cobb,1893)Siddiqi,1986

Anguillulina acutocaudatus(Zimmermann,1898)Goodey,1932

Tylenchorhynchus acutocaudatus(Zimmermann,1898)Filipjev,1934

Radopholus acutocaudatus(Zimmermann,1898)Siddiqi,1986

Tylenchus biformis Cobb,1909

Anguillulina biformis(Cobb,1909)Goodey,1932

Radopholus biformis(Cobb,1909)Siddiqi,1986

Radopholus citrophilus Huettel,Dickson & Kaplan,1984

分类地位：线虫门(Nematoda)、侧尾腺纲(Secernentea)、垫刃目(Tylenchida)、短体线虫科(Pratylenchidae)、穿孔线虫属(*Radopholus*)

香蕉穿孔线虫是一种根部迁移性内寄生线虫，危害寄主植物呈现如下症状：

——线虫一般穿刺根表皮进入皮层，在根的外部形成多个暗黑色的斑痕，接着邻近的斑痕融合，根的皮层组织萎缩，变黑；严重危害时，斑痕可环割根；对于整个根系而言，表现为根系明显减少。

——生姜(大姜)等根茎受侵害可造成组织萎缩，表现为根茎小、干缩。

——地上部分表现为生长不良，叶片褪绿、黄化、叶片较少等症状，植株矮化、衰退，甚至凋萎、死亡。

香蕉穿孔线虫的寄主非常广泛，达数百种之多，主要侵染单子叶植物的芭蕉科 Musaceae(芭蕉属 *Musa* 和鹤望兰属 *Strelizia*)、天南星科 Araceae(喜林芋属 *Philodendron* 和花烛属 *Anthurium*)、竹芋科 Marantaceae(肖竹芋属 *Calathea*)和凤梨科(果子蔓属 *Guzmania* 和丽穗凤梨属 *Vriesea* 等)，但也危害双子叶植物。香蕉穿孔线虫的主要农作物和经济作物寄主包括香蕉、胡椒、芭蕉、椰子、槟榔、可可、芒果、柑橘、咖啡、茶树、美洲柿、鹦梨、油柿、生姜、花生、大豆、高粱、甘蔗、茄子、番茄、马铃薯、甘薯、薯蓣、酸豆、姜黄、小豆蔻、肉豆蔻、蚕豆、油棕、山葵、王棕等。

香蕉穿孔线虫的形态学特征、传播途径、寄主范围和地理分布是制定该标准的主要依据。

4 符号和缩略语

n——测量的线虫标本数目；

L——虫体体长(mm 或 μm)；

a——体长/最大体宽；

b——体长/虫体前端至食道与肠连接处的距离；

b'——体长/虫体前端至食道腺末端的距离；

c——体长/尾长；

c'——尾长/肛门处体宽；

St.——口针长度(μm)；

Sp.——交合刺长度(μm)；

Gub.——引带长度(μm)；

V——虫体前端至阴门的距离×100/体长。

5 仪器、用具

5.1 生物显微镜(100×以上)。

5.2 生物体视显微镜(10×以上,具透射光源)。

5.3 电热恒温箱。

5.4 载玻片和凹玻片。

5.5 盖玻片。

5.6 网筛(20 目、100 目、500 目)。

5.7 烧杯(500 mL、1000 mL)。

5.8 漏斗。

5.9 漏斗架。

5.10 乳胶管或硅胶管。

5.11 止水夹。

5.12 小镊子。

5.13 剪刀。

5.14 挑针。

5.15 浅盘。

5.16 线虫滤纸或卫生纸。

5.17 酒精灯。

5.18 钟面皿或培养皿。

5.19 加热板。

5.20 干燥器。

5.21 试管。

5.22 水浴锅。

6 药品

6.1 4%甲醛。

6.2 指甲油。

6.3 甘油。

6.4 95%酒精。

6.5 石蜡。

7 现场检疫

7.1 抽样

具体抽样方法见 SN/T 2122 。

7.2 外观症状的检查

7.2.1 对花卉、观赏植物、果树、蔬菜等根及根茎部分进行检查，注意检查是否有变褐和坏死等症状。

7.2.2 收集上述可疑植物材料及所夹带的土壤或栽培介质等，和采集的样品一并送实验室进行香蕉穿孔线虫的检验。

8 实验室检验

8.1 样品分离

对于抽取的样品，仔细检查根部，尽量选取有变褐和坏死等症状的根及根围介质作为分离样品。

8.2 线虫分离

用浅盘分离法或漏斗法分离线虫，具体分离方法见附录 A。

8.3 体视显微镜检查

分离获得的线虫样在生物体视显微镜下检查。

8.4 显微镜检查

挑取线虫若干条制成临时玻片在生物显微镜下镜检，观察线虫的形态。

9 形态鉴定特征

9.1 穿孔线虫属形态鉴定特征

9.1.1 雌虫

——虫体长 0.4 mm～0.9 mm，a 值在 20～30 之间；

——头部低，不缢缩或稍缢缩，头架骨化显著；

——口针粗短，14 μm～23 μm，基部球发达；

——中食道球发达，后食道腺叶较长叶状从背部覆盖肠；

——侧区刻线 3 条～7 条，非网格化；

——无颈乳突，侧尾腺孔常位于尾的前部；

——双生殖腺、对伸，或后生殖腺退化，授精囊园至卵园形，内多有杆状精子；

——尾长圆锥形至亚圆柱形，长为肛门处体宽的 2 倍～4 倍，末端窄圆至稍尖。

9.1.2 雄虫

——头部高，显著缢缩呈球状；

——口针和食道明显退化；

——交合伞延伸到近尾端，极少延伸到尾端；

——引带大，伸出泄殖腔。

9.2 香蕉穿孔线虫形态鉴定特征

9.2.1 测计值

香蕉穿孔线虫的测量数据见表 1。

表 1 香蕉穿孔线虫测计值一览表

测量项目	来自香蕉(Sher,1968)		来自柑橘(Huettel 等,1984)		来自可可(Koshy 等,1991)	
	♀(n=12)	♂ (n=5)	♀(n=30)	♂ (n=30)	♀(n=20)	♂ (n=20)
L/mm	0.52～0.88(0.69)	0.54～0.67(0.63)	0.60～0.76	0.59～0.70	0.624～0.748	0.559～0.711
a	22～30(27)	31～44(35)	21.4～31.7(28)	—	23.3～32.2	28.9～38.1
b	4.7～7.4(6.5)	6.1～6.6(6.4)	—	—	7.0～8.1	—
b'	3.5～5.2(4.5)	4.1～4.9(4.8)	—	—	3.8～4.6	—
c	8～13(10.6)	8～10(9)	8.7～12.2(10)	—	8～13	7.8～9.0
c'	2.9～4.0(3.4)	5.1～6.7(5.7)	—	—	2.99～4.41	4.66～6.53
V	55～61(56)	—	46～58	—	53.8～61.9	—
St./μm	17～20(19)	12～17(14)	18～20(19.1)	11.6～16(14.8)	16.8～18.7	11.2～14.9
Sp./μm	—	18～22(20)	—	17.6～25.6(20.9)	—	16.8～18.7
Gub./μm	—	8～12(9)	—	—	—	9.3～12.1

9.2.2 形态描述

9.2.2.1 香蕉穿孔线虫的形态特征描述图见附录 B。

9.2.2.2 雌虫

——唇区低,半球形,无缢缩或稍缢缩,唇环 3 个～6 个,唇盘不明显;

——口针发达,长约 17 μm～21 μm,口针基部球大,前端微凸,偶见圆形;

——排泄孔位于中食道球后约 1 个～2 个中食道球长度处,即食道与肠接合处;

——侧带区占体宽的三分之一,非网格化,刻线 4 条,其中内侧的两条在尾中部愈合成 1 条;

——双生殖管发育相当,偶见后生殖管退化,受精囊卵圆形至圆形,内充满杆状精子;

——尾指形,偶见亚圆锥形,尾端常为不规则的缨枪头状;部分有尾环,尾部透明区长约 9 μm～17 μm;

——侧尾腺孔明显,位于尾部的前三分之一处,一般为肛门后 7 个～17 个尾环处。

9.2.2.3 雄虫

——雄虫细长,较雌虫短;

——唇区高,半球型突起,明显缢缩,头环 3 个～5 个;

——排泄孔位于中食道球后约 2 个中食道球长度处;

——刻线 4 条;

——交合伞包裹尾端的 2/3～3/4,交合刺健壮,末端尖,长 18 μm～20 μm;

——引带伸出泄殖腔外,尖端有一明显的指状突;

——尾部圆至圆锥形,末端尖。

10 样品保存

若鉴定为香蕉穿孔线虫,则将剩余的线虫杀死、固定制成永久玻片保存,制作方法详见附录 C;也可以固定后放入含 4%甲醛液的指形管内长期保存。

对已鉴定出带有香蕉穿孔线虫的植物材料,经登记后,要保存在 5 ℃～10 ℃及干燥、防鼠防虫处,并标明样品编号、截获日期、截获人、寄主名称、运输工具名称、输出国名等,样品需至少保存 3 个月,以备复验、谈判和仲裁。

附 录 A
（资料性附录）
香蕉穿孔线虫的分离方法

A.1 漏斗法

首先将 10 cm～15 cm 直径的漏斗固定在支架上（见图 A.1），柄端接一段乳胶管，管的近末端用止水夹夹紧。将分离的样品先剪成小块，用纱布包好，放入漏斗，加水淹没。分离土壤中的线虫，在漏斗内加一只不锈钢或塑料的网，将纱布铺在筛网上，再放入样品。在线虫自身的趋水性和重力作用下，线虫不断脱离植物组织和土壤等，穿过纱布迁游到水中，最后沉降到漏斗末端的乳胶管下端水中。12 h～24 h 后，小心地打开乳胶管末的止水夹，用小器皿接取约 5 mL 的含有线虫的分离水样，放在生物体视显微镜下进行观察。用此法分离线虫时，室内温度最好要保持在 21 ℃～24 ℃，温度太高或太低均会影响香蕉穿孔线虫的分离效果。

1——漏斗；
2——用纱布包裹的样品；
3——乳胶管；
4——止水夹。

图 A.1 Baermann 漏斗装置

A.2 浅盘分离法

浅盘分离法装置（见图 A.2）由两只不锈钢浅盘、线虫滤纸或卫生纸组成，两只浅盘可套放，上盘底面为大于 10 目的粗筛网，下盘为正常浅盘。

分离线虫时，将线虫滤纸平放在上盘的筛网上，用水淋湿，将供分离的已剪成小块的样品撒铺在其上，套进下盘内；从两只浅盘的夹缝中注水，以淹没供分离的样品为宜；在 21 ℃～24 ℃下放置 24 h 后，线虫渐渐集中到下盘的水中；用烧杯收集浅盘中水，并将烧杯中的水连续通过 100 目和 500 目的筛网，将 500 目标准筛上的含线虫的残留物冲洗到培养皿中镜检。

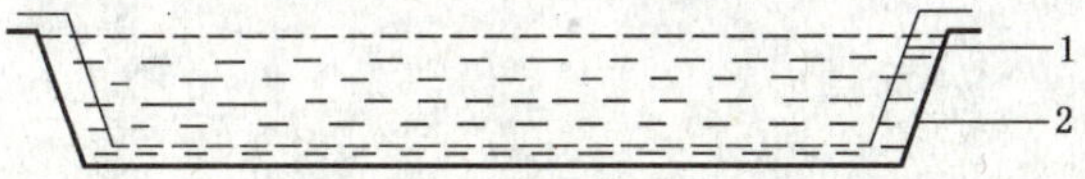

1——上盘；
2——下盘。

图 A.2 浅盘分离装置

附 录 B
（规范性附录）
香蕉穿孔线虫的形态特征图

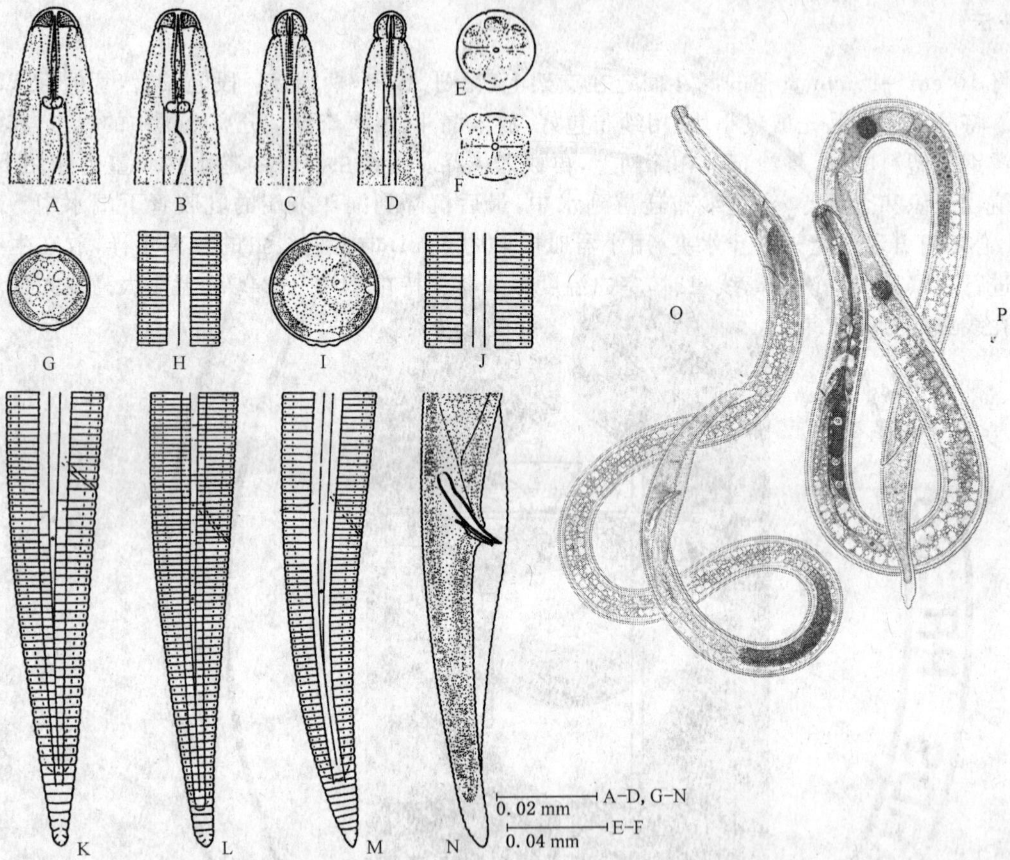

A——雌虫前部；
B——雌虫前部；
C——雄虫前部；
D——雄虫前部；
E——顶面观；
F——虫顶面观；
G——幼虫接近虫体中部的切面图；
H——幼虫接近虫体中部的侧面图；
I——雌虫接近虫体中部的切面图；
J——雌虫接近虫体中部的侧面图；
K——雌虫尾部；
L——雌虫尾部；
M——雌虫尾部；
N——雄虫尾部；
O——雄虫；
P——雌虫。

图 B.1 香蕉穿孔线虫形态特征（A～N 仿 Sher，1968；O～P 仿 Cobb，1915）

附 录 C
（资料性附录）
香蕉穿孔线虫玻片标本制作方法

C.1 线虫杀死

在生物体视显微镜下，用线虫挑针挑取少量线虫放至凹玻片上的水滴中，使线虫位于水滴中央。手持凹玻片在酒精灯火焰上来回 5 s～6 s，使线虫恰好被杀死为止。杀死大量的线虫，可将线虫悬浮液放在试管中于 65 ℃的水浴锅中放置 5 min 杀死线虫。

C.2 线虫固定

少量线虫被杀死后，可用线虫挑针将线虫移至 4%甲醛液中固定。大量的线虫被杀死后，在线虫悬浮液中加等量浓度双倍的固定液即可。

C.3 临时玻片标本的制作

以 4%甲醛液作为浮载剂，滴适量于载玻片上。用挑针将固定好的线虫移数条于浮载剂中，并使其完全沉下。浮载剂边缘均匀放置 3 mm～5 mm 长、直径与线虫体宽相近的玻璃纤维丝 3 根，加盖玻片。用滤纸吸去溢出的浮载剂，用指甲油封片。待指甲油干后再加封一次，可保存几天至数周。

C.4 永久玻片标本的制作

C.4.1 脱水

采用甘油酒精快速脱水法(Seinhorst，1959) 脱水，具体方法如下。

——将固定好的线虫移入含 FA(4∶1) 固定液(95%酒精 20 mL，甘油 1 mL，蒸馏水 79 mL)的贝氏小皿中；

——将其放入充满饱和酒精蒸汽(1/10 体积的 95%乙醇)的干燥器内，密封后置于 35 ℃～40 ℃恒温箱中，保持至少 12 h；

——取出小皿，在解剖镜或放大镜下小心吸去上层液体后(由于酒精的沉积，小皿中的液体会增加)，加入少量甘油酒精混合液(甘油 5 mL，95%乙醇 95 mL)；

——将小皿放置于培养皿中，盖上部分皿盖，再转移到 40 ℃恒温箱中脱水 3 h 以上，待酒精完全蒸发后，将线虫移至纯甘油液中。

C.4.2 制片

将直径 1.5 cm 的打孔器在酒精灯火焰上加热后，插到蜡盘中蘸取少量石蜡，并迅速轻按于载玻片中央。待冷却后即形成一个蜡圈。在蜡圈内滴一小滴乳酚油(用量以盖上盖玻片后不外溢为宜)作为浮载剂，将已脱水的线虫数条挑入其中，排列整齐，并使其完全沉下。将与线虫体宽相近的 3 根 3 mm～5 mm的玻璃纤维丝均匀置于浮载剂边缘，加盖玻片后，将载玻片移至 65 ℃～70 ℃的加热板上熔蜡，待蜡熔化后移至实验台上冷却。最后贴上标签，左边的标签写明样品号、寄主、截获口岸、产地、制作日期；右边的标签写线虫种名、数量等数据。

ICS 65.120
B 46

中华人民共和国国家标准

GB/T 24832—2009

饲料添加剂 半胱胺盐酸盐β环糊精微粒

Feed additive—Cysteamine hydrochloride beta-cyclodextrin beadlets

2009-12-15 发布　　2010-03-01 实施

中华人民共和国国家质量监督检验检疫总局
中国国家标准化管理委员会　发布

前 言

本标准由全国饲料工业标准化技术委员会提出并归口。

本标准起草单位:南京农业大学、上海华扩达生化科技有限公司。

本标准主要起草人:杨晓静、倪迎冬、陈永秦、闻芹堂、陈杰、赵茹茜、李玉茹、郭秀丽、武翠。

饲料添加剂
半胱胺盐酸盐β环糊精微粒

1 范围

本标准规定了饲料添加剂半胱胺盐酸盐β环糊精微粒的要求、试验方法、检验规则及标签、包装、运输、贮存和保质期的要求。

本标准适用于以饲料级半胱胺盐酸盐为原料，经β环糊精包被，采用淀粉等为辅料制成的微粒。

分子式：C_2H_8ClNS

相对分子质量：113.62(2005年国际相对原子质量)

化学结构式：$SH—CH_2—CH_2—NH_2 \cdot HCl$

2 规范性引用文件

下列文件中的条款通过本标准的引用而成为本标准的条款。凡是注日期的引用文件，其随后所有的修改单(不包括勘误的内容)或修订版均不适用于本标准，然而，鼓励根据本标准达成协议的各方研究是否可使用这些文件的最新版本。凡是不注日期的引用文件，其最新版本适用于本标准。

GB/T 6435　饲料中水分和其他挥发性物质含量的测定

GB 10648　饲料标签

GB/T 13079　饲料中总砷的测定

GB/T 13080　饲料中铅的测定　原子吸收光谱法

GB/T 14699.1　饲料　采样

中华人民共和国药典　2005年版二部

3 要求

3.1 性状

本品为类白色或淡黄色微小颗粒，无臭或微有臭味，易吸潮。

3.2 技术指标

技术指标应符合表1规定。

表1 技术指标

项　目		指　标
半胱胺盐酸盐/%		27.0～31.0
β环糊精/%	≥	8.0
水分/%	≤	5.0
总砷/(mg/kg)	≤	2.0
铅/(mg/kg)	≤	2.0

4 试验方法

4.1 抽样

按GB/T 14699.1执行。

4.2 **试剂和溶液**

4.2.1 乙腈:色谱纯。

4.2.2 庚烷磺酸钠:分析纯。

4.2.3 磷酸:分析纯。

4.2.4 甲醇:色谱纯。

4.2.5 盐酸:化学纯。

4.2.6 水:超纯水(或二次蒸馏水)。

4.2.7 50%甲醇水溶液:甲醇和水的体积比为1∶1。

4.2.8 0.017 mol/L庚烷磺酸钠溶液(含0.02%磷酸):称取1.7 g庚烷磺酸钠放入500 mL容量瓶中,加入0.1 mL H_3PO_4,然后用超纯水稀释定容至刻度。

4.2.9 流动相:将15份乙腈与85份0.017 mol/L庚烷磺酸钠溶液(4.2.8)(体积比)混合,经脱气抽滤后使用。抽滤的滤膜采用0.45 μm微孔聚四氟乙烯膜。

4.2.10 标准工作液:称取半胱胺盐酸盐标准品(≥98%),用50%甲醇水溶液(4.2.7)进行配制,一般可配成150 mg/100 mL~200 mg/100 mL,现配现用。

4.2.11 亚硝酸钠溶液:称取亚硝酸钠1 g,加水溶解并稀释定容至100 mL。

4.3 **主要仪器**

4.3.1 高效液相色谱仪,配紫外检测器。

4.3.2 流动相脱气抽滤装置。

4.3.3 超声波振荡器。

4.3.4 分析天平(感量:0.01 mg)。

4.4 **鉴别试验**

取本品10%水溶液5滴,加蒸馏水2 mL、盐酸0.5 mL、亚硝酸钠溶液0.5 mL,显橙红色。

4.5 **半胱胺盐酸盐的测定**

4.5.1 **色谱条件**

色谱柱:C_{18}柱,内径4.6 mm,长250 mm,粒度5 μm。

流动相(4.2.9):乙腈+0.017 mol/L庚烷磺酸钠溶液(4.2.8)。

流速:1.0 mL/min。

检测波长:214 nm。

进样体积:5 μL。

4.5.2 **试样溶液的制备**

精密称取样品约0.5 g(精确至0.01 g),放入100 mL容量瓶中。加入适量50%甲醇水溶液,超声5 min~8 min使样品完全溶解,定容。静置15 min,先用普通滤纸进行粗过滤,然后再用0.45 μm微孔聚四氟乙烯膜过滤。滤液用作HPLC进样分析。

4.5.3 **计算方法**

样品中的半胱胺盐酸盐的含量X以质量分数(%)表示,按式(1)计算:

$$X=\frac{A_1\times c_1\times 100}{A_2\times m_1}\times 100 \qquad (1)$$

式中:

A_1——样品色谱图中半胱胺盐酸盐色谱峰的面积;

c_1——标准样品的浓度,单位为毫克每毫升(mg/mL);

A_2——标准样品色谱图中半胱胺盐酸盐色谱峰的面积;

m_1——样品的质量,单位为毫克(mg)。

4.5.4 **允许差**

两次平行测定结果的相对偏差应不大于5%,取其算术平均值作为测定结果。

4.6 β环糊精含量测定

按中华人民共和国药典2005年版二部执行。

4.7 水分测定

按GB/T 6435执行。

4.8 总砷的测定

按GB/T 13079执行。

4.9 铅的测定

按GB/T 13080执行。

5 检验规则

5.1 出厂检验

本产品应由生产企业的检验部门按本标准进行检验，本标准第3章规定的项目为出厂检验项目，生产企业应保证所有产品均符合本标准规定的要求。每批产品检验合格后方可出厂，同班、同原料、同配方的产品为一批。

5.2 判定规则

如果检验结果有一项指标不符合本标准要求时，应加倍抽样进行复检，复检结果仍有一项指标不符合本标准要求时，则整批产品不合格。

6 标签、包装、运输、贮存和保质期

6.1 标签

应符合GB 10648规定。

6.2 包装

本品内包装为铝塑复合材料袋，外包装为纸板箱或纸筒箱。每件包装量可根据用户的要求而定。

6.3 运输

运输过程应避免日晒雨淋、受热及防止破损。搬运装卸应小心轻放，不应与有毒有害或其他污染的物品以及具有氧化性的物质混装、混运。

6.4 贮存

产品应存放在库房内，符合分类贮存的要求。库房应通风良好、阴凉，保持库房内干燥，严防污染。

6.5 保质期

在符合6.3、6.4的条件下，原包装保质期为18个月。开封后尽快使用，以免变质。

ICS 29.240.10
K 45

中华人民共和国国家标准

GB/T 24833—2009

1 000 kV 变电站监控系统技术规范

Technical specification for 1 000 kV substation automation system

2009-11-30 发布

2010-05-01 实施

中华人民共和国国家质量监督检验检疫总局
中国国家标准化管理委员会 发布

前　　言

本标准由中国电力企业联合会提出。

本标准由中国电力企业联合会归口。

本标准由特高压交流输电标准化技术工作委员会、国网电力科学研究院负责解释。

本标准的附录A为资料性附录。

本标准负责起草单位:国家电网公司、国网电力科学研究院、国家电力调度通信中心。

本标准参加起草单位:中国电力科学院、北京四方继保自动化股份有限公司、南京南瑞继保电气有限公司、国电南京自动化股份有限公司、许继电气股份有限公司。

本标准主要起草人:徐石明、韩先才、于军、石俊杰、王永福、刘洪涛、李斌、丁杰、倪益民、陆建峰、陆天健、杨威、任雁铭、章立扬、宋小会、蒋衍君。

引　　言

1 000 kV 输变电技术属输变电技术领域的前沿，国内没有先例，国外也尚未有商业运行的经验，因此国内外均没有针对 1 000 kV 变电站监控系统的技术规范。为了规范 1 000 kV 变电站监控系统的系统结构及配置、软件架构、系统功能、系统性能指标以及电源、机柜、场地与环境、防雷与接地等技术要求，指导其生产建设和运行维护，提升我国变电站自动化技术水平，特制定本标准。

1 000 kV 变电站监控系统技术规范

1 范围

本标准规定了1 000 kV 变电站监控系统的结构、硬软件配置要求、系统功能、性能指标及运行环境要求等。

本标准适用于新建、扩建、改建的交流1 000 kV 变电站监控系统。

2 规范性引用文件

下列文件中的条款通过本标准的引用而成为本标准的条款。凡是注日期的引用文件，其随后所有的修改单(不包括勘误的内容)或修订版均不适用于本标准，然而，鼓励根据本标准达成协议的各方研究是否可使用这些文件的最新版本。凡是不注日期的引用文件，其最新版本适用于本标准。

GB/T 3047.1 高度进制为20 mm的面板、架和柜的基本尺寸系列

GB/T 13729 远动终端设备

GB/T 15145 输电线路保护装置通用技术条件

GB/T 15532 计算机软件测试规范

GB/T 17626.2 电磁兼容 试验和测量技术 静电放电抗扰度试验(GB/T 17626.2—2006, IEC 61000-4-2:2001,IDT)

GB/T 17626.3 电磁兼容 试验和测量技术 射频电磁场辐射抗扰度试验(GB/T 17626.3—2006,IEC 61000-4-3:2002,IDT)

GB/T 17626.4 电磁兼容 试验和测量技术 电快速瞬变脉冲群抗扰度试验(GB/T 17626.4—2008,IEC 61000-4-4:2004,IDT)

GB/T 17626.5 电磁兼容 试验和测量技术 浪涌(冲击)抗扰度试验(GB/T 17626.5—2008, IEC 61000-4-5:2005,IDT)

GB/T 17626.6 电磁兼容 试验和测量技术 射频场感应的传导骚扰抗扰度(GB/T 17626.6—2008,IEC 61000-4-6:2006,IDT)

GB/T 17626.8 电磁兼容 试验和测量技术 工频磁场抗扰度试验(GB/T 17626.8—2006, IEC 61000-4-8:2001,IDT)

GB/T 17626.9 电磁兼容 试验和测量技术 脉冲磁场抗扰度试验(GB/T 17626.9—1998, IEC 61000-4-9:1993,IDT)

GB/T 17626.10 电磁兼容 试验和测量技术 阻尼振荡磁场抗扰度试验(GB/T 17626.10—1998,idt IEC 61000-4-10:1993)

GB/T 17626.11 电磁兼容 试验和测量技术 电压暂降、短时中断和电压变化的抗扰度试验(GB/T 17626.11—2008 ,IEC 61000-4-11:2004,IDT)

GB/T 17626.12 电磁兼容 试验和测量技术 振荡波抗扰度试验(GB/T 17626.10—1998, idt IEC 61000-4-12:1995)

DL/T 634.5101 远动设备及系统 第5-101部分:传输规约基本远动任务配套标准(DL/T 634.5104—2002,idt IEC 60870-5-101)

DL/T 634.5104 远动设备及系统 第5-104部分:传输规约采用标准传输协议子集的IEC 60870-5-101网络访问(DL/T 634.5104—2002,idt IEC 60870-5-104)

DL/T 667 远动设备及系统 第5部分:传输规约 第103篇 继电保护设备信息接口配套标准

(DL/T 667—1999,idt IEC 60870-5-103:1997)

DL/T 719　远动设备及系统　第5部分:传输规约　第102篇　电力系统电能累计量传输配套标准

DL/T 720　电力系统继电保护柜、屏通用技术条件

DL/T 860　变电站通信网络和系统(idt IEC 61850)

DL/T 1023　变电站仿真机技术规范

DL/T 5149　220 kV～500 kV变电所计算机监控系统设计技术规程

3　术语和定义

下列术语和定义适用于本标准。

3.1

变电站监控系统　substation automation system

以计算机、网络和通信技术为基础,实现变电站信息采集、处理、监视、控制、运行管理等功能的计算机应用系统。

3.2

过程层　process level

由断路器(含智能化)、互感器(含电子式)等一次设备和与之通信与操作的连接构成,面向电能输送主设备的控制层。

3.3

间隔层　bay level

由测控装置、继电保护装置、间隔层网络设备以及与站控层网络的接口设备等构成,面向单元设备的就地测量控制层。

3.4

站控层　station level

由主机、操作员站、远动装置、继电保护工作站等构成,面向全变电站进行运行管理的中心控制层。

3.5

直采直送　direct acquisition and transmission

直采直送是指上传数据直接从间隔层设备获取,不做中间处理,只需转换为调度通信规约即可送出。

3.6

电磁兼容性　electromagnetic compatibility;EMC

设备或系统在其所处的电磁环境中正常工作,并要求不对该环境中其他设备造成不可承受的电磁骚扰的能力。

3.7

平均故障间隔时间　mean time between failures;MTBF

从新的产品在规定的工作环境条件下开始工作到出现第一个故障的时间的平均值(h)。

3.8

平均恢复时间　mean time to repair;MTTR

从出现故障到恢复中间的这段时间的平均值(h)。

3.9

双机系统可用率

指平均故障间隔时间减去平局恢复时间除以平均故障间隔时间的百分比。公式是:

$$((MTBF-MTTR)/MTBF)\times 100\%$$

4 总则

4.1 1 000 kV 监控系统应采用成熟可靠的、有运行经验的系统，在产品成熟可靠的情况下，可以考虑采用 DL/T 860 系列标准、合并单元、电子式互感器等。

4.2 应合理配置 1 000 kV 变电站自动化设备及有关二次设备，实现资源共享，使得设计、施工、维护简单。

4.3 所有在系统中应用的产品应通过具有国家级资质认证的电力工业设备质量检验测试机构的测试并取得检测合格证书。

5 系统结构及配置

5.1 总体要求

5.1.1 可靠性要求

5.1.1.1 系统开发应遵循软件工程的方法，测试应符合 GB/T 15532 的要求。

5.1.1.2 系统软件平台应选择可靠、安全的产品和版本。

5.1.1.3 监控系统的重要单元或单元的重要部件应为冗余配置，单个故障不能影响系统功能的可靠性。重要单元或单元的重要部件是监控主机、远动工作站、网卡、独立显卡、交换机、合并单元(采用电子式互感器时)或者根据工程实际情况需要冗余配置的其他一些设备。

5.1.1.4 系统应能够隔离故障设备或部件，排除故障时不能影响其他各节点的正常运行。

5.1.1.5 双机系统应支持无扰动切换。

5.1.2 开放性要求

5.1.2.1 系统应满足开放性要求，选用通用的、符合相关国际标准和国家标准的软硬件产品，包括计算机、网络设备、操作系统、网络协议、数据库等。

5.1.2.2 系统应采用开放式体系结构，提供开放式环境，支持多种硬件平台，所有功能模块之间的接口标准应统一，支持用户应用软件程序开发。

5.1.2.3 系统应具有良好的可扩展性，可以方便进行扩充和升级。

5.1.3 可维护性要求

5.1.3.1 系统应具备完善的数据录入工具，方便系统维护人员画图、建模、建库，实现三者数据的同步性和一致性。

5.1.3.2 系统应具备简便、易用的维护诊断工具，使系统维护人员可以迅速、准确地确定异常和故障发生的位置、原因。

5.1.3.3 产品应有完整详细的使用和维护手册。

5.1.4 安全性要求

5.1.4.1 系统在设计时应考虑安全防护的要求，采取的措施应符合国家有关规定，应具备自身安全防护设施。

5.1.4.2 系统应通过电力调度数据网络实现上下级异地系统的互联。与其他安全等级低的信息系统之间以网络方式互联时，应采用经国家有关部门认证的专用、可靠的安全隔离设备，不得直接相连。

5.1.4.3 系统禁止与互联网相连。

5.1.4.4 应采取各种措施防止内部人员对系统软、硬件资源、数据的非法利用，严格控制各种计算机病毒的侵入与扩散。

5.2 系统结构

5.2.1 变电站监控系统由站控层、间隔层两部分组成，并用分层、分布、开放式网络系统实现连接。在应用电子互感器、合并单元的情况下，可增加过程层。

5.2.2 站控层由计算机网络连接的主机、操作员站和工作站等设备构成，提供站内运行的人机联系界面，实现管理控制间隔层设备等功能，并可与调度中心通信。站控层的设备宜集中布置。

5.2.3 间隔层由测控单元、间隔层网络和各种网络、通信接口设备等构成，完成面向单元设备的监测控制等功能。在站控层及网络失效的情况下，间隔层应能独立完成就地监控的功能。间隔层设备宜按相对集中方式分散下放到各个二次设备小室，按串或间隔组屏。

5.2.4 过程层面对电气一次设备对象，包括智能开关、智能终端等智能一次及辅助设备。辅助设备宜分散就地安装，以通信方式与间隔层或者站控层连接。

5.2.5 网络拓扑结构灵活，可以采用总线型、环形、星型或几种相结合的方式。

5.2.6 站控层设备、主控室与二次设备小室之间应采用以太网方式组网，传输速率不低于 100 Mbit/s，并满足与电力系统专用网络连接及容量扩充等要求。

5.2.7 二次设备小室的间隔层设备应采用以太网方式组网，传输速率不低于 100 Mbit/s，可设子网。

5.2.8 应具备合理的网络架构和信息处理机制，在正常及事故状态下不能因为网络负荷过重而影响系统运行。

5.2.9 网络的抗干扰能力及传送距离应满足系统运行要求。

5.2.10 按照 5.1.4 的要求，应在变电站层面构造控制区和非控制区。应将故障录波装置和电能量采集装置置于非控制区；对继电保护管理终端，具有远方设置功能的应置于控制区，否则置于非控制区。当采用专用通道和专用协议进行非网络方式的数据传输时，可逐步采取简单加密等安全防护措施。厂站的远方视频监视系统应当相对独立，不能影响监控系统功能。

5.3 系统配置

5.3.1 硬件配置

5.3.1.1 根据 5.2 和本条硬件配置的内容，监控系统主要有两种系统配置方案，一种是测控装置、保护装置直接接以太网网模式，另外一种保护装置经保护管理机接以太网网模式，可参见附录 A。

5.3.1.2 站控层设备

负责整个系统的集中监控，布置在主控室或计算机室，包括监控主机、操作员站、远动工作站、工程师工作站、保信子站、五防工作站、操作仿真工作站、公用接口设备、网络设备及打印机等，其中主要设备如下：

a) 监控主机。具有系统主处理器及服务器的功能，为站控层数据收集、处理、存储及发送的中心，且与操作员站分列。

b) 操作员站。站内监控系统的主要人机界面，用于图形及报表、事件记录及报警状态显示和查询，设备状态和参数的查询，操作指导，操作控制命令的解释和下达等。通过操作员站，运行值班人员能够实现全站设备的运行监视和操作控制。

c) 远动工作站。应具有远动数据处理及通信功能，实现与监控系统信息共享，远动信息为直采直送，按照调度端所要求的通信规约，完成与各级调度的通信。远动工作站需采用嵌入式设备，无风扇，且独立配置。

d) 工程师工作站。用以监视维护和管理计算机系统设备。

e) 保信子站。应能在正常和电网故障时，采集、处理各种所需信息，并利用上述信息，为继电保护运行、管理服务，为分析、处理电网故障提供支持。保信子站应具备多路数据转发的能力，通过网络通道向多个调度中心进行数据转发，支持根据调度中心命令对相应装置进行查询和远程维护，包括远程配置、可视化数据库维护、参数的上传下载、设备运行状态监视等。

f) 五防工作站。可单独设置，也可与监控系统操作员站一体化，可离线或在线运行，存有全站设备操作的防误闭锁逻辑，应具备自动打印、查询、删除、保存操作票，并实现模拟预演等功能。

g) 操作培训工作站。分为教员机和学员机，实现对运行人员的操作培训仿真。

5.3.1.3 间隔层设备

负责各间隔就地监控，按一次设备间隔配置，布置在相应二次设备小室内，完成就地有关设备信息的采集、处理，断路器的监控、防误操作闭锁，同期合闸等功能。

5.3.1.4 过程层设备

主要指应用的智能开关、电子式互感器、合并单元、智能终端等智能一次设备以及过程层通信网络和接口。电子式互感器、合并单元、智能终端、过程层通信网络应冗余配置。

5.3.1.5 网络设备

包含网络交换机、硬件隔离设备、网络连接线、电缆、光纤等设备。应采用网络交换机作为网络连接设备，并采用工业级产品。通信介质采用超五类屏蔽双绞线，也可采用光纤。

5.3.2 软件配置

5.3.2.1 软件配置应满足 5.1 的总体要求。

5.3.2.2 操作系统应采用国际上主流先进、安全可靠、具有标准版本、主机加固的操作系统，且具有软件许可证。

5.3.2.3 数据库应采用国际上主流先进、安全可靠、具有标准版本的数据库，且具有软件许可证。

5.3.2.4 系统功能模块可自由组合。数据库组件应为各应用组件提供一致的读写接口。

5.3.2.5 软件应包含数据库管理子系统、网络通信管理子系统、图形管理子系统、报表管理子系统和系统管理子系统、组态工具、专业应用等模块。

6 系统功能

6.1 数据采集处理

6.1.1 系统应通过测控单元实时采集模拟量、开关量。测控单元以下列方式获取模拟量和开关量：

a) 通过电缆硬连接方式与传统互感器和开关连接。

b) 通过网络通信方式与电子互感器的合并单元、智能终端相连。

6.1.2 以通信方式采集模拟量和开关量的方式中，通信规约应符合 DL/T 860 的要求。

6.1.3 需要采集的模拟量、开关量范围应符合 DL/T 5149 的要求，模拟量、开关量采集本身的电气特性应符合 GB/T 13729 的要求。

6.1.4 采集到的数据应进行有效性检查、工程值转换、信号接点抖动消除、刻度计算等加工，然后以统一格式放入监控系统，并对不良数据进行监测。

6.2 数据库的建立与维护

6.2.1 数据库的建立监控系统应建立实时数据库和历史数据库，并满足下列要求：

a) 实时数据库：载入系统采集的实时数据，其数值应根据运行工况的实时变化而不断更新，记录设备的当前状态，刷新周期及数据精度应满足工程要求。

b) 历史数据库：对于需要长期保存的重要数据采应用选定周期的方式存在数据库中。历史数据应能存储 1 年及以上。所有的历史数据应能转存到光盘或者其他大容量存储设备并可恢复。

6.2.2 数据库维护应满足下列要求：

a) 数据库应便于扩充和维护，满足数据规模的不断扩充及应用程序的修改等方面的要求。

b) 应具备在线或者离线修改维护数据库功能，对数据库中任一数据进行修改时，数据库管理系统应对所有工作站上的相关数据同时进行修改，不能影响数据的一致性和完整性。

c) 应提供友善的人机界面进行数据库操作。

d) 在系统死机、硬件故障或者电源掉电时，系统应自动保护实时和历史数据库，在故障排除重新启动后，应自动恢复至故障前状态。

6.3 控制操作

6.3.1 应具有自动控制和手动控制两种控制方式。控制操作级别由高到低为就地、站内主控、远方调度/集控，操作应遵守唯一性原则。

6.3.2 自动控制应包括顺序控制和调节控制，应具有电压无功自动控制、主变联调控制、以及操作顺序控制等功能,这些功能应各自独立,互不影响。由站内设定其是否采用或者运行。

6.3.3 在自动控制过程中,程序遇到任何软、硬件故障均应输出报警信息,停止控制操作,并保持所控设备的状态。

6.3.4 在人工操作时,监控系统应具有操作监护功能,监护人员可在本机或者另外的操作员站实施监护。

6.3.5 在任何控制方式下都应采用选择、返校、执行三个步骤,实施分步操作。

6.3.6 所有的控制操作(包括自动控制和人工控制)应自动生成日志,录入系统数据库,且禁止删除和修改。

6.3.7 间隔层和过程层设备应具备作为后备操作或检修操作的手段。

6.4 防误闭锁

6.4.1 监控系统应具有防止误拉、合断路器;防止带负荷拉、合刀闸;防止带电挂接地线;防止带地线送电;防止误入带电间隔(五防)的功能。

6.4.2 防误闭锁应由站控层防误、间隔层测控装置防误及现场布线式单元电气闭锁三个层面构成。

6.4.3 所有操作控制应有防误闭锁环节,与站内防误闭锁编码锁协同完成全站防误闭锁操作,并有出错报警和判断信息输出。

6.4.4 宜具备与GIS组合开关、PASS插接式开关的接口。

6.5 同期

6.5.1 应具备检无压合闸和检同期合闸两种工作方式。

6.5.2 应能根据电气接线状态,自动选择同期检测的对象。

6.5.3 本功能宜由间隔层设备完成。

6.6 报警处理

6.6.1 应具有事故报警和预告报警功能。事故报警应包括非正常操作引起的断路器跳闸和保护装置动作信号;预告报警应包括一般设备变位、状态异常信息、模拟量或温度量越限、工况投退等。

6.6.2 报警发生时应立即推出报警条文,并伴以声、光提示,也可打印输出,事故信号和预告信号可以明显区分,带确认功能。报警点可人工退出/恢复。

6.6.3 报警处理宜采用智能处理方案。应根据现场实际情况,自动判别报警级别和报警条目之间的联系,确定报警内容,简化报警窗口信息量。

6.7 事件顺序记录及事故追忆

6.7.1 事件顺序记录(SOE)应包含开关、刀闸变位、保护动作、人工操作等内容,其分辨率应满足同一装置1 ms,不同装置之间2 ms的要求。

6.7.2 事故追忆应记录事故前1 min至事故后5 min的相关模拟量,根据不同的触发条件可选择必要的模拟量进行记录。事故追忆可由事故或手动产生,数个触发点同时发生不应影响系统可靠性。

6.8 画面生成及显示

6.8.1 系统应具有图元编辑、图形制作和显示功能,并与实时数据库相关联,可动态显示系统采集的开关量和模拟量、系统计算量和设备技术参数。

6.8.2 画面应支持分层、漫游、打印输出。

6.8.3 画面应支持控制、召唤定值、参数等操作。

6.8.4 应具有电网拓扑识别功能,实现带电设备的颜色标识。

6.9 在线计算及制表

6.9.1 应具有加、减、乘、除、积分、求平均值、求最大最小值和逻辑判断、功率总加、分时累计等计算功能。

6.9.2 计算参量可以是采集量、人工输入量或者前次计算量。

6.9.3 应具有用户自定义特殊公式功能,并可按要求整定周期进行计算。

6.9.4 系统应利用系统数据库的各种数据，支持生成不同格式的生产报表。

6.9.5 报表应支持文件、打印等方式输出。

6.9.6 报表应按时间顺序存储，报表保存量应满足运行管理需求。

6.10 远动功能

6.10.1 系统应把采集及计算的数据以某种方式进行封装，并通过通信通道发送到调度/集控中心或者其他需要这些数据的系统。

6.10.2 应支持串口和网络通信方式，通讯规约应支持 DL/T 634.5101，DL/T 634.5104，DL/T 860 中的一种或多种。

6.10.3 应支持与多个调度/集控中心通信，支持多通道，并监视通道状态，支持无扰动自动切换。

6.10.4 在执行由调度/集控中心下达的遥控等重要命令时，应采用唯一性原则。

6.11 与智能设备和系统通讯

6.11.1 与微机保护的接口

6.11.1.1 系统与微机继电保护的接口应支持以下两种方式：

a) 硬接点方式。

b) 通信方式。

6.11.1.2 通信方式应支持以下两种方式：

a) 串口方式，通信规约应采用 DL/T 667。

b) 以太网方式，通信规约宜采用 DL/T 860。

6.11.2 与电能计量系统的接口

应具有与电能计量系统通信的接口，通讯规约宜采用 DL/T 719。

6.11.3 与其他设备的接口

应具有与下列各系统或者智能设备接口的能力：

a) 一次设备在线监测系统；

b) 视频系统；

c) 直流系统；

d) UPS 系统；

e) 火灾报警及消防系统；

f) 安防系统。

6.12 时钟同步系统

6.12.1 应支持接收北斗、GPS 或者基于电网的对时系统的信号并进行对时。

6.12.2 系统应具有冗余、切换、守时、补偿等功能。

6.12.3 系统应负责与变电站内各种需要对时的设备或者系统提供对时的软、硬接口。

6.12.4 应支持以下对时方式中的一种或多种：

a) IRIG-B(DC)方式；

b) 串口方式；

c) 1PPM 方式(空接点)；

d) 1PPS 方式(空接点)；

e) 1PPM 方式(24 V 有源接点)；

f) 差分方式；

g) IEEE1588 对时方式。

6.13 I/O 测控单元

6.13.1 测控单元应具有高精度测量能力，A/D 分辨率不低于 16 位，且能够满足对数据进行时标处理的要求。

6.13.2 测控单元应选用强电 I/O 模块，能在静电、高频、强磁场干扰的环境中正常工作而不降低精度和处理能力，抗干扰能力能满足变电站运行环境的要求。

6.13.3 间隔层的单元测控装置应能实时反映本间隔一次设备的分、合状态，有该电气单元的实时模拟接线状态图。

6.13.4 测控屏采用冗余的 110 V 或 220 V 直流供电方式，当电压波动范围在±20%内时，测控单元应正常工作。

6.13.5 间隔层设备应能互相通信，实现信息共享。

6.13.6 测控单元应可设置所测量间隔的检修状态，此时自动化信息不上送当地后台及各级调度主站。

6.13.7 I/O 测控单元异常不能引起误动。

6.14 系统的自诊断与自恢复

6.14.1 系统应在线诊断各软件和硬件的运行工况，当发现异常及故障时能及时报警并存储。

6.14.2 系统应具有看门狗功能。

6.14.3 对于间隔层的测控单元，可通过便携式计算机对其进行维护。

6.15 电压无功自动调节

6.15.1 本功能属于可选。

6.15.2 电压无功自动调节功能应设定“自动/手动”、“站端/调度端”、“投入/退出”选择开关，供运行人员选择选择操作方式。

6.15.3 控制应分为开环、闭环两种。开环控制不出口，只提示值班员当前操作策略，闭环控制实际出口。

6.16 变电站培训仿真系统

6.16.1 本功能属于可选。

6.16.2 变电站培训仿真系统应通过硬件隔离设备接至监控系统主网，自动与监控系统核对设备状态，获得同一实时断面数据。

6.16.3 变电站培训仿真系统中的教员机、学员机应独立设置。

6.16.4 变电站培训仿真系统的功能和技术要求应符合 DL/T 1023。

6.17 模型与配置

6.17.1 系统在采用 DL/T 860 的情况下，应遵循本条款。

6.17.2 系统所描述的的变电站内的设备模型（含一次设备与二次设备）和交互流程，均应遵守 DL/T 860。如果模型在 DL/T 860 没有相关描述，则允许采用自定义方式。自定义建模、模型扩充原则和方法等应符合国家或行业相关标准的规定。

6.17.3 系统应提供灵活的模型配置工具，能自动正确识别和导入不同制造商的模型文件，具备良好的兼容性，配置工具应包括系统配置工具和装置配置工具。

6.17.3.1 装置配置工具应生成和维护装置 ICD 文件，并支持导入 SCD 文件以提取需要的装置实例配置信息，完成装置配置并下装配置数据到装置，同一厂商同一类型装置 ICD 文件的数据模板应符合一致性原则。

6.17.3.2 系统配置工具应生成和维护 SCD 文件，支持生成或导入 SSD 和 ICD 文件，且应保留 ICD 文件的私有项；应对一、二次系统的关联关系、全站的 IED 实例、以及 IED 间的交换信息进行配置，完成系统实例化配置，并导出全站 SCD 配置文件。

6.18 其他

6.18.1 在采用 DL/T 860 的情况下，系统应做一致性测试试验。

6.18.1.1 系统和装置应通过具有国家级资质认证的电力工业设备质量检验测试机构或者国际权威机构的相关测试，并提供相关证明文件。

6.18.1.2 系统在测试和工程调试时应提供协议实现一致性说明（PICS）、用于测试的协议实现额外信息(PIXIT)、模型实现一致性说明(MICS)。

6.18.1.3 系统在工程调试中应根据工程的实际要求进行一致性调试和测试。

7 性能指标

7.1 系统性能指标

性能指标见表1。

表1 系统性能指标表

序号	技术参数名称	参数
1	模拟量 U、I 测量误差	≤0.2%
	模拟量 P、Q 测量误差	≤0.5%
2	电网频率测量误差	≤0.01 Hz
3	事件顺序记录分辨率(SOE)	同一装置 1 ms,不同装置、不同间隔之间 2 ms
4	遥测超越定值传送时间(至站控层)	≤2 s
5	遥信变位传送时间(至站控层)	≤1 s
6	遥测信息响应时间(从 I/O 输入端至远动工作站出口)	≤2 s
7	遥信变化响应时间(从 I/O 输入端至远动工作站出口)	≤1 s
8	遥控命令执行传输时间	≤3 s
9	动态画面响应时间	≤2 s
10	双机系统可用率	≥99.99%
11	控制操作正确率	100%
12	系统平均无故障间隔时间(MTBF)	≥30 000 h
13	(其中 I/O 单元模件 MTBF)	≥50 000 h
14	间隔级测控单元平均无故障间隔时间	≥40 000 h
15	各工作站的 CPU 平均负荷率:	
	正常时(任意 30 min 内)	≤20%
	电力系统故障时(10 s 内)	≤40%
16	网络负荷率	
	正常时(任意 30 min 内)	≤20%
	电力系统故障(10 s 内)	≤30%
17	模数转换分辨率	≥16 位
18	整个系统对时精度	≤1 ms
19	远动工作站双机切换时间	≤10 s
20	双网切换时间	≤10 s
21	后台双机切换时间	≤10 s

7.2 抗干扰能力

装置在电磁骚扰、一次回路操作、开关站故障、二次回路操作干扰及其他强电磁干扰作用下,应能保证正常工作及动作的正确性。装置不应要求其交直流输入回路外接抗干扰元件来满足有关电磁兼容标准的要求。装置的电磁兼容性能要求见表 2。

表 2 电磁兼容性能指标

序号	试验项目	标准号	级别
1	静电放电抗扰度试验	GB/T 17626.2	四级
2	射频电磁场辐射抗扰度试验	GB/T 17626.3	三级
3	电快速瞬变脉冲群抗扰度试验	GB/T 17626.4	四级
4	浪涌(冲击)抗扰度试验	GB/T 17626.5	四级
5	射频场感应的传导骚扰抗扰度	GB/T 17626.6	四级
6	工频磁场抗扰度试验	GB/T 17626.8	四级
7	脉冲磁场抗扰度试验	GB/T 17626.9	五级
8	阻尼振荡磁场抗扰度试验	GB/T 17626.10	五级
9	电压暂降、短时中断和电压变化的抗扰度试验	GB/T 17626.11	四级
10	振荡波抗扰度试验	GB/T 17626.12	四级

8 电源

8.1 电源使用范围

间隔层设备(包括小室网络交换机)采用 DC220 V 供电,站控层微机设备采用 AC220 V 供电。

8.2 电源要求

应符合 GB/T 13729 的要求。对 UPS 电源应满足下列技术指标:

a) 备用电源切换时间<5 ms;

b) 备用时间≥2 h。

9 机柜

机柜应符合 GB/T 3047.1 和 DL/T 720 的要求。

10 场地与环境

10.1 温度与湿度

a) 室内环境温度:−5 ℃～45 ℃;

b) 最大日温差:25 ℃;

c) 最大相对湿度:日平均:95%;月平均:90%;

d) 贮存、运输极限环境温度:符合 GB/T 15145 的要求。

10.2 耐震能力

a) 水平加速度:0.3g;

b) 垂直加速度:0.15g;

c) 正弦共振三周波,安全系数:≥1.67。

10.3 其他

a) 海拔高度:≤1 000 m;

b) 安装方式:室内垂直安装屏立面倾斜度不大于 5°;

c) 周围环境:符合 GB/T 15145 的要求。

11 防雷与接地

11.1 防雷与接地应符合 DL/T 5149 的要求。

11.2 防雷应采取下列要求：

a) 监控系统应设有防雷和防止过电压的保护措施。

b) 在各种装置的交、直流输入处应设电源防雷器。

c) 监控系统跨小室的通信连接(包含网络与串口方式)和远动专用通道应有电气隔离措施。

d) 系统交流回路应设防雷器。

e) 卫星时钟天线应设防雷器。

11.3 接地应采取下列措施：

a) 监控系统信号电缆遵循“一点接地”原则，接地线连接于变电站的主接地网的一个点上。

b) 监控系统的机箱、机柜、打印机外设等设备均应可靠接地。

c) 通信设备各直流电源正极在电源设备侧均应直接接地。

d) 控制电缆的屏蔽层两端应可靠接地。

e) 信号电缆的内屏蔽层在计算机侧一点接地，外屏蔽层宜两端接地。

f) 主控室应采取屏蔽措施。

附　录　A
（资料性附录）
监控系统配置方案

推荐的监控系统配置方案有以下两种模式：

A.1　测控、保护装置直接接以太网模式

测控、保护装置直接接以太网模式见图A.1。直接上网模式一般要求所有的测控、保护装置采用同一种通信规约。双网冗余，一般配置下列设备：

a)　主机　　2台
b)　操作员工作站　　2台
c)　五防工作站　　1台
d)　工程师工作站　　1台
e)　远动工作站　　2台
f)　公用接口设备　　1台
g)　网络打印机　　1台
h)　防火墙　　1台
i)　测控装置　　若干
j)　保护装置　　若干
k)　交换机　　若干

A.2　保护装置经保护管理机接以太网模式

保护装置经保护管理机接以太网模式见图A.2。该模式主要是由于保护装置采用串口方式通信，或者采用厂家定义的网络103规约通信，不便于直接上网，需要增加保护管理机转换通信规约后再上网。其他配置设备同A.1。

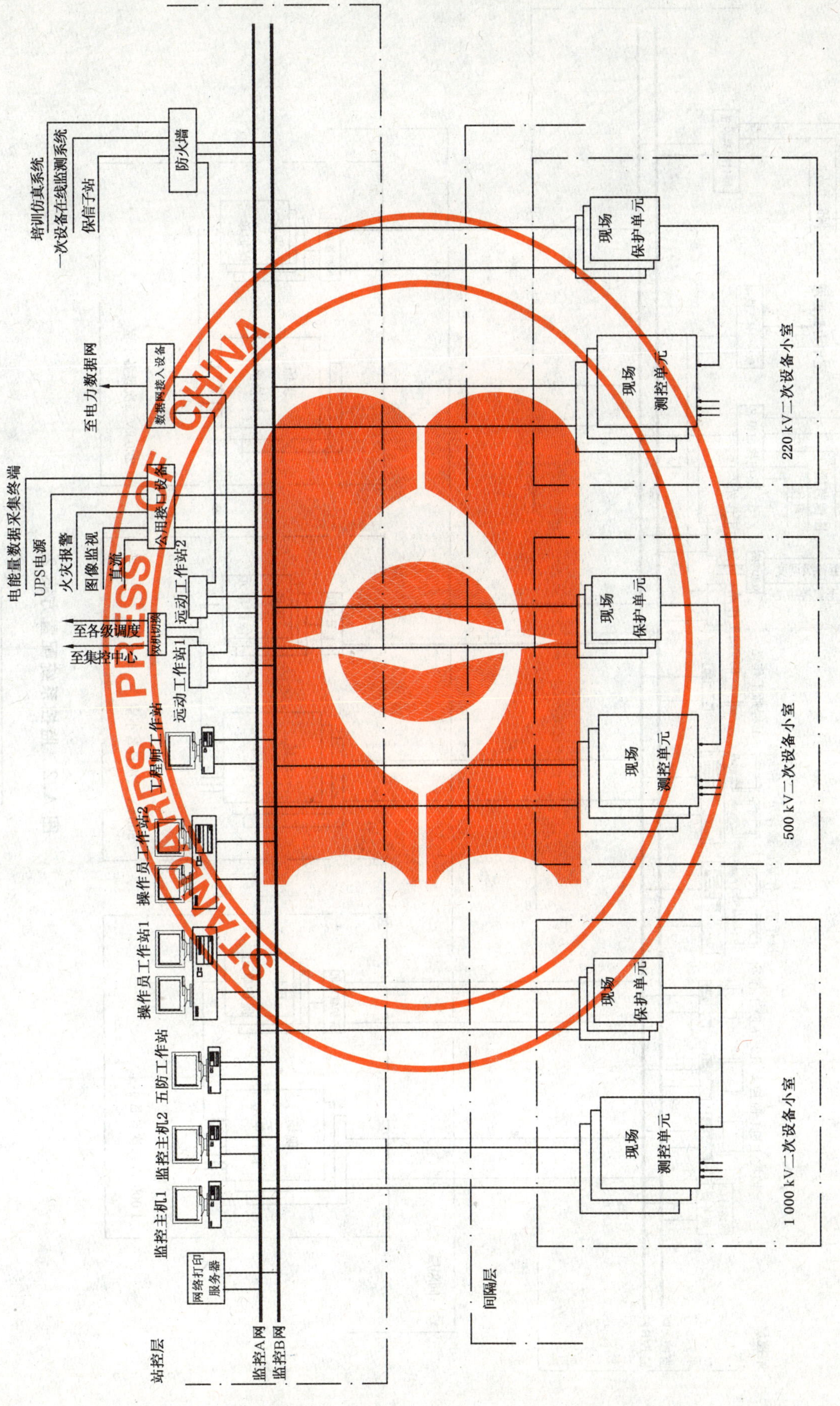

图 A.1 监控系统配置方案 1

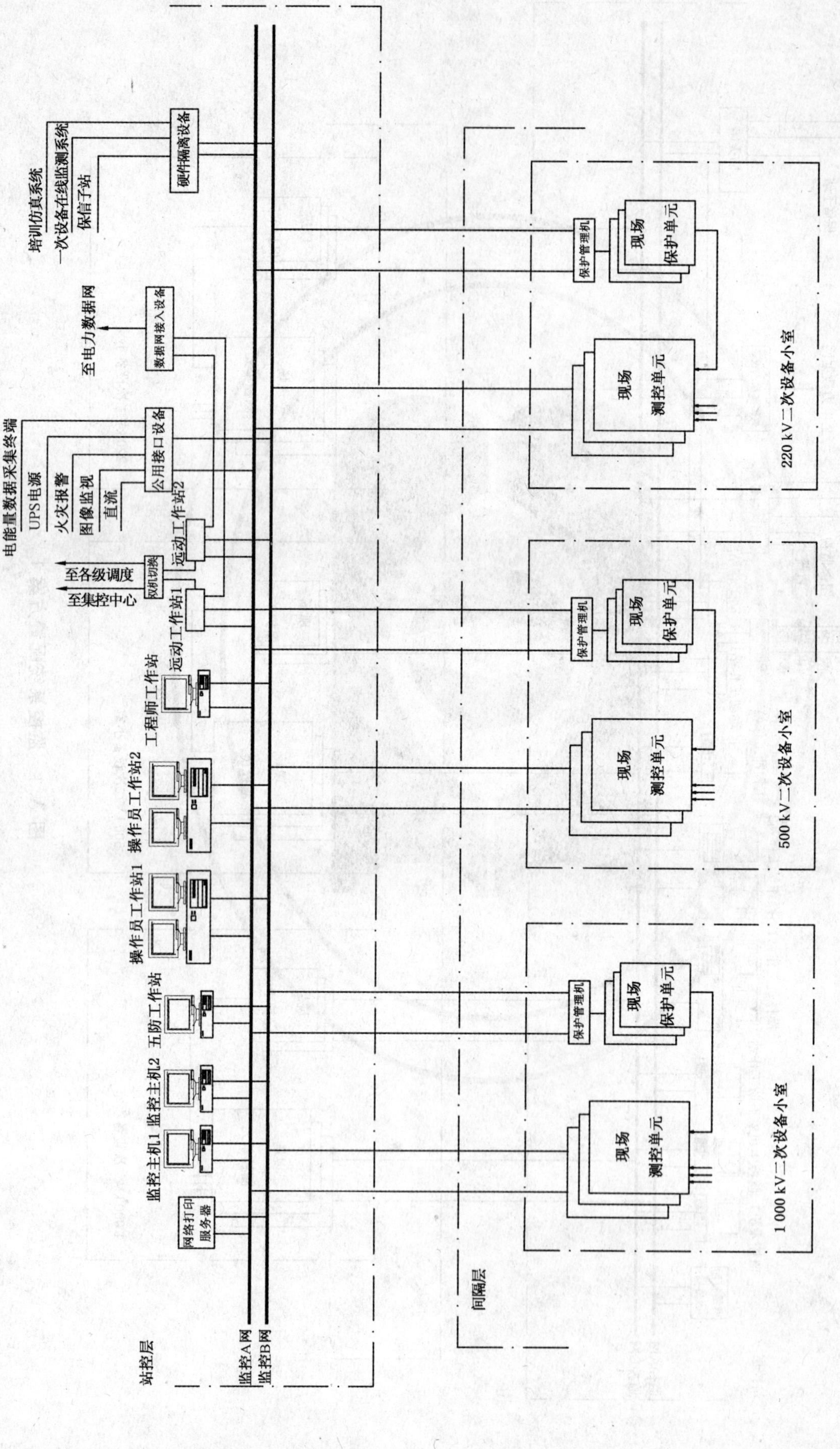

图 A.2 监控系统配置方案 2

ICS 29.240.20
K 47

中华人民共和国国家标准

GB/T 24834—2009

1 000 kV 交流架空输电线路金具技术规范

Technical specification for fittings of 1 000 kV AC overhead transmission line

2009-11-30 发布　　　　2010-05-01 实施

中华人民共和国国家质量监督检验检疫总局
中国国家标准化管理委员会　发布

前　言

本标准由中国电力企业联合会提出。

本标准由中国电力企业联合会归口。

本标准由特高压交流输电标准化技术工作委员会、中国电力科学研究院负责解释。

本标准负责起草单位：国家电网公司、中国电力科学研究院。

本标准参加起草单位：中国电力工程顾问集团公司。

本标准主要起草人：孙昕、王景朝、丁扬、侯继勇、袁骏、李勇伟、樊宝珍、周立宪、陈海波、尤传永、郑怀清。

引　言

本标准所规定金具的一般技术要求以满足 GB/T 2314《电力金具通用技术条件》为基本要求。

本标准的制定结合了 1 000 kV 交流架空输电线路工程的特殊需要，侧重在金具结构合理性和安全可靠性方面提出了具体规定，部分技术指标和要求在现行金具标准或规范基础上有了提高。

本标准除规定了 1 000 kV 交流架空输电线路金具的技术要求外，还对其制造、连接与紧固、检验与试验、包装和运输等进行了规定。

1 000 kV 交流架空输电线路金具
技术规范

1 范围

本标准除规定了 1 000 kV 交流架空输电线路金具的技术要求外，还对其制造、连接与紧固、检验与试验、包装和运输等进行了规定。

本标准适用于 1 000 kV 交流架空输电线路导线用配套金具。

2 规范性引用文件

下列文件中的条款通过本标准的引用而成为本标准的条款。凡是注日期的引用文件，其随后所有的修改单(不包括勘误的内容)或修订版均不适用于本标准，然而，鼓励根据本标准达成协议的各方研究是否可使用这些文件的最新版本。凡是不注日期的引用文件，其最新版本适用于本标准。

GB/T 41 六角螺母 C 级(GB/T 41—2000，eqv ISO 4034:1999)

GB/T 93 标准型弹簧垫圈(GB/T 93—1987，eqv DIN 137)

GB/T 95 平垫圈 C 级(GB/T 95—2002，eqv ISO 7091:2000)

GB/T 1173 铸造铝合金(GB/T 1173—1995，neq ASTM B26:1992)

GB/T 2314—2008 电力金具通用技术条件(IEC 61284:1997，MOD)

GB/T 2315 电力金具 标称破坏载荷系列及连接型式尺寸

GB/T 2317.1 电力金具试验方法 第 1 部分：机械试验(GB/T 2317.1—2008，IEC 61284:1997，MOD)

GB/T 2317.2 电力金具试验方法 第 2 部分：电晕和无线电干扰试验(GB/T 2317.2—2008，IEC 61284:1997，MOD)

GB/T 2317.3 电力金具试验方法 第 3 部分：热循环试验(GB/T 2317.3—2008，IEC 61284:1997，MOD)

GB/T 2317.4 电力金具试验方法 第 4 部分：验收规则

GB/T 4437 铝及铝合金热挤压管

GB/T 5780 六角头螺栓 C 级(GB/T 5780—2000，eqv ISO 4016:1999)

GB/T 16927.1 高电压试验技术 第 1 部分：一般试验要求(GB/T 16927.1—1997，eqv IEC 60060-1:1989)

DL/T 683 电力金具 产品型号命名方法

DL/T 760.3 均压环、屏蔽环和均压屏蔽环

DL/T 763 架空线路用预绞式金具技术条件

DL/T 764.1 电力金具专用紧固件 六角头带销孔螺栓

DL/T 764.2 电力金具专用紧固件 闭口销

DL/T 768.2 电力金具制造质量 锻制件

DL/T 768.3 电力金具制造质量 冲压件

DL/T 768.5 电力金具制造质量 铝制件

DL/T 768.6 电力金具制造质量 焊接件

DL/T 768.7 电力金具制造质量 钢铁件热镀锌层

DL/T 1098　间隔棒技术条件和试验方法(DL/T 1098—2009,IEC 61854:1998)

DL/T 1099　防振锤技术条件和试验方法(DL/T 1099—2009,IEC 61897:1998)

YB/T 4165　防振锤用钢绞线

3　一般技术要求

3.1　金具的设计应满足 GB/T 2314 的规定。

3.2　金具的设计应减少磁滞涡流损失。

3.3　金具应限制电晕的影响,并满足晴夜在 1.1 倍最高运行相电压下不产生可见电晕,无线电干扰水平不大于 1 000 μV。

3.4　金具的电气接触面及与导线表面直接接触的压缩金具的压缩接触面,在安装前应采取必要的保护措施。

3.5　制造金具所采用的材料,应符合 GB/T 2314—2008 附录 A 中所列材料标准的相关规定。

3.6　标称破坏载荷在 160 kN 及以上的钢铁制件,其制造材料的额定抗拉强度不应低于 500 MPa,且屈强比不宜大于 0.75。

3.7　金具的材料应便于加工制造和适用于批量生产。

3.8　压缩金具的材料应能经受冷压加工。钢制压缩件在压缩以后还应具有足够的冲击强度。

3.9　对于金具的电气接触面积,应按照电流密度 0.12 A/mm^2～0.15 A/mm^2 设计。

3.10　金具部件使用的非金属材料应抗老化,能经受住运行温度且不影响其性能,在运行温度条件下具有足够的抗臭氧、抗紫外线辐射、抗空气污染能力,且不应对与之接触的材料诱发腐蚀。

3.11　金具的制造图样应满足 GB/T 2314 的规定,在供货合同图样内应标示出金具的特征尺寸,如有必要,还应提供金具的装配说明或施工图样。

3.12　金具的连接尺寸应符合 GB/T 2315 的规定。

3.13　在同一联板上在不同位置施加不同载荷时,连接尺寸的设计应以最大的载荷作为基准。

3.14　金具的尺寸公差应满足 GB/T 2314 的规定。

3.15　金具的外观质量应符合 GB/T 2314 的规定。

3.16　金具应具有耐受大气污染的能力,且能防止运输、库存及运行中的腐蚀。所有运行中暴露在大气中的黑色金属部件应按 DL/T 768.7 进行热浸镀锌防腐。

3.17　金具的命名按照 DL/T 683 的规定执行。

4　分类要求

4.1　间隔棒

4.1.1　间隔棒应能抑制微风振动及次档距振荡,能防止不均匀覆冰或脱冰引起的相导线扭转。

4.1.2　除短路情况以外,在间隔棒安装位置上应能保持子导线间距的要求值。

4.1.3　间隔棒应能承受安装、运行(包括短路)和维护条件下的机械负荷,任何部件不能损坏或出现永久性变形。

4.1.4　在正常的运行条件下,应避免间隔棒滑动引起导线损伤。

4.1.5　间隔棒应易于安装和拆卸,而毋需全部拆散。此外,线夹应能在设计力矩下拆卸和重新安装。

4.1.6　线夹应能补偿导线因蠕变引起的松弛,保证适当握紧而又不损伤导线。线夹内补偿导线蠕变松弛装置和线夹的材料,应有适合其工作范围的静态负荷特性。

4.1.7　间隔棒耐短路电流向心力可按照 DL/T 1098 进行计算,其整体机械强度必须满足短路电流向心力的要求。

4.1.8　间隔棒线夹的基本要求参见表 1。

表 1　间隔棒线夹的基本要求

项　　目	要求值
顺线握力	≥2.5 kN
扭握力矩	≥40 N·m
线夹本体破坏载荷	≥6 kN
线夹间拉力、压力	≥6 kN

4.1.9　分裂导线间隔棒系统的对数衰减率要求不小于 0.06。

4.1.10　间隔棒疲劳试验方法及要求依照 DL/T 1098 规定进行。

4.1.11　间隔棒线夹的表面，不得有明显棱角、毛刺等，弧与弧连接过渡应自然、圆滑，并满足 3.3 的要求，必要时可进行抛光处理。

4.1.12　间隔棒应为柔性结构，且具备阻尼性能。线夹关节应有足够灵活性，使线夹在导线分裂圆切线方向有±15°的活动范围。

4.1.13　安装框架与线夹紧固连接螺栓时，应采取防止螺栓在运行中松动的措施。

4.1.14　橡胶阻尼型间隔棒的线夹关节及夹紧导线的部位均应填充橡胶，配合尺寸应保证橡胶的固有弹性。

4.1.15　间隔棒框架和线夹宜采用铸造铝合金，线夹绞轴宜为奥氏体不锈钢制件，其他钢制件应热浸镀锌。

4.2　悬垂线夹

4.2.1　导线使用的悬垂线夹应为防晕型。

4.2.2　悬垂线夹应考虑减少微风振动对导线产生的影响，线夹应具有良好的动态特性，其船体能自由、灵活地转动，相对于回转轴的转动惯量宜尽量减小。

4.2.3　悬垂线夹设计除考虑正常的张拉应力外，在线夹出口(包括线夹内)处还应考虑对导线的弯曲应力和挤压应力，单侧的出口角一般在 0°～25°之间。

4.2.4　悬垂线夹的连接装置应有足够的耐磨性，不应在长时间运行后因磨损而破坏。

4.2.5　悬垂线夹的线槽及压条等与导线相互接触的表面应平整光滑，不应有毛刺、凸出物及可能磨损导线的缺陷。

4.2.6　在悬垂线夹内安装导线时，若使用护线条，护线条端部为鸭嘴型，并符合 DL/T 763 的规定。

4.2.7　悬垂线夹船体线槽的曲率半径不应小于导线直径的 8 倍。

4.2.8　悬垂线夹的握力与导线计算拉断力的比值不应小于表 2 的规定。

表 2　悬垂线夹握力与导线计算拉断力之百分比

导线类别	铝钢截面比	百分比
钢芯铝绞线 钢芯铝合金绞线 铝包钢芯铝绞线 铝包钢芯铝合金绞线	$a \leqslant 2.3$	14%
	$2.3 < a \leqslant 3.9$	16%
	$3.9 < a \leqslant 4.9$	18%
	$4.9 < a \leqslant 6.9$	20%
	$6.9 < a \leqslant 11.0$	22%
	$a > 11.0$	24%

4.2.9　悬垂线夹的结构型式应便于带电作业，可采用带电作业工具进行线夹的安装或拆卸，并使线夹的组成部件数最少。

4.2.10　悬垂线夹的本体和压盖宜采用铝合金制造。

4.2.11 悬垂线夹的U型挂板等附件应采用抗拉强度不低于375 MPa的钢材制造。所有用钢制造的附件、紧固件均应采用热浸镀锌进行防腐处理。

4.3 耐张线夹和接续金具

4.3.1 耐张线夹和接续金具的设计应满足GB/T 2314的规定。

4.3.2 耐张线夹和接续金具的设计应防止运行中潮气侵入和滞留。

4.3.3 耐张线夹和接续金具对导线的握着力不应小于导线计算拉断力的95%。

4.3.4 耐张金具和接续金具的设计，不应使安装后导线与原接触面的应力增大而在微风振动时导致破坏。

4.3.5 耐张金具和接续金具的设计应避免应力集中，出线口内侧应做成圆弧倒角。压接管的拔梢长度为导线直径的1倍～1.5倍。

4.3.6 耐张线夹和引流线夹的平面端宜采用双面接触，装配间隙不应大于0.8 mm。接触面的平面度不应大于30 μm，表面粗糙度 Ra 不应大于3.2 μm。外侧面应平整、无划伤，周边光滑。

4.3.7 铝管表面应光滑平整，不应有裂纹、划伤、剥层及碰伤等缺陷。

4.3.8 钢管中心同轴度公差不应大于0.5 mm，钢管出口端应去刺、倒圆角。

4.3.9 耐张线夹的本体及引流管材料应选用铝纯度不低于99.5%的热挤压成型铝管，铝管抗拉强度不应小于80 MPa，布氏硬度不应大于25 HB，超过25 HB时必须进行退火处理。对于铝合金导线，也可使用铝合金材料制造耐张线夹和接续金具，铝合金管强度不应小于160 MPa，布氏硬度不应大于30 HB，延伸率不应小于20%。引流板应选用铝纯度不低于99.5%的工业用铝，不宜铸造。

4.3.10 耐张线夹钢锚和接续管的钢管材料含碳量不应超过0.15%，成品硬度不应大于137 HB。

4.3.11 耐张线夹钢锚应采用整体锻造工艺加工，非加工表面钢印深度不应大于1 mm，宽度不应大于3 mm，不应有裂纹、剥层及氧化皮存在。钢锚应采用热浸镀锌防腐，钢管内壁应无锌。

4.3.12 耐张线夹和接续金具在压缩施工时均应在与导线的接触面上敷以电力复合脂。

4.3.13 耐张线夹和接续金具本体上在靠近钢锚处宜设计注脂孔，进行耐张线夹的压接操作应将电力脂充满压接管的空腔，压接时应有部分电力脂从注脂孔溢出。

4.4 均压环和屏蔽环

4.4.1 均压环和屏蔽环应具有足够的机械强度，能承受不小于2 000 N的静态机械载荷，环体、连接支架和紧固件不得因风振动引起松脱或疲劳损坏。

4.4.2 均压环和屏蔽环与绝缘子串金具的连接应安装方便、运行可靠。

4.4.3 均压环和屏蔽环应采用铝管制造，环体及部件的材料，应符合DL/T 760.3的规定。

4.4.4 均压环的结构设计应充分考虑绝缘子串敷设形状的影响。均压环铝管外径或等效计算外径不应小于120 mm，弯曲半径应考虑管与盘式绝缘子的中心距不应小于500 mm；屏蔽环环体铝管外径或等效计算外径不应小于100 mm；铝管管壁厚度不应小于3.5 mm。

4.4.5 环体在制造过程中应避免管体开裂、严重变形等缺陷，管径的径向变形量应控制在铝管直径的±3%以内，环体弯曲半径公差不应超过环体半径的±1%。

4.4.6 均压环和屏蔽环表面应光滑，满足不产生可见电晕的要求。

4.4.7 均压环和屏蔽环的支架与环体应采用氩弧焊连接。

4.5 连接金具

4.5.1 连接金具应为钢制件，其材料屈强比不宜大于0.75。

4.5.2 连塔金具本体应采用锻制，并进行热处理。

4.5.3 球头挂环和碗头挂板均应整体锻造，并进行热处理。

4.5.4 与连塔金具配套的螺栓强度等级不应低于6.8级。

4.5.5 悬垂联板和耐张联板均宜采用分体式组合联板。

4.5.6 悬垂联板和耐张联板的设计应保证强度等级与绝缘子的强度等级相匹配，并使得载荷通过联板均匀分配到每联绝缘子。

4.5.7 连接在联板上的金具在转动时不得与板相碰，安装有导线的悬垂线夹可在垂直导线的平面内自由摆动±15°。

4.6 跳线金具

4.6.1 跳线金具应具有良好的电气性能，满足导流要求，电气连接部件不应降低跳线的导电能力。通过金具的连续额定载流量，在允许的温度下不应小于导线的载流量。

4.6.2 跳线金具应能经受安装、运行和维护时产生的各种机械荷载，并能经受工作电流（包括短路电流）下的运行温度以及周围环境条件等各种情况的考验。

4.6.3 采用笼式跳线结构时，杆塔两侧耐张串的连接应采用软导线，在跳线的中间段应使用间隔棒和刚性支架固定多分裂跳线。跳线间隔棒线夹应内衬橡胶垫。

4.6.4 采用铝管跳线结构时，杆塔两侧耐张串的连接应采用软导线与铝管相连接的型式，在跳线的中间段应使用铝管作为导流体。跳线间隔棒与导线配合线夹应内衬橡胶垫。

4.6.5 跳线宜采用刚性间隔棒，应保证在线路运行状态下（包括短路情况）维持导体间规定的间隙不发生变化。

4.6.6 铝管式刚性跳线用铝管应按 GB/T 4437 的规定，选用热挤压成型铝合金管。

4.6.7 铝管两端与软跳线的连接部分的引流板部件应选用铝纯度不低于99.5%的热挤压板。

4.6.8 软跳线与铝管连接的引流金具应具有足够的电气接触面积。

4.7 防振锤

4.7.1 防振锤的一般技术要求按 DL/T 1099 的规定执行。

4.7.2 防振锤应具有良好的机械性能和耐疲劳性能，在运行过程中不滑移、锤头不脱落、各部件不松动。

4.7.3 防振锤的锤头表面应进行镀锌处理。

4.7.4 线夹宜采用铝合金固定线夹，也可采用预绞丝线夹。

4.7.5 线夹及压板宜采用铝合金制造，并应符合 GB/T 1173 的规定。

4.7.6 钢绞线应符合 YB/T 4165 要求，钢绞线单线抗拉强度不应低于 1 520 MPa，绞合节径比不应大于 12，且绞线不散股、不锈蚀。

5 连接与紧固

5.1 金具紧固件的外螺纹应在热镀锌前加工或辗制，然后进行热浸镀锌，内螺纹在热浸镀锌前后均可加工，如果在热浸镀锌后加工应涂防腐油脂。

5.2 螺栓一般应加装闭口销，不安装闭口销的螺栓露出螺母外的螺纹不应少于 2 扣。

5.3 用于承受较大机械载荷（160 kN 及以上）的连接螺栓，其强度等级至少为 6.8 级，并应符合 DL/T 764.1 的规定，闭口销应按 DL/T 764.2 执行。

5.4 紧固用螺栓应符合 GB/T 5780 的规定，螺母应按照 GB/T 41 的规定执行，垫圈应按照 GB/T 93 和 GB/T 95 执行。

6 制造工艺和质量控制

6.1 金具的制造工艺应符合 DL/T 768.2、DL/T 768.3、DL/T 768.5 和 DL/T 768.6 的相关要求。

6.2 金具的外观质量控制应符合 GB/T 2314 的要求。

6.3 金具的铸造工艺应适用于批量生产，宜采用金属模重力铸造、压力铸造等方式。

6.4 连接板类金具，板件厚度在 12 mm 及以上的螺栓孔，宜采用钻孔；如采用冲孔工艺（冷冲或热冲），冲后应绞孔。

6.5 连板上相对于中心线对称布置的眼孔，其轴线与中心线的垂直距离偏差不应大于 1 mm。

6.6 铝和铝的焊接应采用氩弧焊工艺，焊接应有坡口。

7 试验与检验

7.1 金具的试验包括型式试验、抽样试验和例行试验。

7.2 金具的试验项目应按照表3进行，对防振锤、间隔棒尚需满足DL/T 1099及DL/T 1098规定的其他试验要求。

7.3 金具的机械试验项目及方法按照GB/T 2317.1执行。

7.4 电气接续(接触)试验的试验项目及方法按照GB/T 2314及GB/T 2317.3进行。

7.5 高压试验包括电晕与无线电干扰试验，试验方法可按照GB/T 16927.1和GB/T 2317.2进行，还应满足以下要求：

a) 试品的布置和组装应按照或尽可能接近工程实际；

b) 无论是进行耐张串还是悬垂串试验，水平张拉导线的长度应不小于16 m；导线束下平面距地面距离不小于17 m；

c) 在进行水平方向多只金具测试时，金具间距离不小于6 m；

d) 悬垂绝缘子串的均压环外侧距水平导线端部屏蔽环的垂直距离不小于6 m；

e) 试品在进行试验前必须保证表面清洁，光滑(无明显突起或尖角)；

f) 紫外成像仪可用于白天进行可见电晕电压试验。试验步骤和方法可按照肉眼(望远镜)观测法进行。试验应记录照片，照片能反映试品的起晕部位。

7.6 在规定试验电压下，应无可见电晕，无线电干扰电压不应大于1 000 μV。

可见电晕试验规定试验电压按下式计算：

$$U_0 = 1.1 \times k_1 \times k_2 \times k_3 \times 1\,100/\sqrt{3}$$

式中：

U_0——可见电晕试验规定试验电压，kV；

k_1——试品位置修正系数，根据金具在工程中的使用位置确定，一般悬垂金具和档中金具取1.0，耐张金具取1.1；

k_2——试品悬挂高度修正系数，见图1；

k_3——气象修正系数，可参照GB/T 2317.2。

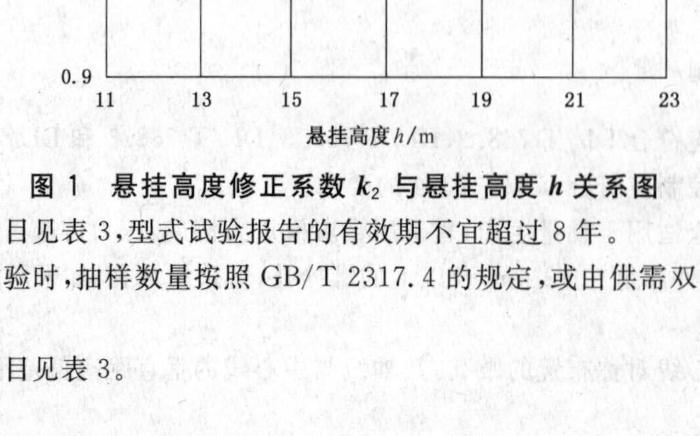

图1 悬挂高度修正系数k_2与悬挂高度h关系图

7.7 金具的型式试验项目见表3，型式试验报告的有效期不宜超过8年。

7.8 对金具进行抽样试验时，抽样数量按照GB/T 2317.4的规定，或由供需双方商定。抽样试验项目按照表3进行。

7.9 金具的例行试验项目见表3。

8 标志与包装

8.1 金具标志与包装满足 GB/T 2314 要求。

8.2 金具应有易于识别的、清晰的永久性标识，包括：规格型号、制造商标识及其他唯一性标识等，应能保证对金具每个部件进行有效跟踪。

8.3 对于多个部件连接组合而成的金具，应提供产品安装说明书(文字和图样)。

8.4 对于使用螺栓紧固的金具，应配以螺栓安装扭矩说明。

8.5 导线压缩金具的标识应包括适配导线规格、压缩位置和施压方向等。

8.6 产品出厂前，对金具的电气接触面应采取有效的防护措施，防止表面划伤和氧化、腐蚀等。

8.7 金具的包装应有适当的衬垫、保护性的填充物、垫板或隔片等，防止在任何运输过程及装卸中产品受到损坏。

8.8 金具的外包装应有足够的强度，能在短途搬运、货场储存和装车、装船中承受意外冲击。

8.9 全部包装应标记清楚和正确，每一包装上的标记应不能轻易抹除。

8.10 包装上的标记应标明卖方名称和买方名称、项目名称、合同号、商品的品种和数量、净重及毛重、到达的目的地以及其他必需的信息。

表3 1 000 kV 交流输电架空线路金具试验的项目及数量

序号	试验项目	悬垂线夹			连接金具			耐张线夹			接续金具			防护金具			试件最少数量(件)	试验方法
		型式	抽样	例行	型式	抽样	例行	型式	抽样	例行	型式	抽样	例行	型式	抽样	例行		
1	外观	○	○	○[a]	○	○	○[a]	○	○	○[a]	○	○	○[a]	○	○	○[a]	10	所采用标准 GB/T 2314
2	尺寸	○	○	○[a]	○	○	○[a]	○	○	○[a]	○	○	○[a]	○	○	○[a]	10	按图样要求
3	组装	○	○		○	○		○	○		○	○		○	○		10	按图样要求
4	热镀锌锌层	○	○		○	○		○	○		○			○	○		3	所采用标准 DL/T 768.7
5	非破坏性试验[b]		○[a]	○[a]		○[a]	○[a]		○[a]	○[a]					○[a]	○[a]	3	所采用标准 GB/T 2317.1
6	振动试验													○	○[a]	○[a]	3	所采用标准 GB/T 2317.1
7	破坏载荷	○	○		○	○								○			3	所采用标准 GB/T 2317.1
	握力	○						○			○			○			3	所采用标准 GB/T 2317.1
8	电阻							○			○						4	所采用标准 GB/T 2317.3
	温升							○			○						4	所采用标准 GB/T 2317.3
	热循环							○			○						4	所采用标准 GB/T 2317.3
9	电晕和无线电干扰	○						○			○			○			3	所采用标准 GB/T 2317.2

a 供需双方商定。

b 对重要的铸件和焊接处受力的金具采取探伤或其他不对金具本身产生破坏的手段进行的试验。

ICS 29.240
K 43

中华人民共和国国家标准化指导性技术文件

GB/Z 24835—2009

1 000 kV 气体绝缘金属封闭开关设备运行及维护规程

Regulation of operation and maintenance for 1 000 kV gas-insulated metal-enclosed switchgear

2009-11-30 发布　　　　2010-05-01 实施

中华人民共和国国家质量监督检验检疫总局
中国国家标准化管理委员会　发布

前　言

本指导性技术文件的附录 A 为资料性附录。

本指导性技术文件由中国电力企业联合会提出。

本指导性技术文件由中国电力企业联合会归口。

本指导性技术文件由特高压交流输电标准化技术工作委员会、中国电力科学研究院负责解释。

本指导性技术文件负责起草单位：国家电网公司、中国电力科学研究院。

本指导性技术文件参加起草单位：国网运行分公司。

本指导性技术文件主要起草人：郭碧红、韩先才、王晓希、李博、李建建、孙岗、李金忠、刘兆林、姚明、乐琨、汤浩、刘雪丽。

引　　言

为了确保1 000 kV气体绝缘金属封闭开关设备(GIS)的安全运行,提高运行可靠性和维护质量,特制定本指导性技术文件。

制定本指导性技术文件指导思想是应尽可能避免为了检查的目的而分解设备,或使这种分解减少到最低限度。

1 000 kV 气体绝缘金属封闭开关设备运行及维护规程

1 范围

本指导性技术文件规定了 1 000 kV 气体绝缘金属封闭开关设备(以下简称 GIS)运行维护及检修的周期、项目和技术规范，规定了运行和检修人员应遵循的基本要求。

本指导性技术文件适用于额定电压 1 000 kV，频率为 50 Hz 的户内和户外安装的气体绝缘金属封闭开关设备(GIS)；介于敞开式和 GIS 之间的成套开关设备(HGIS)可参考本指导性技术文件。

除本指导性技术文件另有规定外，各元件应符合各自相应的标准。

2 规范性引用文件

下列文件中的条款通过本指导性技术文件的引用而成为本指导性技术文件的条款。凡是注日期的引用文件，其随后所有的修改单(不包括勘误的内容)或修订版均不适用于本指导性技术文件，然而，鼓励根据本指导性技术文件达成协议的各方研究是否可使用这些文件的最新版本。凡是不注日期的引用文件，其最新版本适用于本指导性技术文件。

GB/T 5832.1　气体湿度的测定　第 1 部分：电解法

GB/T 5832.2　气体中微量水分的测定　第 2 部分：露点法

GB/T 8905　六氟化硫电气设备中气体管理和检测导则(GB/T 8905—1996，neq IEC 60480：1974)

GB/T 11023　高压开关设备六氟化硫气体密封试验导则(GB/T 11023—1989，eqv IEC 60056：1987；60298：1990；60517：1990)

GB/T 12022　工业六氟化硫(GB/T 12022—2006，IEC 376：1971；IEC 376A：1973；IEC 376B：1974，MOD)

DL/T 555　气体绝缘金属封闭开关设备现场耐压及绝缘试验导则

3 术语和定义

下列术语和定义适用于本指导性技术文件。

3.1

分解检修　decomposition maintenance

对 GIS 各元件进行的解体检查、修理及试验。

4 运行维护及检修的基本技术要求

4.1 GIS 室的安全防护

GIS 室的安全防护内容如下：

a) GIS 室内空气中的氧气含量应大于 18% 或 SF_6 气体的浓度不应超过 1 000 μL/L(或 6 g/m^3)；

b) GIS 室内应安装空气含氧量或 SF_6 气体浓度自动检测报警装置；

c) GIS 室进出处应备有防毒面具、防护服、塑料手套等防护器具；

d) GIS 室应按消防有关规定设置专用消防设施；

e) GIS 室内所有进出线孔洞应采用防火材料封堵；

f) GIS 室内应装有足够的通风排气装置。

注：根据需要可考虑配置 GIS 内部放电故障诊断在线监测装置。

4.2 GIS的接地

4.2.1 主回路接地

在GIS检修时，其主回路应具有实现可靠接地的方式。

为保证维修工作的安全，主回路应能接地。在外壳打开后仍应保持主回路可靠接地。

4.2.2 外壳接地

在GIS正常运行情况下，运行和维护人员容易触及到GIS的部位（如外壳及金属构架等）上的感应电压不应超过36 V。

外壳应可靠接地。凡不属于主回路或辅助回路的且需要接地的所有金属部分都应接地。外壳、构架等的相互电气连接应用紧固连接（如螺栓连接或焊接），以保证电气上连通。

为保证接地回路的可靠连通，应考虑到可能通过的电流所产生的热和电的效应。

4.3 温升

对运行人员易接触的外壳，其温升不应超过30 K；对运行人员易接近，在正常操作时不需接触的外壳，其温升不应超过40 K。

4.4 GIS维护项目与周期

GIS维护项目包含：

a） 巡视检查。

b） 定期检查。

c） 临时性检查。

d） 分解检修。

4.4.1 巡视检查：每天至少1次。巡视检查是对运行中的GIS设备进行外观检查，主要检查设备有无异常情况，并做好记录，如有异常情况应按规定上报并处理。内容主要有：

a） 断路器、隔离开关、接地开关及快速接地开关的位置指示正确，并与当时实际运行工况相符；

b） 检查断路器和隔离开关的动作指示是否正常，记录其累积动作次数；

c） 各种指示灯、信号灯和带电监测装置的指示是否正常，控制开关的位置是否正确，控制柜内加热器的工作状态是否按规定投入或切除；

d） 各种压力表和油位计的指示值是否正常；

e） 避雷器的动作计数器指示值是否正常，在线检测泄漏电流指示值是否正常；

f） 裸露在外的接线端子有无过热情况，汇控柜内有无异常现象；

g） 可见的绝缘件有无老化、剥落，有无裂纹；

h） 有无异常声音、异味；

i） 设备的操动机构和控制箱等的防护门、盖是否关严；

j） 外壳、支架等有无锈蚀、损坏，瓷套有无开裂、破损或污秽情况。外壳漆膜是否有局部颜色加深或烧焦、起皮现象；

k） 各类管道及阀门有无损伤、锈蚀，阀门的开闭位置是否正确，管道的绝缘法兰与绝缘支架是否良好；

l） 设备有无漏气（SF_6气体、压缩空气）、漏油（液压油、电缆油）；

m） 接地端子有无发热现象，接触应完好。金属外壳的温度是否超过规定值；

n） 压力释放装置有无异常，其释放出口有无障碍物；

o） GIS室内的照明、通风和防火系统及各种监测装置是否正常、完好；

p） 所有设备是否清洁，标志清晰、完善；

q） 定期检查压缩空气系统排水（或污）情况。

4.4.2 定期检查：GIS处于全部或部分停电状态下，专门组织的维修检查。每4年进行1次，或按实际情况而定。内容主要有：

a) 对操动机构进行维修检查，处理漏油、漏气或缺陷，更换损坏的零部件；

b) 维修检查辅助开关；

c) 校验压力表、压力开关、密度继电器或密度压力表和动作压力值；

d) 检查传动部位及齿轮等的磨损情况，对转动部件添加润滑剂；

e) 断路器的机械特性及动作电压试验；

f) 检查各种外露连杆的连接情况；

g) 检查接地装置；

h) 必要时进行绝缘电阻、回路电阻测量；

i) 油漆或补漆工作；

j) 清扫 GIS 外壳，对压缩空气系统排污。

4.4.3 临时性检查：根据 GIS 设备的运行状态或操作累计动作次数值，依据制造厂的运行维护检查项目和要求，对 GIS 进行必要的临时性检查。内容主要有：

a) 若气体湿度有明显增加时，应及时检查其原因；

b) 当 GIS 设备发生异常情况时，应对有怀疑的元件进行检查和处理。临时性检查的内容应根据发生的异常情况或制造厂的要求确定。

4.4.4 分解检修：GIS 在运行中发现异常或缺陷应进行有关的电气性能、SF_6 气体湿度、气室密封性能、机构动作机械特性等试验，根据相应的试验结果，进行必要的分解检修。GIS 处于全部或部分停电状态下，对断路器或其他设备的分解检修，其内容与范围应根据运行中所发生的问题而定，这类分解检修宜由制造厂负责或在制造厂指导下协同进行。

4.4.4.1 断路器本体一般不用检修，在达到制造厂规定的操作次数或达到表 1 的操作次数应进行分解检修。断路器分解检修时，应有制造厂技术人员在场指导下进行。检修时将主回路元件解体进行检查，根据需要更换不能继续使用的零部件。

表 1 断路器动作(或累计开断电流)次数

使用条件	规定操作次数
空载操作	3 000 次
开断负荷电流	2 000 次
开断额定短路开断电流	15 次

4.4.4.2 检修内容与周期。每 15 年或按制造厂规定应对主回路元件进行 1 次大修，主要内容包括：

a) 电气回路；

b) 操动机构；

c) 气体处理；

d) 绝缘件检查；

e) 相关试验。

具体分解检修的项目和要求见第 7 章。

4.5 检修质量保证

4.5.1 检查和检修后的验收应严格执行制造厂和国家(行业)相关标准要求。

4.5.2 经分解检修后的 GIS 质量应保证其在检修周期内可靠运行，不发生因检修质量造成的缺陷或事故。

4.6 GIS 中 SF_6 气体质量监督

4.6.1 SF_6 气体泄漏监测：根据 SF_6 气体压力、温度曲线来监视气体压力变化，发现异常，应查明原因。

a) 气体压力监测：检查次数和抄表依实际情况而定；

b) 气体泄漏检查周期：

——必要时；

——当发现压力表在同一温度下，相邻两次读数的差值处于 0.01 MPa～0.03 MPa 时；

c) 气体泄漏标准：运行中每个气室年漏气率小于1%。交接时每个气室年漏气率小于0.5%；

d) SF_6 气体补充气：根据监测各气室的 SF_6 气体压力的结果，对低于额定值的气室，应补充 SF_6 气体，并做好记录。

4.6.2 SF_6 气体湿度监测的周期和允许值符合如下要求：

a) 周期：新设备投入运行及分解检修后 1 年应监测 1 次；运行 1 年后若无异常情况，可间隔 1～3 年检测 1 次。如湿度符合要求，且无补气记录，可适当延长检测周期；

b) SF_6 气体湿度允许标准见表 2，或按照制造厂的标准；

表 2 SF_6 气体湿度允许标准

气室	有电弧分解物的气室	无电弧分解物的气室
交接验收值	≤150 μL/L	≤250 μL/L
运行允许值	≤300 μL/L	≤500 μL/L
注：测量时周围空气温度为 20 ℃，大气压力为 101 325 Pa。		

c) 在周围空气温度 0 ℃以上条件下进行。

4.6.3 SF_6 气体湿度测量所使用的仪器必须定期经上一级 SF_6 气体监督检测中心的检验和校准。

5 运行维护及检修的安全技术措施

5.1 GIS 运行时的安全技术措施

5.1.1 GIS 室必需装设强力通风装置，排风口应设置在室内底部。运行人员经常出入的 GIS 室，每班至少通风 1 次(15 min)；对工作人员不经常出入的室内场所，应定期检查通风设施。

5.1.2 工作人员进入 GIS 室内电缆沟或凹处工作时，应测含氧量或 SF_6 气体浓度，确认安全后方可进入。不准单人进入从事检修工作。

5.1.3 防止接触电势的危害。在正常操作时，工作人员应尽量避免触及外壳，并保持一定距离。手动操作隔离开关或接地开关时，应戴绝缘手套。

5.1.4 气体采样操作及处理一般渗漏时，要在通风条件下进行，当 GIS 发生故障造成大量 SF_6 气体外逸时，应立即撤离现场，并开启室内通风设备。

5.1.5 GIS 解体检查时，应将 SF_6 气体回收加以净化处理，严禁排放到大气中。

5.1.6 宜在晴朗干燥天气进行充气，并严格按照有关规程和检修工艺操作要求进行操作。充气的管子应采用不易吸附水分的管材，管子内部应干燥，无油无灰尘。

5.1.7 在环境湿度超标而必须充气时，应确保充气回路干燥、清洁。可用电热吹风对接口处进行干燥处理，并立即连接充气管路进行充气。充气静止 24 h 后应对该气室进行湿度测量。

5.2 SF_6 新气储存及使用的安全技术措施

5.2.1 SF_6 气瓶应储存在阴凉、通风良好的库房中，直立放置。气瓶严禁靠近易燃、油污地点。

5.2.2 新气使用前应进行检查，符合标准后方可使用。

5.2.3 气瓶、阀冻结时严禁用火烤。

5.2.4 SF_6 新气应具有厂家名称、装灌日期、批号及质量检验单。SF_6 新气到货后应按有关规定进行复核、检验，合格后方准使用。存放半年以上的新气，使用前要检验其湿度和纯度，符合标准后方准使用。充装 SF_6 气体的气瓶应不超过五年检验一次。

5.3 GIS 分解检查时的安全技术措施

5.3.1 GIS 分解检查前，必须执行工作票制度，必须对被解体部分确定完全处于停电状态，并进行可靠的工作接地后，方可进行解体检查。

5.3.2 GIS气室分解检查前，应对相邻气室进行减压处理，减压值一般为额定压力的50%或按制造厂规定。

5.3.3 GIS分解前，如有必要及条件允许时，可取气样做生物毒性试验及做气相色谱分析和可水解氟化物的测定。

5.3.4 GIS分解前，气体回收并抽真空后，用高纯氮气进行冲洗。且每次排放氮气后均应抽真空，每次充氮气压力应接近SF_6额定压力。排放氮气及抽真空应用专用导管，人须站在上风方位。

5.3.5 工作人员必须穿防护服，戴手套，以及戴备有氧气呼吸器的防毒面具，做好防护措施。封盖打开后，人员暂时撤离现场30 min，让残留的SF_6及其气态分解物经室内通风系统排至室外，然后才准进入作业现场。

5.3.6 分解设备之前，应确认邻近气室不存在向待修气室漏气的现象。分解设备时，必须先用真空吸尘器吸除零部件上的固态分解物，然后才能用无水乙醇或丙酮清洗金属零部件及绝缘零部件。

5.3.7 工作人员工作结束后应立即清洗手、脸及人体外露部分。

5.3.8 下列物品应做有毒废物处理：真空吸尘器的过滤器及洗涤袋、防毒面具的过滤器、全部抹布及纸；断路器或故障气室的吸附剂、气体回收装置中使用过的吸附剂等；严重污染的防护服也视为有毒废物。处理方法：所有上述物品不能在现场加热或焚烧，必须用20%浓度的氢氧化钠溶液浸泡12 h以上，然后装入塑料袋内深埋。

5.3.9 防毒面具、塑料手套、橡皮靴及其他防护用品必须进行清洁处理，并应定期进行检查试验，使其处于备用状态。

5.4 GIS发生故障有气体外逸时的安全技术措施

5.4.1 室内GIS发生故障有气体外逸时，全体人员迅速撤离现场，并立即投入全部通风设备。

5.4.2 在事故发生后15 min之内，只准抢救人员进入室内。事故发生后4 h内，任何人进入室内必须穿防护服，戴手套，以及戴备有氧气呼吸器的防毒面具。事故后清扫GIS安装室或故障气室内固态分解物时，工作人员也应采取同样的防护措施。

若故障时有人被外逸气体侵袭，应立即送医院诊治。

5.5 GIS密度继电器、空气含氧量或SF_6气体浓度检测报警装置以及GIS内部放电故障诊断在线监测装置(如有)和室内的防火报警装置的校验周期和项目按各自的规定执行。

6 SF_6气体的质量监督

6.1 新气的质量监督

6.1.1 新气到货后，应检查是否有制造厂的质量证明书，其内容包括生产厂名称、产品名称、气瓶编号、净重、生产日期和检验报告单。

6.1.2 新气到货后一个月内，以不少于每批一瓶抽样，按表3标准进行检验复核。

表3 SF_6新气质量标准

指标项目			指标(GB/T 12022)
六氟化硫(SF_6)的质量分数/%		≥	99.9
空气的质量分数/%		≤	0.04
四氯化碳(CF_4)的质量分数/%		≤	0.04
水分	水的质量分数/%	≤	0.000 5
	露点/℃	≤	−49.7
酸度(以HF计)的质量分数/%		≤	0.000 02

表 3（续）

指标项目		指标(GB/T 12022)
可水解氟化物(以 HF 计)/%	≤	0.000 10
矿物油的质量分数/%	≤	0.000 4
毒性		生物试验无毒

6.1.3 开关设备充气前，对每瓶 SF_6 气体都应复核湿度，且不得超过表 3 中的标准。

6.2 运行中的 SF_6 气体质量监督

6.2.1 SF_6 气体检测项目、周期和要求见表 4。

表 4 运行中的 SF_6 气体检测项目、周期和要求

序号	项目	周期	要求	说明
1	湿度 (μg/g) 20 ℃	见 4.6.2a)	见 4.6.2b)，c)	按 GB/T 5832.1、GB/T 5832.2 要求进行
2	密度 (kg/m^3) (标准状态)	必要时	6.16	按 GB/T 12022 进行
3	毒性	必要时	无毒	按 GB/T 12022 进行
4	酸度 (μg/g)	1. 分解检修后 2. 必要时	≤0.3	按 GB/T 12022 进行
5	空气 (*m*/*m*)	1. 分解检修后 2. 必要时	≤0.05%	按 GB/T 12022 进行
6	可水解氟化物 (μg/g)	1. 分解检修后 2. 必要时	≤1.0	按 GB/T 12022 进行
7	矿物油 (μg/g)	1. 分解检修后 2. 必要时	≤10	按 GB/T 12022 进行
8	电弧分解物	必要时	待定	

6.2.2 现场取样时应在天气晴好，且环境温度接近 20 ℃的条件下进行，应注意避免取样条件对检测结果造成的影响。

6.2.3 运行中如需补气，充气前对每瓶 SF_6 气体都应复核湿度；且补气隔室的湿度不得超过表 2 中的标准。

6.3 设备分解检修前的气体质量监督

6.3.1 开关设备分解检修前应先进行气体检测，检测项目按表 4 执行，从设备中取气样的技术要求按 GB/T 8905、GB/T 11023 标准执行。

6.3.2 当气体中有害杂质超过允许值时，须先进行吸附净化，经检验合格后方可使用。

7 分解检修项目及技术要求

7.1 GIS 设备在达到规定分解检修年限后，应进行分解检修。检修年限可以根据设备运行状况适当延长。

7.2 GIS 设备因内部异常或故障引起的检修可以参照本章的有关要求进行。

7.3 分解检修项目应根据实际运行状况并与制造厂协商后确定。分解检修项目可依据以下因素确定：

a) 密封圈的使用年限、SF_6 气体泄漏情况；

b) 断路器的开断次数、累计开断电流、断路器的操作次数、断路器机构的实际运行状况；

c) 隔离开关的操作次数；

d) 其他部件的运行状况；

e) SF_6 气体压力表计、压力开关、二次元器件运行状况。

7.4 分解检修项目和技术要求：根据检查结果，相关元、部件进行处理或更换。

7.4.1 断路器

7.4.1.1 灭弧室

a) 检查引弧触头烧损程度；

b) 检查喷口烧损程度；

c) 检查触指磨损程度；

d) 检查并清洁灭弧室；

e) 更换吸附剂及密封圈；

f) 检查调整相关尺寸。

7.4.1.2 操动机构

a) 弹簧操动机构：

1) 检查分、合闸线圈和脱扣打开尺寸及磨损情况；

2) 检查辅助开关切换情况；

3) 检查弹簧疲劳程度；

4) 检查轴、销、锁扣等易损部位，复核机构相关尺寸；

5) 检查缓冲器，更换缓冲器油及密封件；

6) 检查转动、传动部位润滑情况。

b) 气动操动机构：

1) 检查分、合闸线圈；

2) 检查辅助开关切换情况；

3) 清洗并检查操作阀，更换密封圈；

4) 校核各级压力接点设定值并检查压力开关；

5) 检查缓冲器，更换缓冲器油及密封件；

6) 检查管道密封情况；

7) 气动弹簧操作机构应检查轴、销、锁扣等易损部位，复核机构相关尺寸；

8) 检查转动、传动部位润滑情况。

c) 液压操动机构：

1) 检查分、合闸线圈；

2) 检查辅助开关切换情况；

3) 清洗并检查操作阀，更换密封圈；

4) 检查油泵、安全阀是否正常工作；

5) 校核各级压力接点设定值并检查压力开关；

6) 检查预充氮气压力，对活塞杆结构储压器应检查微动开关，若有漏氮及微动开关损坏应处理或更换；

7) 液压弹簧机构应检查弹簧储能前后尺寸；

8) 清洗油箱、更换液压油后排气。

7.4.2 SF_6 气体系统

a) 校验 SF_6 密度继电器、压力表或密度表；

b) 检测 GIS 气室及管道的泄漏，根据密封件寿命及使用情况更换密封件；

c) 测量 SF_6 气体湿度。

7.4.3 隔离开关、接地开关和快速接地开关

7.4.3.1 检查实际分合位置和触头磨损情况。

7.4.3.2 操作机构：

a) 检查分、合闸线圈；

b) 检查辅助开关、微动开关切换情况；

c) 气动操作机构检查清洗电磁阀；

d) 检查轴、销、锁扣等易损部位，复核机构相关尺寸；

e) 检查转动、传动部位润滑情况。

7.4.3.3 隔离开关、接地开关和快速接地开关间的联闭锁功能试验。

7.4.4 其他部件

电流互感器、电压互感器、避雷器、出线套管和带电显示器等其他部件可根据相关规定进行检查和试验。

7.4.5 二次元器件

应对切换开关、继电器、接触器、空气开关、限位开关、端子排和信号指示灯等二次元器件进行检查，酌情更换。

7.4.6 辅助系统(气动机构的空压机系统)

a) 检查空压机阀板、活塞环和曲轴箱，更换密封件及易损件，清洗进气滤网，有油压缩机应调换压缩机油；压缩机运转时间较长的建议调换整台压缩机；

b) 检查电动机及调换传动皮带；

c) 检查安全阀开启/关闭压力；检查减压阀、逆止阀和其他阀门，必要时应调换损坏部件；

d) 测量打压时间；检查气体管道泄漏情况；有减压装置的应检查一/二级压力；校验各级压力开关设定值。

7.5 分解检修的环境条件:GIS 的分解检修应在空气相对湿度不大于 80%的环境条件下进行，施工现场应有防尘、防潮措施。户外 GIS 检修应在晴天进行，检修现场应搭建临时防护棚或设置其他防尘防潮措施。

7.6 检修前应制定详细方案。详细核对图纸，根据 SF_6 气室分隔情况及检修要求确定应回收气体或减压的范围及部位、停电的范围等，特别要注意 GIS 气体回收或减压的气室内不能有带电部件，工作范围内设备应可靠接地。起重作业应编制起重方案。

7.7 GIS 分解检修的一般流程如图 1 所示。

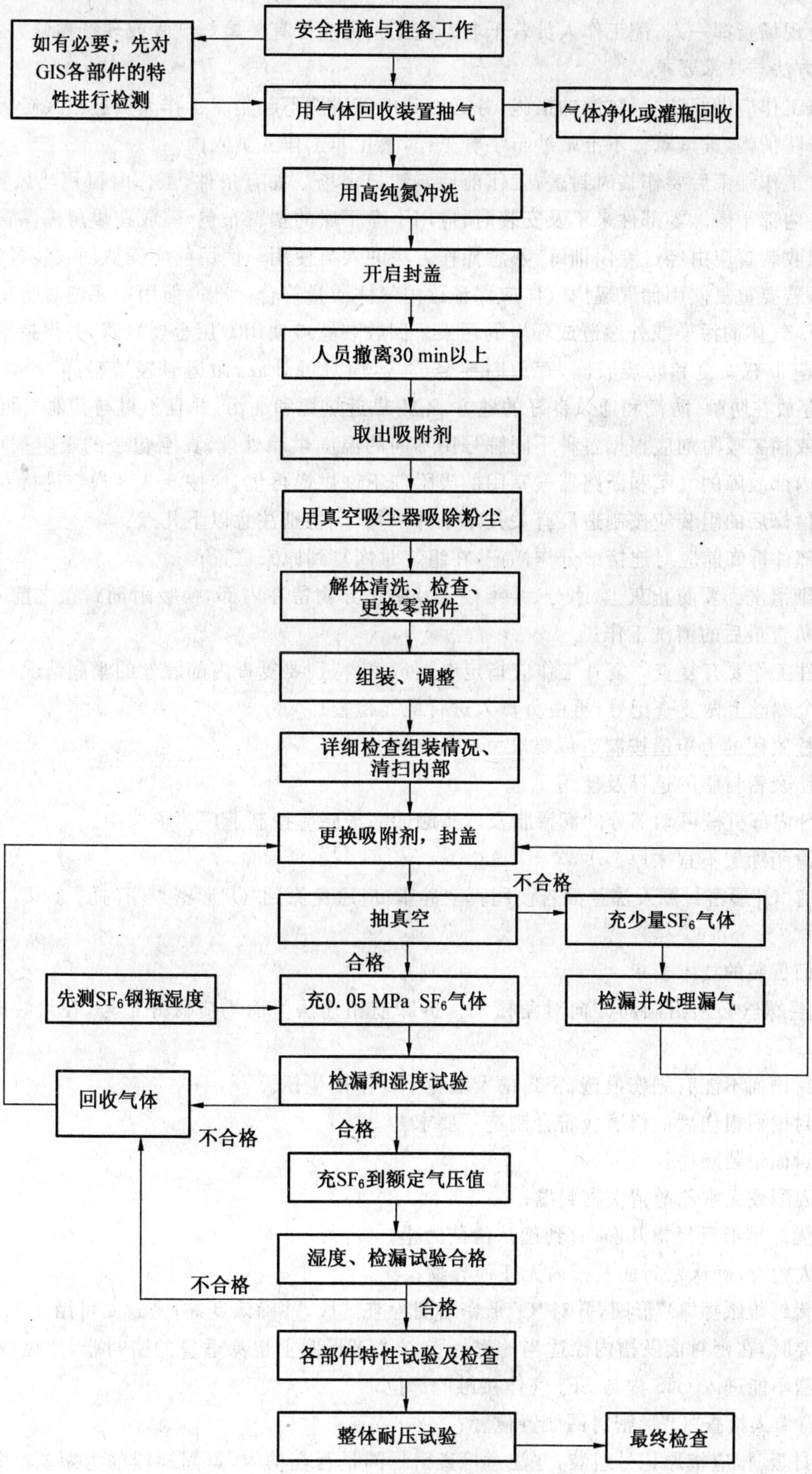

图 1 分解检修的一般顺序

7.8 分解检查

7.8.1 应设现场指挥一人，配工作人员若干名。施工人员应按有关检修规程或现场检修方案预先熟悉施工的基本方法与技术要求。

7.8.2 检修工作应做好防尘、防潮的措施，务必做到内部清洗不起尘。工作人员进出大修场地要换鞋，穿防护衣，戴防护帽，戴口罩。不准戴纱布手套工作，禁止非工作人员入内。

7.8.3 每日工作结束后要作临时封盖，工作前后要清扫现场。如有条件，工作时可用热风器向GIS内通风，以保持内部干燥。零部件来不及安装时，应用干净干燥的塑料布包好，放在烘房内保管。

7.9 气体回收装置应由经过专门训练、熟悉操作方法的人员使用。使用前应确认回收装置各部分均处于良好状态，若要重复使用储气罐内气体应保证罐内气体质量符合标准。使用中要绝对防止误操作，以防造成对 SF_6 气体的污染或外逸造成环境的污染。回收装置应使用专用金属软管，并保持清洁干燥。

7.10 气瓶应带有安全和防震胶圈，存放时要竖放，运输时可卧放，搬运时轻装轻卸，严禁抛掷溜放。SF_6 气瓶要存放在防晒、防潮和通风良好的地方，不得靠近热源和油污，并且不得与其他气瓶混放。

7.11 散装或桶装吸附剂应根据各种不同牌号用不同的温度烘燥处理，真空包装的吸附剂可直接装入气室。发生内部故障的气室和断路器气室用的吸附剂不许烘燥再生，应按5.3.8规定进行专门处理。

7.12 分解检修后的组装应按制造厂有关技术条件执行，应特别注意以下几点：

a) 零部件拆卸前应对连接部分作标记，在组装时恢复到原来位置；

b) 仔细清洗。要防止灰尘、水分、纤维侵入及防止异物留在内部，换吸附剂封盖之前一定要有专人负责最后的清洗工作；

c) 每件工作要有复查。复查工作应指定专人负责，特别要复查内部螺丝的紧固情况；必要时应在每个螺丝上做复查记号，再由负责人进行最终检查；

d) 螺栓紧固的力矩值按制造厂要求。

7.13 润滑脂及密封脂的选择及使用

7.13.1 GIS内部机械可动部分的润滑脂及电接触的润滑脂应按制造厂要求选用。

7.13.2 润滑脂涂层不宜太厚。

7.13.3 所有“O”形密封圈及法兰面若使用真空硅脂，应避免涂到“O”形密封圈内侧与 SF_6 气体接触的部位。

7.14 密封面拆装的技术要求

7.14.1 法兰螺丝必须沿圆周方向对角松动。拆卸前相连法兰面均应做好记号，在组装时保持原来位置。

7.14.2 密封槽面不能有划伤痕迹，密封槽及法兰平面不能生锈。

7.14.3 密封槽面损伤后的修磨应符合制造厂要求。

7.14.4 密封面组装顺序：

a) 用丙酮或无水乙醇清洗密封槽；

b) 用无纤维纸反复擦几遍，直到确认清洁为止；

c) 专人检查，确认密封面及槽内无任何异物；

d) 用无纤维纸擦“O”形圈，并对“O”形密封圈检查试放，并确认良好；密封圈可用无水乙醇擦洗；

e) 必要时，在密封面及槽内涂适当的密封脂，在“O”形圈上也涂适量的密封脂，然后放入槽内，密封脂不能进入GIS内与 SF_6 气体接触的部位；

f) 应有专人检查“O”形密封圈放置位置；

g) 盖封板时，应按原记号组装，并注意检查密封圈是否在槽内，紧固螺栓的力矩值应符合制造厂要求。法兰螺丝必需沿圆周方向对角紧固。

7.14.5 使用过的“O”形密封圈应当更换。

7.15　抽真空的技术要求

7.15.1　装吸附剂速度越快越好，若气室内有几处装吸附剂的地方，应分别同时进行。应选择晴天且相对湿度小的条件下装吸附剂，装入吸附剂至抽真空的时间要控制在1 h之内；较长的母线筒时间可适当延长，但不得超过5 h，装吸附剂后应立即抽真空。

7.15.2　抽真空的顺序及技术要求：

a)　真空度达到133 Pa开始计算时间，维持真空泵运转至少在30 min以上；

b)　停泵并与泵隔离，静观30 min后读取真空度A；

c)　再静观5 h以上，读取真空度B，当$B-A\leqslant 67$ Pa(极限允许值133 Pa)时抽真空合格，否则应先检测泄漏点(流程见7.7)；

d)　抽真空要有专人负责，要绝对防止误操作而引起的真空泵油倒灌事故；

e)　被抽真空气室附近有高压带电体时，应注意主回路可靠接地，以防止因感应电压引起的GIS内部元件损坏。

7.15.3　对抽真空设备的要求：

a)　必须选择合适的、能达到133 Pa以下真空度的真空泵；控制抽真空管道的长度，其口径要足够大，以免影响真空度；

b)　真空泵应设置电磁逆止阀和相序指示灯。

7.16　充SF_6气体的技术要求

a)　向设备充气前，每瓶SF_6气体都要做微水含量测定；

b)　充气前，充气设备和管路应洁净，无水分及油污，管路连接处无漏气；

c)　充气应使用减压阀，充气时应先关闭减压阀，打开气瓶阀门，再打开减压阀充气；

d)　充气时，环境温度较低时可使用加热设备加快充气速度。

7.17　分解检修后试验的注意事项

7.17.1　应在SF_6气体充气完毕和机构完成储能后方能进行断路器的操作试验；

7.17.2　抽真空过程中禁止进行回路电阻试验；

7.17.3　对于部分停电的GIS进行耐压试验时，试验方案应考虑被试GIS的部分断口可能会承受反向系统电压。

8　试验

GIS在分解检修后应进行试验，内容包括：

a)　绝缘电阻测量；

b)　主回路耐压试验；

c)　元件试验：元件包括断路器、隔离开关、互感器、避雷器等，应按各自标准进行；

d)　主回路电阻测量；

e)　密封试验；

f)　联锁试验；

g)　SF_6气体湿度测量；

h)　局部放电试验(必要时)。

8.1　绝缘电阻测量：应在整体组装完毕，耐压前后进行。主回路用2 500 V及以上电压的兆欧表测量，其值应不低于制造厂规定值；低压回路用1 000 V兆欧表测量，其值不低于1 MΩ。

8.2　主回路耐压试验：应在设备充入额定密度的SF_6气体条件下，按DL/T 555要求进行试验，有条件时可用故障定位仪器监测。

8.3　元件试验：元件包括互感器、避雷器等，应按各自的标准进行。

8.4　主回路电阻测量

8.4.1　主回路电阻测量一般可采用以下办法：

a)　当接地开关导电杆与外壳绝缘时，可临时解开接地连接线，利用回路上的两组接地开关导电杆合到测量回路上，用压降法测量，测量电流不小于直流 100 A；

b)　若接地开关导电杆与外壳不能绝缘分隔时，可先测量导体外壳的并联电阻 R_0 和外壳的直流电阻 R_1，然后按下式换算：

$$R=\frac{R_0R_1}{R_1-R_0}$$

8.4.2　主回路的电阻值不得大于设备出厂值的 120%。

8.5　密封试验：除大修外，GIS 出现 SF_6 气体漏气报警后也应进行本项检测。检测要求按 GB/T 11023 标准执行。

8.6　联锁试验：GIS 检修结束，在投运之前应验证电气、机械的（包括气动、液压传动）和其他联锁的动作性能。

8.7　湿度测量：GIS 中的气体湿度应在投运前测定，其值必须满足表 4 的规定。

8.8　局部放电试验：可结合交流耐压试验同时进行，也可采用超声局放测量技术在运行电压下进行，试验可参考附录 A。

9　备品备件及专用工器具

9.1　备品备件

9.1.1　备品备件应能与原设备互换，并具有与原设备相同的材料和质量。备件应按要求进行处理和包装，并分别装箱，箱上应有明显的标记，备品备件应注明有效期和必要的结构图。电气线圈和其他精密的电气元件、仪器、仪表等，必须先装在带有干燥剂的塑料袋中，或采用其他有效方法保护后装箱；专用工具和仪器应附有技术参数、使用说明书等资料。

9.1.2　备品备件种类和数量，表 5 所列的备品备件及其数量可供参考。也可以根据需要调整数量和品种。

表 5　备品备件及其数量

序号	规　格	数　量	备注
1	继电器、微型开关、控制开关、辅助开关	每种各二套	
2	断路器分、合闸线圈	每种为供应量的 1/5	
3	隔离开关联锁线圈	2 套	
4	快速接地开关联锁线圈	2 套	
5	温度补偿压力开关	2 套	
6	SF_6 气体阀门	各式 2 个	
7	压力表	各式 1 个	
8	密度继电器	各式 2 个	
9	电动机	各式 1 个	

9.2　专用工器具

表 6 所列的专用工器具及其数量可供参考。也可根据需要调整数量和品种。

表 6 专用工器具及其数量

序号	规格	数量	备注
1	断路器手动操作手柄	1套	
2	隔离开关手动操作手柄	1套	
3	接地开关手动操作手柄	1套	
4	真空吸尘器	1套	
5	封闭气室用的端盖	3套	带阀门等附件
6	SF_6 气体补气小车	1台	带气瓶、真空泵、减压阀、软管、压力表等
7	SF_6 气体回收装置	1台	带压缩机、真空泵、气瓶真空压力表、压力表、阀门、软管、过滤器、干燥器专用工具等。回收容量按 3 h 回收最大气室气体考虑
8	SF_6 专用充气接口	1套	包括管道
9	SF_6 气体泄漏检测仪	1台	包括校验用的针筒、气瓶等
10	SF_6 气体湿度监测仪	1台	包括专用管道、电热吹风机
11	GIS 高压试验套管和连接部件	1套	必要时
12	慢分、慢合操作手柄	1套	
13	含氧量报警器	1台	
14	麦氏真空表或电子真空表	1个	
15	分解 GIS 各部件的专用工具	1套	
16	烘燥吸附剂的烘箱	1台	
17	测速传感器	1套	带支架

附 录 A
（资料性附录）
放电故障的定位和检测方法

A.1 放电故障的定位

GIS 在发生放电故障时，会伴随产生各种不同的现象。利用这些现象有助于进行故障的定位。

——光辐射的检测；

——可听噪声和振动的测量；

——记录和分析放电产生的电磁暂态过程；

——检测 SF_6 气体分解的产物。

A.2 局部放电的检测方法

A.2.1 概述

对于现场的局部放电检测，除常规的按 IEC 60270 方法外，电的 VHF/UHF 和超声方法可以用于 GIS 的检测。与常规的方法相比，这两种方法对干扰的灵敏度比较低，所以它们可以用于运行中的局部放电监测。然而，对于这些新方法而言，灵敏度取决于故障（信号源）和传感器之间的距离。合理的应用 VHF/UHF 和超声波方法是很有好处的。用这种仪器可以检测出几个 pC 视在放电量的故障，检测灵敏度很容易在现场进行验证。这两种辅助方法的优点是能够检测出故障的位置。这些方法和结果的解释只能由有经验的人使用。这些方法仍然在研究中而且还没有标准。

A.2.2 符合 GB/T 7354 的电气测量法

来自无线电发射和其他源的电磁干扰，被敞开的空气套管接收，导致局部放电测量的灵敏度降到几十 pC，模拟和数字的滤波方法是有效的。不过，使用这种滤波工具要求训练有素的人，而这种程序本身有局限性。在实际的现场条件下，很难达到把噪音水平限制在低于 5 pC。所以，用一个带屏蔽的耦合电容器直接和 GIS 连接的整个封闭的试验回路是更可取的。对采用电缆终端并且 GIS 隔室用一个敞开的隔离开关和空气套管分离的这种情况可以达到灵敏度小于 5 pC。

A.2.3 VHF/UHF 方法

GIS 故障的放电电流的上升沿小于 0.1 ns，这些故障引起的电磁暂态频率超过 2 GHz。信号以光的速度如横向电磁场，横向电场和横向磁场波在 GIS 中传播，在众多的断口处发生反射。由于金属导体传导率是有限的以及介质表面的损耗，信号传播后会衰减。在每个隔室内，电磁波的响应波形是很复杂的。

局部放电的 VHF/UHF（范围在 100 MHz～2 GHz）信号可以通过耦合器在时域或频域上检测到。由于 VHF/UHF 信号衰减，许多耦合器必须装在 GIS 里面。两个相邻的耦合器之间最大距离接近几十米。VHF/UHF 信号最好是由内部耦合器获得，但有时候做不到的话，也可以从外部窗口或绝缘子上提取。

由于响应模式的复杂性，所检测到的 PD 信号的幅值最主要是取决于故障和耦合器的位置，其次才是它们之间的方位。所以，VHF/UHF 方法不能像 IEC 60270 的试验回路那样进行校准。可用 2.5 中叙述的方法替代来实现灵敏度校准。采用合适的耦合器、放大器和滤波器可以提高甚高频测量装置的信/噪比和灵敏度。VHF/UHV 方法已经表明了至少和常规方法一样具有检测缺陷的灵敏度。

A.2.4 超声波方法

GIS 中从缺陷所发出的超声信号（机械波）主要有两个机理：运动的粒子当它们撞击外壳时激发出

的机械波,反之,固定的缺陷放电在气体中建立的压力波传递到外壳激发出超声波。引起的信号主要取决于信号源和传播的通道。由于外壳通常是铝合金或钢制的,信号的跳动是很小的。当信号从一个间隔传递到法兰时,就有能量的损耗。通过放置在外壳上的传感器可以检测到超声信号。通常,采用加速度计或是超声传感器,放在对所有法兰之间的金属外壳上进行测量。

故障的定位可以通过寻找最大幅值的超声信号或是测量两个传感器之间的时延来确定。通过分析超声信号的形状来区分不同类型的故障。

跳动的微粒引起的信号是宽带的(约>1 MHz),并且也比固定缺陷的预放电产生的信号幅值高。当微粒运动离开故障源时,其信号将是立体地衰减。通常,对缺陷而言,超声信号有两个重要参数,幅值和漂浮时间(微粒连续两次碰撞之间的时间),这些参数不仅可以基本上识别故障的类型而且还可以估计故障的危险程度。

靠近放电源由于凸起引起的预放电类型的信号是很宽的,但是,由于气体起到低通滤波器的作用,所以当信号从放电源向外壳方向传递时高频分量要衰减。通常,从预放电源检测的信号被限制在低于100 kHz,信号水平在相同间隔里是完全相同的,而一旦靠近法兰,信号要衰减大约8 dB。

采用高的信/噪比的装置可以检测到运动微粒产生的视在放电电荷在5 pC的范围。对电晕放电,检测限制在2 pC范围。灵敏度随距离增加而下降,这是因为超声信号在GIS中传递时被吸收和衰减的缘故。可是超声信号和视在放电水平不是一一对应的。在变电站,超声测量可以免受电磁干扰的影响,当传感器放置在靠近故障点时,对运动粒子的超声灵敏度通常比任何其他监测方法都要高得多。所以,超声方法对该种故障的检测和定位是很有效的。

A.2.5 超声和甚高频方法灵敏度的校准

对超声和甚高频方法,采用和局部放电检测的灵敏度校准相同的技术原理。首先,用一个人工的超声或电脉冲发射一个类似来自真实故障的信号,按IEC 60270方法来确定视在电荷(如5 pC或更多高些)。然后,在交接试验或运行中将人为脉冲注入GIS,以便校验GIS和测量仪器一起的检测灵敏度。如果这个激励的信号能够被邻近的传感器检测到,那么,在传感器之间的GIS间隔的灵敏度校验就算成功。

参 考 文 献

[1] GB/T 7354 局部放电测量(IEC 60270:2000,IDT)

[2] GB 7674—2008 额定电压 72.5 kV 及以上气体绝缘金属封闭开关设备(IEC 62271-203:2003,MOD)

[3] IEC 60270 局部放电测量

ICS 29.240.10
K 43

中华人民共和国国家标准化指导性技术文件

GB/Z 24836—2009

1 100 kV 气体绝缘金属封闭开关设备技术规范

Specification for 1 100 kV gas-insulated metal-enclosed switchgear

2009-11-30 发布　　2010-05-01 实施

中华人民共和国国家质量监督检验检疫总局
中国国家标准化管理委员会　发布

前　言

本指导性技术文件是根据 IEC 62271-203:2003(IEC 60517 的第 3 版)《高压开关设备和控制设备　第 203 部分:额定电压 52 kV 以上的气体绝缘金属封闭开关设备》和国家电网公司晋东南-荆门-南阳 1 000 kV 特高压交流试验示范工程 1 100 kV 气体绝缘金属封闭开关设备供货合同而制定的,在某些内容上根据我国 1 000 kV 系统的实际需要进行了补充和修改。

本指导性技术文件应与 GB/T 11022—1999 一起使用,除非本指导性技术文件中另有规定,本指导性技术文件执行 GB/T 11022—1999 的规定。

本指导性技术文件的附录 A、附录 B 为规范性附录,附录 C 和附录 D 为资料性附录。

本指导性技术文件由中国电力企业联合会提出。

本指导性技术文件由中国电力企业联合会归口。

本指导性技术文件由特高压交流输电标准化技术工作委员会、中国电力科学研究院负责解释。

本指导性技术文件负责起草单位:国家电网公司、中国电力科学研究院。

本指导性技术文件参加起草单位:西安高压电器研究院、华东电网有限公司、清华大学、西安交通大学、西安西开高压电气股份有限公司、河南平高电气股份有限公司、新东北电气(沈阳)高压开关有限公司。

本指导性技术文件主要起草人:舒印彪、崔景春、丁扬、顾霓鸿、王承玉、王绍武、郭媛媛、袁大陆、崔博源。

本指导性技术文件参加起草人:孙岗、李鹏、刘伯涛、刘兆林、徐国政、马志瀛、张猛、夏文、韩书谟、赵鸿飞、孙永恒、张铎。

1 100 kV 气体绝缘金属封闭开关设备 技术规范

1 范围

本指导性技术文件规定了 1 100 kV 气体绝缘金属封闭开关设备的使用条件、额定值、设计与结构、试验、选用导则、运输、储存、安装、运行和维护等要求。

本指导性技术文件适用于 1 100 kV 户外安装、频率为 50 Hz 的单极封闭 SF_6 气体绝缘金属封闭开关设备。

为了便于本指导性技术文件的使用，术语"GIS"和"开关设备"均用于表述"气体绝缘金属封闭开关设备"。

本指导性技术文件涵盖的气体绝缘金属封闭开关设备是由可以直接连接在一起的各独立元件构成，而且这些元件只能按这种方式运行。

根据需要，本指导性技术文件对于构成 GIS 的各个独立元件的相关标准进行了完善和补充。

2 规范性引用文件

下列文件中的条款通过本指导性技术文件的引用而成为本指导性技术文件的条款。凡是注日期的引用文件，其随后所有的修改单(不包括勘误的内容)或修订版均不适用于本指导性技术文件，然而，鼓励根据本指导性技术文件达成协议的各方研究是否可使用这些文件的最新版本。凡是不注日期的引用文件，其最新版本适用于本指导性技术文件。

GB 1207—2006 电磁式电压互感器(IEC 60044-2:2003，MOD)

GB 1208—2006 电流互感器(IEC 60044-1:2003，MOD)

GB 1984—2003 高压交流断路器(IEC 62271-100:2001，MOD)

GB 1985—2004 高压交流隔离开关和接地开关(IEC 62271-102:2002，MOD)

GB/T 2423.1 电工电子产品环境试验 第 2 部分:试验方法 试验 A:低温(GB/T 2423.1—2008，IEC 60068-2-1:2007，IDT)

GB/T 2423.2 电工电子产品环境试验 第 2 部分:试验方法 试验 B:高温(GB/T 2423.2—2008，IEC 60068-2-2:2007，IDT)

GB/T 2423.3 电工电子产品环境试验 第 2 部分:试验方法 试验 Cab:恒定湿热试验(GB/T 2423.3—2006，IEC 60068-2-78:2001，IDT)

GB/T 2423.4 电工电子产品环境试验 第 2 部分:试验方法 试验 Db 交变湿热(12 h+12 h 循环)(GB/T 2423.4—2008，IEC 60068-2-30:2005，IDT)

GB/T 2423.10 电工电子产品环境试验 第 2 部分:试验方法 试验 Fc:振动(正弦)(GB/T 2423.10—2008，IEC 60068-2-6:1995，IDT)

GB/T 2423.17 电工电子产品环境试验 第 2 部分:试验方法 试验 Ka:盐雾(GB/T 2423.17—2008，IEC 60068-2-11:1981，IDT)

GB/T 2900.20—1994 电工术语 高压开关设备(neq IEC 60050(IEV):1984)

GB/T 4109—2008 交流电压高于 1 000 V 的绝缘套管(IEC 60137，MOD)

GB 4824 工业、科学和医疗(ISM)射频设备 电磁骚扰特性 限值和测量方法(GB 4824—2004，CISPR 11:2003，IDT)

GB/T 5095.2—1997　电子设备用机电元件　基本试验规程及测量方法　第2部分:一般检查、电连续性和接触电阻测试、绝缘试验和电压应力试验(IEC 60512-2:1994,IDT)

GB/T 5582—1993　高压电力设备外绝缘污秽等级(neq IEC 507:1991)

GB/T 7354　局部放电测量(GB/T 7354—2003,IEC 60270:2000,IDT)

GB/T 8905　六氟化硫电气设备中气体管理和检测导则(GB/T 8905—1996,neq IEC 60480:1974)

GB/T 11022—1999　高压开关设备和控制设备标准的共用技术要求(eqv IEC 60694:1996)

GB/T 11287—2000　电气继电器　第21部分:量度继电器和保护装置的振动、冲击、碰撞和地震试验　第1篇:振动试验(正弦)(IEC 60255-21-1:1988,IDT)

GB/T 12022　工业六氟化硫(GB/T 12022—2006,IEC 376:1971;IEC 376A:1973;IEC 376B:1974,MOD)

GB/T 13540—1992　高压开关设备抗地震性能试验

GB/T 16927.1　高电压试验技术　第一部分:一般试验要求(GB/T 16927.1—1997,eqv IEC 60060-1:1989)

GB/T 17626.1　电磁兼容　试验和测量技术　抗扰度试验总论(GB/T 17626.1—2006,IEC 61000-4-1:2000,IDT)

GB/T 17626.4　电磁兼容　试验和测量技术　电快速瞬变脉冲群抗扰度试验(GB/T 17626.4—2008,IEC 61000-4-4:2004,IDT)

GB/T 17626.12　电磁兼容　试验和测量技术　振荡波抗扰度试验(GB/T 17626.12—1998,IEC 61000-4-12:1995,IDT)

GB/T 22381—2008　额定电压72.5 kV及以上气体绝缘金属封闭开关设备与充流体及挤包绝缘电力电缆的连接　充流体及干式电缆终端(IEC/TS 60859:1999,MOD)

GB/T 22382—2008　额定电压72.5 kV及以上气体绝缘金属封闭开关设备与电力变压器之间的直接连接(IEC 61639:1996,MOD)

DL/T 593—2006　高压开关设备和控制设备标准的共用技术要求(IEC 60694:2002,MOD)

DL/T 728—2000　气体绝缘金属封闭开关设备订货技术导则(neq IEC 815:1986;IEC 859:1986)

IEC 60255-21-3　电气继电器　第21部分:量度继电器和保护装置的振动、冲击、碰撞和地震试验　第3篇:地震试验

IEC 60480　电气设备中六氟化硫的检验和处理指南及其再利用规范

IEC 60815　绝缘子在污秽条件下的选用导则

IEC 61000-4-11　电磁兼容性　第4-11部分:试验和测量技术　电压暂降、短时中断和电压变化抗扰度试验

IEC 61000-4-17　电磁兼容性　第4-17部分:试验和测量技术　直流输入功率口脉动抗扰性试验

IEC 61000-4-29　电磁兼容性　第4-29部分:试验和测量技术　直流输入功率口抗扰试验电压暂降、短时中断和电压变化

IEC 61000-5　电磁兼容性　第5部分:安装指南和辅助措施

IEC 61000-6-5　电磁兼容性　第6-5部分:通用标准　发电站和变电站环境的抗扰度

IEC 61462　额定电压1 000 V以上电气设备用承压和非承压空心复合绝缘子　定义、试验方法、验收准则和设计建议

IEC 61634　高压开关设备和控制设备中六氟化硫的使用和处理

IEC 61672-1　电声学　声级计　第1部分:技术要求

IEC 61672-2　电声学　声级计　第2部分:模型评估试验

IEC 61810-7　机电元件继电器　第7部分:试验和测量程序

IEC 62155　额定电压1 000 V以上电气设备用承压和非承压空心瓷绝缘子和玻璃绝缘子

ISO 3231　油漆和釉子　包含二氧化硫的湿大气耐受能力的确定

注：本指导性技术文件中还引用其他标准作为资料。它们在参考文献中列出。

3　术语和定义

GB/T 11022 中所确立的及下述术语和定义适用于本指导性技术文件。

3.1

金属封闭开关设备和控制设备　metal-enclosed switchgear and controlgear

除了外部连接外，具有完整并接地的金属外壳的成套开关设备和控制设备。

[GB/T 2900.20，定义 3.5]

3.2

气体绝缘金属封闭开关设备　gas-insulated metal-enclosed switchgear

绝缘的获得至少部分通过绝缘气体而不是处于大气压力下空气的金属封闭开关设备。

注 1：本术语通常适用于高压开关设备和控制设备。[GB/T 2900.20，定义 3.12]

注 2：单极封闭气体绝缘开关设备适用于每极封闭在一个独立外壳内的开关设备。

3.3

气体绝缘开关设备的外壳　gas-insulated switchgear enclosure

气体绝缘金属封闭开关设备的部件，它能够使处于规定条件下的绝缘气体安全地保持在要求的绝缘水平上，并保护设备内部免受外部影响和对人员提供安全防护。

3.4

可移开的连接　removable link

导体的部件，可以容易地将 GIS 的两部分相互隔离和移开。

3.5

隔室　compartment

气体绝缘金属封闭开关设备的一部分，除了相互连接和控制需要打开外全部封闭。

注：隔室可以根据其内部的主要元件命名，例如断路器隔室、母线隔室。

3.6

元件　component

实现特定功能的气体绝缘金属封闭开关设备主回路和接地回路的主要部件（例如断路器、隔离开关、负荷开关、互感器、套管、母线等）。

3.7

支持绝缘子　support insulator

支撑一极或多极导体的内部绝缘子。

3.8

隔板　partition

把一个隔室和其他隔室隔开的支持绝缘子。

3.9

套管　bushing

在外壳端部可以承载一极或多极导体并与其绝缘的结构件，包括连接的方式（例如，空气套管）。

3.10

主回路　main circuit

用于输送电能的回路中所包含的气体绝缘金属封闭开关设备的所有导电部件。

注：改写 GB/T 2900.20 的定义 2.24。

3.11

辅助回路　auxiliary circuit

用于控制、测量、信号和调节的回路(不同于主回路)中所包含的气体绝缘金属封闭开关设备的所有导电部件。

注：气体绝缘金属封闭开关设备的辅助回路包括开关装置的控制和辅助回路。

3.12

外壳的设计温度　design temperature of enclosures

在规定的最严酷使用条件下外壳所能达到的最高温度。

3.13

外壳的设计压力　design pressure of enclosures

用来确定外壳设计的相对压力。

注1：它至少应等于在规定的最严酷使用条件下绝缘气体所能达到的最高温度时外壳内部的最高压力。

注2：确定设计压力时不考虑开断操作(如，断路器)过程中或随后出现的瞬态压力。

3.14

隔板的设计压力　design pressure of partitions

隔板两侧的相对压力。

3.15

压力释放装置的动作压力　operating pressure of pressure relief device

压力释放装置释放时的相对压力。

3.16

外壳和隔板的例行试验压力　routine test pressure of enclosures and partitions

所有的隔板和外壳制造后都应承受的相对压力。

3.17

外壳和隔板的型式试验压力　type test pressure of enclosures and partitions

所有的隔板和外壳在型式试验中应承受的相对压力。

3.18

破裂　fragmentation

由于压力升高而导致外壳损坏，并伴有固体材料抛出。

注：术语"外壳没有破裂"应按如下解释：

——隔室没有爆破；

——没有固体部件从隔室中飞出。

例外情况有：

——压力释放装置的部件，如果它们的射出是直接的；

——外壳烧穿产生的灼热粒子和熔化材料。

3.19

破坏性放电　disruptive discharge

在电气应力作用下与绝缘失效相关的现象，放电完全桥接了受试绝缘，电极间的电压降为零或几乎是零。

3.20

使用周期　service period

直到需要维修的时间，包括打开充气隔室。

3.21

运输单元　transport unit

无须拆卸即可装运的气体绝缘金属封闭开关设备的部件。

4 正常和特殊使用条件

按 GB/T 11022—1999 中第 2 章规定，并作如下补充：

在任何海拔处，内绝缘的介电特性和海平面处测得的相同。因此，对于内绝缘，海拔没有特别的要求。

GIS 的某些部件，如压力释放装置和压力及密度监测装置可能会受到海拔的影响。如果需要，制造厂应采取适当的措施。

4.1 正常使用条件

按 GB/T 11022—1999 中 2.1 的规定，具体要求见表 1。

4.2 特殊使用条件

按 GB/T 11022—1999 中 2.2 的规定，具体要求见表 1。

如果在表中有使用大于(>)的场合，则具体数值应由用户按照 GB/T 11022—1999 的规定来确定。

表 1 GIS 使用条件的参照表

项目	户外		
	正常	特殊	
周围空气温度： 最低(℃) 最高(℃)	 −10、−25、−30、−40 +40	 −50 +40	 −5 +55
阳光辐射(W/m²)	1 000	>1 000	
海拔(m)	1 000	>1 000	
污秽等级	Ⅲ	Ⅳ	
覆冰(mm)	10 或 20	>20	
风速(m/s)	34	>34	
凝露或凝结	存在	存在	
震动等级	不适用	按 GB/T 13540 的规定提出设备的抗震等级	
二次系统中感应的电磁干扰(kV)	1.6	>1.6	
用户的技术规范可以采用上述正常和特殊使用条件的任意组合。 污秽等级Ⅲ和Ⅳ应符合 GB/T 5582—1993 的表 1。 当温度较低时，应考虑 SF_6 气体的液化对产品正常使用的影响。			

5 额定值

GIS 的额定值由下述参数组成：

a) 额定电压(U_r)；

b) 额定绝缘水平；

c) 额定频率(f_r)；

d) 额定电流(I_r)(主回路的)；

e) 额定短时耐受电流(I_k)(主回路和接地回路的)；

f) 额定峰值耐受电流(I_p)(主回路和接地回路)；

g) 额定短路持续时间(t_k)；

h) 构成气体绝缘金属封闭开关设备一部分的元件的额定值,包括它们的操动机构和辅助设备。

5.1 设备的额定电压(U_r)

按 GB/T 11022—1999 中的规定,并作如下补充:

注:构成 GIS 一部分的元件可以按照各自的标准具有独立的额定电压值。

5.2 额定绝缘水平

1 100 kV GIS 额定绝缘水平如表 2 所示。

GIS 包括的元件可能具有限定的绝缘水平。尽管通过选择适当的绝缘水平可使发生内部故障的概率很低,但是,还应考虑限制外部过电压的措施(例如,避雷器)。

注 1:根据 CIGRE 的研究,标准试验的耐受电压的特征比值,对于 SF_6 气体绝缘,$U_d/U_p=0.45$,$U_s/U_p=0.75$。表 2 中给出的 U_d 值和 U_s 值就是根据该系数计算的。

注 2:关于套管的外露部件(如果有的话),见 GB/T 4109。

注 3:波形为标准的雷电冲击和操作冲击波形,设备耐受其他类型冲击的能力的研究结果尚未确定。

注 4:对于特定额定电压的设备选择替代的绝缘水平时应基于绝缘配合研究,并考虑到由于开合自发引起的瞬态过电压。

表 2 额定电压 1 100 kV GIS 的额定绝缘水平

设备的额定电压 U_r kV(r.m.s.)	额定短时工频耐受电压 U_d kV(r.m.s.)		额定操作冲击耐受电压 U_s kV(peak)			额定雷电冲击耐受电压 U_p kV(peak)	
	相对地和相间	开关装置断口间和隔离断口间	相对地	相间	开关装置断口间和隔离断口间(注 1、2)	相对地和相间	开关装置断口间和隔离断口间
(1)	(2)	(3)	(4)	(5)	(6)	(7)	(8)
1 100	1 100	1 100(+635)	1 800	2 700	1 675(+900)	2 400	2 400(+900)

注 1:栏(3)中括号内的数值是施加在对侧端子的工频电压有效值 $1.0U_r/\sqrt{3}$(联合电压);

注 2:栏(6)和栏(8)中括号内的数值是施加在对侧端子上工频电压峰值 $1.0U_r\sqrt{2}/\sqrt{3}$(联合电压)。

5.3 额定频率(f_r)

50 Hz。

5.4 额定电流和温升

5.4.1 额定电流(I_r)

按 GB/T 11022—1999 中 4.4.1 的规定,并作如下补充:

GIS 的某些主回路(母线和分支母线)可能有不同的额定电流值。

5.4.2 温升

按 GB/T 11022—1999 中 4.4.2 的规定,并作如下补充:

如 GIS 中某些元件的温升未被 GB/T 11022—1999 所涵盖时,它们不应超过其元件标准中所规定的温升限值。

注:如果操作人员不可能触及的外壳部分的温升等于或高于 65 K,则应采取措施确保周围绝缘材料不会损坏。

5.5 额定短时耐受电流(I_k)

按 GB/T 11022—1999 中 4.5 的规定。

5.6 额定峰值耐受电流(I_p)

按 GB/T 11022—1999 中 4.6 的规定,并作如下补充:

注:原则上,主回路的额定短时耐受电流和额定峰值耐受电流不能超过其串联的元件中的最薄弱元件相应的额定值。

5.7 额定短路持续时间(t_k)

2 s。

5.8 合分闸装置以及辅助和控制回路的额定电源电压(U_a)

按 GB/T 11022—1999 中 4.8 的规定。

5.9 合分闸装置以及辅助和控制回路的额定电源频率

按 GB/T 11022—1999 中 4.9 的规定,并作如下补充:

操动机构和辅助回路的额定电源频率是用来确定运行条件和这些装置回路温升的频率。

5.10 绝缘和/或操作用气体或液体的额定充入水平

按 GB/T 11022—1999 中 4.11 的规定。

6 设计和结构

1 100 kV GIS 的设计应该能够确保其安全可靠运行、检查和维护,连接电缆的接地、电缆故障的定位、连接电缆或其他电器的电压试验以及危险静电电荷的消除,包括安装和扩建后相序的核对。

设备的设计应确保在协议允许的基础移动范围内,以及机械效应和热效应不会影响规定的设备性能。

所有额定值和结构相同的可能需要更换的元件应具有互换性。

除了本指导性技术文件另有规定外,外壳内的各种元件应满足各自的标准。

6.1 对开关设备和控制设备中液体介质的要求

按 GB/T 11022—1999 中 5.1 的规定。

6.2 对开关设备和控制设备中气体介质的要求

按 GB/T 11022—1999 中 5.2 的规定,并作如下补充:

1 100 kV GIS 应使用符合 GB/T 12022 要求的新的 SF_6 气体。

GIS 气体湿度要求如表 3。

表 3 SF_6 气体湿度要求值

SF_6 气体湿度 μL/L	有电弧分解物气室	交接验收值	150
		长期运行允许值	300
	无电弧分解物气室	交接验收值	250
		长期运行允许值	500

注 1:运行中 SF_6 气体的检验参考 GB/T 8905。

注 2:SF_6 气体的处理参考 IEC 61634。

6.3 开关设备和控制设备的接地

按 GB/T 11022—1999 中 5.3 的规定,并作如下补充:

所有金属部件和外壳在正常运行条件下均应与接地端子相连接。构架金属部分的接地,应设计成其连接到接地端子处的导体通过 30 A 直流电流时压降不大于 3 V。

6.3.1 主回路的接地

为了确保维护工作时的安全,需要触及或可能触及的主回路所有部件均应可靠接地。

可以通过下述方式接地:

a) 如果连接的回路有带电的可能性,采用关合能力等于额定峰值耐受电流的接地开关;

b) 如果能够确认连接的回路不带电,可以采用没有关合能力或关合能力小于额定峰值耐受电流的接地开关。

接地开关的接地端子应与外壳绝缘后再接地,耐压水平不低于交流 10 kV。此外,外壳打开后,除预先通过接地开关接地外,在回路元件上进行工作期间,应能够与可移动的接地装置相连接。

6.3.2 外壳的接地

1 100 kV GIS 的外壳应采用多点接地。所有不属于主回路和辅助回路的金属部件都应接地，如操动机构箱、汇控柜、所有支撑件和构架等。对于外壳、箱柜和构架等的内部连接，可以采用螺栓或焊接，但应保证在可能要通过的电流引起的热、电的应力下，仍能保持接地回路的电气连续性。

1 100 kV GIS 可设有专用的辅助地网。辅助地网应采用截面不小于 250 mm^2 的铜导体，网格的疏密和铜排的截面决定于 GIS 的布置、接地点的数量和可能通过的工频短路电流、雷电冲击电流和高频电流的大小，其设计应能确保在故障条件下外壳的感应电压以及跨步电压满足接地标准的要求，以保证人身安全和设备安全。GIS 到辅助地网的接地引下线由可能通过的额定短路电流值决定。GIS 辅助地网与主地网的连接线应为截面不小于 250 mm^2 的铜导体，并采用焊接连接。

1 100 kV GIS 三极外壳之间应装设足够数量的短接线，以形成闭环回路，每一个闭环回路应尽可能就近与辅助地网连接，连接线为铜材并应能承载额定短路电流的作用。短接线截面应根据额定电流值来决定，在正常运行状态下外壳的温升应满足 5.4.2 的要求。

注：闭环回路用来避免外壳中的感应电流直接流入接地回路和接地网中。闭环回路的短接线应根据额定电流值确定其截面积并位于每一段的末端。

6.3.3 辅助和控制设备的接地

除辅助和控制设备的箱体或外壳应按 6.3.2 的要求接地外，1 100 kV GIS 的辅助和控制设备的箱(柜)内还应设置专供接地用的铜排和接地端子，铜排的截面积应不小于 4×25 mm^2。箱(柜)内所有不带电的金属部件应与接地铜排可靠连接，连接线的截面积应与接地铜排相同。接地铜排至少应在两个位置上通过外壳的接地连接线与 GIS 的辅助地网相连。

从 GIS 引至操动机构箱、汇控柜和控制箱的控制、保护、监测等用的电气屏蔽层应为一点接地，且接地点应设在箱(柜)一端。

6.4 辅助和控制设备

按 GB/T 11022—1999 中 5.4 的规定。

6.5 动力操作

按 GB/T 11022—1999 中 5.5 的规定。

6.6 储能操作

按 GB/T 11022—1999 中 5.6 的规定。

6.7 不依赖人力的操作

GB/T 11022—1999 中 5.7 不适用。

6.8 脱扣器操作

按 GB/T 11022—1999 中 5.8 的规定。

6.9 低压力和高压力闭锁和监控装置

按 GB/T 11022—1999 中 5.9 的规定，并作如下补充：

对于 GIS，气体密度是至关重要的。

每个隔室的气体密度或经温度补偿的气体压力应该连续监测。监控装置对压力或密度至少应提供两级报警，即补气报警和最低功能压力或密度报警并启动闭锁装置。

注 1：如果相邻隔室间的额定充入压力不同，可以采用第三级过压力报警显示装置。

注 2：应考虑到监控装置的偏差，以及监控装置和受监控的气体体积之间因温度可能存在的差异。

高压设备运行期间，应能够对气体监控装置进行检验，为此应设置逆止阀或手控阀门，以便拆卸并保证气体密封。

注 3：气体监控装置的检验可能会引发误报警，也可能启动或闭锁开关设备的操作。

6.10 铭牌

按 GB/T 11022—1999 中 5.10 的规定，并作如下补充：

GIS及其操动装置以及主要元件均应装有铭牌。铭牌应清晰、耐久、易读。

制造厂应给出GIS设备使用的SF_6气体总量。

6.11 联锁装置

为了安全和防止误操作，开关设备的不同元件之间（如开关装置和相关的接地开关之间）可能需要联锁装置。联锁装置应能保证规定的操作程序和操作人员的安全。

联锁装置应尽可能采用机械联锁。

制造厂应按照和用户的协议提供所需的联锁装置，联锁装置使用的元件应符合相应标准的要求。

不正确的操作能造成损害的或确保形成隔离断口的开关装置，应该装设制造厂规定的锁定装置（如加装挂锁）。

联锁装置是由元件（它可能包括机械部件、电缆、接触器、线圈等）组成的系统。每个元件都应该看作是辅助和控制设备的部件（见6.4）。

1 100 kV GIS中断路器和隔离开关，隔离开关和接地开关之间应装设联锁装置，如有可能应采用机械联锁和电气联锁。机械联锁装置应有足够的机械强度，以防操作不当而发生变形和损坏。下述规定对主回路中的开关设备是强制性的：

——只有相关的断路器处于分闸位置时，隔离开关才能进行操作。但是在多母线变电站，运行中的母线应可由隔离开关进行转换开合操作；

——只有隔离开关处于分闸位置时，接地开关才能合闸；只有接地开关处于分闸位置时，隔离开关才能合闸；

——应装设可防止就地误分或误合断路器的防误装置，可以是提示性的；

——在检修期间，用于保持隔离断口作用而处于分闸位置的隔离开关和为保障维修人员安全处于合闸位置的接地开关，应设有锁定装置，如装设挂锁；

——附加的或可选择的联锁措施应根据用户的需要由制造厂和用户协商，制造厂应提供有关联锁特性和功能的所有必要资料；

——制造厂应提供所有电气联锁的二次接线图，并应在制造厂内完成接线和检验。

6.12 位置指示和动作计数

按GB/T 11022—1999中5.12的规定，并作如下补充：

断路器的位置指示装置应该和操动机构的传动部件直接相连，动作次数计数装置应尽量和操动机构的传动部件直接相连，并应使用不可复归的机械式计数器。

隔离开关和接地开关应按GB 1985—2004中5.104.3.1的规定。

6.13 外壳的防护等级

按GB/T 11022—1999中5.13的规定，并作如下补充：

1 100 kV GIS的操动机构和二次设备外壳的防护等级应不低于IP44，撞击水平应不低于IK10(20 J)。箱体应选用不锈钢、铸铝或具有防腐措施的材料，既要有可靠、耐久的密封措施和密封性能，又要有防潮、防腐、防小动物进入等功能。

6.14 爬电距离

按GB/T 11022—1999中5.14的规定，并作如下补充：

1 100 kV GIS用瓷套管的外绝缘对地爬电比距应不小于25 mm/kV，伞型结构应符合IEC 60815的相关规定。需要时应可设断雨伞。

1 100 kV GIS用复合绝缘套管的外绝缘对地爬电比距应不小于25 mm/kV，空心复合绝缘子应符合IEC 61462的规定。需要时应可设断雨伞。

6.15 气体和真空的密封性

按GB/T 11022—1999中5.15的规定，并作如下补充：

泄漏损耗和处理损耗应分开考虑。

注1：为了使总的损耗(泄漏和处理)尽可能低，在运行寿命最少为25年期间应达到所有气体隔室的损耗平均值小于15%。

注2：运行中发生异常泄漏应仔细研究原因，并应采取有效措施。

6.15.1 气体的可控压力系统

GB/T 11022—1999 中 5.15.1 不适用。

6.15.2 气体的封闭压力系统

按 GB/T 11022—1999 中 5.15.2 的规定。

6.15.3 密封压力系统

按 GB/T 11022—1999 中 5.15.3 的规定。

6.15.4 泄漏

GIS应为封闭压力系统或密封压力系统。

如果是封闭压力系统，在设备运行期间，从 GIS 单个隔室泄漏到大气和相邻隔室的泄漏率不应超过每年 0.5%。

注：可以使用 GB/T 11022—1999 中附录 E 规定的程序。

6.15.5 气体处理

GIS应设计成在运行寿命期间气体处理的损耗最小化。制造厂应规定使气体处理损耗最小化的试验和维护程序并标明每一个程序相关的气体损耗。

制造厂应根据 IEC 60480 和 IEC 61634 推荐的 SF_6 处理程序。

6.16 液体的密封性

按 GB/T 11022—1999 中 5.16 的规定。

6.17 易燃性

按 GB/T 11022—1999 中 5.17 的规定。

6.18 电磁兼容性(EMC)

按 GB/T 11022—1999 中 5.18 的规定。

6.19 腐蚀

在设备使用寿命期限内应注意防止其腐蚀。在规定的运行条件下不得发生影响设备功能的腐蚀。外壳和主回路上的所有螺栓和螺钉应能很容易地进行拆卸。应该特别对联接材料之间的电腐蚀予以注意，因为它可能会导致密封性能丧失或接触电阻升高。

6.20 压力配合和监测

6.20.1 压力配合

由于不同的使用条件，GIS 内部的压力可以不同于额定充入压力。由于温度和隔室间的泄漏导致的压力升高会产生附加的机械应力。因泄漏导致的压力降低会降低绝缘性能。图1给出了各种压力水平和它们之间的关系。

制造厂有责任选择绝缘和操作的最低功能压力 P_{me}。为了使再充气前达到足够的时间，额定充入压力 P_{re} 与报警压力 P_{ae} 和泄漏率有关。

报警压力 P_{ae} 和最低功能压力 P_{me} 之间的时间应允许足够的反应时间来动作。应考虑到气体监控装置的偏差。

在运行状态下，机械应力与气体温度决定的内部压力相关。因此，设计压力应对应于在额定充入压力下气体能够达到最高温度时的压力。

考虑到材料和制造工艺因素，出厂试验压力和型式试验压力应以设计压力为准。

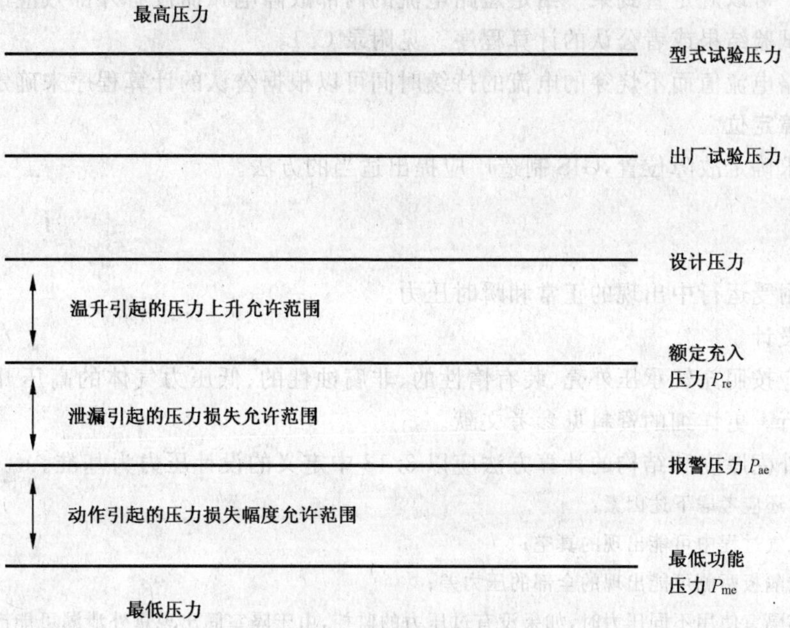

图 1 压力配合

6.20.2 压力监测

1 100 kV GIS 的每个隔室均应装设密度(压力)监测装置。可以是密度表或密度继电器加压力表(均应带有温度补偿)。压力监测装置应设防雨箱。

压力监测装置应装设逆止阀和阀门,以便进行校验和维修。供充放气用的逆止阀和阀门应可外接压力表和水分监测装置。压力监视装置、压力表、逆止阀、阀门及其气体管道均应有可靠的固定措施。

6.21 内部故障

6.21.1 概述

按照本指导性技术文件制造的 GIS 导致内部电弧故障发生的概率很低。这主要是由于采用了 SF_6 绝缘气体而不是大气压力下的空气,且不会因污染、湿度或虫害而变化。

布置应使得内部电弧故障对开关设备连续运行能力的影响减到最小。电弧的影响应限制在发生电弧的隔室内,或者,如果本段内隔室间采用了压力释放装置,也可以扩展到故障段的其他隔室。故障隔室或故障段被隔离后,其余设备应能恢复正常运行。

6.21.2 电弧的外部效应

内部电弧的效应是

——气体的压力升高(见附录 C.1);

——外壳可能烧穿。

为了对人员提供可靠的保护,电弧的外部效应应限制在 0.3 s 内,外壳不得烧穿,但可以采用适当的压力释放装置。

电弧的持续时间与第一段(主保护)和第二段(后备保护)保护确定的保护系统的性能有关。

表 4 给出了根据保护系统性能确定的电弧持续时间的性能判据。

表 4 性能判据

额定短路电流 kA	保护段	电流持续时间 s	性能判据
50、63	1	0.1	除了压力释放装置可以动作外,没有任何外部效应
	2	≤0.3	对钢外壳不允许烧穿 铝合金外壳允许烧穿,但不能有碎片喷出

制造厂和用户可以规定直到某一给定短路电流的内部故障电弧而没有外部效应的持续时间。该时间的确定应基于试验结果或者公认的计算程序。见附录C.1。

对于不同短路电流值而不烧穿的电流的持续时间可以根据公认的计算程序来确定。

6.21.3 内部故障定位

如果用户要求确定故障位置,GIS制造厂应提出适当的方法。

6.22 外壳

6.22.1 概述

外壳应能够耐受运行中出现的正常和瞬时压力。

6.22.2 外壳的设计

外壳的设计应按照充气承压外壳、装有惰性的、非腐蚀性的、低压力气体的高压开关设备和控制设备已有的标准进行。更详细的资料见参考文献。

焊接或铸造外壳厚度和结构的计算方法应以3.13中定义的设计压力为基准。

注:设计外壳时还应考虑下述因素:

——正常充气过程中可能出现的真空;

——外壳或隔板两侧可能出现的全部的压力差;

——当相邻隔室使用不同压力时,如果没有过压力的监控,由于隔室间出现意外泄漏可能产生的压力;

——出现内部故障的可能性(见6.21)。

确定设计压力时,气体温度应取外壳温度上限和主回路流过额定电流时主回路导体温度的平均值,否则,可根据已有的温升试验记录确定设计压力。

对于外壳及其部件的强度不能完全通过计算确定,应进行验证试验(见7.13)来证明其满足该要求。

外壳使用的材料应是熟知的并且根据计算和/或验证试验证明,且具有最低的物理特性。制造厂应根据材料供应商的检验证书,或制造厂进行的试验,或者两者相结合,对材料选择和其最低物理特性的维护负责。

6.23 隔板

6.23.1 隔板的设计

运行中大多数隔板的两侧具有相同的压力或很小的压力差,而大的压力差取决于维护压力。这种情况出现在隔板一侧承受运行压力,而另一侧是正在进行维护而处于大气压力。但是,也有的设计成隔板一侧承受运行压力,而另一侧长期处于大气压力。在这两种情况下,隔板承压侧需要考虑的压力是在阳光辐射效应下的最高周围温度(如果适用)和额定连续电流(如果适用)时的压力。两种情况导出的压力就是隔板的设计压力。制造厂也可规定,在维护期间隔板承压侧的压力可降低到的规定压力和控制压力。在此情况下,该压力就是设计压力。

设计隔板时,如果适用,应考虑下述因素:

——正常运行期间隔板两侧的全部压力差;

——作为充气过程的一部分,隔板一侧的充气隔室处于真空状态而另一侧处于正常运行压力;

——设备和相关回路在电气试验期间,隔板一侧受控的压力增加而另一侧处于正常运行压力;

——对于非对称的隔板,就隔板的压力而言,是指最不利的压力方向;

——叠加的负荷和震动;

——靠近承压隔板进行维护的可能性。

6.23.2 分隔

1 100 kV GIS应按照既能满足正常运行条件又可以达到限制内部电弧效应的目的(见6.21.1)来划分隔室。

为此,要求隔板能够保证当一个隔室的相邻隔室因泄漏或维护而处于降低的压力时不会显著改变这个隔室的绝缘特性。隔板通常是绝缘材料的，但是并不要求它提供对人员的电气安全。因此，用其他方法，如通过一个绝缘距离来隔离和将设备接地可能是必要的；但是，它们应在相邻隔室仍然存在正常气体压力的情况下提供机械安全。

应考虑隔板的数量、不同充气隔室的尺寸以及用户的运行和维护方案可能对 SF_6 的处理损耗和设备停运时间的影响。原则上，每个隔室的 SF_6 气体应能在 8 h 内回收完毕。

将一个充有绝缘气体的隔室和一个相邻的充有液体的隔室分开的隔板，例如电缆盒或者电压互感器，不应出现任何影响两种介质绝缘特性的泄漏。

图 2 给出了相邻隔室不同类型的外壳和隔板的布置示例。

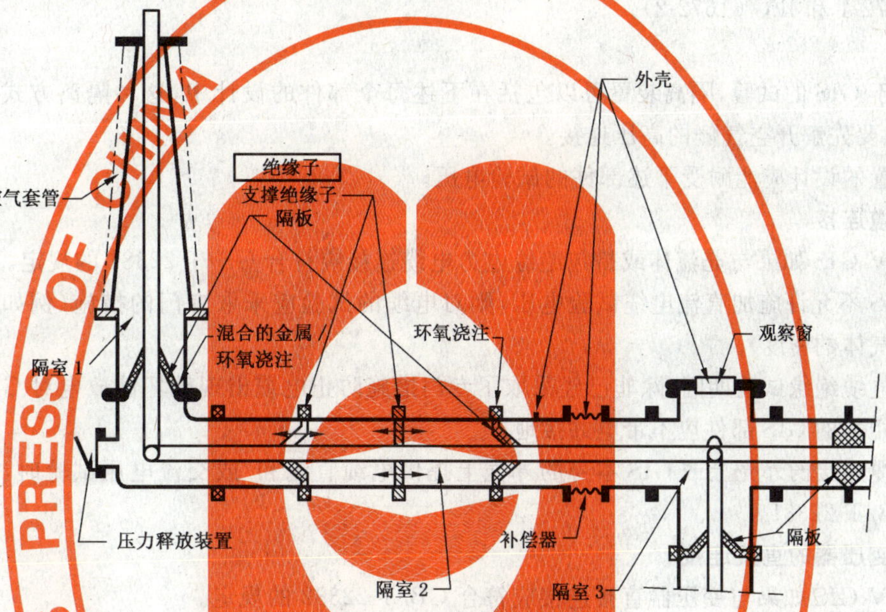

图 2　外壳和充气隔室布置示例

6.23.3　母线

1 100 kV GIS 的母线布置和连接应便于维护和检修。导体之间的连接应采用插接连接触头，触头的设计应考虑导体的热胀冷缩、制造和安装误差，保证连接的可靠性。

6.24　压力释放

符合本条款的压力释放装置的布置应使得当具有一定压力的气体或蒸汽排出时，不会危及正在气体绝缘变电站内履行职责的人员的人身安全。

注：术语“压力释放装置”包括开启和关闭压力表征的压力释放阀；以及不能再关闭的压力释放装置，例如膜片和爆破盘。

6.24.1　最高充入压力的限值

对气体隔室充气时，应在充气管上安装压力释放阀以防止在对外壳充气期间气体压力上升到高于设计压力的 10%以上。

压力释放阀打开后，在压力降至设计压力的 75%以前应能重新关闭。

选择充入压力时应考虑到充气时的气体温度。

6.24.2　内部故障情况下的压力升高限值

内部故障电弧后，由于损坏的外壳需要更换，压力释放装置仅需要与限制电弧外部效应相对应（见 6.21.2）。

在内部故障情况下，压力释放装置能够防止过压力。由于安全原因以及为了限制对 GIS 造成不良的后果，除了过压力能够被限制到不超过型式试验的压力外，对大容积隔室，推荐每个隔室都装设压力释放装置。计算方法见附录 C。

压力释放装置应装设导流板来控制排出方向，使得正常运行时在可触及的位置上工作的运行人员没有危险。

为了避免正常运行条件下压力释放装置动作，设计压力与压力释放装置动作压力之间应有足够的差值。而且，在确定压力释放装置的动作压力时，应考虑到运行期间可能出现的瞬时压力，如断路器间隔。

注：在内部故障导致外壳弯曲的情况下，应检查相邻隔室的外壳是否变形。

6.25 噪声

运行期间，开关设备发出的噪声水平应不超过 110 dB。验证程序应根据用户和制造厂之间的协议（见 IEC 61672-1 和 IEC 61672-2）。

6.26 界面

为了便于 GIS 的试验，隔离装置可以包括在下述每个部件的设计中，这种隔离方式比拆卸好。对于空气套管，要先解开空气侧的高压连接。

隔离装置的设计应能耐受下述部件的试验电压。

6.26.1 电缆连接

1 100 kV GIS 如果与充流体或挤包绝缘电力电缆连接应符合 GB/T 22381 的规定。

如果 GIS 不允许施加直流电缆试验电压，则对电缆的试验应采取专门的措施（例如，隔离装置和/或提高绝缘气体的密度）。

一般在电缆绝缘试验期间，除非已经采取了专门措施防止电缆出现破坏性放电对 GIS 带电部件的影响，否则，相邻的 GIS 部件应不带电并接地。

应在电缆连接的外壳上或 GIS 本身的外壳上提供电缆直流和/或交流电压试验时，适合装设套管的位置见 GB/T 22381。

6.26.2 和变压器的直接连接

1 100 kV GIS 如果与变压器直接连接应符合 GB/T 22382 的规定。

6.26.3 套管

1 100 kV GIS 专用套管应符合 GB/T 4109、IEC 60815、IEC 61462、IEC 62155 的相关规定。

6.26.4 未来扩建的界面

如果计划扩建，用户应考虑未来扩建所有可能的位置并在技术规范中给于规定。

如果用户要求以后可能会与另一型号 GIS 产品扩展时，制造厂应以图纸的形式提供足够的资料，以便今后能够进行界面设计。设计细节的保密程序应在用户和制造厂之间达成协议。

界面应该只涉及到母排或母线管，且不应直接和可动的装置相连，如断路器或者隔离开关。如果计划扩建，建议：进行界面连接装置的装配和试验时，要限制对 GIS 已有部分进行重复试验，并允许对 GIS 已有的与扩建部件的连接不用再进行绝缘试验（见 B.3）。连接装置应设计成能够耐受隔离断口的额定绝缘水平。

用户对已有的 GIS 的试验负责。

6.27 伸缩节

伸缩节主要用于安装调整、吸收基础间的施工误差和相对位移或热胀冷缩的伸缩量等。制造厂应根据上述使用目的、允许的位移量和位移方向等选定伸缩节的结构、布置和数量。

在 GIS 分开的基础间允许的相对位移（不均匀下沉）应由制造厂和用户商定。

6.28 观察窗和维修平台

观察窗至少应达到对外壳规定的防护等级。

观察窗应该使用机械强度与外壳相近的透明板遮盖（应保证气体不泄漏）。同时，应有足够的电气间隙或静电屏蔽等措施（例如，在观察窗的内侧加一个适当的接地金属编织网），防止形成危险的静电电荷。

主回路带电部分与观察窗的可触及表面之间的绝缘，应能耐受 GB/T 11022—1999 中 4.2 规定的对地试验电压。

为便于操作、维修、巡视和观察而设置的扶梯、支架、平台和护栏等，应符合国家《劳动安全和工业卫生设计规范》的要求，采用防腐、防锈性能优良的材料，平台和扶梯应有防积水和防滑措施。

7 型式试验

7.1 概述

型式试验是为了验证所设计和制造的开关设备和控制设备及其操动机构和辅助设备的性能是否能够达到本指导性技术文件和相应产品标准的要求。

下列情况下高压开关设备和控制设备应进行型式试验：

a) 新试制的产品，应进行全部型式试验；

b) 转厂和易地生产的产品，应进行全部型式试验；

c) 当产品的设计、工艺、生产条件或使用的材料及主要元件发生重大改变而影响到产品性能时，应做相应的型式试验；

d) 正常生产的产品每隔八年应进行一次温升试验、机械试验、短时耐受电流和峰值耐受电流试验、关合和开断试验，具体试验要求见相关的产品标准；

e) 不经常生产的产品(停产三年以上)，再次生产时应进行 d)规定的试验；

f) 对系列产品或派生产品，应进行相关的型式试验，部分试验项目可引用相应的有效试验报告。

对于型式试验，可以采用符合 GB/T 12022 的新的 SF_6 气体或者符合 GB/T 8905 的使用过的 SF_6 气体。

7.1.1 试验的分组

按 GB/T 11022—1999 中 6.1.1 的规定，并作如下补充：

作为一个总的原则，除非本指导性技术文件中规定有特定的试验要求和条件，对 GIS 元件的试验应按它们相关的标准进行。对于此类情况，本指导性技术文件中给出的条件应予以考虑。

除非规定了特定的试验说明，型式试验应在完整的功能单元上进行。如果这样不可行，型式试验可在有代表性的总装或分装上进行。

由于元件的类型、额定值以及组合的多样性，对 GIS 的所有布置进行型式试验是不现实的。所有特定布置的性能可以根据有代表性的总装或分装获得的试验结果核实。用户应检查试验过的分装能否代表用户要求的布置。

表 5 中列出了型式试验和验证试验项目。如 GB/T 11022—1999 中所述，某些试验可以分组。表 5 中给出了一种可能的分组示例。

表 5 型式试验分组示例

组别	型式试验项目	条款号
1	a) 绝缘试验	7.2
1	b) 无线电干扰电压试验	7.3
2	c) 主回路电阻测量	7.4.1
2	d) 温升试验	7.5
3	e) 短时耐受电流和峰值耐受电流试验	7.6
3	f) 所包含的开关装置的短路电流关合和开断试验	7.11
4	g) 所包含的开关装置的常温下的机械操作试验	7.12.1
4	h) 外壳强度的试验	7.13

表 5（续）

组别	型式试验项目	条款号
4	i) 防护等级验证	7.7
4	j) 密封试验	7.8
5	k) 电磁兼容性试验(EMC)	7.9
5	l) 辅助和控制回路的附加试验	7.10
4	m) 隔板的试验	7.14
4	n) 验证在极限温度下机械操作的试验	7.12.3
—	o) 验证热循环下性能的试验以及绝缘子的气体密封性试验	7.16
—	p) 接地连接的腐蚀试验	7.17
—	q) 评估内部故障电弧效应的试验	7.15

7.1.2 确认试品的资料

按 GB/T 11022—1999 中 6.1.2 的规定。

7.1.3 型式试验报告中包含的资料

按 GB/T 11022—1999 中 6.1.3 的规定。

7.2 绝缘试验

除非本指导性技术文件另有规定，1 100 kV GIS 的绝缘试验应按照 GB/T 16927.1 进行。

根据 7.2.9 的试验程序，按型式试验进行完绝缘试验后，应紧接着进行局部放电测量。

7.2.1 试验期间的周围空气条件

按 GB/T 11022—1999 中 6.2.1 的规定，并作如下补充：

对于 GIS 的绝缘试验，不需要使用大气校正因数。

7.2.2 湿试程序

GB/T 11022—1999 中的 6.2.2 不适用，但应注意以下几点：

——湿试仅适用于户外套管；

——试验电压和试验程序应按 GB/T 4109 中的规定。

7.2.3 绝缘试验期间开关设备和控制设备的状态

按 GB/T 11022—1999 中 6.2.3 的规定。

7.2.4 通过试验的判据

a) 短时工频耐受电压试验

如果没有发生破坏性放电，则认为开关设备和控制设备通过了试验。

湿试时，如果外部自恢复绝缘发生破坏性放电，则应在同一试验状况下重复进行试验，如果不再发生破坏性放电，则认为通过了试验。

b) 冲击试验

冲击试验应按照 GB/T 16927.1 中适合开关设备和控制设备的自恢复和非自恢复绝缘的试验程序 B 进行，如果符合下述条件开关设备和控制设备则认为通过试验：

——每个系列试验不少于 15 次；

——对于非自恢复绝缘没有发生破坏性放电；

——对自恢复绝缘在每个完整的系列中发生破坏性放电的次数不超过二次，而且要验证最后一次破坏性放电之后连续五次冲击耐受不发生破坏性放电。这个程序可能会导致最多为 25 次的冲击试验。

注 1：某些绝缘材料进行冲击试验后会有残余电荷，试验人员在倒换极性时应特别小心。应采用适当的方法使绝缘材料放电，如在倒换极性试验前，施加三次约80%试验电压的反极性冲击；

注2：应该有足够的检测装置对破坏性放电进行观测和位置的测定，例如：摄影、摄像、内部检测等。

c) 简要说明

当对大型开关设备和控制设备进行绝缘试验时，为检验设备后面的元件（断路器、隔离开关、其他间隔等）的绝缘性能，有时要通过前面的部分施加试验电压，这样前面部分就可能承受多组试验。建议从最先连接的部分开始，对其后的各部分依次进行试验。如果前面部分按前述判据通过了试验，当在其后的其他元件的试验过程中，如果它发生了破坏性放电应不影响它的试验合格性。

注：这种放电可能是电压施加的次数增加而引起的积累效应，或者是用设备内部远端发生破坏性放电引起的反射电压所造成的。在充气设备中，为了减少这种放电发生的概率，已经通过试验的部分可以提高压力。

为了排除运行中发生内部故障所有可能的原因，检查绝缘强度对GIS特别重要。因此，如果在型式试验系列中出现任何破坏性放电，必须采用所有可能的手段查出闪络的位置并分析闪络的原因，并应声明该绝缘失效的原因在制造过程中能够避免。

7.2.5　试验电压的施加和试验条件

按GB/T 11022—1999中6.2.5的规定，并作如下补充：

试验电压在7.2.6和7.2.7中规定。

单极封闭的GIS只需要进行对地试验，不需要进行相间试验。用于外部连接的套管应按相关的标准进行试验。

如果有观察窗，绝缘试验时应用接地的金属箔覆盖在观察窗可触及的一侧。

冲击电压试验期间，电流互感器二次侧应短路并接地。

应该注意到开关装置处于分闸位置时可能导致较不利的电场条件的可能性。对于这种情况，试验应在分闸位置重复进行。如果处于分闸位置的隔离开关在触头间插有接地的金属屏，则该触头间隙不是隔离断口。

如果电压互感器和/或避雷器是GIS不可分割的一部分并具有降低的绝缘水平，在绝缘试验期间它们可以用能够再现高压连接电场结构的替代品代替。试验期间过电压保护装置应予以隔离或移开。如果采用该程序，电压互感器和/或避雷器应按相关的标准单独试验。

7.2.5.1　一般情况

按GB/T 11022—1999中6.2.5.1的规定。

7.2.5.2　特殊情况

按GB/T 11022—1999中6.2.5.2的规定。

7.2.6　$U_r \leqslant 252$ kV的开关设备和控制设备的试验

GB/T 11022—1999中6.2.6不适用。

7.2.7　$U_r > 252$ kV的开关设备和控制设备的试验

1 100 kV GIS的额定耐受电压应为表3中规定的数值。

7.2.7.1　工频电压试验

按GB/T 11022—1999中6.2.7.1的规定。

7.2.7.2　操作冲击电压试验

按GB/T 11022—1999中6.2.5.2和6.2.7.2的规定，并作如下补充：

1 100 kV GIS的主回路只进行干状态下的操作冲击电压试验。

7.2.7.3　雷电冲击电压试验

按GB/T 11022—1999中6.2.5.2和6.2.7.3的规定，并作如下补充：

由于1 100 kV GIS电容量大，如果雷电冲击电压试验设备（或操作冲击电压试验设备）容量不足将会造成峰值电压跌落。为了保证试品的试验电压达到规定值的要求，试验电压应予补足。进行断口联合电压试验时，可以用提高工频试验电压幅值的方法将试验电压补足。

7.2.8 人工污秽

GB/T 11022—1999 中 6.2.8 仅适用于套管。

7.2.9 局部放电试验

1 100 kV GIS 应进行局部放电试验，测量方法应按照 GB/T 7354 的规定。

局部放电试验应在绝缘型式试验后进行。

试验可以在进行过全部绝缘型式试验的设备总装或分装上进行。

注：工频电压试验和局部放电试验可以同时进行。

7.2.9.1 试验程序

外施工频电压升高到预加值 1 100 kV，并保持该值 1 min。在这个期间出现的局部放电可不予考虑。然后，电压降到表 6 中的规定值 762 kV，并进行局部放电的测量，加压时间不少于 5 min。

应记录熄灭电压。

表 6 1 100 kV GIS 测量局部放电量的试验电压

	中性点直接接地的系统	
	预加电压 $U_{pre\text{-}stress}$ (1 min)	PD 测量的试验电压 $U_{pd\text{-}test}$ (≥5 min)
单相外壳设计 (相对地电压)	$U_{pre\text{-}stress}=U_d=1\ 100$ kV	$U_{pd\text{-}test}=1.2U_r/\sqrt{3}=762$ kV

U_r——设备的额定电压；
U_d——表 2 和表 3 中规定的工频耐受试验电压；
$U_{pre\text{-}stress}$——预加电压；
$U_{pd\text{-}test}$——PD 测量的试验电压。

此外，所有的元件应按各自相关的标准进行试验。

7.2.9.2 最大允许局部放电量

在 762 kV 的试验电压下最大允许局部放电水平不应超过 5 pC。

上述规定值适用于独立的元件以及包含这些元件的分装。但是，某些设备，例如液体浸渍或固体绝缘的电压互感器，按照它们相关的标准局部放电水平可能高于 5 pC。如果局部放电水平不超过 10 pC，所有允许局部放电量高于 5 pC 的元件的分装应认为是可接受的，但是这些元件应单独试验且不应放在进行试验的分装内。

7.2.10 辅助和控制回路的绝缘试验

按 GB/T 11022—1999 中 6.2.10 的规定，并作如下补充：

电流互感器的二次侧应短路并与地隔离。电压互感器的二次侧应断开。

7.2.11 作为状态检查的电压试验

按 GB/T 11022—1999 中 6.2.11 的规定，并作如下补充：

对于隔离开关断口间试验电压应为表 2 中栏(3)规定值的 100%。

对断路器断口间试验电压应为表 2 栏(3)规定值的 80%，相对地间试验电压应为表 2 中栏(2)规定值的 80%。

7.3 无线电干扰电压(r. i. v.)试验

按 GB/T 11022—1999 中 6.3 的规定，并作如下补充：

本试验仅适用于套管。

7.4 回路电阻测量

7.4.1 主回路

按 GB/T 11022—1999 中 6.4.1 的规定，并作如下补充：

回路电阻测量适用于温升试验和短路试验前后的所有 GIS 元件。

测量所用的电流应取直流 300 A 至额定电流之间的任一电流值，以获取足够的准确度。

7.4.2 辅助回路

7.4.2.1 1级和2级辅助接点电阻的测量

将1级和2级辅助接点的每种类型的一个样品接入阻性负载回路，然后加上开路电压为 6 V(相对偏差为−15%)的直流电源，使其流过 10 mA 的电流，按 GB/T 5095.2 的试验 2b 测量其电阻。

闭合的1级和2级辅助接点的电阻不应超过 50 Ω。

注：根据触头材料出现的氧化可能会降低有效的载流能力，因此可能导致接触电阻的增加，甚至在非常低的电压回路中不能导通，而在较高的电压回路中又没有出现问题。本试验的目的是为了检验在这些低电压条件下触头的接触性能。评估的判据考虑了电阻的非线性。50 Ω 的数值源于统计数据并已被用户接受。

7.4.2.2 3级辅助接点电阻的测量

将3级辅助接点的一个样品接入阻性负载回路，然后加上开路电压≤30 mV 的直流电源，使其流过≤10 mA 的电流，按 IEC 61810-7 测量其电阻。

闭合的3级辅助接点的电阻不应超过 1 Ω。

7.5 温升试验

7.5.1 受试开关设备和控制设备的状态

按 GB/T 11022—1999 中 6.5.1 的规定。

7.5.2 设备的布置

按 GB/T 11022—1999 中 6.5.2 的规定，并作如下补充：

1 100 kV GIS 进行单相温升试验，试验电流和流过外壳的电流应为 1.1 倍额定电流。

如果试验为独立的分装，相邻的分装应承载能够产生相应于额定条件功率损耗的电流。如果试验不能在实际条件下进行，允许使用加热器或绝热的方式模拟等效条件。

7.5.3 温度和温升的测量

按 GB/T 11022—1999 中 6.5.3 的规定。

7.5.4 周围空气温度

按 GB/T 11022—1999 中 6.5.4 的规定。

7.5.5 辅助和控制设备的温升试验

按 GB/T 11022—1999 中 6.5.5 的规定。

7.5.6 温升试验的解释

按 GB/T 11022—1999 中 6.5.6 的规定，并作如下补充：

制造厂应证明户外 1 100 kV GIS 在第 4 章中选择的使用条件下，其温升不会超过规定的限值。

注：应考虑阳光辐射的效应。

7.6 短时耐受电流和峰值耐受电流试验

按 GB/T 11022—1999 中 6.6 的规定。

7.6.1 开关设备和试验回路的布置

GB/T 11022—1999 中 6.6.1 不适用。

1 100 kV 单极封闭外壳的 GIS 应进行单相试验且外壳中应有全部的返回电流。

试验应在有代表性的装配上进行，该装配应包括所有的连接方式，螺栓的、焊接的、插入的或者其他连接段以验证连接在一起的 GIS 元件的完整性。设计的所有元件和分装的样品都应进行试验。试验应在能够提供最严酷条件的结构上进行。

7.6.2 试验电流和持续时间

按 GB/T 11022—1999 中 6.6.2 的规定，试验电流的交流分量为开关设备的额定短时耐受电流值，其峰值电流应不小于 $2.7I_k$ 值，试验电流持续时间不小于 2 s。

7.6.3 试验期间开关设备和控制设备的性能

按 GB/T 11022—1999 中 6.6.3 的规定。

7.6.4 试验后开关设备和控制设备的状态

按 GB/T 11022—1999 中 6.6.4 的规定。

7.6.5 主回路试验

试验后，主回路电阻的测量结果不应超过试验前主回路电阻测量值的 20%。外壳内的元件和导体不应出现影响正常运行的损坏和变形。

除了电压互感器隔室中包含的部件外，应认为到电压互感器的短的连接是主回路的一部分。

7.6.6 接地回路试验

制造厂应通过试验来证明接地回路耐受接地系统的额定短时耐受电流和峰值耐受电流的能力。工厂装配的接地回路，包括接地导体、接地连接和接地装置应一起安装在 GIS 中进行试验，并应带有所有可能影响其性能或改变短路电流的相关元件。

试验后，外壳内的元件和导体不应出现影响主回路正常运行的损坏和变形。接地导体、接地连接和接地装置的某些变形或劣化是允许的，但是，必须保证接地回路的连续性。

7.7 防护等级的验证

7.7.1 IP 代码的验证

按 GB/T 11022—1999 中 6.7.1 的规定。

7.7.2 机械撞击试验

按 GB/T 11022—1999 中 6.7.2 的规定。

7.8 气体密封性试验和气体状态测量

按 GB/T 11022—1999 中 6.8 的规定，并作如下补充：

气体密封性试验应结合 7.12 和 7.16 的试验一起进行，应包括各种 GIS 特殊密封装置的隔室，通过型式试验来证明泄漏率满足 6.15.4 的要求，而且不会受机械和极限温度型式试验的影响而变化。

7.8.1 气体的可控压力系统

GB/T 11022—1999 中 6.8.1 不适用。

7.8.2 气体的封闭压力系统

按 GB/T 11022—1999 中 6.8.2 的规定。

7.8.3 气体的密封压力系统

GB/T 11022—1999 中 6.8.4 不适用。

7.8.4 气体状态测量

型式试验之前应先进行气体状态的测量，各项技术指标，尤其是含水量应满足各自的技术要求。

7.9 电磁兼容性试验(EMC)

只对辅助和控制回路规定了 EMC 的要求和试验。

对于正常运行但不进行开合操作的开关设备和控制设备的主回路，辐射电平用无线电干扰电压试验进行验证，见 7.3。

由于开合操作(包括开断故障电流)引起的辐射是偶然发生的，此类辐射的频率和电平认为是正常电磁环境的一部分。

对于开关设备和控制设备的辅助和控制回路，本指导性技术文件中规定的EMC的要求和试验优先于其他的EMC技术规范。

7.9.1 辅助和控制回路的辐射试验

作为辅助和控制回路一部分的电子设备，应满足GB 4824中所规定的关于辐射的要求，不再规定其他的试验。

将限值增加10 dB，可以用10 m的测量距离代替30 m的测量距离。

7.9.2 辅助和控制回路抗扰性试验

7.9.2.1 概述

如果开关设备和控制设备的辅助和控制回路包含电子设备和元件，则辅助和控制回路应进行电磁抗扰性试验，对其他情况不需试验。

抗扰性试验规定如下：

——电快速瞬变/脉冲群试验(见7.9.2.3)，该试验模拟在辅助和控制回路中由于开合引起的情况；

——振荡波抗扰性试验(见7.9.2.4)，该试验模拟在主回路中由于开合引起的情况。

还有其他的EMC抗扰性试验，但本指导性技术文件不做规定。EMC抗扰性试验汇集在GB/T 17626.1中，IEC 61000-6-5涉及在发电厂和高压变电站中的电器设备的EMC抗扰性。

静电放电(BSD)试验是对电子设备的常规要求，应对用于开关设备和控制设备的辅助和控制回路中的电子设备进行此试验。这些试验对完整的辅助和控制回路不必重复。辐射场和磁场试验只在特殊场合时才予以考虑。

注1：特殊场合的例子：位于金属封闭开关设备母线附近的电子装置可能会受到磁场的影响，为了保证电磁兼容性，可能需求附加的设备；

注2：当控制柜的门打开时，如果在其附近使用无线电发射机或峰窝电话，可能会使辅助和控制回路承受可观的射频电磁场。

7.9.2.2 抗扰性试验准则

电磁抗扰性试验应在完整的辅助和控制回路或分装上进行。试验可在下述部位上进行。

——完整的辅助和控制回路；

——分装，如汇控柜、操动机构箱等；

——柜内的分装，如表计和监控系统。

对内部联接需要较长或分装间存在显著的干扰电压的场合，强烈推荐对分装进行单独试验。对每一个可更换的分装，单独试验是强制性的。

分装可能位于辅助和控制回路内的不同位置，但只要总的接线长度和把分装连接到辅助和控制回路的联接线的数量不大于已试系统中的长度和数量，则完整系统的型式试验仍然有效。

可更换分装可由相似的分装代替，但只要满足下列条件，原来的型式试验报告有效：

——符合IEC 61000-5中给出的设计和安装规程；

——型式试验是在适用于该类型开关设备和控制设备的最复杂的分装上进行的；

——制造厂的设计规程和型式试验过的分装的设计规程相同。

试验电压应施加在辅助和控制回路的界面或受试分装上，该界面由制造厂确定。

型式试验报告应清楚地说明受试的系统或分装。

注：抗扰性试验是为了覆盖大多数的运行条件，感应的骚扰比试验所覆盖的更严酷的场合可能是极端情况。

7.9.2.3 电快速瞬变/脉冲群试验

电气快速瞬态/脉冲群试验应按GB/T 17626.4进行，重复率为5 kHz试验电压和耦合方式应按表7选择。

表 7 电气快速瞬态/脉冲串试验时电压的施加

界 面	相关设备	试验电压 kV	耦合方式
电力线路	交流和直流电力线路	2	CDN 注 1
接地箱壳部分		2	CDN 注 1
信号部分	有屏蔽和没有屏蔽的线路，模拟和/或数字信号的传输 ● 控制线路 ● 通讯线路(如数据库) ● 测量线路(如 CT、PT)	2	CCC 或等效的耦合方法 注 2

注 1：CDN：耦合和去耦合网络。
注 2：CCC：容性耦合接线端子。

7.9.2.4 **振荡波抗扰性试验**

应该进行振荡波抗扰性试验，试验电压的波形和持续时间应按 GB/T 17626.12 的要求。

阻尼振荡波应在 100 kHz 和 1 MHz 下进行试验，频率相对允差为±30%。

GIS 中隔离开关的操作可能产生极陡波前的冲击，因此对靠近 GIS 的设备的附加试验频率正在考虑中(10 MHz 和 30 MHz)。

应进行共模和差模试验，试验电压和耦合方式应按表 8 选择。

表 8 阻尼振荡波试验时电压的施加

界 面	相关设备	试验电压 kV	耦合方式
电力线路	交流和直流电力线路	差模：1.0 共模：2.5	CDN CDN 注 1
信号部分	有屏蔽和无屏蔽的线路，模拟和/或数字信号的传输 ● 控制线路 ● 通讯线路(如数据库) ● 测量线路(如 CT、PT)	差模：1.0 共模：2.5	CDN CDN 或等效的耦合方法 注 1

注 1：耦合和去耦合网络。

7.9.2.5 **试验过程中和试验后二次设备的性能**

辅助和控制回路应耐受 7.9.2.3 和 7.9.2.4 规定的试验而不得发生永久性的损坏，试验后辅助和控制回路应能正常运行。按表 9，某些部件的功能暂时丧失是允许的。

表 9 瞬态干扰的抗扰性试验的评价标准

功 能	标 准 注
保护、电信保护	A
报警	B
监督	B

表 9（续）

功　能	标准注
指令和控制	A
测量	B
计数	A
数据处理 ——用于高速保护系统 ——一般应用	 A B
信息	B
数据存储	A
过程	B
监控	B
人机界面	B
自诊断	B
在线联接的过程、监控和自诊断功能以及作为指令和控制回路的一部分时，应满足评价标准 A。	
注：符合 GB/T 17626.1 的评价标准： A　在技术条件规定的范围内可正常工作； B　功能或性能暂时下降或丧失，但能自行恢复。	

7.9.3　电磁兼容性的现场测量

EMC 的现场测试不是型式试验，但是，使用部门在设备投运前，为了验证其电磁兼容性，在可能的条件下，应尽量与其他的现场试验相结合，进行 EMC 的现场测试，以保证高压开关设备和控制设备的运行可靠性。

7.10　辅助和控制回路的附加试验

7.10.1　概述

下述试验的目的是为了验证整体装配，而对元件不进行单独的试验。因此，为符合各自相关的标准和相关的额定值而对元件所做过的试验不再重复。

7.10.2　功能试验

所有低压回路的功能试验应验证与开关设备和控制设备的其他元件连在一起的辅助和控制回路的固有功能，试验程序取决于装置的低压回路的特征和复杂性。对开关设备和控制设备，相关的标准中规定了这些试验，它们应在 5.8 规定的电源电压的上限和下限进行试验。

对于低压回路、分装和元件，如果它们参加了全部对开关设备和控制设备进行的试验，或者在相关环境下的试验，则操作试验可以免试。

7.10.3　接地金属部件的接地连续性试验

试验应在辅助和控制回路的外壳上进行。

试验设备包括最大开路电压 12 V 且具有输出电流调节装置的直流电源，以及电压和电流的测量仪器。

如果适用，在主要的接地连接处和下述的机械部件之间应通以最小为 2 A 的电流：

——门；

——门把手；

——框架；

——金属外壳。

注：如有必要可除去测量点处的涂层。

如果测量的电阻小于 0.5 Ω，则认为开关设备和控制设备的辅助和控制回路的外壳通过了试验。

7.10.4 辅助触头动作特性的验证

7.10.4.1 概述

除非设备作为功能单元通过了整个型式试验，否则，包含在辅助回路中的触头应进行下述试验。

7.10.4.2 辅助触头的额定连续电流

本试验是验证预先闭合的辅助触头能够连续承载的额定电流值。回路的开合方式应与受试的触头无关，试验程序按 7.5.5 中的规定。触头应承载符合 DL/T 593—2006 中表 6 相应等级的额定连续电流。根据触头材料和相应的环境条件，温升不应超过 GB/T 11022—1999 中表 3 的规定。

7.10.4.3 辅助触头的额定短时耐受电流

本试验是验证预先闭合的辅助触头在规定的短时间内承载电流的能力。

回路的开合方式应与受试触头无关。触头应在阻性负载回路中承载符合 DL/T 593—2006 的表 6 中相应等级的额定短时耐受电流 30 ms，在电流开始后的 5 ms 内应达到试验电流值。试验电流幅值的相对偏差为 $^{+5}_{0}\%$，试验电流持续时间的相对偏差为 $^{+10}_{0}\%$，试验次数为 20 次，二次试验之间间隔1 min。试验前、后应测量触头的电阻，电阻的增加应小于 20%，两次电阻的测量均应在周围温度下进行。

7.10.4.4 辅助触头的开断能力

本试验是验证辅助触头的开断能力。

回路的接通方式应与受试触头无关。触头应在感性负载回路中承载符合 DL/T 593—2006 的表 6 中相应等级的相关电流 5 s 并将其开断。试验电压的相对偏差为 $^{+10}_{0}\%$，试验电流幅值的相对偏差为 $^{+5}_{0}\%$。对所有等级，回路的时间常数应小不于 20 ms，相对偏差为 $^{+20}_{0}\%$。

试验次数为 20 次，二次试验之间间隔 1 min。操作后恢复电压应在 1 min 间隔内保持 300 ms±30 ms。试验前后应在周围温度下测量触头电阻，电阻值的增加应小于 20%。

7.10.5 直流输入功率接口的纹波抗扰性试验

本试验适用于电气和电子元件，试验按 IEC 61000-4-17 进行。开关设备和控制设备的相关标准应明确对某些元件(例如，它不适用于电动机、电动机操动的隔离开关等)是否需要进行该试验。

试验水平为 2 级，试验频率为 3 倍的额定频率，评价标准是："在技术条件规定的范围内可正常工作"(标准 A)。

7.10.6 直流输入功率接口的电压跌落、短时中断和电压变化的抗扰性试验

交流功率部分的电压跌落、短时中断和电压变化试验应符合 IEC 61000-4-11，直流功率部分应符合 IEC 61000-4-29。

7.10.7 环境试验

7.10.7.1 概述

所有的辅助和控制回路中的部件，应在完整的并能完全代表开关设备和控制设备的安装和运行条件的状态下进行试验。如果试验按 7.1.1 的规定是在完整的开关设备和控制设备上进行的，则认为已经满足了此项条件；如果不是，应注意保证试验条件应与完整的开关设备和控制设备的运行条件相符。

进行环境试验是为了评价：

——所采取的措施的效果；

——在所有实际运行条件范围内，外壳内的辅助和控制回路的固有功能。

所有的试验应在同一台设备上进行，可以在柜子上进行，也可以在相应的开关设备和控制设备上进行。辅助和控制回路的各项环境试验如果已被整装开关设备和控制设备进行的试验所覆盖，则可免试。

如果设备通过了环境试验，它可以按几种方式(直接装在框架上，作为就地控制柜单独布置等)安装在开关设备和控制设备中。

环境试验最好在完整的辅助和控制回路上进行。对具有代表性的辅助和控制回路装配上进行的试验，可以认为是对相同范围的开关设备和控制设备的具有相似功能的辅助和控制回路装配的验证。

如果辅助和控制设备的额定电压发生了变化，环境试验不用再重复进行。

对于某些设计，辅助和控制回路的额定电源电压的改变可能会对环境试验的结果产生影响。实际上，除非制造厂另有规定，只要对用于最高额定电源电压的辅助和控制回路进行试验就可以覆盖设计用于较低额定电源电压的所有其他类似的辅助和控制回路。

除非另有规定，环境试验是验证在正常运行状态下在所有使用条件范围内辅助和控制回路的固有功能，加热元件应在备用状态。实际运行条件将决定回路中是否需要加热元件。

除振动响应试验外，在试验期间的末尾，应检查辅助和控制回路的功能是否符合相应的技术规范，这些检查应基于一组相应的功能。在功能检查完成之前的试验期间和试验后，辅助和控制回路应通电并保持在运行状态。

制造厂应明确规定哪些功能需要在试验末尾时检查。

7.10.7.2 寒冷试验

寒冷试验应在第4章规定的使用条件下按照GB/T 2423.1的规定进行，持续时间为16 h。

7.10.7.3 干热试验

干热试验应在第4章规定的使用条件下按照GB/T 2423.2的规定进行，试验温度为最高周围空气温度，试验持续时间为16 h。

7.10.7.4 恒定湿热试验

恒定湿热试验应按GB/T 2423.3的规定进行，试验时间为4天。

7.10.7.5 交变湿热试验

交变湿热试验应按GB/T 2423.4的规定进行，上限温度为第4章规定的最高周围空气温度，温度循环的次数为2次。在标准大气条件下，附加条件2可用于温度降低阶段和恢复阶段，不准采取专门的措施消除表面的湿气。

7.10.7.6 振动响应和抗震试验

由于振动响应试验没有包含在GB/T 2423.10中，因此应参照GB/T 11287进行。

本试验的目的是为了确定辅助和控制设备装配薄弱的机械环节。两个不同的振动源可能引起的损坏：

——相关的开关设备和控制设备的操作引起的振动完全取决于现场的安装条件。试验应按GB/T 11287的规定进行，振动响应试验的参数取严酷度等级为1的参数。如果辅助和控制设备的总装已经在完整的开关设备和控制设备上进行了机械寿命试验，则此试验可免试；

——在4.2.4中规定的特殊使用条件下引起的振动应根据用户和制造厂之间的协议进行试验。在这种情况下，应符合IEC 60255-21-3规定的合适的抗震试验，试验严酷度等级取1级。

辅助和控制回路应能耐受振动响应试验而不发生永久性损坏，试验后应能进行正常操作。试验期间部分功能的暂时丧失是允许的。

7.10.7.7 最终的状态检查

所有的其他型式试验完成后，应重复7.2.10规定的工频电压耐受试验，以确认试验期间试品的性能没有降低。

7.11 关合和开断能力的验证

构成GIS主回路一部分的开关装置应在相应的安装和使用条件下按照相关标准进行试验，以验证它们的关合和开断能力，即它们应和在GIS中正常安装的一样带有所有相关的、其布置可能影响性能的元件，例如，连接、支撑件等。

注：在确定哪些相关元件影响性能时，应特别注意短路所引起的机械力，以及破坏性放电的可能性等。已经知道，在某些情况下的此类影响不能被忽略了。

7.12 机械和环境试验

GIS中的开关装置应按照它们相关的标准进行机械操作和环境试验，试验应在装有所有可能影响其性能的相关元件，包括辅助装置的有代表性的总装上进行。所有设备应能耐受开关装置操作引起的应力。

7.12.1 周围温度下的操作试验

机械操作试验前后，应按7.8进行气体密封性测量，以证明机械型式试验没有影响泄漏率。

作为对GB 1985—2004中附录E的补充，所有装有联锁的开关装置应进行50次操作循环来检查相关联锁的性能。每次操作前，联锁应设定在防止开关装置动作的位置上，然后对每一台开关装置进行一次试操作。进行这些试验期时，只允许使用正常的操作力且开关装置和联锁不应进行调整。

7.12.2 开关装置的行程—时间特性测量

应测量开关装置的行程—时间特性曲线，并应符合开关装置的技术要求。

7.12.3 高低温试验

应按相关标准的要求进行最高和最低温度下的操作试验，并作如下补充：

试验循环后，应注意到下述两点：

——外壳中气体的压力；

——24 h内气体的泄漏。

7.13 外壳的验证试验

如果外壳或其部件的强度没有经过计算，则应进行验证试验。它们应在内部元件装入之前，试验条件基于设计压力的独立的外壳上进行。

根据所采用材料的适用性，验证试验可以是型式试验的压力试验或者非破坏性压力试验。更进一步的资料见参考文献。

7.13.1 型式试验的压力试验

进行型式试验的压力试验时，压力上升速度不应超过400 kPa/min。

型式试验的压力试验要求至少如下：

铸铝和铝合金外壳：

——型式试验压力＝[3.5/0.7]×设计压力；

注：数值0.7是考虑了涵盖铸造可能存在的分散性。如果经过专门的材料试验证明，允许将该系数提高到1.0。

焊接的铝外壳和焊接的钢外壳：

——型式试验压力＝$[2.3/\nu]\times(\sigma_t/\sigma_a)\times$设计压力；

式中：

ν——是焊接效应系数（10%焊接段经过超声波或射线检查时为1；目测检查时为0.75）；

σ_t——在试验温度时的允许设计应力；

σ_a——在设计温度时的允许设计应力。

这些系数是所用材料性能的最低保证。

考虑到制造的方法，可以要求附加的系数。

经过这些压力试验仍然保持完好的所有外壳都不能再使用。

7.13.2 非破坏性压力试验

当采用应变指示技术进行非破坏性压力试验时，应采用下述程序：

试验前，能够显示5×10^{-5} mm/mm应变的应变仪应该固定在外壳的表面。应变仪的数量、位置以及方向的选择，原则是应能测定对外壳完整性所有重要的点上的应变和应力。

水压应以大约10%的步长逐步施加至对应预期设计压力（见8.7）的标准试验压力或外壳的任何部分出现明显变形时为止。

如果达到且是两点中任何一点的压力，则压力不应进一步增加。

在加压期间应读取应变的数值，并在卸压期间重新读取应变数值。

如果外壳没有明显的变形，相关的地方法规可以不予考虑。

如果应变/压力关系曲线是非线性的，可以重复施加压力，但不应超过 5 次。直到相应的连续两个循环的加载和卸载曲线基本上一致。如果不能获得一致，应从最后卸载期间获得的相应于应变/压力曲线的线形部分压力范围内选取设计压力和试验压力。

如果应变/应力关系曲线的线性部分达到了标准的试验压力，则应认为可以确认预期的设计压力。

如果相应于应变/压力关系的线性部分最终的试验压力或者压力范围小于标准的试验压力，设计压力应根据公式(1)计算：

$$p=\frac{1}{1.1k}\left(p_{y}\frac{\sigma_{a}}{\sigma_{t}}\right) \quad \cdots\cdots(1)$$

式中：

p——设计压力；

p_y——存在明显变形时的压力或者在最终减压阶段相应于应变/压力关系线性部分的外壳最大应变部分的压力范围；

k——标准的试验压力系数(见 8.7)；

σ_t——试验温度下允许的设计应力；

σ_a——设计温度下允许的设计应力。

可以采用非破坏性压力试验的替代程序。

7.14 隔板的压力试验

本试验的目的是为了验证在运行条件下隔板承受压力的安全裕度。

绝缘子应和运行条件一样安装。压力应以不超过 400 kPa/min 的速度上升直到出现破裂。

型式试验压力应大于 3 倍的设计压力。

7.15 内部故障电弧条件下的试验

如果用户要求，制造厂应提供符合 6.22.2 性能的证据。证据可以用试验结果或者根据在类似布置上进行的试验结果进行计算，或者两者的组合。

如果要求此类试验，程序应按照附录 A 中规定的方法。

燃弧期间施加的短路电流应相应于额定短时耐受电流。

应进行两项评估。第一项评估是关于在第一段保护(主保护)动作期间设备的性能，第二项评估是关于故障被第二段保护(后备保护)动作排除时的情况。

为了同时验证两项评估，试验的持续时间应至少等于保护的第二段动作的延时。第二段保护动作的最长整定时间如表 4 中的规定，如果它大于用户规定的第二段保护的动作时间，可以使用较短的试验持续时间。

如果满足表 4 中规定的性能判据，则认为开关设备得到了充分的验证。

7.16 绝缘子试验

绝缘子(隔板和支撑绝缘子)的试验应按下述进行：

7.16.1 热性能

每种类型的绝缘子，其热性能应该通过 5 个绝缘子进行 10 个热循环来验证。温度值应按表 1 选取。

热循环如下：

a) 最低周围空气温度(例如－40 ℃)4 h；

b) 室温 2 h；

c) 按照 DL/T 593—2006 中表 3 规定的极限温度(例如＋105 ℃)4 h；

d) 室温 2 h。

给出的热循环时间是最短时间，如果没有达到最终的稳定温度时应予以延长。

试验程序结束后，所有的绝缘子均应恢复其设计性能。最低要求是能耐受出厂试验。

7.16.2 隔板的密封性试验

过压力耐受试验应按下述规定进行：

在隔板的一侧施加设计压力，而另一侧相邻隔室处于真空状态，以此来验证隔板的密封性。在24 h一个周期后，在处于真空的隔室内测量泄漏率。

试验结束后，隔板不应损坏。气体密封性试验应按7.8进行。泄漏率不应超过6.15中的规定值。

7.17 接地连接的腐蚀性试验

对于户外设施，或者用户的要求，应按照本条款进行腐蚀验证试验。

用户应该核实被试验的分装，包括GB/T 11022—1999中5.3和5.4规定的实现电气连续性和外壳接地的装置，附件(压力监控装置、压力释放装置)以及二次系统能否代表用户的使用布置。

7.17.1 试验程序

被试验的分装应按照GB/T 2423.17经过环境试验Ka(盐雾)。试验的持续时间为168 h。

此外，对于油漆的表面，耐受包含二氧化硫的湿大气应按照ISO 3231进行试验。

7.17.2 通过试验的判据

试验前后按照7.4.1测量的外壳的接地电阻变化不应超过20%。

试验后，总装的拆卸应符合GB/T 11022—1999中5.20的要求。如果有腐蚀，腐蚀的程度应在试验报告中指明。油漆的表面，不应观察到劣化的迹象。

8 出厂试验

按GB/T 11022—1999中第7章的规定，并作如下补充：

对于出厂试验，可以使用符合GB/T 12022的新SF_6气体或者符合GB/T 8905的使用过的SF_6气体，见6.2。

1 100 kV GIS的出厂试验应在装配完整的产品上进行。如果受试验场地限制，可以适当减少连接元件，但应包含所有连接形态。根据试验的性质，某些试验可以在元件或运输单元上进行。出厂试验应保证出厂产品与已经通过型式试验的设备相一致。

1 100 kV GIS应进行下述出厂试验：

a) 主回路的绝缘试验，按8.1；

b) 辅助和控制回路的试验，按8.2；

c) 主回路电阻的测量，按8.3；

d) 密封性试验和气体状态检查，按8.4；

e) 设计和外观检查，按8.5；

f) 机械操作和机械特性试验，按8.6；

g) 外壳的压力试验，按8.7；

h) 控制装置中辅助回路、设备和联锁的试验，按8.8；

i) 隔板的压力试验，按8.9。

8.1 主回路的绝缘试验

主回路中所用的绝缘隔板、支撑绝缘子和绝缘拉杆等固体绝缘件，应在装配前进行工频电压试验和局部放电测量。绝缘隔板和支持绝缘子的耐受电压为1 100 kV，时间为1 min；绝缘拉杆的耐受电压为1 100 kV，时间为5 min；局部放电量应≤3 pC。

8.1.1 主回路的工频电压试验

按GB/T 11022—1999中7.1的规定，并作如下补充：

1 100 kV GIS应按照7.2.6.1或7.2.7.1的要求进行对地和开关装置断口间的工频电压试验。分开的开关装置断口间的电压试验可以在开关装置的一侧进行。出厂试验的耐受电压应为表 2 栏(2)中规定的数值。

试验应在最低功能压力(密度)下进行。

8.1.2 **主回路的雷电冲击电压试验**

1 100 kV GIS 应进行合闸对地和断口间的雷电冲击电压试验,开关装置断口间的试验为一端加压,另一端接地。试验的耐受电压为表 2 中栏(7)规定的数值,在最低功能压力(密度)下,正负极性各进行 3 次。

8.1.3 **局部放电测量**

进行局部放电测量可以探测可能存在的材料缺陷和制造缺陷。

局部放电测量应按照 7.2.9 进行。

局部放电测量应在机械操作出厂试验后和绝缘试验后进行。

试验应对变电站的所有元件实施。可以对完整的设备(如果适用),或者运输单元,或者独立的元件进行。对于不包含固体绝缘的简单元件可以免试。

8.2 **辅助和控制回路的试验**

按 GB/T 11022—1999 中 7.2 的规定。

8.3 **主回路电阻的测量**

按 GB/T 11022—1999 中的 7.3 的规定,并作如下补充:

总的测量可以在工厂的分装或运输单元上实施。总的测量应该以这样的方法进行,即现场安装后、设备维护或维修期间测量的部位能够与出厂试验的测量部位进行对比。

测量专用的电流应取直流 300 A 至额定电流之间的任一电流值。

8.4 **密封性试验和气体状态检查**

按 GB/T 11022—1999 中 7.4 的规定,并作如下补充:

可以采用检漏装置进行泄漏探测。检漏装置的灵敏度至少应为 10^{-2} Pa · cm^3/s。如果检漏装置探测到了泄漏,则应按 GB/T 11022—1999 中 6.8 的规定进行定量测量。

应测量充气隔室中的气体状态,并应符合制造厂的技术要求。

8.5 **设计和外观检查**

按 GB/T 11022—1999 中 7.5 的规定。

8.6 **机械操作和机械特性试验**

进行机械操作试验是为了保证开关装置满足规定的操作条件且机械联锁正确动作。

1 100 kV GIS 中的开关装置,应该按照它们相关标准中的规定进行机械操作出厂试验。机械操作出厂试验可在运输单元装配前或装配后进行。

此外,装有机械联锁的所有开关装置应进行 5 次操作循环试验,以检查相应联锁的动作。每次操作前,应按 7.12 的规定对每个开关装置进行一次试操作。

机械操作试验时,主回路中应无电压或电流,应该特别验证开关装置在操动机构的电源电压和压力规定的范围内能够正确地合闸和分闸。

应测量开关装置的行程—时间特性曲线,并应符合开关装置的技术要求。

8.7 **外壳的压力试验**

外壳加工完成后应进行压力试验。

标准的试验压力应是 k 倍的设计压力,这里系数 k 等于

——1.3,对于焊接的铝外壳和焊接的钢外壳;

——2,对于铸造的铝外壳和铝合金外壳。

试验压力至少应维持 1 min。

试验时不应出现破裂或永久变形。

8.8 控制装置中辅助回路、设备和联锁的试验

所有的辅助设备均应进行功能操作试验，或者接线连续性检验。应检查继电器或传感器的整定。

电气的、气动的以及其他的联锁应与控制装置一起按照预定的动作程序，在预定的使用和操作条件下，采用最不利的辅助电源限值连续进行5次试验。试验期间不允许调整。

如果辅助装置动作正确，并在试验后处于良好的操作状态且开关装置的操作力在试验前后基本相同，则认为试验合格。

8.9 隔板的压力试验

每个隔板应承受1 min两倍设计压力的压力试验。

压力试验时，隔板应严格按照与使用条件相同的方式固定。

隔板不应表现出任何过应力或泄漏的迹象。

9 开关设备和控制设备选用导则

注：

按GB/T 11022—1999中第8章的规定并见列于参考文献中的CIGRE 125和DL/T 728。

9.1 额定值的选择

按GB/T 11022—1999中8.1的规定。

9.2 运行条件改变引起的持续和暂时过载

按GB/T 11022—1999中8.2的规定。

10 查询、投标和订货时应提供的资料

本章的目的是规定能够使用户对1 100 kV GIS进行适当的询问和能够使供应方给出标书所需的资料。

此外，它能够使用户对不同的供应方提供的资料进行比较和评估。

注：供应方可以是制造厂或者合同方。

附录D用表格的形式规定了用户和供应方之间需要交换的技术资料。

10.1 询问单和订单的资料

作为对附录D给出的技术资料的补充，下述细节也应由用户提供：

a) 应规定所有设备和辅助装置所用电源的范围。这可能包括培训、技术和方案的研究以及与供应方的合作要求；

b) 对联锁的专门要求；

c) 可能影响标书或订单的每个条件均应给出说明，例如，特殊的安装或固定条件，外部高压连接线的位置或者压力容器的规程。

10.2 标书的资料

作为对附录D给出的技术资料的补充，下述细节也应由供应方提供：

a) 结构特征：

    1) 外部连接的布置，包括如果有要求时未来扩展的措施；

    2) 用户需要采用的运输方法；

    3) 用户需要采用的安装方法。

b) 关于运行和维护的资料；

c) 作为对型式试验报告清单（见D.4）的补充，可能要求报告的首页包含结果。如有特殊要求，制造厂应提供完整的型式试验报告。

11 运输、储存、安装、运行和维护

按GB/T 11022—1999中第10章的规定。

11.1　运输、储存和安装的条件

按 GB/T 11022—1999 中 10.1 的规定。

11.2　安装

按 GB/T 11022—1999 中 10.2 的规定。

11.2.1　现场安装后的交接试验

1 100 kV GIS 完成安装后，在投运前，为了检查设备的动作正确性和绝缘完整性，应对 GIS 进行交接试验。

交接试验和验证包括：	条款号
a）　主回路的绝缘试验	11.2.1.1
b）　辅助回路的绝缘试验	11.2.1.2
c）　主回路电阻的测量	11.2.1.3
d）　气体密封性试验	11.2.1.4
e）　检查和验证	11.2.1.5
f）　气体质量验证	11.2.1.6

为了保证影响最小以及减少水分增加和灰尘进入外壳的风险，因而有碍开关设备正常运行，气体绝缘金属封闭开关设备在运行期间不规定或不推荐涉及外壳的定期检查或压力试验。总之，应参考制造厂的说明书。

制造厂和用户应就现场的交接试验计划达成协议。

11.2.1.1　主回路的绝缘试验

11.2.1.1.1　概述

主回路的绝缘试验对 1 100 kV GIS 非常重要，为了消除可能导致未来内部故障的潜在原因（错误的紧固，在装卸、运输、储存和安装期间的损坏，外部物体的进入等），应检查绝缘的完好性。

由于试验目的不同，这些试验不能用在工厂对运输单元进行的出厂试验和型式试验来代替。它们是对绝缘出厂试验的补充，其目的是为了检查完整设施的绝缘完好性且探测上述的异常情况。如果是新安装的 GIS，绝缘试验应在 GIS 完全安装好并充有额定充入压力（密度）的气体后，在所有现场试验完成后进行。也推荐，当隔室维修或检修时，经过较大的拆卸后，也应进行此类绝缘试验。这些试验应通过施加递增的电压增量来识别设备投运前的一些电气状态的情况。

此类现场试验的实施并不总是可行的，而且与标准试验的偏差是可以接受的。这些试验的目的是送电前的最终检查。重要的是，选择的试验程序应不会伤及 GIS 的完好部件。

对于一个事例应选择一个合理的试验方法，为了可行和经济，可能需要一份专门的协议，例如可能需要考虑试验设备的电源功率要求和尺寸、重量等。

现场绝缘试验的详细要求应在制造厂和用户之间达成协议。

11.2.1.1.2　试验程序

GIS 应全部安装完毕并充有额定充入压力的气体。

由于某些元件要求较高的充电电流，或有限压元件，试验时，这些部件可以隔离，例如

——高压电缆和架空线路；

——电力变压器和电压互感器（必要时）；

——避雷器和火花保护间隙。

注 1：在确定哪些部件可以隔离时，应注意试验完成后的重新连接可能会引入故障。

注 2：如果能防止电压互感器饱和，试验时电压互感器可以保持连接，例如采用设计可用于试验电压的电压互感器，或者进行工频试验的频率不会出现饱和的电压互感器。

GIS 每一个新安装的部件都应进行现场绝缘试验。

一般，在扩建的情况下，除非采取了特别措施，能防止扩展部分的破坏性放电影响已有 GIS 的带电

部件，否则 GIS 相邻的已有部分在绝缘试验期间应停电并接地。

主要部件检修或维修后，或扩建部分安装完成后可能需要试验电压。为了试验这一部分，试验电压可能需要施加在已有的部分。在这些情况下，应该采用和新安装的 GIS 相同的程序。

11.2.1.1.3　绝缘试验程序

应选择下述试验程序：

程序 A：

——按表 10 栏(2)规定的数值进行工频电压试验并持续 1 min，并

——按照表 6 进行局部放电测量，但是预加电压 $U_{pre\text{-}stress}=U_{ds}$[表 10 的栏(2)]。

由于该测量有助于确定经过一段时间运行后设备是否需要维护，推荐在 $U_r/\sqrt{3}$时测量 PD。

关于 PD 测量的实际应用，见附录 B。

程序 B(程序 A 的替代)

——按表 10 栏(2)规定的数值进行工频电压试验并持续 1 min，并

——按照表 10 栏(4)或栏(6)规定的数值对每一极性进行 3 次操作或雷电冲击电压试验。

11.2.1.1.4　试验电压

考虑到：

——运输单元已经过出厂试验；

——完整设施的破坏性放电的概率高于单个功能单元；

——正确安装的设备中的破坏性放电应予以避免。

现场绝缘试验的试验电压应如表 10 所示。

表 10　现场试验电压

设备的额定电压 U_r kV(有效值)	现场短时工频耐受电压 U_{ds} kV(有效值)	现场操作冲击耐受电压 U_{ss} kV(有效值)	现场雷电冲击耐受电压 U_{ps} kV(峰值)
(1)	(2)(见注 1)	(3)	(4)
1 100	880	1 440	1 920

注 1：栏(2)中的数值适用于 SF_6 绝缘或者 SF_6 混合气体绝缘。

注 2：现场试验电压是根据下面公式计算的：

U_{ds}(现场试验值)$=U_d\times0.8$(栏 2)

U_{ss}(现场试验值)$=U_p\times0.8$(栏 3)

U_{ps}(现场试验值)$=U_s\times0.8$(栏 4)

所有的数值圆整到下一个模为 5 kV 的更高值。

在某些情况下，由于技术和实际方面的原因，现场绝缘试验可以用降低的电压进行试验。附录 B.3 中给出了详细情况。

11.2.1.1.5　电压波形

为了选择适当的电压波形，应参照 GB/T 16927.1；但是，类似的波形也是允许的。不存在满足所有要求的理想波形。允许的偏差如下所示。关于产生试验电压的资料在附录 B.1 中给出。

a)　工频电压试验

工频电压试验对探测污秽(例如自由移动的导电粒子)特别敏感，并且在大多数情况下足以探测异常的电场结构。

现有的经验是试验频率从 10 Hz 到 300 Hz。

b)　冲击电压试验

1)　雷电冲击电压试验对于探测异常的电场结构(例如损坏的电极)特别敏感。

根据已有的经验，雷电冲击电压的波前时间延长至 8 μs 是可以接受的。如果采用振荡雷电冲击电压，波前时间可以延长至约 15 μs。

注：应考虑到大型设备中陡波前的反射。

2） 利用相对简单的试验设备进行操作冲击电压试验，特别对于较高的额定电压 U_r 的设备，可以探测是否存在污秽以及异常的电场结构。

根据现有的经验，非周期性或者振荡波形的操作冲击，而且到达峰值的时间在 150 μs 到 10 ms 范围是合适的。

c） 直流电压试验

不推荐直流电压试验。现有的电缆试验要求不适用于 GIS(见 6.26.1)。

11.2.1.1.6 **电压的施加**

试验电压源可以和被试相导体的任何方便的点相连。

由于至少下述一个原因，通过打开的断路器和/或隔离开关可以方便地将整个 GIS 分成几段：

——限制试验电压源的容性负载；

——便于确定破坏性放电的位置；

——如果出现破坏性放电，限制放电能量。

在这种情况下被断路器或隔离开关与受试段隔开的非受试段应接地。除非出厂试验后又被拆开，否则打开的开关装置断口间不需要进行现场绝缘试验。

11.2.1.1.7 **试验的评估**

如果每个试验部分均耐受了规定的试验电压而且没有出现破坏性放电，则认为开关设备通过了试验。

在现场绝缘试验期间出现了破坏性放电，试验应重复进行。

重复性试验的导则在附录 B.6 中给出。如果采用程序 A 且按照符合 GB/T 7354 的传统方法测量局部放电，最大允许的局部放电量为 5 pC。

注 1：在现场可能很难拥有 5 pC 以下的背景噪音。需要特别注意试验回路以获得良好的测量效果。如果噪音高于 5 pC，试验对探测主要的缺陷仍然有效，但是，不适合于探测固定的导电粒子，因为该类缺陷会引起非常低水平的局部放电且完全被噪音所笼罩。在此情况下，如果探测到没有高于背景噪音的的破坏性放电，试验是可以接受的。

注 2：如果采用了 VHF/UHF 或者声学法测量局部放电，校准是不可能的。替代的，可按 B.7.5 进行灵敏度检查。

11.2.1.2 **辅助回路的绝缘试验**

按 GB/T 11022—1999 中 7.2 的规定，并作如下补充：

绝缘试验应对新的接线实施。如果接线已经取掉或者回路中包含有电子装置，这些回路不必进行试验。

11.2.1.3 **主回路电阻测量**

按 GB/T 11022—1999 中 7.3 的规定，并作如下补充：

应尽可能与在运输单元上进行的出厂试验类似的条件下，对完整的设施进行总体测量。

考虑到两种试验布置的差异（装置、触头和连接的数量、导体长度等），测得的电阻不应超过在运输单元上进行的出厂试验的最大允许值（见 8.3）。

测量专用的电流应取直流 300 A 至额定电流之间的任一电流值。

11.2.1.4 **气体密封性试验**

GB/T 11022—1999 中 7.4 也适用于现场的气体密封性试验。

应对现场进行装配的所有连接进行定性的气体密封性试验。可以使用泄漏探测器，如果探测到泄露，应按 GB/T 11022—1999 中 6.8 的规定进行定量测量。

11.2.1.5 **检查和验证**

应进行以下验证：

a) 按照制造厂的图样和说明书检查装配的一致性；

b) 所有管道连接的密封以及螺栓和连接的紧密性；

c) 按照图纸检查接线的一致性；

d) 电气的、气动的以及其他联锁的正常功能；

e) 包括加热和照明在内的控制、测量、保护和调节设备的正常功能；

f) 按照相关标准进行高压开关设备和控制设备的机械操作检查和交接试验；

g) 按照相关标准对避雷器、电流互感器、电压互感器和套管等进行相应的检查和交接试验。

11.2.1.6 气体质量验证

为了获得可靠的测量结果，水分含量应在最终充入气体至少 5 天后进行检查。SF_6 水分含量不应超过 6.2 规定的限值。

运行期间气体状态的检查，见 IEC 60480。

对于处理规定，见 IEC 61634。

注：注意在抽样和/或检查(例如，通过收集袋或安装在用于确定水分含量的检查装置输出阀的收集器)期间应使得释放到大气中的气体最少。

11.3 运行

按 GB/T 11022—1999 中 10.3 的规定。

11.4 维修

按 GB/T 11022—1999 中 10.4 和 GB 1984—2003 中 10.4 的规定。

12 安全

按照 GB/T 11022—1999 中第 11 章的规定。

13 产品对环境的影响

制造厂应该提供有关开关设备对环境的影响所需的资料。

如果开关设备和控制设备使用流体，根据实际的情况，资料中应该为用户规定允许的工作状况：

——最小的泄漏率；

——对新的和使用过的流体进行控制。

制造厂应该对有关设备的不同材料的使用寿命和拆除的程序给予必要的指导，对再次使用的可能性给予简要的说明。

附 录 A
（规范性附录）
内部电弧故障条件下气体绝缘金属封闭开关设备的试验方法

A.1 简介

GIS出现内部故障电弧将会引起多种物理现象。例如，因外壳内电弧产生的能量会引起内部过压力和局部过热，对开关设备产生机械的和热的应力。同时，所涉及到的材料可能产生热的分解物并可能释放到大气中。

本附录考虑了作用在外壳上的内部过压力以及电弧或其弧根对外壳的热效应。没有包括可能造成危险的所有效应，例如毒性气体。

A.2 短路电流电弧试验

A.2.1 试验布置

选择受试产品时，应当参考GIS的设计文件。应该选择在电弧情况下耐受压力和温升可能最差的隔室。

在任何情况下，应关注以下几点：

a) 需要进行的每一试验均应在未曾承受过电弧试验的试品上进行。当进行过电弧试验的试品恢复再进行电弧试验时，应恢复到既不加重也不减轻试验条件的状态。

b) 试品应完全装配和布置齐全并包括所有的保护装置，例如制造厂为了限制电弧效应提供的压力释放装置和短路装置等。

如果具有相同的容积和外部材料，且在电弧耐受方面和原始部件具有相同的反应，则允许使用“模型”。

试品应充有额定充入密度的正常绝缘气体。

A.2.2 施加的电流和电压

单相外壳应进行单相试验，三相外壳应进行三相试验。

A.2.2.1 电压

如果满足下述条件，试验可以在外施电压低于试品额定电压的情况下进行：

a) 实际的电弧电流是正弦的；

b) 电弧不会过早熄灭。

A.2.2.2 电流

a) 交流分量

试验开始的交流分量应＋10％允差内，如果平均的交流分量不小于规定的短路电流，在第一段保护时间内，允差应为±10％；在第二段保护时间内，电流不应降到规定值的80％以下。

注：如果试验站做不到这一点，试验持续时间可以延长，但不应超过进行评估所需时间的20％。

b) 直流分量

选择的关合瞬间应保证电弧电流的第一个半波的峰值至少为规定的交流分量有效值的1～7倍。

A.2.2.3 频率

额定频率为50 Hz时，试验开始时的频率应在48 Hz和52 Hz之间。

A.2.2.4 试验的持续时间

由保护装置确定的预期持续时间的基础上，选择能够涵盖第二段保护的电流持续时间。见表4。

A.2.3 试验程序

A.2.3.1 试验连接

电流送入点的选择应是最可能导致最严酷条件的点。

应注意保证连接不会使试验条件更轻松。通常,外壳应在试品的馈电侧的同一侧接地。

A.2.3.2 电弧的引燃

电弧应通过适当直径的金属线引燃。

电弧引燃点的选择是在外壳内最可能建立起额定应力的点。通常,可以通过在远离电流接入点引燃电弧,或者如果装有压力释放装置,应在远离释放装置的隔板附近引燃电弧。

注:不能通过在固体绝缘上打孔来引燃电弧。

A.2.3.3 试验性能的测量和记录

下述参数应予以描绘和记录:

——电流及其持续时间;

——电弧电压;

——试品的一点或多点上,如果试品包括多个隔,应测量每个隔室的压力。如果适用,

——压力释放(或者通过压力释放装置的动作或者外壳烧穿)的瞬间。

应通过适当的方法,例如摄像机,发光体探测器观察和记录如压力释放、外壳烧穿等现象及外部效应。

A.2.4 试验的评估

试验期间,如果在6.21.2规定的时间内没有出现规定的压力释放装置动作以外的外部效应,就认为开关设备通过了试验。

A.2.5 试验报告

试验报告中应给出下列信息:

——试品的额定值和描述,外壳和导体的材料以及说明主要尺寸和压力释放装置布置的图纸:

——试验连接的布置,电弧的引燃点以及压力测量传感器的位置;

——从示波图上导出的电流、电压、能量、压力和时间;

——试验结果和观察的准确描述;

——其他相关注解;

——试验前后状态的照片。

A.2.6 试验结果的扩展

为了将试验结果扩展到类似的设计,不同尺寸及形状和/或其他试验参数的其他外壳,计算方法可由用户和制造厂商定。

A.3 计算和独立试验的组合验证

制造厂有责任证明试验结果对其他电流和外壳的其他尺寸延伸的有效性。制造厂应该提供计算所需的所有资料。

附 录 B
（规范性附录）
现场试验技术和实际要考虑的事项

B.1 试验电压发生器

GIS设施的负载电容相对较高。这意味着

——工频电压试验，尤其对额定电压(U_r)1 100 kV 的 GIS，需要很高的无功功率；

——由于冲击发生器的电压利用率，用标准的双指数波形的冲击试验可能是低效率的。

可以采用下述电压发生设备：

a) 工频电压源

工频电压可以通过下述方法产生：

——试验变压器；

——具有恒定频率的可变化谐振电抗器；

——具有变频的、恒定的谐振电抗器；

——从试验后无须拆除的电力变压器或电压互感器的低压侧励磁。

注：当采用电压互感器时，尤其应考虑电压源的热应力。

b) 冲击电压源

对于大型设备和高电压的设备，双指数波的冲击发生器是笨重的。利用冲击电压发生器和连接到受试开关设备的高压线圈组成阻尼的串联谐振回路可以产生振荡冲击。振荡操作冲击可以通过电容器向电力变压器、电压互感器或试验变压器的低压侧放电获得。

B.2 放电定位

放电引起的不同现象可能有助于放电定位。可用的几种方法如下：

——光发射的探测；

——噪声和振动的测量；

——放电后的电磁瞬态的记录和评估；

——气体分解物的探测。

B.3 特殊试验程序

通常，推荐所有的试验都应在规定的试验电压和额定充入压力下进行。但是，在某些情况下，还需要建立特殊的试验程序，它不是通用的但是由于技术和/或实际方面的原因还是值得提及。

对于扩建(见6.26.4)，用户应对已有GIS中的所有闪络负责，扩建设备的制造厂对扩建设备中的所有闪络负责。

B.3.1 降低电压下的试验

B.3.1.1 不拆卸运输单元的简化方法

按照一些国家的实践，气体绝缘金属封闭开关设备或者至少一个间隔或GIS的等效部分可以在工厂完全装配并在其全部额定耐受电压下试验。如果试验过的单元不拆卸运输或者拆卸仅限于简单的连接，根据制造厂和用户之间的协议，现场试验可以降低到：

对于中性点接地系统，交流电压试验电压为$1.1\times U_r/\sqrt{3}$；对于中性点绝缘或谐振接地系统为$1.9\times U_r/\sqrt{3}$；电压施加时间为10 min。

B.3.1.2 实际需要的偏差

在某些情况下，由于技术和实际方面的原因，根据用户和制造厂之间的协议，交流电压试验可以在降低的电压和延长的持续时间下进行。

B.3.1.3 运行电压的施加

在某些情况下，在现场进行绝缘试验是不可行的。在这种情况下，应对装运、运输、储存采取特别的措施，尤其应注意现场的工作间。受试的GIS的运行电压应通过尽可能大的阻抗施加以减小可能出现的破坏性放电造成的损坏。试验持续时间至少应为30 min。

B.3.2 降低气体密度下的试验

降低气体密度下的试验通常是不可取的。

B.4 局部放电测量

局部放电测量有助于探测现场试验期间的某类故障，也有助于确定经过一段时间运行后的设备确定是否需要维护。因此，它是进行现场绝缘试验的一个有用的补充，但是，由于周围环境的干扰通常难以实施。

如果该试验是可行的且经过协商，则应尽可能按照11.2.1.1.5中给出的要求进行试验。

B.5 电气调整

术语“电气调整”意思为交流电压或者分步或者连续的逐步施加。它可以由制造厂作为现场充气过程的一部分实施，以便把可能存在的粒子移向低电场强度的区域，此处它们是无害的。

除非试验电压提高到规定值，电气调整不是而且不能替代交流电压试验。然而，破坏性放电应向用户报告，因为它可能导致绝缘弱化。

B.6 重复性试验

B.6.1 概述

现场绝缘试验期间的破坏性放电后补充的程序取决于下述因素：

如果能够确定，破坏性放电的类型(自恢复或非自恢复绝缘的击穿)；

放电期间释放的电弧能量的大小；

固体绝缘的材料和形状；

设施的重要性。

考虑到这些和其他相关的因素应允许在制造厂和用户之间确定一个程序并达成协议。下面给出的推荐程序仅应作为导则对待。根据所考虑因素的重要性，偏差是可以接受的。

B.6.2 推荐的程序

B.6.2.1 程序a)

如果沿着固体绝缘的表面出现破坏性放电，推荐在可行的场合应打开隔室并仔细检查损伤的绝缘。在采取任何补救行为之后，隔室应该再次承受规定的绝缘试验。

B.6.2.2 程序b)

气体中的破坏性放电可能由于污染或表面有可以被放电期间的电弧烧掉的缺陷。因此，可以接受在规定的试验电压下重复试验。现场试验开始前，另一个试验电压可在用户和制造厂之间达成协议。

注1：假定制造厂能够使用户对由于放电中电弧能量的消散而认为气体绝缘是自恢复绝缘满意。

注2：现场绝缘试验期间出现破坏性放电的情况下，试验段的其他部件可能出现二次放电。

如果重复性试验失败，应再次执行程序a)。

B.7 局部放电探测方法

B.7.1 概述

对于现场的局部放电探测，电气的 VHF/UHF 和声学法可以用在 GIS，除了符合 GB/T 7354 的传统方法以外。这两种方法比传统的测量对噪音缺乏敏感性，而且可用于局部放电的在线监测。但是，对于这两种新方法，灵敏度取决于缺陷(信号源)和传感器之间的距离。对于采用 VHF/UHF 和声学法的适当程序可以获得。它们保证缺陷引起的几个 pC 的明显放电可以通过此类设备发现。提出的灵敏度验证易于在现场实施。两种另外的方法的优点是能够探测到缺陷的位置。方法和结果的解释仅供具有经验的人员使用。这些方法仍处于研究中且尚未标准化。

B.7.2 符合 GB/T 7354 的传统方法

来自无线发射机以及其他信号源的电磁干扰被敞开于空气中套管捕捉，并导致 PD 测量的灵敏度在 10 pC 数量级。对于噪音反射，模拟和数字滤波法可以获得。然而，此类滤波工具的使用要求经过培训的人员且仅限于本程序。在实际的现场条件下，很难达到小于 5 pC 的噪音水平。因此，具有屏蔽的耦合电容器的全部包覆的试验回路直接和 GIS 连接是优选的。在这种情况下，对于具有电缆终端的 GIS 以及通过打开的隔离开关与敞开的空气中的套管隔离的 GIS 段，可以获得小于 5 pC 的灵敏度。

B.7.3 VHF/UHF 法

在 GIS 缺陷处的放电电流的上升时间可小于 100 ps。这些缺陷引起的电磁瞬态包含频率达到 2 GHz 以上。产生的信号在 GIS 内以光速作为 TEM-、TE-和 TM 波的形式传播。在布置内的大量隔离点出现反射。由于金属导体有限的电导率以及介质表面的损耗，传播的信号是衰减的。结果是每个隔室内电磁波的复杂的谐振模式。

在 VHF/UHF 范围(例如，100 MHz～2 GHz)的局部放电信号可通过通常和电容耦合器类似设计的耦合器在时域或频域探测到。由于 VHF/UHF 信号衰减的结果，很多耦合器必须装在 GIS 内。两个相邻的耦合器之间的最大距离大约几十米。VHF/UHF 信号最好取自内部耦合器，但是，如果不可获得，在观察窗或衬套上使用外部耦合器有时也是可行的。

由于谐振模式的复杂性，探测到的 PD 信号的幅值主要取决于缺陷和耦合器的位置，很小程度地取决于它们的的方向。因此，VHF/UHF 法不能予以校准，正如在 GB/T 7354 的测量回路所示的例子。取而代之，可以进行 B.7.5 中的灵敏度检查。

VHF/UHF 测量装置的信噪比和最终的灵敏度可以通过采用合适的耦合器、放大器和滤波器来改善。已经证明 VHF/UHF 法在探测缺陷方面和传统方法至少一样灵敏，且主要是因为低的外部噪音水平。实验室和现场试验表明可以探测到小的关键缺陷以及甚至非关键性缺陷。

缺陷的准确位置可以采用宽带示波器测量信号到达相邻耦合器的时间间隔来获得。

B.7.4 声学法

声学信号(机械波)从 GIS 中的缺陷发射有两个主要机理：运动粒子碰撞外壳时激发的机械波；固定缺陷上的放电在气体中产生压力波，然后传到外壳。产生的信号取决于信号源及传播路径。由于外壳通常由铝或钢制造，信号的衰减非常小。但是，当信号从一个部分传向另一部分经过法兰时，就会有能量损耗。声学信号可以通过外部安装的传感器捕捉。通常，即可使用加速度传感器或声音发射传感器，试验程序包括所有法兰之间的测量。

缺陷的位置可以通过找寻具有最高幅值的声音信号或测量两个传感器的传播时间来发现。通过分析声信号的形状把不同的缺陷分开是可能的。

来自弹跳粒子的信号是宽带(即大于 1 MHz)且具有与固定缺陷处的预击穿发出的信号相比具有较高的幅值。由于粒子从发源点移开，粒子型信号将被空间衰减。通常，对于此类缺陷，声信号的两个重要参数为：幅值和飞行时间(这是粒子的两个连续碰撞之间的时间)。这些参数不仅对缺陷类型识别重要，而且还对风险评估重要。

来自靠近电源的凸出物的预击穿信号的频带非常宽，但是，由于气体起到了低通滤波器的作用，信号从源头传播向外壳使得高频被抑制。通常，从预击穿源探测到的信号限制到频率范围小于 100 kHz。发现在同一段内的信号水平相当稳定，且经过一个法兰降低约 8 dB。

弹跳粒子产生的在 5 pC 范围的明显放电可以探测到具有高的信噪比。电晕放电的探测极限是在 2 pC 范围。因为声信号在 GIS 内传播而被吸收和抑制，灵敏度随着距离而降低。但是，在明显的局部放电水平和声信号水平之间没有建立起直接的对应关系。声信号测量不受变电站内电磁干扰的影响。如果传感器置于缺陷附近，弹跳粒子的声信号灵敏度通常远远高于任何其他诊断方法的灵敏度。因此，对于探测此类缺陷的位置声学法是一个好方法。

B.7.5　声学法和 VHF/UHF 法的灵敏度验证

对于声学法和 VHF/UHF 法，探测的局部放电灵敏度验证采用了相同技术原理。首先，确定人工声或电气脉冲，它发出的信号类似于实际缺陷引起的符合 GB/T 7354 的明显电荷(例如 5 pC 或更高)的确定水平。其次，该人工信号在交接试验或运行期间注入到 GIS 来验证对 GIS 和相关的测量设备的探测灵敏度。如果在相邻的传感器测到了刺激性的信号，则这些传感器间的灵敏度对于 GIS 段的验证成功。

附 录 C
（资料性附录）
内部故障相关的计算

充有 SF_6 气体的封闭隔室中因内部故障的压力升高可按式(C.1)计算：

$$\Delta P = C_{equipment} \times \frac{I_{arc} \times t_{arc}}{V_{compartment}} \quad \cdots\cdots(C.1)$$

式中：

ΔP——压力升高，MPa；

I_{arc}——故障电弧电流(r.m.s.)，kA；

$V_{compartment}$——隔室的容积，L；

t_{arc}——电弧持续时间，s；

$C_{equipment}$——设备系数。

设备系数 $C_{equipment}$ 的数值应该由制造厂通过类似设备的试验来验证。

式(C.1)可以用来验证没有压力释放装置的充气隔室中在内部故障情况下外壳的压力不超过型式试验的压力。这是通过最大电弧电流和电弧持续时间(基于保护系统的性能)引起的不超过外壳的型式试验压力的压力升高来验证的。

附 录 D
（资料性附录）
询问单、标书和订单需给出的资料

D.1 简介

附录 D 以表格的形式确定了用户和供应方需要交换的技术资料。

注：“供应方的资料”意味着仅供应方需要提供这些资料。

D.2 正常和特殊使用条件

见第 4 章。

		用户的要求(见表 1)	供应方的提议
运行条件	户内或户外		
周围空气温度： 最低 最主	 ℃ ℃		
太阳辐射	W/m²		
海拔	m		
污秽	级		
覆冰	mm		
风	m/s		
湿度	%		
凝露或凝结			
震动	级		
二次系统中感应的电磁干扰	kV		

D.3 额定值

见第 5 章。

		用户的要求	供应方的提议
系统标称电压	kV		
系统的额定电压	kV		
设备的额定电压(U_r)	kV		
相对地额定短时工频耐受电压(U_d)的额定绝缘水平 额定操作冲击耐受电压(U_s) 额定雷电冲击耐受电压(U_p)	 kV kV kV		
额定频率(f_r)	Hz		

表（续）

		用户的要求	供应方的提议
额定电流(I_r)	A	分支母线 主母线	
额定短时耐受电流(I_k)	kA		
额定峰值耐受电流(I_p)	kA		
额定短路持续时间(t_k)	s		
合分闸装置以及辅助和控制回路的额定电源电压(U_a)	V		
合分闸装置以及辅助和控制回路的额定电源频率	Hz	DC或50 Hz	
中性点接地方式	直接		

D.4 设计与结构

见第6章。

		用户的要求	供应方的提议
相数			
单相或三相设计			
最大 SF_6 泄漏率	%/年		
额定充入压力 p_r 断路器 其他隔室	 MPa MPa	 供应方的信息 供应方的信息	
报警压力 p_a 断路器 其他隔室	 MPa MPa	 供应方的信息 供应方的信息	
最低功能压力 p_m 断路器 其他隔室	 MPa MPa	 供应方的信息 供应方的信息	
外壳设计压力 断路器 其他隔室	 MPa MPa	 供应方的信息 供应方的信息	
外壳的型式试验压力 断路器 其他隔室	 MPa MPa	 供应方的信息 供应方的信息	
外壳的出厂试验压力 断路器 其他隔室	 MPa MPa	 供应方的信息 供应方的信息	

表(续)

		用户的要求	供应方的提议
压力释放装置的动作压力 断路器 其他隔室	 MPa MPa	 供应方的信息 供应方的信息	
内部故障的短路电流	kA		
在充入压力下完整 GIS 的 SF_6 气体数量	kg	供应方的信息	
在充入压力下最大隔室的 SF_6 气体数量	kg	供应方的信息	
最大允许气体露点	℃	供应方的信息	
气体隔室的数量		供应方的信息	
最长运输段的长度	M		
现场安装期间需要处理的设备的最重部件的重量	kg		

D.5 母线管

		用户的要求	供应方的提议
电感	H/m	供应方的信息	
电容	pF/m	供应方的信息	
在频率 f_r 时外壳的电阻	Ω/m	供应方的信息	
在频率 f_r 时导体的电阻	Ω/m	供应方的信息	
波阻抗	Ω	供应方的信息	

D.6 断路器

按 GB 1984—2003 中第 9 章的规定。

D.7 隔离开关和接地开关

按 GB 1985—2004 中第 9 章的规定。

D.8 套管

按 GB/T 4109—2008 中第 5 章的规定,并作如下补充:

户外油浸式套管(见 GB/T 4109—2008 中 3.15)		用户的要求	供应方的提议
内部绝缘类型		气体绝缘或树脂浸渍纸质	
外绝缘类型		瓷的或复合的	
规定的爬电比距	mm/kV		
绝缘子伞裙形状			
额定短时工频耐受电压(U_d)	kV	如 GIS 或者特殊的	
额定操作冲击耐受电压(U_s)	kV	如 GIS 或者特殊的	
额定雷电冲击耐受电压(U_p)	kV	如 GIS 或者特殊的	

表（续）

户外油浸式套管(见 GB/T 4109—2008 中 3.15)		用户的要求	供应方的提议
悬臂试验负载	N		
悬臂运行负载	N		
线路端子类型		根据图样	

D.9　电缆连接

GB/T 22381—2008 的第 7 章(IEC 60859 的第 9 章)适用，并作如下补充：

		用户的要求	供应方的提议
电缆类型		充流体的或干式	

D.10　变压器连接

GB/T 22382—2008 的第 7 章(IEC 61639 的第 9 章)适用，并作如下补充：

		用户的要求	供应方的提议
变压器箱体和 GIS 外壳间的绝缘连接		是或否	

D.11　电流互感器

GB 1208—2006 的 10.2 适用，并作如下补充：

		用户的要求	供应方的提议
电流互感器的位置		根据单个线路	
线圈的类型和数量		根据单个线路	

D.12　电压互感器

GB 1207—2006 的 11.1 适用，并作如下补充：

		用户的要求	供应方的提议
电流互感器的位置		根据单个线路	
二次线圈的类型和数量		根据单个线路	
现场试验电压	kV/Hz	供应方的信息	

D.13　询问单和标书的资料

按 DL/T 593—2006 中 10.2 的规定，并作如下补充：

		用户的要求	供应方的提议
单线圈			
变电站布置的总布置图			
基础载荷		供应方的信息	
气体原理图		供应方的信息	
型式试验报告清单		供应方的信息	
推荐的备品备件清单		供应方的信息	

参 考 文 献

[1] CIGRE 125:1998 User guide for the application of gas-insulated switchgear(GIS) for rated voltages of 72.5 kV and above

[2] EN 50052:1986 Cast aluminium alloy enclosures for gas-filled high-voltage switchgear and controlgear

[3] EN 50064:1990 Wrought aluminium and aluminium alloy enclosures for gas-filled high-voltage switchgear and controlgear

[4] EN 50068:1991 Wrought steel enclosures for gas-filled high-voltage switchgear and controlgear

[5] EN 50069:1991 Welded composite enclosures of cast and wrought aluminium alloys for gas-filled high-voltage switchgear and controlgear

[6] EN 50089:1992 Cast resin partitions for metal-enclosed gas-filled high-voltage switchgear and controlgear

[7] EN 61264: 1998 Ceramic pressurized hollow insulators for high-voltage switchgear and controlgear

[8] IEEE 1416:1998 IEEE recommended practice for the interface of new gas-insulated equipment in existing gas insulated substantions

[9] IEEE C37.24:1986 IEEE guide for evaluating the effect of solar radiation on outdoor metal-enclosed switchgear

[10] IEEE C37.122.1:1993 IEEE guide for gas-insulated substations

[11] RGE:04/82 Electrical faults mastery in high voltage SF_6 insulated substations, by Gilles Bernard, EDF, France. Published in G6 n6 rale de L'Electricité RGE 4/82, April 1982. 43

ICS 29.240.10
K 43

中华人民共和国国家标准化指导性技术文件

GB/Z 24837—2009

1 100 kV 高压交流隔离开关和接地开关技术规范

Specification for 1 100 kV alternating-current disconnectors and earthing switches

2009-11-30 发布　　2010-05-01 实施

中华人民共和国国家质量监督检验检疫总局
中国国家标准化管理委员会　发布

前　言

本指导性技术文件应与 GB/T 11022 一起使用，除非本指导性技术文件另有规定，本指导性技术文件执行 GB/T 11022 的规定。

本指导性技术文件的附录 A、附录 B、附录 C、附录 E 和附录 F 为规范性附录，附录 D 为资料性附录。

本指导性技术文件由中国电力企业联合会提出。

本指导性技术文件由中国电力企业联合会归口。

本指导性技术文件由特高压交流输电标准化技术工作委员会、中国电力科学研究院负责解释。

本指导性技术文件负责起草单位：国家电网公司、中国电力科学研究院。

本指导性技术文件参加起草单位：西安高压电器研究院、华东电网有限公司、清华大学、西安交通大学、西安西开高压电气股份有限公司、河南平高电气股份有限公司、新东北电气(沈阳)高压开关有限公司。

本指导性技术文件主要起草人：王承玉、顾霓鸿、孙岗、崔景春、崔博源、郭媛媛、陈国强、袁大陆。

本指导性技术文件参加起草人：刘伯涛、李鹏、刘兆林、徐国政、马志瀛、张猛、夏文、韩书谟、赵鸿飞、孙永恒、张铎。

引　言

本指导性技术文件是根据GB 1985—2004《高压交流隔离开关和接地开关》以及晋东南-荆门-南阳1 000 kV特高压交流试验示范工程中的经验制定的。

1 100 kV 高压交流隔离开关和接地开关技术规范

1 范围

本指导性技术文件规定了1 100 kV高压交流隔离开关和接地开关的使用条件、额定值、设计与结构、试验、选用导则、运输、储存、安装、运行和维护等要求。

本指导性技术文件适用于设计安装在户外、额定电压1 100 kV且运行频率50 Hz的交流隔离开关和接地开关。

本指导性技术文件也适用于这些隔离开关和接地开关的操动机构及其辅助设备。

气体绝缘金属封闭开关设备和控制设备中的隔离开关和接地开关的附加要求在GB 7674中给出。

2 规范性引用文件

下列文件中的条款通过本指导性技术文件的引用而成为本指导性技术文件的条款。凡是注明日期的引用文件，其随后所有的修改单(不包括勘误的内容)或修订版均不适用于本指导性技术文件，然而，鼓励根据本指导性技术文件达成协议的各方研究是否可使用这些文件的最新版本。凡是不注明日期的引用文件，其最新版本适用于本指导性技术文件。

GB/T 1804 一般公差 未注公差的线性和角度尺寸的公差(GB/T 1804—2000，eqv ISO 2768-1:1989)

GB/T 2900.20—1994 电工术语 高压开关设备(neq IEC 60050(IEV):1984)

GB 3804—2004 3.6 kV～40.5 kV高压交流负荷开关(IEC 60265-1:1998，MOD)

GB 4208 外壳防护等级(IP代码)(GB 4208—2008，IEC 60529:2001，IDT)

GB/T 5582 高压电力设备外绝缘污秽等级(GB/T 5582—1993，neq IEC 507:1991)

GB/T 7354—2003 局部放电测量(IEC 60270:2000，IDT)

GB 7674—2008 额定电压72.5 kV及以上气体绝缘金属封闭开关设备(IEC 62271-203:2003，MOD)

GB/T 11022—1999 高压开关设备和控制设备标准的共用技术要求(eqv IEC 60694:1996)

3 术语和定义

GB/T 11022中所确立的及下列术语和定义适用于本指导性技术文件。

3.1

通用术语

3.1.1

户外开关设备和控制设备 outdoor switchgear and controlgear

适合于安装在露天的开关设备和控制设备，能够耐受风、雨、雪、沉积的尘埃、凝露、冰和霜等作用。

3.1.2

(隔离开关或接地开关一个部件的)温升 temperature rise (of a part of a disconnector or earthing switch)

部件温度与周围空气温度之差。

3.1.3

用户　user

使用隔离开关或接地开关的个体或法定团体。

注：用户可以包括隔离开关或接地开关的买主(如电力供应商)，也可以包括承包公司、负责安装、维修的人员或操作人员，或其他对隔离开关、接地开关或变电站暂时或长期负责的人员，乃至开关设备的运行人员。

3.2

开关设备和控制设备的总装

没有特别的定义。

3.3

总装的组成部分

没有特别的定义。

3.4

开关装置

3.4.1

隔离开关　disconnector

GB/T 2900.20—1994 的 3.24 适用，并补充下面的注：

注 1："可忽略的电流"意指这样的电流，像套管、母线、联接线、非常短的电缆的容性电流，断路器上永久性连接的均压阻抗的电流以及电压互感器和分压器的电流。按此定义，电流超过 0.5 A 时，应向制造厂咨询。

"电压无显著变化"是指感应式电压主调节装置或断路器被旁路的情况。

注 2：可以规定开合母线转换电流的额定性能。

3.4.1.1

M1 级隔离开关　disconnector class M1

具有 3 000 次操作循环的延长机械寿命的隔离开关，主要用于隔离开关和同等级的断路器关联操作的场合。

3.4.1.2

M2 级隔离开关　disconnector class M2

具有 10 000 次操作循环的延长机械寿命的隔离开关，主要用于隔离开关和同等级的断路器关联操作的场合。

3.4.2

双柱式隔离开关　double-column disconnector

[GB/T 2900.20—1994 的 3.26]

3.4.3

三柱式隔离开关　three-column disconnector

[GB/T 2900.20—1994，定义 3.27]

3.4.4

接地开关　earthing switch

GB/T 2900.20—1994 的 3.28 适用，并作如下补充：

注：可具有开合和承载感应电流的额定值。

3.4.4.1

E0 级接地开关　earthing switch class E0

适合于输、配电系统中使用的且满足本指导性技术文件一般要求的接地开关。

3.4.4.2

E1 级接地开关　earthing switch class E1

具有短路关合能力的 E0 级接地开关。

注：该级接地开关能够在额定关合电流下经受两次关合操作。

3.4.4.3

E2 级接地开关　earthing switch class E2

具有延长的短路关合操作次数的且需要最少维护的 E1 级接地开关。

注：通过在额定关合电流下的五次关合操作来证明该级接地开关的维护要求可以降低，以及需要最少的维护，如润滑(补气和清洁外表面，如适用)。

3.5

开关装置的部件

3.5.1

开关装置的极　pole of a switching device

仅与开关装置主回路的一个电气上独立的导电路径相关的开关装置的一部分，它不包括为所有的极一起安装和操作提供方式的那些部分。

注：如果开关装置只有一极，则称为单极开关装置。如果多于一极，只要这些极可以一起操作，则称为多极(两极、三极等等)开关装置。

3.5.2

(开关装置的)主回路　main circuit (of a switching device)

包含在准备合闸和分闸回路中的开关装置的所有导电部分。

3.5.3

(机械开关装置)触头　contact (of a mechanical switching device)

[GB/T 2900.20—1994，定义 4.1]

3.5.4

主触头　main contact

[GB/T 2900.20—1994，定义 4.4]

3.5.5

控制触头　control contact

[GB/T 2900.20—1994，定义 4.6]

3.5.6

"a"触头　动合触头(常开触头)　"a" contact make contact

[GB/T 2900.20—1994，定义 4.8]

3.5.7

"b"触头　动断触头(常闭触头)　"b" contact break contact

[GB/T 2900.20—1994，定义 4.9]

3.5.8

位置信号装置　position signalling device

隔离开关或接地开关的一个部件，它用辅助能量指示主回路的触头处于分闸位置或处于合闸位置。

3.5.9

端子(作为一个元件)　terminal (as a component)

用来把装置和外部导体连接的元件。

3.6

操作

3.6.1

(机械开关装置的)操作　operation (of a mechanical switching device)

[GB/T 2900.20—1994，定义 5.1]

3.6.2

(机械开关装置的)操作循环　operation cycle (of a mechanical switching device)

[GB/T 2900.20—1994,定义 5.5]

3.6.3

(机械开关装置的)合闸操作　closing operation (of a mechanical switching device)

[GB/T 2900.20—1994,定义 5.3]

3.6.4

(机械开关装置的)分闸操作　opening operation (of a mechanical switching device)

[GB/T 2900.20—1994,定义 5.2]

3.6.5

正向驱动操作　positively driven operation

[GB/T 11022—1999,定义 3.6.3]

3.6.6

(机械开关装置的)人力操作　dependent manual operation (of a mechanical switching device)

GB/T 2900.20—1994 的 5.9 适用,并作如下补充:

注:人力操作可以用手柄或摇杆(水平的或垂直的)进行。

3.6.7

(机械开关装置的)动力操作　dependent power operation (of a mechanical switching device)

[GB/T 2900.20—1994,定义 5.10]

3.6.8

(机械开关装置的)储能操作　stored energy operation (of a mechanical switching device)

借助于开合操作前储存在机构自身中且足以完成预定条件下规定的操作循环的能量进行的操作。

3.6.9

(机械开关装置的)不依赖人力的操作　independent manual operation (of a mechanical switching device)

[GB/T 2900.20—1994,定义 5.12]

3.6.10

(机械开关装置的)合闸位置　closed position (of a mechanical switching device)

GB/T 2900.20—1994 的 5.32 适用,并作如下补充:

注:预定连续性是指在此位置下触头能完全接触且能够承载额定电流和额定短路电流(如适用)。

3.6.11

(机械开关装置的)分闸位置　open position (of a mechanical switching device)

[GB/T 2900.20—1994,定义 5.33]

3.6.12

联锁装置　interlocking device

使开关装置的操作取决于设备的一个或几个其他部件的位置或动作的装置。

3.7

特性参量

3.7.1

(接地开关的)峰值关合电流　peak making current (of an earthing switch)

关合操作期间,电流出现后的瞬态过程中,接地开关一极中电流的第一个大半波的峰值。

注:除非另有说明,在这里,对于三相回路,(峰值)关合电流的单个值是指任一相中的最大值。

3.7.2

峰值电流　peak current

电流出现后的瞬态过程中,电流的第一个大半波的峰值。

3.7.3

(隔离开关的)正常电流　normal current (of a disconnector)

在规定的使用和性能条件下,隔离开关的主回路能够连续承载的电流。

3.7.4

短时耐受电流　short-time withstand current

在规定的使用和性能条件下,在规定的短时间内,回路和处于合闸位置的开关装置能够承载的电流。

3.7.5

峰值耐受电流　peak withstand current

在规定的使用和性能条件下,回路和处于合闸位置的开关装置能够耐受的峰值电流。

3.7.6

额定值　rated value

通常由制造厂对在规定的工作条件下的元件、装置或设备所规定的参数值。

3.7.7

绝缘水平　insulation level

在规定的条件下,装置的绝缘设计应耐受的试验电压。

3.7.8

1 min 工频耐受电压　one minute power frequency withstand voltage

在规定的试验条件下,隔离开关或接地开关的绝缘耐受的工频正弦交流电压的有效值。

3.7.9

冲击耐受电压　impulse withstand voltage

在规定的试验条件下,隔离开关或接地开关的绝缘耐受的标准冲击电压波的峰值。

注:视波形而定,此术语可以限定为操作冲击耐受电压或雷电冲击耐受电压。

3.7.10

外绝缘　external insulation

大气中的空气间隙以及与空气接触的隔离开关和接地开关的固体绝缘表面,它承受电压的作用并受到大气和其他外部条件(例如污秽、湿气、鸟兽等)的影响。

注:外绝缘可以是气候防护的,也可以是非气候防护的,分别对应于设计用在户外或封闭掩体内。

3.7.11

内绝缘　internal insulation

设备绝缘的内部固体、液体或气体绝缘部分,它不受大气和其他外界条件的影响。

3.7.12

自恢复绝缘　self-restoring insulation

破坏性放电后,能完全恢复其绝缘性能的绝缘。

3.7.13

非自恢复绝缘　non-self-restoring insulation

破坏性放电后,丧失其绝缘性能或不能完全恢复其绝缘性能的绝缘。

注:3.7.12 和 3.7.13 的定义仅适用于绝缘试验期间因施加试验电压而引起放电的情况。但是,在运行中发生的放电可能引起自恢复绝缘部分或全部丧失其原有的绝缘性能。

3.7.14

并联绝缘体　parallel insulation

指绝缘子布置由两个绝缘子并联,两个绝缘子间的距离可能影响其绝缘强度的情况。

注:对于端子是敞开的隔离开关和接地开关,如果操作(驱动)绝缘子靠近支持绝缘子时,就成为并联绝缘体。

3.7.15

破坏性放电　distruptive discharge

在电压作用下与绝缘失效有关的现象。此时，受试绝缘完全被放电所桥接，使电极间的电压降低到零或接近于零。

注1：本术语适用于固体、液体和气体介质以及它们的组合体中的放电。

注2：固体介质中的破坏性放电导致绝缘强度永久性丧失(非自恢复绝缘)；而在液体或气体介质中，绝缘强度的丧失可能仅是暂时的(自恢复绝缘)。

3.7.16

电气间隙　clearance

两个导电部件间的、沿这些导电部件间最短路径的直线距离。

3.7.17

极间电气间隙　clearance between poles

相邻极的任何导电部件的电气间隙。

3.7.18

对地电气间隙　clearance to earth

任何导电部件和任何接地或打算接地的部件间的电气间隙。

3.7.19

触头开距　clearance between open contacts

GB/T 2900.20—1994 的 5.22 适用，并补充下面的注：

注：确定总开距时，应当考虑到各段开距之和。

3.7.20

(机械开关装置一极的)隔离断口　isolating distance (of a pole of a mechanical switching device)

符合对隔离开关所规定的安全要求的断开触头间的电气间隙。

3.7.21

端子机械负荷　mechanical terminal load

作用在每一端子上的外部负荷。

注1：该外部负荷是隔离开关或接地开关可能承受的机械合力。不包括作用于设备本身上的风力，因为它们不构成端子的外部负荷；

注2：隔离开关或接地开关可能承受大小、方向和作用点不同的几个机械力；

注3：通常，按此定义的端子负荷不适用于封闭开关设备。

3.7.21.1

端子静态机械负荷　static mechanical terminal load

每个端子上的静态机械负荷等于隔离开关或接地开关由软导线或硬导线与该端子连接时，该端子所承受的机械力。

3.7.21.2

端子动态机械负荷　dynamic mechanical terminal load

静态机械负荷和短路条件下电磁力的组合负荷。

3.7.22

开合母线转换电流　bus transfer current switching

不是将负荷开断，而是将负荷从一条母线转移到另一条母线上时隔离开关在有载条件下所进行的开断和关合操作。

3.7.23

开合感应电流　induced current switching

用接地开关开断或关合感性或容性电流的操作，这些电流是由平行的高压线路在已接地的或未接地的线路中所感应的电流。

注：当两条或多条输电线路一起安装在线路杆塔上时，或者两条或多条线路安装在邻近设置的不同杆塔上时，带电的线路将对不带电的线路产生电磁感应和静电感应能量，根据不带电的线路是一端接地或两端接地，在不带电的线路上将流过容性或感性电流。

4 正常和特殊使用条件

GB/T 11022—1999 的第 2 章适用。

5 额定值

按 GB/T 11022—1999 中第 4 章的规定，并对额定值列表作如下补充：

a) 额定短路关合电流(仅对接地开关)；

b) 额定端子机械负荷；

c) 隔离开关母线转换电流开合能力的额定值；

d) 接地开关感应电流开合能力的额定值。

5.1 额定电压(U_r)

1 100 kV。

5.2 额定绝缘水平

额定绝缘水平见表 1，并作如下补充：

表 1 额定绝缘水平

	相对地/ kV	断口间/ kV
额定雷电冲击耐受电压(峰值)	2 400	2 400(+900)[a]
额定操作冲击耐受电压(峰值)	1 800	1 675(+900)[a]
1 min 工频耐受电压	1 100	1 100(+635)[b]

[a] 括号内的数值是施加在对侧端子上工频电压峰值 $1.0U_r\sqrt{2}/\sqrt{3}$(联合电压)。

[b] 括号内的数值是施加在对侧端子的工频电压有效值 $1.0U_r/\sqrt{3}$(联合电压)。

对于隔离断口与底座平行且与接地开关组合为一体的隔离开关，如果最小间隙下的 1 min 工频耐受电压不低于 7.2.5 中的规定，则认为当接地刀与对面的隔离开关带电部分暂时接近过程中满足了安全要求。

注 1：除了仅配人力操动机构的接地开关操作的短时间内之外，绝缘强度的暂时降低不是安全要求的普遍问题。正因为如此，且不考虑老化，降低的绝缘强度是可以接受的。因为在接地过程中雷电和操作冲击发生的概率很低，所以不要求进行冲击电压试验。

注 2：对仅配人力操动机构的接地开关，如果国家安全规程规定了更高的耐受电压值，则可以由用户与制造厂之间协商。

5.3 额定频率(f_r)

50 Hz。

5.4 额定电流和温升

GB/T 11022—1999 的 4.4 适用。本条款一般只适用于隔离开关。

注：根据隔离开关主电流路径的形状、结构和材料，应考虑集肤效应，因为经验表明、矩形导体在 60 Hz 下运行时的温升与 50 Hz 相比偏差大于 5%。

5.5 额定短时耐受电流(I_k)

GB/T 11022—1999 的 4.5 适用，并作如下补充：

如果接地开关和隔离开关组合为一体，除非另有规定，接地开关的额定短时耐受电流至少应等于隔离开关的规定值。

5.6 额定峰值耐受电流(I_p)

GB/T 11022—1999 的 4.6 适用，并作如下补充：

额定峰值耐受电流应该等于 2.7 倍额定短时耐受电流。

如果接地开关和隔离开关组合为一体，除非另有规定，接地开关的额定峰值耐受电流至少应等于隔离开关的规定值。

5.7 额定短路持续时间(t_k)

GB/T 11022—1999 的 4.7 适用，并作如下补充：

除非另有规定，接地开关短时耐受电流的额定持续时间为 2 s。

5.8 合闸和分闸装置及其辅助和控制回路的额定电源电压(U_a)

GB/T 11022—1999 的 4.8 适用。

5.9 合闸和分闸装置及其辅助和控制回路的额定电源频率

GB/T 11022—1999 的 4.9 适用。

5.10 绝缘和/或操作用压缩气源的额定压力

GB/T 11022—1999 的 4.10 适用。

5.11 额定短路关合电流

对具有额定短路关合电流的接地开关，应能在任何外施电压直到并包括其额定电压，任何电流直到并包括其额定短路关合电流下关合。

如果接地开关具有额定短路关合电流，它应等于额定峰值耐受电流。

5.12 额定端子机械负荷

隔离开关和接地开关在承受其额定端子静态机械负荷时应能合闸和分闸。

在最不利的条件下，隔离开关或接地开关的端子允许承受的最大端子静态机械负荷是该隔离开关的额定端子静态机械负荷。

推荐的额定端子静态机械负荷在表 2 中给出。而且将它们作为指南使用。

隔离开关或接地开关的端子允许承受的最大外部动态机械负荷是该隔离开关的额定动态机械负荷。

短路条件下，隔离开关和接地开关应能承受其额定端子动态机构械负荷。

隔离开关或接地开关的端子机械负荷的额定值，不仅取决于它的设计，而且取决于它所用的绝缘子的强度。

绝缘子所需的弯曲强度应该计算。计算时应考虑绝缘子上面的端子所处的高度以及作用在绝缘子上的附加力(见 3.7.21 和 9.2.4)。

表 2 推荐的额定端子静态机械负荷

额定电压/ U_r/kV	额定电流 A	双柱式或三柱式 隔离开关		垂直力 F_c[a]/N
		水平纵向负荷 F_{a1} 和 F_{a2}/N	水平横向负荷 F_{b1} 和 F_{b2}/N	
		见图 1		
1 100	≥4 000	5 000	4 000	5 000

[a] F_c 是模拟由连接导线的重量引起的向下的力，对于软导线，重量已计入纵向或横向力中。

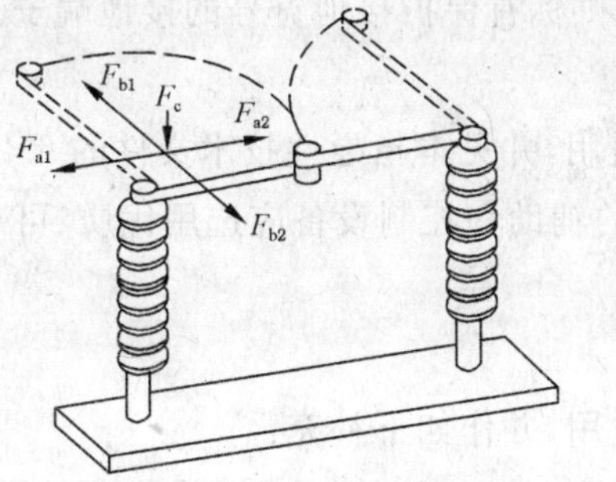

图 1　双柱式隔离开关施加额定端子机构负荷的例子

5.13　隔离开关母线转换电流开合能力的额定值

额定值及所有相关要求在附录 B 中给出。

5.14　接地开关感应电流开合能力的额定值

额定值及所有相关要求在附录 C 中给出。

5.15　隔离开关母线充电电流开合能力额定值

气体绝缘金属封闭开关设备中隔离开关开合母线充电电流的要求，见附录 F 的表 F.2。

5.16　隔离开关和接地开关机械寿命的额定值

根据制造厂规定的维修方案，隔离开关应能完成表 3 规定次数的操作。

表 3　隔离开关的机械寿命分类

等　级	隔离开关的类型	操作循环的次数
M1	与同等级的断路器关联操作的隔离开关(延长的机械寿命)	3 000
M2	与同等级的断路器关联操作的隔离开关(延长的机械寿命)	10 000

接地开关的机械寿命按表 3。

5.17　接地开关电寿命的额定值

接地开关的电寿命分为三个等级：

——无短路关合能力的接地开关定为 E0 级；

——具有短路关合能力的接地开关定为 E1 级(这种接地开关具有两次关合操作的关合能力)；

——具有五次关合操作的短路关合能力的接地开关定为 E2 级。

5.18　隔离开关小电容电流和小电感电流开合能力额定值

开合小电容电流值：2 A，

开合小电感电流值：1 A。

6　设计和结构

6.1　对隔离开关和接地开关中液体介质的要求

GB/T 11022—1999 的 5.1 适用。

6.2　对隔离开关和接地开关中气体介质的要求

GB/T 11022—1999 的 5.2 适用。

6.3　隔离开关和接地开关的接地

GB/T 11022—1999 的 5.3 适用，并作如下补充：

如果金属外壳和操动机构不与隔离开关或接地开关的金属底座安装在一起，并在电气上没有联结时，则金属外壳和操动机构上应提供标有保护接地符号的接地端子。

6.4 辅助和控制设备

GB/T 11022—1999 的 5.4 适用，并见本指导性技术文件的 6.20 及如下补充：

隔离开关和接地开关中安装的辅助和控制设备应选用优质、可靠的产品，元件布置应能防止误碰并便于维护和更换。

6.5 动力操作

GB/T 11022—1999 的 5.5 适用，并作如下补充：

本要求也适用于动力操作的、具有额定开合和/或关合电流的隔离开关和接地开关。

配气动或液压操动机构的隔离开关和接地开关，当气(液)源压力在其额定值的 85%至 110%之间时，应能可靠合闸和分闸。脱扣器的操作见 6.8。

6.6 储能操作

GB/T 11022—1999 的 5.6 适用。

6.7 不依赖人力的操作

GB/T 11022—1999 的 5.7 适用。

6.8 脱扣器的操作

GB/T 11022—1999 的 5.8 适用。

6.9 低压力和高压力闭锁及监视装置

GB/T 11022—1999 的 5.9 适用。

6.10 铭牌

GB/T 11022—1999 的 5.10 适用，并作如下补充：

——隔离开关和接地开关及其操动机构的铭牌应按表 4 标识；

——在正常运行状态下，其铭牌应清晰可见。

表 4 铭牌内容

	缩写	单位	隔离开关	接地开关[b]	操动机构
制造厂			×	×	×
型号			×	×	×
出厂编号			×	×	×
制造年份			×	×	×
额定电压	U_r	kV	×	×	
额定雷电冲击耐受电压	U_p	kV	×	×	
额定操作冲击耐受电压	U_s	kV	×	×	
额定电流	I_r	A	×		
额定短时耐受电流	I_k	kA	×	×	
额定短路持续时间	t_k	s	(×)[a]	(×)[a]	
绝缘和/或操作用的额定充入压力	P_{re}	MPa	×	×	×
辅助回路的额定电源电压	U_a	V			×
额定端子静态机械负荷	F	N	(×)	(×)	
隔离开关的机械寿命等级	M_r		(×)[c]		

表 4(续)

	缩写	单位	隔离开关	接地开关[b]	操动机构
接地开关的电寿命等级	E_r			(×)[c]	
质量(包括液体)	m	kg	(×)	(×)	(×)

注 1:×表示的值的标识是强制性的。

注 2:(×)表示的值的标识是非强制性的。

注 3:"额定"一词在铭牌上可不出现。

a 如果 t 不是 1 s 时是强制性的。

b 当接地开关与隔离开关组合为一体时,不要求有单独的铭牌。接地开关的短路额定值与隔离开关不同的情况除外。

c 隔离开关等级的标识是强制性的;接地开关如果不同于 E0 级,则等级的标识是强制性的。为了避免额外的留空要求,等级可包含在型号中。

6.11 联锁装置

GB/T 11022—1999 的 5.11 适用。

6.12 位置指示

GB/T 11022—1999 的 5.12 适用(见 6.20)。

6.13 外壳的防护等级

GB/T 11022—1999 的 5.13 适用,对二次设备的箱体补充如下:

户外设备的箱体提供的防护等级最低应为 IP44。

此外,通常不要求在外壳打开后阻止人员偶然触及危险部位的防护(见 GB/T 11022—1999 第 11 章)。

6.14 爬电距离

GB/T 11022—1999 的 5.14 适用,并作如下补充:

虽然爬电距离可以按 GB/T 11022—1999 的 5.14,但对并联绝缘体的两个并联绝缘子之间的距离应予以考虑。

6.15 气体和真空的密封

GB/T 11022—1999 的 5.15 适用。

6.16 电磁兼容性(EMC)

GB/T 11022—1999 的 5.18 适用。

6.17 对接地开关的专门要求

接地开关可动部件与其底座之间的铜质软连接的截面积应不小于 50 mm^2。

铜质软连接截面积的这个最小值是为了保证机械强度和抗腐蚀性能给出的。

当该软连接用以承载短路电流时,则应进行相应地设计。如果采用其他材料,则应具有等效的截面积。

6.18 对隔离开关断口的要求

为了安全,隔离开关的设计应使其一侧的端子到另一侧的任一端子间不会流过危险的泄漏电流。

当运行中用可靠的接地连接将所有泄漏电流引入地下或所用的绝缘材料能有效地防止污秽时,则这一安全要求已经满足。

注:由于 GB/T 11022 对隔离断口规定了比相对地绝缘更高的耐受试验水平,通常,隔离开关的隔离间隙要比相对地的绝缘距离长。

如果需要长的爬电距离,相对地绝缘距离就会变得比隔离间隙长。对此情况,为使隔离间隙保持低的破坏性放电概率,可能需要使用避雷器或棒状放电器之类的保护装置。

6.19 机械强度

具有额定端子静态机械负荷的隔离开关和接地开关,按照制造厂的说明书安装好后,应能承受其额定端子静态和动态机械负荷,而不损害其可靠性和载流能力。

6.20 隔离开关和接地开关的操作——动触头系统的位置及其指示、信号装置

6.20.1 位置的保证

隔离开关和接地开关及其操动机构应这样设计:在重力、风压、振动、合理的撞击作用或其操作系统的连杆受到意外碰撞的情况下,均不会脱离其分闸或合闸位置。

为了安全起见,(例如维修时)隔离开关和接地开关应能暂时机械地锁定在分闸和合闸两个位置上。

注:用钩棒操作的隔离开关或接地开关,后一段的要求可不必满足。

6.20.2 对动力操动机构的附加要求

动力操动机构也应提供人力操作装置。人力操作装置(例如手柄)接到动力操动机构上时应能保证动力操动机构的控制电源安全地断开。

6.20.3 位置指示和位置信号

除非动触头分形到达其合闸或分闸位置,并满足 6.20.1 第一段的要求,否则不应该发出合闸和分闸位置指示和位置信号。

注:"合闸位置"和"分闸位置"的定义见 3.6.10 和 3.6.11。

6.20.3.1 位置指示

位置指示应能识别隔离开关或接地开关的运行位置。对于分闸位置,如果满足下列条件之一,则已经符合这个要求。

——隔离断口或间隙明显可见;

——保证隔离断口或间隙的每一个动触头的位置已由可靠的、看得见的位置指示装置指示。

注:某些地区要求隔离开关的设计要有明显可见的隔离断口。

动触头和位置指示装置之间的运动链应设计得有足够的机械强度,以满足特定试验(附录 A)的要求。为保证正向驱动操作,位置指示运动链应是连续的机械联结。位置指示装置可用适当的方法直接标示在动力运动链的机械部件上。应力限制装置(如有)不应是位置指示运动链的部件。

如果隔离开关或接地开关的所有极用机械方法组合在一起有能够作为一个独立元件进行操作,允许用一个共用的位置指示装置。

6.20.3.2 由辅助触头发出的位置信号

只有当隔离开关或接地开关所有极的位置都符合 6.20.3 的规定时,才能发出隔离开关或接地开关所有极的公用信号。

如果隔离开关或接地开关的所有极用机械方法组合在一起能够作为一个独立元件进行操作,允许用一个共用的位置指示装置。

6.21 人力操作需要的最大力

下面给出的值通常对电动机操作的隔离开关和接地开关维修用手柄的操作也适用。

注:如适用,这些值也包括破冰操作的操作力。

高于正常操作高度的操作高度应由制造厂和用户之间协商。

6.21.1 需要多于一转的操作

需要多于一转(例如操作手柄)操作隔离开关或接地开关所需的力应不大于 60 N,并且在最多为需要的总转数的 10% 的转数内,操作力允许的最大值为 120 N。

6.21.2 需要一转以内的操作

需要一转以内(例如摇杆)操作隔离开关或接地开关所需的力应不大于 250 N(见 GB/T 11022—1999 中 5.6.3)。在转动角度最大为 15° 的范围内,操作力的最大值允许为 450 N。

6.22 尺寸公差

隔离开关和接地开关的安装尺寸、高压连接和接地连接尺寸的线性和角度尺寸公差,GB/T 1804 适用。

7 型式试验

GB/T 11022—1999 的第 6 章适用，并作如下补充：

7.1 概述

GB/T 11022—1999 的 6.1 适用。

7.1.1 试验的分组

GB/T 11022—1999 的 6.1.1 适用，并将 GB/T 11022 中给出的型式试验作为强制的型式试验，且作如下补充：

强制的型式试验：

——操作和机械寿命试验(7.11)；

适用时，强制的型式试验：

——接地开关短路关合能力试验(7.10)；

——严重冰冻条件下的操作(7.12)；

——极限温度下的操作(7.13)；

——位置指示装置正确功能试验(7.14 和附录 A)；

——隔离开关母线转换电流开合能力试验(7.15 和附录 B)；

——接地开关感应电流开合能力试验(7.16 和附 C)；

——金属封闭开关设备中使用的隔离开关的母线充电电流开合能力试验(7.17 和附录 F)。

对于强制的型式试验，至多用 4 台试品；对于适用时强制的型式试验，允许用附加的试品。

7.1.2 确认试品用的资料

GB/T 11022—1999 的 6.1.2 适用。

7.1.3 型式试验报告包含的资料

GB/T 11022—1999 的 6.1.3 适用，并作如下补充(如适用)：

型式试验时所用绝缘子的下列细节是特别重要的，应在相应的试验报告中给出：

——额定弯曲强度；

——支持绝缘子(和操作绝缘子，适用时)的额定扭转强度；

——元件的高度和数量；

——爬电距离和伞形。

在绝缘试验时，应包括指示或信号装置能发出分闸位置信号时所对应的最小间隙下的数据。应指明试验时所采用的最小间隙尺寸和最小对地高度尺寸(见 7.2.3)。还应给出最低的绝缘部件对地的距离。

在短路试验时，应包括下列资料：

——被试开关设备与试验回路的其他部分，包括端子静态机械负荷和导体的尺寸，机械和电气连接的细节；

——采用的安装布置方面的资料；

——三极共用一台操动机构的隔离开关或接地开关，操动机构的布置方式；

——短路试验前、后的接触电阻；

——试验前、后的触头接触压力(如果可能)。

7.2 绝缘试验

GB/T 11022—1999 的 6.2 适用。

7.2.1 试验时周围的大气条件

GB/T 11022—1999 的 6.2.1 适用。

7.2.2 湿试验程序

GB/T 11022—1999 的 6.2.2 适用。

7.2.3 绝缘试验时隔离开关和接地开关的状态

GB/T 11022—1999 的 6.2.3 适用，并作如下补充：

处于分闸位置的隔离开关或接地开关的绝缘试验，应在指示或信号装置能够发出分闸信号时隔离开关的最小隔离断口或接地开关的最小间隙，或在与 6.20 中规定的锁定布置相一致的最小隔离断口下进行，无论哪种情况，隔离断口或间隙均为最小。

7.2.4 通过试验的判据

GB/T 11022—1999 的 6.2.4 适用，并作如下补充：

如果满足下列条件，则认为隔离开关或接开关通过了冲击试验：

a) 非自恢复绝缘上不应发生破坏性放电；

b) 如果试验过程中出现破坏性放电，而不能给出任何理由来证明该破坏性放电出现在自恢复绝缘上，则在完成绝缘试验后应对隔离开关或接地开关进行解体检查。如果发现非自恢复绝缘击穿，则认为隔离开关或接地开关没有通过该试验。对每一个试验系列的 15 次冲击，破坏性放电的次数不应超过二次，但后五次冲击中出现的破坏性放电不得超过一次。如果后五次冲击中出现一次破坏性放电，则应增加五次附加的冲击试验来验证，该附加的试验中不应出现破坏性放电。

注 1：如果大气校正因数 K_t 小于 1.00 而大于 0.95，试验时未采用大气校正因数，则允许按照 GB/T 11022—1999 的 6.2.4 中规定的判据。而且，如果在 15 次冲击中外绝缘上发生一次或二次破坏性放电，则应采用合适的校正因数重复进行验证闪络的特殊试验系列，以使外绝缘不出现破坏性放电。

注 2：带有试验套管的 GIS 中的隔离开关或接地开关进行试验时，因试验套管不是隔离开关或接地开关的一部分，故应不考虑和算入试验套管上出现的闪络。

注 3：试验室应使用足够的检测方法，如照片、录像、内部检查等，来确定观察到的破坏性放电的位置。

适用时，应考虑 GB 7674 的要求。

7.2.5 试验电压的施加和试验状况

GB/T 11022—1999 的 6.2.5 适用，并作如下补充：

对于隔离断口与底座平行且与接地开关组合为一体的隔离开关，应在接地开关的最不利位置，用表 5 中给出的工频试验电压进行试验(见 5.2)。

在两端均停电后才能操作的隔离开关，这些试验不需进行。

表 5 1 min 工频耐受电压

单位为千伏

额定电压 U_r	试验电压
1 100	1 100
注：解释性注见附录 D。	

因试验设备容量不足，造成雷电冲击电压或操作冲击电压峰值有明显的跌落时，试验电压应予补足。在进行断口耐压试验时，由于雷电冲击电压或操作冲击电压造成断口的另一侧工频电压峰值有明显跌落时，原则上应在工频电压峰值侧予以补足，保证断口间总的电压不低于表 1 中的规定值。

7.2.6 隔离开关和接地开关的试验

GB/T 11022—1999 的 6.2.7 适用。

7.2.7 人工污秽试验

对人工污秽试验，GB/T 11022—1999 的 6.2.8 适用，并作如下补充：

注：应注意研究并联绝缘体的污秽和降雨条件下的性能(可能需要进行附加的污秽试验)。

7.2.8 局部放电试验

GB/T 11022—1999 的 6.2.9 适用。

7.2.9 辅助和控制回路的试验

GB/T 11022—1999 的 6.2.10 适用。

7.2.10 作为状态检查的电压试验

GB/T 11022—1999 的 6.2.11 适用。

7.3 无线电干扰电压(r.i.v)试验

GB/T 11022—1999 的 6.3 适用，在 $1.1U_r/\sqrt{3}$下的无线电干扰电平不得超过 2 000 μV。

7.4 回路电阻的测量

GB/T 11022—1999 的 6.4 适用。

7.5 温升试验

GB/T 11022—1999 的 6.5 适用。

7.6 短时耐受电流和峰值耐受电流的试验

GB/T 11022—1999 的 6.6 适用。

7.6.1 隔离开关和接地开关以及试验回路的布置

GB/T 11022—1999 的 6.6.1 适用，并作如下补充：

7.6.1.1 一般试验条件

试验时，隔离开关或接地开关应安装上它自己的操动机构，尽量使试验具有代表性。

隔离开关为适应母线转移电流开合能力的需要所带的附件和接地开关为适应感应电流开合能力的需要所带的附件，试验时应装上这些附件。

试验应在操动机构和主触头的最不利位置上进行。应考虑到 6.20.3 的要求，适用时，还有附录 A。

如果设计要求调整位置指示器或位置信号装置时，应按说明书进行。对绝缘试验和短路试验，这些装置不允许有差异。

如果设计允许有偏差，制造厂在试验前应事先声明。短时耐受电流和峰值耐受电流试验，应在信号装置整定在使由该信号装置指示的主触头处于最不利状态时的最大或最小规定偏差下进行。

总之，绝缘试验、短时耐受电流和峰值耐受电流试验，位置信号装置应采用相同的整定。

注：对绝缘试验，主触头最不利状态是指出现"分闸"信号时的间隙最小；对短路试验，主触头最不利状态是指合闸操作时出现"合闸"信号时的最初位置。

为了使试验结果具有通用性，隔离开关和接地开关应按图 2 中规定的试验布置进行试验。如果试验中使用软导线，隔离开关和接地开关应施加其额定端子静态机械负荷。

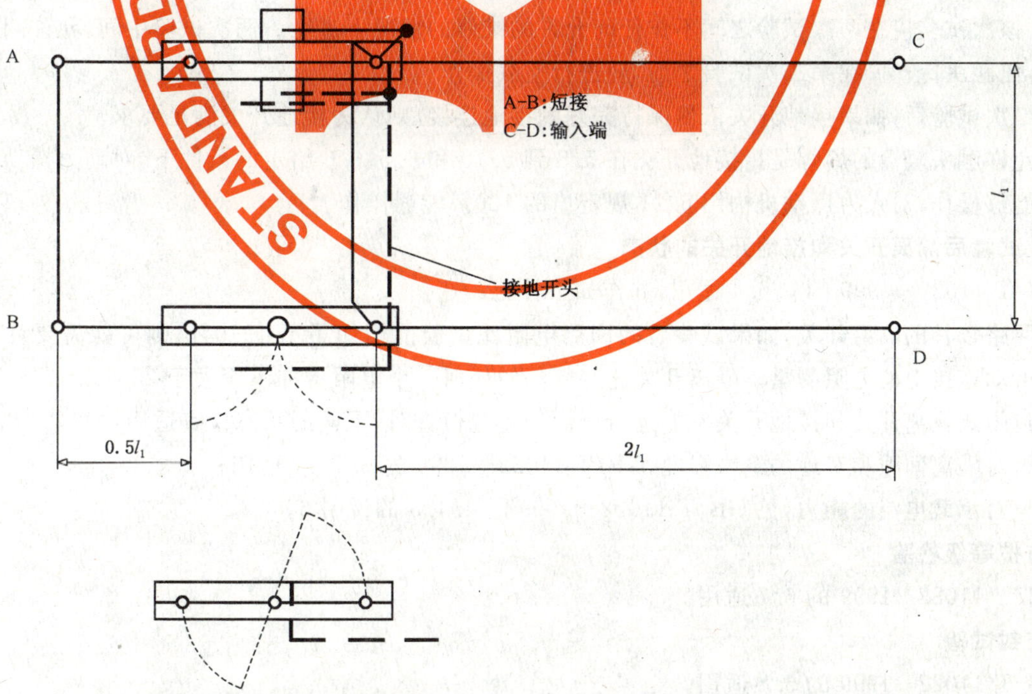

l_1——制造厂规定的相邻极间的最小中心距离。

图 2 具有水平隔离断口的隔离开关和接地开关的单相试验布置

试验布置也应反映电磁力有助于隔离开关或接地开关分闸的最不利情况。对与隔离开关组合的接地开关进行试验时，试验接线应与隔离开关试验时的接线相同。

三极共用一台操动机构的隔离开关或接地开关，试验时，操动机构应安装在离被试极的距离不小于产品相间距离的位置。

不与隔离开关组合的接地开关，应按对隔离开关同样要求的试验布置进行试验。

装在封闭式开关设备中的隔离开关和接地开关，应按相应于 GB 7674 成套开关设备的元件进行试验。单极封闭外壳的 GIS 中的隔离开关和接地开关进行单相试验时，外壳上应通以全部返回电流。

7.6.1.2 隔离开关和接地开关

具有水平隔离断口的隔离开关和相应的接地开关应采用图 2 给出的单相试验布置。

注：由于运行条件的特殊需要，仅在用户和制造厂协商的基础上，其试验布置才允许与这些试验布置有差异。

三相试验布置按照图 2 的单相试验布置同样的通用模式。

7.6.2 试验电流和持续时间

GB/T 11022—1999 的 6.6.2 适用。

7.6.3 在试验过程中隔离开关和接地开关的表现

GB/T 11022—1999 的 6.6.3 适用，并作如下补充：

a) 处于合闸位置的隔离开关，在额定短路持续时间内承受额定峰值耐受电流和额定短时耐受电流时，不应引起。

——隔离开关任何部件的机械损伤；

——触头分离；

——电弧。

在短路试验期间触头系统的状况，应通过记录隔离开关主电流路径两端之间的电压降来证实。

b) 接地开关承受额定峰值耐受电流和额定短时耐受电流时，应不产生明显的触头烧损或熔焊。

如果在短时耐受电流和峰值耐受电流试验后出现了触头烧损或熔焊，则应进行第二次峰值耐受电流试验，该次试验应在两次试验之间不作任何允许的维修的情况下进行。两次试验中间，允许间隔足够的时间，使触头冷却。在第二次试验之前，应进行空载操作。

第二次试验后，如果接地开关依然保持完好的接地连接，则认为接地开关满足要求。

仅允许触头轻微的熔焊是指接地开关在 5.8 到 5.10 和 6.5、6.6 给定的条件下，对动力操动机构用额定值能够操作；对人力操动机构用 6.21 规定值的 120％能够操作。

7.6.4 试验后隔离开关和接地开关的状态

GB/T 11022—1999 的 6.6.4 适用，并作如下补充：

主回路较长的隔离开关，如果试验后的回路电阻比试验前增加了不止 10％，则可能需要补充进行触头和可动连接上的电阻测量。隔离开关这些部件的任何一个电阻增加不应大于 20％。

对封闭式隔离开关和接地开关不能进行全面的目视检查时，下面的状态检查适用：

——对隔离间隙和对地的绝缘强度，GB/T 11022—1999 的 6.2.11 适用；

——对承载电流的能力，见 GB/T 11022—1999 的 4.4.3 的说明 6。

7.7 防护等级检验

GB/T 11022—1999 的 6.7 适用。

7.8 密封试验

GB/T 11022—1999 的 6.8 适用。

7.9 电磁兼容性试验(EMC)

GB/T 11022—1999 的 6.9 适用。

7.10 接地开关短路关合能力试验

7.10.1 一般试验条件

符合3.4.4.2定义、具有短路电流关合能力的E1级接地开关，不论电压等级如何，应按GB 3804—2004的8.101.10(E1级)的试验方式5的程序，在一个关合试验系列中经受两次关合操作。

符合3.4.4.3的定义、具有额定短路关合电流能力的E2级接地开关(对GIS中的接地开关)，应按GB 3804—2004的8.101.10的试验方式5的程序，经受一个关合试验系列，关合操作的次数为5次。

注：在替代试验方法(如引弧金属丝)可以接受的情况下，GB/T 14810适用。

7.10.2 关合短路电流时接地开关的状态

具有额定短路关合电流的接地开关，关合短路时的性能应符合下述条件：

操作时，接地开关应既不表现出过度损坏的迹象又不危及操作者；

对充液体的接地开关，不得有火焰外喷，产生的气体以及带有液体的气体允许排出，但不应导致电击穿和危及操作者；

对其他类型的接地开关，可能损害其绝缘水平的火焰或金属微粒不应喷射到制造厂规定的界限以外，并且不能危及操作者。

7.10.3 关合试验后接地开关的状况

完成规定的操作之后，接地开关的机械部件，包括与电场控制有关的部件(如GIS中接地开关的电场控制的电极)和绝缘子应几乎和试验前的状况相同，仅是短路关合性能可能降低。

如有怀疑，GB/T 11022—1999的6.2.11的状态检查适用。

注：仅允许触头轻微的熔焊是指接地开关在5.8到5.10和6.5、6.6中规定的条件下，对动力操动机构用额定值能够操作；对人力操动机构用6.21规定值的120%能够操作。

7.11 操作和机械寿命试验

由一台操动机构操作的三极隔离开关，如适用，端子负荷应同时施加在所有的端子上。

7.11.1 一般试验条件

试验可在试验场所任何方便的周围空气温度下进行。电源电压应在流过全部电流的操动机构的端子上测量。应包括操动机构组成部分的辅助设备。

7.11.2 机械寿命试验

7.11.2.1 试验程序

机械寿命试验应由1 000次操作循环组成，并且，如适用，对三极隔离开关或接地开关在图1所示的F_{a1}或F_{a2}的方向施加50%额定端子静态机械负荷，在主回路中没有电压和电流的情况下进行试验。对具有两个或三个绝缘子柱而且通常是水平隔离断口的隔离开关，50%额定端子静态机械负荷应施加在隔离开关的两侧，而且方向相反。对分开支撑式(操作用绝缘子柱不计入)隔离开关和接地开关，端子负荷只施加在隔离开关或接地开关的一侧上。

在每次操作循环中，都应达到合闸位置和分闸位置。

试验时，控制、辅助触头和位置指示装置(如有)规定的动作应按本指导性技术文件6.20和GB/T 11022—1999的5.4进行验证。

试验应在装有自身配用的操动机构的隔离开关和接地开关上进行。试验过程中，允许按制造厂的说明书进行润滑，但不得进行机械调整或其他维护。

配动力操动机构的隔离开关或接地开关：

——在额定电源电压和/或压缩气源的额定压力下进行900次合—分操作循环；

——在规定的最低电源电压和/或压缩气源的最低压力下进行50次合—分操作循环；

——在规定的最高电源电压和/或压缩气源的最高压力下进行50次合—分操作循环。

这些操作应以通电的电气元件的温度不超过GB/T 11022—1999表3中给定的值的速率进行。

在试验开始前，制造厂应规定在试验系列前、后可以用来进行比较的参数，例如：

——动作时间；

——最大的能量消耗；

——仅配人力操动机构的隔离开关和接地开关的最大操作力；

——辅助触头和位置指示装置(如适用)满意动作的验证。

对人力操作的隔离开关和接地开关，为了便于试验，操作手柄可用外部的动力操作装置代替。在这种情况下，不必改变电源电压。按6.21的要求，作为对直接测量的替代方法，操作力可由输入功率并计及操作速率计算出来。

7.11.2.2 成功操作的验证

机械寿命试验程序进行的前、后，应在不施加端子静态机械负荷的条件下进行下列试验系列之一：

——在规定的最低电源电压和/或操作用压力源最低压力下进行五次合—分操作循环；

——在规定的操作用压力源最高压力下进行五次合-分操作循环(仅对气动或液压操作的隔离开关或接地开关)；

——用人力进行五次合-分操作循环(仅对人力操作的隔离开关或接地开关)；

——配备联锁的隔离开关和接地开关，应经受五次操作循环的操作(相关标准另有要求的情况除外)来检查相关联锁的动作情况。在每次操作之前，联锁应置于试图阻止开关装置操作的位置。在进行这些试验时，仅使用正常的操作力，并且不应对开关装置或联锁进行调整。

如果开关装置和联锁能按正确的工作程序工作，且在试验前、后开关装置操作所需的力几乎相同，则认为试验是满意的。

如果开关装置不能操作，则认为联锁是满意的。

在这些操作循环期间，应记录或计算其操作特性，如动作时间、最大的能量消耗。仅配人力操动机构的隔离开关和接地开关，应记录最大操作力。辅助触头以及位置指示装置(如有)的满意动作应予以验证。

机械寿命试验前、后，按7.11.2.1的要求，测量的每个参数与平均值之间的偏差应由制造厂确认，并包含在试验报告中。

试验后，所有零部件(包括触头)都应处于良好状态，并且没有过度的磨损，亦可见GB/T 11022—1999的4.4.3的说明6。

机械寿命试验前、后应测量主回路电阻。电阻与试验前的测量值相比，变化应不大于20%。

对气体绝缘的隔离开关和接地开关，在机械寿命试验前、后应进行密封试验。

因为要考虑周围空气温度的影响，所以应记录该温度。

7.11.3 施加额定端子静态机械负荷时的操作

应在端子上分别施加下列额定端子静态机械负荷的情况下，以额定动力源各进行20次操作循环：

——水平纵向负荷按F_{a1}或F_{a2}方向施加；

——水平横向负荷按F_{b1}或F_{b2}方向施加，且两者在同一方向；

——F_c是模拟由连接导线的重量引起的向下的力，软导线的重量已计入纵向或横向力中。

对仅由人力操作的隔离开关和接地开关，操作循环可减少到10次。

对具有水平隔离断口的隔离开关，负荷应同时施加在两侧。

在试验前和施加上50%额定水平纵向或水平横向端子机械力后，隔离开关可以调整。

在每次操作时，隔离开关或接地开关应正确地合闸和分闸。

为了进行验证，在整个操作循环序列前、后，7.11.2.2和机械寿命试验的7.11.2.1所要求的相应比较适用。

7.11.4 延长的机械寿命试验

M1级和M2级的隔离开关应进行本条款规定的试验。

对于GIS中的隔离开关和接地开关，试验期间外壳不应打开。

频繁操作的隔离开关，例如与断路器关联操作的隔离开关，要求的延长的机械寿命试验应按如下规定进行：

a) 延长的机构寿命试验程序由按照 7.11.1 和 7.11.2.1 进行的合-分操作次数组成。

根据运行要求，应进行下列操作循环次数之一：

——3 000(M1 级隔离开关)；

——10 000(M2 级隔离开关)。

在每个 1 000 次操作循环系列之后，或在维修期间，应记录或计算操作特性。

在规定的试验系列之间，允许按制造厂的说明书进行某些维护，如润滑和机械调整。重要的分部件(如触头)不允许更换。

试验期间的维护方案应由制造厂在试验前明确，并记录在试验报告中。

b) 在进行整个机械寿命试验程序的前、后，应按 7.11.2.2 中的要求验证操作特性。

还应进行下列试验：

——如果适用，施加额定端子静态机械负荷时的操作验证(7.11.3)。

c) 此外，在整个试验程序结束之后，应进行下列检查和试验：

——在制造厂给定的操作信号的最短持续时间下满意动作的验证；

——机械行程限位装置的良好状况的验证；

——机械应力限制装置(如有)动作的验证。

d) 在整个试验程序完成后，所有部件(包括触头)均应处于良好状态，且没有表现出 GB/T 11022—1999相关条款中的过度磨损，亦可见 GB/T 11022—1999 的 4.4.3 的说明 6。

7.12 严重冰冻条件下的操作

GB/T 11022—1999 的 2.1.2e)规定了三个覆冰等级：

——1 级(覆冰 1 mm)；

——10 级(覆冰 10 mm)；

——20 级(覆冰 20 mm)。

按 GB/T 11022—1999 2.1.2e)的规定，认为 10 mm 覆冰和 20 mm 覆冰是严重冰冻条件的典型情况。

应在装有为适应母线转换电流开合能力(仅对隔离开关)和感应电流开合能力(仅对接地开关)的需要所带的附件的隔离开关和接地开关上进行试验。

7.12.1 引言

冰的形成可能使电力系统的运行发生困难。在某种大气条件下，冰的沉积有时能达到使户外开关设备难以操作的厚度。

大自然产生的覆冰可分为两大类：

a) 透明的冰：通常是由于降雨时通过温度稍低于水的冰点的空气而生成的；以及

b) 冰霜：具有白色的外观，例如由大气中的潮气在冷的表面上凝结形成。

7.12.2 适用性

只有在制造厂声称隔离开关和接地开关适于在严重结冰的条件下操作时才进行本条款规定的试验。下面叙述产生可与自然界中遇到的冰层相比较的透明覆冰的程序，以便能够进行可再现试验。就严重冰冻条件而论，可供选择的冰层厚度分为两级：10 mm 和 20 mm。

注：隔离开关开合母线转换电流用的转换触头和装在接地开关上的供开合感应电流用的附件，可能在严重冰冻条件下不能履行这些开合性能的操作。

7.12.3 试验布置

试验布置要求如下：

a) 受试隔离开关或接地开关的所有部件，连同其操动机构，都应安装在能将温度降至约－10 ℃

的室内，或者如果希望在自然冰冻条件下进行试验，则应安装在室外。试验期间，允许对控制机构的加热元件通电。为了适应现有的试验设施，只要受影响的部件的旋转角度和牵引杠杆的弯曲度保持不变，可以缩短支持和操作绝缘子以及其他操作部件的长度来降低总装配的高度；

注：在选择所要求的致冷能力时，必须考虑试验期间用来喷淋受试设备的水的热容量。

b) 如果每极都有独立的操动机构，则三极开关设备可用单极进行试验。在三极开关设备的三个极共用一台操动机构的情况下，必须用完整的三极开关设备进行试验。唯一例外的情况是：如果试验室不能容纳电压高于 72.5 kV 的完整的标准三极开关设备，则可能需要用共用的操动机构来操作单极进行试验。在此情况下，因为关系到操动机构操作三极开关设备的能力，因此，应记录试验程序的准确细节和测量到的转矩，以便评估试验结果。这种单极试验须经用户同意。但是，只要可能，应优先采用不改变安装结构或间距的方法，以便能进行三极试验；

c) 隔离开关和接地开关应分别从分闸位置和合闸位置开始操作进行试验；

d) 试验前，应使用适当的溶剂除去运行中不用润滑的部件上的油或润滑脂的痕迹，因为油或润滑脂的薄膜会阻碍冰的粘附和明显改变试验结果；

e) 为了便于测量冰的厚度，试验期间，应当在能接受到和受试开关设备大致相同的降雨量的地方，水平地放置一根长 1 m、直径 30 mm 的铜棒或铜管，如果试棒和受试开关设备单位表面积的热容量相差很大，即使同样的喷淋条件，也可能产生差别很大的覆冰。采用短时喷淋和较长时间冷冻交替的方法，可使这些冰层厚度的差别减到最小；

f) 试验布置应使整个开关设备能被人工降雨从上面由垂线到 45°的各种角度进行喷淋。喷淋中所用的水温应冷却到 0 ℃至 3 ℃，并且应当在达到试品时仍为液态；

注：作为导则，曾发现，为了使结冰的沉积速度大约 6 mm/h，要求在每平方米面积上每小时喷水 20 L 到 80 L 之间。

g) 经过调整后，在严重冰冻条件下操作之前，隔离开关和接地开关应经受 8.6 的出厂机械操作试验。

7.12.4 试验程序

7.12.4.1 冰层的形成

应该产生要求厚度为 10 mm 或 20 mm 的固态透明的覆冰。结冰的典型试验程序叙述如下：

a) 将受试隔离开关或接地开关处于分闸或合闸位置，使空气温度降低到 2 ℃，并开始喷淋预先冷却过的水，连续喷淋至少 1 h，在此期间保持空气温度在 0.5 ℃到 3 ℃之间；

b) 将室温降低到－7 ℃到－3 ℃范围内，继续喷水。温度变化的速度不做严格要求，可用任一种现有的制冷设备来实现；

c) 保持室温在－7 ℃到－3 ℃范围内，并继续喷水，直至在试棒的上表面能测得规定的冰层厚度为止。应控制水量，使得整个隔离开关或接地开关上覆盖的冰层厚度以大约 6 mm/h 的速率增加；

d) 中断喷水并保持定温在－7 ℃到－3 ℃范围内至少 4 h。这样可保证隔离开关或接地开关的所有部件和冰层都具有一个恒定的温度。经过该老化期以后，应检查隔离开关和/或接地开关及其辅助设备能否满意动作。

7.12.4.2 操作的检查

对人力操作的隔离开关或接地开关，如果能操作到其最终的合闸位置或分闸位置，并且未遭受以后可能妨碍其机械或电气性能的损坏，则认为已满意地完成了试验。对于电动、气动或液压操作的隔离开关或接地开关，如果供给其操动机构额定电压或压力时，在第一次操作时就能达到其最终的合闸位置或分闸位置，并且未遭受以后可能妨碍其机械或电气性能的损坏，则认为已满意地完成了试验。

接着的试验将证明隔离开关或接地开关能够耐受其额定电流、额定短时耐受电流和额定峰值耐受电流(如适用)。

——在合闸操作后,立即用一个最高电压为100 V的电池和灯泡线路来检查电接触状况;

——在温度恢复到正常周围空气温度以后,应当测量主回路的电阻,应没有明显的变化。

7.13 极限温度下的操作试验

这些试验只适用于户外隔离开关和接地开关,并且仅在用户有特殊要求时才进行。

如果开关设备的每极都配有单独的操动机构,则可对三极开关设备的单极进行试验。当三极开关设备的三极共用一台操动机构时,应对完整的三极开关设备进行试验。

例外情况:如果试验室不能容纳完整的标准三极开关设备,可能需要用共用的操动机构来操作单极进行试验。此种情况下,因为关系到操动机构操作三极开关设备的能力,因此应记录试验程序的准确细节和测量到的转矩,以便评估试验结果。这种单极试验须经用户同意。但是,只要可能,应优先采用不改变安装结构或间距的方法,以便能进行三极试验。

从发出“分闸”命令开始直到收到“到达分闸位置”信号为止,或到达实际分闸位置为止,所需的时间(取两者中的较长者),应在试验报告中给出。

同样地,应记录到达合闸位置的时间或收到合闸信号的时间。

7.13.1 最低周围空气温度下的操作

处于合闸位置的隔离开关或接地开关,连同其操动机构和辅助设备放置在试验室内。温度应降低到相应于隔离开关或接地开关等级(见GB/T 11022—1999的2.1和2.2)的最低周围空气温度,并维持在该温度12 h。该开关设备应能在最低和最高操作能源下顺利地完成三次操作循环。试验期间,控制机构的加热元件允许通电。

对气体绝缘的隔离开关和接地开关,在最低周围空气温度下操作的前、后,应按GB/T 11022—1999的6.8进行密封试验。

7.13.2 最高周围空气温度下的操作

处于合闸位置的隔离开关或接地开关,连同其操动机构和辅助设备放置在试验室内。温度应升高到最高周围空气温度40 ℃(见GB/T 11022—1999的2.1),并维持在此温度经历足以使整个试品和试验室之间达到温度平衡的时间(最少4 h)。隔离开关或接地开关应能在最低和最高操作能源下顺利地完成三次操作循环。

7.14 位置指示装置的功能试验

如果用位置指示装置来代替明显可见的隔离断口或间隙时,这些试验适用。

试验要求的细节在附录A中给出。

7.15 母线转换电流开合试验

这些试验仅适用于具有额定母线转换电流开合能力的隔离开关。

试验要求的细节在附录B中给出。

7.16 感应电流开合试验

这些试验仅适用于具有额定感应电流开合能力的接地开关。

试验要求的细节在附录C中给出。

7.17 母线充电电流开合试验

这些试验仅适用于具有额定母线充电电流开合能力的隔离开关。

试验要求的细节在附录F中给出。

8 出厂试验

GB/T 11022—1999的第7章适用,并作如下补充:

在出厂试验的列表中补充符合8.6的机械操作试验。

如果经制造厂和用户之间协商需要提供出厂试验的试验报告，制造厂的质量保证体系已经认证合格，则按其质量手册出具的报告是可以接受的。

8.1 主回路的绝缘试验

GB/T 11022—1999 的 7.1 适用。

如果不满足 GB/T 11022—1999 的第 7 章第 3 段或 7.1 的第 3 段的条件，则下述要求适用：

试验隔离开关时，试验条件应符合表 6 的规定，缩写的说明见 GB/T 11022—1999 的图 2。

表 6 工频电压试验

试验条件序号	隔离开关的位置	加压部位	接地部位
1[a]	合闸	AaCc	BbF
2[a]	合闸	Bb	AaCcF
3	分闸	ABC	abcF
4	分闸	abc	ABCF
5[b]	分闸	ABC	接地开关

a 如果极间绝缘是大气压力下的空气，则序号 1 和序号 2 的试验条件可以合并，试验电压施加在连接在一起的主回路的各部分和底座之间。

b 接地开关所处的位置应是接地刀的端部和 ABC 的带电部分之间间隙最短的位置。

试验接地开关时，应在接地开关处于分闸位置时施加试验电压于：

——在相邻且绝缘的端子与接地的底座(如 A 对 B 与接地的 F)之间；

——在连在一起的所有绝缘的端子和接地的底座(如 ABC 与接地的 F)之间。

8.2 辅助和控制回路的绝缘试验

GB/T 11022—1999 的 7.2 适用。

8.3 主回路电阻的测量

GB/T 11022—1999 的 7.3 适用，只测量隔离开关的主回路电阻。

8.4 密封试验

GB/T 11022—1999 的 7.4 适用，只对充 SF_6 的隔离开关进行检漏试验。

8.5 设计和外观检查

GB/T 11022—1999 的 7.5 适用，检查外观、涂层防腐、轴承密封和接地端子等。

8.6 机械操作试验

操作试验是为了保证隔离开关或接地开关在其操动机构规定的电源电压和气(液)源压力限值范围内，具有规定的操作性能所进行的试验。

试验在主回路上无电压和无电流流过的情况下进行，应验证当其操动机构通电时隔离开关或接地开关能正确地分闸和合闸。

试验应按 7.11.3.2 进行。7.11.3.2 中提到的试验程序只进行一次。

这些试验期间，不应进行调整且操作无误。在每次操作循环中，应到达合闸位置和分闸位置，并且有规定的指示和信号。

试验后，隔离开关或接地开关的部件不应损坏。

出厂机械操作试验应在总装配上进行。

如果出厂机械操作试验是在单独的组件上进行的，则在交接试验时，机械操作试验应在装配完整的隔离开关上在现场重做。其操作总次数与 7.11.3.2 规定的次数相同。

注：如果操作点和开关设备之间使用了复杂的连接，并且支撑点安置在比较薄弱的支承件上时，这种机械操作试验不能代表变电站的操作条件。

9 隔离开关和接地开关的选用导则

9.1 概述

选择隔离开关和接地开关时，应考虑运行现场的下列条件和要求：

——正常电流负荷和过负荷情况；

——存在的故障条件；

——由变电站设计得出的端子静态和动态机械负荷；

——与隔离开关或接地开关连接用的导线，或悬挂分离触头用的导线，是硬导线还是软导线；

——环境状况（气候、污秽等）；

——变电站的海拔；

——所要求的操作性能（机械寿命）；

——开合要求（隔离开关开合母线转换电流、接地开关开合感应电流、接地开关的短路关合能力）。

应考虑到整个系统将来可能的发展，隔离开关或接地开关不仅要适合当前系统条件的要求，而且要适合将来发展的需要，选择隔离开关或接地开关时应留有一定的裕度。

9.2 正常运行条件下额定值的选择

如果适用，隔离开关和接地开关应采用第5章中给出的所有特性和等级，并和下列条款结合起来考虑。

9.2.1 额定电压和额定绝缘水平的选择

选择隔离开关或接地开关的额定电压至少应等于其安装地点的系统最高电压。

隔离开关或接地开关的额定电压应从GB/T 11022—1999的4.1和4.2给出的标准值及其相应的绝缘水平中选取。

应从GB/T 11022—1999的表1和表2、附录D和本指导性技术文件中选取隔离开关和接地开关的绝缘水平。对于要求高于这些表中给出的绝缘水平的安装地点的隔离开关或接地开关，应在询问单中规定（见10.1）。

9.2.2 额定电流的选择

隔离开关的额定电流应从GB/T 11022—1999的4.4.1给出的标准值中选取。

应该注意隔离开关没有标准化的持续过电流能力。因此，选择隔离开关时，应使其额定电流适应于运行中可能出现的任何负荷电流。在有频繁和严重的间歇过电流的场所，应向制造厂咨询。

9.2.3 额定端子机械负荷的选择

额定端子静态和动态机械负荷应按5.12的要求和3.7.21的定义来选择。在规定额定端子负荷时，用户应考虑最不利的条件。

注：建议按下列条件来计算要求的端子静态机械负荷：

——规定的最低周围空气温度，和

——−10 ℃＋冰载＋风载，或

——−5 ℃＋风载（热带地区）。

在计算要求的端子静态和动态机械负荷以及要求的绝缘子的强度时，应考虑由与隔离开关或接地开关连接的导线产生的力，包括导线上由风和冰（如适用）产生的力。

9.2.4 隔离开关母线转换电流开合能力的选择

尽管按隔离开关的定义，仅在开断或关合的电流可以忽略时，或在隔离开关每极的端子之间的电压没有显著变化时，才能开断和关合回路，但在某些运行工况中，将会用隔离开关将负荷从一个母线转换到另一个母线。即使两条母线是连通的，对于隔离开关来说，负荷转换可能也是一种具有不同苛刻度的开合操作，这取决于变电站的尺寸和被转换电流的大小。

如果要求隔离开关具有母线转换电流开合能力，则转换电流和预期恢复电压的数值应从附录B给出的数值中选取，并在询问单中予以规定(见第 10 章)。

9.2.5 接地开关感应电流开合能力的选择

接地开关的定义未包括开合能力。当开断或关合的电流可忽略和/或接地开关每极端子之间的电压很低，以致仅发生可忽略的电弧时，一台标准的接地开关，应该能够断开和接通变电站或者线路的被隔离部分与地的连接。按照隔离开关的定义，认为不超过 0.5 A 的电流是可忽略的电流。

在高压线路杆塔的布置中，有时采用同一线路杆塔上架设多于一个系统的布置。在此情况下，当其中一条线路已接地或尚未接地，而其他线路仍与系统连接并承载负荷电流时，则接地开关必须开合感应电流。接地开关开合感应电流的大小取决于线路之间电容和电感之间的耦合系数，以及平行系统的电压、负荷和线路长度。

如果要求接地开关具有感应电流开合能力，应从附录 C 给出的数值中选取，并在询问单中规定(见第 10 章)。

9.2.6 当地的环境状况

隔离开关和接地开关的正常和特殊使用条件按 GB/T 11022—1999 第 2 章的规定。

对于隔离开关和接地开关，在某些地区由于存在烟尘、化学气体、盐雾等，户内和户外的污秽条件都较差。如果已经知道这些不利条件，应对隔离开关或接地开关的设计和采用的材料给予特殊考虑。

对通常暴露在大气中的绝缘子，要求的爬电距离应按 GB/T 11022—1999 的 5.14 来选择。在污秽大气条件下，绝缘子的性能也取决于人工清洗和自然清洗的频繁程度或其他污秽控制措施。

注：如果已通过试验证明瓷质绝缘子的设计满足用户的要求，标称爬电距离可以使用小于由额定电压和最小爬电比距的乘积所确定的爬电距离。

如果隔离开关或接地开关安装处的风压超过 700 Pa 时，则应在询问单中明确。

如果隔离开关或接地开关安装在预期覆冰厚度超过 1 mm 的环境下，则应在询问单中指明并考虑 7.12 的要求。

9.2.7 地震条件

GB/T 11022—1999 的 2.2.4 适用。

9.2.8 使用在高海拔地区

GB/T 11022—1999 的 2.2.1 适用。

9.2.9 额定短时耐受电流和额定短路持续时间的选择

GB/T 11022—1999 的 4.5 和 4.7 适用。

图 2 给出的短路试验的布置是最低要求。因为这些试验布置不能排除电站的设计使隔离开关承受更高应力的情况。

注：电流和时间之间的关系由公式 $I^2 \times t$= 常数给出。

9.2.10 额定峰值耐受电流和接地开关的额定短路关合电流的选择

选择的隔离开关或接地开关的额定峰值耐受电流应不小于实际系统中可能出现的故障电流的最大峰值(按系统时间常数的实际值来考虑)。

应考虑 GB/T 11022—1999 的 4.6 的规定。

以上所述也适用于接地开关额定短路关合电流(如适用)。

10 随询问单、标书和订单提供的资料

下列资料是按 GB/T 11022 的要求规定的，这些资料有助于处理第 9 章给出的信息。

10.1 随询问单和订单提供的资料

当查询或订购隔离开关或接地开关时，查询者应提供下列详细资料：

a) 系统的详细资料，即标称电压和最高电压、频率、相数及中性点接地的细节。

b) 运行条件，包括最低和最高周围空气温度(后者如果高于正常值)；超过 1 000 m 时的海拔以及

可能存在或出现的任何特殊条件，例如，异常的暴露在蒸汽、潮气、烟雾、爆炸性气体、过多的灰尘或含盐的空气中(见 9.2.6 到 9.2.8)。

c) 隔离开关或接地开关的特性。应提供下列资料(如适用)：

——极数；

——安装场所：户内或户外；

——额定电压；

——额定绝缘水平，如果相应于给定的额定电压在不同的绝缘水平中选取时，或者如果要求的绝缘水平是非标准的(见 GB/T 11022—1999 的表 1、表 2)；隔离开关和接地开关的操作冲击耐受电压；

——额定频率；

——额定电流(仅对隔离开关)；

——额定峰值耐受电流和额定短时耐受电流；

——额定短路关合电流，如果有(仅对接地开关)(见 3.4.4)；

——短路持续时间的规定值(如果是非标准的)；

——额定端子静态机械负荷和额定端子动态机械负荷(见 5.12)；

——与隔离开关或接地开关连接用的导线，或悬挂分离触头用的导线，是硬导线还是软导线；

——安装条件和高压连接件，如隔离开关和接地开关静触头的悬挂方案；是否由设备提供支承结构；

——对隔离开关和接地开关用绝缘子的要求：

　　——从 GB/T 5582 中选取的污秽等级；

　　——伞裙外形(如适用)；

　　——额定端子静态机械负荷和额定端子动态机械负荷；

注：绝缘子的其他特性由开关设备制造厂负责。

——适用时，附加的要求：

　　——人工污秽；

　　——严重冰冻条件下的操作；

　　——开合母线转换电流(仅对隔离开关)；

　　——开合感应电流(仅对线路接地开关)；

　　——延长的机械寿命：M1 级或 M2 级；

　　——短路关合能力：E1 级或 E2 级(仅对接地开关)。

d) 操动机构和相关设备的特性，特别是：

——操作方式：人力的或动力的；

——对不依赖人力操作的延时时间；

——操作高度高于正常的操作高度；

——动力操作采用的动力源类型(如压缩气体、直流、交流)及其额定值(压力、电压、频率)；

——辅助触头的数量和型式；

——防护等级(如果高于 6.13 的规定)。

e) 有关压缩气体使用的要求以及压力容器的设计和试验的要求。

f) 需要用户见证的出厂试验和附加的检查。

如果订单中有规定，下列检验可要求用户在场的情况下作为发运前的最后检验。这些检验对一个订货合同定购的单元数中的一个单元或其总数的 1%进行抽试：

——防腐层(油漆、电镀层)厚度；

——电气控制布线检查(如有)；

——附件和文件(安装和使用说明书、储存和运输说明书);

——动作时间(如适用)。

g) 上面未包括但可能影响投标和订货所涉及的特殊条件的任何其他资料。

10.2 随标书提供的资料

如果适用,随标书提供的资料应包括10.1中规定的要求,并应指明与询问单的细节一致和不一致的地方。此外,如有要求,应提供所有说明的材料、图纸、型式试验证书或报告。

10.2.1 额定值和特性

a) 极数;

b) 安装场所:户内或户外;

c) 额定电压;

d) 额定绝缘水平,尤其是额定操作冲击耐受电压(如适用);

e) 额定频率;

f) 额定电流(仅对隔离开关);

g) 额定短时耐受电流和额定峰值耐受电流;

h) 额定短路关合电流(仅对接地开关);

i) 特殊要求时规定的型式试验;

j) 隔离开关开合母线转移电流的额定值(按附录B);

k) 接地开关开合感应电流的额定值(按附录C);

l) 隔离开关和接地开关机械寿命的额定值(等级M);

m) 接地开关电寿命的额定值(等级E)。

10.2.2 结构特点

a) 整台隔离开关或接地开关的质量;

b) 最小空气间隙:

——极间;

——对地;

——隔离断口(仅对隔离开关);

c) 防腐措施。

10.2.3 隔离开关或接地开关的操动机构及其辅助设备

a) 操动机构的型式;

b) 操动机构的额定电源电压和/或额定压力源的压力;

c) 在额定电源电压下,操作隔离开关或接地开关所需的电流,在操动机构端子上的最大电流和最高电压;

d) 在额定气源压力下,操作隔离开关或接地开关所需的压缩空气量(如适用);

e) 辅助触头的数量和类型;

f) 定位装置的设计或定位方法的说明;

g) 指示和信号装置的设计。

10.2.4 外形尺寸和其他资料

制造厂应提供隔离开关或接地开关在分闸位置和合闸位置时有关外形尺寸的必要资料,还应提供隔离开关和接地开关的安装尺寸和质量。除非另有规定,隔离开关和接地开关图样上给出的尺寸公差应为GB/T 1804标准化后的公差。

应提供维修方面的一般性资料(见11.4)。

10.2.5 设备的状态

制造厂应将隔离开关和/或接地开关运输和交付时部件的组装状态通知用户。

11 运输、储存、安装、运行和维修规则

GB/T 11022—1999 的第 10 章适用。

11.1 运输、储存和安装时的条件

GB/T 11022—1999 的 10.1 适用。

11.2 安装

GB/T 11022—1999 的 10.2 适用，并作如下补充：

只要可行，隔离开关和接地开关应按极或单元包装。

装有多于一个单元或一个元件(绝缘子、传动杆、操动机构和类似元件)的包装箱，应清楚地按极予以标识，并应附有装箱单。

11.3 运行

GB/T 11022—1999 的 10.3 适用。

11.4 维修

GB/T 11022—1999 的 10.4 适用，并作如下补充：

具有母线转换电流开合能力的隔离开关，为了估计维修间隔，必须考虑操作次数。

12 安全

GB/T 11022—1999 的第 11 章适用，并作如下补充：

注：术语“技术熟练的人员”和“指派的人员”分别在 IEV 826-09-01 和 IEV 826-09-02 中定义。根据地方安全法规，对“技术熟练的人员”和“指派的人员”的要求可能有差异。

12.1 电气方面

GB/T 11022—1999 的 11.1 适用。

12.2 机械方面

GB/T 11022—1999 的 11.2 适用。

12.3 热的方面

GB/T 11022—1999 的 11.3 适用，6.13 作为补充。

12.4 操作方面

GB/T 11022—1999 的 11.4 适用，6.20 作为补充。

附 录 A
（规范性附录）
位置指示装置的设计和试验

A.1 概述

本附录适用于用位置指示装置代替可见隔离断口或间隙的交流隔离开关和接地开关。

注：根据6.20.3的规定，如果隔离断口或间隙不可见，可以使用可靠的位置指示装置来指示保证隔离开关的隔离断口或接地开关的间隙的每个动触头的位置。

作为对本指导性技术文件的补充，GB 7674也接受用可靠的指示装置表示动触头位置来代替可见的隔离断口或间隙。

本附录旨在确定通过机械联结方式与隔离开关或接地开关的动触头连接的位置指示装置的设计要求和必要的型式试验。

为了指示装置可靠，必须满足下面补充的设计和试验要求。

A.2 正常和特殊使用条件

本指导性技术文件的第4章适用。

A.3 术语和定义

就本附录而言，本指导性技术文件第3章的定义适用，并作如下补充：

A.3.1

动力运动链　power kinematic chain

从（并包括）操动机构直到（并包括）动触头的机械联结系统（图A.1）。

A.3.2

位置指示运动链　position indicating kinematic chain

从（并包括）动触头直到（并包括）指示装置的机械联结系统。

A.3.3

联结点　connecting point

动力和指示运动链共用部分的点，该点在上游的最高处。

A.3.4

解开点　opening point

与动力运动链的联结点的上游方向上最易接近的点，动力运动链可在该点断开。

A.3.5

应力限制装置　strain limiting device

将传递到开关装置下游侧的转矩限制到一个规定值的装置，它不考虑施加到上游侧的转矩大小。

A.4 额定值

本指导性技术文件的第5章适用。

A.5 设计和结构

本指导性技术文件的第6章适用，并作如下补充：

指示装置的可靠性：位置指示装置的运动链应设计得具有足够的机构强度，以满足规定的型式试验要求。为了确保正向驱动操作，位置指示运动链应当是连续的机构联结。可通过适当的方法把位置指示装置直接标示在动力运动链的机械部件上。应力限制装置(如果有)不属于位置指示运动链的组成部分。

A.6 型式试验

本指导性技术文件的第7章适用，并作如下补充：

A.6.1 验证位置指示装置功能的试验

除了在本指导性技术文件第7章中规定的型式试验的试验期间指示装置的功能得到验证之外，根据开关装置的类型，设备还应通过A.6.1.1中的一项和A.6.1.2中的试验。

试验时，测量的力/转矩分别是通过解开点从动力运动链的上游部分传递到下游部分的力 F_m 或转矩 T_m。由操动机构施加的力/转矩，是当动力运动链保持在与下列试验位置相对应的位置时进行一次试操作来测量的：

——对隔离开关：动触头被锁定时的合闸位置；

——对接地开关：动触头被锁定时的分闸位置。

对多极开关设备，仅指具有最长动力运动链的极的动触头被锁定。

A.6.1.1 动力运动链的试验

A.6.1.1.1 无应力限制装置、动力操作的隔离开关和接地开关

电动的、液压的和气动的操动机构。

试验应按下面的程序进行(见图A.1)。

——将动力运动链在解开点解开；

——对操动机构施加GB/T 11022—1999的4.8和4.10中给出的110%额定电源电压或额定气(液)源压力，产生的力(F_m)或转矩(T_m)是在对操动机构发出分闸或合闸命令后在解开点上测量的；

——隔离开关或接地开关在其相应的试验位置，在解开位置的动力运动链下游的解开点上施加 $1.5F_m$ 的力或 $1.5T_m$ 的转矩。

试验结果：见A.6.1.3。

注：操动机构本身可被用来提供1.5倍的最大力/转矩。

A.6.1.1.2 无应力限制装置、人力操作的隔离开关和接地开关

试验应按下面的程序进行：

——将隔离开关或接地开关置于试验位置；

——在操动机构操作手柄握紧部位长度的二分之一处施加750 N的力。

试验结果：见A.6.1.3。

注：配相应于A.6.1.1.1和A.6.1.1.2两种类型操动机构的开关装置，在解开点上施加的力/转矩应力为最大值。

A.6.1.1.3 有应力限制装置、动力和/或人力操作的隔离开关和接地开关

试验应按下面的程序进行：

——将动力运动链在解开点解开；

——由应力限制装置传递的力 F_m 或转矩 T_m，是在用动力操动机构或用手柄试图操作开关装置，直到应力限制装置动作为止时，在动力运动链上游的解开点上测量的。对操动机构施加GB/T 11022—1999的4.8和4.10中给出的110%额定电源电压或额定气(液)源压力，或在人力操动机构的情况下，在操动机构操作手柄握紧部位长度的二分之一处施加直到使应力限制装置动作的力(最大为750 N)；

——隔离开关或接地开关在其相应的试验位置，在解开位置的动力运动链下游的解开点上施加 $1.5F_m$ 的力或 $1.5T_m$ 的转矩。

试验结果：见 A.6.1.3。

A.6.1.1.4 无应力限制装置、动力和/或人力操作的、由锁扣装置的脱扣器驱动的隔离开关和接地开关

试验应按下面的程序进行：

——将动力运动链在解开点解开；

——操动机构已储存操作能量；

注：操动机构的储能可用人力或动力进行。

——给操动机构施加分闸或合闸命令并在动力运动链的解开点上测量产生的力 F_m 或转矩 T_m；

——隔离开关或接地开关在其相应的试验位置，在解开位置的动力运动链下游的解开点上施加 $1.5F_m$ 的力或 $1.5T_m$ 的转矩。

试验结果：见 A.6.1.3。

A.6.1.1.5 有或无应力限制装置、独立的动力和/或人力操作的隔离开关或接地开关

试验应按下面的程序进行：

——将动力运动链在解开点解开；

——对操动机构施加 GB/T 11022—1999 的 4.8 和 4.10 中给出的 110%额定电源电压或额定气(液)源压力，并在动力运动链的解开点上测量传递的力 F_m 或转矩 T_m；

注 1：根据操动机构的类型，在操动机构中的操作能量向动力运动链释放之前，分闸或合闸命令可能使操动机构储存操作能量。

——对人力操动机构，在操作手柄握紧部位长度的二分之一处施加直到 750 N 的力，并在动力运动链的解开点上测量传递的力 F_m^* 或转矩 T_m^*；

注 2：根据操动机构的类型，在操动机构中的操作能量向动力运动链释放完之前，人力分闸或合闸操作可能使操动机构储存操作能量。

——隔离开关或接地开关在其相应的试验位置，在解开位置的动力运动链下游的解开点上施加 $1.5F_m^*$ 的力或 $1.5T_m^*$ 的转矩。当提供动力和人力两种操作时，施加的力或转矩取两者中的较大值。

试验结果：见 A.6.1.3。

A.6.1.2 位置指示运动链的试验

如果位置指示装置直接标示在动力运动链的机械部件上，则不需要试验。

在运行操作时，如果位置指示运动链部分在动力运动链和位置指示装置之间，并处在能提供等效于 GB 4208 中的 IP2XC 的最低防护等级的外壳内，并且此外壳按 GB/T 11022—1999 的 6.7.2 通过了能量为 2 J 的机械撞击试验，则不要求进行补充的试验，但应考虑下面的要点。

撞击应施加到对指示运动链和指示装置的防护来说很可能是最薄弱的外壳的点上。

对所有其他情况，试验应在阻塞位置指示装置而不断开动触头的情况下进行。

试验结果：见 A.6.1.3。

A.6.1.3 试验结果

每一试验通过的条件：

——试验后，位置指示装置能正确地指示动触头的位置；

——位置指示运动链没有永久变形。如果在动力运动链联结点的上游发生变形或断裂，为了完成所要求的操作，允许更换零件。但这种情况应在型式试验报告中记载。

A.7 出厂试验

本指导性技术文件的第 8 章适用，并作如下补充：

机械操作试验期间，应验证位置指示装置能正确地指示动触头的分闸位置和合闸位置。

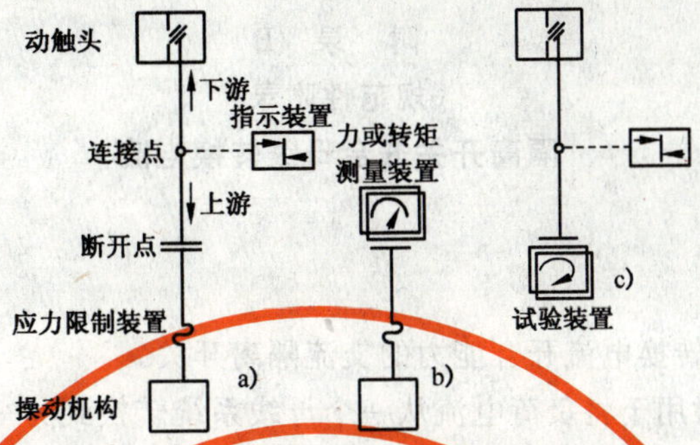

——动力运动链；

----指示运动链。

a) 机械联结原理图；

b) 测量示意图(A.6.1.1.2 除外)；

c) 试验示意图(A.6.1.1.2 除外)。

注：上游是指朝着能源的方向，下游是指朝着触头的方向。

图 A.1　位置指示装置

附 录 B
（规范性附录）
隔离开关开合母线转换电流

B.1 概述

本附录适用于具有母线转换电流开合能力的交流隔离开关。

本附录的目的，是为了对用于将负荷电流从一个母线系统转换到另一个母线系统的隔离开关规定开合的技术要求和试验方法。对这种操作方式，要求隔离开关具有的关合和开断能力取决于转换的负荷值、母线联结位置和被操作的隔离开关之间的环路尺寸。

B.2 正常和特殊使用条件

本指导性技术文件的第4章适用。

B.3 术语和定义

就本附录而言，本指导性技术文件第3章的定义适用，并作如下补充。

B.3.1

母线转换电流 bus-transfer current

母线转换电流是指当隔离开关将负荷从一个母线系统转换到另一个母线系统时隔离开关能够开合的电流。

B.3.2

母线转换电压 bus-transfer voltage

母线转换电压是指隔离开关开断母线转换电流之后或关合母线转换电流之前出现在隔离开关断口上的工频电压。

B.3.3

额定母线转换电流 rated bus-transfer current

额定母线转换电流是指在额定母线转换电压下隔离开关能够开合的最大母线转换电流。

B.3.4

额定母线转换电压 rated bus-transfer votlage

额定母线转换电压是最大的母线转换电压，隔离开关在此电压下应能开合额定母线转换电流。

B.4 额定值

本指导性技术文件的第5章适用，并作如下补充：

用于将负荷从一个母线系统转换到另一个母线系统的隔离开关的补充额定值应从下面选取：

B.4.1 额定母线转换电流

对于空气绝缘和气体绝缘的隔离开关，其额定母线转换电流值均应是80%的额定电流。不论隔离开关的额定电流多大，额定母线转换电流通常不超过1 600 A。

注：即使隔离开关的额定电流可能很大，也选择最大额定母线转换电流1 600 A作为能够开合的典型的最大电流。选择隔离开关通常是依据短时电流额定值和额定电流值。因此，隔离开关承载的最大的持续电流，可能大大地小于其额定电流。大于80%额定电流或大于1 600 A的额定母线转换电流可由制造厂规定。

B.4.2 额定母线转换电压

额定母线转换电压在表B.1中给出。其他的额定母线转换电压可由制造厂规定。

表 B.1 隔离开关的额定母线转换电压

额定电压 kV	空气绝缘的隔离开关 V(有效值)	气体绝缘的隔离开关 V(有效值)
1 100	400	400

B.5 设计和结构

本指导性技术文件的第6章适用,并作如下补充:

铭牌:应在具有关合和开断母线转换电流能力的隔离开关的铭牌上标识出额定母线转换电流。

B.6 型式试验

本指导性技术文件的第7章适用,并作如下补充:

具有关合和开断母线转换电流能力的隔离开关,除本指导性技术文件第7章规定的试验外,还应经受母线转换条件下的关合和开断试验,具体要求如下:

注:对于结构细节变化,如果制造厂能证明所做的这种变化不影响某项型式试验的结果,则不必重做该项型式试验。如果制造厂能够证明其他隔离开关操作该母线转换电流开合装置的方式和已做过型式试验的隔离开关一样,则意味着一个给定设计的母线转换电流开合装置也可用于其他隔离开关而不必重做该项型式试验。其理由是:隔离开关的母线转换电流开合能力仅取决于试验回路的特性值和隔离开关的操作速度,而与隔离开关的绝缘性能和电流额定值无关。

B.6.1 被试隔离开关的布置

试验时隔离开关应整体安装在其自身的支架或等价的支架上。其操动机构应按规定的方式进行操作,特别是,如果是动力(电动或气动)操作的,应分别在最低电源电压或最低空气压力下进行操作。

在关合和开断试验之前,应进行空载操作并记录隔离开关操作特性的详细情况,例如,运动速度、合闸时间和分闸时间。

对于气体绝缘的隔离开关,试验应在最小气体密度下进行。

配人力操动机构的隔离开关可以利用动力操作方式进行遥控操作,动力操作的速度要与人力操作所获得的速度等值。

注1:应进行试验来验证人力操作的隔离开关在制造厂规定的最低操作速度下能满意地操作。

应考虑隔离开关两个端子中每一个端子的带电效应。当隔离开关一侧的实际布置不同于另一侧时,试验回路的电源侧应当连接到代表最严酷运行条件的一侧。有怀疑时,50%次数的开断和关合试验将试验回路的电源侧接到隔离开关的一侧进行,而另50%次数的开断和关合试验将电源接到另一侧进行。

若下列条件下不比整台三极隔离开关试验时更有利,则仅需在三极隔离开关的一个极上进行单相试验:

——关合速度;

——开断速度;

——相邻相的影响。

注2:只要能够证明燃弧时间不可能受相邻相的影响和电弧不可能到达相邻相,则单极试验足以验证隔离开关的关合和开断性能。如果根据单极试验能确定电弧可能到达相邻相,则应当使用专门的隔离开关布置进行三极试验。

B.6.2 试验回路和隔离开关的接地

隔离开关的底座应当接地。试验回路应按图B.1接地。对于气体绝缘的隔离开关,可能有必要使用一种替代的试验回路(见B.6.6)。

B.6.3 试验频率

隔离开关最好在额定频率下进行试验。然而，为了试验方便，试验可在 50 Hz 或 60 Hz 下进行，并认为两者是等价的。

B.6.4 试验电压

试验电压应合理选择，以便在打开的隔离开关端子之间产生所要求的额定母线转换电压($^{+10}_{0}$%)，其值由表 B.1 给出。

试验电压应在电流开断后立即测量。

如 B.6.1 的注所述，通常仅要求进行单极试验。如果要求进行三极试验，则每一相的试验电压与平均试验电压相差应不大于 10%。

在开断后，工频恢复电压至少应保持 0.3 s。

B.6.5 试验电流

试验电流应等于 B.4.1 规定的额定母线转换电流($^{+10}_{0}$%)。试验电流应在隔离开关操作之前测量。

被开断的电流应是衰减很小的对称电流。隔离开关的触头应在闭合回路产生的瞬态电流消失后才分开。

如果进行三极试验，试验电流应是所有三极电流的平均值。每一相的试验电流与试验电流平均值相差不大于 10%。

B.6.6 试验回路

可进行现场试验或试验室试验。对于试验室试验，试验回路 A 和 B(见图 B.1)的功率因数应不超过 0.15。在试验室方便的情况下，可使用两个试验回路中的任何一个。

试验回路元件的特性值 U_{BT} 和 Z_{BT} 按提供所要求的试验电流和工频恢复电压来选择。

如果要求进行三极试验，则三相试验回路中的每一相应包括与单相试验回路相同的元件，以便得到合适的试验电压和电流。电流回路中的中性点应接地。

注 1：可以使用能够提供所要求的试验电流和电压及合适的瞬态恢复电压(TRV)参数的其他试验回路。

注 2：对于气体绝缘的隔离开关，开合时对地绝缘通常是不成问题的。有怀疑时，可以用隔离开关的额定相对地电压施加到外壳上进行试验。可以使用单独的电压源。

注 3：对于现场试验，试验电流和电压不可能达到所要求的偏差。可按制造厂和用户之间的协议，不考虑这些要求。

由于联接的母线系统的波阻抗影响，预期的 TRV 波形应呈三角形。然而，为了试验方便，可以采用频率不低于 10 kHz，预期振幅系数不大于 1.5，具有(1-cos)波形的瞬态恢复电压。

注 4：试验回路中可加控制 TRV 的元件。

注 5：试验时，被试隔离开关的电弧电压与试验电压相比将普遍地提高，这将引起 TRV 的明显衰减和电流的相位偏移，使得试验电流在相位上与试验电压几乎同相。因此，TRV 上升率和峰值等参数是不明显的，不要求详细规定 TRV 参数。

B.6.7 试验方式

应进行 100 次关合—开断操作循环。

注：100 次操作循环验证电寿命是不够的，但能提供触头磨损的迹象。

分闸操作应继合闸操作之后并经过一段延时进行，且两次操作之间的延时应足以使瞬态电流得以消失。

在整个试验过程中，隔离开关不应进行调整。

B.6.8 试验过程中隔离开关的表现

隔离开关应在没有过度的机械或电气损伤下成功地完成试验。

在操作过程中，允许隔离开关向外喷射火焰或金属微粒，但不应损伤隔离开关的绝缘水平和保证不危害操作人员或在附近的其他人员的安全。

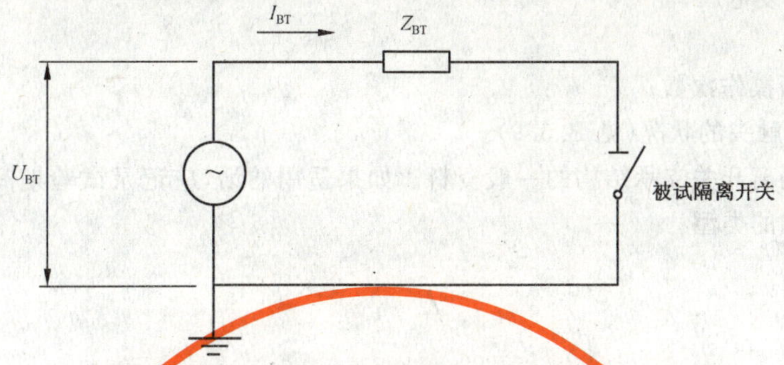

试验回路 A

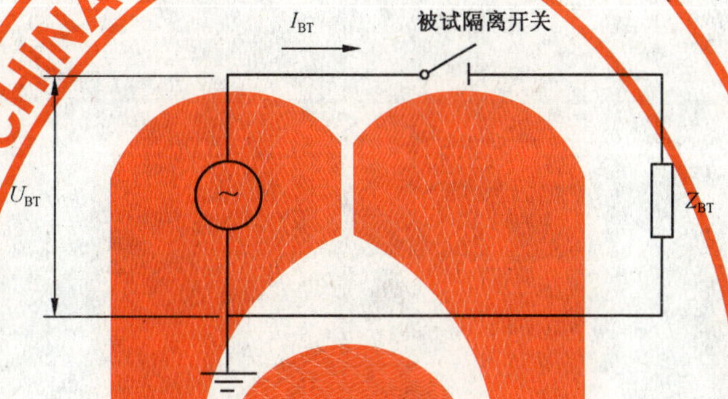

试验回路 B

I_{BT}——额定母线转换电流$=U_{BT}/Z_{BT}$。

图 B.1 母线转换电流关合和开断试验的试验回路

B.6.9 试验后隔离开关的状况

隔离开关的机械功能和绝缘与试验前的状况基本相同。隔离开关应能够承载其额定电流且温升不超过规定值。

只要符合隔离开关的预期操作寿命，允许有机械磨损和由于燃弧而引起的烧蚀痕迹。如果有用于灭弧的材料，其性能可能受损，其数量可能降低到正常水平以下。在绝缘子上可能有由灭弧介质分解而产生的沉淀物。

在分闸位置，隔离开关的隔离性能不应由于绝缘件的劣化而降低到相应于正常磨损和老化的水平以下。

为了验证上述要求是否满足，试验后对隔离开关进行目视检查和空载操作通常是足够的。有怀疑时，可能需要进行适当的试验予以核实。

如对隔离开关的隔离性能有怀疑，则应按 GB/T 11022—1999 的 6.2.11 进行状态检查试验予以验证。

B.6.10 型式试验报告

全部型式试验结果都应记录在型式试验报告中，其中应包含足够的数据，以证明试验符合本指导性技术文件。型式试验报告还应包括足以确认被试隔离开关的主要部件的资料。

试验报告应包含下述资料：

a) 试验的典型示波图或类似记录(每 10 次操作中最后一次的示波图)；

b) 试验回路；

c) 试验电流；

d) 试验电压；

e) 工频恢复电压；

f) 预期瞬态恢复电压；

g) 燃弧时间；

h) 关合和开断操作次数；

i) 记录试验后触头的状况(见 B.6.9)。

应当包括关于隔离开关支承结构的一般资料。如果适用的话，应记录试验期间隔离开关的动作时间和使用的操动机构的类型。

附 录 C
（规范性附录）
接地开关开合感应电流

C.1 概述

本附录适用于具有感应电流开合能力的交流接地开关。

本附录的目的，是为了将输电线接地用的接地开关的开合要求标准化。在多回架空输电线路平行布置的情况下，不带电并且接地的输电线上可能通过电流，这是由于与相邻带电线路电容和电感耦合的结果。因此，用于这些线路接地的接地开关应能保证下列运行条件：

——当接地连接线的一端开路，接地开关在另一端操作时，接地开关能开断和关合容性电流；

——当线路的一端接地，接地开关在另一端操作时，接地开关能开断和关合感性电流；

——持续承载容性和感性电流。

C.2 正常和特殊使用条件

本指导性技术文件的第4章适用。

C.3 术语和定义

本指导性技术文件第3章适用，并作如下补充。

C.3.1

A类接地开关 class A earthing switch

指定在与相邻带电线路长度较短或与相邻带电线路耦合弱的线路中使用的接地开关。

C.3.2

B类接地开关 class B earthing switch

指定在与相邻带电线路长度较长或与相邻带电线路耦合强的线路中使用的接地开关。

注：列入A类和B类、具有关合能力（E1级和E2级）的接地开关将有一个组合等级符号，如A+E1、B+E2等。

C.3.3

电磁感应电流 electromagnetically induced current

电磁感应电流，是当停电的输电线路的一端已经接地，而与之平行和邻近的输电线路带电时，另一端的接地开关与地接通或断开时，接地开关应能开合的感性电流。

注1：两端接地的停电线路上的感性电流取决于带电线路中的电流大小和与带电线路的耦合因数，耦合因数由杆塔上的线路布置情况来确定。

注2：当线路另一端接地时，跨接在线路一端且打开的接地开关上的感性电压取决于带电线路中的电流大小、与带电线路的耦合因数（耦合因数由杆塔上的线路布置情况来确定）以及与带电线路邻近的那部分接地线路的长度。

C.3.4

静电感应电流 electrostatically induced current

静电感应电流，是当停电的输电线路的一端开路，而与之平行和邻近的输电线路带电时，另一端的接地开关与地接通或断开时，接地开关应能开合的容性电流。

注1：一端接地的停电线路上的容性电流取决于带电线路的电压、与带电线路的耦合因数（耦合因数由杆塔上的线路布置情况来确定）以及接地线路的接地端和开路端之间的长度。

注2：当线路另一端开路时，跨接在线路一端且打开的接地开关上的容性电压取决于带电线路的电压和与带电线路的耦合因数，耦合因数由杆塔上的线路布置情况来确定。

C.4 额定值

本指导性技术文件的第5章适用，并作如下补充：

接地开关可能要求具有感应电流和感应电压的额定值。对这种情况下使用的接地开关，根据开合方式的严酷程度可分为A类和B类(见C.3.1和C.3.2)。

C.4.1 额定感应电流

电磁感应电流和静电感应电流的额定值应分别规定。

额定感应电流是在额定感应电压下接地开关能够开合的最大电流。

额定感应电压是最高工频电压，在该电压下接地开关能够开合额定感应电流。

两类接地开关的额定感应电流列于表C.1中。

接地开关应能承载额定感应电流(见C.6.1)。

表C.1 接地开关的额定感应电流和额定感应电压的标准值

额定电压 U_r kV	电磁耦合				静电耦合			
	额定感应电流 A(有效值)		额定感应电压 kV(有效值)		额定感应电流 A(有效值)		额定感应电压 kV(有效值)	
	类别		类别		类别		类别	
	A	B	A	B	A	B	A	B
1 100	80	360	2	30	3	50	12	180

注1：A类接地开关：用于耦合弱或比较短的平行线路。B类接地开关：用于耦合强或比较长的平行线路。

注2：在某些情况(接地线路很长一段与带电线路邻近，带电线路上的负荷很大，带电线路的运行电压比接地线路的高……)下，其感应电流和感应电压可能高于表中的值。对于这类情况，额定值应由制造厂和用户协商确定。

注3：对单相试验和三相试验(见C.6.2.6)，额定感应电压均相应于线对地的值。

C.4.2 额定感应电压

电磁感应电压和静电感应电压的额定值应分别规定。

两类接地开关的额定感应电压列于表C.1中。

C.5 设计和结构

本指导性技术文件的第6章适用，并补充如下。

铭牌：应在具有关合和开断感应电流能力的接地开关的铭牌上标识出类别符号。

C.6 型式试验

本指导性技术文件的第7章适用，并补充如下：

具有关合和开断额定感应电流能力的接地开关的型式试验应包括：

——电磁感应电流关合和开断能力的试验；

——静电感应电流关合和开断能力的试验。

C.6.1 温升试验

一般不要求做试验，因为用接地开关的额定短时耐受电流可以说明额定感应电流标准值引起的温升很低。有怀疑时，温升试验应根据制造厂和用户之间的协议进行。

如要求试验，GB/T 11022—1999的6.5适用。

C.6.2 关合和开断试验

C.6.2.1 被试接地开关的布置

被试接地开关应完整地安装在其自身的支架上或一等价的支架上。其操动机构应以规定的方式操作,特别是电动或气动操作,应分别在最低电源电压或最低气压下进行操作。

开始进行关合和开断试验前,应进行空载操作,并详细记录接地开关的行程、速度、分闸时间和合闸时间等操作特性。

对于气体绝缘的接地开关,试验应在最低气体密度下进行。

具有人力操动机构的接地开关可以采用动力操作方式进行遥控操作,动力操作的速度与人力操作获得的速度等值。

注 1:应进行试验来验证人力操作的接地开关在制造厂规定的最低操作速度下是否满意地操作。

如果下列条件不比整台三极接地开关试验时更有利,则仅需在三极接地开关的一极上进行单相试验:

——关合速度;

——开断速度;

——相邻极的影响或与带电相的邻近程度。

注 2:如果能够证明燃弧时间和电弧扩散不可能牵连到相邻带电相,则单极试验足以验证接地开关的关合和开断性能。如果在单极试验的基础上,确证电弧可以到达相邻带电相,则应使用专门的接地开关布置进行三极试验。

C.6.2.2 试验回路和接地开关的接地

试验回路应通过接地开关的端子接地,通常接地开关的一个端子是接地的。

C.6.2.3 试验频率

接地开关最好在额定频率下进行试验。然而,为了试验方便,试验可以在 50 Hz 或 60 Hz 下进行,并认为两者是等价的。

C.6.2.4 试验电压

试验电压应合理选择,使关合前或开断后在接地开关端子间产生合适的工频电压,其值为表 C.2 所给出的值($^{+10}_{\ 0}$%)。对于电磁感应电流的开合,试验电压应在电流开断后立即进行测量。对于静电感应电流的开合,试验电压应在接地开关即将关合前进行测量。

如 C.6.2.1 中的注,通常仅要求进行单极试验。如果要求进行三极试验,则每相的试验电压与平均试验电压相差应不超过 10%。

工频试验电压在开断后应至少维持 0.3 s。

C.6.2.5 试验电流

试验电流应等于表 C.1 中给出的额定感应电流($^{+10}_{\ 0}$%)。

被开断的电流应是衰减很小的对称电流。接地开关的触头应在闭合回路产生的瞬态电流消失之后才分开。

如果进行三极关合和开断试验,试验电流应按所有三极中电流的平均值度量。每相试验电流与平均试验电流相差应不超过 10%。

对于容性电流开断试验,在触头分离前,试验电流的波形应尽可能地接近正弦波。如果总电流的有效值对基波分量有效值之比不超过 1.2,则认为此条件已满足。触头分离前,试验电流每工频半波通过零点不得多于一次。

C.6.2.6 试验回路

可以进行现场试验或试验室试验。对于试验室试验,可用电容、电感和电阻组成的集中元件来代替输电线路。

如果要求进行三极试验,三相试验回路中每相的元件要与单相试验回路中的相同,以便产生合适的试验电压和电流。电源回路的中性点应接地。

注 1：只要能产生所要求的试验电流和电压以及固有的瞬态恢复电压参数，规定以外的其他试验回路也可采用。

注 2：对于现场试验，可以不易使试验电流和电压满足所要求的允差。根据制造厂同用户之间的协议，可以放弃这些要求。应该指出，如果电压互感器接到被开合的接地线路上，开合过程中可能出现铁磁谐振，这取决于互感器的特性和接地线路的长度。

C.6.2.6.1 电磁感应电流关合和开断试验的试验回路

单相试验回路(图 C.1)由产生合适的试验电压和试验电流的电源回路构成，回路的功率因数不超过 0.15。选择元件 R 和 C，以产生合适的瞬态恢复电压参数。阻尼电阻 R 可以与电容 C 串联或并联。

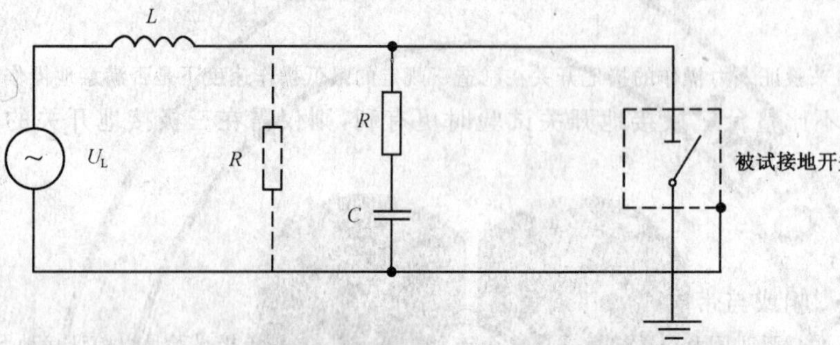

图 C.1 电磁感应电流关合和开断试验的试验回路

电源电压(U_L)和电感(L)的值可以按表 C.1 中给出的值进行计算，以便产生合适的试验电流和工频恢复电压值。

预期瞬态恢复电压波形应具有三角波的形式，这是由于所连输电线的波阻抗造成的。为了试验方便，也可采用具有(1-cos)形式的瞬态恢复电压。可以选择 R 和 C 的值以产生表 C.2 中规定的合适的瞬态恢复电压参数。

表 C.2 电磁感应电流开断试验恢复电压的标准值

额定电压 U_r kV	A 类			B 类		
	工频恢复电压 $(^{+10}_{0}\%)$kV (有效值)	TRV 峰值 $(^{+10}_{0}\%)$kV	到达峰值的 时间$(^{0}_{-10}\%)$ ms	工频恢复电压 $(^{+10}_{0}\%)$kV (有效值)	TRV 峰值 $(^{+10}_{0}\%)$kV	到达峰值的 时间$(^{0}_{-10}\%)$ μs
1 100	2	4.5	325	30	68	3 000

注 1：恢复电压对单相或三相试验均有效。

注 2：预期瞬态恢复电压(TRV)波形可以是三角形或(1-cos)形式(见 C.6.2.6.1)。到达峰值的时间对于两种波形均适用。

C.6.2.6.2 静电感应电流关合和开断试验的试验回路

为了试验室试验的方便，可以选用图 C.2 中的试验回路 1 或 2，因为只要满足回路参数方程式，这些回路均等价。

试验回路的功率因数应不超过 0.15。试验回路 1 中的电源电压(U_c)、电感 L 和电容 C_2 的值可以从表 C.1 中的额定电流和额定电压及由试验室确定的 C_1 值，利用图 C.2 中注明的方程式计算出来。这将产生合适的试验电流和电压值以及合适的涌流频率和试验回路的波阻抗。试验回路 2 中的参数值可以由试验回路 1 导出的值进行计算。

不超过(从隔离开关看去的)容抗[$\omega(C_1+C_2)=\omega C_1'$]的 10% 的电阻(R)可以插接于图 C.2 所示的回路中。然而，所选择的电阻值既不应大于所考虑的输电线的波阻抗，也不应导致接地开关合闸时涌流的非周期性阻尼。

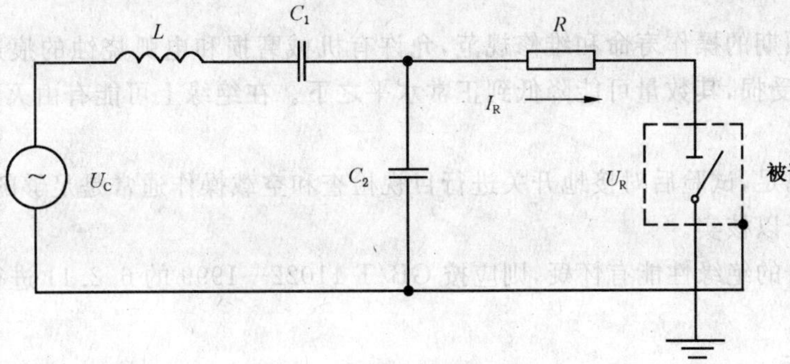

试验回路 1

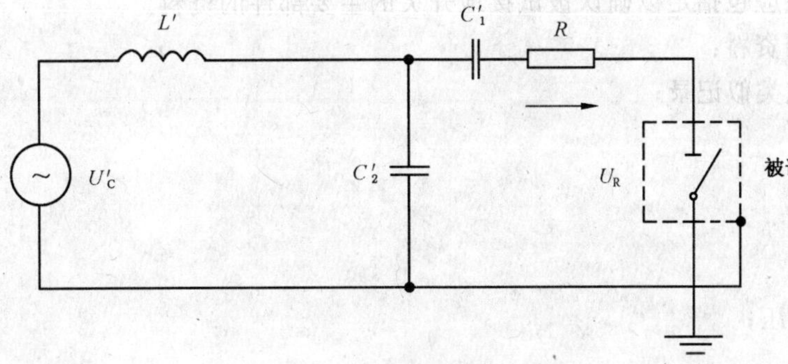

试验回路 2

$$L=Z_0^2\times C_1 \qquad L'=L\times\left(\frac{C_1}{C_1+C_2}\right)^2$$

$$U_C=\frac{I_R}{\omega C_1} \qquad U'_C=\left(\frac{C_1}{C_1+C_2}\right)\times U_C \text{ 或 } U'_C=U_R$$

$$C_2=C_1\left(\frac{U_C}{U_R}-1\right) \qquad C'_1=C_1+C_2 \qquad C'_2=C_2\left(1+\frac{C_2}{C_1}\right)$$

式中：

Z_0——线路的波阻抗：

对于 1 100 kV,325 Ω

图解：

I_R——表 C.1 规定的额定感应电流；

U_R——表 C.1 规定的额定感应电压；

C_1——由试验室确定的试验回路的电容。

图 C.2 静电感应电流关合和开断试验的试验回路

C.6.2.7 试验方式

对于每一个静电感应电流和电磁感应电流关合和开断应进行 10 次关合、开断操作循环。

注：10 次操作循环对于验证电寿命是不充分的，但能提供触头磨损的迹象。

分闸操作应继合闸操作之后进行，两次操作之间应有足够的延时，使得任何瞬态电流得以消失。

在整个试验程序进行中，接地开关不应进行检修和调整。

C.6.2.8 试验过程中接地开关的表现

接地开关应在没有过度的机械或电气损伤下成功地完成试验。

在操作过程中，允许接地开关向外喷射火焰和金属微粒，但不应降低接地开关的绝缘水平并保证不会危害操作人员或在附近的其他人员的安全。

C.6.2.9 试验后接地开关的状态

接地开关的机械性能和绝缘与试验前的状况基本相同。接地开关应能承受其额定峰值耐受电流和额定短时耐受电流。

只要符合接地开关预期的操作寿命和维修规范，允许有机械磨损和电弧烧蚀的痕迹。如果有用于灭弧的材料，其性能可能受损，其数量可能降低到正常水平之下。在绝缘上可能有由灭弧介质的分解而产生的沉淀物。

验证上述要求是否满足，试验后对接地开关进行目视检查和空载操作通常是足够的。有怀疑时，可能需要进行适当的试验予以核实。

如果对接地开关断口的绝缘性能有怀疑，则应按 GB/T 11022—1999 的 6.2.11 进行状态检查试验予以验证。

C.6.2.10　型式试验报告

全部型式试验结果应记录在型式试验报告中，其中应包含足够的数据，以证明试验符合本指导性技术文件。型式试验报告还应包括足以确认被试接地开关的主要部件的资料。

试验报告应包括下列资料：

a）典型的示波图或类似记录；

b）试验回路；

c）试验电流；

d）试验电压；

e）工频恢复电压；

f）预期瞬态恢复电压；

g）燃弧时间；

h）关合和开断操作的次数；

i）试验后接地开关的状况。

应该包括关于接地开关支承结构的一般资料。如适用，应记录试验期间接地开关的动作时间和所采用的操动机构的类型。

附 录 D
(资料性附录)
接地开关操作(暂时接近)时最不利的绝缘位置的试验电压

为了对暂时接近时的绝缘强度进行标准化,应考虑下列事实:

对于暂时接近,有理由对系统电压仅有的一个试验电压进行标准化。

由于变电站中的安全距离与绝缘试验电压无关而与额定电压有关,因此,暂时接近的绝缘强度也应与额定电压和电网的接地方式有关。而且,应考虑试验电压可能偶尔有变化这个事实,但对于暂时接近的距离不应导致试验电压的改变。

在计及以上叙述的细节后,对接地开关的闸刀处于最不利的位置时建议的试验电压在表5中给出。

附 录 E
(规范性附录)
对气体绝缘和/或金属封闭开关设备中使用的隔离开关和接地开关的特殊要求

E.1 范围和对象

本附录专门适用于气体绝缘和金属封闭开关设备中的交流隔离开关和接地开关。

这里,仅考虑履行隔离开关或接地开关特殊功能的那些元件。如果隔离开关和接地开关被组合到一个隔室或一个壳体中,根据电压等级,GB 7674 适用。

E.2 规范性引用文件

本指导性技术文件的第 2 章适用。

E.3 术语和定义

本指导性技术文件的第 3 章适用,并作如下补充:

E.3.1

套管 bushing

承载一根或多根导体穿过外壳并与其绝缘的元件,包括连接用的附件。

E.3.2

(外壳的)设计温度 design temperature (of the enclosure)

在运行条件下,外壳能达到的最高温度。

E.3.3

(外壳的)设计压力 design pressure (of the enclosure)

用来决定外壳厚度的压力。

E.3.4

绝缘介质的额定充入压力(或密度) rated filling pressure for insulation (or density)

在投运或自动补压前充入总装的供绝缘和/或开合用介质的压力(Pa)或密度,把它折算到+20 ℃、101.3 kPa 标准大气条件下,可以用相对压力或绝对压力表示。

E.3.5

绝缘介质的最低功能压力(或密度) minium functional pressure for insulation (or density)

供绝缘和/或开合用的介质压力(Pa)或密度,把它折算到+20 ℃、101.3 kPa 标准大气条件下,可以用相对压力或绝对压力表示,大于或等于此压力时开关设备和控制设备保持其额定特性,且在此压力时需要及时补压。

E.4 正常和特殊使用条件

本指导性技术文件的第 4 章适用。

E.5 额定值

本指导性技术文件的第 5 章适用,并对额定值列表补充:适用时,额定母线充电电流开合能力(见附录 F)。

E.5.1 额定绝缘水平

GB/T 11022—1999 的 4.2 适用。

E.5.2　绝缘用压缩气源的额定压力(或密度)

GB/T 11022—1999 的 4.10 适用。

E.6　设计和结构

本指导性技术文件的第 6 章适用,并作如下补充:

E.6.1　隔离开关和接地开关的接地

GB 7674—2008 的 5.3 适用。

如果有供试验用的外部联结穿过接地开关,那么,试验时它需要和接地点隔离,这种外部联结应能耐受额定短路电流。该外部联结拆去时,相应的绝缘水平(DC 和 AC)由制造厂规定。如果需要,应给出外部接地联结绝缘系统的介质损耗(mW)。

E.6.2　铭牌

本指导性技术文件的 6.10 适用,并作如下补充:

应提供下列数据:

——操作用的额定压力;

——最小气体密度(或压力);

——外壳的设计压力。

E.6.3　内部故障

适用时,见 GB 7674—2008 的 5.102。

E.6.4　外壳

适用时,见 GB 7674—2008 的 5.103.1、5.103.2 和 GB/T 11022—1999 的 5.15。

E.6.5　压力释放

适用时,见 GB 7674—2008 的 5.105。

E.7　型式试验

本指导性技术文件的第 7 章适用,并作如下补充:

E.7.1　概述

构成气体绝缘或金属封闭开关设备和控制设备主回路元件的隔离开关和接地开关,应在其安装和使用的适当条件下,即它们应在气体绝缘和金属封闭开关设备和控制设备中的正常安装状态,装上可能影响其性能的所有相关元件(如联结件、支持件、排气装置等)的情况下,按本附录进行试验以验证其额定特性。

注:在确定哪些相关的元件影响性能时,特别注意短路电流所产生的机械力、电弧生成物的排放、破坏性放电的可能性等方面。应该认识到在某些情况下这种影响可能是微不足道的。

E.7.2　试验的分组

本指导性技术文件的 7.1.1 适用,并作如下补充:

——验证隔离开关开合母线充电电流的试验(E.7.7)(适用时,强制的型式试验);

——外壳的压力耐受试验(E.7.8)(O);

——内部故障电弧试验(E.7.9)(O)。

注:(O)为非强制的型式试验。

E.7.3　局部放电试验

GB/T 11022—1999 的 6.2.9 适用。

除非已在 GB 7674—2008 的 6.2.9 中规定,否则不要求在整台隔离开关或接地开关上做局部放电试验。但是,当隔离开关或接地开关所用的元件在相关的标准(例如 GB/T 4109)中包含了局部放电测量时,制造厂应提出证据表明这些元件通过了相关标准要求的局部放电试验。局部放电测量见

GB/T 7354。

注 1：局部放电测量是发现受试设备某些缺陷的一个合适的方法，也是绝缘试验的一个有益的补充。经验表明，在特定的结构中，局部放电可以导致设备(尤其是固体绝缘)的绝缘强度降低。

注 2：为测量或发现局部放电，除 GB/T 7354 考虑的一种方法外，根据协议也可采用其他方法，例如超高频或声学法。

E.7.4 短路试验的一般试验条件

GB/T 11022—1999 的 6.6.1 和本指导性技术文件的 7.6.1.1 适用。

E.7.5 机械寿命试验

配备联锁的隔离开关和接地开关，应经受 5 次操作循环的操作(相关标准另有要求的情况除外)来检查相关联锁的动作情况。在每次操作之前，联锁应置于试图阻止开合装置操作的位置。在进行这些试验时，仅使用正常的操作力，并且不应对开关装置或联锁进行调整。

如果开关装置和联锁能按正确的工作程序工作，且在试验前、后开关装置操作所需的力几乎相同，则认为试验是满意的。

如果开关装置不能被操作，则认为联锁是满意的。

E.7.6 极限温度下的操作试验

为了验证在极限温度下能满意地工作，应按 GB/T 11022—1999 的 6.8 进行密封试验。

E.7.7 隔离开关开合母线充电电流的试验

试验要求的细节在附录 F 中给出。

E.7.8 外壳的压力耐受试验

GB 7674—2008 的 6.103 适用。

E.7.9 内部故障电弧试验

GB 7674—2008 的 6.105 适用。

E.8 出厂试验

本指导性技术文件的第 8 章适用，并作如下补充。

E.8.1 主回路的绝缘试验

补充如下：

注：对于密封元件，绝缘试验应在额定充入压力下进行。

E.8.2 机械操作试验

本指导性技术文件的 9.6 适用，并作如下补充：

配备联锁的隔离开关和接地开关，应经受 5 次操作循环的操作来检查相关联锁的动作情况。每次操作之前，应按 7.11.3.2 和 E.7.5 的规定，分别对每个开关装置进行一次试操作。

试验在主回路中没有电压或电流流过的条件下进行，特别是应该检验在操动机构规定的电源电压和压力源压力极限范围内，开关装置能正确地合闸和分闸。

E.8.3 局部放电测量

GB 7674—2008 的 7.1.2 适用。

注 1：局部放电测量可用来发现潜在的悬浮物质和制造缺陷。

注 2：为测量或发现局部放电，除了 GB/T 7354 考虑的一种方法外，根据协议也可采用其他方法，例如超高频或声学法。

E.8.4 外壳的压力耐受试验

GB 7674—2008 的 7.101 适用。

E.9 隔离开关和接地开关的选用导则

本指导性技术文件的第 9 章适用。

E.10 随询问单、标书和订单提供的资料

本指导性技术文件的第 10 章或 GB 7674—2008 的第 9 章适用，并补充下列资料：

额定值和特性：开合母线充电电流的能力。

E.11 运输、储存、安装、运行和维修规则

GB 7674—2008 的第 10 章适用，对 GB 7674—2008 的 10.4 作如下补充：

为了维修，气体绝缘开关设备中的隔离开关只有在六氟化硫气体压力不低于其最低功能压力（密度）时，认为才具有其全部的绝缘性能。

附　录　F
（规范性附录）
1 100 kV 气体绝缘金属封闭开关设备
——隔离开关开合母线充电电流的要求

F.1　概述

F.1.1　引言

已经发现，特别是在 363 kV 和更高的系统电压等级上，当气体绝缘金属封闭开关设备的隔离开关开合小的容性电流（例如用隔离开关接通或断开空截的母线（管）段或断路器的并联电容器）时，可能会发生对地破坏性放电。近几年，通过在全世界范围内的调查，搞清了产生这种情况的原因，并对非常快速的瞬态过电压现象——随着气体绝缘金属封闭开关设备的隔离开关履行容性电流开合这种固有的职能时产生的现象的复杂性，有了深刻地了解。由此可以断定：正确的隔离开关设计对避免对地产生破坏性放电是至关重要的。

F.1.2　范围和对象

本附录适用于额定电压 1 100 kV 的交流气体绝缘金属封闭隔离开关。

本附录规定了气体绝缘金属封闭隔离开关开合小容性电流（空载电流）的试验要求，例如断开或接通母线段或均压电容器的电流。

注：在同一回路中几台隔离开关同时操作是不合理的，本指导性技术文件对这种情况不予考虑。

F.2　正常和特殊使用条件

本指导性技术文件的第 4 章适用。

F.3　术语和定义

对于本附录，下列定义适用：

F.3.1

母线充电电流　bus-charging current

接通或断开部分母线系统或类似的容性负载时隔离开关应能开合的电流，用稳态有效值表示。

F.3.2

对地瞬态电压　transient voltage to earth；TVE

合闸操作过程中第一次预击穿时出现的对地电压。

F.4　型式试验

F.4.1　母线充电电流关合和开断的试验方式

确定了三个试验方式：

——试验方式 1：非常短的母线（管）段的开合；

——试验方式 2：在 180 失步条件下对断路器并联电容器的开合；

——试验方式 3：电流开合能力试验。

注 1：试验方式 1 是正常的型式试验且是强制性的；

注 2：试验方式 2 是根据用户与制造厂的协议，按照本附录进行的特殊型式试验，如果断路器未装设并联电容器，则试验方式 2 是不必要的；

注 3：试验方式 3 是根据用户与制造厂的协议，按照本附录进行的特殊型式试验。当断开较长的不带电母线或其他已带电部分（如短电缆等）时，仅用于说明隔离开关的电流开断能力。

典型的电流值在表 F.2 中给出。

F.4.2 受试隔离开关的布置

受试隔离开关的操动机构在试验中应按制造厂规定的方式操作，并且，特别是对动力操作的，应在规定的最低电源电压和/或最低压力下操作。

进行关合和开断试验之前，应进行空载操作并记录隔离开关动作特性的详细情况，如：合闸时间和分闸时间。

试验应在被试隔离开关正常运行的最小气体密度下进行。相关的隔室也应处于最小密度。

大多数情况下，隔离开关的结构布置都是不对称的(例如不对称的屏蔽，或动触头/静触头的差别等)。由于这些原因，隔离开关必须在最不利布置的条件下进行试验。对于试验方式 1，最不利的布置认为是能在合闸操作时产生最大预击穿距离时的布置。对于试验方式 2 和试验方式 3，认为隔离开关的结构布置不甚重要。

注：同样设计的隔离开关可垂直或水平安装是一种普遍情况，在这种情况下，触头的速度可能发生变化。然而，对于这些试验，认为与规定速度的偏差不超过±15%是可以接受的。

只要引起的动作速度变化不超过±15%，则仅须对三极操作的隔离开关的一极进行单极试验。

对处于一个外壳内的三极隔离开关，最好进行三相试验。但是，在验证关合和开断性能时，本附录规定的单相试验也能被接受，不参与开合过程的另两极应在两端接地。

F.4.3 试验频率

隔离开关应优先在额定频率下试验。然而，为了试验方便，可以在 50 Hz 或 60 Hz 下进行试验且认为是等价的。

F.4.4 关合和开断试验的试验电压

在关合和开断试验过程中，开合操作前后的工频电压应至少保持 0.3 s。在负载侧有直流预充电电压的情况下(试验方式 1)，在合闸操作之前，该直流电压应按规定的数值施加大约 1 min。在分闸操作和合闸操作之间，负载侧不应接地，试验回路不应含有能引起已充电电荷衰减的元件。

参考试验回路图 F.1、图 F.3 和图 F.4 中，试验回路的电源侧和负载侧施加的试验电压值应为表 F.1 中给出的数值。

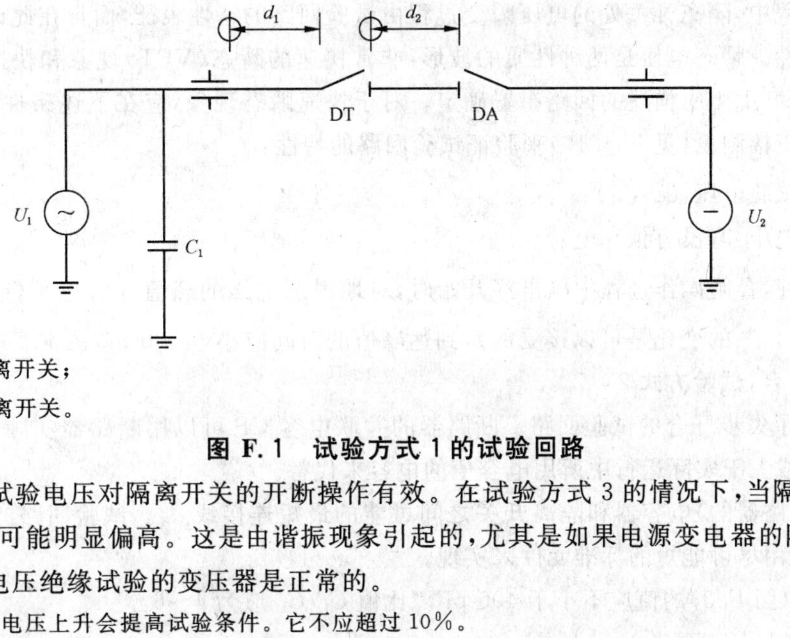

DT——被试隔离开关；

DA——辅助隔离开关。

图 F.1 试验方式 1 的试验回路

表 F.1 中的试验电压对隔离开关的开断操作有效。在试验方式 3 的情况下，当隔离开关处于合闸位置时，试验电压可能明显偏高。这是由谐振现象引起的，尤其是如果电源变电器的阻抗高的话，这种情况对用于交流电压绝缘试验的变压器是正常的。

注：上面提及的电压上升会提高试验条件。它不应超过 10%。

表 F.1 关合和开断试验的试验电压

试验方式	试验电压	
	电源侧 U_1	电源侧 U_2
1	$1.1\times U_r/\sqrt{3}$	用负极性直流电压预充电 $-1.1\times U_r\times\sqrt{2}/\sqrt{3}$
2	$1.1\times U_r/\sqrt{3}$	反相的交流电压 $1.1\times U_r/\sqrt{3}$
3	$U_r/\sqrt{3}$ [a]	—

[a] 允许偏差−5%。

注1：U_r 是额定电压。

注2：选取系数1.1是考虑这类开合现象的固定特性的统计结果，并且为了限定表F.3中的规定的试验操作次数。

由于试验方式3只是用于说明隔离开关的开合能力，所以提高试验电压是不必要的。

F.4.5 关合和开断试验的试验回路

F.4.5.1 开关非常短的母线(管)段，试验方式1

F.4.5.1.1 试验回路

图F.1给出了试验方式1的试验回路。负载侧应为长度为 d_2(范围为 3 m～5 m)的母线段。与电源侧连接应通过长度 d_1 的另一段母线来实现。为了获得典型的非常快速瞬态(VFT)的条件，比值 d_2/d_1 应在0.36～0.52的范围内。电源侧回路应具有附加的集中电容 C_1，C_1 值的选取应使得隔离开关端子的对地电压峰值满足F.4.5.1.2的规定。

在开始合闸操作之前，负载侧应按照表F.1中的直流电压进行充电，直流电压由辅助隔离开关DA断开。

注：母线长度 d_1 和 d_2 选取下列距离：

d_1：被试隔离开关(DT)的分闸触头到套管端头的距离；

d_2：被试隔离开关(DT)的分闸触头到辅助隔离开关(DA)的分闸触头的距离。

F.4.5.1.2 瞬态电压值

合闸操作过程中，隔离开关处的电压瞬变过程由试验回路的特性表征，而且在此试验条件下保证过电压特性的一致性。瞬态电压是两种性质的波形：非常快速的瞬态(VFT)现象和快速瞬态(FT)现象。VFT现象由F.4.5.1.1中描述的回路布置确定。对于快速瞬态现象，应在下述条件下，对试验布置至少进行一次通过直接测量(见F.4.10)来验证试验回路的特性：

——电源侧试验电压：$U_r/\sqrt{3}$；

——负载侧电压：0(没有预充电)。

对于这些条件，合闸操作过程中预击穿开始时，对地瞬态电压的峰值 u_{TVE} 应不低于 $1.4\times U_r\times\sqrt{2}/\sqrt{3}$(在实际应用上，5%的变化是可以接受的)，到达峰值的时间应小于500 ns(图F.2)。

F.4.5.2 失步开合，试验方式2

图F.3给出了失步开合的试验回路。断路器的并联电容CP可以用断路器实际使用的电容，也可以用电容值等于或大于实际运行中所用电容值的电容来代替。

应该确定(断路器的)电容器和隔离开关之间可能的最短连接线 d_3。试验回路的其他连接长度不作规定，但应优先用尽可能短的标准元件来实现。

集中电容 C_L(图F.3)的值应不小于400 pF。比值 C_1/C_L 应为4～6。

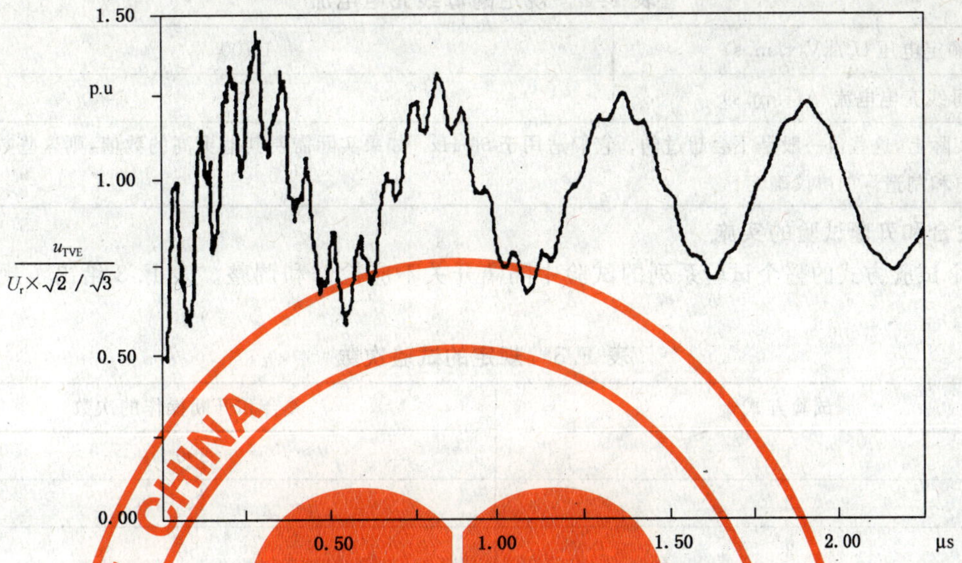

图 F.2 典型的电压波形(包含 VFT 和 FT 分量)

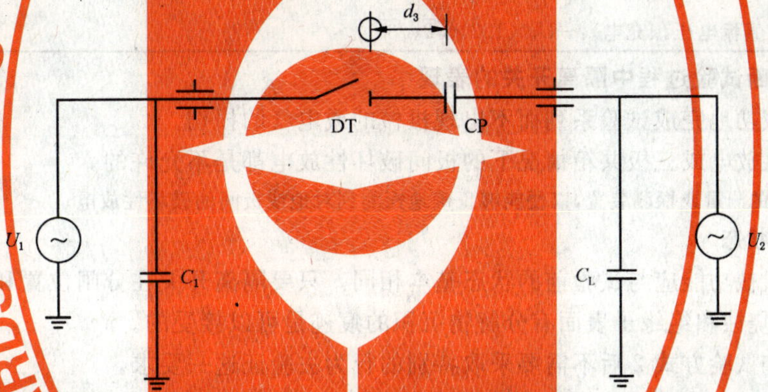

DT:被试隔离开关;

CP:断路器并联电容器或等效电容器。

图 F.3 试验方式 2 的试验回路

F.4.5.3 电流开合能力试验,试验方式 3

图 F.4 所示的试验回路适用于试验方式 3。对于这种类型的开合,母线段的具体长度并不重要。在负载侧应增加一个集中电容 C_L,以获得表 F.2 中给出的规定的母线充电电流,偏差为±10%。

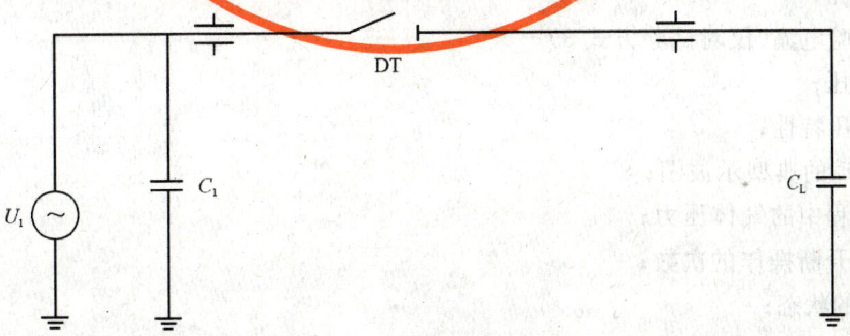

DT:被试隔离开关。

注 1:为了降低因较高电源阻抗引起的谐振效应,可以在电源侧接入一方便数值的集中电容 C_1。

注 2:可能影响瞬态恢复条件的详细试验条件,按照用户与制造厂之间的协议。

图 F.4 试验方式 3 的试验回路

表 F.2 规定的母线充电电流

额定电压 U_r/kV(r. m. s)	1 100
母线充电电流/A(r. m. s)	2
注：实际上，这些值一般是不会超过的。它们适用于 50 Hz。如果实际需要其他更高的数值，则这些数值应由用户和制造厂的协议确定。	

F.4.6 关合和开断试验的实施

在每个试验方式的整个试验系列的试验中隔离开关不应检修和调整。表 F.3 给出了规定的试验次数。

表 F.3 规定的试验次数

试验方式	关合和开断操作的次数
1	200[a]
2	200
3	50

[a] 如果试验电压提高(以覆盖统计结果)到下列数值，则试验次数可以减到 50 次：

——电源侧：$U_r \times 1.2/\sqrt{3}$；

——负载侧(直流电压预充电)：$-U_r \times 1.2 \times \sqrt{2}/\sqrt{3}$。

F.4.7 关合和开断试验过程中隔离开关的表现

隔离开关应成功地完成试验系列而不出现机械的或电气的损伤。

极对地破坏性放电或三极共箱情况下的极间破坏性放电都是不允许的。

注：必须用适当的测量或探测装置，以便能够正确地探测到对地或极间的破坏性放电。

F.4.8 试验后的状态

隔离开关的机械功能应与试验前的状态基本相同。只要隔离开关在分闸位置和合闸位置的绝缘性能不降低，则电弧烧蚀和绝缘子表面有分解物沉积的痕迹是可以接受的。

试验方式 1 和试验方式 2 后不需要采取特别的行为去验证这一要求。

注：关于试验方式 3，适当的验证程序正在考虑中。

F.4.9 型式试验报告

全部型式试验结果应记录在型式试验报告中，其中应包含足够的数据，以证明试验符合本指导性技术文件。型式试验报告还应包括足以确认被试隔离开关的主要部件的资料。

试验报告应包含下列资料：

a) 一次关合和一次开断操作的典型示波图；

b) 试验回路；

c) 稳态试验电流(仅对试验方式 3)；

d) 试验电压；

e) 瞬态电压特性；

f) 触头运动的典型示波图；

g) 试验过程中的气体压力；

h) 关合和开断操作的次数；

i) 试验后的状态；

j) 故障探测系统的类型；

k) 操动机构的电源电压或压力。

F.4.10 测量要求

通常，试验方式 1 和试验方式 2 要求专业化的测量：

——对地瞬态电压 u_{TVE} 的测量；

——试验方式 1 时，为保证负载侧电压(U_2)在合闸操作起始瞬间满足规定要求所进行的测量。

测量的要求：

——对采用的每一试验回路，TVE 的验证至少应进行一次。配置变化，如不同连接的引线长度、设备的方位等，都认为是试验回路的变化，并应进行附加的测量；

——TVE 的测量应在距离隔离开关弧触头 1 m 范围内进行。如果不可能，只要所进行的其他测量(在试验区域内，但在 1 m 外)至少有一次可以验证计算方法的有效性，则 TVE 的验证可以通过计算机计算；

——应该注意考虑可能的杂散工频干扰；

——TVE 的测量应在足够的频带宽度下进行，以便正确地记录 VFT 分量。

注：VFT 的测量正在考虑中。

参 考 文 献

[1] GB/T 4109—2008 交流电压高于1 000 V的绝缘套管(IEC 60137,MOD)

[2] GB/T 14810—1993 110 kV及以上交流高压负荷开关(neq IEC 60265-2:1988)

ICS 29.240.10
K 43

中华人民共和国国家标准化指导性技术文件

GB/Z 24838—2009

1 100 kV 高压交流断路器技术规范

Specification for 1 100 kV alternating-current high-voltage circuit-breakers

2009-11-30 发布　　　　2010-05-01 实施

中华人民共和国国家质量监督检验检疫总局
中国国家标准化管理委员会　发布

前 言

本指导性技术文件由中国电力企业联合会提出。

本指导性技术文件由中国电力企业联合会归口。

本指导性技术文件由特高压交流输电标准化技术工作委员会、中国电力科学研究院负责解释。

本指导性技术文件负责起草单位:国家电网公司、中国电力科学研究院。

本指导性技术文件参加起草单位:西安高压电器研究院、华东电网有限公司、清华大学、西安交通大学、西安西开高压电气股份有限公司、河南平高电气股份有限公司、新东北电气(沈阳)高压开关有限公司。

本指导性技术文件主要起草人:孙昕、顾霓鸿、丁扬、王承玉、孙岗、崔景春。

本指导性技术文件参加起草人:徐国政、刘伯涛、马志瀛、李鹏、刘兆林、张猛、王建西、韩书谟、赵鸿飞、孙永恒、张铎、郭媛媛、崔博源。

引　言

本指导性技术文件是根据晋东南-南阳-荆门特高压交流试验示范工程科研成果及实践经验，参考IEC 62271-100：2001《高压交流断路器》和IEC 17A/726/CD第3号修定进行制定的。

1 100 kV 高压交流断路器技术规范

1 范围

本指导性技术文件规定了1 100 kV高压交流断路器的使用条件、额定值、设计与结构、试验、选用导则、运输、储存、安装、运行和维护等要求。

本指导性技术文件适用于设计安装在户外且运行在频率为50 Hz、标称电压为1 000 kV的特高压电力系统中的高压交流断路器。

本指导性技术文件也适用于1 100 kV断路器的操动机构和其辅助设备。

除单极自动重合闸的断路器外，具有预定的极间不同期性的断路器不包含在本指导性技术文件的范围内。

与线路串联电容器和其保护设备并联的旁路断路器不包含在本指导性技术文件的范围内。

2 规范性引用文件

下列文件中的条款通过本指导性技术文件的引用而成为本指导性技术文件的条款。凡是注日期的引用文件，其随后所有的修改单(不包括勘误的内容)或修订版均不适用于本指导性技术文件，然而，鼓励根据本指导性技术文件达成协议的各方研究是否可使用这些文件的最新版本。凡是不注日期的引用文件，其最新版本适用于本指导性技术文件。

GB 1984—2003　高压交流断路器(IEC 62271-100:2001,MOD)

GB/T 4473—2008　高压交流断路器的合成试验(IEC 62271-101:2006,MOD)

GB/T 11022—1999　高压开关设备和控制设备标准的共用技术要求(eqv IEC 60694:1996)

GB/T 12022　工业六氟化硫(GB/T 12022—2006,IEC 376:1971,IEC 376A:1973,IEC 376B:1974,MOD)

GB/T 13540　高压开关设备抗地震性能试验

3 术语和定义

GB 1984所确立的及下列术语和定义适用于本指导性技术文件。

3.1

特高压　ultra high voltage;UHV

电力系统中交流1 000 kV及以上的电压等级。

3.2

断口并联电容　grading capacitor between open contacts

并联于断路器断口的各个断口上的电容器，使各个断口电压分布均匀。

3.3

合闸电阻　closing resistor

在断路器断口间通过辅助触头接入的电阻，主要用于限制合闸过电压。

3.4

分闸电阻　opening resistor

在断路器断口间通过辅助触头接入的电阻，主要用于限制分闸过电压。

4 正常和特殊使用条件

4.1 正常使用条件

a) 周围空气温度最高 40 ℃，且在 24 h 内测得的平均温度不超过 35 ℃；
周围空气温度最低−10 ℃，−25 ℃，−30 ℃，−40 ℃。

b) 海拔：1 000 m。

c) 应该考虑阳光幅射的影响。阳光幅射强度以 1 000 W/m^2 为依据。

d) 公称爬电比距值：

1) Ⅲ级污秽地区的对地爬电比距不得小于 25 mm/kV；

2) Ⅳ级污秽地区的对地爬电比距不得小于 31 mm/kV。

实际的爬电比距为上述公称爬电比距值乘以应用系数 a，a 值见表 1。

表 1 最小公称爬电比距的应用系数

绝缘的应用	应用系数 a
相对地	1
相间	$\sqrt{3}$
断路器断口间	1.15

e) 覆冰厚度：对 1 级的不超过 1 mm，对 10 级不超过 10 mm，对 20 级不超过 20 mm。

f) 风速：不超过 34 m/s(相应于风压 700 Pa)。

g) 应该考虑有凝露和降水的影响。

h) 地震烈度：水平加速度 0.25 g、0.3 g。

4.2 特殊使用条件

经制造厂同用户协商，可在与 4.1 正常使用条件不同的条件下使用。对任何特殊使用条件由制造厂与用户协定。

5 额定值

5.1 概述

用来确定断路器及其操动机构和辅助设备额定值的特性如下：

a) 额定电压；

b) 额定绝缘水平；

c) 额定频率；

d) 额定电流；

e) 额定短时耐受电流；

f) 额定峰值耐受电流；

g) 额定短路持续时间；

h) 合闸和分闸装置以及辅助回路的额定电源电压；

i) 合闸和分闸装置以及辅助回路的额定电源频率；

j) 适用时，操作、开断和绝缘用的压缩气源和/或液源的额定压力；

k) 额定短路开断电流；

l) 与额定短路开断电流相关的瞬态恢复电压；

m) 额定短路关合电流；

n) 额定操作顺序；

o) 额定时间参量；

p) 额定近区故障特性；

q) 额定线路充电开断电流；

r) 额定失步关合和开断电流。

5.2 额定电压(U_r)

1 100 kV。

5.3 额定绝缘水平

额定绝缘水平见表 2。

表 2 额定绝缘水平 单位为千伏

	相对地	相间	断口
额定工频耐受电压(有效值)	1 100	—	1 100(+635)[a]
额定操作冲击耐受电压(峰值)	1 800	2 700	1 675(+900)[b]
额定雷电冲击耐受电压(峰值)	2 400	—	2 400(+900)[b]

[a] 括号内的数值是施加在对侧端子上工频电压有效值 $1.0\times U_r/\sqrt{3}$(联合电压)。

[b] 括号内的数值是施加在对侧端子的工频电压峰值 $1.0\times U_r\sqrt{2}/\sqrt{3}$(联合电压)。

5.4 额定频率(f_r)

50 Hz。

5.5 额定电流(I_r)和温升

额定电流在下列值中选取：4 000 A、5 000 A、6 300 A、8 000 A。

温升试验在 1.1 倍额定电流下进行。

5.6 额定短时耐受电流(I_k)

额定短时耐受电流值在表 3 中选取。

表 3 额定短时耐受电流值和额定峰值耐受电流值 单位为千安

额定短时耐受电流	额定峰值耐受电流
50	135
63	170

5.7 额定峰值耐受电流(I_p)

额定峰值耐受电流值在表 3 中选取。

5.8 额定短路持续时间(t_k)

2 s。

5.9 操动机构和辅助及控制回路的额定电源电压(U_a)

额定直流电源电压：110 V、220 V。

额定交流电源电压：220 V、380 V。

电动机的额定电压：交流 220 V、380 V(三相)。

加热器额定电压：交流 220 V。

5.10 操动机构和辅助回路的额定电源频率

额定电源频率为 50 Hz。

5.11 绝缘、操作和/或开断用的气体或液体的额定充入水平

在环境温度为 20 ℃的条件下，本体充气或机构充液的断路器投运前，由制造厂指定充入压力(或密度)或充入液体的质量。

5.12 额定短路开断电流(I_{sc})

额定短路开断电流由两个值表征：

——交流分量有效值；

——直流分量百分数。

5.12.1 额定短路开断电流的交流分量

额定短路开断电流的交流分量标准值等于额定短时耐受电流值，见表 3。

5.12.2 额定短路开断电流的直流分量

触头刚分瞬间的直流分量百分数的值由式(1)计算：

$$\%dc = 100 \times e^{\frac{-(T_{op}+T_r)}{\tau}} \qquad \cdots\cdots(1)$$

式中：

$\%dc$——触头刚分瞬间的直流分量百分数；

T_{op}——制造厂规定的断路器最短分闸时间（不能大于产品实测的最短分闸时间）；

T_r——继电保护时间 0.5 周波，如 50 Hz 为 10 ms；

τ——额定短路电流的直流时间常数 120 ms。

注：最短分闸时间是制造厂规定的、能够覆盖断路器在任何条件下开断符合本指导性技术文件的非对称电流（出线端故障试验方式 T100a）时出现的最短分闸时间。它应以这样的方式选取：试验方式 T100a 中施加的直流分量（基于最短分闸时间）应足够大，以使本试验能够覆盖生产寿命期间制造的每一台断路器。

5.13 与额定短路开断电流相关的瞬态恢复电压

5.13.1 额定电压 1 100 kV 预期瞬态恢复电压标准值

额定电压 1 100 kV 预期瞬态恢复电压标准值见表 4。

表 4 额定电压 1 100 kV 预期瞬态恢复电压标准值[a]

额定电压 U_r kV	试验方式	首开极系数 k_{pp} p.u.	振幅系数 k_{af} p.u.	第一参考电压 u_1 kV	时间 t_1 μs	TRV峰值 u_c kV	时间 t_2或t_3 μs	时延 t_d μs	电压 u' kV	时间 t' μs	上升率 u_1/t_1 u_c/t_3 kV/μs
1 100	T100	1.3	1.4	876	438	1 635	1 752	2(123)	438	221(342)	2.0
	T60	1.3	1.5	876	292	1 751	1 752	2～88	438	148～234	3.0
	T30	1.3	1.53	—	—	1 786	357	54	595	173	5.0
	T10	1.3	1.53	—	—	1 786	179	38	595	123	10.0
	L90-L75	1.0	1.4	674	337	1 257	1 348	2	337	170	2.0
	OP1-OP2	2.0	1.25	1 347	875	2 245	1 750～3 500	2～87	674	440～525	1.54
分闸电阻断口 T100						1 350	450				3.0
分闸电阻断口 OP				504	176	2 450	3 100				2.86

对于出线端故障试验方式 T100，t_d 和 t' 给出两个数值，通过括号分开，如果还要进行近区故障试验，则可采用括号中的数值。否则，应采用括号前面的数值；

对于出线端故障试验方式 T60 和失步试验方式 OP1、OP2，t_d 和 t' 给出两个数值，通过破折号分开，这些值表示用于试验的下限和上限。破折号前面的数值为下限，在试验中不能降低；破折号后面的数值为上限，在试验中不能超过；

分闸电阻断口恢复电压：T100 用两参数法，失步开断用四参数法；

分闸电阻断口恢复电压参数仅适用分闸电阻≤600 Ω 的产品。

[a] 近区故障时为电源侧的瞬态恢复电压和时间参数。

5.13.2 ITRV的标准值

初始瞬态恢复电压的标准值见表5。

表5 额定电压1 100 kV初始瞬态恢复电压的标准值

额定电压 U_r kV	确定 u_i 作为短路开断电流 I_{sc} 有效值的函数的乘数[a] f_i kV/kA 50 Hz	时间 t_i μs
1 100	0.173	1.2
注：这些数值覆盖了三相和单相故障并基于如下假定：母线，包括与其相连的元件（支撑件、电流和电压互感器、隔离开关等），可以粗略地用大约325 Ω波阻抗 Z_i 表征；f_i 和 t_i 之间的关系为： $f_i = t_i \times Z_i \times \omega \times \sqrt{2}$ 式中：$\omega = 2\pi \times f_r$ 是与断路器额定频率相应的角频率。		
[a] 实际的初始峰值电压由栏中的数值乘以短路开断电流的有效值获得。		

5.14 额定短路关合电流

额定短路关合电流等于额定短路开断电流交流分量有效值的2.7倍，与断路器的额定频率无关。

5.15 额定操作顺序

额定操作顺序：

O—t—CO—t'—CO

采用合成试验，替代额定操作顺序：

C_{dasy}（仅适用T100s）

C_{ssmy}（仅适用T100s、OP2）

O_s

O_d—t—C_dO_s—t'—C_dO_s

除非另有规定，否则：

t=0.3 s 快速自动重合闸的断路器无电流时间

t'=3 min

其中：

O表示一次开断操作；

CO表示一次关合操作后立即（即无任何故意的时延）进行开断操作；

O_s 表示一次预期瞬态恢复电压下的合成开断操作；

O_d 表示一次电流源电压下的开断操作；

C_dO_s 表示一次电流源电压下关合操作后进行预期瞬态恢复电压下的合成开断操作；

C_{ssmy} 表示一次预期瞬态恢复电压下对称电流等于额定短路开断电流的合成关合操作；

C_{dasy} 表示一次降低电压下达到规定的关合电流峰值的关合操作；

t 和 t' 是连续操作之间的时间间隔，应以秒或分钟表示。

如果无电流时间是可调的，应规定调整的极限。

5.16 近区故障特性

近区故障回路是由断路器电源侧的电源回路和其负载侧的短线路组成，其特性如下：

a) 电源回路特性

——电压等于相对地电压 $1\ 100/\sqrt{3}$ kV；

——短路电流，在出线端短路情况下，等于断路器的额定短路开断电流；

——预期瞬态恢复电压，在近区故障情况，是表 4 中给出的标准值；

——ITRV 特性，从表 5 中导出。

b) 线路特性

——RRRV 系数(基于波阻抗 Z 为 450 Ω)、峰值系数 k 和线路侧时延 t_{dL} 的标准值在表 6 中给出；

——根据特性计算瞬态恢复电压的方法在 GB 1984—2003 附录 A 中给出。

表 6 近区故障线路特性的标准值

额定电压 U_r kV	波阻抗 Z Ω	峰值系数 k	RRRV 系数 50 Hz S^a (kV/μs)/kA	时延 t_{dL} μs
1 100	450	1.6	0.200	0.5

[a] 关于 RRRV 系数 S，见 GB 1984—2003 附录 A。

5.17 额定失步关合和开断电流

额定失步开断电流是在本指导性技术文件规定的使用和性能条件下，具有下述规定的恢复电压的回路中，断路器能够开断的最大失步电流：

a) 工频恢复电压为 $2.0\times1\,100/\sqrt{3}$ kV；

b) 瞬态恢复电压应符合表 4 规定。

额定失步开断电流应为额定短路开断电流的 25%。

额定失步关合电流应为额定失步开断电流的峰值。

5.18 额定开合空载架空输电线路的充电电流

额定开合空载架空输电线路的充电电流的优选值为 1 200 A。

5.19 开合空载变压器的能力

断路器应能可靠开合三相空载变压器，空载励磁电流为 0.5 A～5 A。

5.20 开合并联电抗器的能力

电抗器容量为 210 Mvar、240 Mvar 或 320 Mvar(根据具体工程选用)。

5.21 两端带并联电抗器开合空载线路的能力

电抗器容量为现场实际容量，空载线路长度为现场实际线路。

5.22 额定时间参量

参照 GB 1984—2003 的图 1～图 7。

可以对下列时间参量规定额定值：

——分闸时间(空载)≤30 ms；

——开断时间 ≤50 ms ；

——合闸时间(空载)≤120 ms；

——重合闸时间(空载)0.3 s，可调；

——合－分时间(空载)≤50 ms；

——预接入时间(空载)8 ms ～11 ms；

——分闸不同期性：极间 ≤3 ms，同极断口间≤2 ms；

——合闸不同期性：极间 ≤5 ms，同极断口间≤3 ms。

额定时间参量基于：

——合闸和分闸机构以及辅助和控制回路的额定电源电压(见 5.9)；

——合闸和分闸机构以及辅助和控制回路的额定电源频率(见 5.10)；

——绝缘和/或开断用气体的额定压力(见 5.11);

——操作用液压的额定压力;

——周围空气温度为 20 ℃±5 ℃。

5.23 机械稳定性操作的次数

在不检修、不调整、不更换零部件的情况下,机械稳定性可按 M1 级标准断路器,但操作次数应不少于 5 000 次,其后动作性能和时间—行程特性曲线应满足要求。

5.24 断路器的电寿命

不须更换零部件、不检修情况下允许连续开断额定短路开断电流的次数应不少于 16 次(E2 级)。

5.25 分、合闸电阻及辅助断口

合闸电阻预接入时间	8 ms~11 ms
分闸电阻的接入时间	≥30 ms
每相阻值(20 ℃)	400 Ω~600 Ω

热容量要求如下:

a) 合闸电阻热容量至少应满足在 2 倍额定相电压下进行两次合闸试验,时间间隔为 30 min;

b) 如合、分闸共用一个电阻,热容量原则上也应满足 2 倍额定相电压下 CO—30 min—CO 操作顺序的要求,但考虑产品现状,暂按满足:在 1.1 倍额定相电压下分闸,0.3 s 后在 2 倍相电压下进行合分试验;

c) 合闸电阻的接入时间不小于 11 ms,分闸电阻的接入时间不小于 30 ms,还要考虑断口预击穿造成的影响;

d) 合闸、分闸电阻在热容量试验前后,常温状态的电阻值变化应不大于±5%;

e) 如合闸、分闸用二个电阻,则电阻热容量应分别试验。

分闸电阻辅助断口要单独进行合成开断试验,瞬态恢复电压值见表 4。

5.26 噪音水平

断路器开断和关合时的噪音,在距断路器及其操动机构最近部位 2 m,高 1.5 m 处不大于 110 dB(A)。

6 设计与结构

6.1 断路器中液体的要求

GB/T 11022—1999 的 5.1 适用。

6.2 断路器中气体的要求

GB/T 11022—1999 的 5.2 适用,并做如下补充:

SF_6 气体允许湿度:出厂时、交接时≤150 μL/L,运行中≤300 μL/L。

6.3 断路器的接地

GB/T 11022—1999 的 5.3 适用。

6.4 辅助和控制设备

GB/T 11022—1999 的 5.4 适用,并作如下补充:

——使用并联分闸和合闸脱扣器的场合,当施加永久的合闸或分闸指令时,应采取适当的措施避免脱扣器损坏。例如,那些措施可以是使用串联控制触头的布置使得当断路器处于合闸位置时,合闸脱扣器的控制触头("b"触头或开断触头)处于分闸位置,分闸脱扣器的控制触头("a"触头或关合触头)处于合闸位置;当断路器处于分闸位置时,分闸脱扣器的控制触头是分开的,合闸脱扣器的控制触头是闭合的;

注:也可能采用不同于触头的其他系统。

——对于并联合闸脱扣器,上述第一个破折号所述的并联合闸脱扣器的保护措施的动作不应早于断路器的合闸指令最短持续时间,也不应迟于断路器的额定合闸时间;

注:如果合闸并联脱扣器的电流是由控制触头开断的,合闸指令必须长于额定合闸时间。

——对于并联分闸脱扣器，上述第一个破折号所述的并联分闸脱扣器的保护措施的动作不应早于断路器要求的脱扣指令最短持续时间，也不应迟于断路器主触头额定分闸后 20 ms；
——对于具有短的合－分闸时间要求的场合，上述第一个破折号所述的并联分闸脱扣器的保护措施的动作不应早于断路器主触头的合闸时刻，也不应迟于断路器主触头合闸后一个半波；
——辅助开关用作位置指示器时，应指示断路器处于休止、分闸或合闸的终了位置。信号还应保持；
——连接件应能承受由断路器产生的应力，尤其是那些由于操作时的机械力而产生的应力；
——所有辅助设备包括连接线，应进行充分的防雨和防潮保护；
——使用特殊的控制设备元件时，应在辅助和控制回路的电源电压、开断和/或绝缘及操作用的介质的规定范围内操作，并能开合断路器制造厂规定的负载；
——辅助设备的专用元件，诸如液体指示器、压力指示器、释放阀、充排设备、加热器和联锁的触点，应能在辅助和控制回路电源电压的规定范围内，开断和/或绝缘用以及操作用的介质的使用范围内工作；
——极间不同期的控制回路作为断路器的一部分时，应对极的位置（分闸或合闸）进行监控。根据使用情况，延时应在 0.1 s～3 s 间可调。断路器发生非全相的合闸或出现非全相运行时应由断路器本身的回路实现保护性分闸；
——断路器及操动机构上的一切计量、控制元件和协作件都必须经由断路器的制造厂校验合格和调整完善后方能装配出厂，制造厂应对这些元件的质量全面负责；
——所有断路器均可三极电气联动操作，线路侧断路器还应可进行分极操作，并满足单相自动重合闸操作的要求。

6.5 储能合闸

GB/T 11022—1999 的 5.6.1 和 5.6.2 适用。

储能合闸的断路器，必须能在关合额定短路关合电流的合闸操作后立即分闸。

6.6 脱扣器操作

6.6.1 分闸脱扣器

断路器应提供两套独立的分闸并联脱扣器，包括分闸压力闭锁回路，压力闭锁开关应具有完全独立的两付接点。每套分闸装置动作或两套分闸装置同时动作时，均应保证断路器的机械特性。

安装有同样功能的两套独立脱扣器时，一个脱扣器的缺陷不应干扰另一个脱扣器的功能。相同功能使用的脱扣器应在物理上独立，即磁场隔离。

6.6.2 脱扣器的动作限值

在额定电源电压下，分闸并联脱扣器的脱扣指令最短持续时间和合闸并联脱扣器的指令最短持续时间不应小于 2 ms。

当电源电压不大于额定电源电压的 30％时，分闸并联脱扣器或合闸并联脱扣器都不应脱扣。

6.7 低压力和高压力闭锁装置

应装设 SF_6 气体低压力报警、闭锁装置，也应设液压低压力、高压力报警闭锁装置，这些闭锁装置应设定在制造厂规定的压力或适当的压力极限范围内动作。

6.8 铭牌

GB/T 11022—1999 中的 5.10 适用，并作如下补充：

断路器和其操动机构的铭牌应按表 7 的内容标注。

操动机构的线圈应有一个参考标识，以便用户能从制造厂获得全部数据。

脱扣器应带有适当的数据。

在正常工作和安装位置铭牌均应明显可见。

表 7　铭牌参数

	缩写	单位	断路器	操动机构	条件:仅当需要时才标注
1	2	3	4	5	6
制造厂			X	X	
型号或系列号			X	X	
额定电压	U_r	kV	X		
额定雷电冲击耐受电压	U_p	kV	X		
额定操作冲击耐受电压	U_s	kV	X		
额定频率	f_r	Hz	Y		对 50 Hz 不适用时
额定电流	I_r	A	X		
额定短路持续时间	t_k	s	X		
额定短路开断电流	I_{sc}	kA	X		
额定短路电流的直流时间常数		ms	(X)		
首开极系数	k_{pp}		Y		对 1.3 不适用时
额定失步开断电流	I_d	kA	(X)		
额定线路充电开断电流	I_l	A	X		
操作用的额定压力(表压)	p_{rm}	MPa		(X)	
开断用的额定压力(表压)	p_{re}	MPa	(X)		
合闸和分闸装置的额定电源电压	U_{op}	V		(X)	
合闸和分闸装置的额定电源频率		Hz		(X)	
辅助回路的额定电源电压	U_a	V		(X)	
辅助回路的额定电源频率		Hz		(X)	
质量	M	kg	X	X	
开断用的流体的质量	m	kg	(X)		
额定操作顺序			X		
制造年份			X		
温度等级			(X)	(X)	
分级			Y		不同于 E1、C1 和 M1 级时
标有发布日期的相关标准			X	X	

X——这些值的标注是强制性的;空格表示此值为零。

(X)——这些值的标注是可选的。

Y——按照栏 6 中的条件标注的值。

注:栏 2 中的缩写可以代替栏 1 中的术语。采用栏 1 中的术语时可不出现“额定”。

6.9　联锁装置

GB/T 11022—1999 的 5.11 适用。

6.10　外壳的防护等级

GB/T 11022—1999 的 5.13 适用。外壳的防护等级应不小于 IP44。

6.11 爬电距离

GB/T 11022—1999 的 5.14 适用。同极断口间的外绝缘爬电距离为对地爬电距离的 1.0 倍～1.15 倍。如果对地爬电距离值较高,可选取较低的倍数(数值见 GB/T 11022—1999 的表 8)。对倾斜安装的绝缘子,在选型时要考虑结构、造形。

6.12 气体的密封

GB/T 11022—1999 的 5.15 适用。

6.13 液体的密封

GB/T 11022—1999 的 5.16 适用。

6.14 易燃性

GB/T 11022—1999 的 5.17 适用。

6.15 电磁兼容性(EMC)

GB/T 11022—1999 的 5.18 适用。

6.16 操作的一般要求

断路器及其操动机构应能在 GB/T 11022—1999 第 2 章确定的温度级别的整个环境温度范围内,按 6.17 的规定完成其额定操作顺序。

装有加热器的断路器应该设计成:加热器在最短两个小时内不工作时,断路器在温度级别确定的最低周围空气温度下能够进行分闸操作。

6.17 操作用流体的压力极限

制造厂应规定操作用流体的最高和最低压力,断路器在此极限压力下应能按其额定值使用,并应整定合适的低压力和高压力闭锁装置。制造厂应规定操作和开断用的最低功能压力。

制造厂可规定断路器能够进行下述每一种操作的压力极限:

a) 开断其额定短路开断电流,即一个"分(O)"操作;
b) 关合其额定短路关合电流后,立即开断其额定短路开断电流,即一个"合分(CO)"操作循环;
c) 对于快速自动重合闸的断路器:开断其额定短路开断电流后,经过额定操作顺序(见 5.15)的时间间隔 t,关合其额定短路关合电流后,紧接着再次开断其额定短路开断电流,即一个"分—t—合分(O—t—CO)"操作顺序。

断路器应具有足够容量的能量储存,以便在规定的相应最低压力下进行适当的操作时获得满意的性能。

6.18 操动机构

操动机构的要求如下:

a) 断路器操动机构为液压机构;
b) 在三相各自的操动机构箱上各装一套机械联动的记录"分、合"次数的计数器;计数器安装位置应便于读数。箱内设有照明装置,应能装设刀开关和合闸熔丝;
c) 当操动机构储足能量时,应该能关合和开断它的额定短路电流,在指定的相应最低压力下能正确操作。如果制造厂规定了最大合闸和分闸时间,所测得的分闸和合闸时间不得超过此值。对具有单独的泵的断路器,泵的出力、液压蓄能器的容量应足以供给断路器在额定短路关合和开断电流及以下的所有电流下进行额定操作顺序的操作,操作顺序开始时的压力应等于制造厂按照上述要求以及泵得以正常运转所规定的最低压力。除了在维修时的慢操作外,主触头只应该在传动机构的作用下以设计的方式运动;
d) 每台液压操动机构应配备自身的液压设备,如油泵、储压筒、控制装置、连接管道和阀等。油泵由 50 Hz、三相 380 V 的电动机驱动,从设备安全性考虑,油泵配用 2 台电动机。电动机和泵的容量应满足储压筒在 60 s 内从油泵启动油压打压到最高工作油压。储压筒的容量应满足压力降到自动重合闸闭锁压力之前无需启动油泵,即能连续进行两次合分或一次分—0.3 s—合分的操作顺序；

e) 应具有保证传动管路充满传动液体的装置和排气装置；操动机构应具有断路器在运行中机械防慢分的装置，有防止失压后重新打压慢分的功能；

f) 操动机构本身应具有防跳跃性能和保证合分时间的能力。防跳跃装置如果作为控制回路的一部分时，应可靠动作。如果安装的不止一个，它们应在每一个回路中动作；防跳继电器的一付常闭接点应接至汇控柜主端子板；

g) 断路器应能实现就地和远方操作、就地汇控柜电动操作的要求，其间应可转换，就地操作需配置操作按钮。动力式操动机械应有供检修及调整用的手力分、合闸装置；

h) 操动机构辅助开关，除所要求的正常接点外，还需有12对常开和12对常闭备用接点。接点的开断能力为：DC 220 V，5 A。导线截面不得小于 2.5 mm^2，辅助开关应能可靠地通过并切断控制回路的电流，厂家应提供辅助开关与主断口触头间的配合时间；

i) 应具有监视压力变化的装置(见6.7)，当液压高于或低于规定值时应发出信号并切换相应控制回路的接点；应给出各报警或闭锁压力的定值(停泵、启泵、压力异常、打压超时的告警信号及分、合闸闭锁、重合闸闭锁)；应装设油泵启动次数记数及记时器、安全阀和液压油过滤装置；

j) 在无操作的情况下，液压操动机构的漏油量不致使加压泵的启动次数每天不超过2次；

k) 操动机构箱中应设有能根据温度变化自动投切的加热装置。加热装置在额定电压下的能量消耗应在制造厂规定值的±10%公差范围内。液压机构的电动机和加热器均应有断线指示装置；

l) 机构箱和汇控柜应能防锈、防寒、防热、防潮、防水、防尘、防裂、防止变型和防止异物进入，应采取可靠的防腐蚀措施，如采用亚光不锈钢材料，并采取可靠的防雨措施。机构箱和汇控柜的防护等级应达到IP44，壳体板厚度不小于2 mm。

6.19 二次通讯规约

断路器与控制柜的通讯规约由制造厂自定。但控制柜内必须留有上传信号的通讯接口，接口上传的通讯规约，必须征得用户同意。

6.20 其他要求

对断路器的其他要求如下：

a) 断路器并联电容器 应能耐受2倍相电压2 h。局放测量时由1.1倍额定电压降到1.2倍相电压下进行测量，其局放电量不大于5 pC。其绝缘水平应与断路器断口间的耐压水平相同；制造厂应指明并联电容器的电容数值及其公差范围，还应提供介质损失角数值。

b) 制造厂应在产品说明书中提出断路器作用在基础上的作用力，并指明强度、固有频率等特性。对断路器基础强度(包括抗震强度)所提的要求应与断路器的作用力相对应。

7 型式试验

断路器的型式试验项目列于表8中。

对于型式试验，试验参量的公差在表4和GB 1984—2003的附录B中给出。

原则上，各项型式试验应该在新的、干净的断路器上进行。对于采用 SF_6 作为绝缘和开断的断路器，气体的质量至少应达到GB/T 12022的水平。

制造厂的责任仅限于所声明的额定值，而不是型式试验中获得的值。

通过示波器或等效设备(例如瞬态记录仪)包括相关设备来确定额定参数(例如短路电流、外施电压和恢复电压)量值的每项测量的不确定度应在±5%(等于包含因子为2.0)范围内。

注：关于包含因子的含义，测量不确定度的表达式见GB 1984—2003参考文献[12]ISO导则(1995)。

7.1 概述

7.1.1 试验的分组

GB/T 11022—1999 的 6.1.1 适用。

7.1.2 确定试品用的资料

GB/T 11022—1999 的 6.1.2 适用。

表 8 型式试验

强制的型式试验项目	条 款 号
绝缘试验和局部放电测量	7.2 7.3
主回路电阻测量	7.6
温升试验	7.7
短时耐受电流和峰值耐受电流试验	7.8
EMC 试验	7.11
机械操作和机械寿命试验	7.12.2
短路电流关合和开断试验	7.14
无线电干扰电压试验	7.5
防护等级验证	7.9
密封试验	7.10
低温和高温试验（规定温度等级）	7.12.3
端子静负载试验	7.12.4
近区故障试验	7.15
失步关合和开断试验	7.16
电寿命试验	7.18
线路充电电流开合试验(C1 或 C2 等级)	7.17
淋雨试验	7.12.5
噪声水平测试	7.12.6
耐地震试验	7.13
分、合闸电阻热容量试验	7.19

7.1.3 型式试验报告包含的资料

GB/T 11022—1999 的 6.1.3 适用,并作如下补充:

关于关合、开断和短时电流性能型式试验的报告和记录,更详细的说明在 GB 1984—2003 附录 C 中给出。

7.2 绝缘试验和局部放电测量

7.2.1 试验时的周围大气条件

GB/T 11022—1999 的 6.2.1 适用。

7.2.2 湿试程序

GB/T 11022—1999 的 6.2.2 适用,并增加下面的注。

注：对于落地罐式断路器,如果套管已按相关的标准试验过,则湿试程序下的试验可以免去。

7.2.3 绝缘试验时断路器的状态

GB/T 11022—1999 的 6.2.3 适用。

7.2.4 **通过试验的判据**

GB 1984—2003 的 6.2.4 适用。

7.2.5 **试验电压的施加和试验条件**

GB/T 11022—1999 的 6.2.5 适用。

7.2.6 **断路器的绝缘试验**

GB 1984—2003 的 6.2.7 试验方法适用。

工频电压值、操作冲击电压值和雷电冲击电压值见表 2。因试验设备容量不足，造成雷电冲击电压或操作冲击电压峰值有明显的跌落时，试验电压应予补足。

在进行断口耐压试验时，由于雷电冲击电压或操作冲击电压造成断口的另一侧工频电压峰值有明显的跌落时，原则上应在工频电压峰值侧予以补足，保证断口间总的电压不低于表 2 中的规定值。

7.2.7 **局部放电试验**

罐式或 GIS 断路器应进行局部放电试验。局部放电试验应在绝缘试验工频、雷电冲击或操作冲击试验完成后进行。工频耐压试验也可结合局部放电试验一起进行：试验采用工频电压，先升压到 1 100 kV(额定工频耐受电压)保持 1 min，再降到 762 kV(1.2 倍额定相电压)下 5 min 后进行局部放电量的测量，应不大于 5pC（试验环境的背景局放不应大于 3pC）。

注：罐式断路器进行局放试验时允许安装一支套管。

7.3 **辅助回路和控制回路的绝缘试验**

GB/T 11022—1999 的 6.2.10 适用。工频试验电压为 2 000 V，持续时间 1 min。

7.4 **作为状态检查的电压试验**

断路器在每一个短路试验方式后，虽然其短路关合和开断性能可能有所下降，仍应能在额定电压下关合和开断其额定电流。在试验方式 L90 后应进行状态检查试验，如果没有做过试验方式 L90，则应在试验方式 T100s 后进行状态检查试验。如果在容性电流开合试验中出现一次重击穿，且容性电流开合试验时的恢复电压峰值低于规定的绝缘状态检查试验电压的电压峰值，则应在外观检查之前，进行绝缘状态检查试验。如果未发生重击穿，则只要对外观进行检查，不需要进行绝缘状态检查试验。在机械寿命和电寿命试验后，只对外观进行检查，不需要进行绝缘状态检查试验。

绝缘状态检查试验采用操作冲击电压试验，也可以使用大容量试验室的合成试验设备。操作冲击电压的波形可以是出线端故障 T10 规定的 TRV 波形。其中 u_c 为(1 675＋900)kV 的 80%，即 2 060 kV，时间 t_3 为 250 μs，允许偏差为±10%(如整极试验时，为保证断口状态检查电压试验时不发生对地闪络，试品外壳要对地绝缘)。

进行冲击电压试验时，每一极性应施加 5 次冲击。如果未出现破坏性放电，则认为断路器通过了试验。对于电流路径不对称的断路器，连接线应倒换。应对每一种连接线布置进行一次完整的试验。

7.5 **无线电干扰电压(r.i.v.)试验**

GB/T 11022—1999 的 6.3 适用，并作如下补充：

试验可以在断路器的一极上进行，断路器应分别处于分闸和合闸位置进行试验。试验期间，断路器应装有可能影响无线电干扰性能的所有附件，例如均压电容器、电晕环、高压连接件等。无线电干扰电压不应大于 500 μV。

7.6 **主回路电阻的测量**

GB/T 11022—1999 的 6.4.1 适用。试验电流取不小于直流 300 A。

7.7 **温升试验**

GB/T 11022—1999 的 6.5 适用。

试验电流为 1.1 倍断路器的额定电流。

7.8 **短时耐受电流和峰值耐受电流试验**

GB/T 11022—1999 的 6.6 适用。额定峰值耐受电流峰值为额定短时耐受电流有效值的 2.7 倍。

7.9 防护等级的检验

GB/T 11022—1999 的 6.7 适用。

7.10 密封试验

GB/T 11022—1999 的 6.8.2 适用。SF_6 气体断路器年漏气率不大于 0.5%。

GB/T 11022—1999 的 6.8.4 适用。液压操动机构特别要提出低温和环境温度骤变下的泄漏数据。

7.11 电磁兼容性(EMC)试验

GB/T 11022—1999 的 6.9 适用。

7.12 机械和环境试验

7.12.1 机械和环境试验的各项规定

GB 1984—2003 的 6.101.1 适用。

7.12.2 周围空气温度下的机械操作和机械寿命试验

机械操作试验应记录断路器的特性和整定值：

a) 合闸时间；

b) 分闸时间；

c) 一极中各单元之间的时间差；

d) 操动装置的恢复时间；

e) 控制回路的损耗；

f) 脱扣装置的损耗，脱扣器的电流；

g) 分闸或合闸指令的持续时间；

h) 密封性；

i) 气体密度或压力；

j) 主回路电阻；

k) 时间-行程特性曲线；

l) 制造厂规定的其他重要特性或整定值。

上述动作特性应在下列情况下记录：

——额定电源电压和操作用的额定充入压力；

——最高电源电压和操作用的最高充入压力；

——最高电源电压和操作用的最低充入压力；

——最低电源电压和操作用的最低充入压力；

——最低电源电压和操作用的最高充入压力。

机械寿命应由 5 000 次操作循环组成，分为 2 000 次和 3 000 次两组试验，见表 9。

——规定的试验组之间，允许根据制造厂的说明书进行一些维护，如：润滑和机械调整。不允许更换触头；

——试验过程中的维护程序应由制造厂在试验前确定，并记录在试验报告中；

——试验前后的时间-行程特性曲线变化，应在允许范围内。

表 9 操作顺序的次数

操作顺序	控制电压和操作压力	操作顺序次数 2 000 次/3 000 次
$C—t_a—O—t_a$	最低	500/750
	额定	500/750
	最高	500/750

表 9（续）

<table>
<tr><th>操作顺序</th><th>控制电压和操作压力</th><th>操作顺序次数
2 000 次/3 000 次</th></tr>
<tr><td>O—t—CO—t_a—C—t_a</td><td>额定</td><td>250/375</td></tr>
<tr><td colspan="3">O——分闸；
C——合闸；
CO——合闸操作后，紧接着（没有任何人为延时）进行一个分闸操作；
t_a——两次操作之间的时间间隔，以使断路器恢复到起始状态和/或防止断路器的某些部件过热（这个时间可以根据操作的类型而不同）；
t——对于快速自动重合闸断路器为 0.3 s。</td></tr>
</table>

机械操作试验的判据 GB 1984—2003 的 6.101.2.5 适用。

7.12.3 低温和高温试验

7.12.3.1 概述

两类试验不需要连续进行，试验的顺序是任意的。对于－10 ℃级的户外断路器不要求低温试验。

对于每极独立的多箱壳型断路器，允许用一个完整的极进行试验。

如果需要，可以将热源投入使用。

除非断路器的设计要求为供给断路器操作用的液体或气体源提供热源，否则，断路器应处于试验时的空气温度。

试验过程中，不允许对断路器进行检修、更换零部件、润滑或调整。

注：为了确定材料的温度特性、老化等，可能需要比下列条款所规定的更长时间的试验。

作为本指导性技术文件规定的试验方法的一种替代办法，是由制造厂提供断路器良好的现场运行的经验资料，来证明已有的某断路器系列符合本条款的要求，这些运行经验包括：至少在一个地点其周围空气温度经常等于或高于规定的最高周围空气温度 40 ℃的运行经验，及至少在一个地点其周围空气温度为断路器级别[见 4.1a)]所规定的最低温度的运行经验。

7.12.3.2 周围空气温度的测量

试验地点的周围空气温度的测量应该在断路器高度一半及距断路器 1 m 处进行。

断路器高度上的最大温度偏差应不超过 5 K。

7.12.3.3 低温试验

试验顺序的图示和规定的试验点的确定见 GB 1984—2003 的图 17a。

如果低温试验是紧接着高温试验后进行的，则低温试验可以在高温试验完成 u)项后继续进行，这时，a)项和 b)项可以省略。具体事项如下：

a) 被试断路器应按照制造厂的说明书进行调整；

b) 在周围空气温度 20 ℃±5 ℃(T_A)下，记录断路器的特性和整定值。应按照 7.10 进行密封试验；

c) 断路器处于合闸位置，根据断路器的级别，将周围空气温度降低到相应的最低周围空气温度(T_L)。周围空气温度稳定在 T_L 后，断路器应保持在合闸位置 24 h；

d) 在温度 T_L 下，断路器保持合闸位置 24 h 期间，应进行密封试验。如果使断路器恢复到周围空气温度 T_A，并处于热稳定状态时，其泄漏率能恢复到原始值，增大的泄漏率是允许的。但这种暂时增大的泄漏率不得超过 GB/T 11022—1999 表 12 中的允许暂时泄漏率；

e) 保持在温度 T_L 24 h 后，断路器应在电源电压及操作压力的额定值下进行分闸和合闸，记录下分闸和合闸时间，以确定断路器的低温操作特性。如果可行，还要记录触头的运动速度；

f) 在 t_X 期间，切断所有供热设备，包括防止凝露的加热元件，以检验断路器的低温性能及其报警和闭锁系统。在此期间，允许报警，但不允许闭锁。在时间间隔 t_X 末，在电源电压和操作压力的额定值下给出分闸指令，断路器应分闸。分闸时间应记录下来(应测量机械行程特性)，以便估算开断能力。制造厂应规定在没有二次电源对加热设备供电的条件下，断路器依旧能够操作的时间 t_X 值(不小于 2 h)。如果没有上述规定，优选值为 2 h；

g) 断路器应置于分闸位置 24 h；

h) 在温度 T_L 下，断路器处于分闸位置的 24 h 期间，应进行密封试验。如果断路器恢复到周围空气温度 T_A，并处于热稳定状态时，其泄漏率能恢复到原始值，增大的泄漏率是允许的。但这种暂时增大的泄漏率不得超过 GB/T 11022—1999 表 12 中的允许暂时泄漏率；

i) 在 24 h 终了时，在温度 T_L 下，断路器应以其电源电压及操作压力的额定值下进行 50 次合闸和 50 次分闸操作。对于每个循环或顺序允许至少有 3 min 的时间间隔。应记录第一次合闸和分闸操作，以确定其低温操作特性，并记录触头的速度。在第一次合闸操作和第一次分闸操作后，应进行三个“合分”操作循环(无人为延时)。其余的操作应按“合—t_a—分—t_a”操作顺序进行(t_a 的定义见表 9)；

j) 完成 50 次分闸和 50 次合闸操作后，空气温度应以每小时大约 10 K 的变化率提高到周围空气温度 T_A。

在温度变化的过渡期间，断路器应以电源电压和操作压力的额定值下交替进行“合—t_a—分—t_a—合”和“分—t_a—合—t_a—分”操作顺序。交替的操作顺序间的时间间隔为 30 min，以使断路器在操作顺序之间的 30 min 期间处于分闸位置和合闸位置。

k) 断路器在周围空气温度 T_A 下达到热稳定状态后，应按照 a)项和 b)项重新检查断路器的整定值、动作特性和密封性，以便同起始特性进行比较。

在进行从 b)项～k)项的完整的低温试验过程中，其累积的泄漏应不致达到闭锁压力(但是，达到报警压力是允许的)。

7.12.3.4 高温试验

试验顺序的图示和规定的试验点的确定见 GB 1984—2003 图 17b)。

如果高温试验是紧接着低温试验后进行的，则高温试验可以在低温试验 k)项完成后继续进行，这时，下面的 l)项和 m)项可以省略。具体事项如下：

l) 被试断路器应按照制造厂的说明书进行调整；

m) 在周围空气温度 20 ℃±5 ℃(T_A)下，记录断路器的特性和整定值。如果适用，应按照 7.10 进行密封试验；

n) 断路器处于合闸位置，将空气温度升高到适当的、符合周围空气温度的上限，即最高周围空气温度(T_H)。断路器的周围空气温度稳定在 T_H 后，保持合闸位置 24 h；

注：没有考虑太阳辐射的影响。

o) 在温度 T_H 下，断路器处于合闸位置的 24 h 期间，应进行密封试验。如果使断路器恢复到周围空气温度 T_A，并处于热稳定状态时，泄漏率能恢复到原始值，则增大的泄漏率是允许的。但这种暂时增大的泄漏率不得超过 GB/T 11022—1999 表 12 中的允许暂时泄漏率；

p) 保持在温度 T_H 等于 24 h 后，断路器应在其电源电压及操作压力的额定值下进行分闸和合闸，记录下分闸和合闸时间，以确定其高温操作特性。如果可行，还要记录触头的运动速度；

q) 在温度 T_H 下断路器分闸，并处于分闸位置 24 h；

r) 在温度 T_H 下，断路器处于分闸位置的 24 h 期间，应进行密封试验。如果断路器恢复到周围空气温度 T_A，并处于热稳定状态时，其泄漏率能恢复到原始值，则增大的泄漏率是允许的。但这种暂时增大的泄漏率不得超过 GB/T 11022—1999 表 12 中的允许暂时泄漏率；

s) 在 24 h 终了时，在温度 T_H 下，断路器应以其电源电压及操作压力的额定值下进行 50 次合闸和 50 次分闸操作。对于每个循环或顺序允许至少有 3 min 的时间间隔。应记录第一次合闸和分闸操作，以确定其高温操作特性。如果可行，还应记录触头的速度。

在第一次合闸操作和第一次分闸操作后，应进行三个“合分”操作循环（无人为延时）。其余的操作应按“合—t_a—分—t_a”操作顺序进行（t_a 的定义见表 9）。

t) 完成 50 次分闸和 50 次合闸操作后，空气温度应以大约每小时 10 K 的变化率降低到周围空气温度 T_A。

在温度变化的过渡期间，断路器应以电源电压和操作压力的额定值交替进行“合—t_a—分—t_a—合”和“分—t_a—合—t_a—分”操作顺序。交替的操作顺序之间的时间间隔为 30 min，以使断路器在操作顺序之间的 30 min 期间处于分闸位置和合闸位置。

u) 断路器在周围空气温度 T_A 下达到热稳定状态后，应按照 l)项和 m)项重新检查断路器的整定值、操作特性和密封性，以便同起始特性进行比较。

在进行从 m)项～u)项的完整的高温试验过程中，其累积的泄漏应不致达到闭锁压力（但是，达到报警压力是允许的）。

7.12.4 端子静负载试验

7.12.4.1 概述

进行端子静负载试验是为了验证在冰、风及连接导体同时作用下断路器能正确地操作。

断路器上的覆冰和风压，应符合 4.1 的规定。

表 10 中给出了由于软连接和管形连接导体产生的作用力的一些例子（不包括作用在断路器本体上的风和冰负载或动态负载），可作为试验的导则。

假定由连接导体产生的拉力作用在断路器端子的最外端上。

冰、风和连接导线同时作用时，端子合成力分别以 F_{shA}、F_{shB} 和 F_{sv}（见 GB 1984—2003 的图 19）表示，且定义为额定端子静负载。

表 10 端子静负载试验的静态水平和垂直力示例

额定电压范围 U_r kV	额定电流范围 I_r A	静态水平力 F_{th}		静态垂直力 （垂直轴向上和向下）F_{tv} N
		纵向 F_{thA} N	横向 F_{thB} N	
1 100	4 000 ～ 8 000	4 000	4 000	2 500

7.12.4.2 试验

试验应在试验室的周围空气温度下进行。

试验应在断路器的一个完整极上进行。对于相对一个极的垂直中心线是对称的断路器，则仅需以额定端子静负载对一个端子进行试验。对于不对称的断路器，应对每一个端子进行试验。

试验应分开进行，首先以水平力 F_{shA} 施加于端子的纵向轴（GB 1984—2003 图 20 中的方向 A），第二步以水平力 F_{shB} 相继施加于与端子纵向轴成 90°的两个方向上（GB 1984—2003 图 20 中的方向 B1 和 B2），第三步以垂直力 F_{sv} 相继施加于两个方向上（GB 1984—2003 图 20 中的方向 C1 和 C2）。为了避免施加一个专门的力来代表作用在断路器的承压中心的风力，这个风负载可以施加在端子上（见 GB 1984—2003 图 19），其值可按较长的杠杆臂的比例缩小（断路器最低部分的弯矩应该相同）。

对于每一组规定的五个端子负载试验应进行两个操作循环。

在确定端子机械负载后，应根据绝缘子高度及其他作用力性质（作用点、作用方向、同时性、作用时间的长短等）通过计算核算绝缘子上所承受的最大力矩（通常这是在绝缘子的基部）。绝缘子承受机械应力的安全系数取为静态力：2.5～2.75；动态力：1.7。

7.12.5 淋雨试验

GB/T 11022—1999 的 6.7 适用，并作如下补充：

断路器及其操动机构在淋雨试验时，各受试表面淋雨经受持续时间为 1 h，淋雨试验过程中对断路器应进行分、合操作各 10 次。

7.12.6 噪声水平测试

在离地高 1 m～1.5 m，距声源设备外沿垂直面的水平距离为 2 m 处测得的户外设备的噪声水平不得超过 110 dB(A)。

7.13 耐地震试验

地震波采用正弦共振拍波。按 GB/T 13540 相关规定，经由用户同意有资质的单位进行计算，结果应满足 4.1h)的要求。

7.14 关合、开断和开合试验

关合、开断和开合试验的各项规定 GB 1984—2003 的 6.102 适用。

7.14.1 关合、开断和开合试验的一般要求

为进行短路关合、开断试验和开合试验(适用时包括出线端短路、近区故障、失步和容性电流开合试验)的推荐经验，这些试验应用一台试品。短路试验时每个独立的试验方式之间和其他非短路试验时每个独立的试验系列之间，需要时，如果允许，可以进行维修。制造厂应向试验室说明试验过程中需要更换的零部件。

然而，也注意到几个试验方式必须在同一个试验站的同一位置进行的情况，上述限制条件可能会成为不经济的制约。在这种情况下，最多允许使用两台试品进行上述试验。此时，应按 GB/T 11022—1999 的 6.1.2 对两台试品进行全面确认；另外，两台试品的机械行程特性应在 GB 1984—2003 的 6.101.1.1规定的允差范围内。

每极具有独立操动机构的断路器应进行单相整极试验。受试验站条件限制某些项目得到用户同意，也可在 1/2 极上进行。受大地影响，一极中各单元之间的电压分布，应按整极试验的相关试验条件来确定。当各单元是非对称布置时，电压分布还应按方向相反的接线来确定。

电压分布既可以通过测量也可以通过计算来确定。计算时使用的数值，应有对断路器的杂散电容的测量的支持。验证计算中所用的假定条件的这种计算和测量是制造厂的责任。

如果断路器装有并联电阻，电压分布应按 TRV 的等效频率进行计算或静态测量。

注：在四参数法情况下，可以认为等效频率等于 $1/2t_1$；在两参数法情况下，可以认为等效频率等于 $1/2t_3$(见 GB 1984—2003的图 39 和图 40)。

对于近区故障单元试验，电压分布应以线路侧电压和电源侧电压为基础进行计算或静态测量，这时，线路侧电压的频率等于线路振荡的基波频率，电源侧电压的频率等于出线端故障时瞬态恢复电压的等效频率，此两电压的公共点为地电位。

如果仅用电容器均压，则电压分布可按工频进行计算或测量。

应考虑到电阻和电容器在制造中的偏差，制造厂应规定这些偏差值。

注 1：应考虑到失步和容性电流开断试验中电压分布比出线端故障或近区故障试验中的情况更为有利。

注 2：在确定电压分布时，没有考虑污秽的影响。在某些情况下，污秽可能影响该电压分布。

合成试验原则上采用电流引入法，开断单元至少为 1/2 极，而且必须整极通过试验电流。

单元试验不适用于对地绝缘比较关键的断路器，例如 GIS 或落地罐式断路器。因为单元试验中，断路器对地绝缘未承受完整断路器开断操作时所产生的全电压。因此，对于金属外壳中的断路器，需要验证其对地绝缘，在全部单元在最长燃弧时间条件下开断额定短路电流后能够耐受该全电压。还要考虑开断后气体的影响。为此，对 GIS 或落地罐式断路器中 T100s、T100a 除已通过 1/2 极单元试验外，还应做较长时间燃弧、大半波下整极验证开断试验，整极验证试验也应采用电流引入法。

7.14.2 短路开断电流

断路器所开断的短路电流，应按照 GB 1984—2003 图 8 在触头分离时刻进行测量，且用下述两个数值予以规定：

——各相交流分量有效值的平均值；

——任一相中最大直流分量的百分数。

在任何一相中，开断电流的交流分量有效值与平均值的差异，应不大于平均值的10％。

7.14.3 开断试验的瞬态恢复电压（TRV）

试验方式T100和T60、近区故障试验方式L90、L75的电源侧回路和失步试验方式OP1和OP2以及电阻断口的OP预期TRV用四参数表示，试验方式T30和T10和电阻断口的T100预期TRV用两参数表示，如下所示：

——第一参考电压 $u_1 = 0.75k_{pp} \times U_r\sqrt{2}/\sqrt{3}$。

——时间 t_1 是由 u_1 和上升率 u_1/t_1 的规定值导出的。

——TRV峰值 $u_c = K_{pp} \times k_{af} \times U_r\sqrt{2}/\sqrt{3}$。

其中 k_{af}（振幅系数）在试验方式T100和近区故障的电源侧回路时等于1.4；试验方式T60时等于1.5；试验方式T30时等于1.53；试验方式T10时等于1.7×0.9（引入系数0.9是为了表示仅有约90％的电压出现在变压器上，且假定所有的短路电流由变压器提供）；失步开断时等于1.25。

——时间 t_2，对于试验方式T100、近区故障的电源侧回路等于 $4t_1$，对于失步开断等于 $2t_1 \sim 4t_1$，对于T60等于 $6t_1$。

——对于试验方式T30和T10，时间 t_3 是由 u_c 和上升率 u_c/t_3 的规定值导出的。

——时延 t_d，对于试验方式T100在2 μs～$0.28t_1$ 之间；对于试验方式T60在2 μs～$0.3t_1$ 之间；对于失步开断试验方式OP1和OP2在2 μs～$0.1t_1$ 之间；对于试验方式T30和T10等于 $0.15t_3$；对于近区故障的电源侧回路等于2 μs。

——对于试验方式T100、T60和近区故障的电源侧回路以及失步开断，电压 $u' = u_1/2$；对于试验方式T30和T10，u' 等于 $u_c/3$。

——对于试验方式T100、T60和近区故障的电源侧回路以及失步开断，时间 t' 按照GB 1984—2003图10由 u'、u_1/t_1 和 t_d 导出；对于试验方式T30和T10，按照GB 1984—2003图11由 u'、u_c/t_3 和 t_d 导出。

试验回路的预期TRV波形应满足以下两项要求：

a) 任何时候其包络线应不低于规定的参考线。

b) 其起始部分应满足规定的ITRV要求。ITRV可以像近区故障一样处理。因此，有必要按照传统的方法独立于电源侧测量ITRV。ITRV由峰值 u_i 和时间坐标 t_i 确定（见GB 1984—2003图12b）。传统的方法大多是由ITRV的起始点到由 u_i 和 t_i 确定的点画参考直线。固有的ITRV波形从要求的ITRV峰值的20％～80％应符合该参考线。对低于规定的ITRV峰值的20％和80％的ITRV幅值，与参考线的偏差是允许的。不应明显地高出上述的参考线。如果不显著地提高ITRV的上升率就不能达到峰值的80％时，优选的方法是提高峰值 u_i 使其高于规定值以达到80％的点。不应提高ITRV的上升率，因为这样会使阻抗产生变化并导致试验的苛刻程度发生根本改变。

对于T100a、T100s和L90，有必要在ITRV条件下进行试验。如果断路器具有近区故障额定值，且采用了无明显时延的线路进行试验，则认为已覆盖了ITRV的要求。

因为ITRV正比于母线波阻抗和电流，对于装在金属封闭气体绝缘开关设备中的断路器，由于其波阻抗较低，可以不考虑ITRV的要求。

这些要求图示见GB 1984—2003的图39～图42。

试验方式T100s、T100a、T60、T30、L90、L75、OP1和OP2以及分闸电阻T100和OP规定的瞬态恢复电压标准值在表4中给出。

合成试验的操作顺序T100s、T60、T30、L90、L75见5.15。T100a为三个单分操作。OP1和OP2见表12。

7.14.4 非对称电流开断试验

对于该试验方式，由于试验的严酷度随着触头分离时间的不同而有很大的变化，为了使受试断路器承受真实的负荷，采用电流引入法的合成试验程序。当试验站可供利用的最大短路容量不足以对断路器整极进行合成试验时，允许进行 1/2 单元试验。其目的是为了获得一个三次有效的试验系列。对 GIS 或落地罐式断路器应进行整极验证开断试验，见 7.14.1 的规定。试验要求如下：

a) 燃弧时间

第一次有效开断操作，应验证在尽可能短的燃弧时间且在小半波末的开断，所产生的燃弧时间被称为最短燃弧时间 t_{arcmin}。它可以通过这样的方法获得：触头分离相对于电流零点增加任一额外时延后，可导致在下一个零点(大半波末的)开断。该最短燃弧时间可以通过步长为 18°(dα)来改变脱扣脉冲的整定来获得。

第二次有效开断操作，应验证在最长燃弧时间时的开断。要求的最长燃弧时间称为 t_{arcmax} 并由式(2)确定：

$$t_{arcmax} \geqslant t_{arcmin} + \Delta t_1 - T \times \frac{d\alpha}{360°} \quad \cdots\cdots(2)$$

式中 Δt_1 在表 11 中给出。

三次有效开断操作的图形表示见 GB 1984—2003 的图 36。

表 11 给出了开断前的最后半波应该获得的短路电流峰值和半波持续时间的要求值。

表 11 与短路试验方式 T100a 相关的频率为 50 Hz 时燃弧期间的电流峰值和电流半波持续时间

	分闸时间 ms	τ=120 ms	
		$\hat{I}$ p.u.	Δt_1 ms
大半波	$t \leqslant 12.5$	1.78	15.5
	$12.5 < t \leqslant 33.0$	1.66	14.5
	分闸时间 ms	τ=120 ms	
		$\hat{I}$ p.u.	Δt_2 ms
小半波	$t \leqslant 12.5$	0.16	3.5
	$12.5 < t \leqslant 33.0$	0.28	5.0

时间间隔 Δt_1 是回路时间常数(τ)、系统的额定频率和断路器的分闸时间的函数。时间间隔 Δt_1 应该等于或大于系统的继电保护时间加上断路器的分闸时间时出现的大半波的持续时间(适当的非对称电流波形的)。

开断应发生在大半波末或要求的大半波末未能开断而在随后的小半波末。这一点可以通过把脱扣脉冲设定在迟于第一次开断操作来获得。

表 11 考虑的继电器时间为额定频率的一个半波(50 Hz 为 10 ms)。如果断路器在要求的大半波末未开断而在随后的小半波末开断，则要求的最长燃弧时间应该延长表 11 给出的适当的小半波的持续时间 Δt_2。

第三次开断操作应在燃弧时间近似等于第一次和第二次有效开断操作燃弧时间的平均值时进行。该燃弧时间被称为中燃弧时间 t_{arcmed} 并由式(3)确定。

$$t_{arcmed} = (t_{arcmax} + t_{arcmin})/2 \quad \cdots\cdots(3)$$

本次开断应出现在大半波末或断路器在要求的大半波末未开断时而在随后的小半波末。

第三次有效开断操作的脱扣脉冲应比第二次开断操作延迟，以便获得该燃弧时间。

三次有效开断操作的图形表示见 GB 1984—2003 的图 34。

b) 燃弧期间的短路电流

如果试验回路的时间常数和规定的时间常数有差异时，但若能满足下列条件，开断操作仍然有效：

——开断前的最后半波的峰值短路电流应在要求值的90%和110%之间；

——开断前的最后半波的短路电流持续时间应在要求值的90%和110%之间。

如果断路器在非对称电流开断试验（试验方式 T100a）中的中燃弧时间试验时，在预期的大半波末的电流零点未开断，则必须在随后的小半波末开断。

7.14.5 带并联分闸电阻的开断试验

断路器带并联分闸电阻有二种目的：一是为了降低主断口的恢复电压；二仅为降低断路器分闸时对系统产生的过电压。若是为降低主断口的恢复电压，合成试验应按 GB/T 4473—2008 附录F方法进行。若仅为降低断路器分闸时对系统产生的过电压，则主断口和分闸电阻断口可分别进行开断试验，主断口按不带分闸电阻条件下进行全部关合和开断合成试验，而分闸电阻断口开断试验可仅试 T100 试验方式、失步试验和线路充电电流开合试验。

7.14.6 短路关合试验

7.14.6.1 试验前的外施电压

对于短路关合试验，外施电压应不低于1.3倍相对地电压值 $1.3\times U_r/\sqrt{3}$，且未经制造厂的同意不得超过该值的10%。

7.14.6.2 短路关合电流

断路器关合额定短路关合电流的能力用 T100s(a)和合成关合试验验证。

当在电压波的任一点发生预击穿电弧时，断路器应能关合该预击穿电流。两种极端的情况规定如下：

——用合成关合试验方法，在电压波的峰值处关合，产生一个对称的短路电流以及最长的预击穿电弧；

——在电压波的零点关合，无预击穿，产生一个完整的非对称短路电流。

下文所述的试验程序旨在验证断路器满足以下两项要求的能力：

a) 断路器能够关合预击穿始于外施电压峰值处而产生的对称电流。该电流应为额定短路开断电流的对称分量；

b) 断路器能够关合完整的非对称短路电流。该电流应为额定短路关合电流(2.7倍额定短路开断电流峰值)。

注：如果电流起始于外施电压峰值的±15°内，则认为短路电流是对称的。

7.14.6.3 关合试验程序

对于单相试验，在一次合闸操作中满足7.14.6.2中的a)项规定的要求，而在另一次合闸操作中满足7.14.6.2中的b)项规定的要求。这些操作的顺序不作规定。如果规定的要求之一未充分地受到检验，则必需附加一次操作。该操作之前，断路器可以修整。

7.14.6.2中b)项的要求，可从正常的试验方式 T100s 或 T100s(a)的结果中获得。

7.14.6.2中a)项的要求，代表了运行中因断路器预击穿特性所遇到的短路关合电流条件，应采用合成关合试验方法进行 C_{ssym} 试验。要在电压峰值发生最长电弧预击穿，随后提供起始瞬态关合电流(ITMC)，经关合装置（触发的火花间隙）延时 t_m 后提供对称短路关合电流（见 GB/T 4473—2008 图5）。

7.14.7 替代的操动机构

如果断路器设计成可配替代的操动机构使用时，对每一种操动机构均应进行各自的一系列短路试验方式，除非能证明更换机构并不影响公共部分的特性，特别是有关断路器的分闸和合闸特性。

如能满意地证明这一点，则仅要求用其中一种替代的操动机构做一套完整系列的短路试验方式，但对其他所有替代的机构都应重复进行出线端故障 T100s。

替代的操动机构等价性的证据应采用下述验证试验得出：

a) 对每一台断路器（带原来的操动机构和带替代的操动机构）都应进行空载的合一分操作循环。每一试验均应记录触头行程的轨迹。试验中，配原来的操动机构的触头行程轨迹应作为参考

(见 GB 1984—2003 图 23a)。配替代的操动机构在分闸和合闸过程中获得的曲线从分闸时的触头分离时刻到触头行程终止时刻和合闸时的触头行程开始时刻到触头行程终止时刻,行程轨迹应在规定的两条包络线内;

b) 对每一台断路器(带原来的操动机构和替代的操动机构)都应在最长燃弧时间,任何方便的试验电压,不考虑 TRV 的条件下按照试验方式 T100s 进行一次开断操作。应按照上述 a)中叙述的方法对该试验进行评价。

7.15 近区故障试验

当试验站可供利用的最大短路容量不足以对断路器整极进行近区故障合成试验时,允许进行 1/2 极试验,但应采用电流引入法。试验操作顺序见 5.15。

7.16 失步关合和开断试验

验证失步额定值的试验方式见表 12。

表 12 验证失步额定值的试验方式

试验方式	操作顺序	开断电流占额定失步开断电流的百分数
OP1	O_s—O_s—O_s	30
OP2	CO—O—O 或替代的 C_{ssym}—(C_d) O_s—O_s—O_s(C_{ssym}:全电压下的 C;C_d:空载时的 C)	100

注 1:装有合闸、分闸电阻的断路器,合闸、分闸电阻的热容量试验可以单独实施;

注 2:一般 SF_6 压气式断路器没有临界电流。若临界电流值低于 T10 的试验电流时,则试验方式 OP1 可以免去。

试验要求如下:

a) 工频恢复电压为 $2.0\times1\,100/\sqrt{3}$kV,其中一半外施电压和恢复电压分别施加在断路器两侧;

b) 瞬态恢复电压值符合表 4 规定;

c) 额定失步开断电流应为额定短路开断电流的 25%,直流分量小于 20%。失步开断试验可采用电压引入法;

d) 额定失步关合电流应为额定失步开断电流的峰值。关合失步仅须做最长预击穿时间的对称电流失步关合试验 C_{ssym},试验采用合成关合试验回路;

e) 试验回路功率因数应不超过 0.15。

当试验站可供利用的最大短路容量不足以对断路器整极进行失步关合和开断合成试验时,允许进行 1/2 单元试验。

7.17 额定线路充电电流开合试验

GB 1984—2003 的 6.111 适用。

7.17.1 试验一般要求

线路充电电流开合试验时允许出现复燃。根据断路器的重击穿性能可以将其分成两级:

——C1 级:验证的线路充电电流开合试验中具有低的重击穿概率。

——C2 级:验证的线路充电电流开合试验中具有非常低的重击穿概率。

注 1:该概率与断路器型式试验系列中的性能有关。

注 2:重击穿或复燃后出现的现象不能代表运行条件,因为试验回路并不能完全再现事后的电压条件。

试验室试验,线路可以部分或全部用电容器等集中元件组成的人工回路代替。

试验回路的频率应为额定频率,允差为±2%。

另外,应注意 TRV 控制电容对恢复电压值的影响,尤其是对小的容性电流。表 14 中给出了要求的恢复电压值。

包括所有必需的测量装置如分压器在内的容性回路的特性，应为在电弧最终熄灭后 300 ms 时负载侧电压的衰减不超过 10%。

试验室单相试验，允许用集中电容器组部分地或全部地取代实际的架空线路，也允许采用几条不同相的导线并联连接，电流通过地或一个导线返回。

当利用电容器模拟架空线时，可以用最大值为 5%容抗的无感电阻与电容器串联。更高的电阻值可能会过分地影响恢复电压。如果串联这个电阻后，涌流峰值仍是高得不可接受，只要开断时刻的电流和电压条件以及恢复电压没有明显的偏离规定值，可以用一个替代阻抗(例如 LR)来替代电阻。

采用该替代阻抗时应注意，因为该阻抗在复燃后会产生过电压，将可能导致更进一步的复燃或重击穿。

对于试验室单相直接试验，在断路器临分闸前，于断路器所在处测得的试验电压应不小于 $U_r/\sqrt{3}$ 与容性电压系数 $k_c=1.3$ 的乘积 825 kV；

试验回路上的工频试验电压和由残余电荷产生的直流电压在开断后应保持至少 0.3 s。

每一个试验系列的试验方式应在不经任何维修的一个样品上进行。采用下述缩写：

——试验方式 1　　　　线路充电电流 LC1

——试验方式 2　　　　线路充电电流 LC2

7.17.2 C2 级、C1 级断路器试验方式

线路充电电流开合试验采用单相直接试验，尤其对带分、合闸电阻的断路器直接试验更为方便，且真实。因试验变压器容量偏小，造成的压差超过规定值而找不到 1 ms 以下的最短燃弧时间时，可用合成回路试验做补充，去找到最短燃弧时间。

最短燃弧时间的确定是通过改变触头分离的时刻，依次大约 6°。进行几次试验以验证最短燃弧时间和最长燃弧时间。

线路充电电流开合试验应由表 13 规定的试验方式组成。

表 13　C2 级、C1 级试验方式

试验方式	脱扣器的操作电压	操作和开断用的压力		试验电流为额定线路充电电流的百分比/%	操作型式或操作顺序
		C2 级	C1 级		
1　LC1	最高电压	最低功能压力压力	额定压力	10～40	O
2　LC2	最高电压	额定压力	额定压力[a]	≥100	O 和 CO 或 CO

注 1：在脱扣器的最高操作电压下进行试验是为了便于稳定地控制分闸操作；

注 2：为了试验方便，试验方式 1 LC1 也可进行 CO 操作。C1 级试验方式 2 LC2 必须进行 CO 操作。

[a] 如果适用，开断和操作用的压力，应在最低功能压力条件下至少进行 3 次 CO 操作。1 次在最短燃弧时间时进行，2 次在最长燃弧时间时进行。

C2 级(共 96 次单相试验)：

每个试验方式包括下述要求的总计 48 次操作或操作循环：

试验方式 1(LC1)：

——12 个 O，分布在一个极性上(步长：15°)；

——6 个 O，在一个极性上的最短燃弧时间；

——12 个 O，分布在另一个极性上(步长：15°)；

——6 个 O，在另一个极性上的最短燃弧时间；

——其余的试验应达到总计 48 个 O，均匀分布(步长：15°)。

试验方式 2(LC2)：

——6 个 O 和 6 个 CO，分布在一个极性上(步长：30°)；

——3 个 O 和 3 个 CO，在一个极性上的最短燃弧时间；

——6个O和6个CO,分布在另一个极性上(步长:30°);

——3个O和3个CO,在另一个极性上的最短燃弧时间;

——其余的试验应达到总计24个O和24个CO,均匀分布(步长:30°)。

C1级(共48次单相试验):

试验方式1包括总24个O试验和试验方式2包括总24个CO试验:

试验方式1(LC1):

——6个O,分布在一个极性上(步长:30°);

——3个O,在一个极性上的最短燃弧时间;

——3个O,在另一个极性上的最短燃弧时间;

——6个O,在另一个极性上的最长燃弧时间;

——其余的试验应达到总计24个O,均匀分布(步长:30°)。

试验方式2(LC2):

——6个CO,分布在一个极性上(步长:30°);

——3个CO,在一个极性上的最短燃弧时间;

——3个CO,在另一个极性上的最短燃弧时间;

——6个CO,在另一个极性上的最长燃弧时间;

——其余的试验应达到总计24个CO,均匀分布(步长:30°)。

本试验优选顺序:试验方式1、试验方式2。

对于电流路径不对称的断路器,端子的接线应在试验方式1和试验方式2之间倒换。

7.17.3 规定TRV的试验

采用合成回路,开合试验可以在预期恢复电压满足下述要求的回路中进行:

——预期试验恢复电压的包络线确定为:

$u'_c \geqslant u_c$

$t'_2 \leqslant t_2$

——作为补充,预期恢复电压的初始部分应保持在从原点到 u_1 和 t_1 确定的点组成的线段以下。

u_1、t_1、u_c 和 t_2 的规定值在表14中给出。

表14 u_1、t_1、u_c 和 t_2 的规定值

试验方式	与试验电压峰值有关的GB 1984—2003图54中的恢复电压值		GB 1984—2003图54中的时间值	
	u_c p.u.	u_1 p.u.	t_1	t_2 50 Hz
1	≥1.98	$\leqslant 0.02 \times k_{af}$[a]	≥t_1 或 t_3(为出线端故障规定的值)	8.7 ms
2	≥1.95	$\leqslant 0.05 \times k_{af}$[a]		
注:对于单相合成试验,预期恢复电压是根据与单相直接试验相应的试验电压计算得来的。				
[a] k_{af}——振幅系数=1.4。				

7.18 断路器(E2级)电寿命试验

断路器应按表4及其规定的次序(参照表15)进行作为对基本短路试验方式补充的电寿命试验,而且,不应进行中间检修。

试验也可以在与规定的基本短路试验同样的、干净的,新的断路器上实施,试验的操作顺序见表15,不应进行中间维护,试验参数应按规定,但下述情况除外:

a) 气体断路器,应在绝缘和/或操作用的额定压力、合闸和分闸装置以及辅助和控制回路的额定电源电压下进行试验;

b) 每次单分燃弧时间取大于中燃弧时间；

c) 试验操作顺序间的最小时间间隔应由制造厂规定。

表 15 E2 级断路额定短路开断电流电寿命试验的操作顺序

序号	开断电流百分比/%	操作顺序	操作顺序的个数
1	100	O	13
2	100	O—0.3 s—CO—180 s—CO	1
注 1：序号 2 试验在序号 1 试验后进行，必须采用电流引入合成试验法； 注 2：电寿命后可不做状态检查的电压试验。			

7.19 分、合闸电阻热容量试验

热容量试验方法要符合 5.25 的规定。如受试验站能力限制，热容量可在全电压下通过 1/5～1/10 全电流(5 倍～10 倍额定电阻值)试验，也可在 1/3～1/6 全电压下(1/3～1/6 额定电阻值)，通过全电流试验。

如果是 1/2 极电阻试验，还应考虑断口电压分布的不均匀系数。

8 现场试验

8.1 现场线路充电电流开合试验

在现场需进行线路充电电流开合试验，试验参数为现场实际情况，试验顺序：O—t—CO(t 根据现场情况确定)；10 次，无重击穿。被开、合空载线路不得接有电磁式电压互感器和磁吹避雷器。被试验断路器的操作电(液、气)压应是所允许的下限值。

8.2 现场开合空载变压器试验

断路器应能顺利开断 0.5 A～5 A 空载变压器励磁电流，开断时的工频过电压不大于 1.7 倍额定相电压。开断试验时，应使用实际的变压器，二次、三次侧开路。电力变压器容量、操作顺序见表 16；断路器内 SF_6 气体压力和操动机构的供电电源、油压均为规定的最大值；试验过程中断路器和变压器不应有损坏并能正常运行。

表 16 现场开合空载变压器试验

电压等级 kV	电力变压器容量 Mvar	试验电压 kV	空载励磁电流 A	操作次数及顺序
1 100	按现场实际使用容量	1 100	0.5～5	10×0 和 10×(CO)

8.3 现场开合并联电抗器试验

电抗器容量为 210 Mvar、240 Mvar 或 320 Mvar(根据具体工程选用)，操作顺序为 10 次单分和 10 次合分。断路器内的 SF_6 气体压力和操动机构供电电源、油压，均应为规定的最大值。工频过电压倍数<1.7 倍。试验过程中断路器和电抗器不应损坏，仍能正常运行。

8.4 现场线路两端带并联电抗器开合空载线路试验

考虑到开合空载架空线路因有电抗器的影响，造成空载电流较长时间不过零，开断困难，在现场需进行带并联电抗器的空载线路开合试验，试验参数为现场实际情况，试验顺序：O—t—CO(t 根据现场情况确定)；10 次，无重击穿。被开、合空载线路不得接有电磁式电压互感器和磁吹避雷器。被试验断路器的操作电(液、气)压应是所允许的下限值。

9 出厂试验

9.1 主回路的绝缘试验和局部放电测量

绝缘试验应符合 GB/T 11022—1999 中 7.1 的规定。工频干试验电压为 1 100 kV(对地及断口)。

如果是罐式或 GIS 断路器还应进行对地及断口 2 400 kV 雷电冲击电压试验和局部放电试验(按

7.2.7 方法)。因试验设备容量不足,造成雷电冲击电压峰值有明显的跌落时,试验电压应予补足。

9.2 辅助和控制回路的绝缘试验

试验应符合 7.3 的规定。

9.3 主回路电阻的测量

试验应符合 7.6 的规定。

9.4 密封性试验

试验应符合 7.10 的规定。

9.5 设计和外观检查

GB/T 11022—1999 的 7.5 适用,并作如下补充:

应检查断路器以验证其与订货技术要求的符合性。

可对下列项目进行检查:

——铭牌上的语言和数据;

——辅助设备的确认;

——油漆的颜色和质量以及金属表面的防腐蚀保护;

——连接到主回路的电容和分、合闸电阻的值,其偏差在制造厂允许的范围内。

9.6 机械操作和机械特性试验

机械操作试验应包括:

a) 在操动机构以及辅助和控制回路的最高电源电压和操作用的最高压力下:

——5 次合闸操作;

——5 次分闸操作。

b) 在操动机构以及辅助和控制回路的最低电源电压和操作用的最低功能压力下:

——5 次合闸操作;

——5 次分闸操作。

c) 在操动机构以及辅助和控制回路的额定电源电压和额定操作压力下:

进行 5 次分—t—合的操作循环,其中 t 应不大于对额定操作顺序规定的时间间隔。

机械操作试验应在完整的断路器上进行。

对所有要求的操作顺序,对合、分闸操作都应进行下述记录:

——动作时间测量;

——适用时,操作过程中流体消耗量的测量,例如压力差。

应有证据证明机械性能与型式试验使用的样品的机械性能一致。例如,在出厂试验结束后还应进行一次空载操作,以记录空载触头行程曲线。如果进行了该操作,从触头分离时刻到触头运动终止时,和从触头开始运动时刻到触头运动终止时,该曲线应在定义的参考机械行程特性的包络线内。

如果在现场进行测量,制造厂应规定出优选的测量程序。采用其他测量程序,可能导致测量结果不同且不可能对触头瞬时运动轨迹进行比较。

如果可以直接记录到机械行程特性,采用一个行程传感器或断路器触头系统中的或与驱动触头系统直接连接的方便位置安装的类似装置,这样就可以得到具有代表性的触头运动轨迹。优选的机械行程特性应是如 GB 1984—2003 图 23a)所示的连续曲线。如果在现场进行测量,操作期间的行程记录点也可使用其他方法。

在这种情况下,记录点的数量应足够多以便能导出触头速度、触头接触和触头分离的时间以及整个行程时间。

在完成要求的操作顺序后,应进行下列试验和检查:

——检查连接;

——控制和/或辅助开关应正确指示断路器的分、合闸位置;

——所有辅助设备在操动机构以及辅助和控制回路的电源电压和/或操作压力的限值时应正确动作；

——检查操动机构油压在各种操作下的压力降及贮能时间。

此外，还应进行下列试验和检查：

——加热器电阻和控制线圈电阻的测量；

——按订货技术要求，检查控制的连接线、加热器和辅助设备的回路，并检查辅助触头的数量；

——控制柜(电气、机械和液压系统)的检查；

——储能时间(s)；

——压力释放阀的功能操作；

——电气、机械、液压的联锁和信号装置的操作；

——防跳跃装置的操作；

——在电源电压要求的允差范围内设备的一般性能；

——断路器接地端子的检查。

如果在机械操作试验过程中需要调整，则在调整后应重复进行完整的试验顺序。

出厂试验中合分操作总次数不应少于50次。

9.7 SF_6 气体湿度测定

湿度测定结果应不大于150 μL/L，符合6.2的要求。

10 断路器运行的选用导则

10.1 概述

选择适合于给定运行方式的断路器时，最好要考虑到负载条件和故障条件要求的各个额定值。

完整的额定特性的清单在第5章中给出。

选用断路器时需考虑的其他参数，例如：

——当地的大气条件和气候条件；

——在高海拔地区使用；

——分闸时间；

——小感性开断电流。

要求断路器在故障条件下承担的任务，应该根据某些公认的方法计算电力系统中断路器安装地点的故障电流来确定。

选择断路器时，应充分考虑电力系统的未来发展，使断路器不仅可以满足当前的需要，也可以满足未来的要求。

感性负载(变压器的励磁电流和并联电抗器)开合在5.19和5.20中规定。

注：由于某种操作，该断路器的工频恢复电压高于断路器在额定电压下操作时相应的值。这种情况可能发生在系统的某些点上，特别是在长线路的末端。在这种特殊情况下，在断路器分闸时，断路器两端可能出现的最高电压下的开断电流值应由制造厂和用户协商。

10.2 运行条件下额定值的选择

10.2.1 额定电压的选择

断路器的额定电压至少应等于断路器安装处系统的最高电压。

选择额定电压时，还应考虑规定的相应的绝缘水平。

10.2.2 绝缘配合

断路器的额定绝缘水平应按4.2选取。

电力系统的绝缘配合用来减少过电压对电力设备的危害，并有助于将闪络点(当不能经济地避免时)限制在不产生危害的地方。

应采取措施将断路器端子上的过电压限制到绝缘水平以下的规定值。

要求断路器用在绝缘水平较高的地方时，应在询问单中说明。

选用断路器时，还有必要考虑相应于瞬态现象和过电压方面的特性。经验表明，在某些临界的使用情况下，瞬态现象的不良影响和过电压的危害可以通过下述方法减少：

——适当选择断路器的类型；

——系统变更或采用阻尼或限制瞬态现象的附加设备（如 RC 回路、避雷器、非线性电阻等）。

对于各种情况的这些预防措施可以和制造厂协商。选择方案的评估可以通过协议的特殊试验来进行。

10.2.3 额定频率

如果断路器使用在额定频率以外的其他频率时，应向制造厂咨询。

10.2.4 额定电流的选择

断路器的额定电流应从 5.5 给出的标准值中选取。

应注意，没有规定断路器的连续过电流能力。所以当选择断路器时，应使其额定电流适应于运行中可能出现的任何负载电流。

10.2.5 当地的大气条件和气候条件

断路器的正常大气条件和气候条件在第 4 章中给出。

适用于不同的最低周围空气温度的断路器，以等级“户外-10”、“户外-25”和“户外-45”来区分。当断路器安装地点的周围空气温度，对于户外断路器可能低于－45 ℃或温度可能超过 40 ℃（或如果 24 h 平均温度超过 35 ℃）时，按 GB/T 11022—1999 的 2.2.3 特殊使用温度进行相关试验。

对于户外断路器，由于烟尘、化学烟雾、盐雾等，某些地区的大气条件是不利的。如果知道存在这些不利条件，对通常暴露在大气中的断路器零件（特别是绝缘子）的设计，应给予特殊考虑。

在这类大气中，绝缘子的性能也取决于清洗或清扫的频度和雨的自然清洗频度。由于在这些条件下，绝缘子的性能取决于如此多的因素，因而不可能对正常污秽和严重污秽的大气做出准确的定义。该地区使用绝缘子的经验是最好的导则。

当断路器安装处的风压超过 700 Pa 时，应向制造厂咨询。

对于覆冰，厚度不超过 10 mm 和 20 mm。如果断路器安装在预期覆冰厚度超过 20 mm 的地方，要使断路器在此条件下能够正常运行，则需经制造厂和用户协商。

应考虑 4.1 中规定的抗地震水平，超过此规定则需经制造厂和用户协商。

10.2.6 使用于高海拔地区

第 4 章规定了正常运行条件，适用于海拔不超过 1 000 m 的断路器。

对安装于海拔 1 000 m 以上的断路器，GB/T 11022—1999 的 2.2.1 适用。

10.3 故障条件下额定值的选择

10.3.1 额定短路开断电流的选择

额定短路开断电流由两个数值表示：

a) 交流分量有效值；

b) 直流分量百分数（时间常数 τ= 120 ms）。

只要交流分量一样或更大且满足较低直流分量相关的 TRV 条件，则较高直流分量的试验就可以覆盖较低直流分量的试验。

可以选用基本的短路试验方式和近区故障试验，来验证断路器在各种电流值直至额定短路开断电流时的性能。所以，当预期的短路电流较低时，没有必要进行基于较低的额定短路开断电流的一系列短路试验。

在某些情况下，直流分量的百分数可能高于时间常数 τ= 120 ms 给出的值。例如，当断路器临近发电中心时，交流分量可能比正常情况衰减得更快，或短路电流较小接近运行中的负荷电流，短路电流甚至可以几个周波不过零。断路器的任务可以通过延迟分闸或由另外的断路器接入附加的阻尼装置并使断路器依次分闸来减轻。如果不能遵守直流分量百分数的标准值，则所要求的百分数应在询问单中规定，并应根据制造厂和用户之间的协议来试验。

额定短路开断电流应由给出的标准值中选取。

10.3.2 出线端故障的瞬态恢复电压(TRV)，首开极系数和近区故障特性的选择

电力系统的预期瞬态恢复电压(TRV)不应超过对断路器所规定的表示额定瞬态恢复电压的参考线。TRV 在接近于零电压时与规定的时延线相切，但以后不与它再相交。

注：当开断最大短路电流时，出现的瞬态恢复电压未必比其它情况下出现的更严酷，例如，当开断较小的短路电流时可能有较高的瞬态恢复电压上升率。

首开极系数 1.3 是基于中性点接地的系统，且认为不接地的三相故障是根本不可能的。

通常不必考虑替代的瞬态恢复电压，因为规定的标准值已经覆盖了大多数的实际情况。

在某些情况下可能出现更严酷的条件，例如：

a) 一种情况是当短路出现在靠近变压器且在断路器的出线侧，且变压器和断路器之间无任何显著的附加电容时。在这种情况下，瞬态恢复电压的峰值和上升率可能超出本指导性技术文件的规定值；

   注：应当注意，为变压器一次侧选择的断路器可能需要开断变压器二次侧出现的短路。

   用于临近限流电抗器的断路器，由于电抗器的固有频率较高，可能会使断路器开断失败。在这种情况下，应选择特殊的断路器或者通过给电抗器并联电容器来降低其固有频率。

b) 靠近发电机的断路器出现短路时，瞬态恢复电压的上升率可能会超出本指导性技术文件的规定值。

在这些情况下，有必要由用户和制造厂协商确定特殊的 TRV 特性。

当要求断路器用于具有额定近区故障特性的地点时，断路器安装处的架空线的波阻抗和峰值系数应不大于且时延不小于表 6 中给出的额定线路特性的标准值。然而，如果实际的条件不同，则标准的断路器仍然有可能是适用的，特别是当电力系统的短路电流小于断路器的额定短路开断电流时。关于这一点，可以通过 GB 1984—2003 附录 A 中给出的方法，根据额定特性计算近区故障的预期 TRV，并与系统的实际特性导出的预期 TRV 进行比较。

如果要求特殊的近区故障特性，则应由用户和制造厂协商。

10.3.3 失步特性的选择

本指导性技术文件的要求满足了在失步条件下开合操作的断路器的大多数使用条件。几种情况合并起来产生的严酷度会超出本指导性技术文件中试验所能含盖的严酷度，而且，失步条件下的开合操作是很少的，所以，按最极端的条件去设计断路器是很不经济的。

当预期有经常性的失步开合，或可能存在过负荷时，则应考虑实际的系统条件。

有时候可能需要特殊的断路器。作为替代方案，在一些系统中，可用配有阻抗敏感元件的继电器来控制脱扣时刻，以便使开断出现在显著地提前或滞后相位达到 180°的时刻，从而减轻失步开合的严酷度。

10.3.4 额定短路关合电流的选择

额定短路关合电流应与额定电压相对应，与系统的额定频率和直流分量时间常数相关。对于额定频率为 50 Hz 和时间常数 τ=120 ms，其值应为断路器额定短路开断电流交流分量的 2.7 倍，该值与额定频率无关。

选择的断路器的额定短路关合电流应不小于使用地点的预期短路电流的最大峰值。

10.3.5 运行中的操作顺序

断路器的额定操作顺序应是 O—0.3 s—CO—3 min—CO；

如果运行中的操作顺序比本指导性技术文件规定的更苛刻，用户应在其询问单和/或订单中予以规定，以使制造厂可以适当地修正断路器的额定值。

10.3.6 额定短路持续时间的选择

当短路持续时间大于 2 s 额定持续时间时，除非制造厂另有规定，否则电流(I)和时间(t)的关系就按下列式(4)计算：

$$I^2 \times t = 常数 \qquad \cdots\cdots(4)$$

10.4 电寿命的选择

对于架空线连接的、有重合闸方式的网络，推荐使用 E2 级电寿命要求的少维护断路器。

10.5 空载线路充电电流开合的选择

如超过 1 200 A，则应由用户和制造厂协商。

11 与询问单、标书和订单一起提供的资料

11.1 与询问单和订单一起提供的资料

当询问或订购断路器时，询问者应提供下列信息：

a) 电力系统的信息，即标称电压和最高电压、频率、相数和中性点接地情况的详细说明；

b) 运行条件，包括最低和最高周围空气温度；高于 1 000 m 时的海拔，以及可能存在或出现的任何特殊条件，例如过度地暴露在水蒸气、湿气、烟雾、爆炸性气体、过量灰尘或含盐的空气中；

c) 断路器的特性。

应提供下列资料：

资料的类型	参 见
1) 极数	
2) 额定电压	10.2.1
3) 额定绝缘水平	10.2.2
4) 额定频率	10.2.3
5) 额定电流	10.2.4
6) 额定短路开断电流	10.3.1
7) 首开极系数	10.3.2
8) 额定操作顺序	10.3.5
9) 短路持续时间	10.3.6
10) 额定线路充电开断电流	10.5
11) 额定失步关合和开断电流	10.3.3
12) 无线电干扰试验	7.5
13) 小感性开断电流	8.2
14) 机械操作的次数	7.12.2
15) 电寿命特性(E2 级)	10.4
16) 适用时，超出标准的型式试验、出厂试验和交接试验	

d) 断路器的操动机构和辅助设备的特性，特别是：

1) 操作的方法，手力的或动力的；

2) 备用辅助开关的数量和型式；

3) 额定电源电压和额定电源频率；

4) 分闸脱扣器的数量；

5） 合闸脱扣器的数量。

11.2 与标书一起提供的资料

当询问者查询断路器的技术细节时，制造厂应提供下列资料（适用的部分），并应附有说明和图纸：

a） 额定值和特性

资料的类型	参　见
1）极数	
2）分类：户内或户外，温度，覆冰	10.2.5
3）额定电压	10.2.1
4）额定绝缘水平	10.2.2
5）额定频率	10.2.3
6）额定电流	10.2.4
7）额定短路开断电流	10.3.1
8）首开极系数	10.3.2
9）出线端故障的瞬态恢复电压	10.3.2
10）近区故障特性	10.3.2
11）额定短路关合电流	10.3.4
12）额定操作顺序	10.3.5
13）额定短路持续时间	10.3.6
14）额定失步关合和开断电流	10.3.3
15）额定分闸时间，额定开断时间和额定关合时间	5.22
16）额定线路充电开断电流	10.5
17）无线电干扰试验	7.5
18）机械寿命	7.12.2
19）电寿命的E2级	10.4
20）小感性开断电流	8.2

b） 型式试验

根据要求提供的证书或报告。

c） 结构特点

如果适用于断路器的设计，应提供下列详细资料：

1） 不带绝缘、开断和操作用的流体时完整断路器的质量；

2） 绝缘用的流体的质量/体积，其质量的好坏和工作范围的大小，包括最低功能值；

3） 开断用的流体[不同于2)项和/或4)项中述及的流体]的质量/体积，其质量的好坏和工作范围的大小，包括最低功能值；

4） 操作用的流体（不同于2)项和3)项中述及的流体）的质量/体积，其质量的好坏和工作范围的大小，包括最低功能值；

5） 密封性的规定；

6） 在运输和储存过程中，为防止内部元件劣化，每一极中需要充入的流体的质量/体积；

7） 每一极中串联的单元数量；

8） 最小空气间隙：

——极间；

——对地；

9） 在所要求的周围空气温度下，为保持断路器的额定特性而采取的任何特别措施(例如加热或冷却)。

d） 断路器的操动机构和辅助设备

1） 操动机构的型式；

2） 是否具有防止合闸的闭锁装置；

3） 合闸机构的额定电源电压和/或额定压力，不同或超出要求的压力限值；

4） 额定电源电压下断路器合闸要求的电流；

5） 并联分闸脱扣器的额定电源电压；

6） 在额定电源电压下并联分闸脱扣器要求的电流；

7） 备用辅助开关的数量和型式；

8） 在额定电源电压下其他辅助设备要求的电流；

9） 高、低压闭锁装置的整定值；

10） 分闸脱扣器的数量；

11） 合闸脱扣器的数量。

e） 外形尺寸和其他资料

制造厂应提供有关断路器外形尺寸的资料和基础设计必需的细则。

应提供断路器维护及连接的一般资料。

12 运输、储存、安装、运行和维护规则

GB/T 11022—1999 的第 10 章适用，并作如下补充：

12.1 运输、储存和安装的条件

GB/T 11022—1999 的 10.1 适用。

12.2 安装

GB/T 11022—1999 的 10.2.1～10.2.4 适用，并作如下补充：

12.2.1 交接试验导则

断路器安装完好并完成所有的连接后，推荐进行交接试验。这些试验的目的是在于检查断路器没有因运输和储存而损坏。此外，当安装和/或调整的大部分工作是在现场进行时，要求在交接试验中确认现场工作和由它决定的功能特征的满意性和与分装件的兼容性。

制造厂应给出现场进行交接检查和试验的程序。交接试验的目的是为了确认：

——无损坏；

——各个单元的兼容性；

——正确的装配；

——装配完整的断路器的正确特性。

一般地，交接试验应包括这些项目，但又不限于 12.2.2 中给出的程序。试验结果应记录在试验报告中。

12.2.2 交接检查和试验程序

12.2.2.1 安装后的检查

12.2.1 要求制造厂给出交接检查和试验的程序，该程序应基于但又不限于本条款中给出的检查和试验程序。

12.2.2.1.1 一般检查

一般检查主要包括：

——装配符合制造厂的图纸和说明书；
——断路器、其紧固件、流体系统和控制装置的密封性；
——外绝缘以及内绝缘未被损坏且干净；
——油漆和其他防腐保护完好；
——操动机构，尤其是动作脱扣器应没有污损；
——足够和完整的接地连接以及和变电站接地系统连接的接口；
——应记录发送时动作计数器的数字；
——记录所有现场试验完成后动作计数器的数字；
——记录第一次送电时动作计数器的数字。

12.2.2.1.2 **电路检查**

——与接线图的一致性；
——信号装置（位置、报警、闭锁等）的正确动作；
——加热和照明装置的正确动作。

12.2.2.1.3 **绝缘和/或灭弧流体的检查**

——SF_6：检查充入的压力/密度。湿度：出厂时≤150 μL/L；
——混合气体：送电前应确认其质量。

12.2.2.1.4 **现场增补的操作流体的检查**

——液压油：油位，且除非另有协议，应确认水分含量应足够低，以防止内部腐蚀或对液压系统的其他损坏；
——氮气：充入压力和纯净度（例如不含氧气或1%的示踪气体）。

12.2.2.2 **机械试验和测量**

12.2.2.2.1 **绝缘和/或开断用气体压力特性的测量**

a) 概述

应进行下列测量，以把它们和出厂试验及制造厂所保证的值进行比较。这些值可作为将来维护和其他检查的参考，还可以用来探测操作特性的任何变化。

这些测量包括报警和闭锁装置（压力开关、继电器、传感器等）动作的检查。

b) 应进行的测量

1) 在压力上升阶段：
——分闸/脱扣闭锁的复位值；
——合闸闭锁的复位值；
——自动重合闸闭锁的复位值；
——低压力报警解除值。

2) 在压力下降阶段：
——低压力报警值；
——自动重合闸闭锁的动作值；
——合闸闭锁的动作值；
——分闸闭锁的动作值。

12.2.2.2.2 **操作流体的压力特性的测量**

a) 概述

应进行下列测量，以把它们和出厂试验的数值及制造厂所保证的数值进行比较。这些值可作为将来维护和其他检查的参考，还可以用来探测操作特性的任何变化。

这些测量包括报警和闭锁装置(压力开关、继电器、传感器等)动作的检查。

b) 应进行的测量

1) 泵装置(泵、压缩机、控制阀等)运行时的压力上升阶段:

——分闸闭锁的复位值;

——合闸闭锁的复位值;

——自动重合闸闭锁的复位值;

——低压力报警解除值;

——泵装置的停止压力;

——安全阀打开压力。

注:这些测量可以和操动机构的恢复时间的测量合并进行[见 12.2.2.2.5 b)]。

2) 泵装置停止时的压力下降阶段:

——安全阀的关闭;

——泵装置的启动;

——低压力报警;

——自动重合闸闭锁;

——合闸闭锁;

——分闸闭锁。

对于液压控制,应在试验前指明储压筒的预充压力,同时测量周围空气温度。

12.2.2.2.3 操作过程中消耗的测量

关掉泵装置,且各个储压筒处于泵装置的启动压力,应确定下述每一个操作或顺序时的损耗值:

——分闸;

——合闸;

——分—0.3 s—合分。

应记录每个操作或操作顺序后的稳态压力。

12.2.2.2.4 额定操作顺序的验证

应该验证断路器完成其规定的额定操作顺序的能力。该试验应在储能装置工作的情况下进行,使用现场的电源电压,并从 12.2.2.2.3 规定的泵装置的启动压力开始。

应提供证据,以证明闭锁装置的干涉水平和在额定操作顺序过程中测到的最低操作压力间的配合关系。

现场电源电压是指来自正常现场电源的、适用于断路器的负载电压且应与辅助和控制回路的额定电源电压兼容。

12.2.2.2.5 时间参量的测量

a) 断路器的时间参量特性

1) 合闸、分闸和合-分时间,时间的分散性

在现场电源电压(流过满负荷电流时设备端子处测量的)和最大压力(停掉泵装置时)下应该进行的测量:

——每一极的合闸时间,极间的时间分散性和可能时的开断单元或每一极各单元组之间的时间分散性;

——每一极的分闸时间,极间的时间分散性和可能时的开断单元或每一极各单元组之间的时间分散性;

——每一极的合-分时间,极间的时间分散性和可能时的开断单元或每一极各单元组之间的时间分散性。

在多个脱扣线圈的情况下,应对所有的脱扣线圈进行试验并记录每一个的时间。

应记录动作前和动作中的电源电压。如有三极控制继电器的话,也应记录其带电时刻,以便能够计算出三极操作时总的时间(继电器时间加上合闸或分闸时间)。

如果断路器装有合闸或分闸电阻单元,应记录电阻的接入时间。

2) 控制和辅助触头的动作

断路器的分闸和合闸时,应确定与主触头操作相关的每一种控制和辅助触头(关合和开断)的动作时间。

b) 液压操动机构的储能时间

应该测量泵装置(泵、压缩机、控制阀等)的动作时间:

1) 最低和最高压力之间(泵装置的启动和停止);

2) 在下列操作或操作顺序过程中,每次从最低压力(启动泵装置)开始:

——合闸;

——分闸;

——分—0.3 s—合分。

12.2.2.2.6 机械行程特性的记录

按照9.6的要求,断路器第一次在现场装配完整时或所有或部分出厂试验在现场进行时,应记录机械行程特性。通过和7.12.2 k)中的参考空载试验得到的参考机械行程特性比较,记录到的机械行程特性应与其达到一致。

12.2.2.2.7 某些特定操作的检查

a) 在操作用的最低功能压力时的自动重合闸操作

当泵装置不工作时,把控制压力降低到重合闸时的闭锁值并进行重合闸操作(在现场条件下,可能需要一个独立的时序装置来实施重合闸操作)。试验应在设备流过满负荷电流时的电源电压下进行。应记录操作前和操作中的电源电压。应记录最终的压力并应保证对分闸操作的最低功能压力留有足够的裕度,作为对压力开关分散性和瞬态压力的保护。

如有怀疑时,可从低于重合闸(短路的触头)操作用的最低功能压力的压力值开始,按照不同于上述方法的替代方法进行试验,接着应该验证分闸操作仍然是可行的。

b) 在操作用的最低功能压力时的合闸操作

当泵装置不工作时,把控制压力尽量降低到合闸时的闭锁值,进行合闸操作。试验应在设备流过满负荷电流时的电源电压下进行。应记录操作前和操作中的电源电压。应记录最终的压力并应保证对分闸操作的最低功能压力留有足够的裕度。

如有怀疑时,可从低于合闸(短路的触头)操作用的最低功能压力的压力开始,按照不同于上述方法的替代方法进行试验,接着应该验证分闸操作仍然是可行的。

c) 在操作用的最低功能压力时的分闸操作

当泵装置不工作时,把控制压力尽量降低到分闸时的闭锁值,进行分闸操作。试验应在设备流过满负荷电流时的电源电压下进行。应记录操作前和操作中的电源电压。应记录最终的压力。

d) 故障关合操作的模拟和防跳跃装置的检查

应测量断路器进行CO操作循环且辅助触头闭合使脱扣回路带电,断路器保持在合闸位置的时间。由于分闸命令的过早施加,该试验也可以对防跳跃装置的动作和由于机械的、液压的和气动的原因引起的任何误动作进行检查。

为了能检查防跳跃装置的有效动作,合闸命令应保持1 s~2 s。

注:采用现场的控制设施,也可以进行模拟的防跳跃试验。在这种情况下,施加并保持合闸命令,继而再施加分闸命令。

e) 存在分闸命令时施加合闸命令后断路器的性能

应该验证断路器在预先施加并维持有分闸命令后,再出现合闸命令时能够满足技术条件的要求。

f) 对两个脱扣器同时施加分闸命令

有可能出现两个脱扣器(正常的和紧急的)同时(或事实上同时)带电的情况。

特别是,如果脱扣器不在同一水平动作,应保证断路器的动作不受任何机械的或液压的干扰。

g) 极间不同期的防护

极间不同期的防护措施可以通过下列任一试验来检查:

——断路器处于分闸状态,一极的合闸脱扣器带电,以检查断路器是否先合闸后分闸;

——断路器处于合闸状态,一极的分闸脱扣器带电,以检查断路器的其他两极是否分闸。

h) 防止失压后打压慢分的检查

断路器处于合闸位置,将高压油放回油箱,然后重新启动油泵打压,断路器不应发生慢分动作。

12.2.2.3 电气试验和测量

12.2.2.3.1 绝缘试验

应对辅助回路进行绝缘试验,以确认断路器的运输和储存没有损坏这些回路。然而,应认识到这些回路中包含薄弱的元件,施加全部的试验电压并保持全部的持续时间可能会导致损坏。为了避免出现这种情况和避免试验连接线的临时移开,供应商应详细规定说明不会出现损坏的试验程序以及根据本试验程序记录试验结果的方法。

对于罐式断路器或GIS中断路器,主回路绝缘必须进行1 100 kV 80%的工频耐压试验和局部放电的测量。

12.2.2.3.2 主回路电阻的测量

测量应按照GB/T 11022—1999中7.3的规定,在不小于直流300 A下进行。

12.2.2.3.3 分、合闸电阻的测量(有条件时)

可采用低压直流电源,在断路器操作过程中,测得的电流、电压波形,经计算得到电阻值。

12.3 运行

GB/T 11022—1999的10.3适用。

12.4 维护

GB/T 11022—1999的10.4适用,并作如下补充:

另外,制造厂应给出关于断路器维护的下列资料:

a) 短路操作;

b) 正常运行时的操作。

这些资料包括检修后按照项a)和项b)断路器能完成的操作次数。

GB/T 11022—1999的10.4.1~10.4.3适用。12.2.2.1.3中要求的检查适用。

13 安全性

GB/T 11022—1999的第11章适用,并作如下补充:

任何已知的化学危险和环境危害应在断路器手册/使用说明中明确。

ICS 29.240.01
K 48

GB

中华人民共和国国家标准化指导性技术文件

GB/Z 24839—2009

1 000 kV 交流系统用支柱绝缘子技术规范

Technical specification of post insulators for 1 000 kV AC system

2009-11-30 发布 2010-05-01 实施

中华人民共和国国家质量监督检验检疫总局
中国国家标准化管理委员会 发布

前 言

本指导性技术文件由中国电力企业联合会提出。

本指导性技术文件由中国电力企业联合会归口。

本指导性技术文件由特高压交流输电标准化技术工作委员会、国网电力科学研究院负责解释。

本指导性技术文件负责起草单位:国家电网公司、国网电力科学研究院。

本指导性技术文件参加起草单位:国网运行分公司、中国电力科学研究院、西安电瓷研究所、抚顺电瓷制造有限公司、南通市神马电力科技有限公司。

本指导性技术文件主要起草人:吴光亚、王绍武、崔吉峰、陈国强、张锐、宿志一、邱宁、党镇平、李奇峰、叶立茂、马斌。

引　言

本指导性技术文件参考 GB/T 8287.1《标称电压高于 1 000 V 系统用户内和户外支柱绝缘子　第 1 部分：瓷或玻璃支柱绝缘子的试验》、GB/T 8287.2《标称电压高于 1 000 V 的系统用户内和户外支柱绝缘子　第 2 部分：尺寸与特性》和 DL/T 1048《标称电压高于 1 000 V 的交流用棒形支柱复合绝缘子　定义、试验方法及验收规则》等标准，并结合 1 000 kV 晋东南-南阳-荆门特高压交流试验示范工程的科研、设计、制造等方面的技术认识及研究成果制定。

1 000 kV 交流系统用支柱绝缘子技术规范

1 范围

本指导性技术文件规定了 1 000 kV 瓷、复合瓷芯和复合支柱绝缘子的一般使用条件、技术要求、检验规则、包装、标志和运输。

本指导性技术文件适用于标称电压 1 000 kV、频率为 50 Hz 的交流变电站中运行的电力设备和装置上的户外瓷、复合瓷芯和复合支柱绝缘子(以下简称绝缘子)。

本指导性技术文件不包括为特定运行条件下选取支柱绝缘子所涉及的一些要求。

本指导性技术文件可作为直流系统用支柱绝缘子的参考标准。

2 规范性引用文件

下列文件中的条款通过本指导性技术文件的引用而成为本指导性技术文件的条款。凡是注日期的引用文件,其随后所有的修改单(不包括勘误的内容)或修订版均不适用于本指导性技术文件,然而,鼓励根据本指导性技术文件达成协议的各方研究是否可使用这些文件的最新版本。凡是不注日期的引用文件,其最新版本适用于本指导性技术文件。

GB/T 197　普通螺纹公差(GB/T 197—2003,ISO 965-1:1998,MOD)

GB/T 528　硫化橡胶或热塑料橡胶拉伸应力应变性能的测定(GB/T 528—2009,ISO 37:2005,IDT)

GB/T 529　硫化橡胶或热塑性橡胶撕裂强度的测定(裤形、直角形和新月形试样)(GB/T 529—2008,ISO 34-1:1994,MOD)

GB/T 531　橡胶袖珍硬度计压入硬度试验方法(GB/T 531—1999,idt ISO 7619:1986)

GB/T 772—2005　高压绝缘子瓷件技术条件

GB/T 775.1　绝缘子试验方法　第 1 部分:一般试验方法

GB/T 775.2　绝缘子试验方法　第 2 部分:电气试验方法

GB/T 775.3　绝缘子试验方法　第 3 部分:机械试验方法

GB/T 1408.1　固体绝缘材料电气强度试验方法　工频下的试验(GB/T 1408.1—2006,IEC 60243-1:1998,IDT)

GB/T 1692　硫化橡胶绝缘电阻率测定

GB/T 1800.1　产品几个技术规范(GPS)　极限与配合　第 1 部分:公差、偏差和配合的基础(GB/T 1800.1—2009,ISO 286-1:1988,MOD)

GB/T 1800.2　产品几何技术规范(GPS)　极限与配合　第 2 部分:标准公差等级和孔、轴极限偏差表(GB/T 1800.2—2009,ISO 286-2:1988,MOD)

GB/T 2900.5　电工术语　绝缘固体、液体和气体(GB/T 2900.5—2002,eqv IEC 60050(212):1990)

GB/T 2900.8　电工术语　绝缘子(GB/T 2900.8—2009,IEC 60050-471:2007,IDT)

GB/T 4585　交流系统用高压绝缘子人工污秽试验(GB/T 4585—2004,IEC 60507:1991,IDT)

GB/T 5134　电气绝缘层压棒试验方法(GB/T 5134—1985,neq ASTM D349:1978)

GB/T 6553　评定在严酷环境条件下使用的电气绝缘材料耐漏电起痕性和耐电蚀损的试验方法(GB/T 6553—2003,IEC 60587:1984,IDT)

GB/T 8287.1—2008　标称电压高于 1 000 V 系统用户内和户外支柱绝缘子　第 1 部分:瓷或玻

璃支柱绝缘子的试验(IEC 60168:2001,MOD)

GB/T 8287.2 标称电压高于 1 000 V 系统用户内和户外支柱绝缘子 第 2 部分:尺寸与特性(GB/T 8287.2—2008,IEC 60273:1990,MOD)

GB/T 10707 橡胶燃烧性能的测定

GB/T 16585 硫化橡胶人工气候老化(荧光紫外灯)试验方法(GB/T 16585—1996,eqv ASTM G53:1988)

DL/T 864 标称电压高于 1 000 V 交流架空线路用复合绝缘子 使用导则

DL/T 1048 标称电压高于 1 000 V 的交流用棒形支柱复合绝缘子——定义、试验方法及验收规则

JB/T 3384 高压绝缘子 抽样方法

JB/T 3567 高压绝缘子无线电干扰试验方法

JB/T 4307 绝缘子胶装用水泥胶合剂

JB/T 5891 绝缘子用黑色金属铸件 技术条件

JB/T 8177 绝缘子金属附件热镀锌层通用技术条件

JB/T 9673 绝缘子产品包装

JB/T 9674 超声波探测瓷件内部缺陷

IEC 60815-1 污秽条件下高压绝缘子的选择和尺寸确定 第 1 部分:定义、信息和一般原则

3 术语和定义

GB/T 2900.5、GB/T 2900.8、GB/T 8287.1—2008 和 GB/T 8287.2 中所确立的及下列术语和定义适用于本指导性技术文件。

3.1

干弧距离 dry arcing distance

正常施加运行电压的两金属部件间沿绝缘子外部空气的最短距离。当绝缘子是由若干元件串联组成时,此干弧距离指上述两电极间最短距离或是各元件两端金属附件间沿元件外部空气的最短距离之和,二者中取较短者。

当绝缘子安装均压环时,干弧距离为高压端均压环对接地均压环或接地法兰之间最短距离。

3.2

复合瓷芯支柱绝缘子 composite porcelain core post insulator

在瓷芯棒绝缘体表面,采用硅橡胶伞裙和护套的支柱绝缘子。

3.3

规定弯曲负荷 specified cantilever load;SCL

在规定的试验条件下绝缘子能够耐受的弯曲负荷等级。

4 一般使用条件

一般使用条件如表 1 所示。

表 1 一般使用条件

序 号	名 称		单 位	典型参数
1	周围空气温度	最高气温	℃	40
		最低气温	℃	−40
		最大日温差	K	25
		最热月平均气温度	℃	30
2	海拔高度		M	≤1 000
3	太阳辐射强度		W/cm^2	0.1

表 1（续）

序 号	名 称		单 位	典型参数		
4	污秽等级		级	b	c	d
5	覆冰厚度		Mm	10		
6	风速[a]		m/s	35		
7	耐受地震能力[b]	水平加速度	m/s^2	3		
		垂直加速度	m/s^2	1.5		
8	湿度	日相对湿度平均值	%	95		
		月相对湿度平均值		90		
9	安装环境		—	户外		
10	安装方式		—	直立		

a 离地面高 10 m 处，持续 10 min 的 100 年平均最大风速；

b 共振、正弦拍波试验法，激振 5 次，每次持续时间 5 个周波，各次间隔 2 s，并考虑其端部连接导线振动和导线张力的影响。安全系数不小于 1.67。设备本体水平加速度应计及设备支架的动力放大系数 1.2。

5 通用技术要求

5.1 一般技术要求

绝缘子按本指导性技术文件以及规定程序批准的技术条件和图样制造。

5.1.1 外形参数

绝缘子的外形参数应符合 IEC 60815-1 的规定。

5.1.2 统一爬电比距 USCD

适用于 b、c、d 污秽等级的绝缘子，推荐绝缘子的统一爬电比距 USCD 分别取相应污秽等级爬电比距的中值。根据使用环境需要，可以取相应污秽等级爬电比距的上限或下限。

5.1.3 绝缘子外观质量和主要尺寸

除符合图样要求外，其余符合 GB/T 8287.1—2008、GB/T 8287.2 和 DL/T 1048 的规定。

5.1.4 其他技术要求

绝缘子其他技术要求符合 GB/T 8287.1—2008、GB/T 8287.2 和 DL/T 1048 的规定。

5.2 尺寸特性

除非供需双方另有协议，本指导性技术文件规定的尺寸特性应满足 GB/T 8287.1—2008 和 GB/T 8287.2要求。绝缘子的尺寸特性规定如下：

a) 结构高度；

b) 绝缘件的最大公称直径；

c) 公称爬电距离；

d) 安装结构；

e) 公差。

绝缘子的尺寸按图样的规定检查。应特别注意影响互换性的尺寸。

5.2.1 一般要求

除非供需双方另有协议，规定未标注偏差尺寸的允许偏差如下：

当 $d \leqslant 300$ 时，$\pm(0.04d+1.5)$mm

当 $d > 300$ 时，$\pm(0.025d+6)$mm

式中 d 为被检尺寸，单位：mm。

5.2.2 结构高度和爬电距离允许偏差

a) 结构高度的允许偏差：

$\pm(1.5+0.001H)$mm。

其中 H 为绝缘子结构高度，单位：mm。

b) 爬电距离允许偏差：

本指导性技术文件规定绝缘子的爬电距离的最小值不小于公称爬电距离，没有负偏差，正偏差不作规定。

5.2.3 其他公差

上下附件端面平行度、上下附件安装孔中心圆轴线间最大偏差和安装孔角度偏差允许偏离的最大值如下：

上下附件端面平行度：$0.001h$。

上下附件安装孔中心圆轴线间最大偏差：$2(1+0.001h)$。

安装孔角度偏差：1°(顺时针或逆时针方向)。

支柱绝缘子元件的直线度不大于：$(1.5+0.006h)$mm

其中 h 是以 mm 表示的支柱绝缘子元件的高度。

测量方法见 GB/T 8287.1—2008 附录 A。

5.2.4 伞倾角

若设计图样显示绝缘子伞上表面的伞根和伞缘的连线为直线时，应测量其平均伞倾角，平均伞倾角的允许偏差为±3°。

应选择大致位于绝缘子顶部、中部和底部的三个伞，在所选伞的四个垂直方向上测量。计算 12 次测量的平均值并与图样上的规定值比较。

测量方法见 GB/T 8287.1—2008 附录 A。

5.3 安装结构

安装结构要求如下：

a) 安装螺孔中心距偏差不超过±0.5 mm；

b) 安装光孔中心距偏差不超过±1 mm；

c) 安装螺孔偏差按 GB/T 197 中等精度；

d) 安装光孔偏差按 GB/T 1800.1 和 GB/T 1800.2 中的“H16 级”；

e) 螺孔的螺纹有效长度不小于公称螺纹直径。

5.4 电气特性

支柱绝缘子的绝缘水平见表 2 。

表 2 支柱绝缘子电气特性表

标称电压 kV	最高运行电压 kV	干雷电冲击耐受电压 kV(峰值) 不小于	湿操作冲击耐受电压 kV(峰值) 不小于	1 min 湿工频耐受电压 kV(有效值) 不小于	无线电干扰电压 在 700 kV 电压、 1 MHz 频率下 μV 不大于
1 000	1 100	2 400	1 800	1 100	500
注：无线电干扰试验仅适用于母线支柱绝缘子。					

5.5 机械强度等级

绝缘子的机械强度等级是按规定的弯曲破坏负荷值确定的。机械强度标准值是按支柱绝缘子直立安装、负荷水平施加于其顶部进行弯曲试验时的最小破坏负荷规定的。

a) 单柱机械强度标准值规定如下：

弯曲破坏负荷：8 kN，10 kN，12.5 kN，16 kN，20 kN。

扭转破坏负荷：8 kN·m，10 kN·m，20 kN·m。

b) 绝缘子的拉伸或压缩机械强度不作规定。

5.6 安装地点海拔

绝缘子在高于海拔 1 000 m 条件下使用时，其外绝缘特性应进行相应修正。

5.7 人工污秽特性

绝缘子应在给定的试验污秽度下其耐受电压不低于 $1.1\times1\ 100/\sqrt{3}$ kV。

5.8 可见电晕

在 $1.1\times1\ 100/\sqrt{3}$ kV 电压下，户外晴天夜晚无可见电晕。

5.9 金属附件

绝缘子金属附件符合 JB/T 5891 的规定。

5.10 镀锌层

绝缘子金属附件的热镀锌层符合 JB/T 8177 的规定。

5.11 均压环

绝缘子均压环的材料使用铝合金，并具有足够的机械强度。均压环表面外观平整、光滑、无毛刺。绝缘子均压环安装位置与需方协商共同确定。

5.12 连接要求

支柱绝缘子的顶部连接用端面满足用户提供的导体及其固定金具的要求。制造商提供顶部连接用端面的材质和尺寸。

5.13 型式试验常数

绝缘子机械弯曲破坏试验结果的判定准则规定接受常数为 1.98。

5.14 标志

在绝缘件或金属附件上标明制造商名称或商标以及制造年份。此外，绝缘子还标明其弯曲破坏负荷和扭转破坏负荷。这些标志清晰牢固。

6 瓷支柱绝缘子

6.1 技术要求

6.1.1 瓷件

瓷件技术要求如下：

a) 绝缘子的瓷件符合 GB/T 772—2005 的规定；

b) 瓷件采用高等级、材质紧密均匀的原材料，等静压干法成型制造，并完全均匀地烧结瓷化；

c) 瓷件符合 GB/T 772—2005 要求；

d) 绝缘子的未胶装法兰的瓷件满足打击试验要求，方法是用木榔头(加适当的力)自上而下依次每翻转 120°重复打击一次伞裙；

e) 绝缘子的瓷件按 JB/T 9674 的规定逐个进行超声波探伤检测；

f) 绝缘子的瓷件在胶装前应按表 7 进行温度循环试验。

6.1.2 釉面

釉面的外观质量符合 GB/T 772—2005 中 4.3 的要求。在正常的使用条件下不产生裂纹或碎裂，也不因温度的突变、环境中的臭氧、酸、碱和灰尘等受影响。

6.1.3 水泥和胶合剂

绝缘子使用 JB/T 4307 规定的 42.5R 强度等级及以上的硅酸盐水泥，或特制的高强度低膨胀水泥配制成的胶合剂进行胶装。水泥胶合剂满足 JB/T 4307 的要求，其压蒸膨胀率小于 0.10%。水泥不引起金属部件的化学反应。外露水泥表面平整、无裂纹。

胶装剂表面涂有硅橡胶密封。

6.1.4 温度循环试验

绝缘子按 GB/T 775.1 的规定经受温度循环试验而不损伤。热水与冷水的温差为 50 K，循环 3 次。

6.1.5 偏移试验

绝缘子在负荷下的偏移试验符合 GB/T 775.3 的规定。

6.2 检验规则

6.2.1 基本要求

用户在订购绝缘子时，宜要求制造商保证出厂的绝缘子符合本指导性技术文件要求。

6.2.2 试验分类

绝缘子的检验一般分型式试验、抽样试验和逐个试验。

6.2.2.1 型式试验

型式试验对一种新设计的绝缘子仅进行一次，以后若其结构、材料或工艺改变时才重复进行。当改变仅影响某些特性时，则仅重复与这些特性有关的试验。若某种绝缘子已通过了型式试验，并且具有有效的试验报告证书(这种绝缘子称为已试绝缘子)，而另一种新设计的绝缘子与之相比在机械设计上等同或在电气设计上等同的话，则不必再进行机械型式试验或电气型式试验，但对供需双方另有协议的除外。机械设计上等同的规定见 GB/T 8287.1—2008 中 4.2.3，电气设计上等同的规定见 GB/T 8287.1—2008 中 4.2.2。

型式试验的机械试验报告证书 10 年内有效；型式试验的电气试验报告证书永久有效。

6.2.2.2 抽样试验

抽样试验用来检验绝缘子因制造过程和材料性能而变化的特性。

抽样试验用作验收试验，应在已符合逐个试验要求的绝缘子批中随机抽取的绝缘子上进行。

6.2.2.3 逐个试验

逐个试验用来剔除有缺陷的产品，试验是在制造过程中进行的。该试验对每个绝缘子都进行。

6.2.3 型式试验的要求

6.2.3.1 试品的选取

型式试验时对每一种破坏性试验项目选取的试品数为 3 柱，试品先经受逐个试验并符合要求。

在型式试验前先检验型式试验用支柱绝缘子的有关尺寸。可以使用尺寸超出图纸或本指导性技术文件规定公差的绝缘子进行型式试验，但要考虑其不影响试验结果。釉面上的缺陷面积超过允许值的绝缘子也可用于型式试验。

6.2.3.2 电气型式试验

电气型式试验项目符合表 10 规定。已试绝缘子电气型式试验得到的结果可以代表与其在“电气设计上等同”的所有支柱绝缘子。“电气设计上等同”的支柱绝缘子是指其所用材料和工艺过程与已试绝缘子相同，“电气设计上等同”还考虑金属附件的形状和尺寸对“电气设计上等同”的影响，并且与已试绝缘子相比同时具有下列特性的支柱绝缘子：

a) 干弧距离相同或较大；

b) 公称杆径相同或较小；

c) 金属附件的数量和位置相同；

d) 公称伞间距相同，相差为±5%；

e) 公称伞伸出相同，相差为±10%；

f) 伞形相同。

6.2.3.3 机械破坏负荷型式试验

通常对所有类型的支柱绝缘子进行弯曲破坏负荷试验。当有要求时，拉伸、扭转、压缩试验也可作为型式试验。户外棒形支柱绝缘子除进行弯曲破坏负荷试验外，还要进行扭转试验。

已试绝缘子机械破坏负荷型式试验得到的结果可以代表与其在“机械设计上等同”的所有支柱绝缘子。“机械设计上等同”的支柱绝缘子是采用与已试绝缘子相同材料和相同工艺制造过程在同一制造厂生产的。由于影响支柱绝缘子强度的材料、制造过程及尺寸等所有这些因素对“机械设计上等同”是同样的，因而“机械设计上等同”的绝缘子弯矩强度值($P_0 \times h$)、拉伸强度值及扭转强度值与其应是相同的。当应用“机械设计上等同”时，考虑高度不同对支柱绝缘子压缩强度的影响。在确定“机械设计上等同”时，考虑伞伸出、伞间距和伞形明显变化造成的影响。且与已试绝缘子相比同时具有下列特性的支柱绝缘子：

a) 公称杆径相同；

b) 瓷件与金属附件的连接结构相同；

c) 金属附件与瓷件连接部位的形状和尺寸相同；

d) 公称高度相差不超过±20%。

6.2.4 抽样试验的规则和程序

绝缘子按批进行抽样试验。

抽样试验按 JB/T 3384 进行。从逐个试验合格的绝缘子批中抽样，需方有权抽样。在抽样试验中性能受到影响的绝缘子不提交使用。

样本容量按表 3 规定。根据绝缘子试验要求分组抽样。每一组样本容量为 n_1，适用于有弯曲要求的试验；第二组样本容量为 n_2，适用于有扭转要求的试验。

表 3 第一次抽样样本容量数值表

批 量	样 本 容 量	
	第一组 n_1	第二组 n_2
$N \leqslant 15$	1	1
$16 < N \leqslant 25$	2	1
$26 < N \leqslant 50$	2	2
$51 < N \leqslant 500$	3	2

抽样试验按计件二次试验程序进行。但机械破坏试验项目其试品数若大于或等于 3，则该项试验按 JB/T 3384 中 AQL=2.5%的计量二次试验程序进行，其判断常数见表 4。

表 4 计量抽样判断常数

样本容量		计量抽样判断常数		
n_1 或 n_2	$2n_1$ 或 $2n_2$	K_1	K_2	K_3
3	6	1.30	0.925	1.28
4	8	1.39	1.02	1.36
5	10	1.47	1.08	1.41

抽样试验中如仅有一柱试品不符合该抽样组的任何一项要求(计量检查如判为重复试验，则算作有一柱绝缘子不符合要求)，则在同一批中抽取第一次样本容量两倍数量的绝缘子进行重复试验。重复试验包括不合格的那项试验及在该项试验以前的并对该项试验有影响的项目。重复试验如仍有任何一项不合格，则认为该批不合格。

第一次抽样试验中如有 2 柱或以上的试品不符合任何一项要求，或某抽样组计量检查中，第一次抽样时即被判断为拒收，则认为该批不合格。

如果仅仅是尺寸检查不合格，则允许逐个精选。

6.2.5 试验项目

6.2.5.1 型式试验项目

型式试验项目按表 5 规定。

表5 型式试验项目

序号	试验名称	试验数量	试验方法
1	尺寸检查	3柱	GB/T 8287.1—2008 GB/T 8287.2
2	雷电冲击干耐受电压试验	1柱	GB/T 775.2
3	湿操作冲击湿耐受电压试验	1柱	GB/T 775.2
4	湿工频湿耐受电压试验	1柱	GB/T 775.2
5	无线电干扰及可见电晕试验	1柱	JB/T 3567
6	人工污秽耐受试验	1柱	GB/T 4585
7	温度循环试验	3柱+3节(上元件)	GB/T 775.1
8	机械破坏负荷试验	经项7试验后 全部3柱+3节(上元件)	GB/T 8287.1—2008
9	孔隙性试验	经项8试验后瓷块 (同窑每柱试品取1块)	GB/T 775.1
10	镀锌层试验	经项1试验后的法兰	JB/T 8177

注1：项2、3、4、5、6试验的试品须经过项1试验，可以共用1柱产品。

注2：当与需方互有协议时，也可进行正常环境温度时机械负荷下的偏移试验。

电气型式试验仅对一柱试品进行，但人工污秽耐受试验可根据试验条件对一柱或若干柱试品进行。

三柱试品用来进行一种机械破坏负荷试验(如弯曲)，若要进行弯曲和扭转机械破坏负荷试验，则需再选取同样数量的试品进行试验，但再选取的绝缘子仅进行该机械破坏负荷试验即可。试验时，即使只有一柱绝缘子不符合本表任何一项要求，型式试验也不合格。

6.2.5.2 抽样试验项目

抽样试验项目按表6规定。

表6 抽样试验项目

序号	试验名称	试验依据	试验方法
1	尺寸检查	GB/T 8287.1及图样	GB/T 8287.1—2008
2	镀锌层试验	GB/T 8287.1—2008	GB/T 8287.1—2008
3	温度循环试验	GB/T 8287.1—2008	GB/T 8287.1—2008
4	机械弯曲破坏负荷试验	GB/T 8287.1—2008	GB/T 8287.1—2008
5	机械扭转破坏负荷试验	GB/T 8287.1—2008	GB/T 8287.1—2008
6	孔隙性试验	GB/T 8287.1—2008	GB/T 8287.1—2008

注：镀锌层试验仅对有镀锌层的绝缘子进行。需要时，也允许在所使用的同一批附件中单独抽取附件进行试验。

一组试品(如第一组)只能用来进行一种破坏负荷试验(如弯曲)，若要进行两种破坏负荷试验(弯曲和扭转)，则再选取一组(第二组)试品(n_2)进行序号1、3、5的试验。

6.2.5.3 逐个试验项目

逐个试验的项目按表7规定。

表7 逐个试验项目

序号	试验名称	试验依据	试验方法
1	外观检查	GB/T 8287.1—2008	GB/T 8287.1—2008
2	结构高度检查	GB/T 8287.1—2008	GB/T 8287.1—2008

表 7（续）

序　　号	试 验 名 称	试 验 依 据	试 验 方 法
3	温度循环试验*	6.1.1	GB/T 8287.1—2008
4	超声波探伤试验*	JB/T 9674	JB/T 9674
5	逐个弯曲试验	GB/T 8287.1—2008	GB/T 8287.1—2008
注 1：符号 * 表示试验是在胶装前的瓷件上进行的。 注 2：温度循环试验的温差为 50 K，冷、热水中各停留 30 min，循环 1 次。			

逐个试验中，如绝缘子不符合表 7 中规定的任何一项要求，则此绝缘子不合格。

7　复合瓷芯支柱绝缘子

7.1　技术要求

7.1.1　瓷芯棒

瓷芯棒应对逐个单元件进行超声波探伤。其他要求同瓷支柱绝缘子。瓷芯棒按表 7 进行逐个试验。

法兰密封处的瓷件应上釉。

7.1.2　胶合剂

绝缘子使用 JB/T 4307 规定的 42.5R 强度等级及以上的硅酸盐水泥，或特制的高强度低膨胀水泥配制成的胶合剂进行胶装。水泥胶合剂满足 JB/T 4307 的要求，其压蒸膨胀率不小于 0.10%。水泥应不引起金属部件的化学反应。外露水泥表面平整、无裂纹。

采用注射成型工艺制造的瓷芯棒形复合支柱绝缘子，其伞裙护套成型工艺和温度不影响胶装强度，缓冲层的材料、结构和工艺充分考虑高温注射的影响。

7.1.3　伞裙、护套材料

7.1.3.1　憎水性

伞裙、护套的憎水性满足 DL/T 864—2004 附录 A 的要求。

7.1.3.2　电气性能

硅橡胶绝缘材料的电气性能满足：

a)　体积电阻率不小于 1.0×10^{12} Ω·m；

b)　表面电阻率不小于 1.0×10^{12} Ω；

c)　击穿场强不小于 20 kV/mm(厚度：2 mm)；

d)　耐漏电起痕及电蚀损不小于 TMA4.5 级；

e)　可燃性：FV-0 级。

7.1.3.3　机械性能

硅橡胶绝缘材料的机械性能满足：

a)　抗撕裂强度(直角形试样)不小于 10 kN/m；

b)　机械扯断强度不小于 4.0 MPa；

c)　拉断伸长率不小于 150%；

d)　邵氏硬度固态胶不小于 50Shore A，液态胶不小于 30Shore A。

7.1.3.4　最小护套厚度

绝缘子的最小护套厚度为 5.0 mm。

7.1.3.5　外观质量

绝缘子伞套表面单个缺陷(如缺胶、杂质、凸起等)面积不超过 25 mm²，深度不大于 1 mm，凸起表面和合缝平整，凸起高度不超过 0.8 mm，总缺陷面积不超过绝缘子总表面积的 0.2%。

7.1.4 电气特性

7.1.4.1 冲击电压击穿耐受特性

绝缘子进行正、负极性各5次的冲击电压击穿耐受试验。

7.1.4.2 其他特性

绝缘子除符合本指导性技术文件技术要求外，其他特性还符合相应产品标准规定，包括如下特性项目：

a) 湿工频耐受电压；
b) 湿操作冲击耐受电压；
c) 干雷电全波冲击耐受电压。

7.1.5 界面渗透性

绝缘子满足机械负荷-时间试验和金属附件与绝缘护套间界面的渗透性试验的要求，并满足验证金属附件和伞套间界面的渗透性和验证额定机械负荷的要求。

7.1.6 正常环境温度时机械负荷下的偏移

当绝缘子用于隔离开关或用户对其使用有要求的产品，需进行正常环境温度时弯曲负荷下的偏移试验，其技术指标由供需双方协商。

试验时，在整只支柱绝缘子的自由端对其施加弯曲负荷，并在支柱绝缘子上端面测量偏移。偏移量随着施加负荷的升高而增长，分别记录负荷为规定机械破坏负荷20%、50%时的偏移值。

7.2 检验规则

绝缘子的检验分为设计试验、型式试验、抽样试验、逐个试验和补充试验。

7.2.1 设计试验

设计试验仅进行一次，并将结果记录在试验报告中。试验的每一部分可以独立地在适当的新试品上进行。仅当所有绝缘子或试品通过全部设计试验项目时，该特定设计的支柱复合绝缘子才被认为通过了设计试验。

当一种复合绝缘子进行设计试验时，其结果认为对整类复合绝缘子都有效，该类绝缘子有被试的该种绝缘子所代表并具有下述特征：

a) 芯棒、伞套材料相同，并且制造方法(工艺)相同；
b) 相同的附件材料、相同的结构及相同的固定方式；
c) 芯棒上外套最小厚度(如有护套，则包括其厚度)相同，公差在±15%范围内或较大；
d) 所有机械负荷与两附件之间芯棒最小直径之比相同，公差在±15%范围内或较小；
e) 芯棒直径相同，公差在±15%范围内或较大；
f) 外套形状相同，各参数差别在±15%范围内，但伞间距在±25%范围内。

绝缘子设计试验项目按表8规定。

表8 设计试验项目

项 号	试验名称	试验依据	试品数量 节	试验方法
1	界面和金属附件连接区试验	DL/T 1048	4	DL/T 1048
1.1	热机试验	DL/T 1048	3	DL/T 1048
1.2	水煮试验	DL/T 1048	3	DL/T 1048
1.3	验证试验	DL/T 1048	3	DL/T 1048
1.4	外观检查	DL/T 1048	3	DL/T 1048
1.5	冲击电压击穿耐受试验	DL/T 1048	3	DL/T 1048
1.6	干工频电压试验	DL/T 1048	4	DL/T 1048

表 8（续）

项 号	试验名称	试验依据	试品数量 节	试验方法
2	弯曲负荷试验	DL/T 1048	3	DL/T 1048
3	伞套材料试验	7.1.3	—	—
3.1	耐漏电起痕及电蚀损性试验	7.1.3.2	5	GB/T 6553
3.2	加速气候试验	DL/T 1048	3	GB/T 16585
3.3	可燃性试验	7.1.3.2	5	GB/T 10707
3.4	邵氏硬度试验	7.1.3.3	5	GB/T 531
4	伞套试验：起痕和蚀损试验	DL/T 1048	2	DL/T 1048
5	芯棒材料孔隙性试验	DL/T 1048	—	GB/T 775.1

7.2.2 型式试验

型式试验的目的是验证支柱复合绝缘子的主要特性，这些主要特性取决于其形状和尺寸。型式试验对已通过设计试验的绝缘子进行。仅当支柱复合绝缘子的型式或材料改变时，才重新进行型式试验。试验时，即使只有一柱绝缘子不符合本表任何一项要求，则型式试验不合格。

一种绝缘子型式在电气上是由电弧距离、爬电距离、伞倾角、伞径和伞间距所确定的。一种形式符合上述准则的绝缘子，其电气型式试验只需进行一次。如果引弧装置是该型式绝缘子的一完整部分，则电气型式试验应带上引弧装置进行。

仅当上述特性中有一项或几项改变时电气试验才重新需要进行。

一种绝缘子型式在机械上是由 SCL、芯棒直径和材料、金属附件的固定方法、底部金属附件的连接区来确定。仅当上述特性有一项或两项都改变时机械型式试验才需重新进行。

绝缘子型式试验项目按表 9 规定。

表 9 型式试验项目

项 号	试验名称	试验依据	试品数量 柱	试验方法
1	尺寸试验	DL/T 1048 及图样	6	DL/T 1048
2	电气试验	DL/T 1048	3	—
2.1	干工频电压试验	DL/T 1048	3	DL/T 1048
2.2	湿工频电压试验	DL/T 1048	3	DL/T 1048
2.3	干雷电冲击耐受电压试验	DL/T 1048	3	DL/T 1048
2.4	湿操作冲击电压耐受试验	DL/T 1048	3	DL/T 1048
2.5	人工污秽工频耐受电压试验	DL/T 1048	3	DL/T 1048
2.6	无线电干扰试验	DL/T 1048	3	DL/T 1048
3	机械试验	DL/T 1048	6	—
3.1	弯曲破坏试验	DL/T 1048	3	DL/T 1048
3.2	扭转负荷试验[a]	DL/T 1048	3	DL/T 1048
3.3	正常环境温度时机械负荷下的偏移试验	DL/T 1048	3	DL/T 1048

[a] 仅适合于操作绝缘子。

7.2.3 抽样试验

绝缘子按批进行抽样试验，抽样试验的样本容量依据 GB/T 8287.1—2008。根据绝缘子试验要求分组抽样，第一组样本容量为 n_1（适用于有弯曲试验的产品）；第二组样本容量为 n_2（适用于有扭转试验的产品），具体按表 10 执行。试品先经受逐个试验，然后按表 11 进行抽样试验。

表 10　第一次抽样样本容量数值表

批　量	样 本 容 量	
	第一组 n_1	第二组 n_2
$N \leqslant 15$	1	1
$16 < N \leqslant 25$	2	1
$26 < N \leqslant 50$	2	2
$51 < N \leqslant 500$	3	2

表 11　抽样试验项目

序　号	试验名称	试验依据	试验方法
1	尺寸检查	GB/T 8287.1—2008 及图样	GB/T 8287.1—2008
2	镀锌层试验	5.10	JB/T 8177
3	温度循环试验	GB/T 8287.1—2008	GB/T 8287.1—2008
4	额定弯曲负荷试验	DL/T 1048	DL/T 1048
5	额定扭转负荷试验	DL/T 1048	DL/T 1048
6	冲击电压击穿耐受试验	DL/T 1048	DL/T 1048
7	孔隙性试验	GB/T 8287.1—2008	GB/T 775.1

注 1：镀锌层试验仅对有镀锌层的绝缘子进行。需要时，也允许在所使用的同一批附件中单独抽取附件进行试验。

注 2：一组试品只能用来进行一种破坏负荷试验（如弯曲），若要进行两种破坏负荷试验（弯曲和扭转），则再选取一组试品进行扭转破坏负荷试验。

注 3：抽样试验可以用外观有缺陷，但不影响机械性能的产品。

7.2.4　逐个试验

本试验用来剔除有制造缺陷的支柱复合绝缘子，它对提交验收的每个支柱复合绝缘子进行。逐个试验中，如绝缘子不符合表 12 中规定的任何一项要求，则此绝缘子不合格。

绝缘子逐个试验项目按表 12 规定。瓷芯棒在成型伞套之前应按表 13 规定进行逐个试验。

表 12　逐个试验项目

序　号	试验名称	试验依据	试验方法
1	外观检查	DL/T 1048	DL/T 1048
2	逐个弯曲试验	DL/T 1048	DL/T 1048
3	逐个扭转试验[a]	DL/T 1048	DL/T 1048
4	高度检查	DL/T 1048	DL/T 1048

[a] 仅适合于操作绝缘子。

表 13　瓷芯棒逐个试验项目

序　号	试验名称	试验依据	试验方法
1	尺寸及形位公差检查	GB/T 8287.1—2008 及图样	GB/T 775.1
2	温度循环试验	注 1	注 1

表 13（续）

序　　号	试验名称	试验依据	试验方法
3	打击试验	注 2	注 2
4	超声波探伤	注 3	JB/T 9674

注 1：瓷件切割后应逐个进行温度循环试验(温差为 50 K，冷、热水中各停留 30 min，循环 1 次)，并且逐个经受打击试验而不损坏。

注 2：打击试验的方法为用木榔头(加适当的力)自上而下依次对瓷件进行打击，每翻转 120°重复上述打击一次，以剔除废品。

注 3：最后对瓷件逐个进行超声波探伤检测。

7.2.5 补充试验

本指导性技术文件规定，表 14 中试验项目为设计试验中内容。

表 14　伞套材料补充试验项目

项　　号	试验名称	试验依据	试品数量(只)	试验方法
3	伞套材料试验	7.1.3	—	—
3.1	憎水性试验	7.1.3.1	5	DL/T 864—2004
3.2	体积电阻率试验	7.1.3.2	5	GB/T 1692
3.3	表面电阻率试验	7.1.3.2	5	GB/T 1692
3.4	击穿强度试验	7.1.3.2	10	GB/T 1408.1
3.8	抗撕裂强度试验	7.1.3.3	5	GB/T 529
3.9	扯断强度试验	7.1.3.3	5	GB/T 529
3.10	拉断伸长率试验	7.1.3.3	5	GB/T 528

新产品试制、定型或正常生产的产品，可仅对一种型式的绝缘子进行表 14 中所规定伞套材料的补充试验。仅当伞套材料配方及工艺改变时，表 14 中所规定的补充试验中的各项必须重新进行全部项目的试验。

8 复合支柱绝缘子

8.1 技术要求

8.1.1 伞裙、护套材料

同 7.1.3。

8.1.2 芯棒材料要求

芯棒材料要求如下：

a)　吸水率小于 0.05%；

b)　雷电冲击耐受电压不小于 100 kV(10 mm 长)；

c)　染色渗透试验时间不小于 15 min；

d)　水扩散试验中的泄漏电流不大于 1 mA(r. m. s)，其样片尺寸符合指导性技术文件要求，截面完整。

8.1.3 机械特性

8.1.3.1 弯曲负荷

弯曲负荷要求如下：

a)　绝缘子能耐受四向 10 s 弯曲负荷试验而不损坏，其试验负荷为额定弯曲负荷的 50%；

b)　绝缘子能耐受 90 s 额定弯曲负荷试验而不损坏；

c)　绝缘子能耐受 96 h 的 1.1MDCL 额定机械弯曲负荷试验而不损坏。

8.1.3.2 扭转负荷

扭转负荷要求如下：

a) 绝缘子能耐受 10 s 扭转负荷试验而不损坏，其试验负荷为额定扭转负荷的 50%；

b) 绝缘子能耐受 90 s 额定扭转负荷试验而不损坏。

8.1.4 电气特性

8.1.4.1 冲击电压击穿耐受特性

绝缘子进行正、负极性各 5 次的冲击电压击穿耐受试验。

8.1.4.2 其他特性

绝缘子除符合本指导性技术文件技术要求外，其他特性还符合相应产品标准规定，包括如下特性项目：

a) 湿工频耐受电压；

b) 湿操作冲击耐受电压；

c) 干雷电全波冲击耐受电压。

8.1.5 界面渗透性

绝缘子满足机械负荷-时间试验和金属附件与绝缘护套间界面的渗透性试验的要求，并满足验证金属附件和伞套间界面的渗透性和验证额定机械负荷的要求。

8.1.6 正常环境温度时机械负荷下的偏移

当绝缘子用于隔离开关或用户对其使用有要求的产品，需进行正常环境温度时弯曲负荷下的偏移试验，其技术指标由供需双方协商。

8.2 检验规则

绝缘子的检验一般分设计试验、型式试验、抽样试验、逐个试验和补充试验。

8.2.1 设计试验

设计试验仅进行一次，并将结果记录在试验报告中。每一部分试验可以独立地用合适的新试品进行。仅当所有绝缘子或试品通过了全部设计试验项目时，该特定设计的支柱复合绝缘子才被认为通过了设计试验。设计试验项目和试验程序符合 DL/T 1048 的要求，按表 15 进行。

表 15 设计试验项目

项号	试验名称	试验依据	试品数量(节)	试验方法
1	界面和金属附件连接区试验	DL/T 1048	4	DL/T 1048
1.1	热机试验	DL/T 1048	3	DL/T 1048
1.2	水煮试验	DL/T 1048	3	DL/T 1048
1.3	验证试验	DL/T 1048	3	DL/T 1048
1.4	外观检查	DL/T 1048	3	DL/T 1048
1.5	冲击电压击穿耐受试验	DL/T 1048	3	DL/T 1048
1.6	干工频电压试验	DL/T 1048	4	DL/T 1048
2	装配好的芯棒负荷-时间试验	DL/T 1048	3	DL/T 1048
2.1	最大设计弯曲负荷(MDCL)验证试验	DL/T 1048	3	DL/T 1048
2.2	弯曲负荷试验	DL/T 1048	3	DL/T 1048
3	伞套材料试验	同表 8 中 3	同表 8 中 3	同表 8 中 3
4	芯棒(管)材料试验	DL/T 1048	—	DL/T 1048
4.1	染料渗透试验	DL/T 1048	10	DL/T 1048
4.2	水扩散试验	DL/T 1048	6	DL/T 1048
5	伞套试验：起痕和蚀损试验	DL/T 1048	2	DL/T 1048

8.2.2 型式试验

型式试验的目的是验证复合支柱绝缘子的主要特性,这些主要特性取决于其形状和尺寸。型式试验对已通过设计试验的绝缘子进行。仅当复合支柱绝缘子的型式或材料改变时,才重新进行型式试验。型式试验项目和试验程序符合 DL/T 1048 的要求,按表 16 进行。

表 16 型式试验项目

项 号	试 验 名 称	试验依据	试品数量(柱)	试验方法
1	尺寸试验	DL/T 1048 及图样	6	DL/T 1048
2	电气试验	DL/T 1048	3	—
2.1	干工频电压试验	DL/T 1048	3	DL/T 1048
2.2	湿工频电压试验	DL/T 1048	3	DL/T 1048
2.3	干雷电冲击耐受电压试验	DL/T 1048	3	DL/T 1048
2.4	湿操作冲击电压耐受试验	DL/T 1048	3	DL/T 1048
2.5	人工污秽工频耐受电压试验	DL/T 1048	3	DL/T 1048
2.6	无线电干扰试验	DL/T 1048	3	DL/T 1048
3	机械试验	DL/T 1048	6	—
3.1	弯曲破坏试验	DL/T 1048	3	DL/T 1048
3.2	扭转负荷试验[a]	DL/T 1048	3	DL/T 1048
3.3	正常环境温度时机械负荷下的偏移试验	DL/T 1048	3	DL/T 1048

[a] 仅适合于操作绝缘子。

8.2.3 抽样试验

本指导性技术文件所规定的抽样试验作为用户在订购绝缘子时的验收试验。

抽样试验是为了验证复合支柱绝缘子其他特性,包括取决于制造质量和所用材料的特性。样品从提交验收的批次中随机抽取。抽样试验项目和试验程序符合 DL/T 1048 要求,按表 17 进行。

表 17 抽样试验项目

项 号	试 验 名 称	试验依据	试品数量 柱	试验方法
1	尺寸检查	DL/T 1048 及图样	E1+E2	DL/T 1048
2	镀锌层试验	DL/T 1048	E1+E2	DL/T 1048
3	额定弯曲负荷验证试验	DL/T 1048	E1	DL/T 1048
4	额定扭转负荷验证试验	DL/T 1048	E1	DL/T 1048
5	冲击电压击穿耐受试验	DL/T 1048	E1	DL/T 1048

8.2.4 逐个试验

对出厂的每个复合支柱绝缘子进行逐个试验,试验程序应符合 DL/T 1048 要求,试验项目按表 18 进行。

表 18 逐个试验项目

项 号	试 验 名 称	试验依据	试品数量 柱	试验方法
1	外观检查	DL/T 1048	全部	DL/T 1048
2	逐个弯曲试验	DL/T 1048	全部	DL/T 1048
3	逐个扭转试验[a]	DL/T 1048	全部	DL/T 1048

表 18（续）

项　号	试 验 名 称	试验依据	试品数量 柱	试验方法
4	高度检查	DL/T 1048	全部	DL/T 1048
[a] 仅适合于操作绝缘子。				

8.2.5　补充试验

本指导性技术文件规定补充试验是设计试验中内容。

8.2.5.1　伞套材料补充试验

同7.2.5。

8.2.5.2　芯棒材料补充试验

芯棒材料补充试验项目见表19。

表 19　芯棒材料补充试验项目

项　号	试 验 名 称	试验依据	试品数量(只)	试验方法
1	芯棒材料试验	DL/T 1048	—	—
1.1	吸水率	DL/T 1048	5	GB/T 5314
1.2	雷电冲击耐受电压试验	DL/T 1048	5	DL/T 864—2004

9　包装、标志和运输

9.1　包装

绝缘子的包装除满足 JB/T 9673 的规定，并符合以下要求：

a)　包装具有良好的防震保护措施；

b)　使用大小适合坚固木箱、木质板条箱或其他适合于该产品的包装箱进行包装；对于支柱复合绝缘子，本指导性技术文件规定还用塑料薄膜包裹密封；

c)　产品各部件的包装设计便于装卸、运输；

d)　绝缘子包装体上标明：制造企业名；绝缘子型号；绝缘子数量；包装体总重量；小心轻放等字样或标记。

9.2　标志

在绝缘子的绝缘件或端部附件上，应按图样规定的部位清楚可辨，而且牢固地标出制造企业商标、型号、制造企业、编号或批号和制造年份。

9.3　运输

绝缘子的运输充分考虑运输途中可能受到的最大压力、冲撞等因素。绝缘子的运输和搬运必须在包装完好的情况下进行。另外，支柱复合绝缘子不应脚踩、手撕及尖物碰撞，以免损伤。

ICS 29.240.01
K 40

GB

中华人民共和国国家标准化指导性技术文件

GB/Z 24840—2009

1 000 kV 交流系统用套管技术规范

Technical specification for bushing of 1 000 kV AC system

2009-11-30 发布　　　　2010-05-01 实施

中华人民共和国国家质量监督检验检疫总局
中国国家标准化管理委员会　发布

前言

本指导性技术文件提出的技术性能参数基于有关1 000 kV工程的研究成果并参考国内外其他电压等级设备的设计、制造和运行经验。

本指导性技术文件由中国电力企业联合会提出。

本指导性技术文件由中国电力企业联合会归口。

本指导性技术文件由特高压交流输电标准化技术工作委员会、国网电力科学研究院负责解释。

本指导性技术文件负责起草单位：国家电网公司、国网电力科学研究院。

本指导性技术文件参加起草单位：中国电力科学研究院、西安交通大学、西安电瓷研究所、西安西电电瓷有限公司、南通市神马电力科技有限公司、南京电气集团公司。

本指导性技术文件主要起草人：王晓琪、刘泽洪、彭宗仁、王绍武、吴士普、伍志荣、孙岗、陈国强、党镇平、马斌、何平、宿志一、姜继双、朱斌、聂德鑫。

1 000 kV 交流系统用套管技术规范

1 范围

本指导性技术文件规定了 1 000 kV 交流系统用高压套管一般性能、逐个试验、型式试验和现场交接试验等。

本指导性技术文件适用于 1 000 kV 交流系统变压器类和气体绝缘金属封闭开关设备用的 1 000 kV 电压等级套管。

2 规范性引用文件

下列文件中的条款通过本指导性技术文件引用而构成为本指导性技术文件的条款。凡是注日期的引用文件，其随后所有的修改单(不包括勘误的内容)或修订版不适用于本指导性技术文件，然而，鼓励根据本指导性技术文件达成协议的各方研究是否可使用这些文件的最新版本，凡是不注日期的引用文件，其最新版本适用于本指导性技术文件。

GB/T 507　绝缘油击穿电压测定法

GB/T 763　交流变压器在长期工作时的发热

GB 1094.3—2003　电力变压器　第 3 部分:绝缘水平、绝缘试验和外绝缘空气间隙(IEC 60076-3:2000,MOD)

GB/T 2423.23—1995　电工电子产品环境试验　试验 Q:密封 (idt IEC 60068-2-17)

GB/T 2900.5　电工术语　绝缘固体、液体和气体(GB/T 2900.5—2002,eqv IEC 60050(212):1990)

GB/T 2900.8　电工术语　绝缘子(GB/T 2900.8—2009,IEC 60050-471:2007,IDT)

GB/T 4109—2008　交流电压高于 1 000 V 的绝缘套管(IEC 60137,MOD)

GB/T 5654　液体绝缘材料工频相对介电常数、介质损耗因数和体积电子率的测量(GB/T 5654—2007,IEC 60247:2004,IDT)

GB/T 7252　变压器油中溶解气体分析和判断导则(GB/T 7252—2001,neq IEC 60599:1999)

GB/T 7354　局部放电测量(GB/T 7354—2003,EC 60270:2000 IDT)

GB/T 7600　运行中变压器油水分含量测定法(库仑法)

GB/T 7601　运行中变压器、气轮机油水分含量测定法(气相色谱法)

GB/T 12022　工业六氟化硫(GB/T 12022—2006, IEC 376:1971;IEC 376A:1973;IEC 376B:1974,MOD)

GB/T 21429　户外和户内电气设备用空心复合绝缘子——定义、试验方法、接收准则和设计推荐(GB/T 21429—2008,IEC 61462:1998,MOD)

DL/T 864—2004　标称电压高于 1 000 V 交流架空线路用复合绝缘子使用导则

IEC 60137:2008　交流 1 000 V 以上的绝缘套管

IEC 60815　污秽条件下高压绝缘子的选择和尺寸确定

IEC 62155　额定电压为 1 000 V 以上的电气设备用空心增压和未增压陶瓷和玻璃绝缘子

3 术语和定义

GB/T 2900.5、GB/T 2900.8、GB/T 4109—2008 中所确立的及下列术语和定义适用于本指导性技术文件。

3.1

油浸纸瓷套管(OIP) oil-impregnated paper porcelain bushing

主绝缘由纸卷绕的芯体,经处理后用绝缘液体(通常为变压器油)浸渍,外绝缘由瓷空心绝缘子构成的变压器类设备用套管。

注:芯体装在绝缘套内且芯体和绝缘套之间的空间充以与浸渍时所使用的相同的绝缘液体。

3.2

气体绝缘复合套管 gas-insulated composite bushing

由复合绝缘材料做护套的树脂浸渍纤维管构成绝缘外套,主绝缘高于大气压力的气体(除空气外)构成并用于组合电器的套管。

3.3

气体绝缘瓷套管 gas-insulated porcelain bushing

由瓷套作为外绝缘,主绝缘高于大气压力的气体(除空气外)构成并用于组合电器的套管。

4 一般使用条件

本指导性技术文件所规定的套管的一般使用条件应满足表1的规定。

表1 一般使用条件

序号	名称		单位	典型参数
1	周围空气温度	最高气温	℃	40
		最低气温	℃	−40
		最大日温差	K	25
		最热月平均气温度	℃	30
2	海拔高度		m	≤1 000
3	太阳辐射强度		W/cm^2	0.1
4	污秽等级		级	b、c、d
5	覆冰厚度		mm	20
6	风速[a]		m/s	35
7	耐受地震能力[b]	水平加速度	m/s^2	3
		垂直加速度	m/s^2	1.5
8	湿度	日相对湿度平均值	%	95
		月相对湿度平均值		90
9	安装环境		—	户外
10	安装角度		—	套管轴线与铅垂线夹角不超过30°

[a] 离地面高10 m处,持续10 min的100年平均最大风速。

[b] 共振、正弦拍波试验法,激振5次,每次持续时间5个周波,各次间隔2 s,并考虑其端部连接导线振动和导线张力的影响。安全系数不小于1.67。设备本体水平加速度应计及设备支架的动力放大系数1.2。

5 系统概况

系统额定频率50 Hz,系统标称电压1 000 kV,系统最高运行电压1 100 kV。

6 基本技术参数

6.1 额定电流 I_r

套管的 I_r 值应在下列标准值中选取(A)：

800—1 000—1 250—1 600—2 000—2 500—3 150—4 000—5 000—6 300—8 000。

6.2 套管的额定绝缘水平

套管的额定绝缘应符合表 2、表 3 的规定。

表 2 开关类套管的额定绝缘水平

单位为千伏

系统标称电压	设备额定电压	雷电冲击耐受电压(峰值)		湿操作冲击耐受电压(峰值)	工频 1 min 耐受电压(干)(方均根值)
		全波	截波	相对地	相对地
1 000	1 100	2 400	—	1 800	1 100

表 3 变压器类套管的额定绝缘水平

单位为千伏

系统标称电压	设备额定电压	雷电冲击耐受电压(峰值)		湿操作冲击耐受电压(峰值)	工频 1 min 耐受电压(干)(方均根值)
		全波	截波	相对地	相对地
1 000	1 100	2 400	2 760	1 950	1 200
注：雷电截波冲击耐受电压仅变压器类套管有此要求，其峰值电压为全波值的 115%，截波装置的放电时间为 2 μs～6 μs。					

7 技术性能要求

7.1 基本要求

a) 套管应符合本指导性技术文件的要求，并按照相关标准和规定程序批准的图样及文件制造；

b) 套管的瓷套应符合 IEC 62155 的规定；

c) 变压器、电抗器套管干弧距离不小于 9.5 m，GIS 套管干弧距离不小于 10 m；

d) 套管用空心绝缘子的外形结构符合 IEC 60815 的有关规定；

e) 套管用空心复合绝缘子的技术要求符合 GB/T 21429 的规定。

7.2 伞套形状的尺寸要求

a) 伞套形状应满足 IEC 60815 的要求；

b) 大小伞结构的两相邻大伞间距应不小于 70 mm。

7.3 复合套管的伞裙、护套材料

7.3.1 憎水性

伞裙、护套的憎水性满足 DL/T 864—2004 附录 A 的要求。

7.3.2 电气性能

硅橡胶绝缘材料的电气性能满足：

a) 体积电阻率不小于 1.0×10^{12} Ω·m；

b) 击穿场强不小于 20 kV/mm(厚度：2 mm)；

c) 耐漏电起痕及电蚀损不小于 TMA4.5 级，蚀损深度不大于 2.5 mm；

d) 可燃性：FV-0 级。

7.3.3 机械性能

硅橡胶绝缘材料的机械性能满足：

a) 抗撕裂强度(直角形试样)不小于 7 kN/m；

b) 机械扯断强度不小于 3.0 MPa；

c) 拉断伸长率不小于 100%；

d) 固态胶邵氏硬度不小于 50Shore A，液态胶邵氏硬度不小于 35Shore A。

7.3.4 最小护套厚度

绝缘子的最小护套厚度为 5.0 mm。

7.4 复合套管的管材料性能

7.4.1 染料渗透试验

应满足 GB/T 21429 的要求。

7.4.2 水扩散试验

应满足 GB/T 21429 的要求。

7.4.3 吸水率

套管用空心复合绝缘子的树脂玻璃浸渍纤维管，吸水率≤0.05%。

7.5 套管的介质损耗因数(tanδ)

套管在工频 $1.05U_r/\sqrt{3}$电压下的 tanδ 的最大值应符合表 4 的规定。

表 4 套管的 tanδ 最大值

套管类型	$1.05U_m/\sqrt{3}$电压下 tanδ 的最大值 %	电压从 $1.05U_m/\sqrt{3}$到 U_m 最大允许增值 %
油浸纸套管	0.40	0.10
气体绝缘套管	0.40	0.10

7.6 套管的局部放电量

套管的局部放电量应符合表 5 规定。

表 5 套管的局部放电量最大值

单位为皮库仑

套管的绝缘型式	测量电压 kV		
	U_r [a]	$1.5U_r/\sqrt{3}$ [b]	$1.05U_r/\sqrt{3}$
油浸纸绝缘	10	10	5
气体绝缘	—	10	5

[a] 仅适用于变压器类套管。

[b] 对开关设备套管，放电量可在供需双方协议的较低电压下测量。

7.7 变压器类套管的长时间工频耐受电压

对于 1 100 kV 变压器套管，应进行长时间工频耐受电压试验，试验按如下程序进行：

——升压至 $1.1U_m/\sqrt{3}$持续 5 min；

——升压至 $U_2=1.5U_m/\sqrt{3}$持续 5 min；

——升压至 $U_1=1.7U_m/\sqrt{3}$持续 5 min；

——测试完成，即刻平稳降压至 U_2 并持续 1 h；

——降压至 $1.1U_m/\sqrt{3}$持续 5 min；

——电压降至零。

测试时间与测试频率是相互独立的。在所有测试电压下都要监测局放量并每 5 min 记录一次测量结果，局部放电不呈现持续增加趋势，局部放电量的连续水平不大于 10 pC，偶尔出现的较高幅值脉冲可以不计入。

如果没有发生闪络或击穿则认为套管通过了该试验。对于电容式套管，如果试验后测量的电容相当于先前测得的电容大约一层的电容量，则认为其发生了击穿。

在试验电压下，上瓷套外表面不应出现电晕放电。

7.8 无线电干扰

套管在 $1.1U_m/\sqrt{3}$ 电压下，无线电干扰电压应不大于 500 μV，且在户外晴天夜晚无可见电晕。

7.9 变压器类套管的测量端子、电压抽头的电容、介质损耗因数（tanδ）和工频耐受电压试验

测量端子：对地工频耐受电压不低于 2 kV，试验持续 60 s。

电压抽头（如有）：耐受电压为抽头额定电压的 200%，试验持续 60 s。

测量端子、电压抽头对地电容≤10 000 pF，tanδ≤0.03。

7.10 套管的热稳定性能

对使用时套管端部浸在油或其他液体绝缘介质中的变压器类套管，应在室温不低于 10 ℃下将套管下部浸入(90±2)℃的变压器油中进行热稳定性能试验。

对使用时浸在不同于大气压力下的气体绝缘介质中的套管，其端部应浸在可达到额定绝缘水平的最低压力下的绝缘气体中，气体应维持在供需双方协议的温度下。

试验应在油和套管间达到热平衡后开始施加 $0.8U_r$ 的试验电压，试验时应频繁地测量介质损耗因数，且在每次测量时记录周围空气温度。当套管的 tanδ 在周围温度条件下连续 5 h 无明显上升趋势时，套管即达到热稳定。热稳定时套管每小时的 Δtanδ 应不大于 0.02% 。

7.11 套管各部位的发热温度和温升

套管在长期施加额定电流 I_r±2%至稳定后，其各部位的发热温度和温升应不大于表 6 的规定。

如果能以比较试验为基础的计算证明最高发热温度符合规定的要求，则可免做本试验。

套管中导体的最热点温度可由以下公式计算确定。

导体的最高温度 θ_M 可从关系式(1)和式(2)导出。

$$\theta_M = \frac{\left[3\left(\frac{R_C}{R_A}\times\frac{1}{\alpha}+\theta_A\right)-\frac{3}{\alpha}-\theta_1-\theta_2\right]^2-(\theta_1\times\theta_2)}{3\left[2\left(\frac{R_C}{R_A}\times\frac{1}{\alpha}+\theta_A\right)-\frac{2}{\alpha}-\theta_1-\theta_2\right]} \quad\cdots\cdots(1)$$

$$M = \left[3\left(\frac{R_C}{R_A}\times\frac{1}{\alpha}+\theta_A\right)-\frac{3}{\alpha}-\theta_1-\theta_2\right]-\theta_M \quad\cdots\cdots(2)$$

式中：

θ_M——导体最高温度，℃；

R_A——导体两端间在 θ_M 稳定温度时的电阻，Ω；

R_C——导体载流 I_r 在温度稳定时的电阻，Ω；

α——测量导体电阻温度系数；

θ_A——导体的稳定基准温度，℃；

θ_1——导体较冷端测量处的温度，℃；

θ_2——导体较热端测量处的温度，℃；

M——检修参量。

若式(2)算得 M 为正值，则导体的最高温度是 θ_M，且位于导体两端中任何点。若 M 为负值或零，则导体的最高温度为 θ_2。

导体最高温度点位于距温度较低端的距离为 L_M 处。

$$L_M = \frac{1}{1\pm\sqrt{\frac{\theta_M-\theta_2}{\theta_M-\theta_1}}} \quad\cdots\cdots(3)$$

式中：

L_M——导体温度较低端到最高温度点的距离，m。

表 6 套管各部位允许的最高温度值和温升

部件说明				最大温升 K	最高温度 ℃	备 注
弹性接触	铜与铜合金	无镀层	空气中 SF_6 中 油中	45 60 50	75 90 80	
		镀锡	空气，SF_6 或油中	60	90	
		电镀银或镍	空气或 SF_6 中 油中	75 60	105 90	
螺纹接触	铜 铝 铜合金 铝合金	无镀层	空气中 SF_6 中 油中	60 75 70	90 105 100	
		镀锡	空气或 SF_6 中 油中	75 70	105 100	
		电镀银或镍	空气或 SF_6 中 油中	85 70	115 100	
用螺钉或螺栓连接的外用接线端子	铜、银及其合金	无镀层 镀锡 电镀银或镍		60 75 75	90 105 105	
与绝缘接触的金属件		绝缘等级	A 级（油浸纸）	75	105	

注 1：温升的数值根据最大日平均温度 30 ℃为基础。

注 2：弹性接触是用弹簧压力维持连接，如插入式连接。

注 3：估计有严重氧化，温升应限制在 50 K。

7.12 充油绝缘套管的密封试验

套管应按正常运行要求装配好，在环境温度不低于 10 ℃时充以规定的液体，变压器套管应充以最低温度 60 ℃的液体。充液后应尽快地对套管内部施加比最大运行压力高 1×10^5 Pa$\pm0.1\times10^5$ Pa 的压力，维持至少 12 h。如果没有泄漏的现象则认为套管通过了本试验。检测方法应符合 GB/T 2423.23—1995 附录 C 中 C.2 所规定。

对有内部波纹管的套管，压力大小应由供方规定。

对此试验起影响作用的部件应预先进行密封试验。对于套管一端或两端预期要浸入到气体介质中的套管需另外考虑。

7.13 充气套管的密封试验

对用来构成气体绝缘设备的一完整部件，并且预期要在现场完成装配的气体绝缘套管，允许用对每一部件的密封试验来代替在装配好的套管上进行的密封试验，该试验由对每个装配密封面上的密封试验来完成。该密封装配方法应经供需双方协议。

套管应按正常运行要求装配好，在环境温度下充以最高运行压力的气体。套管应密封在一外套（例如一塑料袋）内。在等于或大于 2 h 的时间间隔内测量两次外套内部空气中的气体浓度。如果算得的年泄漏率等于或低于 0.5%，则认为该套管通过了本试验。

替代的气体泄漏探测方法可由供需双方协议。

对影响此试验的部件应预先进行密封试验。

7.14 套管的弯曲耐受负荷

套管应能耐受表 7 规定的 60s 弯曲耐受负荷试验。试验时套管内部应施加比最高运行压力高(0.1±0.01)MPa 的压力。试验过程中,套管不得有任何渗漏或机械损伤。

表 7 套管的弯曲耐受负荷 单位为牛顿

额定电压 kV	额定电流 I_r A					
	800～1 600		2 000～3 150		4 000～8 000	
1 100	Ⅰ 3 150	Ⅱ 5 000	Ⅰ 5 000	Ⅱ 8 000	Ⅰ 5 000	Ⅱ 8 000
注:Ⅰ为正常负荷、Ⅱ为重负荷。						

套管允许运行弯曲负荷为表 7 中弯曲耐受负荷的二分之一。

套管应能耐受表 7 给出的弯曲水平Ⅰ或Ⅱ的弯曲负荷值,弯曲水平Ⅰ是额定负荷,也是通常供货提供值。若用户有特殊重负荷要求,则由供需双方协议商定。

7.15 套管耐受的热短时电流 I_{th}

套管应能耐受规定的热短时电流试验,I_{th} 为额定电流 I_r 的 25 倍,变压器类套管的持续时间通常为 2 s,开关类套管持续时间参照相关开关标准。当套管的热短时电流持续时间为 t 时,其热短时电流值式(4)规定:

$$I_t = I_{th}\sqrt{t_{th}/t} \quad \cdots\cdots(4)$$

式中:

I_{th}——标准规定耐受的热短时电流,kA;

t_{th}——标准规定的热短时电流的持续时间,s;

I_t——在持续时间为 t 时的热短时电流,kA;

t——持续时间,单位:s。

用下式计算验证套管耐受 I_{th} 标准值的能力:

$$\theta_f = \theta_0 + \alpha \frac{I_{th}^2}{S_t \times S_e} \times t_{th} \quad \cdots\cdots(5)$$

式中:

θ_f——导体的最终温度,℃;

θ_0——在环境温度 40 ℃下载流 I_r 连续运行时导体的温度,℃;

α——铜取值 $0.8(K/s)/(kA/cm^2)^2$,铝取值 $1.8(K/s)/(kA/cm^2)^2$;

t_{th}——规定的额定持续时间,s;

I_{th}——上述规定的标准值,kA;

S_e——考虑集肤效应的等效横截面面积,cm^2;

S_t——相应于 I_r 的总横截面面积,cm^2。

对于其他材料的 α 值,可由式(6):

$$\alpha = \frac{\rho}{c \times \delta} \quad \cdots\cdots(6)$$

式中:

ρ——导体电阻率,$\mu\Omega \cdot cm$;

c——比热容,$J/(g \cdot k)$;

δ——导体密度,g/cm^3。

用于公式中的 ρ、c 和 δ 各值需在平均温度 160 ℃下进行校正。

在直径 D(cm)的圆截面导体中，需考虑集肤效应取得等值横截面面积。其值可由式(7)导出的电流渗入深度 d 来确定：

$$d=\frac{1}{2\pi}\sqrt{\frac{\rho\times10^{3}}{f}}\text{cm} \quad \cdots\cdots(7)$$

式中：

f——额定频率，Hz；

因此：$S_e=\pi d(D-d)$。

如果计算的导体的最终温度不超过 180 ℃，则认为套管能耐受 I_{th} 的标准值，试验可以免做；若导体的最终温度超过此限度，则须用试验来证明套管是否能耐受此标准值。

7.16 变压器类套管内部油的性能

变压器类套管内部油的性能应符合表 8 规定。

表 8 套管内变压器油性能值

击穿电压 kV	tanδ/% (90 ℃)	含水量 μL/L	油中溶解气体含量 μL/L		
			乙炔	总烃	氢
≥70	≤0.1	≤10	0.0	≤10	≤30

当用户有要求时，可在工厂进行套管内变压器油的性能测试，其具体测试项目和指标也可由供需双方协议商定。

7.17 气体绝缘套管气体性能

气体绝缘套管内气体性能应满足表 9 的规定

表 9 套管内气体性能值

纯度(SF_6) (质量分数)/ %	酸度(以 HF 计) 质量分数/ %	四氟化碳 (质量分数)/ %	空气 (质量分数)/ %	可水解氟化物 (以 HF 计)/ %	矿物油的 质量分数/ %	水分	
						水的质量分数 %	露点 ℃
≥99.9	≤0.000 02	≤0.04	≤0.04	≤0.000 1	≤0.000 4	≤0.000 5	≤−49

8 试验要求与方法

8.1 试验要求和试验内容

套管的试验方法除应符合本指导性技术文件外，还应符合 GB/T 4109—2008、GB/T 763、GB 1094.3、GB/T 507、GB/T 5654、GB/T 7252、GB/T 7354、GB/T 7600、GB/T 7601、GB/T 21429 和 IEC 60137 的规定。1 000 kV 交流套管应依照上述标准规定，进行逐个试验和型式试验。

8.2 试验的一般要求

在进行套管的工频、冲击、操作波和热试验时，必须完整地具备固定法兰或其他固定装置及在使用时需要的全部附件。测量端子应接地或者接近于地电位(热稳定试验时，测量端子接电桥)。

油浸纸绝缘的套管，须用规定质量的绝缘液体充至正常液面。

气体绝缘的套管，须用规定类型的气体，充至绝缘气体的最小运行密度，该密度可用 20 ℃下的压力来表示。如试验开始时温度不是 20 ℃，则压力应调到所需相应的密度。

对浸入式套管，应浸到尽可能与正常运行类似的介质中。当介质为变压器油时，油的击穿电压值应符合表 10 的规定。对介质为气体(如 SF_6)时，套管所浸入的 SF_6 气体表压力应与正常运行时的压力相同，经供需双方协议可用其他介质代替 SF_6 气体。

表 10　试验容器用变压器油的击穿电压值　　单位为千伏

套管最高运行电压 U_m	油的击穿电压，不小于	
	逐个试验用油	型式试验用油
1 100	60	65
注：变压器油的击穿试验按 GB/T 507 要求进行。		

变压器套管试验时应垂直安装，要求安装成为其他状态时，应由供需双方协议商定。

试验时的室温不得低于 10 ℃，试验用介质的温度应在 10 ℃～40 ℃之间，套管与周围接地部件要有足够的距离（一般不小于 1.5 倍试品外绝缘距离）。以避免经环境空气或浸渍介质对接地部件发生直接闪络。

8.3　套管的瓷套和复合外套检查

套管的瓷套应符合 IEC 62155 的规定；套管的复合外套应符合 GB/T 21429 的规定。

8.4　雷电全波（或截波）冲击耐受电压试验

试验参数见表 2、表 3。

对于变压器套管，套管应逐次地经受：

——15 次正极性全波雷电冲击；

——1 次负极性全波雷电冲击；

——5 次负极性截波；

——14 次负极性全波雷电冲击。

对于开关类套管，套管应逐次地经受：

——15 次正极性全波雷电冲击；

——15 次负极性全波雷电冲击。

允许改变极性后，在进行冲击试验前，先施加一些较小幅值的冲击电压。如内绝缘未发生击穿或外绝缘闪络次数不超过 2 次（变压器套管在负极性下无闪络，油端没有闪络）则认为该套管通过本试验。

8.5　工频干耐受电压试验

试验参数见表 2、表 3，耐受电压应经过标准大气条件校正。

试验时如果没有出现闪络或击穿则认为套管通过此试验。如果套管击穿，则认为没有通过本试验。

8.6　变压器套管的长时工频耐受试验

应符合 GB/T 4109—2008 中 8.2 及本指导性技术文件 7.7 的规定。

8.7　操作冲击耐受电压试验（湿）

操作冲击耐受电压（湿）（耐受值见表 2、表 3），试验时先正极性后负极性各 15 次。在任意极性下，如内绝缘未发生击穿或外绝缘闪络次数不超过 2 次（变压器套管在负极性下无闪络，油端没有闪络）则认为该套管通过本试验。

8.8　变压器套管的 tanδ 和电容量测量

试验应在室温 10 ℃～40 ℃的条件下，采用准确度与测量值相匹配的西林电桥或其他等效方法进行。测量时高压接在套管的接线板上，套管的测量端子与电桥连接，连接套筒接地，试验时应注意选择直径足够大的高压导线和采取屏蔽措施，以避免线路产生电晕而影响测量结果。

具体数据及要求见表 4。

8.9　套管的局部放电量测量

试验方法和要求应符合 GB/T 4109—2008 中 9.4、GB 1094.3—2003 中 12.2 的规定。

套管局放值在 667 kV 电压下不大于 5 pC，在 953 kV 电压下不大于 10 pC。

8.10　变压器类套管测量端子及抽头电容量、tanδ、绝缘电阻测量和 60 s 耐受电压试验

应符合本指导性技术文件 7.9 的规定。

60 s 耐受电压试验时,连接套筒接地,测量端子或电压抽头接高压引线,施加规定电压。试验过程中没有闪络或者击穿则认为试验通过。

8.11 套管热稳定性能试验

应符合 GB/T 4109—2008 中 8.5 和本指导性技术文件 7.10 的规定。

8.12 套管温升试验

试验方法应符合本指导性技术文件 7.11 的规定。

8.13 套管热短时电流耐受试验

应符合 GB/T 4109—2008 中 8.8 和本指导性技术文件 7.15 的规定。

8.14 密封试验

应符合 GB/T 4109—2008 中 9.7、9.8 及 IEC 60137—2008 中 9.7、9.8 的规定。

8.15 套管弯曲负荷耐受试验

应符合 GB/T 4109—2008 中 8.9 的规定。

9 试验分类

9.1 逐个试验

出厂的每一只套管,应按表 11 顺序进行逐个试验。试验时,如套管有不符合表 11 中的规定的任何一项要求时,则此套管不合格。

表 11 套管逐个试验项目

序号	试验名称	试验依据	试验方法
1	外观及尺寸检查	GB/T 4109—2008 中 7.2	GB/T 4109—2008 中 9.10
2	介质损耗因数(tanδ)及电容量测量	GB/T 4109—2008 中 7.2	GB/T 4109—2008 中 9.1 本指导性技术文件 8.8
3	雷电冲击干耐受电压试验	GB/T 4109—2008 中 7.2	本指导性技术文件中 8.4
4	工频耐受电压试验	GB/T 4109—2008 中 7.2	本指导性技术文件中 8.5
5	局部放电量测量	GB/T 4109—2008 中 7.2	GB/T 4109—2008 中 9.4 本指导性技术文件 8.9
6	抽头绝缘试验	GB/T 4109—2008 中 7.2	GB/T 4109—2008 中 9.5
7	气体绝缘套管的内压力试验[a]	GB/T 4109—2008 中 7.2	GB/T 4109—2008 中 9.6
8	密封试验	GB/T 4109—2008 中 7.2 及 IEC 60137—2008 中 9.8、9.9	本指导性技术文件 7.12、7.13 及 IEC 60137—2008 中 9.8、9.9
9	法兰或其他紧固件上的密封试验	GB/T 4109—2008 中 7.2	GB/T 4109—2008 中 9.9

[a] 仅适用于气体绝缘套管。

变压器类在工频耐受电压试验以后,应按表 11 第 2 项再次进行介质损耗因数 tanδ、电容量测量,以便检验套管是否发生击穿或其他明显的损伤。

9.2 型式试验

新产品定型或正常产品修改结构、改变原材料及生产工艺时,应根据改变性质,进行产品型式试验的全部项目或部分项目试验。试验用的套管应与正常交货的套管相同。型式试验应在通过逐个试验合格后的产品中随机抽取 1 只,按表 12 顺序进行试验。试验时,如套管有不符合表中规定的任何一项要求时,则型式试验不合格。

在型式试验后，应按表11第2项、第5项规定进行介质损耗因数（tanδ）、电容量及局部放电量测量，以便检验套管是否发生击穿或者其他明显的损伤。

表12 套管型式试验项目

序号	试验名称	试验依据	试验方法
1	尺寸检查	GB/T 4109—2008 中 7.2	GB/T 4109—2008 中 9.10
2	工频干耐受电压试验	GB/T 4109—2008 中 7.2	本指导性技术文件中 8.5
3	变压器套管长时工频耐受试验	GB 1094.3 中 12.2	GB/T 4109—2008 中 8.2 及本指导性技术文件 7.7
4	雷电全波/截波冲击耐受电压试验	GB/T 4109—2008 中 7.2	GB 1094.3 中 12.2.2、本指导性技术文件 8.4
5	操作冲击湿耐受电压试验	GB/T 4109—2008 中 7.2	GB/T 4109—2008 中 8.4 及本指导性技术文件 8.7
6	测量端子电容量及 tanδ 测量	GB/T 4109—2008 中 7.2	GB/T 4109—2008 中 7.2 及本指导性技术文件 7.9
7	温升试验	GB/T 4109—2008 中 7.2	GB/T 4109—2008 中 8.7 及本指导性技术文件 7.11
8	热短时电流耐受试验	GB/T 4109—2008 中 7.2	GB/T 4109—2008 中 8.8 及本指导性技术文件 7.15
9	热稳定性能试验	GB/T 4109—2008 中 7.2	GB/T 4109—2008 中 8.5 及本指导性技术文件 7.10
10	无线电干扰试验	GB/T 4109—2008 中 7.2	GB/T 4109—2008 中 8.6
11	弯曲耐受负荷试验	GB/T 4109—2008 中 7.2	GB/T 4109—2008 中 8.9 及本指导性技术文件 7.14
12	套管密封试验	GB/T 4109—2008 中 7.2 及 IEC 60137—2008 中 9.8、9.9	本指导性技术文件 7.12、7.13 及 IEC 60137—2008 中 9.8、第 9.9
13	气体绝缘套管的内压力试验[a]	GB/T 4109—2008 中 7.2	GB/T 4109—2008 中 9.6
14	复合套管的伞套材料试验[b]		
15	复合套管的管材料试验[b]		

[a] 仅适用于气体绝缘套管。

[b] 仅适用于复合绝缘套管。

9.3 **特殊试验**

特殊试验仅在供需双方有合同协议的情况下进行。

地震试验参考 IEC 61463。

9.4 **现场交接试验**

现场交接验收试验在装有套管的设备安装完毕后进行，所有试验结果均应符合产品的技术规范。

9.4.1 **1 000 kV 套管的交接试验项目**

9.4.1.1 **油浸式套管**

a) 外观检查；

b) 测量套管主绝缘的绝缘电阻；

c) 末屏小套管和抽压小套管的绝缘电阻测量；

d） 10 kV 下的介质损耗角正切值 tanδ 和电容量；

e） 测量末屏对地的介质损耗角正切值 tanδ；

f） 密封试验。

9.4.1.2 SF_6 气体绝缘套管

a） 外观检查；

b） 测量套管主绝缘的绝缘电阻；

c） SF_6 套管气体试验。

9.4.2 外观检查

套管的瓷套应符合 IEC 62155 的规定；套管的复合外套应符合 GB/T 21429 和以下规定。

a） 检查套管有无破损，裂纹，划痕，有无渗漏；

b） 大小伞结构的两相邻大伞伞间距应不小于 70 mm。

9.4.3 测量套管主绝缘的绝缘电阻

a） 测量主绝缘的绝缘电阻，应使用 5 000 V 或 2 500 V 兆欧表；

b） 主绝缘的绝缘电阻值应不低于 10 000 MΩ。

9.4.4 测量末屏小套管和抽压小套的绝缘电阻

a） 测量末屏小套管对法兰的绝缘电阻，应使用 2 500 V 兆欧表，其绝缘电阻值不应低于 1 000 MΩ；

b） 对有抽压小套管的 1 000 kV 套管，还要测量抽压小套管对法兰的绝缘电阻，测量时使用 2 500 V 兆欧表，其绝缘电阻值不低于 2 000 MΩ。

9.4.5 10 kV 下的介质损耗角正切值 tanδ 和电容量

a） 安装前后，测量变压器、电抗器用套管主绝缘的 tanδ 和电容量试验电压为 10 kV；

b） 油浸式套管的实测电容值与产品铭牌数值相比，其差值应小于±5%。

9.4.6 测量套管末屏对地的介质损耗角正切值 tanδ

a） 测量末屏对地介质损耗角正切值 tanδ 时的试验电压为 2 kV，采用反接线进行测量；

b） 电压抽头：耐受电压为抽头额定电压的两倍，试验持续时间为 60 s；

c） 末屏对地的介质损耗角正切值 tanδ 应符合技术条件的规定；

d） 测量端子、电压抽头的介质损耗角正切值 tanδ 应符合技术条件的规定。

9.4.7 密封检查

应对套管油枕、法兰等部位有无渗漏进行仔细检查。

9.4.8 SF_6 套管气体试验

a） SF_6 水分含量不得大于 250 μL/L(20 ℃体积分数)；

b） 定性检漏无泄漏点，有怀疑时进行定量检漏，年泄漏率应小于 0.5%。

10 运输、存放、安装、运行和维护规则

套管的运输、存放、安装、运行和维护都应按照供方提供的说明书来执行。

因此，供货商应提供套管的运输、存放、安装、运行和维护的说明书。运输和存放的说明书应在供货之前提供，而安装、运行和维护说明书最迟应在供货时提供。

对不同类型套管的安装、运行和维护规则不作详细要求，但是供货商提供的说明书必须包含以下给出的重要信息。

10.1 运输、存放和安装要求

如果在订单中规定了维护条件，但对运输和存放没有要求，那么供需双方应做专门的协定。特别是在运输、存放和安装过程中不能破坏绝缘性能，在加压之前，防止产品受潮，例如要防止雨水、积雪和凝露。应当考虑在运输过程中的震动，必要时应给出说明书。

气体浸渍和气体绝缘套管在运输过程中应当能承受足够的压力。供方应在环境温度为 20 ℃对产品充以 1.3×10^{5} Pa 的压力。如果是 SF_6 气体绝缘套管，运输按 GB/T 12022 执行。

10.2 安装说明

供方提供的不同类型套管的说明书都应至少包括以下内容。

10.3 拆装与吊装

提供安全拆装和吊装所必需的信息，包括详细的吊装步骤和必要的设备。

在套管运抵目的地后，安装前应按供方提供的说明书检验清楚。对于气体浸渍和气体绝缘套管，在环境温度下气体压力应高于大气压。

10.4 组装

当套管不是组装好后运输的，则运输的零部件必须标识清楚。总装图中必须标清各个零部件的位置。

10.4.1 安装说明

安装说明中应指出以下内容：

a) 套管的重量；

b) 套管的重量(或者是将要安装的最重的零部件)是否超过 100 kg；

c) 重心位置。

气体浸渍和气体绝缘套管应充以指定的气体，例如符合 GB/T 12022 的新的 SF_6 气体。充气结束时的压力为在标准大气条件下(20 ℃ 和 101.3 kPa)的额定充气压力。

10.4.2 连接说明

说明书中应包含以下信息：

a) 在连接导体时应注意防止套管过热和不必要的损伤，留出足够的间距；

b) 所有辅助电路的连接；

c) 液体和气体系统的连接，如需要，说明所需管道的大小和排列方式；

d) 接地。

10.4.3 最终安装检查

应提供在套管安装和连接完毕后进行检查和测试的说明书

这些信息应包括以下内容：

a) 正常运转设定的测试计划表；

b) 执行所有能使套管正常运转的调节程序；

c) 提供一些帮助设备运行中的维护建议；

d) 最终检查和投入运行的说明书。

测试和检查结果应记录于投运报告中。

气体浸渍和气体绝缘套管按以下内容检查：

——气体压力测量——在标准大气条件下(20 ℃和 101.3 kPa)充气结束时的压力值不能低于最低设计压力也不能高于绝缘气体的额定填充压力。

——露点测试——在额定填充压力下，在环境温度为 20 ℃时测量露点的温度不能低于－5 ℃。在其他温度下的测量值要适当的修正。

——紧固装置的检查——用封闭系统的检测方法进行检查。检查应在套管填充气体一小时以后进行以便获得稳定的泄漏。此项检查仅限于用一相匹配的泄漏探测器对密封圈、超负荷设备、阀、终端、压力计、热敏元件等进行检查。

参 考 文 献

[1] IEC 61463 套管——抗地震能力

ICS 29.240.10
K 40

中华人民共和国国家标准化指导性技术文件

GB/Z 24841—2009

1 000 kV交流系统用电容式电压互感器技术规范

Technical specification for capacitor voltage transformers of 1 000 kV AC system

2009-11-30 发布　　2010-05-01 实施

中华人民共和国国家质量监督检验检疫总局
中国国家标准化管理委员会　发布

前　言

本指导性技术文件的附录A为资料性附录。

本指导性技术文件由中国电力企业联合会提出。

本指导性技术文件由中国电力企业联合会归口。

本指导性技术文件由特高压交流输电标准化技术工作委员会、国网电力科学研究院负责解释。

本指导性技术文件负责起草单位:国家电网公司、国网电力科学研究院。

本指导性技术文件参加起草单位:中国电力科学研究院、中国电力工程顾问集团公司、西安交通大学、西安电力电容器有限责任公司、桂林电力电容器有限责任公司、上海MWB互感器有限责任公司、湖北省电力试验研究院。

本指导性技术文件主要起草人:王晓琪、陈国强、叶国雄、李博、倪学锋、王森、王增文、任春阳、潘红梅、王瑞珍、吴士普。

引　言

迄今为止现行的IEC、国家标准、行业标准均未涉及1 000 kV交流电容式电压互感器的内容，为使1 000 kV交流系统用电容式电压互感器的选择工作有所遵循，特制定本指导性技术文件。

本指导性技术文件参考了GB/T 4703《电容式电压互感器》，提出的技术性能参数基于1 000 kV交流特高压试验示范工程的研究成果并参考国内外其他电压等级设备的设计、制造和运行经验。

1 000 kV 交流系统用电容式电压互感器
技术规范

1 范围

本指导性技术文件规定了1 000 kV系统用电容式电压互感器的使用条件、技术参数及性能要求、结构要求、试验、使用期限、包装、运输及贮存等内容。

本指导性技术文件适用于标称电压为1 000 kV、频率50 Hz交流系统中使用的1 000 kV电容式电压互感器的选型、制造、试验和验收。

2 规范性引用文件

下列文件中的条款通过本指导性技术文件的引用而成为本指导性技术文件的条款。凡是注日期的引用文件，其随后所有的修改单(不包括勘误的内容)或修订版均不适用于本指导性技术文件，然而，鼓励根据本指导性技术文件达成协议的各方研究是否可使用这些文件的最新版本。凡是不注日期的引用文件，其最新版本适用于本指导性技术文件。

GB/T 2900.15　电工术语　变压器、互感器、调压器和电抗器(GB/T 2900.15—1997，neq IEC 60050(421):1990、IEC 60050(321):1986)

GB/T 2900.16　电工术语　电力电容器(GB/T 2900.16—1996，neq IEC 60050(436):1990)

GB/T 2900.50　电工术语　发电、输电及配电　通用术语(GB/T 2900.50—2008，IEC 60050-601:1985，MOD)

GB/T 2900.57　电工术语　发电、输电及配电　运行(GB/T 2900.57—2008，IEC 60050-604:1987，MOD)

GB/T 4703　电容式电压互感器(GB/T 4703—2007，IEC 60044-5:2004，MOD)

GB/T 13540　高压开关设备抗地震性能试验

GB/T 19749　耦合电容器及电容分压器(GB/T 19749—2005，IEC 60358:1990，MOD)

3 术语和定义

GB/T 2900.15、GB/T 2900.16、GB/T 2900.50、GB/T 2900.57、GB/T 4703确立的及下列术语和定义适用于本指导性技术文件。

3.1

叠装式结构　stacking structure

电容分压器与电磁单元结构上是一体化的，电容分压器中压出线和电磁单元在内部进行电气连接。

3.2

非叠装式结构　non-stacking structure

电容分压器与电磁单元结构上是分离的，电容分压器和电磁单元在外部通过出线套管进行电气连接。

3.3

运行变差　variation of operation

误差受运行环境的影响而发生的变化，它可以由运行状态如环境温度、邻近效应、污秽等引起。

4 使用条件

4.1 正常使用条件

4.1.1 海拔高度

海拔高度不超过 1 000 m。

4.1.2 环境空气温度

最高气温：+40 ℃；

最低气温：−25 ℃；

最热日平均气温：35 ℃；

最热月平均气温：30 ℃；

最大日温差：20 K。

4.1.3 最大风速

34 m/s（离地面高 10 m 处，持续 10 min 的 100 年平均最大风速）。设备厂家应按设备实际安装高度折算。

4.1.4 日照强度

最大日照强度：0.1 W/cm^2。

4.1.5 覆冰厚度

最大覆冰厚度：20 mm。

4.1.6 污秽等级

污秽等级：不超过Ⅲ级。

4.1.7 耐地震能力

地面水平加速度：3 m/s^2。

垂直加速度：1.5 m/s^2。

安全系数不小于 1.67。

设备本体水平加速度应计及设备支架的动力放大系数 1.2。

4.1.8 系统接地方式

中性点有效接地。

4.2 特殊使用条件

根据实际使用条件决定。海拔高度校正按照附录 A 进行。

5 技术参数及性能要求

5.1 基本技术参数

5.1.1 额定频率 f_r

50 Hz。

5.1.2 系统标称电压

1 000 kV。

5.1.3 设备最高工作电压 U_m

1 100 kV。

5.1.4 额定一次电压 U_{pr}

1 000/$\sqrt{3}$ kV。

5.1.5 额定二次电压 U_{sr}

0.1/$\sqrt{3}$ kV，0.1 kV。

5.1.6 额定输出

额定输出的标准值应在下列数值中选取：

2 VA、5 VA、10 VA、15 VA。

5.1.7 准确级

计量用准确级：0.2，使用时应考虑运行变差。

测量及保护组合准确级：0.5/3P。

剩余电压绕组保护准确级：3P。

5.1.8 负荷额定功率因数

负荷的额定功率因数 $\cos\varphi=1$。

5.1.9 额定电容值 C_r

额定电容的标准值应在下列数值中选取：

5 000 pF、4 000 pF、3 000 pF。

允许偏差：$-5\%\sim+10\%$。

注：当准确度等级放宽要求或能够有其他降低环境条件导致的运行变差，额定电容值可以选择其他电容值。

5.1.10 电容分压器的电容温度系数 T_c

应满足 $|T_c|\leqslant 2\times10^{-4}\ K^{-1}$ 要求。

5.2 技术性能要求

5.2.1 铁磁谐振

在不超过 $F_v\times U_{pr}$ 的任一电压下和负荷为 0 至额定负荷之间的任一值时，由于开关操作或者由一次或二次端子上暂态过程引起的 CVT 铁磁谐振应不持续。

a) 在 0.8、1.0、1.2 倍额定电压且负载为 0 时，电压互感器二次绕组短路后（短路持续运行时间不小于 0.1 s）又突然消除短路，其二次绕组电压峰值在额定频率 10 个周波内恢复到与短路前的正常值相差不大于 10％的数值。$0.8U_{pr}$、$1.2U_{pr}$ 的电压下试验次数各不少于 10 次，$1.0U_{pr}$ 的电压下试验次数不少于 30；

b) 在 1.5 倍额定电压且负载为 0 时，电压互感器二次绕组短路后（短路持续运行时间不小于 0.1 s）又突然消除短路，其铁磁谐振时间不应超过 2 s。试验次数不少于 10 次。

5.2.2 暂态响应

高压端子在额定电压下发生短路时，带有 0％～100％额定负荷（$\cos\varphi=1$ 时）的二次侧（剩余电压绕组除外）用于保护的绕组的电压应在额定频率的 1 个周波内降低到短路前电压峰值的 5％。试验次数不少于 10 次。

5.2.3 剩余绕组性能要求

为降低开口三角接法产生的剩余电压，要求组成三相互感器组的三个剩余电压绕组的比值差和相位差尽量接近，并在铭牌上标示出这三台互感器的成组编号，提供比值差和相位差的曲线。

5.2.4 绝缘水平

5.2.4.1 电容式电压互感器的绝缘水平

电容式电压互感器的额定绝缘水平见表 1。

表 1 电容式电压互感器的额定绝缘水平

单位为千伏

额定短时工频耐受电压（方均根值）	额定雷电冲击耐受电压（峰值）		额定操作冲击耐受电压（峰值）
	全波	截波	
1 200	2 400	2 760	1 800
注 1：短时工频耐受电压试验持续 5 min。 注 2：操作冲击耐受试验为湿试。			

5.2.4.2 **电磁单元的绝缘水平**

a) 额定雷电冲击全波耐受电压应不低于下列计算值：

$U_{2t}=U_{1t}\times[C_{1r}/(C_{1r}+C_{2r})]\times1.05$，kV(峰值)

注1：U_{2t}——电磁单元雷电耐受电压，U_{1t}——互感器的额定雷电冲击耐受电压，C_{1r}——电容分压器的高压电容量，C_{2r}——电容分压器的中压电容量；

注2：电磁单元也可与分压器在一起进行试验。

b) 中压变压器应能承受4倍电容分压器的中间电压的工频耐受电压(方均根值)，持续1 min。为避免铁芯饱和，试验电压的频率可以高于额定频率。如果试验频率超过两倍额定频率时，试验时间按式(1)计算：

$$\text{试验时间}=\frac{\text{两倍的额定频率}}{\text{试验频率}}\times60\ \text{s} \qquad \cdots\cdots(1)$$

但是不少于15 s。

c) 补偿电抗器高低压端子之间应能耐受工频电压10 kV(方均根值)，持续1 min。补偿电抗器置于中间变压器高压侧时，其对地绝缘应能承受4倍电容分压器的中间电压的工频耐受电压(方均根值)，持续1 min，

d) 电磁单元接地端子与地之间应能承受工频耐受电压3 kV(方均根值)，持续1 min；

e) 二次绕组之间及对地应能承受工频耐受电压3 kV(方均根值)，持续1 min。

5.2.4.3 **其他绝缘要求**

电容分压器中压端子与接地端子之间应能承受4倍电容分压器的中间电压的工频耐受电压(方均根值)，持续1 min。

电容分压器低压端子与接地端子之间应承受工频耐受电压10 kV(方均根值)，持续1 min。如果低压端子不暴露于风雨中，工频耐受电压4 kV(方均根值)，持续1 min。

5.2.4.4 **铁磁谐振阻尼装置的绝缘要求**

阻尼装置的耐压试验值和试验方法由制造厂确定。

注：阻尼装置放置位置不同则耐压不同，故不作规定。

5.2.5 **电容式电压互感器额定电压因数**

$1.2U_{pr}$ 连续。

$1.5U_{pr}$ 30 s。

5.2.6 **局部放电水平**

按照下述程序A或程序B进行预加电压后，在$1.2U_m/\sqrt{3}$电压下测量电容分压器局部放电量应不大于5 pC。

程序A：在工频耐受电压试验后的降压过程中将电压降至$1.2U_m/\sqrt{3}$进行局部放电量测量，同时记录局部放电的起始电压和熄灭电压。

程序B：预加0.8倍工频耐受电压，保持至少60 s，然后降至$1.2U_m/\sqrt{3}$进行局部放电量测量，同时记录局部放电的起始电压和熄灭电压。

5.2.7 **无线电干扰和电晕**

a) $1.1U_m/\sqrt{3}$ kV下，无线电干扰不应大于2 500 μV；

b) $1.1U_m/\sqrt{3}$ kV下，户外晴天夜晚无可见电晕。

5.2.8 **电容分压器的介质损耗角正切tan*δ***

在额定电压下，电容分压器(膜纸绝缘)温度20 ℃时的$\tan\delta\leqslant0.0012$。制造厂应提供$\tan\delta$和电容量的实测值，并应提供$\tan\delta$——温度校正曲线。当额定电压下、在5 ℃～35 ℃范围内的$\tan\delta\leqslant0.001$时，无需进行温度换算。

5.2.9 电磁单元温升限值

a) 在1.2额定电压、额定频率和功率因数 $\cos\varphi=1$ 时的额定负荷条件下，各元件温升达到稳定状态（每小时温升小于1 K）后，电磁单元线圈元件各绕组温升限值为60 K；油顶层温升限值为50 K；铁芯及其表面的温升限值为50 K；

b) 在1.2额定电压、额定频率和功率因数 $\cos\varphi=1$ 时的额定负荷条件下，各元件温升达到稳定状态（每小时温升小于1 K）后，立即将施加电压提高到1.5倍额定电压试验30 s，线圈元件绕组温升限值不应超过70 K。

5.2.10 外绝缘要求

瓷套应具有良好的耐污能力和运行性能，瓷套外绝缘基本要求见表2。

表2 瓷套外绝缘基本要求

污秽等级	爬电距离 mm	爬电比距 mm/kV	伞裙结构
D	≥27 500	≥25	大小伞

当瓷套管平均直径≥300 mm时，爬电距离应乘以1.1的直径系数；当平均直径≥500 mm时，爬电距离应乘以1.2的直径系数。

5.2.11 机械强度要求

电容式电压互感器或分压电容器应能承受静态试验载荷6 000 N，持续1 min。电容式电压互感器或分压电容器应装配完整，以垂直方式牢固安装在座架上，试验载荷应以垂直和水平方向施加于顶部，水平方向施加的力应垂直于电容器轴线并取向于电容器最薄弱的方向。

6 结构要求

6.1 一般要求

a) 设备应装有起吊环，地脚螺栓、不锈钢铭牌；

b) 应具有直径不小于12 mm的接地螺栓；

c) 所有金属部件材料应具有良好的防锈、防腐蚀性能。油箱应采用经热镀锌处理的钢箱或铝合金材料；

d) 电磁单元应设油位指示器，同时设有排油阀门和密封取样阀，排油阀能排出最低处的油；

e) 设备应具有良好的密封性能。电磁单元的油箱内充以0.07 MPa的表压，保持2 h，所有密封部位不得有渗漏的现象。电容分压器密封性试验应在液体压力超过最高工作压力下进行或在温度55 ℃～65 ℃下保持8 h，无渗漏迹象；

f) 瓷套应有足够的机械强度、绝缘强度。绝缘子及其装配件的结构应保证其任何部分不因热胀冷缩导致结构损伤。

6.2 整体结构要求

6.2.1 叠装式结构

a) 叠装式结构设备应考虑现场试验和现场维护方便，设备安装完毕，应具有现场测量中压电容器额定电压下电容量及介质损耗角正切 $\tan\delta$ 的功能；

b) 误差调节端子应设置在电磁单元箱体外侧，以便现场调节互感器比值差和相位差，且端子板应有单独的防护罩；

c) 补偿电抗器的过电压限幅装置宜设置在电磁单元箱体外侧，以便现场更换，且有防护罩。

6.2.2 非叠装式结构

a) 非叠装式结构设备的电磁单元和电容分压器的中压连线应具有防护高空坠落小型金属线或动物搭接的功能，防止中压连线对地短路；

b) 误差调节端子及限幅装置结构要求与叠装结构相同。

6.3 均压装置

互感器均压环的结构、尺寸及安装方式要兼顾局部放电量、无线电干扰、一次导线连接、迎风面积、地震耐受能力等方面因素。均压环的数量不宜少于3个，均压环管直径不宜小于240 mm，最大外径不宜小于1.8 m，上端和下端均压环之间距离不宜小于1.6 m。

6.4 铭牌

铭牌上应有电气接线图、技术参数。铭牌上包括的参数应符合GB/T 4703要求。铭牌应用中文书写，铭牌应采用不锈钢材料。

7 试验

试验分为型式试验、例行试验、特殊试验。耐地震试验按GB/T 13540规定执行，其余试验按GB/T 4703、GB/T 19749规定执行。试验顺序按GB/T 4703要求进行。

7.1 型式试验

下列各试验为型式试验：

a) 准确度检验；

b) 温升试验；

c) 工频电容和tanδ测量；

d) 雷电截波冲击试验；

e) 无线电干扰电压(RIV)试验；

f) 短路承受能力试验；

g) 雷电冲击试验；

h) 操作冲击湿试验；

i) 工频耐压试验；

j) 暂态响应试验；

k) 铁磁谐振试验；

l) 准确度试验。

7.2 例行试验

下列各试验为例行试验：

a) 外观检查；

b) 电容分压器密封性试验；

c) 工频电容和tanδ测量；

d) 工频耐压试验(包括中压电容工频耐压试验)；

e) 局部放电测量；

f) 电磁单元密封性试验；

g) 端子标志检验；

h) 电磁单元的工频耐压试验；

i) 电容分压器低压端子的工频耐压试验；

j) 二次绕组的工频耐压试验；

k) 铁磁谐振检验；

l) 准确度检验。

7.3 特殊试验

下列各试验为特殊试验：

a) 传递过电压测量；

b) 机械强度试验；

c) 电容温度系数测定；

d) 耐地震试验。

8 其他

8.1 预期寿命

按照本指导性技术文件规定的工作条件运行，设备的预期寿命应不小于30年。

8.2 包装

每台设备应妥善包装，防止受潮，并应附有下列出厂文件：

a) 产品合格证；

b) 出厂试验报告；

c) 安装使用说明书(对非叠装式结构，安装使用说明书应注明电磁单元安装支架、安装方式、二次电缆的布置形式)；

d) 备件(如果有)一览表。

8.3 储存

应避免日晒雨淋，底座要高于地面50 mm以上，长期储存应包装。储存环境空气温度应在－25 ℃～＋40 ℃范围内。

8.4 运输

在运输过程中，电容器应直立运输，无严重振动、颠簸和冲击现象。

附　录　A
（资料性附录）
特殊使用条件

A.1　海拔高度

当安装处海拔高度超过 1 000 m 时，海拔高度每升高 100 m，外绝缘强度约降低 1%。在海拔高度不高于 1 000 m 的地点试验时，其外绝缘试验电压应按额定耐受电压乘以海拔高度校正因数 K_a。

$$K_a = \frac{1}{1.1 - H \times 10^{-4}}$$

式中：

H——CVT 安装地点的海拔高度，单位为米(m)。

A.2　环境温度

当安装处的环境温度与通用使用条件不同时，可以选择以下两种范围：

——寒冷地区，−40 ℃～+40 ℃；

——潮热地区，−5 ℃～+45 ℃。

A.3　温升限值

如果电容式电压互感器规定在海拔高度超过 1 000 m 的地区使用，而试验处海拔高度低于 1 000 m，则温升限值应按工作地点的海拔高度超过 1 000 m 后的每 100 m 减去下列数值：

a)　油浸式电磁单元：0.4%；

b)　干式电磁单元：0.5%（见图 A.1）。

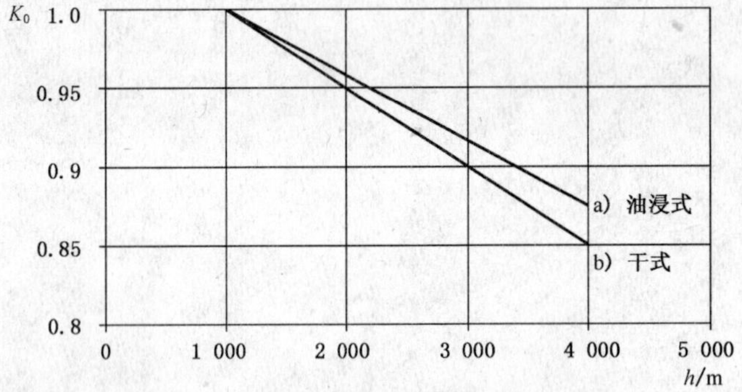

图 A.1　温升的海拔高度修正系数

温升的海拔高度修正系数 $K_0 = \frac{\Delta T_h}{\Delta T_{h0}}$

式中：

ΔT_h——在海拔高度 h>1 000 m 处的温升；

ΔT_{h0}——规定的在海拔高度 h_0≤1 000 m 处的温升限值。

ICS 29.240
F 20

GB

中华人民共和国国家标准化指导性技术文件

GB/Z 24842—2009

1 000 kV 特高压交流输变电工程过电压和绝缘配合

Overvoltage and insulation coordination of 1 000 kV UHV AC transmission project

2009-11-30 发布 2010-05-01 实施

中华人民共和国国家质量监督检验检疫总局
中国国家标准化管理委员会 发布

前 言

本指导性技术文件的附录 C、附录 D 和附录 G 为规范性附录，附录 A、附录 B、附录 E、附录 F 和附录 H 为资料性附录。

本指导性技术文件由中国电力企业联合会提出。

本指导性技术文件由中国电力企业联合会归口。

本指导性技术文件由特高压交流输电标准化技术工作委员会、国网电力科学研究院、中国电力科学研究院负责解释。

本指导性技术文件负责起草单位：国家电网公司、国网电力科学研究院、中国电力科学研究院。

本指导性技术文件主要起草人：舒印彪、陈维江、杜澍春、谷定燮、周沛洪、王绍武、葛栋、陈勇、张翠霞、戴敏、林集明、李志军、班连庚、何慧雯、王晓刚、张刘春。

引　言

迄今现行的国家标准、行业标准和IEC标准或其他国家的标准，均未涉及1 000 kV特高压交流输变电工程过电压和绝缘配合的内容，为适应我国建设1 000 kV特高压交流输变电工程标准化的需要，特编制《1 000 kV特高压交流输变工程过电压和绝缘配合》国家标准化指导性技术文件。

本指导性技术文件的编写参考了国内外有关过电压保护和绝缘配合的相关标准。在编写本指导性技术文件时，纳入了我国目前已建设完成的1 000 kV长治—南阳—荆门特高压交流输变电试验示范工程和研究中的1 000 kV淮南—上海特高压交流同塔双回输变电工程以及国内外其他特高压输变电工程的科研成果、设计和运行经验。

本指导性技术文件确定了1 000 kV特高压交流输变电工程中限制过电压的措施和采用限制措施之后的过电压水平；推荐了架空线路和变电站雷电性能的计算分析方法；提供了根据1 000 kV输电线路和变电站设备的绝缘特性以及可能的影响因素，从安全运行和经济合理两方面来确定设备绝缘水平和空气间隙距离的原则、方法和推荐值。内容与现行相关标准、规程、规定的内容相同的部分，本指导性技术文件中不再重复。

1 000 kV 特高压交流输变电工程过电压和绝缘配合

1 范围

本指导性技术文件规定了 1 000 kV 特高压交流输变电工程中限制过电压的措施和采用限制措施之后的过电压水平；推荐了架空线路和变电站雷电性能的计算分析方法；提供了根据 1 000 kV 输电线路和变电站设备的绝缘特性以及可能的影响因素，从安全运行和经济合理两方面来确定设备绝缘水平和空气间隙距离的原则、方法和推荐值。

本指导性技术文件适用于标称电压为 1 000 kV(系统最高电压为 1 100 kV)特高压交流输变电工程的过电压与绝缘配合。

2 规范性引用文件

下列文件中的条款通过本指导性技术文件的引用而成为本指导性技术文件的条款。凡是注日期的引用文件，其随后所有的修改单(不包括勘误的内容)或修订版均不适用于本指导性技术文件，然而，鼓励根据本指导性技术文件达成协议的各方研究是否可使用这些文件的最新版本。凡是不注日期的引用文件，其最新版本适用于本指导性技术文件。

GB/T 2900.1 电工术语 基本术语

GB/T 2900.12 电工术语 避雷器、低压电涌保护器及元件

GB/T 2900.15 电工术语 变压器、互感器、调压器和电抗器(GB/T 2900.15—1997，neq IEC 60050(421):1990、IEC 60050(321):1986)

GB/T 2900.19 电工术语 高电压试验技术和绝缘配合(GB/T 2900.19—1994，neq IEC 60071-1:1993)

GB/T 2900.20 电工术语 高压开关设备(GB/T 2900.20—1994，neq IEC 60050(IEV):1984)

GB/T 2900.50 电工术语 发电、输电及配电 通用术语(GB/T 2900.50—2008，IEC 60050-601:1985，MOD)

DL/T 620 交流电气装置的过电压保护和绝缘配合

3 术语和定义

GB/T 2900.1、GB/T 2900.12、GB/T 2900.15、GB/T 2900.19、GB/T 2900.20 和 GB/T 2900.50 中所确立的及下列术语和符号适用于本指导性技术文件。

3.1 术语和定义

3.1.1

地闪密度 ground flash density;GFD

每平方公里、每年的地面落雷次数。

3.1.2

保护角 shielding angle

地线对导线的保护角指杆塔处，不考虑风偏，地线对水平面的垂线和地线与最外侧子导线的连线之间的夹角。

3.1.3

特快速瞬态过电压　very fast transient overvoltage;VFTO

气体绝缘金属封闭开关设备(GIS)和复合电器(HGIS,即 Hybrid-GIS)的隔离开关在某些操作方式下,可能会产生频率为数百 kHz 至数 MHz 的高频振荡过电压,称为特快速瞬态过电压。

3.1.4

代表性过电压　representative overvoltage

该过电压对绝缘介质效应等同于系统在运行时由于不同原因产生的某一给定类型过电压的作用。在本指导性技术文件中,代表性过电压一般通过仿真计算获得。

3.2　符号

本指导性技术文件使用的符号:

$A1'$:变电站导线对构架的最小空气间隙距离(m)

$A1''$:变电站设备对构架的最小空气间隙距离(m)

A2:变电站相间最小空气间隙距离(m)

d:空气间隙放电电压试验间隙距离(m)

$F(u)$:操作过电压下线路闪络率计算中,操作过电压的概率分布

H:海拔高度(m)

$h_{c.av}$:导线对地平均高度(m)

I:雷电流幅值(kA)

k_a:大气校正因数

k_c:配合因数

k_s:安全因数

m:绝缘配合中并联间隙数(个)

r_c:雷电对导线的击距(m)

r_g:雷电对大地的击距(m)

r_s:雷电对地线的击距(m)

U_m:系统最高电压(kV)

U_{ph}:导线上工作电压瞬时值(kV)

U_{pl}:避雷器雷电过电压保护水平(kV)

U_{ps}:避雷器操作过电压保护水平(kV)

U_{rp}:代表性过电压(kV)

U_{rw}:耐受电压要求值(p.u.)

$U_{rw.l}$:雷电冲击耐受电压要求值(p.u.)

$U_{rw.s}$:相对地操作冲击耐受电压要求值(p.u.)

U_s:线路相对地统计(2%)操作过电压(kV)

U_W:额定耐受电压(有效值)(kV)

U_{50}:50%放电电压(kV)

$u_{50.1.r}$:单个间隙的50%放电电压要求值(kV)

α:负极性操作冲击分量与相间操作冲击电压的两个分量(正极性U^+和负极性U^-)之和的比值

β_g:击距修正系数

ρ:土壤电阻率(Ω·m)

σ_1:单个绝缘放电电压的标准偏差

σ_1^*:单间隙的放电电压变异系数

σ_m^*:并联多间隙放电电压变异系数

4 线路和设备上的作用电压

4.1 系统接地方式

1 000 kV 系统采用有效接地方式，不允许 1 000 kV 变压器中性点不接地运行。

1 000 kV 变压器的低压侧(110 kV)系统采用不接地方式。

4.2 作用电压类型

变电站设备和线路在运行中可能受到的作用电压，按照作用电压的起因和幅值、波形及持续时间，可分为：

——持续运行电压(其值不超过系统最高电压 U_m，持续时间等于设备设计的运行寿命)；

——暂时过电压(包括工频过电压、谐振过电压)；

——操作(缓波前)过电压；

——雷电(快波前)过电压；

——VFTO。

各类作用电压的典型波形参照附录 A。

4.3 暂时过电压和操作过电压标幺值的基准电压

工频过电压的基准电压是 $U_m/\sqrt{3}$；谐振过电压、操作过电压的基准电压是 $\sqrt{2}U_m/\sqrt{3}$。

5 暂时过电压及限制

暂时过电压包括工频过电压和谐振过电压，与系统结构、容量、参数、运行方式、地线的类型和接地方式以及继电保护和自动调节装置特性等有关。工频过电压、谐振过电压除增大绝缘所需承受的电压外，对选择避雷器等过电压保护装置参数也有重要影响。暂时过电压特性由其幅值、波形和持续时间确定。

5.1 工频过电压

工频过电压主要由线路空载、甩负荷和接地故障引起。通常情况下甩负荷和接地故障两种故障组合引起的工频过电压比较严重。对工频过电压，应结合工程条件加以预测。

预测工频过电压，主要考虑下列故障类型：

对单回输电线路通常考虑正常输电状态下甩负荷和在线路单相接地故障情况下甩负荷两类故障。单回两相接地引起线路一端三相分闸的故障发生概率很小，可酌情考虑。

对同塔双回输电线路需考虑双回线路运行和一回线路停运的工况。双回线路运行工况下应考虑双回 6 相甩负荷。双回线路同名或异名两相接地故障发生概率很小，可酌情考虑此故障情况下的甩负荷。

限制工频过电压的主要措施是装设线路高压并联电抗器。

工频过电压持续时间对避雷器额定电压和设备绝缘能力的选择起着十分重要的作用。为了缩短工频过电压的持续时间，线路两端断路器宜采用继电保护实现联动分闸。

工频过电压水平不宜超过下列数值：

——线路断路器的变电站侧　　1.3p.u.

——线路断路器的线路侧　　1.4p.u.(持续时间不大于 0.5 s)

5.2 谐振过电压

谐振过电压包括线性谐振和非线性(铁磁)谐振过电压。带大容性元件(长线路、串联补偿线路)和有非线性激磁特性的感性元件(变压器、并联电抗器)的回路合闸(或作为甩负荷的结果)，可能因谐振和铁磁谐振产生谐波谐振过电压。应采取防止措施，避免出现谐振过电压的条件，或用继电保护装置限制其幅值和持续时间。

在选择避雷器额定电压或绝缘设计时，通常不考虑谐振过电压。

5.2.1 发电机自励磁过电压

同步发动机带容性负荷(如空载线路)条件下,发电机电感参数周期性变化与系统电容参数配合不当时,可能引起发电机自励磁(参数谐振)过电压。不发生自励磁的判据按照公式(1)计算:

$$W_N > Q_c X_d^* \quad \cdots\cdots(1)$$

式中:

W_N——发电机额定容量,MVA;

Q_c——线路充电功率(需考虑高压并联电抗器和低压并联电抗器的影响),Mvar;

X_d^*——发电机等值同步电抗标幺值(包括升压变压器,以发电机容量为基准)。

当发电机容量小于上述值时,应避免单机带空载长线运行。对可能出现的发电机自励磁过电压可以采用并联电抗器或过电压保护装置切除线路。

5.2.2 非全相谐振过电压

装有并联电抗器的线路处于非全相状态时,由于健全相和断开相之间的相间电容耦合,可在断开相上引起非全相谐振过电压。

在高压并联电抗器的中性点接入一接地电抗器,可有效地防止这种过电压。该接地电抗器的电抗值宜按接近完全补偿线路的相间电容的原则来选择,同时也应考虑限制潜供电流的要求和对并联电抗器中性点绝缘水平的要求。对于同塔双回线路,回路之间的耦合会影响接地电抗器电抗值的选择。

在计算非全相谐振过电压时,需注意以下因素:

a) 线路参数设计值和实际值的差异;

b) 高压并联电抗器和接地电抗器的阻抗设计值与实测值的偏差;

c) 故障状态下的电网频率变化。

5.2.3 合空载变压器谐振过电压

合空载变压器操作的过渡过程使变压器铁芯磁饱和,引起励磁涌流以及使电感作周期性变化,当励磁涌流谐波频率与系统的自振频率相匹配时,可能产生高次谐波谐振过电压,对此过电压应予以预测。

一般由 500 kV 侧合空载变压器产生的谐振过电压低于由 1 000 kV 侧合空载变压器产生的谐振过电压。应尽量避免产生谐波谐振的运行方式和操作方式。断路器装合闸电阻,有利于减小合空载变压器的过电压幅值及励磁涌流,限制效果与不同运行方式下的系统特性有关。采用过电压继电保护,可以缩短合空载变压器谐振过电压的持续时间。

6 操作过电压及保护

6.1 操作过电压水平限制值

线路沿线最大的相对地统计操作过电压不宜大于 1.7p.u.。

变电站最大的相对地统计操作过电压不宜大于 1.6p.u.,最大的相间统计操作过电压不宜大于 2.9p.u.。

对操作过电压,应结合工程加以预测。

6.2 空载线路合闸及单相重合闸过电压

6.2.1 预测条件

空载线路合闸、单相重合闸会产生操作过电压。操作过电压幅值取决于多种因素,包括断路器类型(有无合闸电阻、选相合闸装置等)、合闸线路电源侧的系统特性、合闸线路长度与无功补偿情况等。

预测线路合闸操作过电压时的合闸侧电压有以下控制条件:

a) 由孤立电源合闸空载线路,线路合闸后的沿线电压不应超过系统最高电压;

b) 由与系统相连的变电站合闸空载线路,线路合闸前的变电站母线电压为相应运行方式下的母线实际电压,线路合闸后,沿线电压不宜超过系统最高电压。

单相重合闸过电压一般不高于空载线路合闸过电压。对于特殊的系统结构,例如容量较小的电源送出系统中，较长线路的单相重合闸过电压可能高于空载线路合闸过电压。

对于同塔双回线路，主要考虑单回线路的单相接地故障后的单相重合闸过电压。双回同名相或异名相接地故障情况下的分相重合闸过电压可能高于单回单相接地故障后的单相重合闸过电压，但出现的概率极低。

6.2.2 主要限制措施

限制线路合闸和单相重合闸过电压的主要措施，一是断路器采用合闸电阻；二是装设金属氧化物避雷器。也可使用选相合闸等措施。

6.3 单相接地故障过电压

线路单相接地故障时在健全相上出现的过电压，主要是指相对地过电压，相间过电压可以忽略。

接地故障过电压的大小和线路长度、故障点的位置等因素有关。

6.4 故障清除过电压

6.4.1 故障线路健全相过电压

此过电压为线路单相接地，故障相两侧线路断路器分闸后，在故障线路健全相上产生的过电压，其幅值较低。

6.4.2 相邻线路过电压

此过电压为线路故障接地，故障相两侧线路断路器分闸后，在故障线路的直接相邻或间接相邻线路上产生的过电压。

随着接地故障相数的增加该过电压幅值呈升高的趋势。一般考虑单相接地故障的条件加以预测并作为工程的设计条件。对于出现概率很小的两相短路、两相或三相接地故障，可根据预测结果酌情采取相应限制措施。

6.4.3 单相接地三相分闸过电压

带电作业时，若单相重合闸退出，单相接地会引起三相分闸。单相接地故障，单相重合闸不成功也会引起三相分闸。

单相接地三相分闸时，可能在故障线路的健全相或相邻线路上产生较高的过电压。

6.4.4 故障清除过电压限制措施

变电站和开关站有避雷器保护，故障清除过电压不高，不会损坏站内设备。对于线路上较高的故障清除过电压，可在线路中部装设金属氧化物避雷器或在断路器上装分闸电阻予以限制。

此外也可采用继电保护的措施进行限制。

6.5 无故障甩负荷过电压

无故障甩负荷过电压与线路长度、线路无功补偿情况及线路潮流等有关，一般采用金属氧化物避雷器限制。

6.6 振荡解列过电压

在系统振荡状态下解列，将产生振荡解列过电压。

应对可能出现的振荡解列操作下的过电压进行预测。预测该过电压时，线路送受端电势功角差宜按系统可能出现的严重工况选取。

应当注意校核线路两端的金属氧化物避雷器的吸收能量。

6.7 投切空载变压器操作过电压

投切空载变压器产生的操作过电压，一般采用金属氧化物避雷器限制。

6.8 主变压器 110 kV 侧开断并联电容器组过电压

主变压器 110 kV 侧开断并联电容补偿装置，若断路器发生单相重击穿时，电容器组对地过电压可能超过 4.0p.u.。开断前电源侧有单相接地故障时，该过电压将更高。开断时如发生两相重击穿，电容器组极间过电压可能超过 $2.5\sqrt{2}U_{\mathrm{n.C}}$（$U_{\mathrm{n.C}}$指电容器组的额定电压）。

投切并联电容补偿装置，应采用重击穿概率极低的断路器。为安全起见，仍宜按图 1 所示布置方式装设金属氧化物避雷器以限制单相重击穿过电压。一般可不考虑断路器发生两相重击穿。

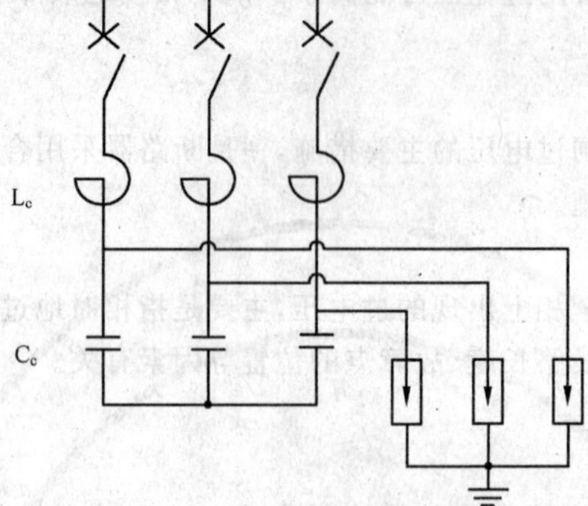

图 1 并联电容补偿装置的避雷器保护接线

6.9 主变压器 110 kV 侧开断并联电抗器过电压

主变压器 110 kV 侧开断并联电抗器时,应采用金属氧化物避雷器限制断路器强制熄弧(截流)产生的过电压。

6.10 VFTO

GIS 和 HGIS 隔离开关开合管线,可产生 VFTO。VFTO 的特点是波前时间很短(<0.1 μs);波前之后的振荡频率很高(>1 MHz);幅值很高(最大值可达 2.5 p.u. ~3.0 p.u.)。

VFTO 可能损害 GIS、HGIS、变压器和电磁式电压互感器绝缘,也可能损害二次设备或对二次电路产生电磁骚扰。

变压器与 GIS 经过架空线相连时,在变压器上的 VFTO 幅值不高,波前时间变缓至雷电过电压波前时间范围内。变压器与 GIS 之间通过油气套管相连时,在变压器上的 VFTO 较严重,可能损害变压器匝间绝缘。

应对相关操作方式下的 VFTO 加以预测,必要时隔离开关宜加装投切电阻,或避免可能引起危险的操作方式。

7 雷电过电压及保护

雷电过电压包括线路雷电绕击、反击过电压和变电站直击、雷电侵入波过电压。

输电线路和变电站的防雷设计,应结合当地已有线路和变电站的运行经验、地区雷电活动强度、地闪密度、地形地貌及土壤电阻率等因素,通过计算分析和技术经济比较,采用合理的差异化防雷保护措施,线路和变电站雷电性能的计算方法参照附录 B。

7.1 线路雷电过电压

7.1.1 线路雷电性能特点

线路绝缘水平很高,雷击地线或塔顶发生反击闪络的可能性很低;线路杆塔较高,较易发生绕击。

7.1.2 一般线路的保护

7.1.2.1 1 000 kV 线路应沿全线架设双地线。

7.1.2.2 地线保护角要求值如下:

——单回线路:平原和丘陵地区,一般不大于 6°;山区,一般不大于 −4°;

——同塔双回线路:平原和丘陵地区,一般不大于 −3°;山区,一般不大于 −5°;

——线路耐张转角塔的跳线:平原单回线路不大于 6°;山区单回线路和同塔双回线路不大于 0°;

对雷电活动较强烈的山区可根据工程实际条件进一步减小地线保护角。

7.1.2.3　两根地线之间的距离不应超过导线与地线垂直距离的5倍。

7.1.2.4　在一般土壤电阻率地区(500 Ω·m及以下),线路的反击耐雷水平不宜低于200 kA。

7.1.2.5　线路每基杆塔在不连接地线情况下的工频接地电阻,在雷季干燥时,不宜超过表1所列数值。如土壤电阻率超过2 000 Ω·m,接地电阻很难降低到30 Ω时,可采用6～8根总长不超过500 m的放射形接地体,或采用连续伸长接地体,接地电阻不受限制。

表1　1 000 kV线路杆塔的工频接地电阻

土壤电阻率 ρ Ω·m	$\rho \leqslant 100$	$100 < \rho \leqslant 500$	$500 < \rho \leqslant 1\,000$	$1\,000 < \rho \leqslant 2\,000$	$\rho > 2\,000$
接地电阻 Ω	10	15	20	25	30

7.1.2.6　用数值计算的方法确定档距中央导线与地线之间的距离。当雷击档距中央地线时,地线对导线发生反击闪络的耐雷水平宜不低于200 kA。

7.1.3　线路交叉部分的保护

线路与较低电压线路、通信线路交叉时,两交叉线路导线间或上方线路导线与下方线路地线间的垂直距离等,不得小于表2所列数值(当导线温度为40 ℃时)。

表2　与较低电压线路、通信线路交叉时的交叉距离　　单位为米

交叉类型	至输电线路地线(导线)	至输电线路杆顶	至通讯线路
交叉距离	10	16	18

7.1.4　大跨越档的保护

7.1.4.1　大跨越档在雷电过电压下安全运行年数不宜低于50年。

7.1.4.2　大跨越线路随杆塔高度增加宜适当增加杆塔的绝缘水平。其中需重点考虑导线对杆塔的空气间隙距离,并根据雷电过电压计算确定。绝缘子串的长度应根据雷电过电压计算进行校核。

7.1.4.3　根据雷击档距中央地线时控制反击的条件,大跨越档距中央导线与地线间的距离应通过雷电过电压的计算确定。

7.1.4.4　大跨越杆塔的地线保护角宜小于一般线路的保护角。

7.1.4.5　大跨越杆塔接地电阻不宜大于表1所列数值的50%。当土壤电阻率大于2 000 Ω·m时,接地电阻不宜大于20 Ω。

7.1.5　变电站2 km架空进线段的保护

2 km架空进线段范围内应采取措施减少雷电绕击和反击导线的概率,反击耐雷水平宜不小于250 kA。

架空进线段地线保护角平原宜小于−4°,在条件允许的情况下山区宜进一步减小;线路耐张转角塔地线对跳线的保护角宜小于−4°,也可采取其他措施保护。

当单回线路进线段杆塔上两根地线之间的距离超过导线与地线垂直距离4倍时,应增设第三根地线防止雷电绕击中相导线。

7.2　变电站的雷电过电压

7.2.1　变电站的直击雷过电压保护

变电站的直击雷过电压保护应按照DL/T 620的相关规定,此外还需满足:

a)　变电站的直击雷过电压保护,宜用电气几何模型法或滚球法进行核算;

b)　装在架构上的避雷针应与接地网连接,并应在其附近装设集中接地装置。装有避雷针和避雷线的架构与1 000 kV带电部分间的空气中距离不得小于7 m。

7.2.2　变电站的雷电侵入波过电压保护

7.2.2.1　变电站一般宜在每一主变压器旁和每段母线上装设1组避雷器。在每回线路的入口处装设

1至2组避雷器，避雷器的位置和数量应通过雷电侵入波过电压计算确定。

7.2.2.2 预测变电站雷电过电压时应考虑一般运行方式和特殊方式。特殊方式，即变电站线路断路器处于开路状态的运行方式，其过电压更严重，但出现的概率较小。

7.2.2.3 在进行变电站雷电侵入波过电压绝缘配合时，一般运行方式下的内绝缘安全裕度要求不低于15%，特殊方式下内绝缘安全裕度要求不低于10%，外绝缘安全裕度要求不低于5%。

7.2.2.4 变电站的耐雷指标(平均无故障时间)，不宜低于1 500年。

8 绝缘配合

8.1 绝缘配合基本原则

8.1.1 持续运行电压和暂时过电压下的绝缘配合

8.1.1.1 持续运行电压下电气装置外绝缘的爬电距离应符合相应环境污秽分级条件下的爬电比距要求。

8.1.1.2 变电站内空气间隙应能承受最大工频过电压。线路有风偏的空气间隙在大风条件下应耐受系统最高相电压。

8.1.1.3 变电站电气设备应能承受持续运行电压和一定幅值及时间的暂时过电压。

8.1.2 操作过电压下的绝缘配合

8.1.2.1 架空线路确定其操作过电压要求的绝缘水平时，可采用将过电压幅值和绝缘强度作为随机变量的统计法。线路的平均操作过电压闪络率宜不高于0.01次/年。

8.1.2.2 变电站电气设备操作冲击绝缘水平以及变电站绝缘子串、空气间隙的操作冲击绝缘强度，以避雷器保护为基础，进行绝缘配合。配合时，对非自恢复绝缘采用确定性法(惯用法)；对自恢复绝缘采用仅将绝缘强度作为随机变量的统计法。

8.1.3 雷电过电压下的绝缘配合

8.1.3.1 单回线路杆塔上雷电过电压下的空气间隙不作要求。

8.1.3.2 变电站中电气设备和绝缘子串、空气间隙的雷电冲击强度，以避雷器保护为基础可采用确定性法和统计法(或简化统计法)进行绝缘配合。

8.1.4 VFTO下的绝缘配合

由于目前尚无统一规定的VFTO的试验电压典型波形和耐受电压值。GIS绝缘放电的伏秒特性曲线比较平坦，在VFTO下的耐受电压比雷电冲击耐受电压升高不多，在绝缘配合时可用雷电冲击耐压水平来代替。变压器类设备的绝缘在VFTO下的耐受电压尚在考虑中。

8.1.5 用于操作、雷电过电压绝缘配合的冲击试验电压波形

8.1.5.1 操作过电压波前时间一般为1 000 μs～3 000 μs。线路绝缘的操作冲击试验电压波前时间宜按工程预测值考虑，本指导性技术文件暂取1 000 μs。

8.1.5.2 雷电冲击试验电压波前时间为1.2 μs，波尾时间为50 μs。

8.1.5.3 变电站设备的标准试验电压波形参照附录A。

8.1.6 外绝缘强度数据

进行绝缘配合时，对于输电线路、变电站的绝缘子串、空气间隙在各种电压下的绝缘强度，宜采用真型塔或仿真型塔(构架)试验数据。

8.1.7 气象条件校正

本指导性技术文件中输电线路、变电站绝缘子串及空气间隙的绝缘配合公式均按标准气象条件给出。当输电线路、变电站因海拔高度引起气象条件变化而异于标准状态时，可按照附录C校正，以满足绝缘配合要求。

本指导性技术文件中规定的变电站电气设备外绝缘耐受电压要求值，适用于设备安装点海拔高度不超过1 000 m。当海拔高度超过1 000 m时，可按照附录C校正。

8.2 绝缘配合的方法

绝缘配合方法有确定性法，统计法及简化统计法。

确定性法是在代表性过电压或避雷器保护水平与设备耐受电压之间选取适宜的配合系数的方法。

统计法是将过电压、绝缘强度或其他随机因素作为随机变量，按绝缘故障率要求进行配合的方法。

简化统计法是考虑正态分布的统计过电压与作为正态分布随机变量的绝缘强度按绝缘故障率要求进行配合的方法。本指导性技术文件中将避雷器保护水平及作为随机变量的绝缘强度按绝缘故障率要求进行配合的方法也称为简化统计法。

8.3 1 000 kV 金属氧化物避雷器

金属氧化物避雷器(下称"避雷器")是限制操作过电压和雷电过电压的主要装置，其保护水平是变电站设备绝缘配合的基础，避雷器按其安装位置分为母线侧(线路断路器变电站侧)避雷器和线路侧(线路断路器线路侧)避雷器。

避雷器的保护水平与其额定电压相关。避雷器额定电压的选择主要取决于工频过电压的大小和持续时间。母线侧避雷器的额定电压按母线侧最大工频过电压 1.3 p.u.(826 kV)选为 828 kV；线路侧最大工频过电压为 1.4 p.u.(889 kV)，但持续时间较短(小于 0.5 s)，因此线路侧避雷器额定电压也可选为 828 kV，这对于降低系统过电压水平有重要意义。

1 000 kV 变电站内避雷器的主要电气参数按照附录 D 执行。

8.4 架空线路绝缘子、导线对杆塔的空气间隙的绝缘配合

8.4.1 绝缘子串和复合绝缘子

绝缘子串或复合绝缘子的选择，应满足能够耐受持续运行电压作用的要求，宜根据污耐压法确定，在缺乏污耐压试验数据时也可按爬电比距法确定。同时应符合耐受操作和雷电过电压要求。

8.4.2 导线对杆塔的空气间隙

8.4.2.1 工频电压和操作过电压下的空气间隙选择的计算方法参照附录 E，要求值见表 3。

8.4.2.2 对于单回线路，雷电过电压下的空气间隙距离对杆塔塔头尺寸不起控制作用，不予规定。对于同塔双回线路，为满足线路雷击跳闸率的要求，重点确保导线对其下方横担有足够的间隙距离。雷电过电压下的最小空气间隙距离要求值见表 3。

表 3 1 000 kV 线路最小空气间隙要求值

单位为米

作用电压类型	线路类型	最小空气间隙距离		
		海拔高度 500 m	海拔高度 1 000 m	海拔高度 1 500 m
工频	单回	2.7	2.9	3.1
	同塔双回	2.7	2.9	3.1
操作	单回[a]	边相 5.9；中相 6.7/7.9	边相 6.2；中相 7.2/8.0	边相 6.4；中相 7.7/8.1
	同塔双回	6.0	6.2	6.4
雷电	单回	不予规定		
	同塔双回[b]	6.7	7.1	7.6

[a] 斜线上的数据表示中相带电体对斜铁的间隙距离，斜线下的数据表示中相带电体对上横梁的间隙距离。

[b] 对雷电活动较强烈的山区可根据工程实际条件适当增大雷电最小空气间隙距离。

8.4.2.3 线路绝缘在操作过电压下的闪络率的计算方法参照附录 F。

8.4.2.4 为避免线路塔头间隙过大，带电作业安全距离不作为线路绝缘间隙尺寸的控制因素。带电作业安全距离加上人体活动范围(不小于 0.5 m)后，不宜大于操作过电压要求的间隙距离。当不能满足上述要求时，带电作业应采取特殊保护措施。

8.5 变电站绝缘子串及空气间隙的绝缘配合

8.5.1 变电站绝缘子串

工频电压要求的变电站每串绝缘子片数按污耐压法确定，在缺乏污耐压试验数据时也可按爬电比距法确定。

8.5.2 变电站的最小空气间隙

变电站最小空气间隙距离 A 值分为 A1′、A1″和 A2 值三类。

变电站的最小空气间隙距离计算方法参照附录 H，海拔不超过 1 000 m 地区最小空气间隙见表 4。

表 4 1 000 kV 变电站最小空气间隙距离

单位为米

作用电压类型	A1 值		A2 值
	A1′	A1″	
工频	4.2		6.8
操作	6.8	7.5	10.1 (均压环—均压环) 9.2 (四分裂导线—四分裂导线) 11.3 (管母—管母)
雷电	5.0		5.5

8.6 变电站电气设备的绝缘配合

8.6.1 持续运行电压和暂时过电压下的绝缘配合

8.6.1.1 变电站电气设备应能承受持续运行电压及一定幅值和时间的暂时过电压。以最大的工频过电压作为代表性过电压 U_{rp}，配合因数 $k_c=1$，k_s 为安全因数。

8.6.1.1.1 内绝缘

其额定工频耐受电压(有效值)$U_W=k_s k_c U_{rp}$。

8.6.1.1.2 外绝缘

需依据海拔高度进行大气校正因数 k_a 计算。电气设备外绝缘相对地额定工频耐受电压 $U_W=k_c k_a k_s U_{rp}$。

8.6.1.2 变电站电气设备外绝缘耐污闪能力应能满足变电站所在地区的相应污秽等级区的耐受持续运行电压作用要求。

8.6.1.3 开关设备的纵绝缘(断路器同极断口间内绝缘以及断路器、隔离开关同极断口间外绝缘)的额定短时工频耐受电压 U_{Wg} 应考虑反极性持续运行电压的影响，按式(2)计算：

$$U_{Wg}=U_W+U_m/\sqrt{3} \qquad \cdots\cdots(2)$$

8.6.1.4 变电站电气设备承受一定幅值和时间的暂时过电压的要求按照附录 G 执行。

8.6.2 操作过电压下的绝缘配合

8.6.2.1 电气设备内绝缘

代表性过电压为变电站最大的操作过电压或避雷器操作冲击保护水平。

操作过电压下，电气设备内绝缘的绝缘配合计算方法参照附录 E。

8.6.2.2 电气设备外绝缘

相对地绝缘代表性过电压为变电站统计操作相对地过电压或避雷器操作冲击保护水平。

相间绝缘代表性过电压为变电站统计操作相间过电压或避雷器操作冲击保护水平。

操作过电压下，电气设备相对地、相间外绝缘的绝缘配合计算方法参照附录 E。

8.6.2.3 开关设备的纵绝缘

开关设备的纵绝缘(断路器同极断口间内绝缘以及断路器、隔离开关同极断口间外绝缘)的操作冲击耐压 U_{Wg} 应考虑反极性持续运行电压的影响，符合式(3)计算：

$$U_{Wg} = U_{W.s} + \sqrt{2}U_m/\sqrt{3} \quad (3)$$

式中：

$U_{W.s}$——断路器、隔离开关相对地绝缘的额定操作冲击耐压电压或低一级的操作冲击耐压电压。

8.6.3 雷电过电压下的绝缘配合

8.6.3.1 由变电站各个设备上的雷电侵入波过电压计算值或避雷器雷电冲击保护水平确定各个设备上的代表性过电压。计算时应考虑雷击位置、雷电流幅值、变电站可能出现的不同的运行方式、避雷器特性及其布置方式等。

雷电过电压下，电气设备内、外绝缘的绝缘配合计算方法参照附录E。

8.6.3.2 对变压器类设备应作雷电冲击截波耐受电压试验，其幅值可比额定雷电冲击耐受电压值高10%左右。

8.6.3.3 开关设备的纵绝缘(断路器同极断口间内绝缘以及断路器、隔离开关同极断口间外绝缘)的全波雷电冲击耐压U_{Wg}应考虑反极性持续运行电压的影响，按式(4)计算：

$$U_{Wg} = U_{W.1} + \sqrt{2}U_m/\sqrt{3} \quad (4)$$

式中：

$U_{W.1}$——断路器、隔离开关相对地绝缘全波额定雷电冲击耐压电压。

8.6.4 1 000 kV 各类设备绝缘的额定耐受电压

各类1 000 kV设备绝缘的额定耐受电压见表5。可按照工程条件，参照附录E的计算结果，优化表5中的额定耐受电压。

表5 1 000 kV 设备绝缘额定耐受电压　　单位为千伏

设备	雷电冲击	操作冲击	工频
变压器、电抗器	2 250(截波 2 400)	1 800	1 100(5 min)
GIS(断路器、隔离开关)	2 400	1 800	1 100(1 min)
支柱绝缘子、隔离开关(敞开式)	2 550	1 800	1 100(1 min)
电压互感器(CVT)	2 400	1 800	1 200(5 min)
套管(变压器、电抗器)	2 400(截波 2 760)	1 950	1 200(5 min)
套管(GIS)	2 400	1 800	1 100(1 min)
开关设备纵绝缘	2 400+900	1 675+900	1 100+635(1 min)

8.6.5 自耦变压器中性点绝缘的额定耐受电压

自耦变压器高、中压绕组的低压端经调压补偿变压器的中性点直接接地。变压器低压端和调压补偿变压器的高压端绝缘水平相同，其额定耐受电压和调压变压器中性点额定耐受电压见表6。

表6 1 000 kV 变压器中性点绝缘额定耐受电压　　单位为千伏

位置	雷电冲击	短时工频
高、中压绕组低压端	325	140
调压补偿变压器中性点	185	85
	325	140

8.6.6 变压器低压 110 kV 侧设备绝缘的额定耐受电压

1 000 kV变压器的低压110 kV侧为不接地系统，设备绝缘的额定耐受电压见表7。

表 7　变压器低压 110 kV 侧设备绝缘额定耐受电压　　单位为千伏

雷电冲击	短时工频
650	275

8.6.7　线路并联电抗器中性点及接地电抗器绝缘的额定耐受电压

线路并联电抗器中性点经接地电抗器接地。线路并联电抗器中性点和接地电抗器的绝缘水平取相同值。中性点绝缘的额定耐受电压与高压并联电抗器及其接地电抗器电抗值、中性点避雷器参数以及中性点过电压水平有关。应结合工程计算确定中性点及接地电抗器绝缘的额定耐受电压,其参考值见表 8。

表 8　高压并联电抗器中性点及接地电抗器绝缘额定耐受电压参考值　　单位为千伏

雷电冲击	短时工频
550	230
650	275
750	325

附 录 A
（资料性附录）
各类作用电压和标准试验电压的波形

各类作用电压和标准试验电压的波形见表 A.1。

表 A.1 各类作用电压和标准试验电压的波形

类别	低频电压		瞬态电压		
	连续	暂时	缓波前	快波前	特快速
作用电压波形	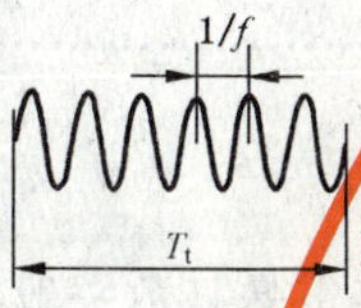		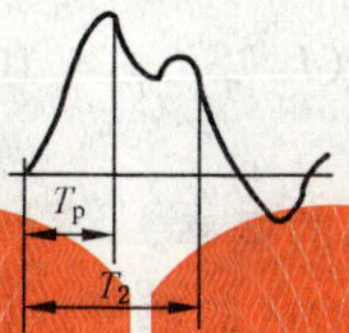	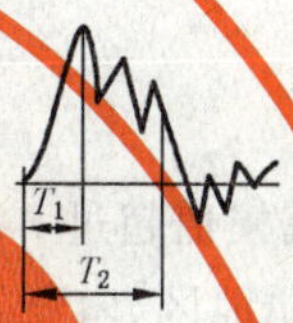	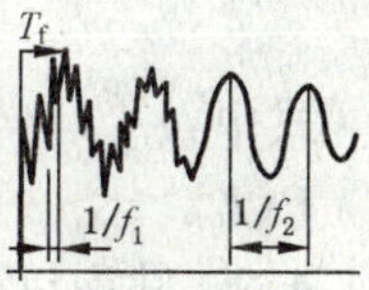
电压波形范围	$f=50$ Hz $T_t \geqslant 3\ 600$ s	10 Hz$<f<$500 Hz 0.02 s$\leqslant T_t \leqslant$3 600 s	20 μs$<T_p \leqslant$5 000 μs $T_2 \leqslant$20 ms	0.1 μs$<T_1 \leqslant$20 μs $T_2 \leqslant$300 μs	$T_f \leqslant$100 ns 0.3 MHz$<f_1<$100 MHz 30 kHz$<f_2<$300 kHz
设备标准耐受试验电压波形	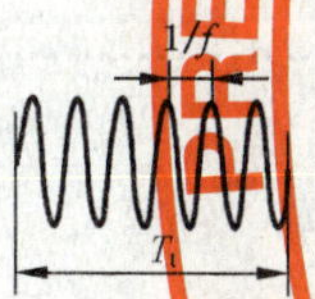 $f=50$ Hz	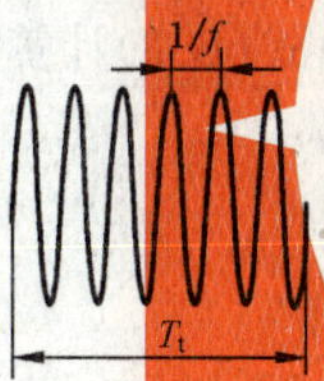 48 Hz$\leqslant f \leqslant$52 Hz $T_t=60$ s	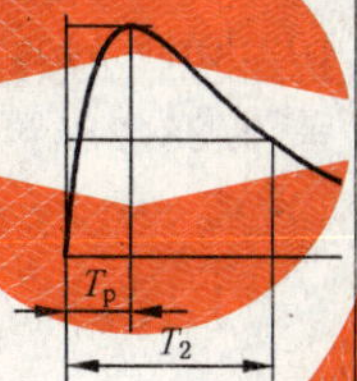 $T_p=250$ μs $T_2 \leqslant$2 500 μs	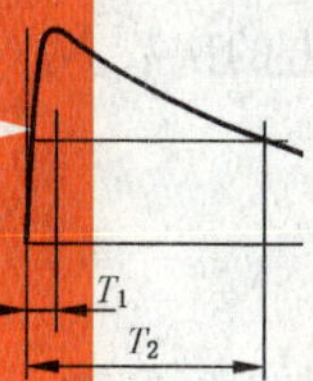 $T_1=1.2$ μs $T_2=50$ μs	在考虑中
标准耐受电压试验	由相关设备委员会规定	短时工频试验	操作冲击试验	雷电冲击试验	在考虑中

附 录 B
（资料性附录）
1 000 kV 架空线路和变电站雷电性能的计算方法

B.1 架空线路雷电性能的计算方法

B.1.1 雷电流幅值的概率

B.1.1.1 除西北地区（不包括陕南）和内蒙古自治区的部分地区以外，我国一般地区雷击输电线路杆塔雷电流幅值概率分布见式(B.1)：

$$P(I_0 \geqslant i_0) = 10^{-\frac{i_0}{88}} \quad \cdots\cdots(\text{B}.1)$$

式中：

$P(I_0 \geqslant i_0)$——雷电流幅值超过 i_0(kA)的概率。

B.1.1.2 陕南以外的西北地区、内蒙古自治区的部分地区（这类地区的平均年雷暴日数一般在 20 及以下）雷电流幅值较小，雷击输电线路杆塔雷电流幅值概率分布见式(B.2)：

$$P(I_0 \geqslant i_0) = 10^{-\frac{i_0}{44}} \quad \cdots\cdots(\text{B}.2)$$

B.1.2 线路落雷次数

40 雷电日下地闪密度暂取 2.8 次/(km^2 · a)，不同地区的地闪密度会有不同值。40 雷电日下每 100 km 线路每年遭受雷击的次数 N_L(次/(100 km · a))，可由式(B.3)计算。

$$N_L = 0.28(28h_T^{0.6} + b) \quad \cdots\cdots(\text{B}.3)$$

式中：

h_T——杆塔高度，m；

b——两根地线之间的距离，m。

B.1.3 雷电流波形

采用 2.6/50 μs 双斜角波。

B.1.4 雷电通道等值波阻抗

雷电通道等值波阻抗 Z_0 在不同的雷电流幅值下宜区别对待，Z_0 随雷电流幅值变化的规律参见图 B.1。

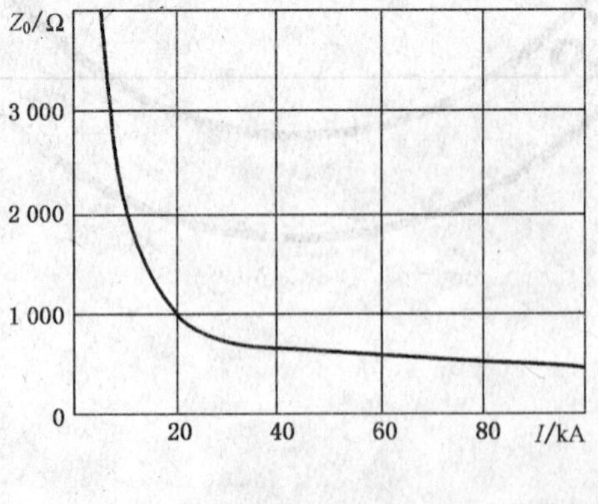

图 B.1 雷电流通道波阻抗和雷电流幅值的关系

B.1.5 雷电绕击导线的计算方法

线路运行经验、现场实测和模拟试验均证明，雷电绕击导线的概率和地线与导线的布置、保护角、杆塔高度以及线路经过地区的地形、地貌、地质条件有关。目前我国用于输电线路雷电绕击导线性能的评估方法，主要有电气几何模型法（EGM）和先导发展模型法（LPM）等。本指导性技术文件采用 EGM

方法。

EGM 的基本原理为：由雷云向地面发展的先导放电通道头部到达距被击物体临界击穿距离（简称击距）的位置以前，击中点是不确定的。但对某个物体先达到相应击距时，则向该物体放电。

击距计算方法可按表 B.1 选取：

表 B.1　击距计算方法

方法 A	方法 B
$r_s=10I^{0.65}$ 或 $r_s=6.72I^{0.8}$	$r_s=10I^{0.65}$
$r_c=r_s$	$r_c=1.63(5.015I^{0.578}-0.001U_{ph})^{1.125}$
$r_g=\beta_g r_s$ 对单回线路：$\beta_g=0.8$。 对双回线路：$\beta_g=0.8$（下相导线）； $\beta_g=0.7$（上、中相导线）。	$r_g=\begin{cases}[3.6+1.7\ln(43-h_{c.av})]I^{0.65} & (h_{c.av}<40\text{ m})\\ 5.5I^{0.65} & (h_{c.av}\geq 40\text{ m})\end{cases}$
注： r_s——雷电对地线的击距，m； r_c——雷电对导线的击距，m； r_g——雷电对大地的击距，m； U_{ph}——导线上工作电压瞬时值，kV； $h_{c.av}$——导线对地平均高度，m。	

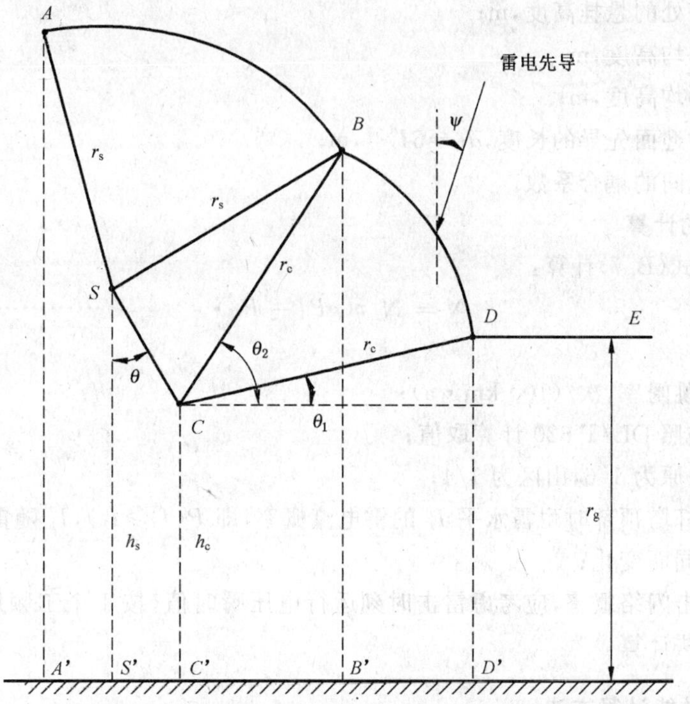

图 B.2　雷电直击线路导线的电气几何模型

图 B.2 是线路的横断面图，显示了雷直击双地线线路导线的电气几何模型。S 点是地线，C 点是导线，AA' 为杆塔中心线，θ 是线路地线对导线的保护角。若雷电先导头部落入 AB 弧面，放电将击向地线，使导线得到保护，称弧 AB 为保护弧。若先导头部落入 BD 弧面，则击中导线，称弧 BD 为暴露弧。若先导头部落入 DE 平面，则击中大地，故称 DE 平面为大地捕雷面。随着雷电流幅值增大，暴露弧 BD

逐渐缩小，当雷电流幅值增大到最大绕击导线电流 I_{max} 时暴露弧 BD 缩小为 0，即不再发生绕击。图中 Ψ 是雷电先导入射角。对于高杆塔先导入射角的概率分布密度函数 $P_g(\Psi)$ 由式(B.4)表达：

$$P_g(\Psi) = 0.75\cos^3\Psi \qquad \text{(B.4)}$$

并非所有绕击都会引起绝缘闪络，只有当雷电流大于线路绕击的耐雷水平 I_{min} 时才会引起闪络。

经过山区的输电线路，雷电绕击的计算应考虑地形的影响。

B.1.6 雷击杆塔和地线反击的计算方法

线路的雷电反击计算一般采用数值计算的方法。线路绝缘闪络判据采用相交法或先导发展模型法。计算时宜考虑：

——导线上工频电压的影响；

——采用分段波阻抗模拟杆塔；

——雷击塔顶时导线上的感应电压。

感应电压可按式(B.5)或式(B.6)计算：

$$u_i = \frac{60ah_{c.t}}{k_\beta c}\left[\ln\frac{h_t + d_R + k_\beta ct}{(1+k_\beta)(h_t + d_R)}\right]\left(1 - \frac{h_{t.av}}{h_{c.av}}k_0\right) \qquad \text{(B.5)}$$

$$u_i = 2.2i^{0.4}h_{c.av}\left(1 - \frac{h_{t.av}}{h_{c.av}}k_0\right) \qquad \text{(B.6)}$$

式中：

i——雷电流瞬时值，kA；

a——雷电流陡度，kA/μs；

k_β——主放电速度与光速 c 的比值，$k_\beta = \sqrt{I/(500+I)}$；

$h_{c.t}$——导线在杆塔处的悬挂高度，m；

$h_{c.av}$——导线对地平均高度，m；

$h_{t.av}$——地线对地平均高度，m；

d_R——雷击杆塔时迎面先导的长度，$d_R = 5I^{0.65}$，m；

k_0——地线和导线间的耦合系数。

B.1.7 雷击跳闸率的计算

雷击跳闸率可按式(B.7)计算：

$$N = N_L\eta(gP_1 + P_{sf}) \qquad \text{(B.7)}$$

式中：

N——线路雷击跳闸率，次/(100 km·a)；

η——建弧率，按照 DL/T 620 计算取值；

g——击杆率，平原为 1/6，山区为 1/4；

P_1——超过雷击杆塔顶部时耐雷水平 I_1 的雷电流概率，即 $P(I_0 \geqslant I_1)$，I_1 随雷击时刻系统工作电压瞬时值不同而变化；

P_{sf}——线路的绕击闪络概率，应考虑雷击时刻运行电压瞬时值（按 1 个工频周期均匀分布）按区间组合统计法计算。

B.2 变电站的雷电性能计算方法

B.2.1 变电站的雷电性能计算可采用统计法和确定性法。计算时应结合工程条件。

B.2.2 确定性法计算中雷击点的位置宜包括近区（进线段内）和远区（进线段外第 1 基）。计算雷电绕击侵入波过电压时，最大绕击雷电流可由电气几何模型确定；计算雷电反击侵入波过电压时，最大反击雷电流取为 250 kA，雷击 2 km 进线段每基杆塔产生的雷电侵入波过电压与设备绝缘水平相比，应满足 7.2.2.3 中的安全裕度。

B.2.3 统计法计算变电站的耐雷指标应满足7.2.2.4的要求，计算中随机变量包括：

——雷电流幅值的概率分布；

——雷击点位置；

——变电站运行方式；

——雷击时刻工频电压的瞬时值。

B.2.4 计算时应考虑各种设备的绝缘耐受电压、安全因数和电晕的影响等因素。变电站（开关站）的设备以该设备的等值入口电容模拟。

附　录　C
（规范性附录）
外绝缘放电电压或耐受电压的气象校正

C.1　本附录的气象校正方法适用于海拔高度 2 000 m 及以下地区线路和设备

C.2　外绝缘放电电压或耐受电压试验数据通常以标准气象条件给出

标准气象条件是：

——气压(海拔高度 0 m)　101.325 kPa；

——温度　20 ℃；

——绝对湿度　11 g/m³。

注：1 mmHg=133.322 Pa,760 mmHg=101.325 kPa。

C.3　外绝缘所在地区气象条件异于标准气象条件时放电电压或耐受电压的校正

海拔高度为 H(m)地区的外绝缘，其在标准气象条件下的放电电压或耐受电压要求值(U_{P_H})可按式(C.1)校正：

$$U_{P_H} = k_a U_{P_0} \qquad \cdots\cdots(C.1)$$

式中：

U_{P_0}——海拔高度 0 m 时放电电压或耐受电压要求值,kV；

k_a——海拔校正因数，由式(C.2)算出。

$$k_a = e^{k_m(H/8\,150)} \qquad \cdots\cdots(C.2)$$

式(C.2)中的 k_m 值如下：雷电冲击电压，$k_m=1.0$；操作冲击电压，k_m 按图 C.1 选取，对于由两个分量组成的电压，电压值是各分量的和；空气间隙和清洁的绝缘子的短时工频电压，$k_m=1.0$。

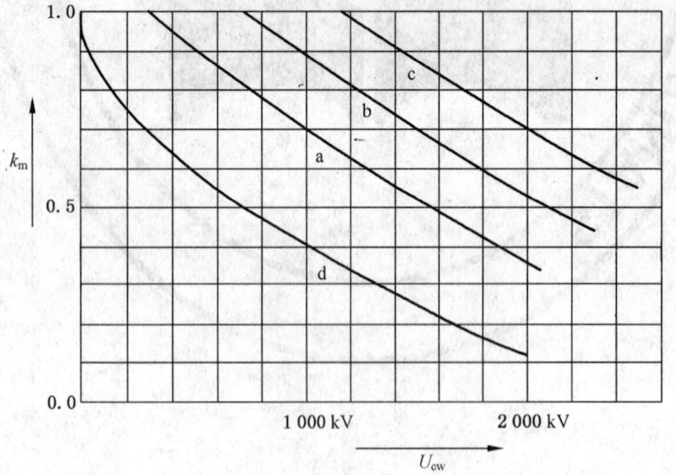

a——相对地绝缘；

b——纵绝缘；

c——相间绝缘；

d——棒-板间隙(标准间隙)。

图 C.1　各种电压下的 k_m 值

由于表 5 至表 8 中所列的设备耐受电压值是相对于海拔 1 000 m 地区的。当海拔高度超过 1 000 m 时，应采用式(C.3)计算的 k_a，对表中外绝缘耐受电压值进行校正。

$$k_a = e^{k_m[(H-1\,000)/8\,150]} \qquad \cdots\cdots(C.3)$$

附 录 D
（规范性附录）
1 000 kV 变电站金属氧化物避雷器的主要电气参数

1 000 kV 变电站金属氧化物避雷器的主要电气参数见表 D.1。

表 D.1 1 000 kV 变电站避雷器主要电气参数 单位为千伏

系统标称电压	安装位置	额定电压（有效值）	持续运行电压（有效值）	30/60 μs,2 kA 下操作冲击残压	8/20 μs,20 kA 下雷电冲击残压
1 000	线路侧、母线侧、变压器侧	828	638	⩽1 460	⩽1 620
500	变压器侧	420	318	⩽858	⩽1 046
110[a]	母线、无功补偿电抗器	158	126	⩽301	⩽363[b]
	无功补偿电容器	174	138	⩽331	⩽400[b]

[a] 110 kV 中性点不接地系统。

[b] 8/20 μs,10 kA 下的雷电冲击残压。

附 录 E
（资料性附录）
1 000 kV 线路和变电站绝缘配合的计算方法

本附录提供了空气间隙放电电压要求值和设备耐受电压的两种计算方法，分别为方法 A 和方法 B。

根据计算得到的空气间隙放电电压要求值，需要依据线路或变电站所在地区的海拔高度进行相应的大气修正，然后对照真型塔（或仿真型塔）空气间隙或变电站典型空气间隙放电电压数据（参照附录 H），选取空气间隙最小距离。

E.1 线路空气间隙放电电压要求

E.1.1 工频放电电压

选择空气间隙 50%工频放电电压时考虑的计算条件：

——100 年一遇的最大风速；

——系统最高电压；

——多间隙并联对放电电压的影响。

单个间隙的 50%放电电压要求值按公式（E.1）进行：

$$u_{50.1.r} = k_s k_c \sqrt{2} U_m / \sqrt{3} \quad \cdots\cdots(E.1)$$

式中：

k_s——安全因数，取 1.05；

k_c——配合因数，取值为 1.1。

E.1.2 操作冲击放电电压

空气间隙 50%操作冲击放电电压选择时考虑的计算条件：

——100 年一遇最大风速的 50%为计算风速；

——统计操作过电压；

——多间隙并联对放电电压的影响。

单空气间隙的 50%操作冲击放电电压要求值按公式（E.2）进行：

$$u_{50.1.r} = k_s k_c U_s \quad \cdots\cdots(E.2)$$

式中：

k_s——安全因数，取 1；

k_c——配合因数，I 串取值范围为 1.1～1.26，V 串取值为 1.27；

U_s——线路相对地统计操作过电压，kV。

E.2 变电站最小空气间隙放电电压要求值

E.2.1 工频放电电压

工频电压要求的变电站空气间隙除考虑持续运行电压要求外，还应考虑工频过电压的要求。

E.2.1.1 变电站相对地空气间隙的工频 50%放电电压要求值应符合公式（E.3）的要求：

$$u_{50.1.r} = k_s k_c U_{pg} \quad \cdots\cdots(E.3)$$

式中：

k_s——安全因数，取 1.05；

k_c——配合因数，取 1.06；

U_{pg}——相对地最大工频过电压，取 1.4 p.u.。

E.2.1.2 变电站相间空气间隙的工频 50%放电电压要求值应符合公式(E.4)的要求：

$$u_{50.1.r} = k_s k_c U_{pp} \quad \cdots\cdots\cdots\cdots (E.4)$$

式中：

k_s——安全因数，取 1.05；

k_c——配合因数，取值 1.06；

U_{pp}——母线处相间最大工频过电压，取 $1.3\sqrt{3}$ p.u.。

E.2.2 操作冲击放电电压

E.2.2.1 方法 A

E.2.2.1.1 相-地间隙放电电压要求值

相对地间隙操作冲击 50%放电电压要求值按公式(E.5)进行：

$$u_{50.1.r} = \frac{U_{rw}}{1-1.28\sigma_1^*} = \frac{k_s k_{cs} U_{rp}}{1-1.28\sigma_1^*} \quad \cdots\cdots\cdots\cdots (E.5)$$

式中：

σ_1^*——操作冲击放电电压分布变异系数，取 0.06；

U_{rw}——90%操作冲击电压要求值，$U_{rw}=k_s k_{cs} U_{rp}$；

U_{rp}——代表性过电压，取为相对地操作统计过电压；

k_{cs}——统计配合因数，取 1.15(绝缘故障率为 0.01%时)；

k_s——安全因数，取 1.05。

由于附录 H 提供的变电站空气间隙冲击放电电压试验数据是使用标准波前时间(250 μs)波形的试验电压得到的，因此需要进行波形校正，校正到 1 000 μs 波前时间。校正系数取为 1.13。将操作冲击 50%放电电压要求值除以校正系数，选取空气间隙最小距离。

E.2.2.1.2 相间间隙放电电压要求值

相间隙操作冲击 50%放电电压要求值按公式(E.6)进行：

$$u_{50.1.r} = \frac{U_{rw}}{1-1.28\sigma_1^*} = \frac{k_s k_{cs} U_{rp}}{1-1.28\sigma_1^*} \quad \cdots\cdots\cdots\cdots (E.6)$$

式中：

σ_1^*——操作冲击放电电压分布变异系数，取 0.03；

U_{rw}——90%操作冲击电压要求值，$U_{rw}=k_s k_{cs} U_{rp}$；

U_{rp}——代表性过电压，取为相间操作统计过电压；

k_{cs}——统计配合因数，取 1.15(绝缘故障率为 0.01%时)；

k_s——安全因数，取 1.05。

波形校正到 1 000 μs 波前时间时，试验数据波形校正系数取为 1.13。

E.2.2.2 方法 B

E.2.2.2.1 相对地空气间隙放电电压要求值

变电站操作过电压要求的变电站绝缘子串和相对地空气间隙的正极性操作冲击电压波 50%放电电压要求值应符合式(E.7)的要求且不得低于变电站电气设备中隔离开关、支柱绝缘子的相应值按公式(E.7)进行：

$$u_{50.1.r} = \frac{U_{ps}}{1-3\sigma_1^*} = k_1 U_{ps} \quad \cdots\cdots\cdots\cdots (E.7)$$

式中：

U_{ps}——避雷器操作过电压保护水平，取标称操作冲击下的残压值，kV；

σ_1^*——绝缘子串在操作过电压下放电电压的变异系数，0.06；

k_1——变电站绝缘子串操作过电压配合系数，1.22。

E.2.2.2.2　相间空气间隙放电电压要求值

变电站相间空气间隙的操作冲击电压波50%放电电压要求值应符合公式(E.8)的要求：

$$u_{50.1.r} = \frac{k_2 U_{ps}}{1-3\sigma_1^*} = k_3 U_{ps} \quad \cdots\cdots(E.8)$$

式中：

σ_1^*——相间空气间隙在操作过电压下放电电压的变异系数，0.035；

k_2——相间与相对地过电压的比值，1.81；

k_3——变电站相间空气间隙操作过电压配合系数，2.0。

E.2.3　雷电冲击放电电压

E.2.3.1　方法A

E.2.3.1.1　相-地间隙放电电压要求值

相对地间隙雷电冲击50%放电电压要求值应符合公式(E.9)的要求：

$$u_{50.1.r} = k_s k_{cs} U_{rp} \quad \cdots\cdots(E.9)$$

式中：

U_{rp}——相对地代表性过电压；

k_{cs}——统计配合因数，$k_{cs}=1/(1-3\sigma_1^*)$，σ_1^* 取0.03，$k_{cs}=1.1$；

k_s——安全因数，取1.05。

E.2.3.1.2　相间间隙放电电压要求值

雷电冲击下的相间最小空气间隙距离可取相对地最小空气间隙距离的1.1倍。

E.2.3.2　方法B

E.2.3.2.1　绝缘子串

雷电过电压要求的变电站绝缘子串正极性雷电冲击电压50%放电电压要求值应符合公式(E.10)的要求，且不得低于变电站电气设备中隔离开关、支柱绝缘子的相应值：

$$u_{50.1.r} = k_4 U_{pl} \quad \cdots\cdots(E.10)$$

式中：

U_{pl}——避雷器雷电过电压保护水平，取标称雷电冲击下的残压值，kV；

k_4——变电站绝缘子串雷电过电压配合系数，1.45。

E.2.3.2.2　相对地空气间隙放电电压要求值

变电站相对地空气间隙的正极性雷电冲击电压波50%放电电压要求值应符合式(E.10)的要求：

E.2.3.2.3　相间空气间隙放电电压要求值

变电站相间空气间隙的雷电电压波50%放电电压要求值应符合公式(E.11)的要求：

$$u_{50.1.r} = k_4 U_{pl} + \sqrt{2} U_m / \sqrt{3} \quad \cdots\cdots(E.11)$$

E.3　变电站主要设备的耐受电压要求值

E.3.1　工频耐受电压要求值

工频耐受电压要求值应符合公式(E.12)的要求：

$$U_{rw} = k_s k_c U_{rp} \quad \cdots\cdots(E.12)$$

式中：

U_{rp}——代表性过电压，取最大工频过电压；

k_c——配合因数，取1；

k_s——安全因数，对于设备内绝缘，$k_s=1.15$；对于设备外绝缘，$k_s=1.05$。

E.3.2　操作冲击耐受电压要求值

E.3.2.1　方法A

E.3.2.1.1　电气设备内绝缘

操作冲击耐受电压要求值应符合公式(E.13)的要求：

$$U_{rw.s} = k_s k_{cd} U_{rp} \qquad \text{(E. 13)}$$

式中：

U_{rp}——代表性过电压，取统计计算得到的最大操作过电压值；

k_{cd}——确定性配合因数，取 1.05；

k_s——安全因数，取 1.15。

E.3.2.1.2 电气设备外绝缘

相对地操作冲击耐受电压要求值应符合公式(E.14)的要求：

$$U_{rw.s} = k_s k_{cs} U_{rp} \qquad \text{(E. 14)}$$

式中：

U_{rp}——代表性过电压，取相对地统计操作过电压；

k_{cs}——统计配合因数，取 1.15(绝缘故障率为 0.01%时)；

k_s——安全因数，取 1.05。

相间操作冲击耐受电压要求值应符合公式(E.15)的要求：

$$U_{rw.s} = k_s k_{cs} U_{rp} \qquad \text{(E. 15)}$$

式中：

U_{rp}——代表性过电压，取相间统计操作过电压；

k_{cs}——统计配合因数，取 1.15(绝缘故障率为 0.01%时)；

k_s——安全因数，取 1.05。

E.3.2.2 方法 B

电气设备内外绝缘相对地操作冲击耐压要求值应符合公式(E.16)的要求：

$$U_{rw.s} = 1.15 U_{ps} \qquad \text{(E. 16)}$$

E.3.3 雷电冲击耐受电压要求值

E.3.3.1 方法 A

雷电冲击耐受电压要求值应符合公式(E.17)的要求：

$$U_{rw.1} = k_s U_{rp} \qquad \text{(E. 17)}$$

式中：

U_{rp}——代表性过电压，由变电站各个设备上的雷电侵入波过电压计算来确定；

k_s——安全因数，对于设备内绝缘，$k_s = 1.15$(一般运行方式)和 1.1(特殊方式)；对于设备外绝缘，$k_s = 1.05$。

在设备绝缘的雷电冲击要求耐受电压 U_{rw} 的基础上选取变电站设备内绝缘的全波额定雷电冲击耐受电压 $U_{w.1}$，$U_{w.1} \geqslant U_{rw.1}$。

E.3.3.2 方法 B

E.3.3.2.1 变压器和并联电抗器内、外绝缘的全波雷电冲击耐压要求值应符合式(E.18)的要求：

$$U_{rw.1} = 1.33 U_{pl} \qquad \text{(E. 18)}$$

配合因数 1.33 为考虑裕度系数 1.15 和设备老化因素系数 1.15 而得。

E.3.3.2.2 高压电器、电流互感器、单独试验的套管、母线支柱绝缘子及电缆和其附件等的全波雷电冲击耐压要求值应符合公式(E.19)的要求：

$$U_{rw.1} = 1.45 U_{pl} \qquad \text{(E. 19)}$$

配合因数 1.45 为考虑裕度系数 1.15、设备老化因素系数 1.15 和距离因素系数 1.1 而得。

变压器、并联电抗器及电流互感器截波雷电冲击耐压要求值取相应全波雷电冲击耐压要求值的 1.1 倍。

附 录 F
（资料性附录）
操作过电压下线路闪络率的计算方法

F.1 按线路操作过电压预测幅值分布进行计算

该方法将线路各点预测的过电压的概率分布和相应的绝缘闪络概率 $P(u)$ 作为随机变量。计算中把线路分为 m 段，每一段的操作过电压分布不同，由数值计算得出。

各段线路 n 个绝缘并联时的闪络率 P_n 计算按式(F.1)进行：

$$P_n = 1 - \prod_{S=1}^{n}(1 - P_S) \qquad \text{(F.1)}$$

式中：P_S 为单个绝缘闪络率。当该绝缘所在点过电压的概率分布已计算出且相应的绝缘闪络概率分布已给定，P_S 可按式(F.2)计算：

$$P_S = \frac{1}{2}\int_{(\sqrt{2}U_m/\sqrt{3})}^{\infty} F(u)P(u)\,\mathrm{d}u \qquad \text{(F.2)}$$

式中：

P_S——绝缘闪络率；

$F(u)$——过电压的概率分布；

$P(u)$——冲击试验电压 u 作用下绝缘的闪络概率。

一般情况下，空气绝缘在负极性操作冲击下的放电电压明显高于正极性下的放电电压，可以忽略负极性下的闪络率，因此在式(F.2)中，闪络率除以2。

根据 P_n 可以得到某一相的全线闪络率 P_m 计算按式(F.3)进行：

$$P_m = 1 - \prod_{i=1}^{n}(1 - P_i) \qquad \text{(F.3)}$$

式中：

P_i——第 i 段的单相 n 个绝缘并联的闪络率。

单回线路绝缘子串为Ⅰ串时，在风的作用下只有两相导线向杆塔靠近，第三相远离杆塔。三相的全线总闪络率计算按式(F.4)进行：

$$P_z = 1 - (1 - P_1)(1 - P_2) \qquad \text{(F.4)}$$

式中：

P_1 和 P_2——在风的作用下导线靠近杆塔的两相的全线闪络率。

V串线路和同塔双回线路，三相的全线总闪络率计算按式(F.5)进行：

$$P_z = 1 - (1 - P_A)(1 - P_B)(1 - P_C) \qquad \text{(F.5)}$$

式中，P_A、P_B、P_C 分别为A相，B相和C相的全线绝缘闪络率。

F.2 简化计算法

F.2.1 固定空气间隙

单个绝缘在幅值为 u 的操作过电压作用下发生闪络的概率 $P(u)$ 见式(F.6)：

$$P(u) = \frac{1}{\sqrt{2\pi\sigma_1^2}}\int_{-\infty}^{u} \mathrm{e}^{\frac{-(u-U_{50})^2}{2\sigma_1^2}}\,\mathrm{d}u \qquad \text{(F.6)}$$

式中：

U_{50}——单个绝缘在操作冲击电压波下的50%放电电压；

σ_1——单个绝缘放电电压的标准偏差。

如线路上操作过电压服从正态分布，且其均值及标准偏差分别为 $\overline{u}_s$ 及 σ_s，那么在一次操作中幅值为 u 与 $u+du$ 间的过电压出现的概率见式(F.7)：

$$F(u)du = \frac{1}{\sqrt{2\pi}\sigma_s} e^{\frac{-(u-\overline{u}_s)^2}{2\sigma_s^2}} du \qquad \text{(F.7)}$$

于是受到操作过电压分布整体作用的单个绝缘闪络概率 P_S 见式(F.8)：

$$P_S = \frac{1}{2}\int_0^{\infty} F(u)P(u)du \qquad \text{(F.8)}$$

式(F.9)中的1/2为忽略负极性操作过电压的闪络引入。

$$P_S = \frac{1}{2}\times\left(\frac{1}{\sqrt{2\pi}}\int_{-\infty}^{\lambda'} e^{\frac{1}{2}u^2 du}\right) \qquad \text{(F.9)}$$

式(F.4)括号内为正态概率积分函数，可由数表查出，其中标准变量 λ' 按照式(F.10)计算：

$$\lambda' = \frac{\overline{u}_s - U_{50}}{\sqrt{\sigma_s^2+\sigma_1^2}} \qquad \text{(F.10)}$$

如令 k_{fs} 为操作过电压统计配合系数，计算公式(F.11)为：

$$k_{fs} = \frac{U_{50}}{U_s} \qquad \text{(F.11)}$$

式中：

$U_s=\overline{u}_s\left(1+2.05\frac{\sigma_s}{u_s}\right)$，为统计操作过电压。

λ' 也可由式(F.12)算得：

$$\lambda' = \frac{1-k_{fs}\left(1+2.05\frac{\sigma_s}{u_s}\right)}{\sqrt{\left(\frac{\sigma_s}{u_s}\right)^2+\left[\left(1+2.05\frac{\sigma_s}{u_s}\right)k_{fs}\frac{\sigma_1}{u_f}\right]^2}} \qquad \text{(F.12)}$$

受到同一操作过电压作用的 m 个绝缘的闪络概率 P_z' 计算公式(F.13)为：

$$P_z' \approx 1-(1-P_S)^m \qquad \text{(F.13)}$$

当过电压和绝缘放电电压的变异系数分别为0.08和0.06、$m=200$ 时，$k_{fs}=1.27$。计算出的操作过电压闪络率为0.003 2次/每次操作。

F.2.2 受风偏影响的空气间隙

线路在操作过电压下受风偏影响的空气间隙的闪络率正在考虑中。

附 录 G
（规范性附录）
1 000 kV 交流电气设备承受一定时间暂时过电压的要求

1 000 kV 特高压变压器、并联电抗器和金属氧化物避雷器等承受一定时间暂时过电压的要求，分别见表 G.1、表 G.2 和表 G.3。

表 G.1　1 000 kV 变压器承受暂时过电压的要求

运行分接头下额定电压的倍数	1.05	1.10	1.25
持续时间	额定负载 持续	80%额定负载 持续	额定负载 20 s

表 G.2　1 000 kV 并联电抗器承受暂时过电压的要求

过电压倍数	1.15	1.20	1.30	1.40	1.50
持续时间	60 min	20 min	3 min	20 s	8 s

表 G.3　1 000 kV 金属氧化物避雷器承受暂时过电压的要求

避雷器额定电压倍数	1.00	1.10	1.15	1.20
持续时间	20 min	10 s	1 s	0.2 s

附　录　H
（资料性附录）
1 000 kV 线路杆塔空气间隙和变电站空气间隙放电电压试验数据

本附录所列数据未加说明的均为国网电力科学研究院户外试验场的试验数据，并均已校正到标准气象条件。试验中施加的相对地的操作冲击与雷电冲击试验电压，未加说明的均为正极性。

H.1　1 000 kV 单回线路杆塔空气间隙放电电压试验数据

H.1.1　杆塔边相空气间隙的工频放电电压

H.1.1.1　猫头塔边相空气间隙的工频放电电压

考虑风偏后杆塔边相空气间隙工频放电电压试验布置见图 H.1，距导线最近处的塔腿宽度约为 6.4 m。边相空气间隙的工频 50%放电电压（U_{50}）曲线见图 H.2。

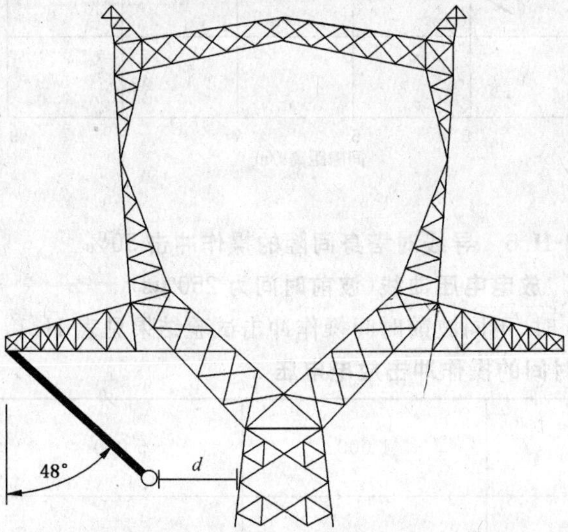

图 H.1　猫头塔边相工频放电试验布置图

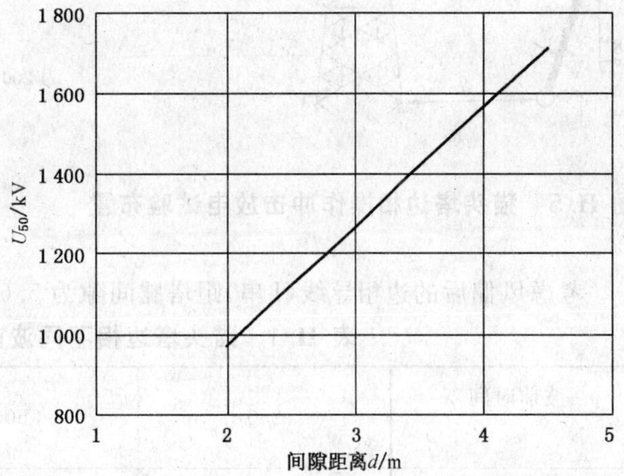

图 H.2　导线对塔身间隙的工频 50%放电电压曲线

H.1.1.2　酒杯塔边相空气间隙的工频放电电压

考虑风偏后塔边相空气间隙工频放电电压试验布置见图 H.3，边相空气间隙的工频 50%放电电压曲线见图 H.4。

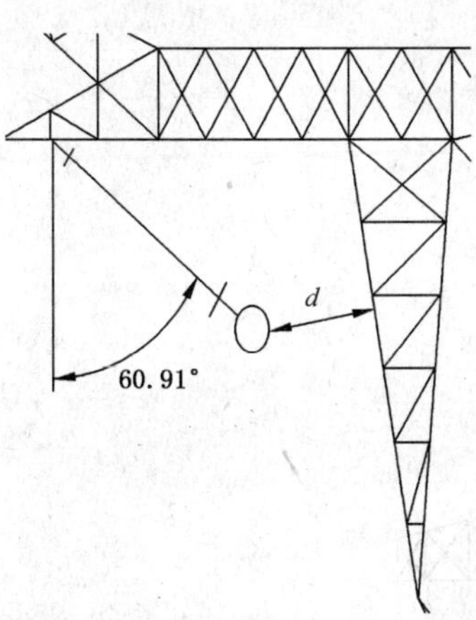

图 H.3　酒杯塔边相工频放电试验布置图

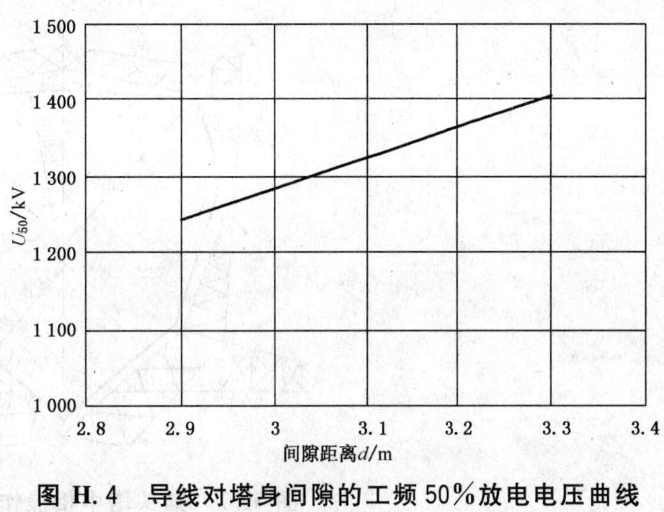

图 H.4　导线对塔身间隙的工频 50%放电电压曲线

H.1.2 杆塔空气间隙的操作冲击放电电压

H.1.2.1 猫头塔边相空气间隙的操作冲击放电电压

考虑风偏后杆塔边相空气间隙操作冲击放电电压试验布置见图 H.5。边相空气间隙操作冲击 50%放电电压曲线见图 H.6。

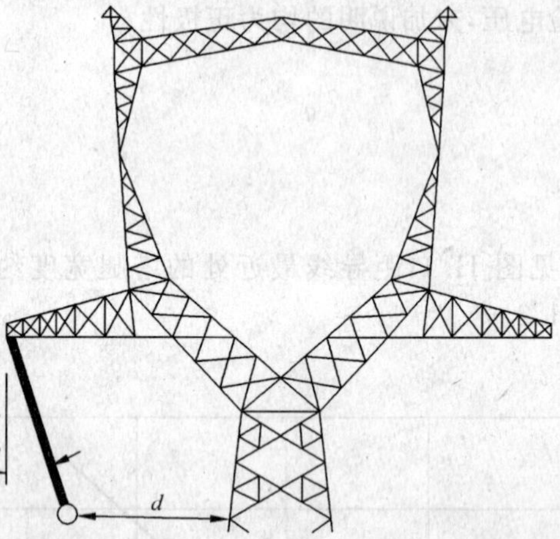

图 H.5 猫头塔边相操作冲击放电试验布置

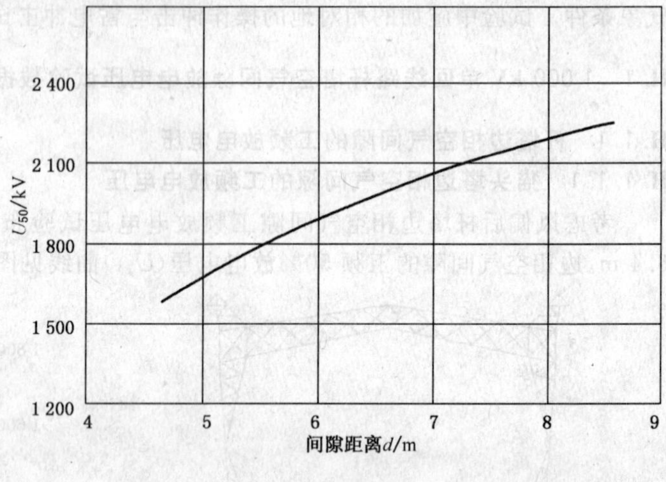

图 H.6 导线对塔身间隙的操作冲击 50%放电电压曲线（波前时间为 250 μs）

考虑风偏后的边相导线（I 串）距塔腿间隙为 5.6 m 时，不同波前时间操作冲击试验结果见表 H.1。

表 H.1 猫头塔边相不同波前时间的操作冲击放电电压

波前时间 μs	250	500	1 000	5 000
U_{50} kV	1 789	1 880	1 915	2 125

H.1.2.2 猫头塔窗中相空气间隙的操作冲击放电电压

杆塔中相空气间隙操作放电电压试验布置见图 H.7，导线对塔窗空气间隙在不同波前时间下的操作冲击试验结果见表 H.2。

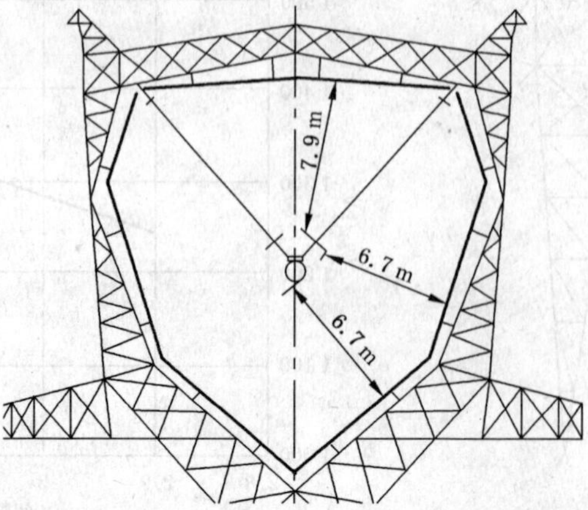

图 H.7 猫头塔中相操作冲击试验布置

表 H.2　真型塔中相导线对塔的空气间隙的操作冲击放电电压

波前时间 μs	250	1 000	5 000
U_{50} kV	1 801	2 015	2 149

H.1.2.3　酒杯塔边相空气间隙的操作冲击放电电压

考虑风偏后杆塔边相空气间隙操作冲击放电电压试验布置见图 H.8。边相空气间隙操作冲击50%放电电压曲线见图 H.9。

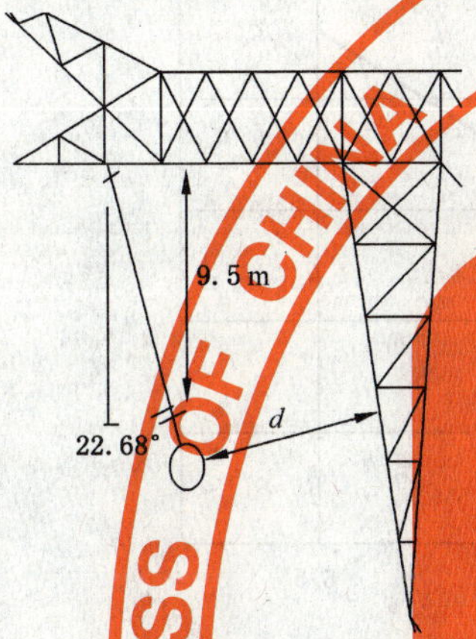

图 H.8　酒杯塔边相操作冲击放电试验布置图

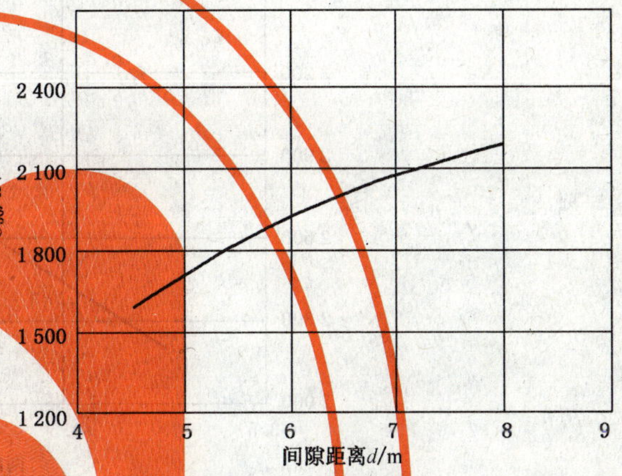

图 H.9　导线对塔身间隙的操作冲击 50%放电电压曲线(波前时间为 250 μs)

H.1.2.4　酒杯塔中相空气间隙的操作冲击放电电压

酒杯塔中相空气间隙操作放电电压试验布置见图 H.10，导线对塔窗空气间隙在不同波前时间下的操作冲击试验结果分别见表 H.3 和表 H.4。

a)　　　　b)

图 H.10　酒杯塔中相操作冲击试验布置

表 H.3　图 H.10a)布置中相导线对塔窗空气间隙的操作冲击放电电压

波前时间 μs	250	1 000	5 000
U_{50} kV	1 862	2 035	2 217

表 H.4 图 H.10b)布置中相导线对塔窗的空气间隙的操作冲击放电电压

波前时间 μs	250	1 000	5 000
U_{50} kV	1 909	2 064	2 248

H.1.3 杆塔边相空气间隙的雷电冲击放电电压

H.1.3.1 猫头塔边相空气间隙的雷电冲击放电电压

风偏角约为10°时猫头塔边相空气间隙雷电冲击50%放电电压曲线见图H.11。

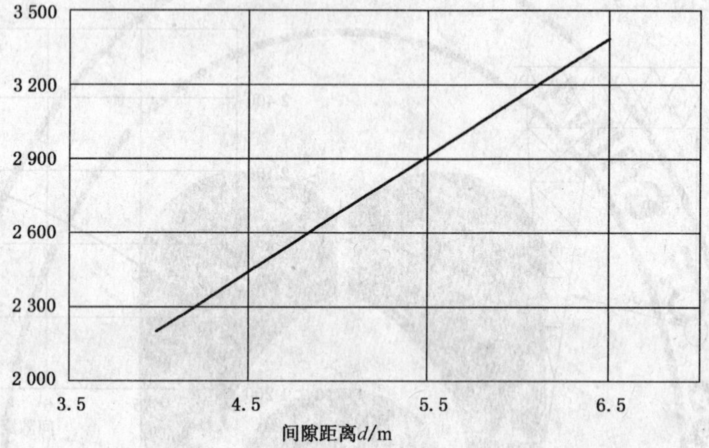

图 H.11 导线对塔身间隙的雷电冲击50%放电电压曲线

H.1.3.2 酒杯塔边相空气间隙的雷电冲击放电电压

风偏角约为10°时酒杯塔边相空气间隙雷电冲击50%放电电压曲线见图H.12。

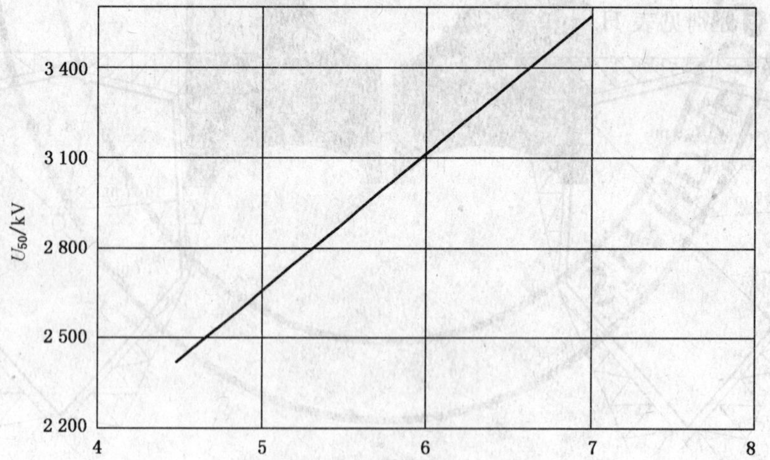

图 H.12 导线对塔身间隙的雷电冲击50%放电电压曲线

H.2 1 000 kV同塔双回线路杆塔空气间隙放电电压试验数据

H.2.1 杆塔空气间隙的工频放电电压

H.2.1.1 杆塔中相I串空气间隙的工频放电电压

考虑风偏后中相I串工频试验布置见图H.13,中相空气间隙的工频50%放电电压曲线见图H.14。

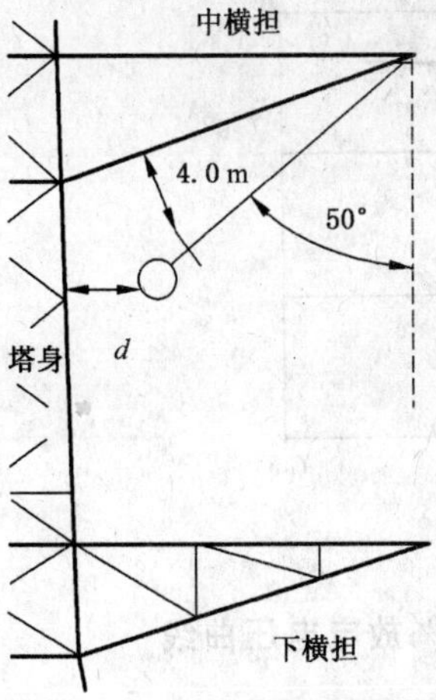

图 H.13　工频试验布置示意图

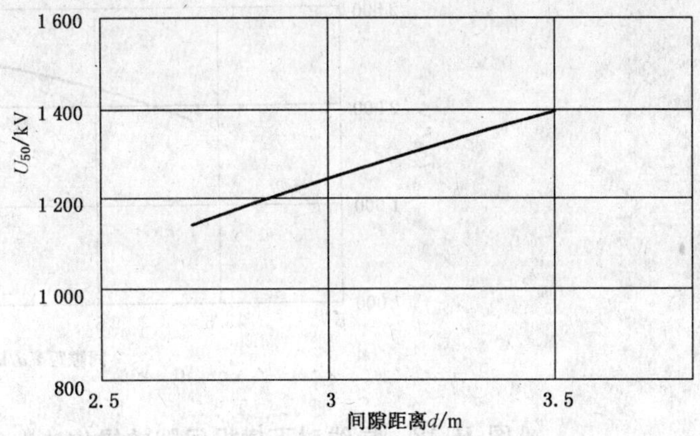

图 H.14　中相 I 串导线对塔身间隙的工频 50%放电电压曲线

H.2.1.2　杆塔下相 I 串相空气间隙的工频放电电压

考虑风偏后下相 I 串工频试验布置见图 H.15，下相空气间隙的工频放电电压曲线见图 H.16。

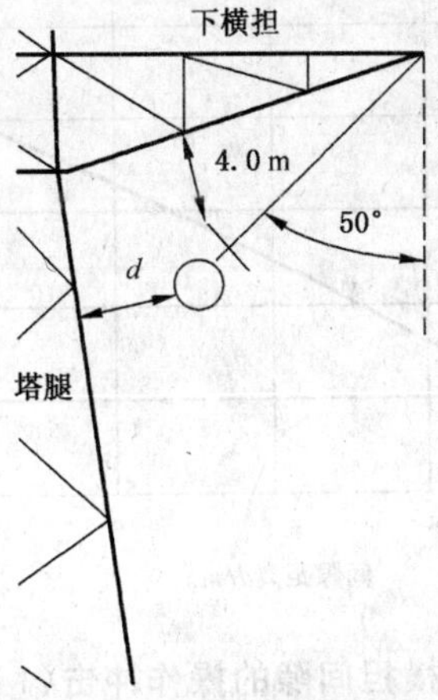

图 H.15　下相 I 串工频试验布置示意

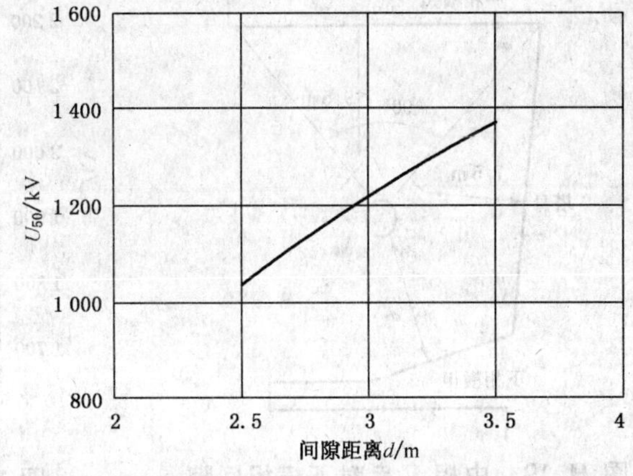

图 H.16　下相 I 串导线对塔身间隙的工频放电电压曲线

H.2.1.3　杆塔中相 I 串导线对下横担空气间隙的操作冲击放电电压

考虑风偏后试验布置见图 H.17，1 000 μs 长波前操作冲击的 50%放电电压曲线见图 H.18。

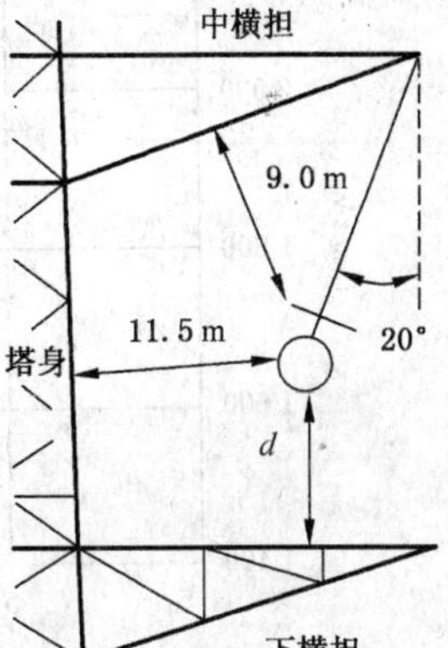

图 H.17　中相 I 串长波前操作冲击试验布置

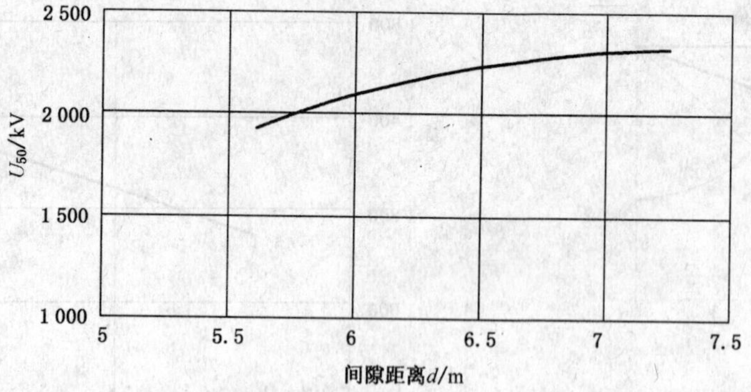

图 H.18 导线对下横担间隙的操作冲击(1 000 μs)50%放电电压曲线（导体对中相横担距离为 9.0 m）

H.2.1.4 杆塔中相 V 串导体对下横担空气间隙的操作冲击放电电压

试验布置见图 H.19，1 000 μs 长波前操作冲击的 50%放电电压曲线结果见图 H.20。

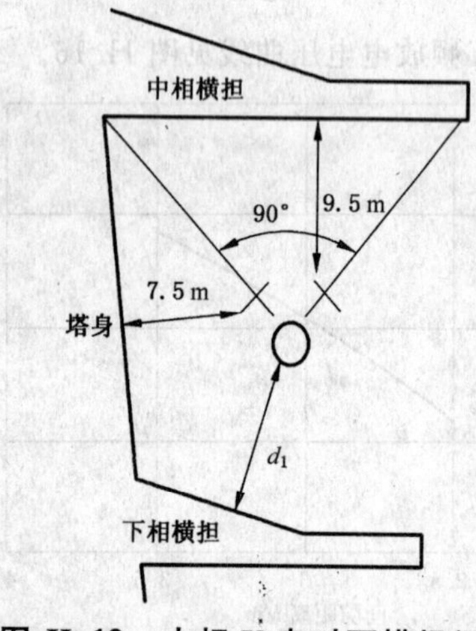

图 H.19 中相 V 串对下横担间隙试验布置

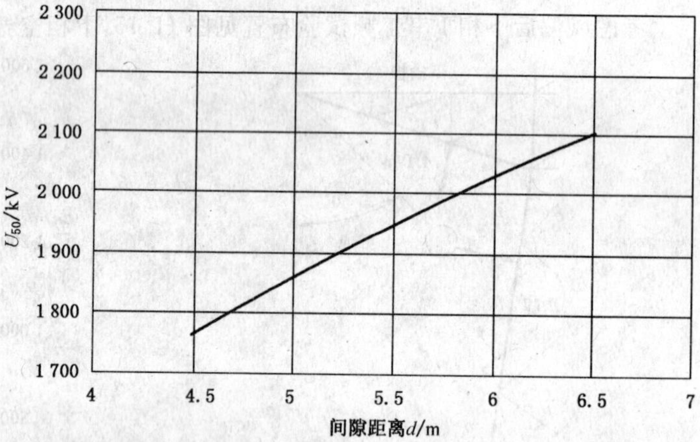

图 H.20 导线对下横担间隙的操作冲击(1 000 μs) 50%放电电压曲线

H.2.1.5 杆塔中相 V 串导线对塔身空气间隙的操作冲击放电电压

试验布置见图 H.21，1 000 μs 长波前操作冲击的 50%放电电压曲线见图 H.22。

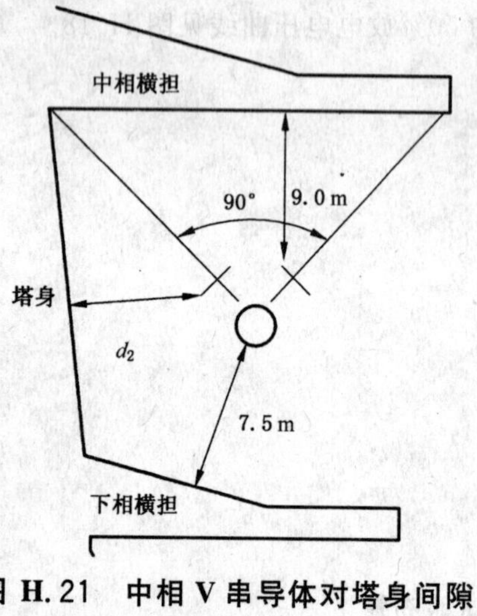

图 H.21 中相 V 串导体对塔身间隙试验布置

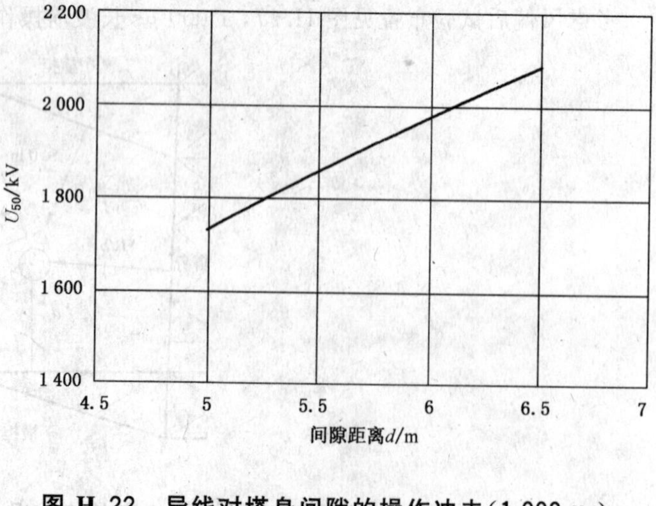

图 H.22 导线对塔身间隙的操作冲击(1 000 μs) 50%放电电压曲线

H.2.1.6　杆塔中相 V 串导线对中横担空气间隙的操作冲击放电电压

试验布置见图 H.23，1 000 μs 长波前操作冲击的 50%放电电压曲线见图 H.24。

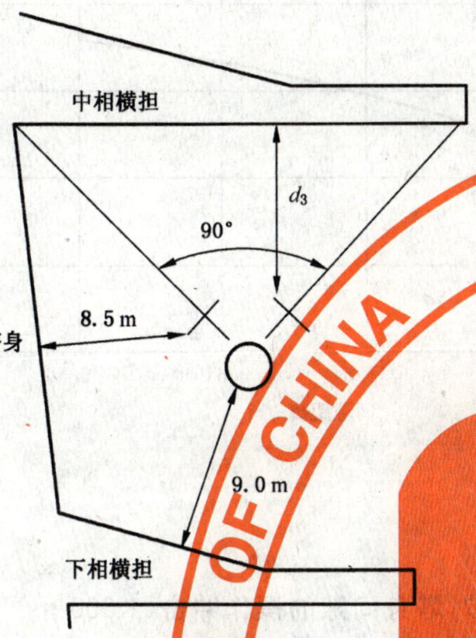

图 H.23　中相 V 串导体对中横担间隙试验布置

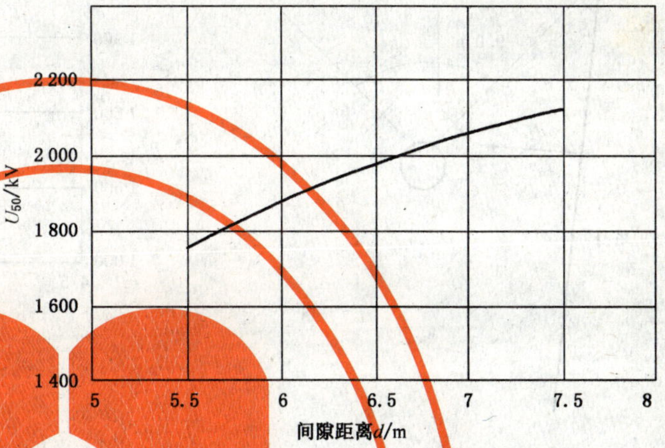

图 H.24　导线对中横担间隙的操作冲击(1 000 μs) 50%放电电压曲线

H.2.1.7　杆塔下相 V 串导体对横担空气间隙的操作冲击放电电压

试验布置见图 H.25,1 000 μs 长波前操作冲击的 50%放电电压曲线见图 H.26。

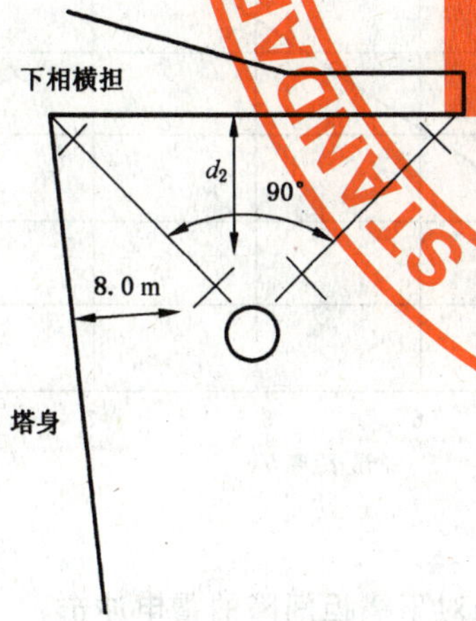

图 H.25　下相 V 串导线对横担间隙试验布置

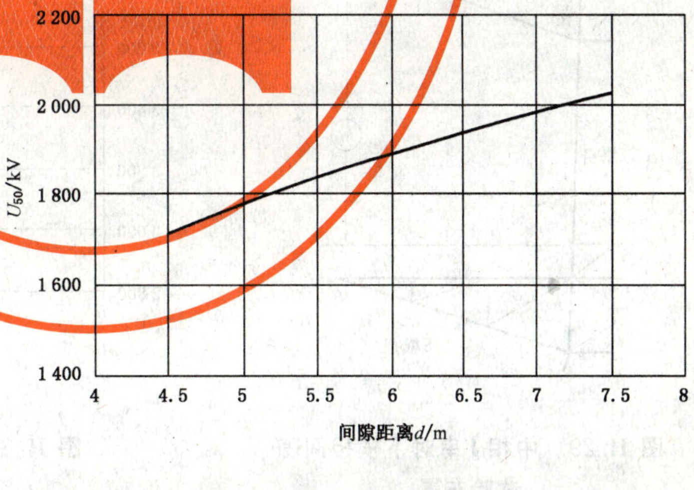

图 H.26　导线对横担间隙的操作冲击(1 000 μs) 50%放电电压曲线

H.2.1.8　杆塔下相 V 串导线对塔身空气间隙的操作冲击放电电压

试验布置见图 H.27，1 000 μs 长波前操作冲击的 50%放电电压曲线见图 H.28。

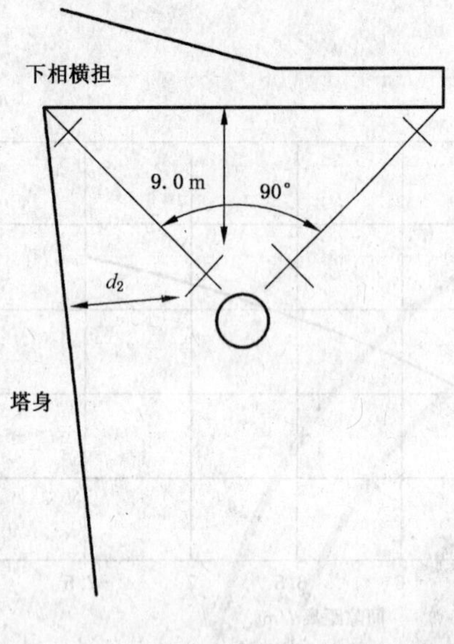

图 H.27 下相 V 串导线对塔身间隙试验布置

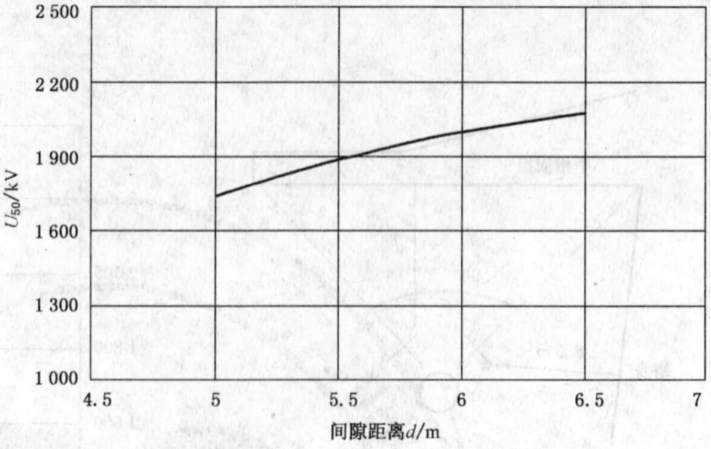

图 H.28 导线对塔身间隙的操作冲击(1 000 μs) 50%放电电压曲线

H.2.2 杆塔空气间隙的雷电冲击放电电压

H.2.2.1 杆塔 I 串中相对下横担空气间隙雷电冲击放电电压

试验布置见图 H.29 所示,标准雷电冲击的 50%放电电压曲线见图 H.30。

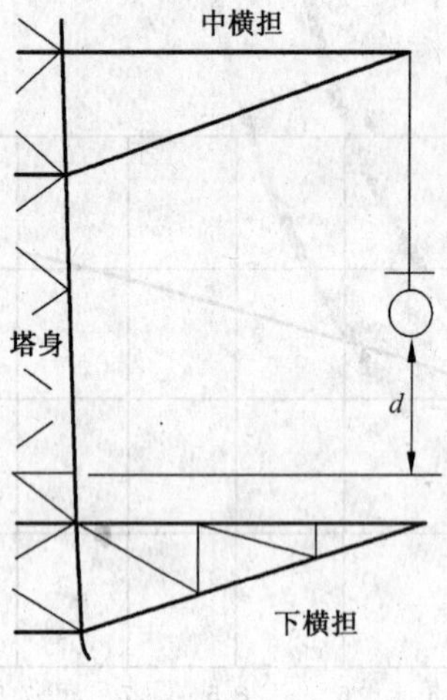

图 H.29 中相 I 串对下横担间隙试验布置

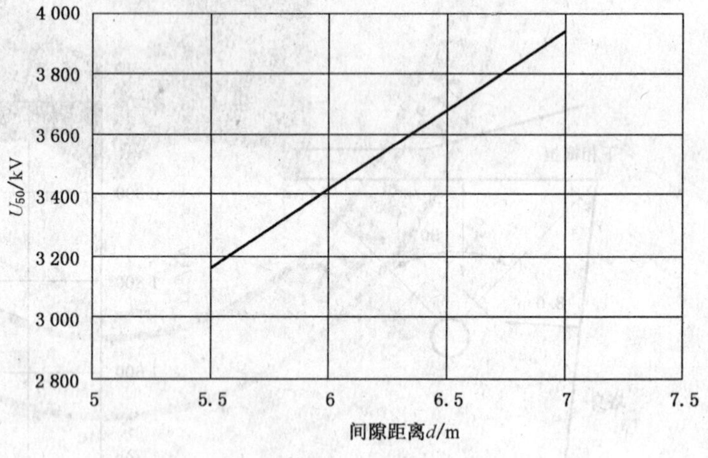

图 H.30 导线对下横担间隙的雷电冲击 50%放电电压曲线

H.2.2.2 杆塔 V 串中相对下横担空气间隙雷电冲击放电电压

试验布置如图 H.31 所示,距导线最近处下横担宽度约为 5.5 m。正、负极性标准雷电冲击的 50%放电电压曲线见图 H.32。

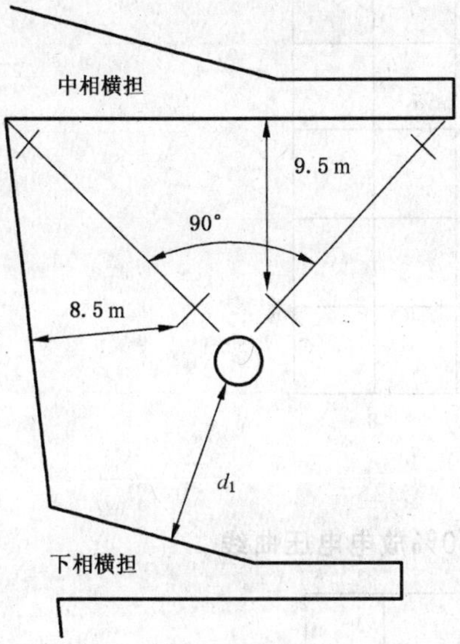

图 H.31 中相 V 串对下横担间隙试验布置

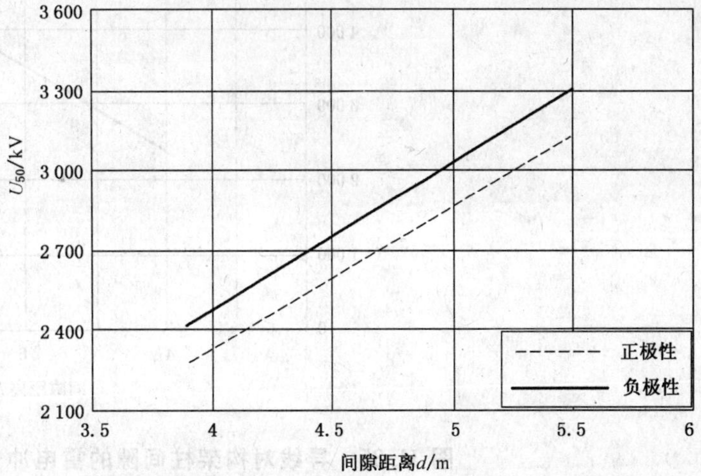

图 H.32 导线对下横担间隙的正、负雷电冲击50%放电电压曲线

H.3 1 000 kV 变电站空气间隙放电电压试验数据

变电站空气间隙的操作和雷电冲击试验波形均为标准试验波形；相间操作冲击正、负电压分别由两台冲击电压发生器同时提供，α 取 0.4 或 0.5。

H.3.1 变电站的相对地绝缘空气间隙放电电压

H.3.1.1 软导线对构架梁空气间隙的放电电压

导线中心对构架柱距离为 10.0 m，导线上方构架梁离地高 35 m。导线对构架梁空气间隙的标准雷电和操作冲击的 50%放电电压曲线分别见图 H.33 和图 H.34。

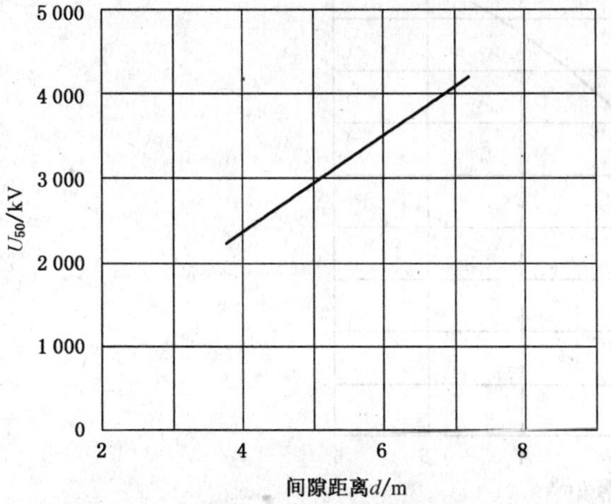

图 H.33 导线对构架梁间隙的雷电冲击50%放电电压曲线

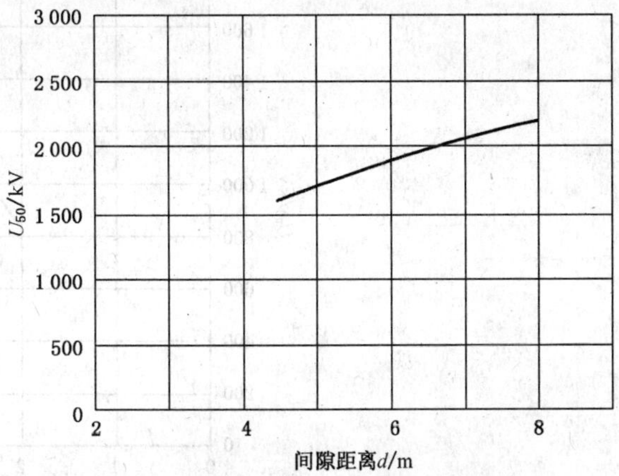

图 H.34 导线对构架梁间隙的操作冲击50%放电电压曲线

H.3.1.2 软导线对构架柱空气间隙的放电电压

模拟变电站的构架梁离地高 35 m 构架柱宽 5 m；导线中心到构架梁距离为 13.5 m。导线对构架柱空气间隙的标准雷电、操作冲击和工频试验结果分别见图 H.35、图 H.36 和图 H.37 所示。

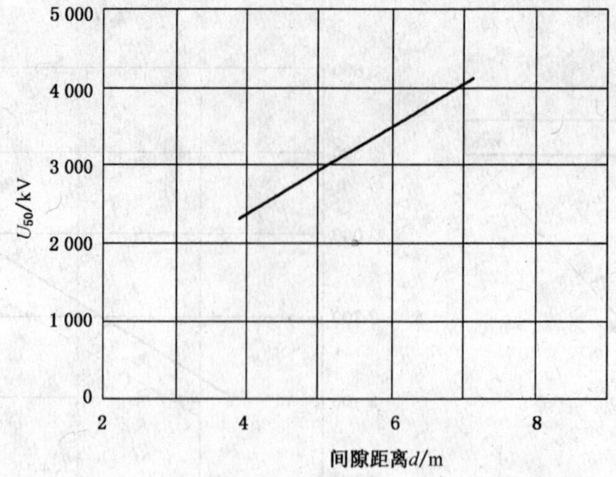

图 H.35　导线对构架柱间隙的雷电冲击 50%放电电压曲线

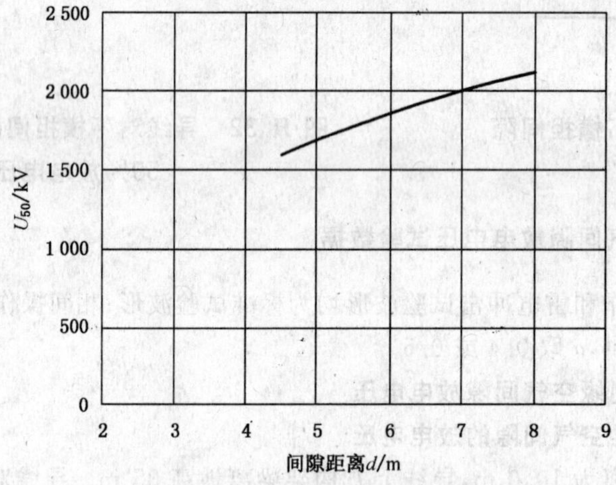

图 H.36　导线对构架柱间隙的操作冲击 50%放电电压曲线

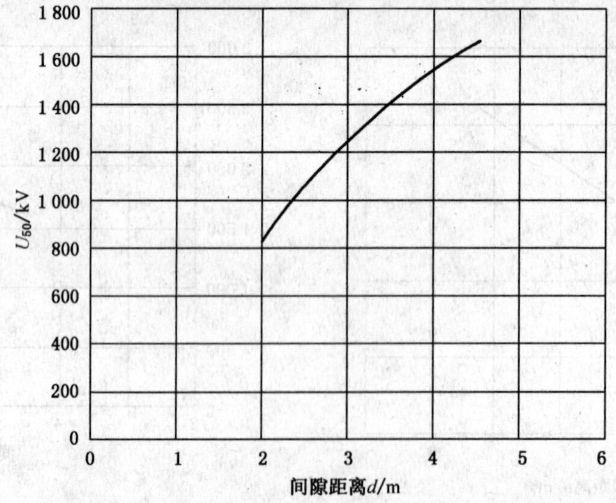

图 H.37　导线对构架柱间隙的工频放电电压曲线

H.3.1.3　管型母线对构架柱空气间隙的放电电压

管型母线中心对地距离为 16.5 m，管型母线上方的构架梁离地高 35 m。管型母线对构架柱空气间隙的标准雷电、操作冲击和工频试验结果分别见图 H.38、图 H.39 和图 H.40。

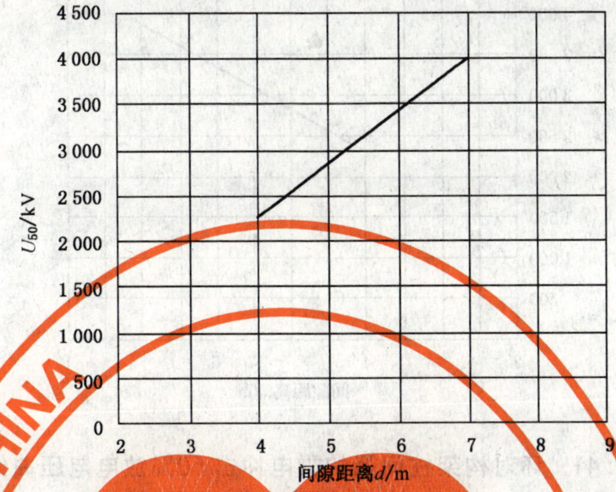

图 H.38　管型母线对构架柱间隙的雷电冲击50%放电电压曲线

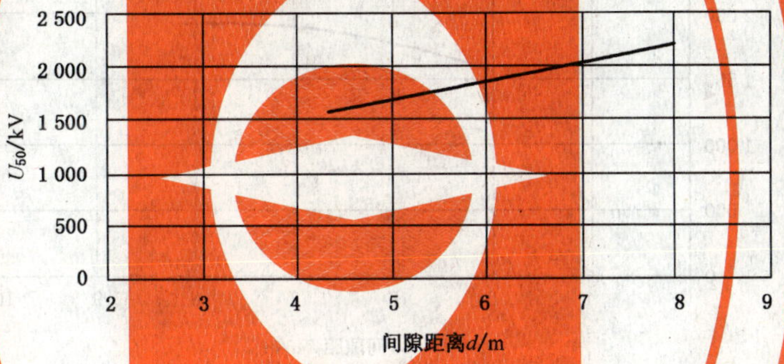

图 H.39　管型母线对构架柱间隙的操作冲击50%放电电压曲线

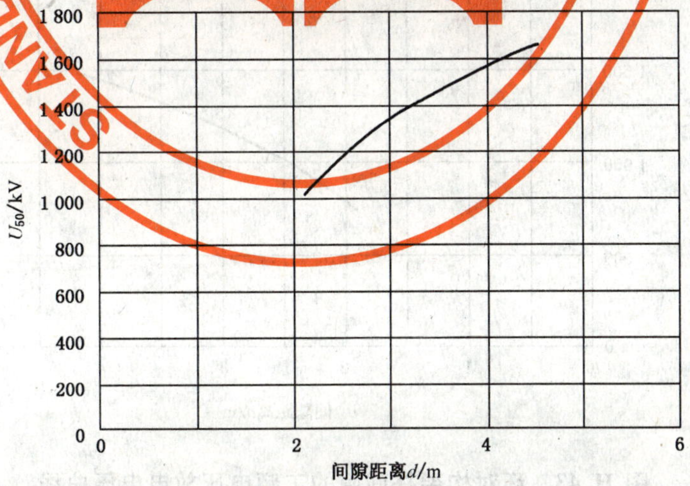

图 H.40　管型母线对构架柱间隙的工频放电电压曲线

H.3.1.4　环对构架柱空气间隙的放电电压

环对地距离16.5 m,构架柱塔宽5 m,环上方的构架梁离地高35 m。均压环对构架柱空气间隙的标准雷电、操作冲击和工频试验结果分别见图H.41、图H.42和图H.43。

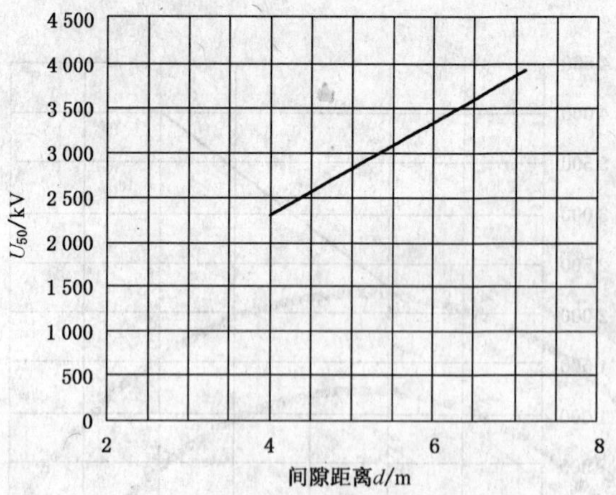

图 H.41 环对构架柱间隙的雷电冲击 50%放电电压曲线

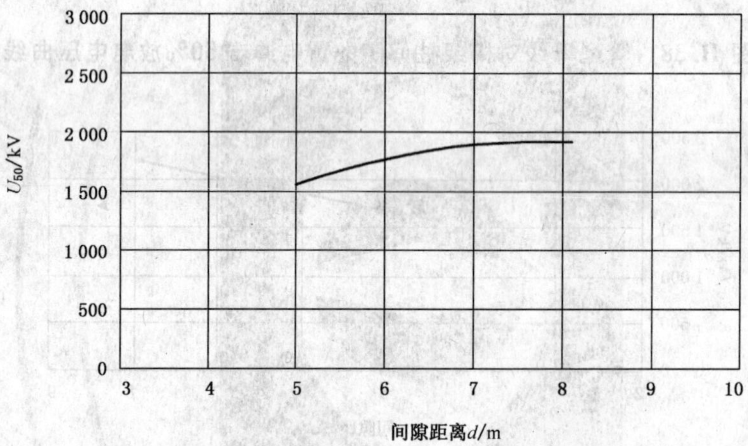

图 H.42 环对构架柱间隙的操作冲击 50%放电电压曲线

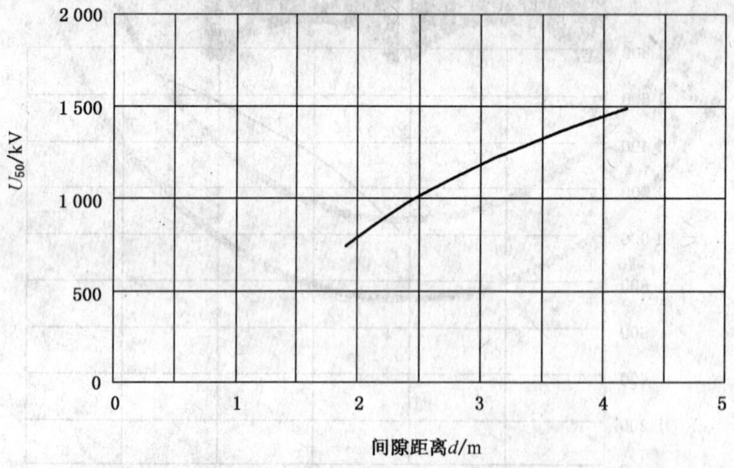

图 H.43 环对构架柱间隙的工频电压放电电压曲线

H.3.2 变电站相间空气间隙操作冲击放电电压

H.3.2.1 均压环对均压环相间操作冲击电压放电电压

均压环离地高度为 16.5 m，均压环最大直径为 2.0 m。α 为 0.4 时，环对环相间操作冲击试验结果见图 H.44。

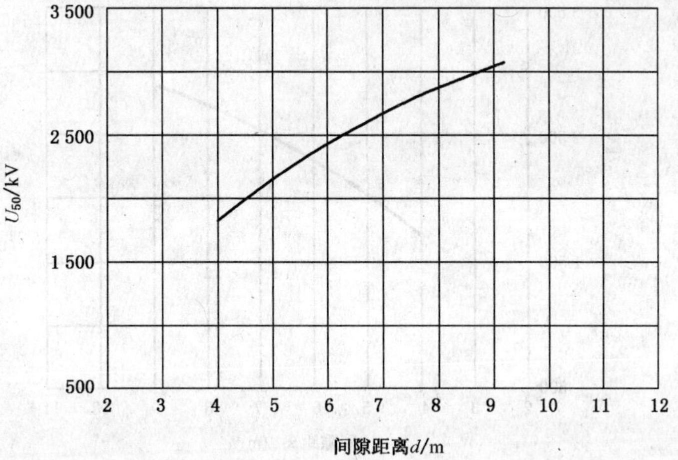

图 H.44 环对环相间操作冲击50%放电电压曲线

H.3.2.2 软导线对软导线相间操作冲击电压放电电压

两导线水平布置，导线离地高约 21.7 m，导线上方的构架梁离地高 35 m。α 为 0.4 和 0.5 时，导线对导线相间操作冲击试验结果见图 H.45。

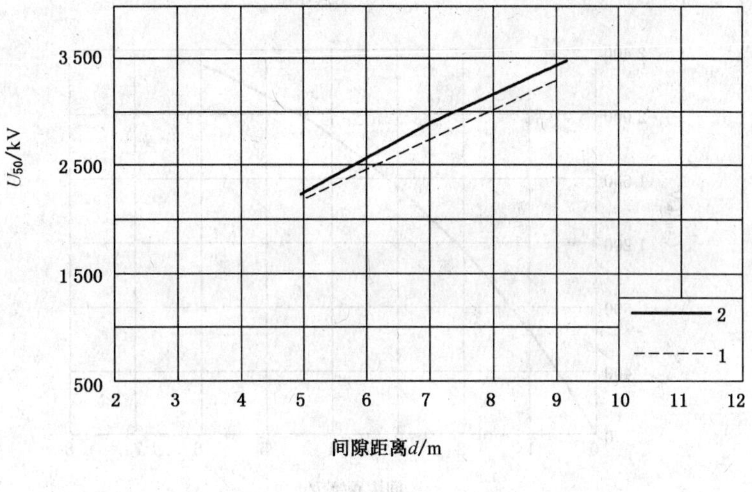

1——α=0.5；

2——α=0.4。

图 H.45 导线对导线操作冲击50%放电电压曲线

H.3.2.3 管型母线对管型母线相间操作冲击电压放电电压

两个管母水平布置，管母离地高约 16.5 m，管母上方的构架梁离地高 35 m。α 为 0.4 时，管母对管母相间操作冲击试验结果见图 H.46 所示。

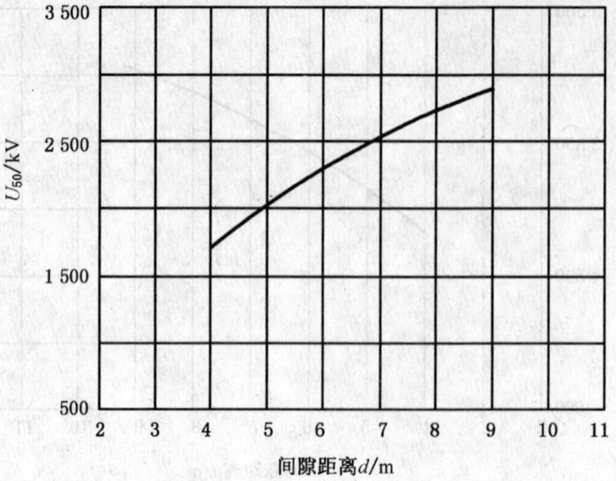

图 H.46 管型母线对管型母线操作冲击50%放电电压曲线

H.4 国外相关试验数据

H.4.1 变电站相间绝缘空气间隙工频50%放电电压(美国)

导线对导线相间空气间隙的工频50%放电电压试验数据见图 H.47 的曲线。

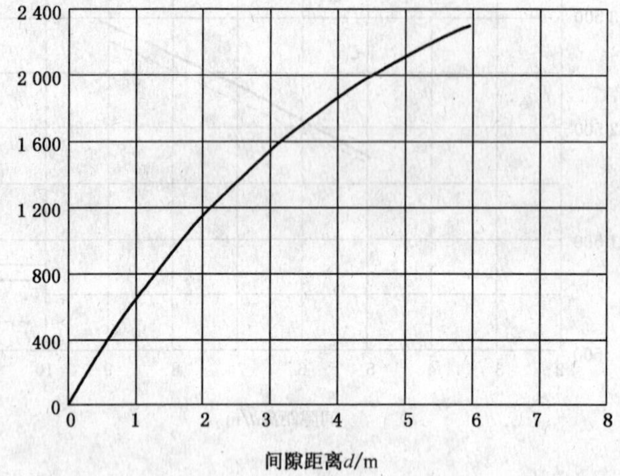

图 H.47 导线对导线空气间隙的工频放电电压曲线

H.4.2 变电站空气相地空气间隙长波前时间操作冲击的放电电压(前苏联)

变电站空气间隙的操作冲击50%放电电压曲线见图 H.48。在图中:曲线1为设备屏蔽—塔腿间隙(屏蔽对地间隙14 m、塔腿宽1.4 m);曲线1′为750 kV变电站设备屏蔽—塔腿间隙;曲线2为变电站导线—塔腿间隙;曲线3为设备屏蔽环(两个屏蔽环,环直径3.5 m)—地间隙,波头长度2 000 μs;曲线3′为设备单屏蔽环(环直径4.5 m)—地间隙,波头长度约4 500 μs;曲线4为导线(8×AS400/51,分裂导线半径0.6 m)—地间隙;曲线5为导线—运输工具(尺寸4.5×6×3 m^3)间隙。

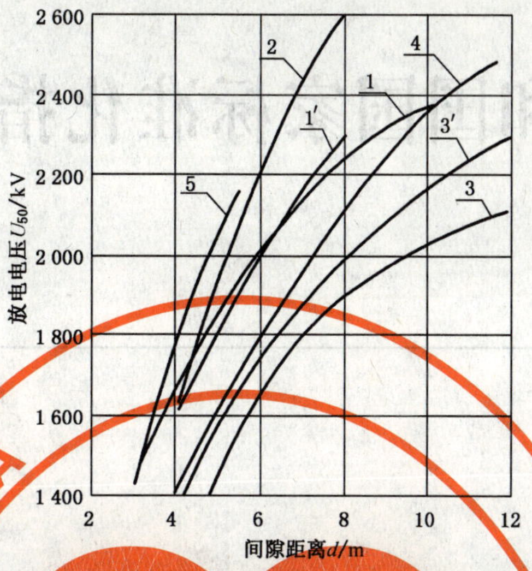

图 H.48　变电站空气间隙的操作冲击50%放电电压曲线

ICS 29.240
K 41

中华人民共和国国家标准化指导性技术文件

GB/Z 24843—2009

1 000 kV 单相油浸式自耦电力变压器技术规范

Technical specification of 1 000 kV single phase oil-immersed auto-transformer

2009-11-30 发布 2010-05-01 实施

中华人民共和国国家质量监督检验检疫总局
中国国家标准化管理委员会 发布

前　言

本指导性技术文件的附录A、附录B、附录C为资料性附录。

本指导性技术文件由中国电力企业联合会提出。

本指导性技术文件由中国电力企业联合会归口。

本指导性技术文件由特高压交流输电标准化技术工作委员会、中国电力科学研究院负责解释。

本指导性技术文件负责起草单位：国家电网公司、中国电力科学研究院。

本指导性技术文件参加起草单位：国网电力科学研究院、沈阳变压器研究院、特变电工沈阳变压器集团有限公司、保定天威保变电气股份有限公司、西安西电变压器有限责任公司。

本指导性技术文件主要起草人：舒印彪、李光范、朱英浩、刘泽洪、傅锡年、王绍武、凌愍、胡惠然、王梦云、万达、王晓宁、李金忠。

本指导性技术文件参加起草人：钟俊涛、张喜乐、宓传龙、李博、伍志荣、孙树波、刘东升、谢庆峰、张书琦、王宁华、赵志刚、郭惠浩。

引　言

本指导性技术文件是结合我国 1 000 kV 特高压交流输电工程的设备制造，工程建设和运行经验为基础而制定的。

制定本指导性技术文件，为规范 1 000 kV 单相油浸式自耦电力变压器的性能参数、结构要求、试验及标志、包装和运输等方面提供技术指导，对保证 1 000 kV 单相油浸式自耦电力变压器的安全可靠运行具有重要意义。

1 000 kV 单相油浸式自耦电力变压器技术规范

1 范围

本指导性技术文件规定了 1 000 kV 单相油浸式自耦电力变压器的性能参数、结构要求、试验及标志、包装和运输等方面的要求。

本指导性技术文件适用于 1 000 kV 级，额定容量为 1 000 MVA 和 1 500 MVA 的单相油浸式自耦电力变压器。

2 规范性引用文件

下列文件中的条款通过本指导性技术文件的引用而成为本指导性技术文件的条款。凡是注日期的引用文件，其随后所有的修改单(不包括勘误的内容)或修订版均不适用于本指导性技术文件，然而，鼓励根据本指导性技术文件达成协议的各方研究是否可使用这些文件的最新版本。凡是不注日期的引用文件，其最新版本适用于本指导性技术文件。

GB 1094.1 电力变压器 第 1 部分：总则(GB 1094.1—1996，eqv IEC 60076-1:1993)

GB 1094.2 电力变压器 第 2 部分：温升(GB 1094.2—1996，eqv IEC 60076-2:1993)

GB 1094.3—2003 电力变压器 第 3 部分：绝缘水平、绝缘试验和外绝缘空气间隙(IEC 60076-3:2000，MOD)

GB/T 1094.4 电力变压器 第 4 部分：电力变压器和电抗器的雷电冲击试验和操作冲击试验导则(GB/T 1094.4—2005，IEC 60076-4:2002，MOD)

GB 1094.5 电力变压器 第 5 部分：承受短路的能力(GB 1094.5—2008，IEC 60076-5:2006，MOD)

GB/T 1094.7 电力变压器 第 7 部分：油浸式电力变压器负载导则(GB/T 1094.7—2008，IEC 60076-7:2005，MOD)

GB/T 1094.10 电力变压器 第 10 部分：声级测定(GB/T 1094.10—2003，IEC 60076-10:2001，MOD)

GB 2536 变压器油(GB 2536—1990，eqv IEC 60296:1982)

GB/T 5273 变压器、高压电器和套管的接线端子(GB/T 5273—1985，neq IEC 60518:1975)

GB/T 2900.15 电工术语 变压器、互感器、调压器和电抗器(GB/T 2900.15—1997，neq IEC 60050(421):1990、IEC 60050(321):1986)

3 术语和定义

GB 1094.1 和 GB/T 2900.15 中所确立的及下列术语和定义适用于本指导性技术文件。

3.1

主体变压器 main part of transformer

当 1 000 kV 单相油浸式自耦电力变压器采用变压器本体部分与调压补偿部分分箱布置时变压器的本体部分。

3.2

调压补偿变压器　voltage regulating and compensating part of the transformer

与主体变压器分箱布置的变压器的调压补偿部分。补偿变压器的作用是在中性点调压过程中减小变压器第三绕组的电压波动。

3.3

整体试验　integrated test

把主体变压器和调压补偿变压器连接后进行的试验。

3.4

主体变压器试验　test of main part of transformer

单独对主体变压器进行的试验。

3.5

调压补偿变压器试验　test of voltage regulating and compensating part of the transformer

单独对调压补偿变压器进行的试验。

3.6

直流偏磁电流 DC　magnetic biasing current

因直流输电单极对大地回线运行或地中其他的直流源可能引起的通过邻近变压器中性点的直流电流。

4　使用条件

4.1　正常使用条件

本指导性技术文件对变压器的技术要求，是在下述的使用条件下规定的。

4.1.1　海拔不超过 1 000 m。

4.1.2　环境温度：

最高气温：　　　+40℃

最热月平均温度：+30 ℃

最高年平均温度：+20 ℃

最低气温：　　　−25 ℃

4.1.3　最大日照强度不超过 0.1 W/cm^2(风速 0.5 m/s)。

4.1.4　最大风速不超过 34 m/s(离地面高 10 m 处，持续 10 min 的 100 年平均最大风速。应按设备实际安装高度折算)。

4.1.5　月平均相对湿度不超过 95%(在 25 ℃以下)。

4.1.6　覆冰厚度不超过 20 mm。

4.1.7　耐地震能力：

地面水平加速度：3 m/s^2

地面垂直加速度：1.5 m/s^2

4.1.8　污秽等级应不超过Ⅲ级。

4.2　特殊使用条件

特殊使用条件下，1 000 kV 单相油浸式自耦电力变压器的额定值和试验规则等另有规定(但不仅限于以下)：

a)　在较高环境温度或高海拔环境下的温升和冷却按 GB 1094.2 的规定；

b) 在高海拔环境下的外绝缘按 GB 1094.3 和 GB/T 1094.4 的规定；

c) 特殊地区参照国家有关标准。

其他需要满足 4.1 规定的正常使用条件之外的特殊使用条件，应在询价和订货时说明。

4.3 系统参数

系统主要参数如下：

a) 系统标称电压

高压：1 000 kV

中压：500 kV

低压：110 kV

b) 系统最高运行电压

高压：1 100 kV

中压：550 kV

低压：126 kV

c) 系统额定频率

额定频率：50 Hz

d) 中性点接地方式

高中压侧系统中性点直接接地，110 kV 侧不与外部电网连接。

e) 系统短路电流

1 000 kV 侧：50 kA

500 kV 侧：63 kA

110 kV 侧：40 kA

注：在询价和订货时，用户提出可能的直流偏磁电流数值，制造厂在设计、制造上应考虑可能通过变压器的直流偏磁电流对其运行的影响。

5 性能参数

5.1 基本参数

变压器型式为单相、三绕组、油浸式自耦电力变压器，调压方式为中性点无励磁调压(典型1 000 kV 单相油浸式自耦变压器结构原理简介见附录 A)。额定容量、电压组合、分接范围、联结组标号、冷却方式、耐热等级及短路阻抗应符合表 1 的规定。

表 1 单相油浸式自耦电力变压器基本参数

额定容量 MVA	电压组合及分接范围				联结组标号	冷却方式		额定分接短路阻抗 %
	高压额定电压 kV	中压/kV		低压额定电压/kV		主体变压器	调压补偿变压器	
		额定电压	分接范围					
1 000	1 050/$\sqrt{3}$	515/$\sqrt{3}$ 520/$\sqrt{3}$ 525/$\sqrt{3}$	±4×1.25%	110	Ia0i0	OFAF 或 ODAF	ONAN	高-中 18%[a]
1 500								

[a] 额定分接短路阻抗。阻抗值在询价和订货时确定。

5.2 变压器绕组额定绝缘水平

变压器绕组的额定绝缘水平见表 2。

表 2 变压器绕组额定绝缘水平

单位为千伏

绕组	额定雷电冲击耐受电压(峰值)		额定操作冲击耐受电压(峰值)	额定短时感应或外施耐受电压(方均根值)
	全波	截 波		
高压	2 250	2 400	1 800	1 100(5 min)
中压	1 550	1 675	1 175	630(1 min)
低压	650	750	—	275(1 min)
中性点	325	—	—	140(1 min)
注：各国特高压变压器绕组额定绝缘水平比较见附录 C。				

5.3 温升限值

三侧同时满负载时，温升限值要求如下：

a) 顶层油温升：55 K；

b) 绕组平均温升：65 K；

c) 绕组热点温升：78 K；

d) 铁芯和金属结构件温升：78 K；

e) 油箱表面温升：80 K。

5.4 损耗和效率

5.4.1 对于 1 000 MVA 的主体变压器，空载损耗规定值为 185 kW，允许偏差后应为+15%。

5.4.2 效率(在额定电压和额定频率下，换算到 75 ℃，功率因数为 1，且高中满载时)：≥99.8%。

5.5 局部放电水平

5.5.1 在规定的试验电压下，各绕组线端的视在放电量应满足：高压不大于 100 pC，中压不大于 200 pC，低压不大于 300 pC。

5.5.2 当实测的局部放电水平超过规定限值时，应由制造厂与用户按照 GB 1094.3—2003 附录 A 进行协商。

5.6 特快速暂态过电压(VFTO)

当变压器与 GIS 直接连接时，应考虑特快速暂态过电压(VFTO)对变压器绝缘的影响。

5.7 无线电干扰电压

在 1.1 倍设备最高相电压下的无线电干扰电压应不大于 500 μV。

5.8 噪声水平

额定电压和额定负载时，冷却设备和油泵全部投入运行，距变压器基准声发射面 2 m 处，或额定电压时，冷却设备和油泵不投入运行，距变压器基准声发射面 0.3 m 处，声压级应不大于 75 dB(A)。噪声水平按照 GB/T 1094.10 进行测量。

5.9 过负载能力

5.9.1 变压器过负载曲线

a) 负载能力计算方法具体按照 GB/T 1094.7 的相关要求进行。

b) 计算条件并满足：

1) 环境温度按 40 ℃，且认为在过负载期间环境温度不变，线圈热点温度不超过 140 ℃；

2) 起始负载为额定负载，且各部位温升已达到稳定值；

3) 每一个过负载状况是单独出现，不考虑一种过负载状况与另一种过负载状况的迭加；

4) 其余热特性参数按照 GB/T 1094.7 的规定。

5.9.2 冷却器运行工况

制造厂提供变压器允许持续载荷与运行冷却装置数量间关系的计算报告，计算条件：各绕组满负载联合运行，最小分接。变压器允许持续载荷与运行冷却装置数量间关系需厂家提供。

5.10 承受短路的能力

变压器及其组件和附件应设计制造成能够承受外部短路的热和动稳定效应而无损伤，具体按照GB 1094.5的相关要求进行。

5.11 工频电压升高时的运行持续时间

在额定频率下工频电压升高时的允许运行持续时间应符合表3的要求。

表3 工频电压升高时的运行持续时间

工频电压升高倍数(相-地)	1.05	1.10	1.25
持续时间	持续	80%额定容量下持续，100%额定容量下20 min	20 s
注：工频电压升高倍数为实际承受电压与运行分接头的额定电压之比乘以额定频率与实际频率之比。			

5.12 励磁特性

制造厂应提供100%、105%、110%情况下激磁电流的各次谐波分量，并按50%～115%额定电压下空载电流测试结果提供励磁特性曲线。

5.13 变压器的预期寿命

变压器在规定的工作条件和负载条件下运行，预期寿命应不低于30年。

6 结构要求

6.1 总体要求

当变压器采用主体变压器与调压补偿变压器分箱布置时，制造厂负责其两者之间的连接。

6.2 变压器绕组及绝缘

6.2.1 绕组有足够的换位，以使附加损耗降到最低。绕组有良好的冷却，使温度沿绕组均匀分布。

6.2.2 变压器全部绕组均采用铜导线，公共绕组和低压绕组采用自粘性导线，其他绕组可根据承受短路能力校验选用。变压器结构、绝缘材料性能、导线$R_{p0.2}$值应与各绕组承受短路时的机械力相符，并有一定的安全裕度。

6.2.3 变压器主纵绝缘和引线绝缘等采用合理的绝缘结构和优良的绝缘材料，确保足够的强度。

6.2.4 绕组绕制、套装、压紧应有严格的紧固工艺措施，引线应有足够的支撑，使器身形成紧固的整体，具有足够的承受短路的能力。

6.2.5 采取有效措施，防止变压器器身结构件的局部过热。

6.3 油箱及储油柜

6.3.1 油箱屏蔽应有可靠的电气连接。

6.3.2 变压器主体油箱的机械强度应承受住真空度13.3 Pa和正压0.12 MPa的机械强度试验而不得损伤和出现不允许的永久变形。

6.3.3 为使气体易于汇集在气体继电器内，要求升高座的联管、变压器与储油柜的联管和水平面有约1.5°的升高坡度。气体继电器的气量引至地面可采集。

6.3.4 油箱高压出线结构对地之间应有机械支撑点。

6.4 无励磁分接开关

6.4.1 额定调压范围：±5%或与用户协商。

6.4.2 性能要求：分接开关长期载流的触头，在1.2倍额定电流下，对变压器油的稳定温升不超过15 K。

6.5 冷却系统

为减小油流静电的影响推荐主体变压器采用强迫油循环风冷(OFAF)冷却方式，冷却装置采用低噪声风扇，在满足满负载冷却需要外，应有一组备用。

6.6 1 000 kV 套管

6.6.1 型式及绝缘水平

采用 1 000 kV 油浸纸电容式套管，其额定绝缘水平见表 4。

表 4 变压器套管额定绝缘水平

单位为千伏

绕组	雷电全波冲击耐受电压(峰值)		操作冲击耐受电压(峰值)	短时工频耐受电压(方均根值)
	全波	截波		
高压	2 400	2 760	1 950	1 200(5 min)

6.6.2 局部放电水平

局部放电试验应在套管出厂时单独进行，套管的视在放电量在 $1.5\times U_m/\sqrt{3}$ 电压下不大于 10 pC，在 $1.05\times U_m/\sqrt{3}$ 电压下不大于 5 pC。

在局部放电测量电压下不应有电晕现象。

6.6.3 爬电比距

爬电比距不小于 25 mm/kV。

6.6.4 端子的允许荷载

变压器套管端子的允许荷载不小于表 5 中的规定值。

表 5 变压器套管端子允许荷载

单位为牛顿

套管位置	横向水平方向	轴向水平方向	垂直方向
高压侧	2 500	4 000	2 500

静态安全系数不小于 2.75，动态下的安全系数不小于 1.67。变压器套管端子型式和尺寸应满足 GB/T 5273 标准中的有关规定。

6.7 绝缘油

6.7.1 绝缘油性能

变压器的绝缘油应满足 GB 2536 规定的环烷基油要求。

6.7.2 绝缘油中颗粒含量

过滤以后的油中直径大于 5 μm 的颗粒不多于 1 000 个/100 mL。

6.7.3 绝缘油中溶解气体

油中应无乙炔，氢和总烃含量小于 10 μL/L。

6.8 其他组、部件

根据用户需要确定。

6.9 铭牌

铭牌应有主体变压器与调压补偿变压器的连接图，其他要求应符合 GB 1094.1 的相关规定。

7 试验

7.1 基本要求

变压器在分别对主体变压器和调压补偿变压器进行试验后，将主体变压器和调压补偿变压器相连，进行整体试验。

1 000 kV 变压器应按照 GB 1094 和本指导性技术文件的规定进行试验。

7.2 主体变压器试验

7.2.1 例行试验

例行试验包括以下项目：

a) 绕组直流电阻测量；

b) 电压比测量和联结组标号检定；

c) 短路阻抗和负载损耗测量；

d) 空载电流和空载损耗测量；

e) 绕组绝缘系统的介质损耗因数(tanδ)和电容量测量；

f) 套管的介质损耗因数(tanδ)和电容量测量；

g) 绕组对地及绕组间绝缘电阻、吸收比及极化指数测量；

h) 铁芯及夹件的绝缘电阻测量；

i) 带有局部放电测量的长时感应电压试验(ACLD、对 1 100 kV 试验电压、5 min 时间进行频率换算)；

j) 中压短时感应耐压试验(ACSD)；

k) 低压绕组雷电全波冲击试验；

l) 带有局部放电测量的低压绕组外施耐压试验；

m) 中性点外施耐压试验；

n) 绕组频响特性试验；

o) 空载电流谐波测量；

p) 长时间空载试验；

q) 1.1 倍过电流试验；

r) 风扇和油泵电机的吸取功率测量；

s) 变压器密封试验；

t) 绝缘油试验；

u) 套管型电流互感器试验。

注：高压线端长时感应电压试验(ACLD)和中压线端短时感应耐压试验(ACSD)说明见附录 B。

7.2.2 型式试验

型式试验包括以下项目：

a) 油箱机械强度试验；

b) 温升试验；

c) 低压侧雷电截波冲击试验；

d) 带有局部放电测量的长时感应电压试验(ACLD,对 1 100 kV 试验电压、5 min 试验时间不进行频率换算)；

e) 无线电干扰水平测量；

f) 油流静电试验(冷却方式为 ODAF 时)。

7.3 调压补偿变压器试验

7.3.1 例行试验

例行试验包括以下项目：

a) 绕组直流电阻测量；

b) 电压比测量和联结组标号检定；

c) 短路阻抗和负载损耗测量；

d) 空载电流和空载损耗测量；

e) 绕组绝缘系统的介质损耗因数(tanδ)和电容量测量；

f) 套管的介质损耗因数(tanδ)和电容量测量；

g) 绕组绝缘电阻、吸收比及极化指数测量；

h) 铁芯和夹件的绝缘电阻测量；

i) 带有局部放电测量的长时感应电压试验(ACLD)；

j) 外施耐压试验；

k) 分接开关试验；

l) 绕组频响特性试验；

m) 油箱密封试验；

n) 绝缘油试验。

7.3.2 型式试验

型式试验包括以下项目：

a) 温升试验；

b) 油箱机械强度试验。

7.4 变压器整体试验

7.4.1 例行试验

例行试验包括以下项目：

a) 电压比测量及极性测量；

b) 短路阻抗和负载损耗测量；

c) 空载电流和空载损耗测量；

d) 高压绕组线端操作冲击试验；

e) 高、中压绕组线端雷电全波冲击试验；

f) 外施耐压试验；

g) 空载电流谐波测量；

h) 无线电干扰水平测量；

i) 绝缘油中溶解气体分析。

7.4.2 型式试验

型式试验包括以下项目：

a) 高、中压绕组线端雷电截波冲击试验；

b) 中性点端子雷电全波冲击试验；

c) 声级测定。

7.5 试验方法

试验方法依据 GB 1094 的规定，其中与常规变压器试验有所区别的如下。

绝缘试验应充分静放后进行。

7.5.1 雷电冲击试验

试验方法按 GB 1094.3 规定。

由于绕组电感小和入口电容大，标准冲击波形不容易得到，波前时间会有较大偏差，在采取相应措施的基础上，可由制造厂与用户协商确定可接受的波前时间。

在雷电截波冲击试验时，由于试品电容量大、试验电流大，应采取措施防止对测量的干扰。

7.5.2 带有局部放电测量的长时感应电压试验(ACLD)

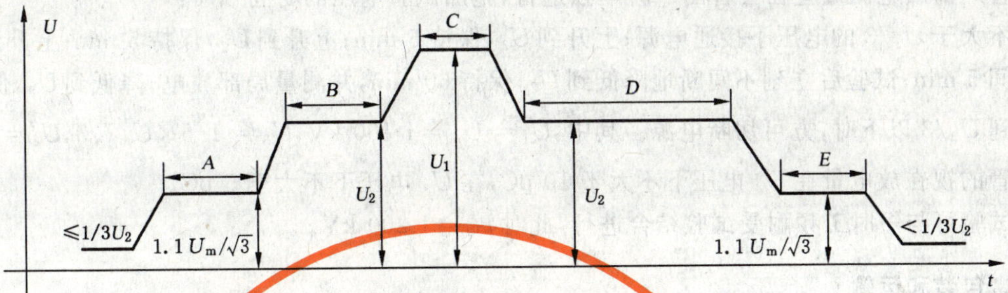

A=5 min;

B=5min;

C=试验时间,详见下面规定;

D=60.min;

E=5 min。

图1 1 000 kV 单相油浸式自耦变压器 ACLD 试验程序图

在每台变压器出厂时进行,施加对地试验电压的时间顺序见图1。

在不大于 $U_2/3$ 的电压下接通电源:

——上升到 U_3,保持 5 min;

——上升到 U_2,保持 5 min;

——上升到 U_1,持续试验时间 5 min(型式试验中不做频率换算,例行试验进行频率时间换算,此过程代替高压侧的短时工频耐受电压试验);

——试验后立刻不间断地降低到 U_2,保持 60 min,并测量局部放电;

——降低到 U_3,保持 5 min;

——当降低到 $U_2/3$ 以下时,方可切断电源。

其中,$U_1=U_m$,$U_2=1.5\times U_m/\sqrt{3}$,$U_3=1.1\times U_m/\sqrt{3}$。

在施加试验电压的整个期间,应监测局部放电量。

在 U_2 电压下,高压、中压和低压绕组的局部放电水平应满足 5.5.1 的要求。

在 U_3 电压下,所有端子的视在放电量应不大于 100 pC。

频率时间换算公式:

a) 型式试验:5 min;

b) 例行试验:$600\times\dfrac{额定频率}{试验频率}$(s),但不少于 75 s,试验频率不高于 400 Hz。

7.5.3 中压短时感应耐压试验(ACSD)

因中压侧不能按规定的操作冲击试验电压进行试验,以 ACSD 替代,试验方法详见附录 B。

7.5.4 长时间空载试验

在绝缘强度试验后,应对变压器施加 1.1 倍额定电压或额定电压,起动正常运行时的全部油泵,分别运行 12 h 或 24 h,然后进行与初次测量条件相同下的 100%和 110%额定电压的空载损耗和空载电流测量。测量结果应与初次测量值基本相同。试验前后应进行油中溶解气体分析,油中应无乙炔,总烃含量应无明显变化,并且应无明显的局部放电信号。

7.5.5 1.1 倍过电流试验

对于不进行温升试验的变压器,应进行高中绕组 1.1 倍额定电流,持续 8 h 的过电流试验,试验前后绝缘油中溶解气体分析应无异常变化。

7.5.6 1 000 kV 变压器套管试验

若套管有电压抽头引出,其试验方法及在绝缘试验中的接线方式应依照套管制造商相关规定执行。

对套管应进行 1 200 kV 短时工频耐受 5 min 的试验。

套管局部放电测量应在套管出厂时单独进行，施加试验电压的时间顺序：

在不大于 $U_2/3$ 的电压下接通电源；上升到 U_3，保持 5 min；上升到 U_2，保持 5 min；上升到 U_1，持续试验时间 5 min；试验后立刻不间断地降低到 U_2，保持 60 min，并测量局部放电；降低到 U_3，保持 5 min；当降低到 $U_2/3$ 以下时，方可切断电源。其中，$U_1 = U_m = 1\,100$ kV，$U_2 = 1.5\times U_m/\sqrt{3}$，$U_3 = 1.1\times U_m/\sqrt{3}$。套管的视在放电量在 U_2 电压下不大于 10 pC，在 U_3 电压下不大于 5 pC。

本试验可与短时工频耐受试验结合进行，此时 $U_1 = 1\,200$ kV。

8 标志、包装和运输

8.1 标志、包装要求

8.1.1 1 000 kV 变压器制造完成并通过试验后应及时包装，否则应得到切实的保护。其包装应符合铁路、公路和海运部门的有关规定。

8.1.2 成套拆卸的组件和部件(如气体继电器、套管、温度计及紧固件等)应装箱运输，应保证经过运输、贮存直至安装前不损坏和不受潮。套管应牢固固定在木箱内，以防相对移动。

8.1.3 成套拆卸的大组件(如储油柜等)运输时可不装箱，但应保证不损伤，在整个运输与贮存过程中不得进水和受潮。

8.1.4 包装箱上应有明显的包装储运图示标志，并应标明买方的订货号和发货号。

8.1.5 备品备件、专用工具和仪表应随变压器同时装运，但应单独包装，并明显标记。

8.2 运输要求

8.2.1 须充干燥的氮气或干燥的空气后进行运输。运输前应进行密封试验，以确保在充以 20 kPa～30 kPa 压力时密封良好。在运输和贮存期间应保持正压，并有压力表进行监视。运输途中和到达现场安装前，应对压力表进行监视，当压力不满足要求时，应做到及时补充气体。充入的氮气纯度应大于 99%，露点不高于－40 ℃；充入的干燥空气露点不高于－40 ℃。

8.2.2 在运输时应安装三维冲撞记录仪。

8.2.3 应满足运输尺寸、重量及公路运输时最大倾斜度不超过 15°等运输条件的要求；当冲撞加速度不大于 3 g 时，应无任何松动、变形和损坏。

附 录 A
（资料性附录）
典型 1 000 kV 单相油浸式自耦变压器结构原理简介

典型 1 000 kV 单相油浸式自耦变压器原理图如图 A.1 所示。

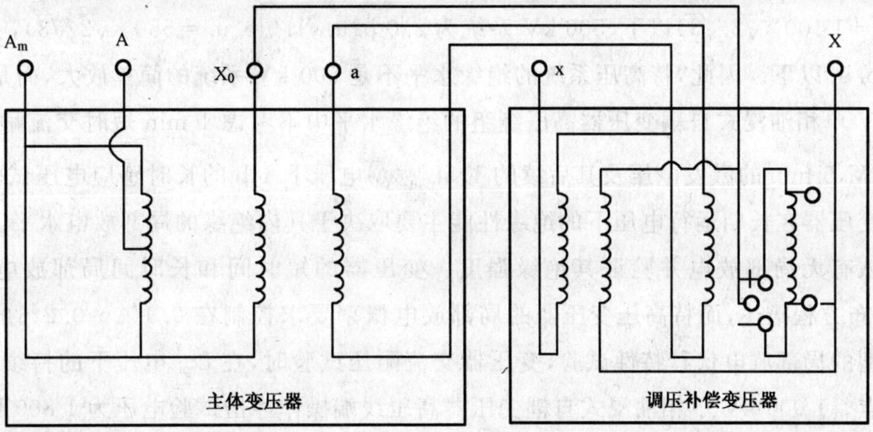

A——高压线圈首端；

A_m——中压线圈首端；

X_0——调压线圈；

a，x——低压线圈；

X——中性点。

图 A.1 1 000 kV 单相油浸式自耦变压器结构示意图

附 录 B
（资料性附录）
高压线端长时感应电压试验（ACLD）和中压线端短时感应耐压试验（ACSD）说明

根据交流特高压系统过电压及绝缘配合的研究，变电站相对地操作过电压水平为 1.6 p.u.（标幺值，1.0 p.u. ＝1 100×$\sqrt{2}/\sqrt{3}$）以下（500 kV 系统为 2.0 p.u.，1.0 p.u. ＝550×$\sqrt{2}/\sqrt{3}$），工频暂时过电压水平在 1.3 p.u. 以下。因此，特高压系统的绝缘水平不是 500 kV 系统的简单放大，而是优化降低。

1 000 kV 单相油浸式自耦变压器高压绕组的绝缘水平中不考虑 1 min 短时交流耐受试验电压，而是以 1 100 kV，5 min 的激发电压及其后续的 1.5$U_m/\sqrt{3}$电压下 1 h 的长时感应电压试验（ACLD）来替代。特高压变压器在长期运行电压下的绝缘性能主要取决于其内绝缘的局部放电水平。交流电压试验的目的是确认有无局部放电并验证其绝缘强度。变压器的短时间和长时间局部放电概率由韦伯尔（Welbull）分布方程描述，而特高压变压器的局部放电概率要求控制在 0.1%～0.2%的水平。根据变压器绝缘模型的局部放电伏秒特性试验，变压器交流耐压试验时，在 U_m 电压下的持续时间，5 min 更能反映其特点。1 000 kV 单相油浸式自耦变压器高压线端操作冲击试验电压为 1 800 kV，中压线端为 1 175 kV。一般来说，操作波试验电压在变压器的 3 个绕组中按变比传递。由于特高压变压器 3 个绕组的绝缘配合原则不同，如果满足特高压端的操作冲击试验电压，则 500 kV 侧试验电压偏低；而如果满足 500 kV 侧，则特高压端超出规定试验电压。因此，不能用试验来验证 500 kV 侧的操作冲击绝缘设计。为此，采用中性点支撑的 1 min 短时工频耐受试验（630 kV）来替代操作冲击耐受试验。试验接线图如图 B.1 所示，试验程序如图 B.2 所示：

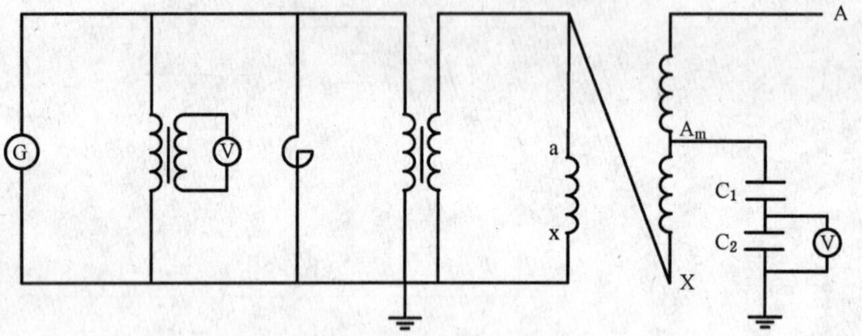

A——高压线圈首端；

A_m——中压线圈首端；

a，x——低压线圈；

X——中性点。

图 B.1　1 000 kV 单相油浸式自耦变压器 ACSD 试验接线图

ACSD 施加电压程序：

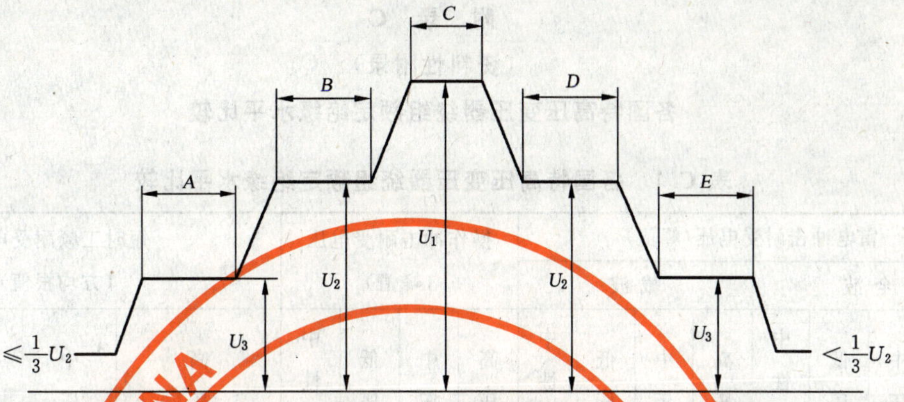

$A = 5$ min；

$B = 5$ min；

$C = 1$ min(进行频率换算)；

$D \geqslant 5$ min；

$E = 5$ min。

图 B.2　1 000 kV 单相油浸式自耦变压器 ACSD 试验程序图

附 录 C
（资料性附录）
各国特高压变压器绕组额定绝缘水平比较

表 C.1 各国特高压变压器绕组额定绝缘水平比较 单位为千伏

绕组	雷电冲击耐受电压（峰值）								操作冲击耐受电压（峰值）				短时工频耐受电压（方均根值）			
	全波				截波											
	高压	中压	低压	中性点	高压	中压	低压	中性点	高压	中压	低压	中性点	高压	中压	低压	中性点
中国	2 250	1 550	650	325	2 400	1 675	750	—	1 800	1 175	—	—	1 100 (5 min)	1 630 (1 min)	275 (1 min)	140 (1 min)
日本	1 950	1 300	750	—	—	—	—	—	1 425	—	—	—	1 100 (1 min)	550 (5 min)	325 (1 min)	185 (1 min)
前苏联	2 550	1 550	—	—	2 800	1 650	—	—	2 100	1 230	—	—	1 100 (1 min)	630 (1 min)	—	—
意大利	2 550	1 300	95	—	—	—	—	—	1 800	—	—	—	$1.5\times1\ 050/\sqrt{3}$ (1 h)	—	—	—

ICS 29.240.10
K 40

中华人民共和国国家标准化指导性技术文件

GB/Z 24844—2009

1 000 kV 交流系统用油浸式并联电抗器技术规范

Technical specicaltion for oil-immersed shunt reactor of 1 000 kV AC system

2009-11-30 发布　　2010-05-01 实施

中华人民共和国国家质量监督检验检疫总局
中国国家标准化管理委员会　发布

前　言

本指导性技术文件的附录A为规范性附录。

本指导性技术文件由中国电力企业联合会提出。

本指导性技术文件由中国电力企业联合会归口。

本指导性技术文件由特高压交流输电标准化技术工作委员会、国网电力科学研究院负责解释。

本指导性技术文件负责起草单位：国家电网公司、国网电力科学研究院。

本指导性技术文件参加起草单位：沈阳变压器研究院、中国电力科学研究院、特变电工沈阳变压器集团有限公司、西安西电变压器有限责任公司、保定天威保变电气股份有限公司。

本指导性技术文件主要起草人：孙昕、伍志荣、丁扬、郭慧浩、王绍武、李光范、王晓宁、钟俊涛、宓传龙、刘东升、王宁华、章忠国。

引　言

为满足今后我国特高压交流工程建设需要，明确和规范 1 000 kV 交流系统用油浸式并联电抗器的技术要求，特制定本指导性技术文件。

本指导性技术文件是在结合我国 1 000 kV 特高压交流试验示范工程的设备研制和工程建设，并参考国内外超高压并联电抗器现有标准和运行经验的基础上编制的。

1 000 kV 交流系统用油浸式并联电抗器技术规范

1 范围

本指导性技术文件规定了 1 000 kV 交流系统用油浸式并联电抗器的性能参数、技术要求、试验及标志、包装和运输等方面的要求。

本指导性技术文件适用于电压等级为交流 1 000 kV、额定容量 200 Mvar～320 Mvar、单相油浸式并联电抗器产品。

2 规范性引用文件

下列文件中的条款通过本指导性技术文件引用而构成为本指导性技术文件的条款。凡是注日期的引用文件，其随后所有的修改单(不包括勘误的内容)或修订版不适用于本指导性技术文件，然而，鼓励根据本指导性技术文件达成协议的各方研究是否可使用这些文件的最新版本，凡是不注日期的引用文件，其最新版本适用于本指导性技术文件。

GB 1094.1 电力变压器 第 1 部分 总则(GB 1094.1—1996，eqv IEC 60076-1:1993)

GB 1094.2 电力变压器 第 2 部分 温升(GB 1094.2—1996，eqv IEC 60076-2:1993)

GB 1094.3 电力变压器 第 3 部分 绝缘水平、绝缘试验和外绝缘空气间隙(GB 1094.3—2003，eqv IEC 60076-3:2000)

GB/T 1094.4 电力变压器 第 4 部分 电力变压器和电抗器雷电冲击和操作冲击试验导则(GB/T 1094.4—2005，IEC 60076-4:2002，MOD)

GB/T 1094.10 电力变压器 第 10 部分 声级测定(GB/T 1094.10—2003，eqv IEC 60076-10:2001)

GB 2536 变压器油(GB 2536—1990，neq IEC 60296:1982)

GB/T 2900.15 电工术语 变压器、互感器、调压器和电抗器(GB/T 2900.15—1997，neq IEC 60050(421):1990、IEC 60050(321):1986)

GB/T 5273 变压器、高压电器和套管的接线端子(GB/T 5273—1985，neq IEC 60518:1975)

GB/T 10229—1988 电抗器(neq IEC 60289:1987)

DL/T 1094 电力变压器用绝缘油选用指南

JB/T 501 电力变压器试验导则

IEC 60076.6 电力变压器 第六部分:电抗器

3 术语和定义

GB/T 2900.15 和 GB/T 10229 中所确立的术语和定义适用于本指导性技术文件。

4 使用条件

4.1 正常使用条件

4.1.1 环境条件

a) 海拔高度不超过 1 000 m；

b) 环境温度：

1) 最高气温＋40 ℃；

2) 最热月平均温度＋30 ℃；

3) 最高年平均温度＋20 ℃；

4) 最低气温－25 ℃；

5) 最大日温差 25 K；

c) 最大风速不超过 34 m/s(离地面高 10 m 处，持续 10 min 的 100 年最大风速；应根据实际设备高度进行折算)；

d) 污秽等级 Ⅲ级；

e) 耐地震能力：地面水平加速度 3 m/s^2，地面垂直加速度 1.5 m/s^2。

4.1.2 系统条件

a) 额定频率 50 Hz；

b) 系统标称电压 1 000 kV；

c) 系统最高运行电压 1 100 kV；

d) 系统短路电流为 50 kA；

e) 系统中性点接地方式：直接接地。

4.2 特殊使用条件

特殊使用条件下，1 000 kV 油浸式并联电抗器的额定值和试验规则等另有规定(但不仅限于以下)：

a) 在较高环境温度或高海拔环境下的温升和冷却按 GB 1094.2 的规定；

b) 在高海拔环境下的外绝缘要求按 GB 1094.3 的规定；

c) 特殊地区按照国家有关标准的规定。

凡是不满足 4.1 规定的正常使用条件之外的特殊使用条件，应在询价和订货时说明。

5 性能参数

5.1 基本参数

电抗器的型式、额定容量、额定电压、联结方式及冷却方式应符合表 1 的规定。

表 1 1 000 kV 油浸式并联电抗器基本参数

型式	额定容量 Mvar	额定电压 kV	额定电抗 Ω	损耗 kW	联结方式	冷却方式
户外 油浸 单相	200	$1\ 100/\sqrt{3}$	2 016	≤400	三个单相联成 Y 接，经中性点 电抗器接地	ONAN 或 ONAF
	240		1 680	≤480		
	320		1 260	≤600		

注 1：损耗为额定电压、额定频率下、折算到 75 ℃时的总损耗。

注 2：其他容量的损耗按相应水平要求。

5.2 绝缘水平

1 000 kV 油浸式并联电抗器绕组的绝缘水平应满足表 2 的规定。

表 2 1 000 kV 油浸式并联电抗器绕组的绝缘水平

单位为千伏

绕组端子	额定操作冲击耐受电压(峰值)	额定雷电冲击耐受电压(峰值)		额定短时感应或外施耐受电压(方均根值)
		全波	截波	
高压端	1 800	2 250	2 400	1 100(5 min)
中性点端	—	550	—	230(1 min)
		750		325(1 min)

5.3 温升限值

在105%额定电压下连续运行时各部位的温升限值应符合表3的规定。

表3 105%额定电压下连续运行时的温升限值

单位为开尔文

部　位	温升限值
顶层油	55
绕组(平均)	60
绕组热点	73
铁心及金属结构件	80
油箱	80

5.4 过励磁能力

在额定频率下,电抗器的过励磁能力应满足表4的规定。

表4 电抗器的过励磁能力

励磁电压	持续时间
$1.4U_r$	20 s
$1.3U_r$	3 min
$1.2U_r$	20 min
$1.15U_r$	60 min
注:表中U_r为电抗器额定电压。	

5.5 磁化特性

在1.4倍额定电压以下时,电抗器伏安特性应接近线性。当电抗器由正弦波电压励磁时,在1.4倍额定电压下电抗器的相电流与1.4倍额定电流相差不应超过3%。在磁化特性曲线上,对应于1.4倍和1.7倍额定电压的连线平均斜率不应小于非饱和区域磁化曲线斜率的50%。

磁路完全饱和时,电抗器的最终饱和电感值不应小于额定电压下电感值的40%。

5.6 局部放电水平

在规定的试验电压下,电抗器的绕组线端视在放电量不应大于100 pC,中性点线端视在放电量不应大于300 pC。

5.7 无线电干扰电压

在1.1倍最大工作相电压下,无线电干扰电压不应大于500 μV。

5.8 振动

电抗器在最高工作电压运行时,油箱的机械振动幅度应符合表5的规定。

表5 电抗器油箱振动水平

单位为微米

部　位	油箱壁		底　部
	平均值	最大值	
振幅(峰值-峰值)	≤50	≤100	≤30

5.9 噪声水平

额定电压、额定频率时的噪声声压级不应大于75 dB(A)。如果超过75 dB(A),可与用户协商,采取隔音措施。

注:有隔音措施的噪声水平另行规定。

5.10 阻抗偏差

在额定电压、额定频率下所测得的阻抗值与额定阻抗值的偏差应在−2.5%～+5%的范围内,每相电抗与三相电抗平均值间的偏差不应大于±2%。

5.11 谐波电流

当电抗器施加正弦波额定电压时，电抗器电流的三次谐波分量最大允许峰值不应大于基波分量峰值的3%。

5.12 电抗器预期寿命

在规定的工作条件下，电抗器的预期寿命不小于30年。

6 技术要求

6.1 一般要求

按本指导性技术文件生产制造的电抗器应符合GB 1094.1、GB 1094.2、GB 1094.3、GB/T 10229、IEC 60076.6的规定。

6.2 绕组及绝缘

6.2.1 绕组应采用铜导线。绕组有足够的换位，以使附加损耗降到最低。应对绕组的漏磁通进行控制，避免在铁心或结构件中产生局部过热。

6.2.2 绕组绕制、套装、压紧应有严格的紧固工艺措施，引线应有足够的支撑，使器身形成紧固的整体。

6.2.3 电抗器主纵绝缘和引线绝缘等应采用合理的绝缘结构和优良的绝缘材料，确保足够的绝缘强度。

6.3 油箱

6.3.1 电抗器油箱应是高强度钢板焊接组装结构，应能承受真空度13.3 Pa和正压力0.12 MPa的机械强度试验，油箱不得有损伤和不允许的永久变形。

6.3.2 油箱顶部应能防止雨水聚积和便于气体聚积到气体继电器里。顶部的所有孔洞应是法兰盘式，所有空间应装有空气排放栓，在最高点接至一共用管道，以便使气体聚积并送至气体继电器。

6.3.3 在油箱的适当位置应备有起吊环、牵引孔和千斤顶凸板。

6.3.4 并联电抗器油箱底部对角应各设一套接地板。

6.4 储油柜

6.4.1 并联电抗器油箱应配置使油与空气相隔离的储油柜。

6.4.2 储油柜应配有吸湿器。

6.4.3 储油柜应有注油、放油、放气和排污装置。

6.4.4 储油柜与并联电抗器间的管道应直接连接，尽量减少接头，并应装有优质的真空密封阀门。

6.4.5 储油柜应装油位计并附有高、低油位时供报警功能。

6.5 散热器

散热器应可拆卸，通过蝶阀装在电抗器或导油管路上，便于安装。拆卸散热器时，不致排放油箱里的绝缘油。

6.6 安全保护装置

6.6.1 电抗器应装有气体继电器，其接点容量不小于66 VA，直流有感负载时，不小于15 W；气体继电器的安装位置应远离带电部分，便于在运行中取气。

为使气体易于汇集在气体继电器内，升高座的联管、储油柜的联管和水平面应有约1.5%的升高坡度；电抗器内不得有存气现象。

6.6.2 电抗器应装有可重复动作的机械式压力释放器，当电抗器油箱内的压力达到安全限值时，能可靠释放内部压力。压力释放装置安装位置应靠近油箱顶盖边沿，应配置一个引导向下排油的排油管罩，使溢出的油流远离控制箱，并应能防水浸入。

当电抗器内部压力超过0.055 MPa时该装置应能可靠动作，在动作后应能发出报警脉冲。

6.7 油温测量装置

应在电抗器最热油处配备两个顶层油温控制器，用于远方的温度指示和仪表记录。

6.8 套管

6.8.1 型式及绝缘水平

采用1 000 kV油浸纸电容式套管，其额定绝缘水平应满足见表6的规定。

表6 1 000 kV套管额定绝缘水平

单位为千伏

额定雷电全波冲击耐受电压(峰值)		额定操作冲击耐受电压(峰值)	额定短时工频耐受电压(方均根值)
全波	截波		
2 400	2 760	1 950	1 200(5 min)

6.8.2 局部放电水平

局部放电试验应在套管出厂时单独进行，套管的视在放电量在 $1.5\times U_m/\sqrt{3}$ 电压下不应大于10 pC，在 $1.05\times U_m/\sqrt{3}$ 电压下不应大于5 pC。

在局部放电测量电压下不应有电晕现象。

6.8.3 爬电比距

套管爬电比距不应小于25 mm/kV。

6.8.4 端子的允许载荷

1 000 kV套管端子的允许载荷不小于表7中的规定值。

表7 1 000 kV套管端子允许载荷

单位为牛顿

水平横向	水平纵向	垂直方向
2 500	4 000	2 500

静态安全系数不小于2.75，动态下的安全系数不小于1.67。电抗器套管端子型式和尺寸应符合GB/T 5273中的有关规定。

6.9 绝缘油

6.9.1 新生产的电抗器的绝缘油应为环烷基新油，应符合GB 2536和DL/T 1094的规定。

6.9.2 过滤以后的油中直径大于5 μm的颗粒不应多于1 000个/100 mL。

7 试验

7.1 试验项目

7.1.1 例行试验

a) 绕组电阻测量；
b) 电抗测量；
c) 损耗的测量；
d) 绕组对地绝缘电阻、吸收比和极化指数测量；
e) 铁心、夹件绝缘电阻测量；
f) 辅助接线绝缘试验；
g) 介质损耗因数 $\tan\delta$ 测量；
h) 末端外施耐压试验；
i) 首端雷电全波冲击试验；
j) 首端操作冲击试验；
k) 长时感应电压试验(ACLD)；
l) 中性点局部放电测量；

m） 油箱密封试验；

n） 绝缘油试验；

o） 绝缘油中溶解气体分析；

p） 套管介质损耗因数及电容量的测量；

q） 套管式电流互感器试验；

r） 安全保护、监测、冷却装置的试验，包括：

1） 气体继电器试验；

2） 测温装置试验；

3） 冷却装置试验；

4） 压力释放装置试验；

s） 声级测量；

t） 振动测量；

u） 1.1倍过电流试验（不做温升试验时进行）。

7.1.2 型式试验

除进行上述例行试验外，还应包括下列试验项目：

a） 油箱机械强度试验；

b） 首端雷电截波冲击试验；

c） 末端雷电全波冲击试验；

d） 可见电晕和无线电干扰水平的测量；

e） 磁化特性测量；

f） 电流的谐波测量；

g） 温升试验；

h） 风扇电机所吸取功率的测量。

7.2 试验要求

除下列试验项目外，7.1中所列其他试验项目依据GB 1094、GB/T 10229和JB/T 501等标准的规定进行。

7.2.1 长时感应电压试验（ACLD）

试验电源频率≥100 Hz，试验电压 $U_1=U_m$，测量电压 $U_2=1.5U_m/\sqrt{3}$（U_m=1 100 kV）。

试验电压施加顺序按图1的规定。

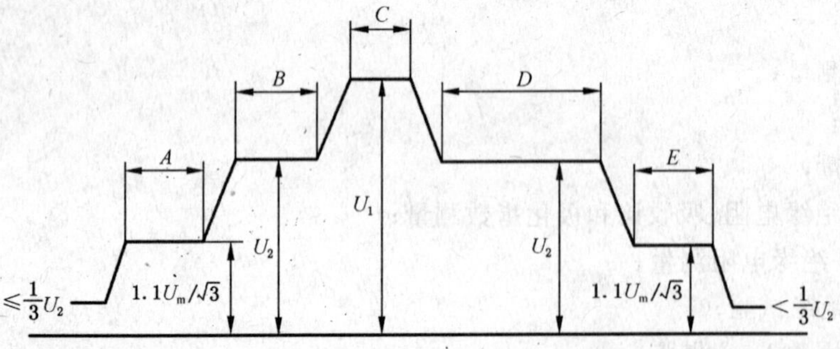

A=5 min；

B=5 min；

C=试验时间，详见下面规定；

D=60 min；

E=5 min。

图1 1 000 kV油浸式并联电抗器ACLD试验程序图

其中 U_1 的保持时间规定如下：

a) 型式试验：5 min；

b) 例行试验：$600\times\frac{额定频率}{试验频率}$(s)，但不少于 75 s。

7.2.2 声级测量

声级测量应在电抗器完全装配好的情况下、在额定电压和额定频率下进行。测量方法按 GB/T 1094.10 规定。

ONAN 方式冷却的，测量点距基准发射面 0.3 m；ONAF 方式冷却的，风扇投入运行时测量点距基准发射面 2 m，风扇停止运行时测量点距基准发射面 0.3 m；具有隔音屏蔽的，基准发射面应将隔音罩包括在内，测量点距基准发射面 0.3 m。

7.2.3 磁化特性测量

本试验应按 GB/T 10229—1988 中 10.12 的规定进行。试验时分别施加 0.1、0.2、0.3、0.4、0.5、0.6、0.7、0.8、0.9、1.0、1.1、1.2、1.3、1.4U_r，分别测量各点的电压、电流。

可采用大型中间试验变压器低压侧电容补偿方法，对试品施加 1.4U_r 的试验电压。

7.2.4 中性点局部放电测量

全电压试验值施加于电抗器绕组的首末端所连接在一起的端子与地之间；铁心、夹件和油箱连在一起接地。

试验电源频率 50 Hz，其波形尽可能为正弦波，试验电压应是测量电压的峰值除以$\sqrt{2}$。施加对地试验电压的时间顺序如图 2。

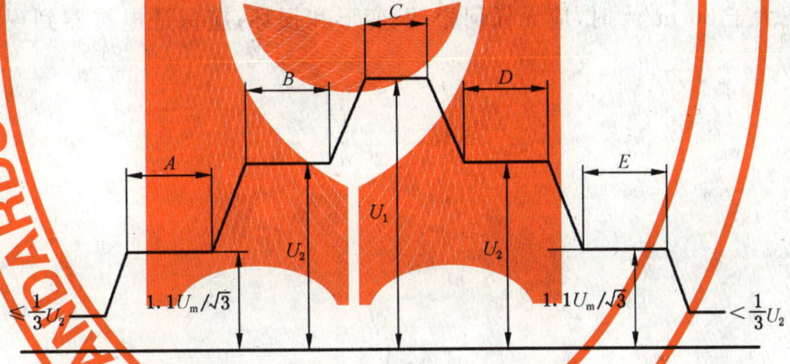

A=5 min；

B=5 min；

C=30 s；

D=5 min；

E=5 min。

图 2 带局部放电量测量的中性点外施耐压试验

其中 $U_2=1.5U_m/\sqrt{3}$，$U_1=1.7U_m/\sqrt{3}$。在 $1.1U_m/\sqrt{3}$下，中性点端子放电量不大于 100 pC；在 $1.5U_m/\sqrt{3}$下，中性点端子放电量不大于 300 pC。

U_m 根据电抗器中性点的绝缘水平选取。当中性点 LI/AC 为 550/230 kV 时，U_m=126 kV；当中性点 LI/AC 为 750/325 kV 时，U_m=170 kV。

此试验可代替末端外施耐压试验。

7.2.5 1.1 倍过电流试验

对于不进行温升试验的电抗器，应进行 1.1 倍额定电流下、持续 4 h 的过电流试验。试验前后绝缘油中溶解气体色谱分析应无异常变化。

8 标志、包装、运输

8.1 标志、包装要求

8.1.1 电抗器制造完成并通过试验后应及时包装，否则应得到切实的保护。其包装应符合铁路、公路和海运部门的有关规定。

8.1.2 成套拆卸的组件和部件(如套管、气体继电器、温度计及紧固件等)应装箱运输，应保证经过运输、贮存直至安装前不损坏和不受潮。套管应牢固固定在木箱内，以防相对移动。

8.1.3 成套拆卸的大组件(如储油柜等)运输时可不装箱，但应保证不损伤，在整个运输与贮存过程中不得进水和受潮。

8.1.4 包装箱上应有明显的包装储运图示标志，并应标明买方的订货号和发货号。

8.1.5 备品备件、专用工具和仪表应随电抗器同时装运，但应单独包装，并明显标记。

8.2 运输要求

8.2.1 带油运输的电抗器应充入合格的绝缘油，油面高度离油箱顶约 150 mm 左右为宜，并检查有无渗漏油现象。

8.2.2 不带油运输时，须充干燥的氮气或干燥的空气。运输前应进行密封试验，以确保在充以 20 kPa～30 kPa 压力时密封良好。电抗器运输和贮存期间应保持正压，并有压力表进行监视。运输途中和到达现场安装前，应对压力表进行监视，当压力不满足要求时，应做到及时补充气体。充入的氮气纯度应大于 99%，露点不高于 −40 ℃；充入的干燥空气露点不高于 −40 ℃。

8.2.3 电抗器在运输时应安装三维冲撞记录仪。

8.2.4 电抗器应满足运输尺寸、质量及公路运输时最大倾斜度不超过 15°等运输条件的要求；当运输中的冲撞加速度不大于 30 m/s^2 时，应无任何松动、变形和损坏；应保证电抗器到现场后不吊罩检查即可投入运行。

附 录 A
(规范性附录)
1 000 kV 交流油浸式并联电抗器配套用中性点电抗器

A.1 概述

1 000 kV 交流油浸式并联电抗器配套用中性点电抗器联结于三台 1 000 kV 单相并联电抗器 Y 接中性点和大地之间,用以限制三相系统单相对地短路时的潜供电流和非全相谐振过电压。

本附录规定了 1 000 kV 交流油浸式并联电抗器配套用中性点电抗器的主要性能参数。

A.2 性能参数

A.2.1 型式:户外、空心、油浸式,冷却方式为 ONAN。

A.2.2 绝缘水平(见表 A.1)

表 A.1 中性点电抗器绕组的绝缘水平 单位为千伏

端子	额定雷电冲击全波耐受电压(峰值)	额定短时工频耐受电压(方均根值)
高压端	550	230
	750	325
接地端	200	85

A.2.3 额定持续电流

额定持续电流应根据系统情况确定。

A.2.4 额定短时电流:额定短时电流应根据系统可能出现的最大短时电流确定,由订货方提出。

A.2.5 额定短时电流持续时间:10 s。

如果短时间内系统连续发生事故,故障的时间间隔及次数应由订货方提出,额定短时电流持续时间应由此来确定。中性点电抗器应能承受的动稳定电流值,由订货方提出。

A.2.6 中性点电抗器如有抽头,抽头阻抗的调整范围应为额定阻抗的±10%,在额定短时电流以下,阻抗应为线性。

A.2.7 额定持续电流下的总损耗应小于 3%额定容量。

A.2.8 中性点电抗器绕组线端视在放电量不应大于 300 pC。

A.2.9 温升限值

额定持续电流下运行时,顶层油温升不超过 60 K,绕组的温升不超过 70 K;10 s 额定短时电流时,顶层油温升不超过 70 K,绕组温升不超过 90 K。

A.2.10 额定持续电流下的噪声水平应小于 65 dB(A)。

A.2.11 额定持续电流下的振动应小于 100 μm。

ICS 29.240.10
K 44

中华人民共和国国家标准化指导性技术文件

GB/Z 24845—2009

1 000 kV 交流系统用无间隙金属氧化物避雷器技术规范

Specification of metal-oxide surge arresters without gaps for 1 000 kV AC system

2009-11-30 发布　　2010-05-01 实施

中华人民共和国国家质量监督检验检疫总局
中国国家标准化管理委员会　发布

前　言

本指导性技术文件的附录A为资料性附录。

本指导性技术文件由中国电力企业联合会提出。

本指导性技术文件由中国电力企业联合会归口。

本指导性技术文件由特高压交流输电标准化技术工作委员会、国网电力科学研究院负责解释。

本指导性技术文件负责起草单位：国家电网公司、国网电力科学研究院。

本指导性技术文件参加起草单位：西安电瓷研究所有限公司、中国电力科学研究院、西安交通大学、抚顺电瓷制造有限公司、廊坊电科院东芝避雷器有限公司。

本指导性技术文件主要起草人：王保山、陈维江、王维洲、孙岗、朱斌、张翠霞、王晓刚、郭洁、汤霖、王森、熊易、刘洪涛、叶立茂、车文俊。

引　言

本指导性技术文件力求采用 IEC 60099-4:2006，其术语及定义，试验方法，检验规则等技术内容尽量与 IEC 60099-4:2006，GB 11032—2000 及 JB/T 7617—1994 等标准保持一致。本指导性技术文件提出的技术性能参数系基于有关 1 000 kV 电压等级的科研结论及参考国内外超高压设备的现有设计运行经验，在国家电网公司晋东南—南阳—荆门特高压交流输变电工程 1 000 kV 氧化锌避雷器技术规范基础上编制，并经厂家产品型式试验实测数据和试运行结果确认。

1 000 kV交流系统用
无间隙金属氧化物避雷器技术规范

1 范围

本指导性技术文件涉及1 000 kV交流系统用无间隙金属氧化物避雷器的运行条件、技术要求、试验程序、测试设备、试验(型式、例行、验收、定期、抽样)和包装运输等诸方面内容。

本指导性技术文件适用于为限制1 000 kV交流系统过电压而设计的瓷套无间隙金属氧化物避雷器和GIS用罐式避雷器(以下简称避雷器)。

2 规范性引用文件

下列文件中的条款通过本指导性技术文件的引用而成为本指导性技术文件的条款,凡是注日期的引用文件,其随后所有的修改单(不包括勘误的内容)或修订版均不适用于本指导性技术文件,然而,鼓励根据本指导性技术文件达成协议的各方研究是否可使用这些文件的最新版本。凡是不注日期的引用文件,其最新版本适用于本指导性技术文件。

GB/T 191 储运图示标志(GB/T 191—2008,ISO 780:1997,MOD)

GB 3906 3.6 kV~40.5 kV交流金属封闭开关设备和控制设备(GB 3906—2006,IEC 62271—200:2003,MOD)

GB/T 7674—2008 额定电压72.5 kV及以上气体绝缘金属封闭开关设备(IEC 62271-203:2003,MOD)

GB/T 8905 六氟化硫电气设备中气体管理和检测导则(GB/T 8905—1996,neq IEC 60480:1974)

GB 11032—2000 交流无间隙金属氧化物避雷器(eqv IEC 60099-4:1991)

GB/T 12022 工业六氟化硫(GB/T 12022—2006,IEC 376:1971;IEC 376A:1973;IEC 376B:1974,MOD)

GB/T 13540 高压开关设备抗地震性能试验

GB/T 16434 高压架空线路和发电厂、变电所环境污区分级及外绝缘选择标准

GB/T 16927.1 高电压试验技术 第1部分:一般试验要求(GB/T 16927.1—1997,eqv IEC 60060-1:1989)

GB 50150—2006 电气装置安装工程 电气设备交接试验标准

JB/T 10492 交流无间隙金属氧化物避雷器用监测器

IEC 60099-4:2006 Metal-oxide surge arresters without gaps for a.c. systems

IEC 60721-3-2 Classification of environmental conditions

IEC 60815 Selection and dimensioning of high-voltage insulators intended for use in polluted conditions

3 术语和定义

GB 11032—2000、GB 7674—2008中所确立的及下列术语和定义适用于本指导性技术文件。

3.1

外套及伞裙 housing and sheds

3.1.1

外套 housing

避雷器的外部绝缘部件,应提供必需的爬电距离并保护内部部件不受环境影响。

注:外套可由几个部件组成,用以提供机械强度并保护内部部件不受环境影响。

3.1.2

伞裙　shed

外套伸出的绝缘部分，用以增加爬电距离。

3.2

瓷套避雷器　porcelain-housed surge arrester

用瓷做外套材料，并带有附件及密封系统的避雷器。

3.3

弯矩　bending moment

施加在避雷器外套上的水平力乘以避雷器外套安装基座（法兰的下平面）与施力点之间的垂直距离。

3.4

端子水平拉力　terminal line force

垂直于避雷器的纵轴，在避雷器中心线测量所得的力。

3.5

破坏负荷　breaking load

垂直作用于瓷套避雷器的纵轴上，导致避雷器外套机械破坏的力。

3.6

最大允许动态工作负荷　maximum permissible dynamic service load；MPDSL

在运行期间，允许短时间垂直施加在瓷套避雷器的纵轴上而不会导致避雷器任何机械损伤的最大力（例如短路电流应力，地震应力）。

3.7

允许静态工作负荷　permissible static service load；PSSL

运行期间允许持久垂直施加在瓷套避雷器的纵轴上而不会导致避雷器任何机械损伤的力。

3.8

内部零件　internal parts

带有支撑结构的金属氧化物电阻片元件。

3.9

密封（气、水密封性）　seal (gas/water tightness)

避免对电气和（或）机械性能有影响的物质进入避雷器内部的能力。

3.10

气体绝缘金属封闭交流无间隙金属氧化物避雷器

GIS-避雷器　gas-insulated metal enclosed surge arrester

非线性金属氧化物电阻片（串并联）封闭在金属外壳内，内部没有任何串联或并联放电间隙，并以气体（如六氟化硫）作为绝缘介质所组成的避雷器，本指导性技术文件中涉及的均为单相 GIS 避雷器。

注 1：气体压力通常超过 10^5 Pa(1 bar)。

注 2：该避雷器用于气体绝缘开关装置。

3.11

芯体　core

由非线性金属氧化物电阻片（串并联）组成，并用绝缘材料、支撑结构等零部件加以固定的组件。

3.12

避雷器工频荷电率　power-frequency voltage loading factor of MOA

避雷器工频荷电率（η）＝ 避雷器电压分布不均匀系数×工频持续运行电压/工频参考电压。

3.13

绝缘气体的额定密度 D_{re}（或额定压力 P_{re}）　rated density of insulating gas D_{re}（rated pressure of insulating gas P_{re}）

由制造厂规定的，在投运前或补气后充入避雷器内的绝缘气体的密度 D_{re}（或压力 P_{re}），并折算到标准大气条件（+20 ℃，101.3 kPa）下。可以用相对压力或绝对压力表示。避雷器应在绝缘气体的额定密度下运行。

3.14

绝缘气体的最小运行密度 D_{me}（或最低运行压力 P_{me}）　the minimum functional density of insulating gas D_{me}（the minimum functional pressure of insulating gas P_{me}）

由制造厂规定，折算到标准大气条件（+20 ℃，101.3 kPa）下的绝缘气体的最小运行密度 D_{me}（或最低运行压力 P_{me}）。可以用相对压力或绝对压力表示。绝缘气体低于此密度，避雷器的额定值将不能保证。因此需要及时补气。

3.15

绝对漏气率　absolute seal leak rate

F

单位时间内气体的漏失量，以 Pa·L/s 表示。

3.16

允许漏气率　permissible seal leak rate

F_p

制造厂规定的最大允许绝对漏气率。

3.17

相对漏气率　relative seal leak rate

F_{rel}

在额定充气压力的系统中，相对于气体总量的绝对漏气率。以每年或每天的百分率表示。

4　标志和分级

4.1　避雷器标志

金属氧化物避雷器应以下述最少资料永久地标志在避雷器的铭牌上：

——持续运行电压；

——额定电压；

——额定频率；

——标称放电电流；

——直流参考电压；

——以千安(kA)表示的额定短路耐受电流；

——制造厂名或商标、型号和标志；

——避雷器元件装配位置标志；

——制造年月；

——出厂编号。

注：如果铭牌的空间足够，还应包含：

——线路放电等级；

——外套耐污秽水平(见 GB/T 16434)。

4.2　避雷器分级

避雷器按其标称放电电流分类。本指导性技术文件涉及的避雷器标称放电电流为 20 kA，其线路放电等级为第 5 级或第 6 级。

5 标准额定值

5.1 标准额定电压

本指导性技术文件涉及的避雷器的额定电压为828 kV(有效值)。

注：其他额定电压值正在考虑中。

5.2 标准额定频率

本指导性技术文件涉及的避雷器的额定频率为50 Hz。

5.3 标称放电电流

本指导性技术文件涉及的避雷器的标准8/20标称放电电流为20 kA。

6 避雷器运行条件

6.1 避雷器正常运行条件

满足本指导性技术文件的避雷器在下述运行条件下应能正常运行。

6.1.1 环境条件

避雷器使用环境条件：

a) 环境空气温度在－40 ℃～＋40 ℃范围内，最热月平均温度为30 ℃；

b) 太阳光的辐射；

注：最高日照强度(1.1 kW/m², 风速0.5 m/s时)的影响在型式试验中通过把试品预热的方法已予以考虑。如果在避雷器附近有其他热源，避雷器的使用需经供需双方协商。

c) 海拔高度不超过1 000 m；

d) 最大风速不超过35 m/s(离地面高10 m处，持续10 min的100年平均最大风速)；

e) 覆冰厚度：20 mm(风速不大于15 m/s时)；

f) 污秽等级：Ⅲ级；

g) 地震烈度8度及以下地区；

h) 安装地点：户外；

i) 安装方式：直立式。

6.1.2 系统条件

避雷器系统条件如下：

a) 系统额定频率：50 Hz；

b) 系统标称电压：1 000 kV；

c) 系统最高运行电压：1 100 kV；

d) 系统短路电流水平：50 kA；

e) 系统中性点接地方式：中性点直接接地；

f) 长期施加在避雷器端子间的工频电压应不超过避雷器的持续运行电压。

6.2 避雷器异常运行条件

除6.1正常运行条件外的其他运行条件。避雷器在异常运行条件下，在设计、制造及使用时，应特殊考虑。在异常运行条件下，本指导性技术文件的使用需经供需双方协商。异常运行条件见GB 11032—2000附录A。

7 技术要求

7.1 避雷器制造要求

避雷器应满足本指导性技术文件的要求，并应按照规定程序批准的图样和文件进行制造。

7.2 主要技术参数

避雷器的基本技术参数应满足表1的规定。

表 1 避雷器主要技术参数

<table>
<tr><th colspan="2">项 别</th><th>避雷器主要参数</th></tr>
<tr><td colspan="2">系统标称电压(有效值)/kV</td><td>1 000</td></tr>
<tr><td colspan="2">避雷器标称放电电流(峰值)/kA</td><td>20</td></tr>
<tr><td colspan="2">避雷器额定电压(有效值)/kV</td><td>828</td></tr>
<tr><td colspan="2">避雷器持续运行电压(有效值)/kV</td><td>638</td></tr>
<tr><td colspan="2">陡波冲击残压(峰值)/kV</td><td>≤1 782</td></tr>
<tr><td colspan="2">雷电冲击残压(峰值)/kV</td><td>≤1 620</td></tr>
<tr><td colspan="2">2 kA 操作冲击残压(峰值)/kV</td><td>≤1 460</td></tr>
<tr><td colspan="2">直流参考电压[a]/kV</td><td>≥1 114</td></tr>
<tr><td colspan="2">0.75 倍直流参考电压下的漏电流/μA</td><td>≤100</td></tr>
<tr><td colspan="2">工频参考电流(峰值)[b]/mA</td><td>24</td></tr>
<tr><td colspan="2">工频参考电压(峰值/$\sqrt{2}$)/kV</td><td>≥828</td></tr>
<tr><td rowspan="2">持续电流</td><td>阻性电流(基波峰值)/mA</td><td>≤3</td></tr>
<tr><td>全电流(有效值)/mA</td><td>≤20</td></tr>
<tr><td colspan="2">2 ms 方波耐受电流/A</td><td>8 000</td></tr>
<tr><td colspan="2">大电流冲击耐受电流值/kA</td><td>100/每柱</td></tr>
<tr><td colspan="2">线路放电等级</td><td>5 或 6</td></tr>
<tr><td colspan="2">并联柱数</td><td>4[c]</td></tr>
<tr><td colspan="2">柱间电流分布不均匀系数</td><td>≤1.10</td></tr>
<tr><td colspan="2">绝缘底座绝缘电阻/MΩ</td><td>≥2 000</td></tr>
<tr><td colspan="3">a 对于典型的 4 柱并联结构而言,直流参考电流通常为 8 mA。
b 对于典型的 4 柱并联结构而言,工频参考电流通常为 24 mA。
c 4 柱并联结构是经过验证的典型的结构,只要所有性能可以满足要求,其他柱数也是允许的。</td></tr>
</table>

7.3 技术要求

7.3.1 避雷器外套的绝缘性能

避雷器内部绝缘件和避雷器瓷套的绝缘耐受电压值应满足表 2 规定:

表 2 绝缘试验电压值

单位为千伏

额定雷电冲击耐受电压(峰值)	2 400
额定操作冲击耐受电压(峰值)	1 800
额定短时 1 min 工频耐受电压(有效值)	1 100

7.3.2 参考电压

7.3.2.1 避雷器的工频参考电压

避雷器的工频参考电流以及最小工频参考电压应满足表 1 规定,并应在制造厂的资料中公布。

7.3.2.2 避雷器的直流参考电压

避雷器的直流参考电流以及直流参考电压应满足表 1 规定,应在表 1 规定的参考电流下测量。在例行试验中,应规定选用的参考电流下的避雷器最小参考电压值和最大参考电压值,并应在制造厂的资料中公布。

7.3.3 避雷器的持续电流

应满足表 1 规定。

7.3.4 0.75 倍直流参考电压下漏电流

应满足表 1 规定。

7.3.5 残压

测量残压的目的是为了获得各种规定的电流和波形下某种给定设计的最大残压。这些残压可从型式试验数据中得到,也可从制造厂规定的和公布的例行试验用的雷电冲击电流下的最大残压中得到。

对于任何电流和波形,避雷器的最大残压可从型式试验时被试的比例单元的残压乘以比例系数算出。比例系数等于公布的最大残压(例行试验时已被检验)与在同样电流和波形下比例单元所测残压之比。避雷器在陡波、雷电、操作冲击电流下残压值应满足表 1 的规定。

7.3.6 内部局部放电

避雷器在 1.05 倍持续运行电压下的局部放电量不应大于 10 pC。

7.3.7 避雷器的密封性能

避雷器应有可靠的密封。在避雷器寿命期间内,不应因密封不良而影响避雷器的运行性能。避雷器的密封泄漏率不应大于 6.65×10^{-5} Pa·L/s。

7.3.8 多柱避雷器的电流分布

制造厂应规定多柱避雷器中单柱的最大电流值。电流分布最大不均匀系数不应大于 1.10。

7.3.9 避雷器的热稳定性

经供需双方协商,可按 GB 11032—2000 中 9.2.2 进行特殊的热稳定试验,在施加工频电压之前应施加两次线路放电,对于 5 级线路放电而言,两次线路放电避雷器预注入的总能量(按整只避雷器折算)不应小于 20 MJ,对于 6 级线路放电而言,两次线路放电避雷器预注入的总能量(按整只避雷器折算)不应小于 40 MJ。

注:如因试验设备条件限制无法产生 6 级线路放电,可以用能量相同的方波冲击电流代替。

7.3.10 长持续时间电流冲击耐受

型式试验时,避雷器比例单元应按表 1 规定分别通过线路放电试验和方波冲击电流耐受试验以验证避雷器长持续时间电流耐受能力。

抽样试验时,避雷器电阻片应按表 1 规定通过方波冲击电流耐受试验。

试验后观察试品,电阻片应无击穿、闪络、破碎或其他明显损伤的现象。

长持续电流试验前后残压变化不应大于 5%。

7.3.11 大电流冲击耐受

大电流冲击耐受用于抽样试验,操作冲击动作负载试验的预备性试验、工频电压耐受时间特性试验和避雷器热稳定试验。

大电流冲击耐受电流值(峰值)为每柱 100 kA。

7.3.12 避雷器电压分布不均匀系数和轴向最大工频荷电率要求

避雷器应设计有均压结构,其避雷器电压分布不均匀系数不应大于 1.15,电压分布不均匀系数计算结果应通过实测的方法确认。沿避雷器轴向最大工频荷电率不应大于 0.90。

7.3.13 操作冲击动作负载

避雷器应能耐受 GB 11032—2000 规定程序的操作冲击动作负载试验(见 GB 11032—2000 中 8.6)所示的各种负载考核,这些负载不应引起损坏或热崩溃。在施加工频电压之前应施加两次线路放电,当施加 5 级线路放电时其预注入的能量(按整只避雷器折算)不应小于 20 MJ,当施加 6 级线路放电时其预注入的能量(按整只避雷器折算)不应小于 40 MJ。

若试品达到热稳定,且试验前后残压变化不大于 5%,以及试验后检查电阻片无击穿、闪络或破损的现象,则避雷器通过试验。

7.3.14　**避雷器工频电压耐受时间特性**

制造厂应提供避雷器在预热到 60 ℃并分别经受两次线路放电等级能量负载后，允许施加在避雷器上工频电压的持续时间及相应的工频电压值，而不发生损坏或热崩溃的数据。

提出的资料应至少包括两次线路放电等级能量后 $1.2U_r$、$1.15U_r$、$1.10U_r$、$1.0U_r$ 下的耐受时间，工频电压耐受时间特性曲线应至少包括 0.1 s～20 min 范围且不少于 4 个试验点。两次 5 级线路放电预注入的能量(按整只避雷器折算)不应小于 20 MJ。两次 6 级线路放电预注入的能量(按整只避雷器折算)不应小于 40 MJ。

工频电压耐受时间特性应按 GB 11032—2000 附录 D 程序进行验证。

7.3.15　**短路电流试验**

避雷器应设有压力释放装置，且能将故障电弧转移至瓷套外表面以外，防止瓷套爆炸损坏邻近设备。短路电流试验包括额定短路电流(大电流)试验、减小的大电流短路电流试验、小电流短路电流试验。额定短路电流试验值为 50 kA，0.2 s；减小的大电流短路电流试验值为 25 kA，0.2 s 和 12 kA，0.2 s；小电流短路电流试验值为 800 A，1.0 s 或直至排气为止。

7.3.16　**机械负载**

7.3.16.1　**端子板允许导线张力**

制造厂应该规定与安装及运行相关的最大允许端部机械负载，如弯曲及拉伸负荷。避雷器应能耐受制造厂宣称的机械负荷值。

制造厂应提供避雷器机械强度及端子板机械强度计算报告，并应进行试验验证。

每台避雷器应有平面接线端子板以连接管型导线。端子板上的允许导线张力不应低于下列数值：

水平纵向力：4 000 N

水平横向力：4 000 N

垂直方向力：5 500 N

封闭在包装箱中的避雷器应该耐受用户按照 IEC 60721-3-2 规定的运输负荷，但不少于 2M1 级。

注：应该考虑施加在避雷器上的动态负荷，例如可能影响设备的风力，覆冰，地震力及电磁力。

7.3.16.2　**作用于避雷器风压力**

作用于避雷器上的风压力 F_2 应按式(1)计算：

$$F_2 = \frac{v_0^2}{16}\alpha S \times 9.8 \qquad (1)$$

式中：

F_2——作用于避雷器上的风压力，N；

v_0——最大风速，m/s；

S——避雷器的迎风面积(应考虑表面覆冰厚度 20 mm)，m^2；

α——空气动力系数，它依风速大小而定。当 $v_0 \leqslant 35$ m/s 时，$\alpha = 0.8$。

7.3.16.3　**抗震要求**

制造厂应通过计算和试验，提供避雷器可承受的地震加速度能力。

耐地震烈度 8 度的地震负荷：

——地面最大水平加速度：3 m/s^2；

——地面最大垂直加速度：1.5 m/s^2。

如果经供需双方达成协议，要进行抗震试验，则应按 GB/T 13540 进行，按共振、正弦拍频试验法，激振 5 次，每次持续时间 5 个周波，各次间隔 2 s，并考虑其端部连接导线振动和导线张力的影响。设备本体水平加速度应计及设备支架的动力反应放大系数 1.2，动态安全系数不小于 1.67。试验前后避雷器直流参考电压变化率不应大于 5%，局部放电量不应大于 10 pC，密封泄漏率不应大于 6.65×10^{-5} Pa·L/s。

7.3.16.4　**组合负载**

避雷器(包括绝缘底座)本身应能承受如下连续的和短时间施加的组合负载。组合负载应由相应的负载分量的向量和计算得出。

持续组合荷载(MSSL)应包括：

——上述规定作用于接线端子板的轴向水平荷载；

——设备自身重量及上述规定作用于接线端子板的垂直荷载；

——设备自身最大风荷载及规定的作用于接线端子板上的水平荷载。

持续组合荷载的安全系数不应小于2.5。

短时组合荷载(MPDSL)应包括：

——上述规定作用于接线端子板的水平荷载；

——地震动态荷载；

——设备自身25%的最大风荷载和端子板上25%的水平荷载。

短时组合荷载的安全系数不应小于1.67。

7.3.17 电磁兼容性

在正常运行条件下，避雷器不应发射出明显的干扰信号。

避雷器应进行无线电干扰电压(RIV)试验验证。在1.05倍持续运行电压下，避雷器最大无线电干扰水平不应超过500 μV。

7.3.18 避雷器的耐污秽性能

避雷器瓷套的等效最小爬电距离不应小于27 500 mm，瓷外套的爬电系数、外形系数、直径系数以及表示伞裙形状的参数，应满足GB/T 16434和IEC 60815的规定。

避雷器应耐受Ⅲ级人工污秽试验，且应分别满足IEC 60099-4:2006附录F及GB 11032—2000附录F人工污秽试验的要求。

7.3.19 避雷器应配置带有放电计数功能的监测避雷器泄漏电流的监测器

监测器应满足JB/T 10492。此外，监测器还应满足下述要求：

a) 在表3规定的上限记数电流、下限记数电流幅值范围内，以及连续两次冲击时间间隔为1 s的情况下应能可靠动作；

表3 监测器特性参数表

监测器类别	上限计数电流(峰值) kA	下限计数电流(峰值) A	2 000 μs方波电流(峰值) A	冲击大电流(峰值) kA
配用于1 000 kV 金属氧化物避雷器	50	100～200[a]	8 000	100/每柱

[a] 即大于200 A应保证可靠动作，小于100 A应保证可靠不动作。

b) 监测器内非线性电阻片应具有与避雷器相同的方波电流、标称放电电流和冲击大电流的耐受能力；

c) 监测器应具有与避雷器相同的防爆性能；

d) 监测器的外露金属零件及内部黑色金属零件均应有防腐蚀措施；

e) 监测器及其引线应满足接地热稳定的要求；

f) 监测器在交接试验时应检查动作的可靠性；

g) 监测器在交接试验时应检验泄漏电流及在线监测装置的准确性。

7.3.20 避雷器均压环

避雷器均压环可根据用户和制造厂设计要求，满足避雷器的规定。

均压环最大直径应满足变电站工程设计要求，厂家应提供均压环与避雷器各法兰间绝缘距离的设计计算报告。

7.3.21 避雷器绝缘底座

避雷器绝缘底座的绝缘水平应高于计数器、监测装置的绝缘水平。避雷器的爬电距离不应计及绝缘底座的部分。绝缘底座应耐受可能影响其正常功能的机械强度试验而不破坏。避雷器机械负载试验时应计及绝缘底座的影响。

7.3.22 避雷器外露金属件

避雷器的所有外露金属件均应具有良好的防腐蚀性能。

7.3.23 接地

避雷器应装设满足接地热稳定电流要求的接地极板，并配有引接接地线连接用的接地螺钉，螺钉的直径不小于 16 mm。

8 试验程序

应依照 GB 11032—2000 第 7 章。

9 测试设备和试品

应依照 GB 11032—2000 中 7.1 和 7.2。

10 型式试验（设计试验）

10.1 总则

本条所规定的型式试验适用于瓷套避雷器，试验项目应满足表 4 的规定。

表 4 型式试验项目

序号	试验项目名称		试验依据	试验方法	试 品
1	持续电流试验		7.3.3	GB 11032—2000 中 8.12	1 只避雷器
2	残压试验	陡波冲击残压试验	7.3.5	IEC 60099-4:2006 中 8.3.1	3 只比例单元
		雷电冲击残压试验	7.3.5	GB 11032—2000 中 8.3.2	
		操作冲击残压试验	7.3.5	GB 11032—2000 中 8.3.3	
3	长持续时间电流耐受试验 a) 线路放电试验 b) 方波冲击电流试验		7.3.10	GB 11032—2000 中 8.4	3 只比例单元 3 只比例单元
4	工频电压耐受时间特性试验		7.3.14	GB 11032—2000 附录 D	每点一只比例单元
5	工频参考电压试验		7.3.2.1	GB 11032—2000 中 8.13	1 只避雷器
6	操作冲击动作负载试验 a) 加速老化试验 b) 热等价试验 c) 操作冲击动作负载试验		7.3.13	IEC 60099-4:2006 中 8.5.2 GB 11032—2000 中 8.6 GB 11032—2000 附录 B	3 只比例单元或电阻片 1 只避雷器或符合规定的避雷器元件 3 只比例单元
7	密封性能试验		7.3.7	GB 11032—2000 中 8.10	1 只避雷器
8	绝缘耐受试验		7.3.1	GB 11032—2000 中 8.2	1 只避雷器瓷套及内部绝缘件
9	短路电流试验		7.3.15	IEC 60099-4:2006 中 8.7	每点各 1 只避雷器元件
10	机械负荷试验		7.3.16	GB 11032—2000 中 8.9 IEC 60099-4:2006 中 8.9	1 只避雷器
11	直流参考电压试验		7.3.2.2	GB 11032—2000 中 8.14	1 只避雷器或元件

表 4（续）

序号	试验项目名称	试验依据	试验方法	试品
12	0.75 倍直流参考电压下漏电流试验	7.3.4	GB 11032—2000 中 8.15	1 只避雷器或元件
13	人工污秽试验	7.3.18	IEC 60099-4:2006 附录 F GB 11032—2000 附录 E	1 只避雷器
14	局部放电试验	7.3.6	GB 11032—2000 中 8.16	1 只避雷器
15	无线电干扰试验	7.3.17	GB 11032—2000 中 8.16	1 只避雷器
16	多柱避雷器电流分布试验	7.3.8	GB 11032—2000 中 8.17	3 组电阻片组
17	电压分布试验	7.3.12	附录 A	1 只避雷器

10.2 避雷器绝缘耐受试验

试验应依照 GB 11032—2000 中 8.2。

10.3 残压试验

试验应依照 GB 11032—2000 中 8.3。其中陡波电流冲击残压试验应依照 IEC 60099-4:2006 中 8.3.1 进行，但是不计及电阻片本身的高度。

为了计及试品各柱的制造厂内控最大残压偏差对整体残压的影响，比例单元并联电阻片组各柱的残压偏差应按照制造厂相应并联电阻片组的内控最大偏差选取。比例单元并联电阻片组的残压应为其中各柱平均放电电流下残压中的最大值。

10.4 长持续时间电流冲击耐受试验

试验应依照 GB 11032—2000 中 8.4。

10.5 避雷器线路放电试验要求

试验方法应依照 GB 11032—2000 中 8.4.2。

表 5 避雷器线路放电试验参数

避雷器等级	线路放电等级	线路波阻抗 Z Ω	峰值的视在持续时间 T μs	充电电压 U_L kV(d.c.)
20 kA	5	$0.5U_r$	3 200	$2.4U_r$
	6	$0.3U_r$	6 400	$2.4U_r$

试验回路波阻抗与表 5 规定的线路波阻抗的偏差不应大于±10%。

注：U_r 为试品额定电压。

根据表 5 的参数用式(2)确定注入到试品中能量(W)：

$$W = U_{res} \cdot (U_L - U_{res}) \cdot 1/Z \cdot T \qquad (2)$$

式中：

U_{res}——3 只试品所测 500 A 操作冲击残压的最低值。

10.6 方波冲击电流试验要求

试验应依照 GB 11032—2000 中 8.4.3。

10.7 大电流冲击耐受试验

应依照 GB 11032—2000 中 8.5。

10.8 操作冲击动作负载试验

应依照 GB 11032—2000 中 8.6。其中避雷器电压分布不均匀系数试验应依照 7.3.12。加速老化试验应依照 IEC 60099-4:2006 中 8.5.2。

10.9 短路电流试验

应依照 IEC 60099-4:2006 中 8.7。

10.10 监测器试验

应依照 JB/T 10492 的规定进行试验。

10.11 机械负荷试验

持续组合荷载(MSSL)试验应依照 GB 11032—2000 中 8.9。

短时组合荷载(MPDSL)试验应依照 IEC 60099-4:2006 中 8.9。

10.12 密封性能试验

应依照 GB 11032—2000 中 8.10 中的氦质谱检漏仪检漏法。

10.13 工频电压耐受时间特性试验

应依照 GB 11032—2000 附录 D。

10.14 持续电流试验

应依照 GB 11032—2000 中 8.12。

10.15 工频参考电压试验

应依照 GB 11032—2000 中 8.13。

10.16 直流参考电压试验

应依照 GB 11032—2000 中 8.14。

10.17 0.75 倍直流参考电压下漏电流试验

应依照 GB 11032—2000 中 8.15。

10.18 无线电干扰试验

应依照 GB 11032—2000 中 8.16。

10.19 局部放电试验

应依照 GB 11032—2000 中 8.16。

10.20 多柱避雷器电流分布试验

试品各柱的残压偏差应按照制造厂相应并联电阻片组的内控最大偏差选取。

试验时应测量避雷器在操作冲击电流(2 kA±20%,波前时间不小于 30 μs,半峰值时间可为任意值)和雷电冲击电流(20 kA±20%,波前时间不小于 7 μs,半峰值时间可为任意值)下各柱的电流分布,电流的最大值不应高于制造厂规定的单柱最大电流值,电流分布最大不均匀系数不大于 1.10。

其余应依照 GB 11032—2000 中 8.17。

10.21 避雷器电压分布试验

可采用各种有效的方法进行试验,附录 A 为推荐方法。

10.22 绝缘底座绝缘电阻试验

应依照 GB 50150—2006 中 21.0.1。

10.23 人工污秽试验

应依照 GB 11032—2000 附录 E 和 IEC 60099-4:2006 附录 F。

11 例行试验和验收试验

11.1 例行试验

出厂的每只避雷器(或电阻片)应按表 6 规定的项目进行试验。如果试品不满足表 6 中所规定的任何一项要求时,则此试品认为不合格。

表 6 避雷器例行试验项目

序号	试验项目名称	试验依据	试验方法	试　品
1	持续电流试验	7.3.3	GB 11032—2000 中 8.12	避雷器或避雷器元件
2	标称放电电流残压试验	7.3.5	GB 11032—2000 中 8.3	比例单元
3	工频参考电压试验	7.3.2.1	GB 11032—2000 中 8.13	避雷器或避雷器元件
4	直流参考电压试验	7.3.2.2	GB 11032—2000 中 8.14	避雷器或元件
5	0.75 倍直流参考电压下漏电流试验	7.3.4	GB 11032—2000 中 8.15	避雷器或元件
6	密封性能试验	7.3.7	GB 11032—2000 中 8.10	避雷器元件
7	局部放电试验	7.3.6	GB 11032—2000 中 8.16	避雷器或避雷器元件
8	多柱避雷器电流分布试验	7.3.8	GB 11032—2000 中 8.17	全部的电阻片组
9	绝缘底座绝缘电阻试验	7.3.21	GB 50150—2006 中 21.0.1	绝缘底座

11.2 标称放电电流残压试验

为了计及试品各柱的制造厂内控最大残压偏差对整体残压的影响，并联电阻片组的残压应为其中各柱平均放电电流下残压中的最大值。

其余应依照 GB 11032—2000 中 8.12。

11.3 多柱避雷器电流分布试验

例行试验时应测量试避雷器在 $0.01I_n$～$1.0I_n$ 范围内任意两点雷电冲击电流(波前时间不小于 7 μs，半峰值时间可为任意值)下各柱的电流分布，电流的最大值不应高于制造厂规定的单柱最大电流值，电流分布最大不均匀系数不大于 10%。

其余应依照 GB 11032—2000 中 8.17。

11.4 验收试验

当供需双方协商规定有验收试验时，则应对所有的避雷器进行下列试验：

a) 外观检查：检查外观、铭牌及其附件有无缺少或损坏；

b) 按本指导性技术文件中 7.2 的规定，在持续运行电压下，测量通过避雷器(或元件)的全电流和阻性电流；

c) 按本指导性技术文件中 7.2 的规定，对整只避雷器或避雷器元件施加工频电压或直流电压，测量避雷器的工频参考电压或直流参考电压及 0.75 倍直流参考电压下漏电流；

d) 按本指导性技术文件中 7.2 进行避雷器的残压试验；

e) 按本指导性技术文件中 7.3.6 进行避雷器的局部放电试验；

f) 按本指导性技术文件中 7.3.7 进行密封试验；

g) 绝缘底座绝缘电阻试验；

h) 监测器动作特性检查；

i) 按本指导性技术文件中 7.3.9 进行避雷器的特殊热稳定试验。

12 定期试验

应按照 GB 11032—2000 第 10 章。

13 抽样试验

抽样试验主要对电阻片进行，应按批次以一定比例抽取试品。试验项目及试品数量应满足表 7 的规定。抽样试验用的试品不得装入避雷器。

表 7 抽样试验项目

序号	试验名称	试验依据	试验方法	抽取试品数量
1	方波冲击电流耐受试验	7.3.10	GB 11032—2000 中 8.4	1.0%(不少于 5 片)
2	大电流冲击耐受试验	7.3.11	GB 11032—2000 中 11.2	5 只电阻片
3	加速老化试验	7.3.13	IEC 60099-4:2006 中 8.5.2	3 只电阻片
对同配方、同工艺、同几何尺寸连续生产的电阻片抽取一次。				

14 气体绝缘金属封闭无间隙金属氧化物避雷器(GIS-避雷器)

14.1 范围

见第 1 章。

14.2 规范性引用文件

见第 2 章。

14.3 术语和定义

见第 3 章。

14.4 标志和分级

除第 4 章要求外,增加"+20 ℃时绝缘气体的额定密度(或额定压力)"。

如果有足够的位置,铭牌上还应包含压力释放装置(如有时)动作的气体密度及温度。

14.5 标准额定值

见第 5 章。

14.6 GIS-避雷器运行条件

见第 6 章,并补充或变更如下:

14.6.1 6.1.1 环境条件中 c)

注:在任何海拔下,GIS 内绝缘的绝缘特性与海平面上测得的相同。因而,对这种绝缘应不提出海拔方面的要求。

14.7 GIS-避雷器技术要求

除下列要求外,其余适用于第 7 章:

避雷器的绝缘耐受要求由 14.7.1 替代;

避雷器的密封泄漏率要求按 14.7.5 修正;

动作负载要求按 14.10.6 修正;

短路试验要求由 14.7.2 有关内容替换;

脱离器/故障指示器要求——不适用;

机械负载要求——不适用。

14.7.1 GIS-避雷器内部的绝缘耐受

GIS-避雷器内部元件与金属外壳间的绝缘应满足表 2 规定。

注:试验在允许的最小气体压力下进行,低于此压力避雷器的绝缘耐受水平不能保证。

14.7.2 GIS-避雷器压力释放装置特性

如果避雷器设有压力释放装置,压力释放装置的布置,应使气体或蒸汽在压力下排出时,不致伤害现场的运行人员或损坏邻近设备。

注:压力释放装置包括:

a) 以开启压力和关闭压力表示其特征的压力调节装置-减压阀;

b) 开启后不能再关闭的压力释放装置,如防爆片。

14.7.2.1 限制最大充气压力的减压阀

当外壳和气源采用固定连接时,所采用的压力调节装置不能可靠地防止过压力,应在外壳上装设适当尺寸的减压阀,以防止压力调节装置失效时外壳内部的压力上升到超出设计压力的 10%。

当外壳和气源不是固定连接时，应在充气管路上装设减压阀，以防止充气时气压升到高出外壳设计压力的10%。此阀亦可装在外壳本体上。

一旦减压阀动作，当压力降低到设计压力的75%之前，阀应重新关闭。

充气压力值应考虑当时的气体温度，例如用温度补偿压力表测量。

14.7.2.2 在内部故障情况下限制压力升高的独立压力释放装置

当采用如防爆片类的独立压力释放装置时，独立压力释放装置动作压力应比外壳设计压力低，两者的关系要适当配合，以减少压力释放装置误爆破的可能性。且须进行针对独立压力释放装置的额定短路电流试验。

鉴于内部故障电弧损坏的外壳将要更换，这种压力释放装置应有效限制电弧的外部效应。防爆片的布置应使排除的高压气体不致伤害运行人员或造成设备损害。

在有些设计中，允许电弧在某些指定的点上将外壳烧穿而获得压力释放。用这种方法生成的孔洞，也应看作是压力释放装置，所以它应满足本条的要求。

在内部故障所在的外壳产生塑性变形的情况下，应检查邻近的外壳不存在变形。

14.7.3 GIS-避雷器中绝缘气体要求

制造厂应规定GIS-避雷器所用气体的类型、数量、质量和密度。且应给用户提供更换气体和保持其要求的数量和质量所必须的指导性文件。

对充六氟化硫气体的GIS-避雷器，新的六氟化硫气体应满足GB/T 12022的规定，GIS-避雷器中的六氟化硫气体的水分含量应满足GB/T 8905的规定。

14.7.4 GIS-避雷器的外壳要求

避雷器的金属外壳应设置牢固的接地装置，金属外壳应能承受运行中出现的正常和瞬时的压力。

在确定设计压力时，气体温度应取外壳温度的上限。

如果避雷器具有独立的带压力释放装置的封闭外壳，则不进行短路试验；若避雷器的金属外壳不带压力释放装置，则适用于10.9。在这样的情况下，仅需对额定短路电流进行试验。

对于户外的GIS-避雷器，应考虑气候条件(见6.1.1及14.6)的影响。

14.7.4.1 外壳设计

金属外壳的设计应满足GB 7674—2008的要求。不论焊接或铸造的外壳，其厚度和结构的设计计算，可按压力容器要求进行，应考虑振动、温度变化、短路电流的作用和气候条件的影响。

外壳的设计厚度，应保证在设计压力和下述内部故障电弧电流及其作用时间内外壳不烧穿：

a) 电流大于50 kA，0.1 s；

b) 电流等于或小于50 kA，0.2 s。

对焊接的外壳，制造厂应规定焊缝质量的要求以及焊缝无损探伤的方法和范围。

注：设计外壳时，尚应考虑以下因素：

a) 外壳充气前需抽真空，可能造成外壳或隔板上的压力差升高；

b) 在相邻隔室运行压力不同时，意外漏气所造成的压力升高；

c) 耐地震要求；

d) 电流通过可能导致的温升及当日照有明显作用时，应考虑其影响。

14.7.4.2 外壳强度试验

外壳和其他零部件强度无论是否通过计算确定，均应进行规定的试验。

a) 破坏压力试验

破坏压力试验不应小于设计压力的3.5倍，壳体应无损坏。

b) 非破坏性压力试验

每个壳体都应耐受规定的压力试验而无变形，无泄漏气体现象。

试验压力为设计压力的K倍：对于焊接外壳$K=1.3$，对于铸造外壳$K=1.5$。

14.7.4.3 外壳检验

对焊接外壳的焊缝，除无法探伤部位外，应按规定进行无损探伤检查。

14.7.4.4 认证书

壳体制造厂需提供壳体材料的材质化验认证书。

14.7.5 GIS-避雷器的气体密封性

GIS-避雷器的外壳要求高度密封特性，其允许的相对年漏气率不大于1%/年。

14.7.6 GIS-避雷器绝缘气体的额定密度和最小运行密度

GIS-避雷器在绝缘气体的额定密度下运行，该额定密度由制造厂选定。

GIS-避雷器的绝缘气体的最小运行密度由制造厂规定。低于此密度值，GIS-避雷器与此有关的额定值不能保证。

注：绝缘气体的额定密度和最小运行密度可用(定体积下)相应的压力-温度曲线换算或用20 ℃时相应的气体密度来表示。

14.7.7 避雷器的局部放电特性

避雷器在1.1倍持续运行电压下的内部局部放电量不应大于10 pC。

14.7.8 避雷器的运输振动性能

避雷器的结构应牢固，满足运输的要求而不损坏。

14.8 试验程序

见第8章。

14.9 测试设备和试品

见第9章。

14.10 GIS-避雷器型式试验(设计试验)

14.10.1 总则

GIS-避雷器型式试验按表8要求进行，试品数量为一台。

表8 GIS-避雷器型式试验项目

序号	试验项目名称		试验依据	试验方法	试品
1	持续电流试验		7.3.3	GB 11032—2000中8.12	1只避雷器
2	残压试验	陡波冲击残压试验	7.3.5	IEC 60099-4:2006中8.3.1	3只比例单元
		雷电冲击残压试验	7.3.5	GB 11032—2000中8.3.2	
		操作冲击残压试验	7.3.5	GB 11032—2000中8.3.3	
3	长持续时间电流耐受试验 1. 线路放电试验 2. 方波冲击电流试验		7.3.10	GB 11032—2000中8.4	3只比例单元
4	工频电压耐受时间特性试验		7.3.14	GB 11032—2000附录D	每点1只比例单元
5	工频参考电压试验		7.3.2.1	GB 11032—2000中8.13	1只避雷器
6	操作冲击动作负载试验 1. 加速老化试验 2. 热等价试验 3. 操作冲击动作负载试验		7.3.13	14.10.6 附录A IEC 60099-4:2006中8.5.2 GB 11032—2000中8.6 GB 11032—2000附录B	3只比例单元或电阻片 1只避雷器 3只比例单元
7	气体密封性试验		14.7.5	14.10.17	1只避雷器
8	内绝缘耐受试验		14.7.1	14.10.2	1只避雷器及内部绝缘件(除去所有电阻片)

表 8（续）

序号	试验项目名称	试验依据	试验方法	试　品
9	短路电流试验	14.7.2	IEC 60099-4:2006 中 8.7	1 只避雷器
10	工频参考电压试验	7.3.2.1	GB 11032—2000 中 8.13	1 只避雷器
11	直流参考电压试验	7.3.2.2	14.10.10	装配前全部电阻片
12	0.75 倍直流参考电压下漏电流试验	7.3.4	14.10.11	装配前全部电阻片
13	外壳强度	14.7.4	14.10.16	1 只避雷器外壳
14	局部放电试验	7.3.6	GB 11032—2000 中 8.16	1 只避雷器
15	绝缘气体试验	14.7.3	14.10.18	1 只避雷器
16	多柱避雷器电流分布试验	7.3.8	14.10.14	3 组电阻片组
17	电压分布试验	7.3.12	14.10.15 附录 A	1 只避雷器
18	运输试验	14.7.8	14.10.19	1 只避雷器及包装

14.10.2　内绝缘耐受试验

14.10.2.1　总则

本试验是为了验证内部元件和金属外壳之间绝缘耐受电压的能力。

绝缘耐受试验还应保证所有内部元件至少在与运行中出现的最高电压应力等价的情况下进行试验。因此，对各单个元件进行独立试验来验证其是否满足绝缘耐受的要求是必要的(见 14.10.2.5)。

对于 GIS-避雷器，试验应在将金属氧化物电阻片用绝缘部件替换的完整的避雷器上进行。可以用均压元件代替绝缘部件，以控制沿避雷器轴向的电压分布。

注：由于 GIS-避雷器对地电容的显著影响，要用均压元件获得线性电压分布是困难或几乎是不可能的。在不均匀的电压分布或不采用任何均压元件的条件下进行该试验代表了最恶劣的情况，试验结果是保守的。

在试验期内，绝缘气体的密度应是 GIS-避雷器公布的最小运行密度，不需考虑大气条件及湿试验。

14.10.2.2　雷电冲击电压试验

GIS-避雷器要进行标准雷电冲击电压试验。

对于 GIS-避雷器，试验电压应依照 14.7.1 规定，其余应依照 GB/T 16927.1 进行。

在每个极性下施加 15 次等于试验电压值的连续冲击。如果没有破坏性放电发生，该避雷器就通过了该试验。如果出现破坏性放电，应遵守 GB 7674—2008 和 GB 3906 中的试验判据。

14.10.2.3　操作冲击电压试验

GIS-避雷器要进行标准操作冲击电压试验。

试验电压应依照 14.7.1 要求，其余依 GB/T 16927.1 进行。

在每个极性下应连续施加 15 次等于试验电压值的冲击。如果没有破坏性放电发生，该避雷器就通过了该试验。如果出现破坏性放电，应遵守 GB 7674—2008 和 GB 3906 中的试验判据。

14.10.2.4　工频电压试验

试验电压应满足 14.7.1 的规定，其余应依照 GB/T 16927.1 进行。

如果没有发生破坏性放电，GIS-避雷器就通过了该试验。如果出现破坏性放电，应遵守 GB 7674—2008 和 GB 3906 中的试验判据。

14.10.2.5　GIS-避雷器芯体的绝缘耐受试验

当 GIS-避雷器芯体包括电气上串联、但几何布置上为并联的电阻片时，其绝缘材料、支撑结构以及电阻片柱之间的绝缘都应进行电压耐受能力试验。

施加试验电压应考虑上述所有可能承受的电压应力。

试验期间内，试品应处于整只避雷器实际气体对应的规定最小运行密度。

14.10.3 残压试验

残压试验应依照 GB 11032—2000 中 8.3。其中陡波电流冲击残压试验应依照 IEC 60099-4:2006 中 8.3.1，但是不计及电阻片本身的高度。

14.10.4 长持续时间电流冲击耐受试验

应依照 GB 11032—2000 中 8.4。

14.10.5 大电流冲击耐受试验

应依照 GB 11032—2000 中 8.5。

14.10.6 操作冲击动作负载试验

除以下增加的内容外，其余应依照 GB 11032—2000 中 8.6。

避雷器电阻片间的电压不均匀效应应在不大于避雷器持续运行电压下进行电压分布测量及计算来加以验证。所完成的测量或计算应在±25%额定电压范围内是有效的。

避雷器电压分布试验应依照 14.10.15。

加速老化试验应依照 IEC 60099-4:2006 中 8.5.2。试验应在充 SF_6 气体的容器内进行，以确定 SF_6 气体对电阻片老化性能的影响。如制造厂通过试验，证明在空气中进行的加速老化试验和在 SF_6 气体中进行的加速老化试验等价以后，则可在空气中进行加速老化试验。

验证整只避雷器和避雷器比例单元间的热等效性，应按 GB 11032—2000 附录 B 进行试验。

避雷器比例单元应只代表整只避雷器的热特性，它不必达到 GB 11032—2000 中 8.6.3.2 的要求，比例单元的功能元件不必包含支撑结构零件。

14.10.7 工频电压耐受时间特性试验

应依照 GB 11032—2000 附录 D。

14.10.8 持续电流试验

应依照 GB 11032—2000 中 8.12。

14.10.9 工频参考电压试验

应依照 GB 11032—2000 中 8.13。

14.10.10 直流参考电压试验

在 GIS-避雷器未装配前，将装入外壳的芯体施加直流电压，当通过电阻片的电流等于参考电流时，测量其上的电压值。其他试验方法应依照 GB 11032—2000 中 8.14。

注：当制造商允许在其整体避雷器上施加直流电压且能正确测量，不影响性能时，试验也允许在整体避雷器上进行。

14.10.11 0.75 倍直流参考电压下漏电流试验

在 GIS-避雷器未装配前，将装入外壳的芯体施加其直流参考电压 0.75 倍的电压，测量通过电阻片的电流值。其他试验方法应依照 GB 11032—2000 中 8.15。

注：当制造商允许在其整体避雷器上施加直流电压且能正确测量，不影响性能时，试验也允许在整体避雷器上进行。

14.10.12 短路试验

依据避雷器的结构类型，试验要求和方法见 10.9 和 14.7.2。

14.10.13 局部放电试验

应依照 GB 11032—2000 中 8.16。

14.10.14 多柱避雷器电流分布试验

应依照 GB 11032—2000 中 8.17。

14.10.15 避雷器电压分布试验

可采用各种有效的方法进行试验，附录 A 为推荐方法。

14.10.16 GIS-避雷器外壳强度试验

外壳及其零部件应进行强度试验，试验在尚未装入内部元件的单独外壳上进行。

14.10.16.1 破坏压力试验

试验应依照 GB 7674—2008 中 7.9.1 进行。采用水压法，压力升高速度不应大于 400 kPa/min，破坏压力试验值不应小于设计压力的 3.5 倍。试验后的外壳，即使完整无缺，也不得使用。

破坏压力试验主要考核壳体的设计及工艺的可靠性及安全裕度。该项试验为型式试验。

14.10.16.2 非破坏压力试验

所有外壳制造好之后应进行例行水压试验，试验压力应为设计压力的 K 倍。对于焊接外壳，$K=1.3$；对于铸造外壳，$K=1.5$。

应依照 GB 7674—2008 中 7.9.2 进行。

14.10.16.3 壳体焊缝的检查

全部焊缝应进行目视检查，不能有任何裂缝、气泡、针孔、焊瘤及缩孔；焊缝应光滑，不能有尖角毛刺。

全部直焊缝应进行 X 射线探伤检查。

全部环焊缝要进行着色法检查。

14.10.17 气体密封性试验

避雷器应进行密封性能试验，以验证其满足 14.7.5 规定的允许相对年漏气率的要求。

避雷器内部充入额定气压的 SF_6 气体，用塑料布覆盖罐体所有的密封面、接头等处，24 h 后用灵敏度高的 SF_6 气体检漏仪测定塑料布内的 SF_6 气体量，气体年漏率应小于 1%/年。

密封性能试验方法见 GB 7674—2008 中 7.13。

14.10.18 GIS-避雷器绝缘气体试验

若绝缘气体为六氟化硫，在充气 48 h 后应依照 GB/T 8905 进行。

14.10.19 运输试验

整台避雷器应正置固定于卡车上，在三级公路上运输 300 km，车速为 25 km/h～35 km/h，急刹车 10 次。试验后罐体内电阻片均压罩应无明显变形、螺钉无松动。

14.11 GIS-避雷器例行试验和验收试验

14.11.1 例行试验

出厂的每只避雷器（或电阻片）应按下述规定进行检验。如果避雷器（或电阻片）不满足下述规定的任何一项要求时，则此避雷器（或电阻片）认为不合格。

GIS-避雷器例行试验项目：

a) 持续电流试验(14.10.8)；

b) 标称放电电流残压试验(14.10.3)；

c) 工频参考电压试验(14.10.9)；

d) 直流参考电压试验(14.10.10)；

e) 0.75 倍直流参考电压下的漏电流试验(14.10.11)；

f) 局部放电试验(14. 10.13)；

g) 气体密封性试验(14.10.17)；

h) 外壳强度试验(14.10.16)；

i) 六氟化硫气体的水分检测(14.10.18)。

14.11.2 验收试验

应依照 GB 11032—2000 中 9.2 进行。

GIS-避雷器安装后的现场试验。

如果GIS-避雷器是以不完整装配的方式发送到现场的，避雷器安装后应进行试验，以检查GIS-避雷器性能和工作的正确性。如果需用冲击或工频电压对带有避雷器的气体绝缘开关设备的绝缘能力进行试验，应当将避雷器取出或使之不起作用以便能够进行这些试验。

14.12 安装后的现场试验项目

a) 持续电流试验(14.10.8)；

b) 工频参考电压试验(14.10.9)；

注：如现场的工频电源容量及条件具备，则可以进行。

c) 气体密封性试验(14.10.17)；

d) 六氟化硫气体的水分检测(14.10.18)。

14.13 GIS-避雷器定期试验

应依照GB 11032—2000第10章进行。

14.14 GIS-避雷器抽样试验

应依照GB 11032—2000第11章进行。

15 铭牌、包装、运输及保管

避雷器的铭牌、包装、运输及保管应满足GB/T 191的规定。

15.1 铭牌

每只避雷器都应有固定铭牌。铭牌应用耐腐蚀材料制成，字样、符号应清晰耐久，铭牌在正常运行和安装位置处应明显可见。

铭牌上给出的信息资料应满足4.1的要求。

对多节元件组成的避雷器应标出避雷器元件编号和各元件之间的连接图。铭牌应用中文书写。

15.2 包装

避雷器包装应保证在运输中不因包装不良而损坏，包装箱上应标明：

a) 产品名称及型号，制造厂名；

b) 发货单位，收货单位及详细地址；

c) 产品净重、毛重、体积等；

d) “小心轻放”“向上”“易碎”等字样和标记。

15.3 随产品提供的技术文件

a) 包装清单；

b) 产品出厂合格证书；

c) 安装、使用说明书(每组避雷器附一份)。

15.4 运输及保管

整只产品及各运输部件的包装，都要适合运输、装卸的要求。

封闭在包装箱中的避雷器应该耐受用户按照IEC 60721-3-2规定的运输负荷，但不少于2M1级。

附 录 A
（资料性附录）
推荐的电压分布试验方法

A.1 总则

本试验是在避雷器持续运行电压下，用光纤-电流法测量避雷器中电阻片的电压分布。以确定避雷器中电阻片和带电体的杂散电容引起的电压分布不均匀系数。

A.2 试验电源

试验电源电压的波形为正弦波，其有效值与峰值之比应在$\sqrt{2}\pm0.07$范围内，其高次谐波分量应小于基波分量的1.5%。

试验电源容量应满足短路电流不小于1 A(有效值)。在测量期间内电源电压的变化应小于0.5%。试验频率应在48 Hz～62 Hz间，且测量期间内频率变化应小于0.5%。测量期间内应监测频率和电压。

A.3 光纤-电源系统

测量用电-光-电系统的测量误差应小于1%，应给出每支探头的输入电流和输出电流的校正曲线。试验时应按照实际校正曲线确定通过探头的电流。

A.4 试品

试验应在完整的避雷器上进行，避雷器应是清洁干燥的。制造厂应提供避雷器放于地面和放于2.5 m支架时的电压分布不均匀系数。试品距墙和房顶的距离不应小于2.5倍试品的高度。

A.5 试验程序

试验的环境温度应为(25±10)℃。

A.5.1 探头置于被测电阻片的下端，并应紧贴电阻片。探头的数量应不影响电阻片的电压分布。试验时可同时放入几个探头。

A.5.2 试品装好后，在避雷器持续运行电压下分别测量通过各探头的全电流值。

A.5.3 沿避雷器电阻片高度每隔20 cm至少测量一片电阻片的全电流。在电压分布最高区域，应每隔10 cm至少测量一片电阻片的全电流。

A.5.4 试验完后，打开试品，分别测量每片电阻片的电容及高度。

A.6 避雷器电压分布不均匀系数

A.6.1 电阻片上电压可按实测全电流值与被测电阻片全电流-电压曲线中得出。当确认通过电阻片的全电流中，$I_c\geqslant2I_r$时，电阻片上的电压可按式(A.1)计算：

$$u_i=\frac{I_{ci}}{\sqrt{2}\times2\pi fC_i} \qquad \text{(A.1)}$$

式中：

u_i——被测电阻片上的电压(有效值)；

I_{ci}——通过电阻片的全电流(峰值)；

f——频率；

C_i——被测电阻片的电容。

A.6.2 电阻片是任意组装时(包括单柱、多柱及并有电容的避雷器),避雷器电压分布不均匀系数 K 由式(A.2)计算:

$$K=(1+K_{vi})\times(1+3K_c)-1 \qquad \cdots\cdots(A.2)$$

$$K_{vi}=\frac{\left(u_i\dfrac{C_i}{\overline{C}}-\dfrac{U_c}{n}\right)}{\dfrac{U_c}{n}} \quad (i=1,2,\cdots,n;K_{vi}\text{ 取最大值})$$

$$K_c=\frac{\sqrt{1/(n-1)\sum_{i=1}^{n}(C_i-\overline{C})^2}}{\overline{C}}$$

式中:

K_{vi}——杂散电容引起的电压分布不均匀系数;

K_c——电阻片电容分散引起的电压分布不均匀系数;

u_i——由步骤 A.6.1 决定;

$\overline{C}$——电阻片的平均电容(折算成平均厚度时的电容);

C_i——电阻片电容(折算成平均厚度时的电容);

U_c——避雷器持续运行电压;

n——避雷器中电阻片数量。

A.6.3 电阻片按电容大小以一方式排列时(包括单柱:多柱及并有电容的避雷器)

电压分布不均匀系数 $K=K_T$,K_T 由式(A.3)计算:

$$K_T=(u_i-U_c/n)/(U_c/n) \quad (i=1,2,\cdots,n.;K_T\text{ 取最大值}) \qquad \cdots\cdots(A.3)$$

参 考 文 献

[1] GB 311.1—1997 输变电设备的绝缘配合(eqv IEC 60071-1:1993)

[2] GB/T 311.2—2002 绝缘配合 第2部分:高压输变电设备的绝缘配合使用导则(eqv IEC 60071-2:1996)

[3] GB/T 775.1—2006 绝缘子试验方法 第1部分:一般试验方法

[4] GB/T 2423.17—2008 电工电子产品环境试验 第2部分:试验方法 试验 Ka:盐雾(IEC 60068-2-11:1981,IDT)

[5] GB/T 2423.22—2002 电工电子产品环境试验 第2部分:试验方法 试验 N:温度变化(IEC 60068-2-14:1984,IDT)

[6] GB/T 2900.12—2008 电工名词术语 避雷器、低压电涌保护器及元件

[7] GB/T 2900.19—1994 电工术语 高电压试验技术和绝缘配合(eqv IEC 60071-1:1993)

[8] GB/T 5582—1993 高压电力设备外绝缘污秽等级(eqv IEC 507:1991)

[9] GB/T 7354—2003 局部放电测量(IEC 60270:2000,IDT)

[10] GB/T 11023—1989 高压开关设备六氟化硫气体密封试验方法(IEC 60056:1987; 60298:1990; 60517:1990,MOD)

[11] GB/T 11604—1989 高压电器设备无线电干扰测试方法(eqv IEC 18:1983)

[12] GB/T 16927.2—1997 高电压试验技术 第二部分:测量系统(eqv IEC 60060-2:1994)

[13] GB/T 17467—1998 高压/低压预装式变电站(eqv IEC 61330:1995)

[14] DL/T 804—2002 交流电力系统金属氧化物避雷器使用导则

[15] JB/T 7617—1994 六氟化硫罐式无间隙金属氧化物避雷器

[16] JB/T 8177—1999 绝缘子金属附件热镀锌层通用技术条件

ICS 29.240
F 24

中华人民共和国国家标准化指导性技术文件

GB/Z 24846—2009

1 000 kV 交流电气设备预防性试验规程

Preventive test standards of 1 000 kV AC electrical equipments

2009-11-30 发布　　　　2010-05-01 实施

中华人民共和国国家质量监督检验检疫总局
中国国家标准化管理委员会　发布

前　言

本指导性技术文件的附录A,附录B和附录D为规范性附录,附录C和附录E为资料性附录。

本指导性技术文件由中国电力企业联合会提出。

本指导性技术文件由中国电力企业联合会归口。

本指导性技术文件由国家电网公司特高压建设部、特高压交流输电标准化技术工作委员会归口并负责解释。

本指导性技术文件主要起草单位:中国电力科学研究院。

本指导性技术文件参加起草单位:国网运行公司、华北电力科学研究院有限责任公司,湖北省电力试验研究院,山西电力科学研究院,河南电力试验研究院。

本指导性技术文件主要起草人:李光范、李金忠、阎春雨、张海燕、邓春、金涛、胡晓岑、阮羚、闫东、韩金华、连建华、张书琦、刘锐、陈隽。

引　言

制定本指导性技术文件，为规范 1 000 kV 交流电气设备的预防性试验及判断准则提供技术指导，对保证设备的安全可靠运行具有重要意义。

1 000 kV 交流电气设备预防性试验规程

1 范围

本指导性技术文件规定了1 000 kV交流电气设备预防性试验的项目、周期、方法和判断标准。

本指导性技术文件适用于1 000 kV交流电气设备。

2 规范性引用文件

下列文件中的条款通过本指导性技术文件的引用而成为本指导性技术文件的条款。凡是注日期的引用文件，其随后所有的修改单(不包括勘误的内容)或修订版均不适用于本指导性技术文件，然而，鼓励根据本指导性技术文件达成协议的各方研究是否可使用这些文件的最新版本。凡是不注日期的引用文件，其最新版本适用于本指导性技术文件。

GB/T 261 闪点的测定 宾斯基-马丁闭口杯法(GB/T 261—2008,ISO 2719:2002,MOD)

GB/T 264 石油产品酸值测定法

GB/T 507 绝缘油击穿电压测定法(GB/T 507—2002,eqv IEC 60156:1995)

GB/T 511 石油产品和添加剂机械杂质测定法(重量法)

GB 1094.3 电力变压器 第3部分:绝缘水平、绝缘试验和外绝缘空气间隙(GB 1094.3—2003,IEC 60076-3:2000,MOD)

GB 2536 变压器油(GB 2536—1990,eqv IEC 60296:1982)

GB/T 5654 液体绝缘材料相对电容率、介质损耗因数和直流电阻率的测量(GB/T 5654—2007,IEC 60247:2004,IDT)

GB/T 6541 石油产品油对水界面张力测定法(圆环法)(GB/T 6541—1986,eqv ISO 6295:1983)

GB/T 7598 运行中变压器油水溶性酸测定法

GB/T 7600—1987 运行中变压器油水分含量测定法(库仑法)

GB/T 7601—2008 运行中变压器油、汽轮机油水分测定法(气相色谱法)

GB/T 11023 高压开关设备六氟化硫气体密封试验方法(GB/T 11023—1989,IEC 60056:1987;60298:1990;60517:1990,MOD)

GB/T 11142 绝缘油在电场和电离作用下析气性测定法(GB/T 11142—1989,ASTMD 2300:1981,NEQ)

GB/T 12022 工业六氟化硫(GB/T 12022—2006,IEC 60376:1971;IEC 60376A:1973;IEC 60376B:1974,MOD)

GB/T 16434 高压架空线路和发电厂、变电所环境污区分级及外绝缘选择标准

DL/T 432 电力用油中颗粒污染度测量方法

DL 506—1992 六氟化硫气体绝缘设备中水分含量现场测量方法

DL/T 664—1999 带电设备红外诊断技术应用导则

DL/T 703 绝缘油中含气量的气相色谱测定法

DL/T 916 六氟化硫气体酸度测定法

DL/T 917 六氟化硫气体密度测定法

DL/T 918 六氟化硫气体中可水解氟化物含量测定法

DL/T 919 六氟化硫气体中矿物油含量测定法(红外光谱测定法)

DL/T 920 六氟化硫气体中空气、四氟化碳的气相色谱测定法

SD 306:1989　六氟化硫气体中水分含量测定法(电解法)

DIN 51353:1985　绝缘油检验、对腐蚀性硫的检验、银带检验

SH/T 0804:2007　电器绝缘油腐蚀性硫试验　银片试验法

ASTMD 1275:2003　电绝缘油中腐蚀性硫的标准试验方法(standard test method for corrosive sulfur in electrical insulating oil)

3　术语和定义、符号

3.1　术语和定义

下列术语和定义适用于本指导性技术文件。

3.1.1

预防性试验　preventive test

为了发现运行中设备的隐患,预防发生事故或设备损坏,对设备进行的检查、试验或监测。

3.1.2

在线监测　on-line monitoring

在不影响设备运行的条件下,对设备状况连续或定时进行的监测,通常是自动进行的。

3.1.3

带电测量　live line measurement

对在运行电压下的设备,采用专用仪器,由人员参与进行的测量。

3.1.4

初值　initial value

指能够代表设备原始状况的试验值。初值可以是出厂试验值、交接试验值、早期试验值、设备核心部件或主体进行解体性检修之后的首次试验值等。初值差定义为:(当前测量值－初值)/初值×100%。

3.1.5

主体变压器　main transformer

当1 000 kV油浸式单相自耦电力变压器采用变压器本体与调压补偿变压器分箱布置时变压器的本体部分。

3.1.6

调压补偿变压器　voltage regulating and compensating transformer

与主体变压器分箱布置的变压器的调压补偿部分。补偿变压器的作用是在中性点调压过程中减小变压器第三绕组的电压波动。

3.1.7

整体试验　integral test

把变压器本体、调压部分、补偿部分全部连接完成后进行的试验。

3.1.8

主体变试验　test of main transformer

单独对主体变压器进行的试验。

3.1.9

调压补偿变试验　test of voltage regulating and compensating transformer

对调压补偿变压器进行的试验。

3.1.10

气体绝缘金属封闭开关设备　gas-insulated metal-enclosed switchgear;GIS

全部或部分采用气体而不采用处于大气压下的空气作为绝缘介质的金属封闭开关设备。

3.1.11

复合电器(HGIS)

GIS 和敞开式高压电器的组合。

3.2

符号

本指导性技术文件所用的符号如下：

U_r——设备额定电压；

U_m——设备最高电压；

U_{8mA}——避雷器直流 8 mA 下的参考电压；

$\tan\delta$——介质损耗因数。

4 总则

4.1 本指导性技术文件所规定的各类设备试验的项目、周期、方法和判断标准，是电气设备绝缘监督工作的基本要求，也是电气设备全过程管理工作的重要组成部分。

4.2 对试验结果应参照该设备的出厂试验、交接试验及历次预防性试验结果进行全面地、历史地综合分析和比较，既要对照历次试验结果，也要对照同类设备或不同相别的试验结果，根据变化规律和趋势，经全面分析后做出判断。

4.3 在相近的运行和检测条件下，同一家族设备同一试验结果不应有明显差异，否则应进行显著性差异分析，分析方法见附录 D，受环境条件影响的试验结果的显著性差异分析参考附录 E。

4.4 工频交流耐受试验，加至试验电压后的持续时间，凡无特殊说明者，均为 1 min；其他耐受试验的持续时间在有关设备的试验要求中规定。电气设备的绝缘水平见附录 A。

对于油浸式电气设备，在真空注油和热油循环后应有足够的静置时间，才可进行绝缘耐受试验。1 000 kV 充油电气设备的静置时间应不少于 168 h。

4.5 进行绝缘耐受试验时，应尽量将连在一起的各种设备分离开来单独试验(制造厂装配的成套设备不在此限)，但同一试验电压的设备可以连在一起进行试验。已有单独试验记录的若干不同试验电压的电力设备，在单独试验有困难时，也可以连在一起进行试验，此时，试验电压应采用所连接设备中的最低试验电压。

4.6 在进行与温度和湿度有关的各种试验(如测量直流电阻、绝缘电阻、$\tan\delta$、泄漏电流等)时，应同时测量被试品的温度和周围空气的温度和湿度。

进行绝缘试验时，户外试验应在良好的天气进行，被试品及环境温度不宜低于+5 ℃。

4.7 在进行直流高压试验时，应采用负极性接线。

4.8 有条件进行带电测试或在线监测的设备应积极开展带电测试或在线监测，当带电测试或在线监测发现问题时应进行停电试验进一步核实。如经现场实际应用证实，采用带电测试或在线监测技术能达到停电试验的效果，可以延长停电试验周期。

4.9 1 000 kV 交流电气设备红外测温工作每月进行一次。应对套管及接头、油箱壳、油枕、冷却器及其进出口、GIS 罐体、高压并联电抗器本体等部位进行测量。测温时应记录运行电压、负荷电流、环境温度和湿度等，具体要求按 DL/T 664 执行。

4.10 如不拆引线不影响对试验结果的分析及相对判断时，宜采用不拆引线试验的方法进行。

4.11 预试周期长短，应根据设备的具体情况加以选择。重要、新投、有缺陷设备的周期应缩短。交接试验后一年未投入运行的设备，在投运前要求重做的项目本规程特设“投运前”周期内容。

4.12　对已安装的备用设备，应按运行设备要求进行预防性试验。

5　电力变压器及电抗器

5.1　主体变压器

主体变试验项目、周期和要求见表1。

表1　主体变压器试验项目、周期和要求

序号	项目	周期	要　求	说　明
1	油中溶解气体分析	1) 投运前 2) 新装、大修后的1、2、3、4、7、10、30天。 3) 运行中:1个月 4) 必要时	1) 运行设备的油中 H_2 与烃类气体含量(μL/L)超过下列任何一项值时应引起注意： 总烃含量大于150 H_2 含量大于150 C_2H_2 含量大于0.5 2) 烃类气体总和的产气速率大于6 mL/d,或相对产气速率大于10%/月则认为设备有异常	1) 溶解气体组分含量有增长趋势时，可结合产气速率判断，必要时缩短周期进行追踪分析； 2) 总烃含量低的设备不宜采用相对产气速率进行判断； 3) 新投运的变压器应有投运前的测试数据
2	绕组直流电阻	1) 投运前 2) 1年 3) 大修后 4) 必要时	1) 各相绕组电阻相互间的差别不应大于三相平均值的2%； 2) 各相绕组电阻与以前相同部位、相同温度下的历次结果相比，不应有明显差别，其差别不应大于2%，当超过1%时应引起注意	1) 高压绕组测量电流不大于5 A,低压绕组测量电流不大于20 A; 2) 如电阻相间差在出厂时超过规定，制造厂已说明了这种偏差的原因，按要求中2)项执行； 3) 不同温度下的电阻值按下式换算 $R_2 = R_1\left(\frac{T+t_2}{T+t_1}\right)$ 式中 R_1、R_2 分别为在温度 t_1、t_2 时的电阻值；T 为计算用常数，铜导线取235
3	绕组绝缘电阻、吸收比和极化指数	1) 投运前 2) 1年 3) 大修后 4) 必要时	1) 绝缘电阻换算至同一温度下，与初值相比应无明显变化； 2) 在10 ℃～30 ℃范围内，吸收比一般不低于1.3,极化指数不低于1.5,绝缘电阻大于10 000 MΩ时，吸收比和极化指数可仅作为参考	1) 采用5 000 V兆欧表； 2) 测量前被试绕组应充分放电； 3) 测量温度以顶层油温为准，尽量使每次测量的温度相近； 4) 尽量在油温低于50 ℃时测量，不同温度下的绝缘电阻值一般可按下式换算 $R_2 = R_1 \times 1.5^{(t_1-t_2)/10}$ 式中 R_1、R_2 分别为温度 t_1、t_2 时的绝缘电阻值； 5) 吸收比和极化指数不进行温度换算

表 1（续）

序号	项目	周期	要　求	说　明
4	绕组连同套管的电容量和 tanδ	1）投运前 2）1 年 3）大修后 4）必要时	1）20 ℃时 tanδ 不大于 0.006； 2）tanδ 值和电容量与初值比较不应有显著变化； 3）试验电压 10 kV	1）非被试绕组应短路接地或屏蔽，被试绕组应短路； 2）同一变压器各绕组 tanδ 的要求值相同； 3）测量温度以顶层油温为准，尽量在相近的温度下试验； 4）尽量在油温低于 50 ℃时测量
5	电容式套管的 tanδ 和电容值	1）投运前 2）1 年 3）大修后 4）必要时	见第 8 章	1）用正接法测量； 2）测量时记录环境温度及变压器顶层油温
6	绝缘油试验	1）投运前 2）1 年 3）大修后 4）必要时	见第 10 章	
7	交流耐压试验	1）投运前 2）大修后 3）必要时	耐压值：出厂试验值的 80%	工频耐压时间 1 min，倍频感应电压按 GB 1094.3 执行
8	铁芯、夹件绝缘电阻	1）1 年 2）大修后 3）必要时	1）与初值相比无显著差别； 2）运行中铁芯接地电流一般不大于 300 mA	采用 2 500 V 兆欧表进行测量
9	油中含水量	见第 10 章		
10	油中含气量	见第 10 章		
11	绕组频率响应分析	1）投运前 2）大修后 3）必要时	与历史测试结果比较无明显变化	
12	绕组直流泄漏电流	1）投运前 2）1 年 3）必要时	1）试验电压一般如下： 绕组额定电压 kV：110 / 500 / 1 000 直流试验电压 kV：40 / 60 / 60 2）与初值相比没有明显变化	应读取 1 min 时的泄漏电流值

表 1（续）

序号	项目	周期	要　求	说　明
13	绕组电压比	1）大修后 2）必要时	允许偏差为±0.5%	每次测量时，变压器外部接线状态应相同
14	空载电流和空载损耗	1）大修后 2）必要时	测量结果与上次相比，不应有明显差异	试验电压可用额定电压或较低电压值（如制造厂提供了较低电压下的值，可在相同电压下进行比较）
15	短路阻抗	1）大修后 2）必要时	初值差不超过±3%	试验电流可用额定值或较低电流值（如制造厂提供了较低电流下的测量值，可在相同电流下进行比较）
16	局部放电测量	1）大修后 3）必要时	在线端电压为 $1.3U_m/\sqrt{3}$ 时，放电量一般为： 高压绕组不大于 300 pC； 中压绕组不大于 300 pC； 低压绕组不大于 500 pC	1）试验方法符合 GB 1094.3 的规定； 2）预加电压为 $1.5U_m/\sqrt{3}$，测量电压为 $1.3U_m/\sqrt{3}$； 3）预加电压时间应进行频率换算
17	测温装置及其二次回路试验	1）1年 2）大修后 3）必要时	1）密封良好，指示正确，测温电阻值应和出厂值相符； 2）绝缘电阻一般不低于 1 MΩ	测量绝缘电阻采用 2 500 V 兆欧表
18	气体继电器及其二次回路试验	1）1年（二次回路） 2）大修后 3）必要时	1）整定值符合运行规程要求，动作正确； 2）绝缘电阻一般不低于 1 MΩ	测量绝缘电阻采用 2 500 V 兆欧表
19	压力释放器校验	1）大修后 2）必要时	动作值与铭牌值相差应在±10%范围内或按制造厂规定	
20	整体密封检查	大修后	在油枕顶部施加 0.035 MPa 压力，试验持续时间 24 h 无渗漏	试验时带冷却器，在压力释放装置锁死的情况下进行
21	冷却装置及其二次回路检查试验	1）投运前 2）1年（二次回路） 3）大修后 4）必要时	1）投运后，流向、温升和声响正常，无渗漏； 2）绝缘电阻一般不低于 1 MΩ	采用 2 500 V 兆欧表测量绝缘电阻
22	套管式电流互感器绝缘试验	1）大修后 2）必要时	见表 5	

表 1（续）

<table>
<tr><th>序号</th><th>项目</th><th>周期</th><th>要　　求</th><th>说　明</th></tr>
<tr><td>23</td><td>油中糠醛含量</td><td>必要时</td><td>1）含量超过下表值时，一般为非正常老化，需跟踪检测：
<table>
<tr><td>运行年限</td><td>1～5</td><td>5～10</td><td>10～15</td><td>15～20</td></tr>
<tr><td>糠醛量 mg/L</td><td>0.1</td><td>0.2</td><td>0.4</td><td>0.75</td></tr>
</table>
2）跟踪检测时，注意增长率；
3）测试值大于 4 mg/L 时，认为绝缘老化已比较严重</td><td>建议在以下情况进行：
1）油中气体总烃超标或 CO、CO_2 过高；
2）投运 3～5 年后；
3）需了解绝缘老化情况</td></tr>
<tr><td>24</td><td>绝缘纸（板）聚合度</td><td>必要时</td><td>当聚合度小于 250 时，应引起注意</td><td>试样可取引线上绝缘纸、垫块、绝缘纸板等数克</td></tr>
<tr><td>25</td><td>绝缘纸（板）含水量</td><td>必要时</td><td>含水量（质量分数）一般不大于 1%</td><td>可用所测绕组的 $\tan\delta$ 值推算或取纸样直接测量</td></tr>
</table>

5.2 调压补偿变压器

调压补偿变压器试验项目、周期和要求见表 2。

表 2　调压补偿变试验项目、周期和要求

序号	项目	周期	要　求	说　明
1	油中溶解气体分析	1）投运前 2）新装、大修后的 1、2、3、4、7、10、30 天 3）运行中：每月 4）必要时	1）运行设备的油中 H_2 与烃类气体含量（μL/L）超过下列任何一项值时应引起注意： 总烃含量大于 150 H_2 含量大于 150 C_2H_2 含量大于 1 2）烃类气体总和的产气速率大于 6 mL/d（开放式）和 12 mL/d（密封式），或相对产气速率大于 10%/月则认为设备有异常	1）溶解气体组分含量有增长趋势时，可结合产气速率判断，必要时缩短周期进行追踪分析； 2）总烃含量低的设备不宜采用相对产气速率进行判断； 3）新投运的变压器应有投运前的测试数据
2	绕组直流电阻	1）投运前 2）1 年 3）无励磁调压变压器变换分接位置后 4）有载调压变压器的分接开关检修后（在所有分接侧） 5）大修后 6）必要时	1）各相绕组电阻相互间的差别不应大于三相平均值的 2%； 2）与以前相同部位测得值比较，其变化不应大于 2%	1）如电阻相间差在出厂时超过规定，制造厂已说明了这种偏差的原因，按要求中 2）项执行； 2）不同温度下的电阻值按下式换算： $R_2 = R_1\left(\frac{T+t_2}{T+t_1}\right)$ 式中 R_1、R_2 分别为在温度 t_1、t_2 时的电阻值；T 为计算用常数，铜导线取 235； 3）无励磁调压变压器应在使用的分接锁定后测量

表 2(续)

序号	项目	周期	要　　求	说　明
3	绕组绝缘电阻、吸收比和极化指数	1) 投运前 2) 1 年 3) 大修后 4) 必要时	1) 绝缘电阻换算至同一温度下,与前一次测试结果相比应无明显变化; 2) 在 10 ℃～30 ℃范围内,吸收比一般不低于 1.3,极化指数不低于 1.5,绝缘电阻大于 10 000 MΩ 时,吸收比和极化指数可仅作为参考	1) 采用 2 500 V 或 5 000 V 兆欧表; 2) 测量前被试绕组应充分放电; 3) 测量温度以顶层油温为准,尽量使每次测量温度相近; 4) 尽量在油温低于 50 ℃时测量,不同温度下的绝缘电阻值一般可按下式换算: $R_2 = R_1 \times 1.5^{(t_1-t_2)/10}$ 式中 R_1、R_2 分别为温度 t_1、t_2 时的绝缘电阻值; 5) 吸收比和极化指数不进行温度换算
4	绕组连同套管的电容量和 tanδ	1) 投运前 2) 1 年 3) 大修后 4) 必要时	1) 20 ℃时 tanδ 不大于 0.006; 2) tanδ 值和电容量与历年的数值比较不应有显著变化; 3) 试验电压 10 kV	1) 非被试绕组应接地或屏蔽; 2) 同一变压器各绕组 tanδ 的要求值相同; 3) 测量温度以顶层油温为准,尽量使每次测量的温度相近; 4) 尽量在油温低于 50 ℃时测量
5	电容式套管的 tanδ 和电容值	1) 投运前 2) 1 年 3) 大修后 4) 必要时	见第 8 章	1) 用正接法测量; 2) 测量时记录环境温度及变压器顶层油温
6	绝缘油试验	1) 1 年 2) 大修后 3) 必要时	见第 10 章	
7	交流耐压试验	1) 大修后 2) 必要时	耐压值:出厂试验电压的 80%	可采用倍频电源,并按 GB 1094.3 进行频率时间换算
8	铁芯、夹件绝缘电阻	1) 1 年 2) 大修后 3) 必要时	1) 与以前测试结果相比无显著差别; 2) 运行中铁芯接地电流一般不大于 300 mA	采用 2 500 V 兆欧表进行测量
9	油中含水量	见第 10 章			

表 2（续）

序号	项目	周期	要　求	说　明
10	油中含气量	见第 10 章		
11	绕组直流泄漏电流	1）投运前 2）1 年 3）必要时	1）试验电压一般如下： 绕组额定电压 kV：35 及以下；110 直流试验电压 kV：20；40 2）与初值相比没有明显变化	应读取 1 min 时的泄漏电流值
12	绕组所有分接的电压比	1）分接开关引线拆装后 2）大修后 3）必要时	1）各相应接头的电压比与铭牌值相比，不应有显著差别，且符合规律； 2）额定分接电压比允许偏差为±0.5%，其他分接的电压比应不得超过±1%	
13	变压器极性	1）大修后 2）必要时	必须与变压器铭牌和顶盖上的端子标志相一致	在整体试验时进行
14	空载电流和空载损耗	1）大修后 2）必要时	与前次试验值相比，无明显变化	试验电压可用额定电压或较低电压值（如制造厂提供了较低电压下的值，可在相同电压下进行比较）
15	短路阻抗	1）大修后 2）必要时	与前次试验值相比，无明显变化	试验电流可用额定值或较低电流值（如制造厂提供了较低电流下的测量值，可在相同电流下进行比较）
16	局部放电测量	1）大修后 2）必要时	在线端电压为 $1.3U_m/\sqrt{3}$ 时，放电量一般为：110 kV 绕组端不大于 500 pC	1）试验方法符合 GB 1094.3 的规定或协商确定； 2）预加电压时间应进行频率换算
17	测温装置及其二次回路试验	1）1 年 2）大修后 3）必要时	密封良好，指示正确，测温电阻值应和出厂值相符； 绝缘电阻一般不低于 1 MΩ	测量绝缘电阻采用 2 500 V 兆欧表
18	气体继电器及其二次回路试验	1）1 年（二次回路） 2）大修后 3）必要时	整定值符合运行规程要求，动作正确； 绝缘电阻一般不低于 1 MΩ	测量绝缘电阻采用 2 500 V 兆欧表
19	压力释放器校验	必要时	动作值与铭牌值相差应在±10%范围内或按制造厂规定	

表 2（续）

序号	项目	周期	要　求	说　明
20	整体密封检查	大修后	在油枕顶部施加 0.035 MPa 压力，试验持续时间 24 h 无渗漏	试验时带冷却器，在压力释放装置锁死的情况下进行
21	冷却装置及其二次回路检查试验	1）投运前 2）1 年（二次回路） 3）大修后 4）必要时	1）投运后，流向、温升和声响正常，无渗漏； 2）强油水冷装置的检查和试验，按制造厂规定； 3）绝缘电阻一般不低于 1 MΩ	测量绝缘电阻采用 2 500 V 兆欧表
22	套管式电流互感器绝缘试验	1）大修后 2）必要时	见表 5	采用 2 500 V 兆欧表
23	有载调压装置的试验和检查 1）检查动作顺序，动作角度； 2）操作试验：变压器带电时手动操作、电动操作、远方操作各 2 个循环； 3）检查和切换测试： a）测量过渡电阻的阻值； b）测量切换时间； c）检查插入触头、动静触头的接触情况，电气回路的连接情况； d）单、双数触头间非线性电阻的试验； e）检查单、双数触头间放电间隙。 4）检查操作箱； 5）切换开关室绝缘油试验； 6）二次回路绝缘试验	1）1 年或按制造厂要求 2）大修后 3）必要时	1）范围开关、选择开关、切换开关的动作顺序应符合制造厂的技术要求，其动作角度应与出厂试验记录相符； 2）手动操作应轻松，必要时用力矩表测量，其值不超过制造厂的规定，电动操作应无卡涩，没有连动现象，电气和机械限位动作正常； 3）与出厂值相符； 4）三相同步的偏差、切换时间的数值及正反向切换时间的偏差均与制造厂的技术要求相符； 5）动、静触头平整光滑，触头烧损厚度不超过制造厂的规定值，回路连接良好； 6）按制造厂的技术要求，无烧伤或变动； 7）接触器、电动机、传动齿轮、辅助接点、位置指示器、计数器等工作正常，符合制造厂的技术要求； 8）绝缘油的击穿电压一般不低于 30 kV。 9）绝缘电阻一般不低于 1 MΩ	测绝缘电阻使用 2 500 V 兆欧表

表 2（续）

<table>
<tr><th>序号</th><th>项目</th><th>周期</th><th>要　求</th><th>说　明</th></tr>
<tr><td>24</td><td>油中糠醛含量</td><td>必要时</td><td>1）含量超过下表值时，一般为非正常老化，需跟踪检测：<table><tr><td>运行年限</td><td>1～5</td><td>5～10</td><td>10～15</td><td>15～20</td></tr><tr><td>糠醛量 mg/L</td><td>0.1</td><td>0.2</td><td>0.4</td><td>0.75</td></tr></table>2）跟踪检测时，注意增长率；
3）测试值大于 4 mg/L 时，认为绝缘老化已比较严重</td><td>建议在以下情况进行：
1）油中气体总烃超标或 CO、CO_2 过高；
2）需了解绝缘老化情况</td></tr>
<tr><td>25</td><td>绝缘纸（板）聚合度</td><td>必要时</td><td>当聚合度小于 250 时，应引起注意</td><td>1）试样可取引线上绝缘纸、垫块、绝缘纸板等数克；
2）对运行时间较长的变压器尽量利用吊检的机会取样</td></tr>
<tr><td>26</td><td>绝缘纸（板）含水量</td><td>必要时</td><td>含水量（质量分数）一般不大于 2%</td><td>可用所测绕组的 $\tan\delta$ 值推算或取纸样直接测量</td></tr>
</table>

5.3 变压器整体试验

变压器整体试验的试验项目试验项目、周期和要求见表 3。

表 3　整体（主体变＋调压补偿变）试验项目、周期和要求

序号	项目	周期	要　求	说　明
1	绕组直流电阻	1）1 年 2）无励磁调压变压器变换分接位置后 3）有载调压变压器的分接开关检修后（在所有分接侧） 4）大修后 5）必要时	没有明显异常	1）测量电流不大于 5 A； 2）测量值与历次比较应没有非常大的差异； 3）不同温度下的电阻值按下式换算 $R_2=R_1\left(\dfrac{T+t_2}{T+t_1}\right)$ 式中 R_1、R_2 分别为在温度 t_1、t_2 时的电阻值；T 为计算用常数，铜导线取 235； 4）无励磁调压变压器应在使用的分接锁定后测量
2	绕组所有分接的电压比	1）分接开关引线拆装后 2）大修后 3）必要时	1）各相应分接头的电压比与铭牌值相比，不应有显著差别，且符合规律； 2）额定分接电压比允许偏差为 ±0.5%，其他分接的电压比应不得超过 ±1%	

表 3（续）

序号	项目	周期	要　求	说　明
3	变压器极性	大修后	必须与变压器铭牌和顶盖上的端子标志相一致	
4	全电压下空载合闸	大修后	1）全部更换绕组，空载合闸5次，每次间隔5 min； 2）部分更换绕组，空载合闸3次，每次间隔5 min	1）在额定分接上进行； 2）由变压器高压或中压侧加压

5.4　1 000 kV 电抗器（含中性点小电抗）

1 000 kV 电抗器试验项目、周期和要求见表 4。

表 4　1 000 kV 电抗器试验项目、周期和要求

序号	项目	周期	要　求	说　明
1	油中溶解气体分析	1）投运前 2）新装、大修后的1、2、3、4、7、10、30天 3）运行中：1个月 4）必要时	1）运行设备的油中 H_2 与烃类气体含量（μL/L）超过下列任何一项值时应引起注意： 总烃含量大于150 H_2 含量大于150 C_2H_2 含量大于1； 2）烃类气体总和的产气速率大于6 mL/d，或相对产气速率大于10%/月则认为设备有异常	1）溶解气体组分含量有增长趋势时，可结合产气速率判断，必要时缩短周期进行追踪分析； 2）总烃含量低的设备不宜采用相对产气速率进行判断； 3）新投运的电抗器应有投运前的测试数据
2	绕组直流电阻	1）投运前 2）1年 3）大修后 4）必要时	1）各相绕组电阻相互间的差别不应大于三相平均值的2%； 2）与以前相同部位测得值比较，其变化不应大于2%	1）如电阻相间差在出厂时超过规定，制造厂已说明了这种偏差的原因，按要求中2）项执行； 2）不同温度下的电阻值按下式换算 $R_2 = R_1\left(\frac{T+t_2}{T+t_1}\right)$ 式中 R_1、R_2 分别为在温度 t_1、t_2 时的电阻值；T 为计算用常数，铜导线取235
3	绕组绝缘电阻、吸收比和极化指数	1）投运前 2）1年 3）大修后 4）必要时	1）绝缘电阻与上一次试验结果相比应无明显变化，一般不低于上次值的70%（10 000 MΩ以上可不考核）； 2）在10 ℃～30 ℃范围内，吸收比一般不低于1.3，极化指数不低于1.5，绝缘电阻大于10 000 MΩ时，吸收比和极化指数可仅作为参考	1）采用5 000 V兆欧表； 2）测量前被试绕组应充分放电； 3）测量温度以顶层油温为准，尽量使每次测量温度相近； 4）尽量在油温低于50 ℃时测量，不同温度下的绝缘电阻值一般可按下式换算： $R_2 = R_1 \times 1.5^{(t_1-t_2)/10}$ 式中 R_1、R_2 分别为温度 t_1、t_2 时的绝缘电阻值； 5）吸收比和极化指数不进行温度换算

表 4（续）

序号	项目	周期	要　　求	说　　明
4	绕组连同套管的 tanδ	1）投运前 2）1 年 3）大修后 4）必要时	1）20 ℃时 tanδ 不大于 0.006； 2）tanδ 值与历年的数值比较不应有显著变化（一般不大于 30%）； 3）试验电压 10 kV	1）测量温度以顶层油温为准，尽量使每次测量的温度相近； 2）尽量在油温低于 50 ℃时测量
5	电容式套管的 tanδ 和电容值	1）投运前 2）1 年 3）大修后 4）必要时	见第 8 章	1）用正接法测量； 2）测量时记录环境温度及电抗器顶层油温
6	绝缘油试验	1）投运前 2）1 年 3）大修后 4）必要时	见第 10 章	
7	交流耐压试验	1）大修后 2）必要时	试验电压为出厂试验电压的 80%	仅对中性点进行可采用倍频电源并按 GB 1094.3 进行频率时间换算
8	铁心、夹件绝缘电阻	1）1 年 2）大修后 3）必要时	1）与以前测试结果相比无显著差别； 2）运行中铁芯接地电流一般不大于 0.1 A	采用 2 500 V 兆欧表进行测量
9	油中含水量	见第 10 章		
10	油中含气量	见第 10 章		
11	绕组直流泄漏电流	1）1 年 2）大修后 3）必要时	1）直流试验电压 60 kV； 2）与初值相比没有明显变化	应读取 1 min 时的泄漏电流值
12	测温装置及其二次回路试验	1）1 年 2）大修后 3）必要时	密封良好，指示正确，测温电阻值应和出厂值相符； 绝缘电阻一般不低于 1 MΩ	测量绝缘电阻采用 2 500 V 兆欧表
13	气体继电器及其二次回路试验	1）1 年（二次回路） 2）大修后 3）必要时	整定值符合运行规程要求，动作正确； 绝缘电阻一般不低于 1 MΩ	测量绝缘电阻采用 2 500 V 兆欧表
14	压力释放器校验	必要时	动作值与铭牌值相差应在±10%范围内或按制造厂规定	
15	整体密封检查	大修后	在油枕顶部施加 0.035 MPa 压力，试验持续时间 24 h 无渗漏	试验时带冷却器，在压力释放装置锁死的情况下进行

表 4（续）

<table>
<tr><th>序号</th><th>项目</th><th>周期</th><th>要　求</th><th>说　明</th></tr>
<tr><td>16</td><td>冷却装置及其二次回路检查试验</td><td>1）投运前
2）1 年（二次回路）
3）大修后
4）必要时</td><td>1）投运后，流向、温升和声响正常，无渗漏；
2）绝缘电阻一般不低于 1 MΩ</td><td>采用 2 500 V 兆欧表测量绝缘电阻</td></tr>
<tr><td>17</td><td>套管式电流互感器试验</td><td>1）大修后
2）必要时</td><td>见表 5</td><td></td></tr>
<tr><td>18</td><td>油中糠醛含量</td><td>必要时</td><td>1）含量超过下表值时，一般为非正常老化，需跟踪检测：
<table><tr><td>运行年限</td><td>1～5</td><td>5～10</td><td>10～15</td><td>15～20</td></tr><tr><td>糠醛量 mg/L</td><td>0.1</td><td>0.2</td><td>0.4</td><td>0.75</td></tr></table>2）跟踪检测时，注意增长率；
3）测试值大于 4 mg/L 时，认为绝缘老化已比较严重</td><td>建议在以下情况进行：
1）油中气体总烃超标或 CO、CO_2 过高；
2）1 000 kV 电抗器投运 3～5 年后；
3）需了解绝缘老化情况</td></tr>
<tr><td>19</td><td>绝缘纸（板）聚合度</td><td>必要时</td><td>当聚合度小于 250 时，应引起注意</td><td>1）试样可取引线上绝缘纸、垫块、绝缘纸板等数克；
2）对运行时间较长的电抗器尽量利用吊检或进入检查的机会取样</td></tr>
<tr><td>20</td><td>绝缘纸（板）含水量</td><td>必要时</td><td>含水量（质量分数）一般不大于 1%</td><td>可用所测绕组的 tanδ 值推算或取纸样直接测量</td></tr>
<tr><td>21</td><td>振动</td><td>必要时</td><td>峰-峰值不超过 100 μm</td><td></td></tr>
<tr><td>22</td><td>噪声</td><td>必要时</td><td>与初值相比无明显变化</td><td></td></tr>
<tr><td>23</td><td>中性点小电抗绕组对地的绝缘电阻</td><td>大修后</td><td>>1 000 MΩ</td><td></td></tr>
<tr><td>24</td><td>中性点小电抗绕组各抽头的直流电阻</td><td>必要时</td><td>与出厂值相差不超出±2%范围</td><td>换算到 75 ℃</td></tr>
<tr><td>25</td><td>中性点小电抗交流耐压试验</td><td>1）大修后
2）必要时</td><td>耐压值：出厂试验电压的 80%</td><td></td></tr>
<tr><td>26</td><td>中性点小电抗绝缘油击穿电压</td><td>1）大修后
2）必要时</td><td>>40 kV</td><td></td></tr>
</table>

6 互感器

6.1 GIS用电流互感器和套管式电流互感器

GIS用电流互感器和套管式电流互感器的试验项目、周期和要求，见表5。

表5 GIS用电流互感器和套管式电流互感器试验项目、周期和要求

序号	项目	周期	要求	说明
1	二次绕组的绝缘电阻	1) 投运前 2) 1年 3) 大修后 4) 必要时	二次绕组间及对地(外壳)的绝缘电阻不小于1 000 MΩ	1) 用2 500 V兆欧表； 2) 测量时非被试绕组、外壳应接地
2	变比和极性检查	1) 大修后 2) 必要时	与铭牌标志相符	更换绕组后应测量比值差和相位差
3	保护绕组伏安特性测量	1) 大修后 2) 必要时	与同类型互感器特性曲线或制造厂提供的特性曲线相比较，应无明显差别	在继电保护有要求时进行
4	二次绕组直流电阻	1) 投运前 2) 大修后 3) 必要时	与初值比较，变化不应大于2%	
5	二次绕组交流耐压试验	必要时	试验电压2 000 V	

6.2 电容式电压互感器

电容式电压互感器的试验项目、周期和要求见表6。

表6 电容式电压互感器的试验项目、周期和要求

序号	项目	周期	要求	说明
1	电磁单元一、二次绕组直流电阻	1) 投运前 2) 大修后 3) 必要时	与初值比较，应无明显差别	
2	电磁单元的绝缘电阻	1) 投运前 2) 1年 3) 大修后 4) 必要时	1) 一次绕组对二次绕组及地应大于1 000 MΩ。 2) 二次绕组之间及对地应大于1 000 MΩ	用2 500 V兆欧表
3	电磁单元的绕组联接组别、极性和变比检查	1) 大修后 2) 必要时	与铭牌标志相符	
4	中间变压器的交流耐压	1) 大修后 2) 必要时	试验电压为出厂试验电压的80%	
5	阻尼器检查	1) 大修后 2) 必要时	1) 阻尼器对地的绝缘电阻应大于1 000 MΩ； 2) 阻尼器的特性要求(阻尼电阻、电感参数)和检测方法按制造厂的规定进行	1) 用2 500 V兆欧表； 2) 电容式电压互感器在投入前应检查阻尼器已接入规定的二次绕组的端子

表 6（续）

序号	项目	周期	要求	说明
6	电容器极间绝缘电阻	1）投运前 2）1年 3）必要时	在常温下的绝缘电阻应不低于10 000 MΩ	用5 000 V兆欧表
7	电容分压器低压端对地绝缘电阻	1）投运前 2）1年	在常温下的绝缘电阻应不低于1 000 MΩ	1)用2 500兆欧表； 2）低压端指“N”或“E”或“δ”等
8	电容值	1）投运前 2）1年 3）极间耐压前后 4）必要时	1）电容值与初值比较变化量不大于±2%； 3）一相中任两节实测电容值差不应超过5%	1）上节电容器测量电压10 kV，中压电容的试验电压按制造厂要求进行； 2）一相中任两节实测电容值之差是指实测电容之比值与这两单元额定电压之比值倒数之差； 3）电容式电压互感器的电容分压器的电容值与出厂值相差超出±2%范围时，或电容分压比与出厂试验实测分压比相差超过2%时，应进行准确度校验
9	tanδ	1）投运前 2）1年 3）极间耐压前后 4）必要时	膜纸复合绝缘≤0.002	
10	电容分压器的交流耐压和局部放电测量	必要时	1）交流耐压试验电压应为出厂试验电压值的75%； 2）当电压升至耐压试验电压1 min后，降至$1.2\times U_m/\sqrt{3}$保持1 min，局部放电量不大于10 pC	分压电容器的试验，可分别对每节电容器进行交流耐压试验
11	保护间隙（或避雷器）工频放电动作试验	必要时	保护间隙（或避雷器）的工频放电动作电压应不大于2 000 V或与出厂试验值相同	指电容分压器低压端子与接地端子间的保护间隙（或避雷器）
12	电磁单元绝缘油中溶解气体分析	1）大修时 2）必要时	运行中油中溶解气体组分含量超过下列任一值时应引起注意： 总烃：150 μL/L H_2：150 μL/L C_2H_2：5 μL/L	
13	电磁单元绝缘油中含水量	1）大修时 2）必要时	油中含水量不应大于20 mg/L	

7 开关设备

7.1 GIS(HGIS)

GIS(HGIS)的试验项目、周期和要求见表 7。

表 7 GIS(HGIS)的试验项目、周期和要求

序号	项目	周期	要求	说明
1	SF_6 气体的湿度	1 年	1) 断路器灭弧室气室： 大修后不大于 150 μL/L 运行中不大于 300 μL/L 2) 其他气室： 大修后不大于 250 μL/L 运行中不大于 500 μL/L	
2	SF_6 气体泄漏试验	1) 大修后 2) 必要时	年漏气率不大于 0.5%	按 GB 11023 方法进行
3	辅助回路和控制回路绝缘电阻	1) 1 年 2) 大修后	绝缘电阻不低于 2 MΩ	采用 2 500 V 兆欧表
4	交流耐压试验	1) 大修后 2) 必要时	交流耐压试验电压为出厂试验电压值的 80%	1) 试验在 SF_6 气体额定压力下进行 2) 对 GIS 试验时不包括其中的避雷器
5	操作冲击耐压试验	必要时	操作冲击耐压的试验电压为出厂试验电压值的 80%	对 GIS 试验时不包括其中的避雷器
6	辅助回路和控制回路交流耐压试验	必要时	试验电压为 2 000 V	
7	断口间并联电容器的绝缘电阻、电容量和 tanδ	必要时	与初值相比，tanδ 应无明显变化	GIS(含 HGIS)中断路器断口间并联电容器试验按照制造厂规定
8	合、分闸电阻值及接入时间	1) 大修后 2) 必要时	1) 除制造厂另有规定外，阻值变化允许范围不得大于±5%； 2) 合、分闸电阻的有效接入时间按制造厂规定校核	隔离开关的分、合闸电阻不测量接入时间
9	断路器的速度特性	必要时	测量方法和测量结果应符合制造厂规定	制造厂无要求时不测量

表 7（续）

序号	项目	周期	要求	说明
10	断路器的时间参量	1）投运前 2）一年 3）大修后 4）机构大修后	除制造厂另有规定外，断路器的分、合闸同期性应满足下列要求： 1）合、分闸及合分时间应符合制造厂规定； 2）相间合闸不同期不大于5 ms； 3）相间分闸不同期不大于3 ms； 4）同相各断口间合闸不同期不大于3 ms； 5）同相各断口间分闸不同期不大于2 ms	
11	分、合闸脱扣器的动作电压	1）1年 2）大修后 3）机构大修后	操动机构分、合闸脱扣器端子上的最低动作电压应在操作电压额定值的30%～65%之间	
12	导电回路电阻	1）1年 2）大修后	回路电阻测量值应符合制造厂的规定；且不应超过型式试验时测量值的1.2倍	用直流压降法测量，电流不小于300 A
13	分、合闸脱扣器直流电阻	1）大修后 2）机构大修后	应符合制造厂规定	
14	SF_6 气体密度继电器（包括整定值）检验	1）投运前 2）1年 3）大修后 4）必要时	按制造厂规定	
15	机构压力表校验（或调整），机构操作压力（液压）整定值校验，机械安全阀校验	1）1年 2）大修后	按制造厂规定	
16	操动机构在分闸、合闸、重合闸下的操作压力（液压）下降值	1）大修后 2）机构大修后	应符合制造厂规定	
17	液（气）压操动机构的泄漏试验	1）1年 2）大修后 3）必要时	按制造厂规定	应在分、合闸位置下分别试验
18	油（气）泵补压及零起打压的运转时间	1）投运前 2）1年 3）大修后 4）必要时	应符合制造厂规定	

表 7（续）

序号	项目	周期	要求	说明
19	液压机构的防失压慢分试验	1）大修后 2）机构大修时	按制造厂规定	
20	闭锁、防跳跃及防止非全相合闸等辅助控制装置的动作性能	1）大修后 2）必要时	按制造厂规定	
21	GIS 中的电流互感器和避雷器	1）大修后 2）必要时	按制造厂规定，或分别按第 6 章、第 11 章进行	
22	隔离开关、接地开关时间特性试验	1）大修后 2）必要时	合、分闸时间符合制造厂要求； 隔离开关合分闸电阻投入、退出时间及与主触头的配合符合制造厂的要求	

7.2 隔离开关

隔离开关的试验项目、周期和要求见表 8。

表 8　隔离开关的试验项目、周期和要求

序号	项目	周期	要求	说明
1	二次回路的绝缘电阻	1）1 年 2）大修后 3）必要时	绝缘电阻不低于 2 MΩ	采用 1 000 V 兆欧表
2	交流耐压试验	1）大修后 2）必要时	1）试验电压值按 GB/T 11022 规定； 2）用单个或多个元件支柱绝缘子组成的隔离开关进行整体耐压有困难时，可对各胶合元件分别做耐压试验，其试验周期和要求按第 9 章的规定进行	在交流耐压试验前、后应测量绝缘电阻；耐压后的阻值不得降低
3	二次回路交流耐压试验	1）大修后 2）必要时	试验电压为 2 000 V	
4	操动机构的最低动作电压	1）大修后 2）必要时	最低动作电压一般在操作电源额定电压的 30％～80％范围内	
5	导电回路电阻测量	1）大修后 2）必要时	测量结果不大于制造厂规定值的 1.5 倍	用直流压降法测量，电流值不小于 300 A
6	瓷支柱绝缘子探伤	1）大修后 2）必要时	无缺陷	超声法
7	操动机构的动作情况	1）大修后 2）必要时	1）操动机构在额定的操作电压下分、合闸 5 次，动作正常； 2）手动操动机构操作时灵活，无卡涩； 3）闭锁装置应可靠	

8 套管

1 000 kV 油浸电容式套管的试验项目、周期和要求见表 9。

表 9 1 000 kV 油浸电容式套管的试验项目、周期和要求

序号	项目	周期	要求	说明
1	主绝缘及末屏绝缘电阻测量	1）投运前 2）1 年 3）大修(包括主设备大修)后 4）必要时	1）主绝缘的绝缘电阻值不应低于 10 000 MΩ； 2）末屏对地的绝缘电阻不应低于 1 000 MΩ	1）采用 2 500 V 兆欧表； 2）若有电压测量抽头，则应测量其绝缘电阻，并不应低于 1 000 MΩ
2	主绝缘及套管末屏对地 tanδ 与电容量	1） 投运前 2）1 年 3）主设备大修后 4）必要时	1）20 ℃时的 tanδ 值：主绝缘应不大于 0.006；末屏对地应不大于 0.01； 2）电容量与初值比不超过 ±2%	1）油纸电容式套管的 tanδ 一般不进行温度换算，当 tanδ 与出厂值或上一次测试值比较有明显增长或接近规定数值时，应综合分析； 2）测量套管 tanδ 时，与被试套管相连的所有绕组端子连在一起加压，其余绕组端子均接地，末屏接电桥，正接线测量； 3）测量末屏对地介质损耗角正切值 tanδ 时的试验电压为 2 000 V，采用反接线进行测量
3	油中溶解气体色谱分析	1）投运前 2）主设备大修后 3）必要时	油中溶解气体组分含量(μL/L)超过下列任一值时应引起注意： H_2 含量大于 100 C_2H_2 含量大于 0.5 CH_4 含量大于 10	
4	交流耐压试验	必要时	试验电压值为出厂值的 80%	

9 绝缘子

9.1 支柱绝缘子和悬式绝缘子

支柱绝缘子和悬式绝缘子的试验项目、周期和要求见表 10。

表 10 支柱绝缘子和悬式绝缘子的试验项目、周期和要求

序号	项目	周期	要求	说明
1	悬式绝缘子劣化检测	1～5 年	应符合 DL/T 626 的规定	可根据绝缘子的劣化率调整检测周期
2	绝缘电阻	1）悬式绝缘子 1～5 年 2）支柱绝缘子 1～5 年	支柱绝缘子的每一元件和每片悬式绝缘子的绝缘电阻不低于 500 MΩ	采用 5 000 V 及以上兆欧表
3	交流耐压试验	更换时	悬式绝缘子交流耐压试验电压值取 60 kV	支柱绝缘子不进行

表 10（续）

序号	项目	周期	要求	说明
4	绝缘子表面污秽度	3年	按照附录B污秽等级与对应附盐密度值检查所测盐密值与当地污秽等级是否一致。结合运行经验，将测量值作为调整耐污绝缘水平和监督绝缘安全运行的依据。盐密值超过规定时，应根据情况采取调爬、清扫、涂料等措施	应在户外能代表当地污染程度的至少一串悬垂绝缘子上取样，测量在当地积污最重的时期进行
5	支柱绝缘子探伤	必要时	无缺陷	超声法
注：运行中支柱绝缘子和悬式绝缘子的试验项目可在检查零值、绝缘电阻及交流耐压试验中任选一项。玻璃悬式绝缘子不进行序号1、2、3项中的试验。				

9.2　复合绝缘子的试验项目、周期和要求见表11

表 11　复合绝缘子试验项目、周期和要求

序号	项目	周期	要求	说明
1	憎水性试验	1）1年抽样一次 2）必要时	HC1～HC4：继续运行； HC5：继续运行，须跟踪检测； HC6：取样送实验室做标准的憎水性迁移试验，以确定是否退出运行	每条线路的每个厂家的每批产品均选择一支复合绝缘子作为测量点，该绝缘子应为该批绝缘子中运行环境最为恶劣的一支。“环境最为恶劣”指当地污染状况最为严重及（或）阴雨潮湿天气相对最多等
2	工频湿耐受电压试验	1）3～5年抽样1次 2）必要时	耐受：合格 闪络：不合格	
3	水煮试验	1）3～5年抽样1次 2）必要时	外观有明显破损为不合格，否则应继续做陡波冲击耐受电压试验	
4	陡波冲击耐受电压试验	1）3～5年抽样1次； 2）必要时	伞裙、护套及芯棒发生局部或整体击穿的为不合格	
5	密封性能试验	1）3～5年抽样1次； 2）必要时	端部密封破坏，渗透剂进入绝缘子内部的为不合格	
6	机械破坏负荷试验	1）3～5年抽样1次 2）必要时	机械破坏负荷： >0.75 SML：继续运行 0.65SML</SPAN>～0.75 SML：继续运行，须跟踪检测；<0.65 SML：退出运行	
注：SML指额定的机械负荷（kN）。				

9.3 RTV 涂料

RTV 涂料试验项目、周期和标准见表 12。

表 12 RTV 涂料试验项目、周期和标准

序号	项目	周期	要求	说明
1	憎水性试验	1）1 年抽样一次 2）必要时	HC1～HC4：继续运行； HC5：继续运行，须跟踪检测； HC6：取样做标准的憎水性迁移试验，以确定是否复涂	每站的每个厂家的每批涂料产品均选择一个设备作为测量点

10 绝缘油和六氟化硫气体

10.1 绝缘油

10.1.1 新绝缘油的验收，应按 GB 2536 的规定。

10.1.2 运行中绝缘油的试验项目和要求见表 13，试验周期如下：

a) 互感器、套管油的试验结合油中溶解气体色谱分析试验进行，项目按第 6、8 章有关规定；

b) 试验周期为 1 年的项目有 1、2、3、5、6、7、8、9、10；

c) 新变压器、电抗器投运前、大修后油试验项目有序号 1、2、3、4、5、6、7、8、9、10；

d) 序号 11、12、13、14、15 项目在必要时进行。

注 1：对全密封式设备如互感器，不易取样或补充油，应根据具体情况决定是否采样。

注 2：有载调压开关用的变压器油的试验项目、周期和要求按制造厂规定。

10.1.3 设备和运行条件的不同，会导致油质老化速度不同，当主要设备用油的 pH 值接近 4.4 或颜色骤然变深，其他指标接近允许值或不合格时，应缩短试验周期，增加试验项目，必要时采取处理措施。

表 13 绝缘油的试验项目和要求

序号	项目	要求		说　明
		投入运行前的油	运行油	
1	外观	透明、无杂质或悬浮物		将油样注入试管中冷却至 5 ℃在光线充足的地方观察
2	水溶性酸 pH 值	≥5.4	≥4.2	按 GB/T 7598 规定进行试验
3	酸值 mgKOH/g	≤0.03	≤0.1	按 GB 264 规定进行试验
4	闪点(闭口)℃	≥140(10 号、25 号油) ≥135(45 号油)	1）不应比左栏要求低 5 ℃ 2）不应比上次测定值低 5 ℃	按 GB 261 规定进行试验
5	水分 mg/L	≤10	≤15	运行中设备，测量时应注意温度的影响，尽量在顶层油温高于50 ℃时采样，按 GB/T 7600—1987 或 GB/T 7601—2008 进行试验
6	击穿电压 kV	≥70	≥60	按 GB/T 507 方法进行试验
7	界面张力(25 ℃)mN/m	≥35	≥19	按 GB/T 6541 规定进行试验

表 13（续）

序号	项目	要求		说明
		投入运行前的油	运行油	
8	tanδ(90 ℃)%	≤0.6	≤2	按 GB/T 5654 规定进行试验
9	体积电阻率(90 ℃)Ω·m	$\geqslant 6\times 10^{10}$	$\geqslant 1\times 10^{10}$	按 GB/T 5654 规定进行试验
10	油中含气量(体积分数)%	≤1	一般不大于 3	DL/T 432 或 DL/T 703 规定进行试验
11	油泥与沉淀物(质量分数)%	—	一般不大于 0.02	按 GB/T 511 试验，若只测定油泥含量，试验最后采用乙醇-苯(1∶4)将油泥洗于恒重容器中称重
12	析气性		报告	按 GB/T 11142 规定测量
13	腐蚀性硫		非腐蚀性	SH/T 0804 规定测量
14	油中颗粒度	≤2 000	主体变压器：≤3 000 1 000 kV 电抗器：≤5 000 其他不做规定	按 DL/T 432 测量

10.1.4 关于补油或不同牌号油混合使用规定如下：

a) 补加油品的各项特性指标不应低于设备内的油。如果补加到已接近运行油质量要求下限的设备油中，有时会导致油中迅速析出油泥，故应预先进行混油样品的油泥析出和 tanδ 试验。试验结果无沉淀物产生且 tanδ 不大于原设备内油的 tanδ 值时，才可混合；

b) 不同牌号新油或相同质量的运行中油，原则上不宜混合使用。如必须混合时应按混合油实测的凝点决定是否可用；

c) 对于国外进口油、来源不明以及所含添加剂的类型并不完全相同的油，如需要与不同牌号油混合时，应预先进行参加混合的油及混合后油样的老化试验；

d) 油样的混合比应与实际使用的混合比一致，如实际使用比不详，则采用 1∶1 比例混合。

10.2 SF_6 气体

10.2.1 SF_6 新气到货后，充入设备前应按 GB/T 12022 验收。抽检率为十分之三。同一批相同出厂日期的，只测定含水量和纯度。

10.2.2 SF_6 气体在充入电气设备 24 h 后，方可进行试验。

10.2.3 关于补气和气体混合使用的规定：

a) 所补气体必须符合新气质量标准，补气时应注意接头及管路的干燥；

b) 符合新气质量标准的气体均可混合使用。

10.2.4 运行中 SF_6 气体的试验项目、周期和要求见表 14。

表 14 运行中 SF_6 气体的试验项目、周期和要求

序号	项目	周期	要求	说明
1	湿度(20 ℃体积分数)10^{-6}	1) 1 年 2) 大修后 3) 必要时	1) 断路器灭弧室气室 大修后不大于 150 运行中不大于 300 2) 其他气室 大修后不大于 250 运行中不大于 500	1) 按 GB/T 12022、SD306 和 DL 506 进行; 2) 新装及大修后 1 年内复测 1 次,如湿度符合要求,则正常运行中 1 年 1 次; 3) 周期中的"必要时"是指新装及大修后 1 年内复测湿度不符合要求或漏气超过表 7 中序号 2 的要求和设备异常时,按实际情况增加的检测
2	密度(标准状态下)kg/m^3	必要时	6.16	按 DL/T 917 进行
3	酸度 μg/g	必要时	≤0.3	按 DL/T 916 或用检测管进行测量
4	四氟化碳(质量分数)%	必要时	1) 大修后≤0.05 2) 运行中≤0.1	按 DL/T 920 进行
5	空气(质量分数)%	必要时	1) 大修后≤0.05 2) 运行中≤0.2	见序号 4
6	可水解氟化物 μg/g	必要时	≤1.0	按 DL/T 918 进行
7	矿物油 μg/g	必要时	≤10	按 DL/T 919 进行

11 金属氧化物避雷器

11.1 金属氧化物避雷器的试验项目、周期和要求见表 15。

表 15 金属氧化物避雷器的试验项目、周期和要求

序号	项目	周期	要求	说明
1	绝缘电阻	1) 投运前 2) 每年雷雨季节前 3) 必要时	1) 不低于 2 500 MΩ	采用 2 500 V 及以上兆欧表
2	直流 8 mA 电压(U_{8mA})及 0.75U_{8mA} 下的泄漏电流	1) 投运前 2) 1 年 3) 必要时	1) U_{8mA} 实测值与初值比较,变化不应大于±5%; 2) 0.75 U_{8mA} 下的泄漏电流与初值比较,变化不应大于 30%	1) 0.75U_{8mA} 中的 U_{8mA} 使用出厂值; 2) 可以分单元进行
3	运行电压下的泄漏电流	1) 投运 3 个月后带电测量一次,以后每个雷雨季前、后各测量一次 2) 必要时	1) 测量运行电压下的全电流、阻性电流或功率损耗,测量值与初始值比较,不应有明显变化,当阻性电流增加一倍时,必须停电检查; 2) 当阻性电流增加到初始值的 150% 时,应适当缩短监测周期	测量时应记录环境温度,相对湿度,和运行电压,应注意瓷套表面状况的影响及相间干扰影响的

表 15（续）

序号	项目	周期	要求	说明
4	工频参考电压	必要时	测量值与初值比较变化不大于5%	1）测量环境温度20 ℃±15 ℃； 2）测量可分单元进行，整相避雷器有一节不合格，应更换该节避雷器（或整相更换），使该相避雷器为合格
5	底座绝缘电阻	1）每年雷雨季前 2）必要时	自行规定	采用2 500 V及以上兆欧表
6	检查放电计数器动作情况	1）每年雷雨季前 2）必要时	测试3～5次，均应正常动作	

11.2 GIS用金属氧化物避雷器的试验项目、周期和要求：

a）SF_6气体按表14的规定；

b）避雷器运行中的密封检查按表7的规定；

c）其他有关项目按表15中序号3、5、6规定。

12 架空电力线路

架空电力线路的试验项目、周期和要求见表16。

表16 架空电力线路的试验项目、周期和要求

序号	项目	周期	要求	说明
1	检查导线连接管的连接情况	1）2年 2）线路检修时	1）外观检查无异常 2）连接管压接后的尺寸及外形应符合要求	铜线的连接管检查周期可延长至5年
2	悬式绝缘子串的零值绝缘子检测	必要时	在运行电压下检测	玻璃绝缘子不进行此项试验，自破后应及时更换
3	检查相位	线路连接有变动时	线路两端相位应一致	
4	间隔棒检查	1）3年 2）线路检修时	状态完好，无松动无胶垫脱落等情况	
5	阻尼设施的检查	1）1年 2）线路检修时	无磨损松动等情况	
6	绝缘子表面污秽度	见表10		
注：关于架空电力线路离地距离、离建筑物距离、空气间隙、交叉距离和跨越距离的检查，杆塔和过电压保护装置的接地电阻测量、杆塔和地下金属部分的检查、导线断股检查等项目，应按架空电力线路和电气设备接地装置有关规程的规定进行。				

13 接地装置

13.1 接地装置的试验项目、周期和要求见表 17。

表 17 接地装置的试验项目、周期和要求

<table>
<tr><th>序号</th><th>项目</th><th>周期</th><th colspan="2">要求</th><th>说明</th></tr>
<tr><td>1</td><td>1 000 kV 变电站、开关站的接地阻抗、跨步电压和接触电压测量</td><td>1) 不超 6 年
2) 可以根据该接地网挖开检查的结果斟酌延长或缩短周期</td><td colspan="2">符合设计要求</td><td></td></tr>
<tr><td>2</td><td>1 000 kV 设备接地引下线导通试验</td><td>1 年</td><td colspan="2">不得有开断、松脱现象，且必须符合设计要求</td><td>采用导通测试仪逐级对设备引下线与地网主干线进行导通试验</td></tr>
<tr><td rowspan="7">3</td><td rowspan="7">1 000 kV 线路杆塔的接地电阻</td><td rowspan="7">1) 进出线 1～2 km 内的杆塔 1～2 年
2) 其他线路杆塔不超过 5 年</td><td colspan="2">接地电阻值小于下表</td><td rowspan="7">当土壤电阻率大于 2 000 Ω·m，接地电阻难以达到 15 Ω 时可增加至 20 Ω</td></tr>
<tr><td>土壤电阻率 Ω·m</td><td>接地电阻 Ω</td></tr>
<tr><td>100 及以下</td><td>5</td></tr>
<tr><td>100～500</td><td>7.5</td></tr>
<tr><td>500～1 000</td><td>10</td></tr>
<tr><td>1 000～2 000</td><td>12.5</td></tr>
<tr><td>2 000 以上</td><td>15</td></tr>
</table>

13.2 接地装置的检查项目、周期和要求见表 18。

表 18 接地装置的检查项目、周期和要求

序号	项目	周期	要求	说明
1	检查有效接地系统的电力设备接地引下线与接地网的连接情况	不超过 3 年	不得有开断、松脱或严重腐蚀等现象	如采用测量接地引下线与接地网(或与相邻设备)之间的电阻值来检查其连接情况，可将所测的数据与历次数据比较和相互比较，通过分析决定是否进行挖开检查
2	抽样开挖检查 1 000 kV 变电所地中接地网的腐蚀情况	1) 本项目只限于已经运行 10 年以上(包括改造后重新运行达到这个年限)的接地网； 2) 以后的检查年限可根据前次开挖检查的结果自行决定	不得有开断、松脱或严重腐蚀等现象	可根据电气设备的重要性和施工的安全性，选择 5～8 个点沿接地引下线进行开挖检查，如有疑问还应扩大开挖的范围

附 录 A
(规范性附录)
1 000 kV 交流电气设备的额定绝缘水平

表 A.1 1 000 kV 交流电气设备的额定绝缘水平

单位为千伏

系统电压		设备名称	雷电冲击耐受电压(峰值)		操作冲击耐受电压(峰值)	工频耐受电压(/时间)
标称电压	最高电压		全波	截波		
		电力变压器	2 250	2 400	1 800	1 100/5 min
		并联电抗器	2 250	2 400	1 800	1 100/5 min
		断路器	2 400		1 800	1 100/1 min
1 000	1 100	电压互感器	2 400		1 800	1 100/5 min
		隔离开关及其他电器	2 400		1 800	1 100/1 min
		开关断口/隔离断口	2 400(+900)		1 675(+900)	(1 100+635)/1 min
		避雷器	2 400		1 800	1 100/1 min
		套管(变压器类)	2 400	2 760	1 950	1 200/5 min
		套管(开关类)	2 400		1 950	1 200/1 min

注：表中的数值适用于安装地点海拔高度不大于 1 000 m 的电气设备。

附　录　B
（规范性附录）
现场污秽度等级

从标准化考虑，现场污秽度从非常轻到非常重分为5个等级：

a级—非常轻

b级—轻

c级—中等

d级—重

e级—非常重

以上字母表示的污秽等级与GB/T 16434中以数字表示的污秽等级不一一对应。

选择绝缘子时，需考虑现场污秽度的具体数值。

图B.1给出了普通盘形悬式绝缘子与每一现场污秽度等级相对应的等值盐密/灰密值的范围，该值是根据现场测量、经验和污秽试验确定的，是3年至5年积污的测量结果。

图B.1中数值是基于我国电网参照绝缘子表面自然积污实测结果和IEC 60815“第2部分”规定的各级污区所用统一爬电比距并计及自然污秽与人工污秽的差别计算而得，而不是简单由人工污秽试验所得。现场污秽度从一级变到另一级不表明突变。

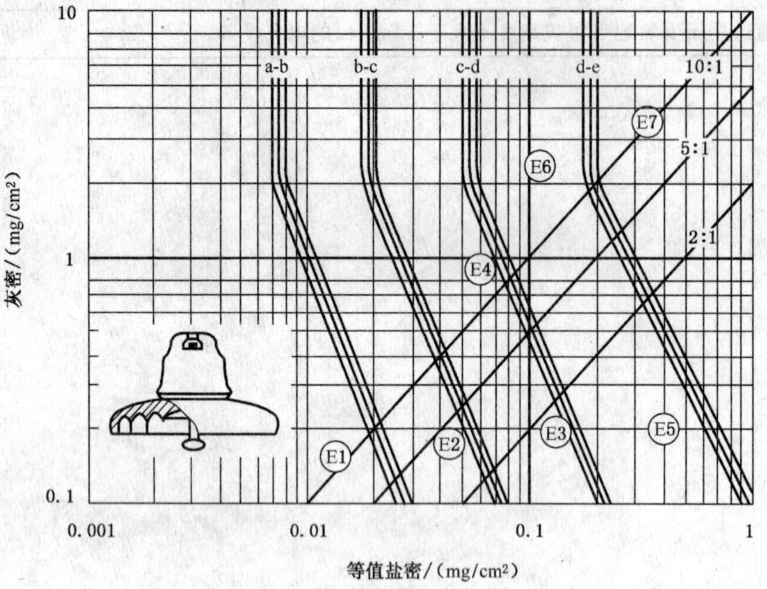

图B.1　普通盘形绝缘子现场污秽度与等值盐密/灰密的关系

E1～E7为7种典型污秽示例，污秽度分级对应关系分别为：E1-a非常轻，E2-b轻，E3、E4-3中，E5、E6-d重，E7-e非常重。

a-b、b-c、c-d、d-e为各级污区的分界线。

三条直线分别为灰密盐密比值为10∶1、5∶1、2∶1的等灰盐比线

变电站的现场污秽度，同样由盘形绝缘子的等值盐密和灰密来确定。

附 录 C
（资料性附录）
气体绝缘金属封闭开关设备老练试验方法

C.1 老练试验定义

老练试验是指对设备施加逐步升高的交流试验电压，其目的是：

a） 将设备中可能存在的活动微粒杂质迁移到低电场区域里去，在此区域，这些微粒对设备的危险性减低，甚至没有危害；

b） 通过放电烧掉电极表面的毛刺、细小的金属颗粒或附着的尘埃等。

C.2 老练试验的基本原则

老练试验的基本原则是既要达到设备净化的目的，又要尽量减少对被试设备的损害，即减少设备承受较高电压作用的时间，所以逐级升压时，在低电压下可保持较长时间，在高电压下不允许长时间耐压。

C.3 老练试验的程序及基本要求

试验程序可根据气体绝缘金属封闭开关设备状况和现场条件，由用户和制造厂商定。试验电源可采用工频或变频串联谐振装置，交流电压频率应在 10 Hz～300 Hz 范围内。

现场交流耐受电压值应为例行试验电压的 80%，时间为 1 min。

老练试验应在现场耐压试验前进行，加压程序为：0→U_r 持续 10 min→$1.2U_r/\sqrt{3}$持续 5 min→0。加压程序如图 C.1 所示。老练试验结束后，电压降至零。

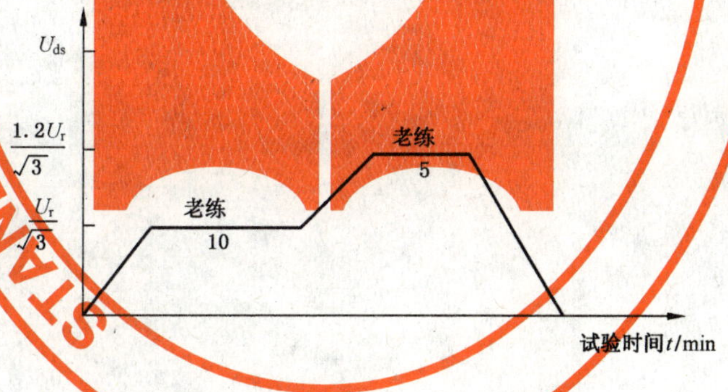

图 C.1 主回路老练试验加压程序示意图

C.4 试验电压的施加

规定的试验电压应施加到每相导体和外壳之间，每次一相，其他的导体应与接地的外壳相连。

每个不见都至少加一次试验电压。在制定试验方案时，必须同时注意要尽可能减少固体绝缘的重复试验次数。

如怀疑断路器和隔离开关的断口在运输、安装过程中受损，或经过解体，应做断口间的耐压试验。

C.5 试验判据

如果气体绝缘金属封闭开关设备的每一部件均已按选定的试验程序耐受规定的试验电压而无击穿放电，则认为整个气体绝缘金属封闭开关设备通过试验。

在试验过程中如果发生击穿放电，应采取下列步骤：

a） 进行重复试验，如果设备还能经受规定的试验电压时，则认为是自恢复放电，耐受试验通过。如果重复耐压失败，则按本条 2)项程序进行；

b） 设备解体，打开放电间隔，仔细检查绝缘损坏情况，采取必要的修复措施，再进行规定的耐压试验。

附 录 D
（规范性附录）
显著性差异分析法

在相近的运行和检测条件下，相同设计、材质和工艺的一批设备，其测量值不应有显著差异，若某台设备某个测量值与其他设备有显著性差异，即使未超过标准值要求，也应引起注意。该分析方法作为本规程对测量值要求“没有明显变化”或类似要求的判断依据。

显著性差异分析方法如下：设 $n(n\geqslant 5)$ 台同一家族设备（如同制造商同批次设备），某个状态量 X 的当前试验值的平均值为 $\overline{X}$，样本偏差为 S（不含被诊断设备）；被诊断设备的当前试验值为 x，则有显著性差异的条件为：

劣化表现为测量值减少时（如绝缘电阻）：$x<\overline{X}-kS$

劣化表现为测量值增加时（如介质损耗因数）：$x>\overline{X}+kS$

劣化表现为偏离初值时（如绕组电阻）：$x\notin(\overline{X}-kS,\overline{X}+kS)$

上列各式中 k 值根据 n 的大小按表 D.1 选取。

表 D.1 k 值与 n 的关系

n	5	6	7	8	9	10	11	13	15	20	25	35	≥45
k	2.57	2.45	2.36	2.31	2.26	2.23	2.20	2.16	2.13	2.09	2.06	2.03	2.01

易受环境影响的测量值，本方法仅供参考；设备台数 $n<5$ 时，不适宜应用本方法。若不受试验条件影响，显著性差异分析法也适用于同一设备同一状态量历年试验结果的分析。

附 录 E
（资料性附录）
（易受环境影响）测量值的纵横比分析

本方法可作为辅助分析手段。如 a、b、c 三相（设备）的上次试验值和当前试验值分别为 a_1、b_1、c_1、a_2、b_2、c_2，在分析设备 a 当前试验值 a_2 是否正常时，根据 $a_2/(b_2+c_2)$ 与 $a_1/(b_1+c_1)$ 相比有无明显差异进行判断，一般不超过±30％可判为正常。

ICS 29.240
F 20

GB

中华人民共和国国家标准化指导性技术文件

GB/Z 24847—2009

1 000 kV 交流系统电压和无功电力技术导则

Technical guide on 1 000 kV AC system voltage and reactive power

2009-11-30 发布 2010-05-01 实施

中华人民共和国国家质量监督检验检疫总局
中国国家标准化管理委员会 发布

前　言

本指导性技术文件由中国电力企业联合会提出。

本指导性技术文件由中国电力企业联合会归口。

本指导性技术文件由特高压交流输电标准化技术工作委员会、中国电力科学研究院负责解释。

本指导性技术文件负责起草单位：国家电网公司、中国电力科学研究院。

本指导性技术文件主要起草人：刘振亚、马世英、刘泽洪、孙华东、王绍武、印永华、班连庚、申洪。

引　言

本指导性技术文件对 1 000 kV 交流系统电压及无功电力技术基本要求、电压的允许偏差值，以及电压与无功配置和调整的技术措施等做了规定，能够用于指导 1 000 kV 交流系统的无功电压规划、设计和运行。

1 000 kV 交流系统电压和无功电力技术导则

1 范围

本指导性技术文件规定了 1 000 kV 交流系统电压及无功电力技术基本要求、电压的允许偏差值，以及电压与无功配置和调整的技术措施。

本指导性技术文件适用于 1 000 kV 交流输变电系统，以及接入 1 000 kV 交流输变电系统的电源，以下简称 1 000 kV 交流系统。

2 规范性引用文件

下列文件中的条款通过本指导性技术文件的引用而成为本指导性技术文件的条款。凡是注日期的引用文件，其随后所有的修改(不包括勘误的内容)或修订版均不适用于本指导性技术文件，然而，鼓励根据本指导性技术文件达成协议的各方研究是否可使用这些文件的最新版本。凡是不注日期的引用文件，其最新版本适用于本指导性技术文件。

DL 755　电力系统安全稳定导则

SD 131—1984　电力系统技术导则

SD 325—1989　电力系统电压和无功电力技术导则(试行)

3 术语和定义

DL 755、SD 131—1984 和 SD 325—1989 中所确立的及下列术语和定义适用于本指导性技术文件。

3.1

标称电压　nominal voltage

用以标志或识别系统电压的给定值。

1 000 kV 电压等级的标称电压值是 1 000 kV。

3.2

电压偏差　voltage deviation

由于电力系统运行状态的缓慢变化，使电压发生偏移。电压偏差是电压变化率小于每秒 1%时的实际电压值与系统标称电压值之差。

3.3

无功电源　reactive power source

接入 1 000 kV 交流系统的发电机实际可调无功出力、1 000 kV 线路充电功率，以及无功补偿设备的全部容性无功容量。

3.4

无功补偿设备　reactive power compensation equipment

包括 1 000 kV 交流系统中的并联电容器、并联电抗器、同步调相机和其他无功补偿设备。

4 基本要求

4.1　1 000 kV 交流系统的规划和设计应包括无功规划和设计。

4.2 1 000 kV 交流系统无功电源与无功负荷应按分层分区基本平衡的原则进行配置,并保证在运行中具有灵活的无功电力调节能力和备用容量。

4.3 1 000 kV 交流系统正常及故障后稳态运行方式下应满足电压允许偏差值的要求。

4.4 无功补偿设备的配置与设备类型选择,应考虑提高电力系统输送能力和稳定性的作用,并兼顾系统动态过程中设备耐压水平。

4.5 根据电网结构及运行方式需要,合理选择 1 000 kV 交流系统变压器分接开关调压范围和调压方式。

4.6 1 000 kV 交流系统无功规划和设计应满足限制 1 000 kV 交流系统过电压的要求。

4.7 加强受端系统建设及电压支撑,并有足够的动态无功备用,保持系统合理短路容量。

5 电压允许偏差

5.1 1 000 kV 母线最高运行电压不得超过系统标称电压的 1.1 倍,最低运行电压不应影响电力系统功角稳定、电压稳定、厂用电的正常使用及下一级电压的调节。向空载线路充电,在暂态过程衰减后 1 000 kV 线路末端电压不应超过系统标称电压的 1.15 倍,持续时间根据设备技术规范和系统运行条件研究确定。

5.2 直接接入 1 000 kV 交流系统的发电厂 1 000 kV 母线和 1 000 kV 变电所的 500 kV 母线:正常运行方式时,电压允许偏差为系统标称电压的 0～＋10％;事故运行方式时电压允许偏差为系统标称电压的－5％～＋10％。

6 无功电力平衡及补偿

6.1 1 000 kV 交流系统无功补偿容量应按无功电力分层分区就地平衡的原则配置,具体补偿方案由计算确定。

6.2 一般情况下,高、低压并联电抗器的总容量宜使线路充电功率基本予以补偿。高、低压并联电抗器的容量配置和耐压水平应按系统的条件和各自特点研究决定。

6.3 接入 1 000 kV 交流系统发电机均应具备在有功功率为额定值时,功率因数进相 0.95 运行的能力。处于 1 000 kV 交流系统受端的发电机功率因数,可在 0.85～0.90 中选择。

6.4 1 000 kV 变电站的并联电容器组和低压并联电抗器,应具备根据运行方式自动投切功能。

6.5 无功电源中的动态备用容量,应主要储备于运行的发电机、调相机和动态无功补偿装置中,以便在电网发生因无功不足可能导致电压过低时,能快速增加无功电源容量,保持电力系统的稳定运行。

6.6 高压并联电抗器应综合考虑限制工频过电压、降低潜供电流、恢复电压和平衡输电线路的充电功率等要求合理配置。

6.7 高、低压并联电抗器容量的配置,应考虑 1 000 kV 交流系统的线路断路器的变电站侧工频过电压不超过 1.3 倍系统最高运行电压,线路侧短时(0.5 s)不超过 1.4 倍系统最高运行电压。

6.8 对于装设高压并联电抗器的线路,可通过中性点接入小电抗限制潜供电流及其恢复电压,满足单相重合闸要求。

6.9 当线路装设高压并联电抗器时,应计算校核非全相运行谐振过电压。

7 变压器调压方式及调压范围的选择

7.1 1 000 kV 变压器的各侧额定电压、调压方式、调压范围及每档调压值,应满足发电厂、变电站母线和受端电压水平控制的要求,并考虑电力系统中远期发展的需要。

7.2 1 000 kV 升压变压器高压侧的额定电压,宜选 1.05～1.10 倍系统标称电压,或经计算论证后确定。

7.3　1 000 kV 降压变压器高压侧的额定电压，宜选 1～1.05 倍系统标称电压；中压侧的额定电压，宜选 1.05～1.10 倍系统标称电压；低压侧额定电压宜选系统标称电压。

7.4　接入 1 000 kV 交流系统的发电机升压变压器，一般可选用无励磁调压型，如确有需要也可考虑选用有载调压。

7.5　1 000 kV 降压变压器采用无励磁调压型或有载调压型，根据系统运行条件经计算分析确定。

7.6　变压器分接开关调压范围应经计算确定。无励磁调压变压器分接开关调压范围一般可选±4×1.25%。

8　运行电压的调整

8.1　1 000 kV 级变压器分接开关的运行位置，应按保证发电厂和变电站母线以及系统的电压水平不超过控制值，并在充分发挥无功补偿设备作用的原则下，通过优化计算确定。

8.2　当变电站的母线电压超出允许范围时，通过调节发电机的无功出力、无功补偿设备、变压器的分接开关，使电压恢复到合格值。

8.3　接入 1 000 kV 交流系统的发电机无功出力、1 000 kV 变电站的无功补偿及调压设备可实行综合优化与实时控制，以提高运行电压调整和控制水平。

后　记

2009 年制修订国家标准共 3158 项，其中新制定标准 2102 项，修订标准 1056 项，分 74 册出版。

1. 2009 年度发布的顺延上年度标准编号的新制定的国家标准，从 GB/T 23229—2009 开始，至 GB/Z 24847—2009 结束，收入在《中国国家标准汇编》2009 年“制定”卷第 412～449 分册中，共 38 册。

2. 2009 年度发布的非顺延上年度标准编号的新制定的国家标准和全部修订的国家标准，收入在 2009 年修订-1～修订-36 分册中，共 36 册。

3. GB/T 17822.2—2009、GB 18877—2009、GB/T 24305—2009、GB/T 24616—2009、GB/T 24617—2009 因故延迟出版。

中国标准出版社
2010 年 8 月